新天

JN319630

ブルーバックス

カバー装幀
芦澤泰偉・児崎雅淑

カバーオブジェ
富田 勉

目次・章扉
WORKS(若菜 啓)

図版
さくら工芸社

序文

　天文学は不思議な学問である。なぜなら、天文学ほど我々に身近な自然科学の分野はないからである。天文学は天体を観ることから始まる。すると、我々は好むと好まざるとにかかわらず、常に天体を観ていることに気がつく。

　我々は地球に住んでいるが、そもそも地球は天体（惑星）である。晴れていれば、日中は太陽という天体（星）を拝み、夜には月や満天の星空を眺める。月も、星も天体である。また、星々が川の流れのように見える天の川は、我々の太陽系が存在する銀河の姿に他ならない。古来、天文学が我々にとって身近な学問として心の中にあり続けている所以である。

　このような事情から、天文学の研究者のみならず、一般の方々の天文学や宇宙に関する関心は非常に高い。しかし、ひとたび天体現象や宇宙について理解しようとすると、たくさんの科学的知識が必要となり大変である。そんなとき、基礎から最新の情報まで網羅する天文学の手頃な事典があると便利なはずである。本書はまさにこのニーズに応えるものとなっている。

　じつは、1983年に、ブルーバックスから『現代天文学小事典』が刊行されている。当時の天文学を縦横無尽に語り尽くした素晴らしい事典であった。しかし、30年の歳月は我々の宇宙観を大きく変えた。『現代天文学小事典』のスピリットを継承し、時期を得て改訂版を出版することは、我々遅れてきた者の責務である。

　では、1983年以降、天文学はどのような進展を遂げたのだろうか？　進展の原動力はいつの時代でも同じである。技術革新。これに尽きる。1609年、ガリレオ・ガリレイが初めて望遠鏡で宇宙の観測をして以来、可視光による観測は基本である。写真技術の発展とともに、しばらくの間、写真乾板が検出器として使われていた。しかし、1980年代中盤から半導体を利用したCCDカメラが天体観測に利用されるようになった。量子効率は100パーセントに近いので、人類は究極の検出器を手にした。このおかげで、どうしても手の届かなかった100億光年彼方の銀河を観測できるようになった。

序文

　技術革新は続く。積年の夢だったハッブル宇宙望遠鏡（HST）が打ち上げられたのが1990年のことであった。主鏡の誤研磨というトラブルを3年後に乗り越えてからは（補正光学系を装着した）、まさに人類の宇宙観を根底から覆すような画像を提供し続けている。あまりにも美しい星雲や銀河の画像に、息をのまれた方も多いだろう。しかし、HSTの主目的は、望遠鏡の名前に宇宙膨張を発見したハッブルの名前が冠されているとおり、宇宙の膨張率であるハッブル定数を精密に測定することだった。宇宙マイクロ波背景放射の観測などと併せて、宇宙の年齢を137億年と決定したことは、ここ30年の最も大きな成果の1つである。

　また、HSTの白眉は、深宇宙探査を目的とした、ハッブル・ディープ・フィールドとハッブル・ウルトラ・ディープ・フィールドである。これらのプロジェクトのおかげで、人類は132億光年彼方の銀河を発見するに至り、銀河の誕生過程の解明に肉薄しつつある。もう1つの白眉は、広域サーベイで宇宙のダークマターの3次元分布を初めて明らかにした宇宙進化サーベイ（COSMOSプロジェクト）である。冷たいダークマターによる銀河形成論を観測的に初めて立証した。

　また、待ち望まれていた宇宙マイクロ波背景放射の精密観測がCOBEとWMAPの2つの衛星で行われた。温度（密度）ゆらぎが発見され、銀河の種が見えてきた。さらに、これらの観測に基づき宇宙の質量密度を調べてみると、原子の占める割合は高々数パーセントで、大半はダークエネルギーとダークマターで占められていることが判明した。我々の住む宇宙は正体不明の暗黒に操られて進化しているのである。

　地上の天文台はすべて大型化し、口径8.2mのすばる望遠鏡などが稼働し始めた。遥か130億光年彼方の非常に若い銀河が多数発見され、ようやく銀河の形成と進化の様子がわかるようになった。また、電波では南米アタカマ高地にALMAが建設され、2011年から稼働し始めた。世界初の国際共同運用天文台である。銀河系内の星生成領域の精密観測や遠方銀河の星間物質の研究に大きな進展が期待されている。宇宙天文台はハッブル宇宙望遠鏡の他に、紫外線、赤外線、X線、およびガンマ線天文台が次々と打ち上げられ、本格

序文

的な多波長観測の時代に突入した。特に、ガンマ線天文学の発展は著しく、宇宙最大の爆発であるガンマ線バーストの研究が進んだことも特筆に値する。

　身近なところでは我々の住む太陽系の理解も格段に進んだ。2006年の国際天文学連合の総会で、冥王星が惑星ではなく準惑星に変更になったことは大きなニュースとして取り上げられた。これは望遠鏡が大型化して、太陽系外縁部の観測が進展したことによる。海王星より遠いところには、冥王星クラスの天体がたくさんあることがわかってきたため、冥王星の位置づけが変更されたのである。また、日本の小惑星探査機「はやぶさ」が小惑星イトカワの物質を持ち帰った大偉業もあった。

　一方、コンピュータ・シミュレーションの技術も大革新を遂げた。日本の研究グループが開発した重力多体系専用チップであるGRAPEの開発で、太陽系（恒星＋惑星系）から、銀河、宇宙大規模構造の形成と進化まで、飛躍的に速いスピードで計算できるようになったからである。地球や月のでき方も原理計算で探ることができるようになった意義は大きい。また、観測的には、第2の地球探しも本格化し、地球外生命に関する基礎研究も盛んに行われるようになってきた。

　何気なく見上げる夜空はなにも変わらないように見える。しかし、人類の宇宙の探求はどんどん進んでいる。読者の皆様にとって、本書が宇宙を理解する一助になれば幸いである。

2013年2月　　　　　　　　　　　　　　　　　　　　　　　谷口義明

『新・天文学事典』●目次

序文 —— 3

第1章 宇宙論 21

1. 概要 —— 22
2. 近代宇宙論の系譜 —— 24
3. 一般相対性理論と膨張宇宙論 —— 26
4. 一様等方宇宙モデル —— 29
5. 膨張宇宙 —— 31
6. 赤方偏移 —— 33
7. フリードマン方程式と宇宙論パラメータ —— 36
8. 宇宙のホライズン —— 42
9. ビッグバン宇宙 —— 44
10. 宇宙の歴史Ⅰ(放射優勢期) —— 46
    - 10-1 対称性の高い宇宙 (宇宙時間:約 10^{-12} 秒以前) 46
    - 10-2 電弱対称性の破れ (宇宙時間:約 10^{-12} 秒) 46
    - 10-3 クォーク・ハドロン転移 (宇宙時間:約 10^{-6} 秒) 48
    - 10-4 ニュートリノ脱結合 (宇宙時間:約1秒) 48
    - 10-5 電子・陽電子の対消滅 (宇宙時間:約10秒) 49
    - 10-6 軽元素合成 (宇宙時間:約3分) 50
11. 宇宙の歴史Ⅱ(物質優勢期以後) —— 51
    - 11-1 放射と物質の等密度時 (宇宙時間:約6万年) 51
    - 11-2 電子の再結合と光子の脱結合 (宇宙時間:約38万年) 51
    - 11-3 宇宙の暗黒時代 (宇宙時間:約38万年から数億年) 52
    - 11-4 天体や大構造の形成 (宇宙時間:数億年以後) 53
    - 11-5 宇宙の加速膨張 (宇宙時間:約90億年以後) 54
12. ダークマターとバリオンの起源 —— 54
    - 12-1 ダークマターの候補粒子 55
    - 12-2 バリオンの起源 56
13. インフレーション理論 —— 58
14. 量子宇宙論と宇宙の始まり —— 62
15. ビッグバン元素合成 —— 65
16. 宇宙マイクロ波背景放射 —— 69

# 第2章 ダークエネルギー 75

- 1. 概要 —— 76
- 2. 一般相対性理論における宇宙定数 —— 78
- 3. 真空エネルギーとしての宇宙項 —— 80
- 4. 場の量子論における宇宙項問題 —— 82
- 5. 膨張宇宙における宇宙項 —— 85
- 6. 加速膨張とダークエネルギー —— 87
- 7. ダークエネルギーの観測 —— 89
  - 7-1 遠方超新星 90
  - 7-2 バリオン音響振動 92
  - 7-3 ダークエネルギーの観測的制限 93
  - 7-4 弱い重力レンズ 95
  - 7-5 その他の方法 96
- 8. ダークエネルギーの理論 —— 96
  - 8-1 クインテッセンスなど 96
  - 8-2 修正重力理論 98
  - 8-3 非一様宇宙 100
  - 8-4 人間原理とマルチバース 101

第3章 ダークマター 103

- 1. 概要 —— 104
- 2. ダークマターの観測的証拠 —— 106
  - 2-1 太陽系近傍と銀河系 106
  - 2-2 銀河 107
  - 2-3 銀河団 113
  - 2-4 大規模構造の形成とダークマター・ハロー 119
- 3. ダークマターの理論 —— 120
  - 3-1 バリオン・ダークマター 120
  - 3-2 非バリオン・ダークマター 121
  - 3-3 素粒子理論からの予測 122
- 4. 素粒子実験による検証 —— 125

4-1 ニュートラリーノの検出　125
4-2 ヒッグス粒子の検出　126
4-3 アクシオンの検出　127

第4章 宇宙の大規模構造　129

1. 概要 ── 130
2. 銀河群、銀河団、超銀河団 ── 132
   2-1 銀河群　132
   2-2 銀河団　136
   2-3 超銀河団　139
3. 大規模構造 ── 140
   3-1 大規模構造の姿　140
   3-2 銀河の特異運動　142
4. 大規模構造の観測 ── 143
   4-1 大規模構造の発見　143
   4-2 赤方偏移サーベイ　146
5. 大規模構造の理論 ── 147
   5-1 銀河分布の定量化　147
   5-2 2点相関関数　148
   5-3 パワースペクトル　150
   5-4 冷たいダークマターに基づく構造形成論　152

第5章 銀河　155

1. 概要 ── 156
2. 銀河の分類 ── 158
   2-1 楕円銀河　158
   2-2 円盤銀河　158
   2-3 S0銀河　159
   2-4 不規則銀河　160
   2-5 ハッブル系列　160
   2-6 矮小銀河　162

3. 銀河の観測的特徴 ─── *163*
    3-1 光度 *163*
    3-2 質量 *168*
    3-3 表面輝度分布 *170*
    3-4 サイズ *173*
    3-5 色 *174*
    3-6 金属量 *176*
    3-7 環境 *177*
4. 銀河の形態と性質 ─── *179*
    4-1 楕円銀河とS0銀河 *179*
    4-2 渦巻銀河 *183*
    4-3 不規則銀河 *185*
    4-4 矮小銀河 *186*
    4-5 スターバースト銀河 *187*
5. 銀河形成論 ─── *188*
6. 銀河の進化 ─── *191*
    6-1 赤方偏移サーベイ *192*
    6-2 遠方銀河探査 *195*
    6-3 宇宙における星生成史 *202*
    6-4 最遠方銀河 *208*

第6章 銀河系 *213*

1. 概要 ─── *214*
2. 多波長観測で見る天の川 ─── *215*
    2-1 銀河座標 *215*
    2-2 さまざまな波長帯で見る天の川の姿 *216*
3. 銀河系の基本構造 ─── *218*
    3-1 全体構造 *218*
    3-2 バルジと棒状構造 *220*
    3-3 恒星系円盤(厚い円盤と薄い円盤) *222*
    3-4 星間ガス円盤 *223*
    3-5 ハロー *223*
    3-6 球状星団 *224*

『新・天文学事典』●目次

　　3-7　太陽系の位置と回転速度　*224*
　　3-8　銀河系の真の姿　*227*
　　3-9　銀河系の質量分布と回転曲線　*232*
4. 銀河系中心の構造と巨大ブラックホール ———— *233*
　　4-1　Sgr A*付近の構造　*234*
　　4-2　巨大ブラックホールの発見　*235*
5. 衛星銀河（伴銀河）———— *235*
　　5-1　大マゼラン雲と小マゼラン雲　*235*
　　5-2　マゼラン雲流と銀河相互作用　*237*
6. 銀河系形成史 ———— *237*
　　6-1　金属量分布と化学進化モデル　*237*
　　6-2　銀河考古学　*238*

第7章　星　*241*

1. 概要 ———— *242*
　　1-1　星の分類と色——等級図　*242*
　　1-2　原子核反応と元素合成　*244*
2. 星の進化 ———— *245*
　　2-1　赤色巨星　*245*
　　2-2　重力崩壊とブラックホールの形成　*247*
　　2-3　巨大質量星の進化　*247*
3. 高密度天体 ———— *248*
　　3-1　白色矮星と惑星状星雲　*248*
　　3-2　中性子星とパルサー　*250*
4. 星の種族と第1世代星 ———— *250*
5. 星の誕生 ———— *252*
6. 銀河の中での集団的星生成 ———— *255*
7. 超新星爆発と元素合成 ———— *257*
　　7-1　超新星の観測的分類　*257*
　　7-2　重力崩壊型超新星とニュートリノ天文学　*258*
　　7-3　Ia型超新星　*262*
　　7-4　元素の起源　*265*
8. ガンマ線バースト ———— *266*

- 8-1 発見とそれ以降の歴史 266
- 8-2 生成メカニズム 269
- 8-3 長いガンマ線バーストと超新星との関連 270
- 8-4 短いガンマ線バーストの起源 271
- 8-5 宇宙論的研究への応用 272

第8章 太陽 277

1. 概要 —— 278
2. 太陽内部 —— 279
   - 2-1 核融合反応 280
   - 2-2 日震学 280
   - 2-3 対流層・子午面還流 282
   - 2-4 自転 282
3. 太陽大気 —— 282
   - 3-1 光球 284
   - 3-2 彩層 286
   - 3-3 コロナ 288
   - 3-4 太陽風と太陽圏(低速／高速太陽風) 289
4. 太陽活動 —— 291
   - 4-1 黒点と白斑 291
   - 4-2 プロミネンスとダーク・フィラメント 292
   - 4-3 フレア 295
   - 4-4 コロナ質量放出 298
   - 4-5 太陽活動周期とダイナモ 299
5. 宇宙天気と宇宙気候 —— 302
   - 5-1 太陽高エネルギー粒子 302
   - 5-2 惑星間空間衝撃波・共回転衝撃波 304
   - 5-3 磁気嵐とオーロラ・サブストーム 306
   - 5-4 太陽活動の長期変動による地球環境(気候)への影響 310
6. 恒星活動 —— 311
   - 6-1 恒星黒点 312
   - 6-2 恒星彩層 312
   - 6-3 恒星コロナ 313

6-4 恒星風 *314*
6-5 恒星フレア *316*
7. 太陽の一生 ———— *318*

第9章 太陽系 *321*

1. 概要 ———— *322*
2. 地球型惑星 ———— *327*
   2-1 水星 *327*
   2-2 金星 *330*
   2-3 地球と月 *333*
   2-4 火星 *338*
3. 巨大ガス惑星 ———— *341*
   3-1 木星 *341*
   3-2 土星 *346*
4. 巨大氷惑星 ———— *349*
   4-1 天王星 *349*
   4-2 海王星 *351*
5. 準惑星と冥王星型天体 ———— *354*
   5-1 小惑星帯の準惑星 *355*
   5-2 冥王星型天体 *357*
6. 太陽系小天体 ———— *358*
   6-1 彗星 *359*
   6-2 小惑星 *363*
   6-3 太陽系外縁天体 *366*
   6-4 惑星間塵 *368*
   6-5 流星と流星群 *369*

第10章 太陽系外惑星 *373*

1. 概要 ———— *374*
2. 系外惑星の観測方法 ———— *377*
   2-1 アストロメトリ法 *377*

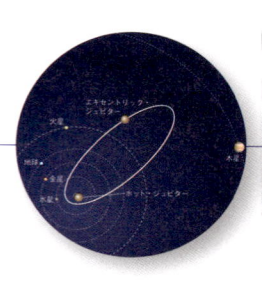

- 2-2 ドップラーシフト法 *378*
- 2-3 トランジット法 *380*
- 2-4 重力マイクロレンズ法 *382*
- 2-5 直接撮像法 *383*

3. 系外惑星の特徴 ———— *383*
   - 3-1 軌道長半径、軌道離心率 *384*
   - 3-2 惑星質量分布 *384*
   - 3-3 軌道長半径 *385*
   - 3-4 軌道離心率 *387*
   - 3-5 軌道面傾斜角 *388*
   - 3-6 中心星の依存性 *389*
   - 3-7 内部構造 *390*

4. 形成モデル ———— *391*
   - 4-1 原始惑星系円盤 *391*
   - 4-2 コア集積モデル *393*
   - 4-3 円盤不安定モデル *395*
   - 4-4 ホット・ジュピター *396*
   - 4-5 エキセントリック・ジュピター *398*
   - 4-6 スーパーアース *400*

第11章 ブラックホール *401*

1. 概要 ———— *402*
2. ブラックホール時空 ———— *403*
3. ブラックホール天体の分類 ———— *406*
4. ブラックホールの形成 ———— *409*
5. 降着円盤 ———— *412*
   - 5-1 標準円盤モデル *414*
   - 5-2 放射非効率降着流 *415*
   - 5-3 スリム円盤モデル *415*
6. ジェットと円盤風 ———— *416*
   - 6-1 磁気圧駆動型ジェット *417*
   - 6-2 放射圧駆動型ジェット *418*
   - 6-3 ブランドフォード・ナエック機構 *419*

6-4 ラインフォース駆動型円盤風 *420*
7. ブラックホールの質量測定 —————— *421*
8. ホーキング放射と宇宙の終末 ———————— *426*

第12章 巨大ブラックホールと活動銀河中心核 *429*

1. 概要 ———— *430*
2. 巨大ブラックホール ————— *432*
3. 活動銀河中心核の種類 ————— *435*
   - 3-1 セイファート銀河 *435*
   - 3-2 LINER *438*
   - 3-3 クェーサー *440*
   - 3-4 電波銀河 *441*
   - 3-5 ブレーザー *442*
4. 活動銀河中心核からの放射 ————— *443*
   - 4-1 降着円盤の熱放射 *444*
   - 4-2 輝線放射領域 *446*
   - 4-3 ジェット *447*
   - 4-4 固有な吸収線系(噴出流) *448*
5. 活動銀河中心核の統一モデル ————— *450*
6. 活動銀河中心核の探査 ————— *453*
7. 活動銀河中心核の形成と進化 ————— *456*
8. 巨大ブラックホールと銀河の共進化 ————— *460*

第13章 星間物質 *465*

1. 概要 ———— *466*
2. 星間雲 ———— *469*
   - 2-1 分子雲 *469*
   - 2-2 中性水素(H I)雲 *471*
   - 2-3 電離水素(H II)雲 *473*
   - 2-4 惑星状星雲 *476*
   - 2-5 超新星残骸 *477*

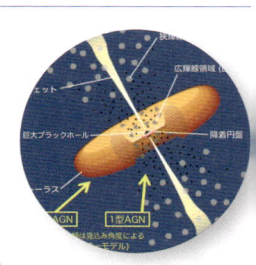

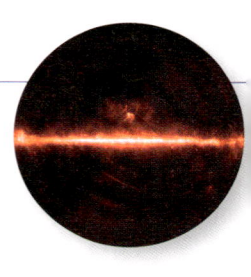

2-6 コロナガス　*478*

2-7 高速度雲　*479*

3. 宇宙塵 ———— *480*

3-1 星間減光　*480*

3-2 星間偏光　*482*

3-3 赤外線放射　*483*

3-4 元素組成とサイズ分布　*485*

3-5 生成、進化、破壊　*487*

4. 銀河宇宙線 ———— *490*

5. 星間での諸現象 ———— *494*

5-1 星間磁場　*494*

5-2 星間乱流　*497*

5-3 星間衝撃波　*498*

5-4 星間放射場　*501*

6. 星間物質の大域的諸性質 ———— *501*

6-1 多相モデル　*501*

6-2 スーパーバブル　*504*

6-3 銀河リッジX線放射　*505*

6-4 星間雲とガンマ線　*506*

第14章 銀河間物質 *509*

1. 概要 ———— *510*

2. クェーサー吸収線系 ———— *511*

2-1 吸収線で影をとらえる　*511*

2-2 減衰ライマンα吸収線系　*514*

2-3 ライマン・リミット吸収線系　*515*

2-4 ライマンαの森　*516*

2-5 金属吸収線系　*517*

2-6 宇宙紫外線背景放射　*518*

3. 銀河間空間の金属汚染 ———— *519*

4. 銀河間空間と環境 ———— *519*

4-1 銀河団ガス　*519*

4-2 銀河系近傍の銀河間ガス　*521*

5. 初期宇宙における銀河間ガス ——— 522
　　5-1　宇宙の暗黒時代　523
　　5-2　宇宙再電離　523
　　5-3　ガン・ピーターソン効果　524

第15章　宇宙生物学　527

1. 概要 ——— 528
2. 星間分子 ——— 529
3. 気相反応 ——— 531
4. 星間塵表面反応 ——— 532
5. 宇宙有機物質 ——— 534
6. 生命の起原 ——— 536
7. 化学進化とミラーの実験 ——— 537
8. 地球外物質の地球への運搬 ——— 540
9. パンスペルミア仮説 ——— 542
10. キラリティ（対掌性）——— 543
11. タンパク質 ——— 545
12. 核酸と遺伝 ——— 546
13. 生物の進化 ——— 549
14. ハビタブル惑星 ——— 553
15. 地球外生命探査 ——— 555
16. バイオマーカー ——— 557
17. 地球外文明 ——— 559

第16章　観測技術　561

1. 概要 ——— 562
2. 可視光—赤外線 ——— 562
　　2-1　光赤外線観測の歴史　562
　　2-2　光学系　565
　　2-3　望遠鏡　567
　　2-4　光赤外線検出器　574

- 2-5 光学素子 *578*
- 2-6 光赤外観測装置 *579*
- 2-7 補償光学 *581*

3. 電波 ─── *583*
- 3-1 電波望遠鏡の歴史 *583*
- 3-2 電波天文観測 *586*
- 3-3 単一アンテナ電波望遠鏡 *586*
- 3-4 電波干渉計 *589*
- 3-5 VLBI *593*

4. X線 ─── *593*
- 4-1 宇宙X線観測 *594*
- 4-2 X線検出の原理 *595*
- 4-3 X線検出器 *599*
- 4-4 X線望遠鏡 *610*

第17章 飛翔体による宇宙探査と宇宙開発 *621*

1. 概要 ─── *622*
2. 宇宙開発史 ─── *622*
- 2-1 宇宙開発の黎明期 *622*
- 2-2 冷戦下の人工衛星打ち上げと有人宇宙活動 *623*
- 2-3 月・惑星探査競争 *625*
- 2-4 宇宙ステーションの建設 *627*
- 2-5 日本の宇宙開発の歴史 *627*
- 2-6 新興国と民間事業者の台頭 *632*

3. 人工衛星 ─── *633*
- 3-1 人工衛星のしくみ *633*
- 3-2 人工衛星の構成 *635*
- 3-3 地球周回軌道 *637*
- 3-4 天文観測衛星 *643*
- 3-5 地球観測衛星 *656*
- 3-6 通信・放送衛星 *661*
- 3-7 測位衛星 *662*
- 3-8 情報収集衛星 *663*

『新・天文学事典』●目次

　　3-9　超小型衛星　*664*
4. 太陽系探査 ────── *665*
　　4-1　太陽系探査の手法　*665*
　　4-2　太陽系探査ロボット　*666*
5. ロケットと高高度気球 ────── *670*
　　5-1　衛星打ち上げ用ロケット　*671*
　　5-2　観測ロケット　*677*
　　5-3　民間サブオービタル宇宙機　*680*
　　5-4　再使用型観測ロケット　*681*
　　5-5　高高度気球　*682*
　　5-6　航空機搭載望遠鏡　*683*
6. 有人による宇宙探査と宇宙開発 ────── *684*
　　6-1　有人宇宙飛行　*684*
　　6-2　宇宙飛行士　*685*
　　6-3　国際宇宙ステーション　*686*
　　6-4　宇宙基地　*689*
7. 宇宙ゴミ ────── *691*

第18章　天文学の教育と普及　*693*

1. 概要 ────── *694*
2. 学校教育 ────── *695*
　　2-1　小学校での天文教育　*695*
　　2-2　中学校での天文教育　*697*
　　2-3　高等学校での天文教育　*699*
　　2-4　大学・大学院での天文教育　*700*
3. 科学館とプラネタリウム ────── *701*
　　3-1　科学館における天文学の普及　*701*
　　3-2　プラネタリウムにおける天文学の普及　*710*
4. 公開天文台 ────── *713*
　　4-1　公開天文台の歴史　*714*
　　4-2　公開天文台の現状と役割・未来像　*721*

付録 —— 723

1. 物理定数 —— 724
   - 1-1 普遍定数 724
   - 1-2 相互作用定数 724
   - 1-3 その他の重要な定数 724
   - 1-4 質量 724
   - 1-5 CGS単位系とSI単位系との関係 725
2. 天文学的な定数 —— 725
   - 2-1 太陽と地球 725
   - 2-2 時間の単位 725
   - 2-3 距離の単位 725
   - 2-4 年周視差の観測原理とパーセクの定義 726
3. 宇宙論的な定数とパラメータ —— 727
4. 天体からの電磁波 —— 728
   - 4-1 電磁波の名称 728
   - 4-2 天体からの電磁波の放射強度 729
   - 4-3 等級 729
5. 天体の位置（座標系） —— 735
   - 5-1 赤道座標 735
   - 5-2 銀河座標 736
   - 5-3 超銀河座標系 737

さくいん —— 740

監修者・執筆者

監修者　　谷口　義明

執筆者
　第1章　　松原　隆彦
　第2章　　松原　隆彦
　第3章　　谷口　義明
　第4章　　嶋作　一大
　第5章　　鍛冶澤　賢、谷口　義明
　第6章　　和田　桂一
　第7章　　吉田　直紀（1~6節）、戸谷　友則（7、8節）
　第8章　　柴田　一成（1、2、6、7節）、浅井　歩（3~5節）
　第9章　　渡部　潤一
　第10章　井田　茂
　第11章　大須賀　健、高橋　労太
　第12章　寺島　雄一、長尾　透、谷口　義明
　第13章　井上　昭雄、釜谷　秀幸
　第14章　柏川　伸成
　第15章　大石　雅寿
　第16章　吉田　道利（1、2節）、石黒　正人（3節）、栗木　久光（4節）
　第17章　阪本　成一
　第18章　松村　雅文（1、2節）、加藤　賢一（3節）、黒田　武彦（4節）

　尚、複数の著者が1つの章を担当していて、担当の節が示されていない場合は、著者らが協力して執筆した。

第1章
宇宙論

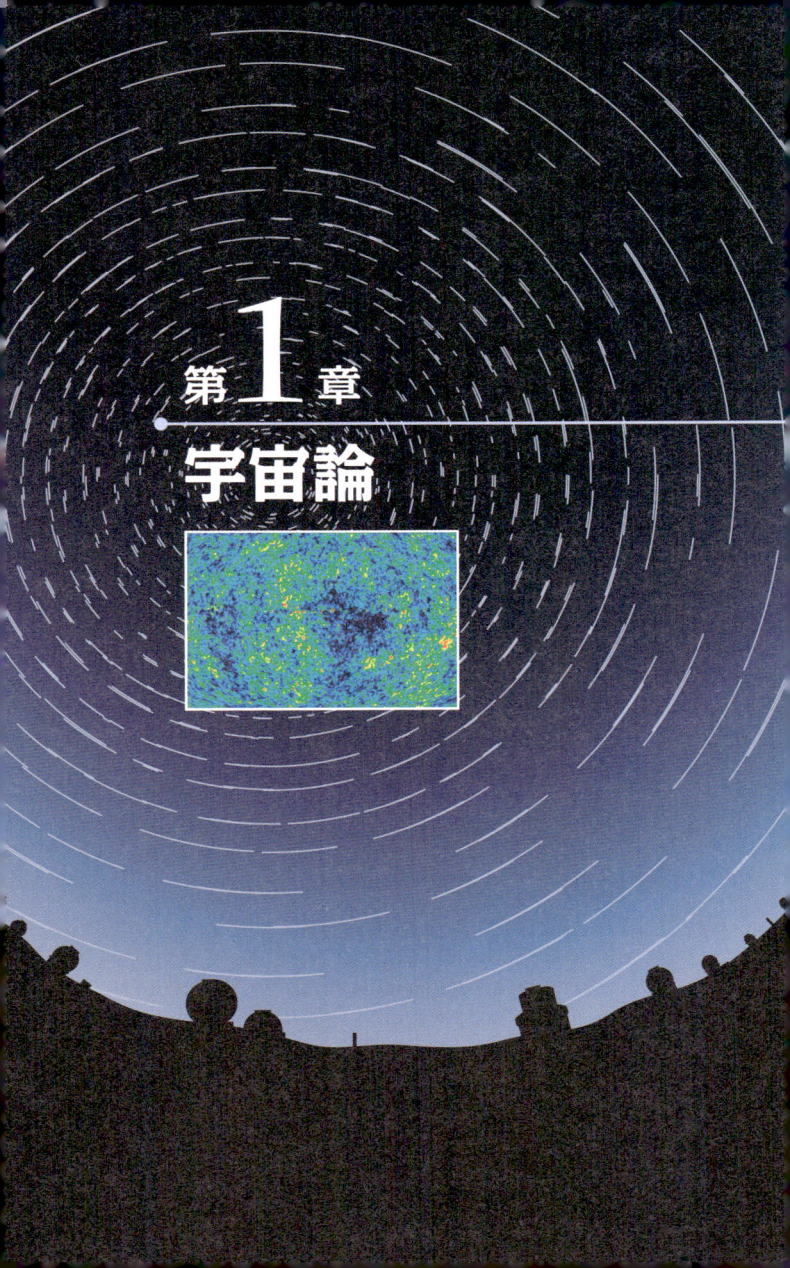

第1章　宇宙論

1. 概要

　天文学は実に多様な現象をあつかい、その対象には想像を絶するような広がりがある。天文学の多くの分野は宇宙の中にあるさまざまな天体を研究の対象としている。一方、この章で述べる宇宙論という分野は、個々の天体よりも宇宙の全体構造、もしくは宇宙そのものを研究の対象としている。その意味では天文学の中で特殊な位置を占めている。

　中国の古い文献『淮南子』によると、"宇宙"という言葉はもともと空間と時間を意味するとされる。"宇"とは空間、"宙"とは時間のことである。我々に観測できるこの世界のすべては、空間と時間に包み込まれた存在である。さまざまな天体や我々人間をも含めたあらゆる存在の舞台、それが宇宙であり、宇宙論はその舞台がどのようなものかを明らかにしようとする研究分野である。

　宇宙論の対象はある意味で人類の根源的な疑問と直結しているため、人類の文明と共にさまざまな宇宙論が生まれては消えてきた。古代から現代にいたるまでに人類が考えた宇宙観は、文字記録などに残されていないものも含めると、想像がつかないほど多様なものであっただろう。だが、現代宇宙論はこれら過去の宇宙論と大きく異なるところがある。それは物理学などの科学理論と、最先端技術による詳細な宇宙観測により、実証的な研究が行われていることである。

　現代宇宙論最大の成果の1つは標準ビッグバン宇宙論（standard big bang cosmology）の確立である。これにより宇宙は最初に大爆発を起こして高温・高密度の状態から始まり、現在まで膨張し続けていることが明らかにされた。一方で、現在の宇宙が永遠に変わらず存在し続けるという、ある意味で心の平安をもたらすような宇宙観は、20世紀の目覚ましい宇宙観測の進展によって脆くも打ち砕かれた。そして、悠久の時の流れの中では現在の宇宙が暫定的なものでしかない、という事実を認めざるを得なくなったのである。

　宇宙が恒久的なものでないとすると、宇宙はどのようにして始まったのか、そして最終的にはどうなってしまうのか、という2つの疑問が直ちに生じる。そして、宇宙の始まり方がわかればこの宇宙全体がどのようなものかがわかるかもしれない。宇宙はどのような

1. 概要

形で存在しているのか。宇宙は無限に続いているのか、あるいは有限で閉じているのか。この宇宙が始まることができたのなら、他にも宇宙がどこかで別に始まることがあるのだろうか。このような根源的な疑問は、宇宙論の研究を進める究極の動機である。

宇宙の全体像を知るには、宇宙をできるだけ広く観測すると同時に、宇宙初期に何が起きていたかを探ることが重要なステップである。幸い宇宙の観測は原理的に、遠くの宇宙を見ることと過去の宇宙を見ることが同じである。たとえば10億光年先の宇宙を観測すると、ほぼ10億年前の宇宙の姿を見ることになる。このため、宇宙論としては宇宙をできるだけ遠くまで観測することが重要になる。電磁波を使う観測では、この方法で宇宙誕生後約38万年の初期宇宙までさかのぼって探ることができる。それ以前の宇宙を電磁波で直接探ることはできない。ニュートリノや重力波を使うと探ることができる可能性もあるが、まだ実用化にはいたっていない。

このため、約38万年以前の宇宙は主に物理学を用いた理論的な方法で調べられている。現在の宇宙にある多様な種類の元素のほとんどは、宇宙の最初期には存在していなかった。それらの合成過程は、原子核反応の理論的な計算により導かれる。その結果は宇宙空間に観測される元素比率をとてもよく説明できる。このことは、ビッグバン宇宙論の有力な証拠の1つである。このように、初期の宇宙も原子核物理学や素粒子物理学の成果を総動員することで調べられている。

宇宙を初期にさかのぼると、非常に小さな空間領域に大量の物質が詰め込まれた状態になるため、主に高エネルギー領域を記述する素粒子物理学の知識が有用である。地上の高エネルギー実験で確かめられた物理学の理論を、宇宙初期に当てはめることができるからである。さらに宇宙を初期にさかのぼっていくと、地上の実験では到達不可能な高エネルギーの状態になるので、宇宙論的な観測から素粒子物理学に制限を与えることも原理的には可能である。

このように、宇宙論は物理学と密接につながり、天文学と物理学の交わる交差点に位置している。宇宙論は、天文学から見ると大きなスケールの極限に位置していながら、素粒子物理学から見ると小さなスケールの極限に位置している。それというのも、宇宙はそれ

第1章 宇宙論

自身で膨張することによって、微小なスケールから巨大なスケールへ変貌するという性質をもつからである。まさに時空間全体の包括的な理解が必要になるゆえんである。

2. 近代宇宙論の系譜

宇宙論の進展は、この世界をどのようにとらえるかという科学そのものの進展と表裏一体であった。この世界がどのような法則に支配されているかが明らかになれば、宇宙そのものがどのようにできているかを調べられるようになる。そこで、人類の宇宙像がどのように広がり現代の宇宙論へつながってきたのかを、ここで最初に振り返っておく。

ギリシャの哲学者であるプラトン（Plato）は、天体の見かけの動きを説明するため地球を中心にした球面を考え、それを天球（celestial sphere）と名付けた。この天球には星が張り付いていて、一日に一回転する。一方、惑星は他の星との位置関係を少しずつ変化させる。この惑星運動を説明するため、ヒッパルコス（Hipparchus）は周転円（epicycle）、従円（deferent）および離心円（eccentric circle）という考え方を使い、天体運動のモデルを考えた。そこでは地球の周りに従円という大きな円を想定する。周転円は従円よりも小さな円で、周転円の中心は従円に沿って回転する。そして惑星は周転円に沿って回転すると考えるのである。

このように、地球を中心として他の天体がその周りを回っているという宇宙の見方は天動説、または地球中心説（geocentric model）と呼ばれる。ギリシャの天文学者であるプトレマイオス（Ptolemy）は、従円の他にエカント（equant）という概念を追加することで、天体運動を正確に記述するモデルを体系化した。この天動説はヨーロッパ世界に広く受け入れられ、長い間用いられてきた。

一方、太陽を中心としてその周りを地球と惑星が回転するという宇宙の見方は地動説、または太陽中心説（heliocentric model）と呼ばれる。この考え方は最初に古代ギリシャのアリスタルコス（Aristarchus）によって提唱されたが、広く受け入れられることもなく長い間完全に忘れ去られていた。ヨーロッパ世界において初め

2. 近代宇宙論の系譜

て地動説を唱えたのが、かの有名なニコラウス・コペルニクス（N. Copernicus）である。1543年に出版された彼の著書『天球の回転について』の中で発表された。それまでの天動説では天体運動を正確に再現するために複雑な周転円の運動規則を使う必要があったが、地動説にそのような複雑性は必要ない。

コペルニクスの最初の地動説においては、地球や惑星は円運動すると考えられたが、そのこと自体は正しくなかった。コペルニクスの死後、ティコ・ブラーエ（T. Brahe）はかつてない精度で星や惑星の運動を観測して記録した。その膨大なデータを受け継いだヨハネス・ケプラー（J. Kepler）は、地球や惑星の運動が円運動ではなく、楕円運動だとすると天体運動が正確に記述できることを見いだした。そして惑星運動に関する有名なケプラーの3法則（Kepler's laws）を発見した。これにより、地動説は定量的にも正確なものになった。とはいえ、ヨーロッパ世界において長い間受け入れられてきた天動説が、これによって直ちに地動説に取ってかわられたわけではない。真実が受け入れられるまでには時間がかかった。

1609年、ガリレオ・ガリレイ（Galileo, G.）は当時発明されたばかりの望遠鏡を自分で製作し、天体観測に用い始めた。この結果、宇宙に関する人類の知識は飛躍的に広がることになる。ガリレオは木星に衛星が周回していることや、金星に満ち欠けがあることを発見した。これらの事実は地動説の正しさを裏付けるものだった。

アイザック・ニュートン（I. Newton）は、万有引力の法則を発見することにより、ケプラーの3法則を基本的な運動法則から説明することができた。これは1687年に刊行された『自然哲学の数学的諸原理』（Philosophiae naturalis principia mathematica、日本語ではよく『プリンキピア』と呼ばれる）において発表された。万有引力の法則によると、地上の物体に働く重力と、惑星運動をもたらす力は同じ起源をもつ。ここにいたって、地上の世界と天上の世界は統一的に同じ運動法則にしたがうことが明らかにされた。

天体が宇宙空間の中で有限の範囲に一様に分布しているならば、万有引力の法則によりすべての天体は全体の重心に向かって落ちていってしまう。この場合には宇宙が永遠に同じ姿を保つことはできない。これを避けるため、ニュートンは無限に広がった空間に一様

に天体が分布している、という宇宙モデルを考えた。この場合、個々の天体にはどちらの方向へも同じ力が働くため、静止した状態を保てると考えたのである。これをニュートンの静止宇宙モデル（Newton's static universe）という。

ニュートンの静止宇宙モデルにはいくつかの問題点があるが、その中でも"オルバースのパラドックス（Olbers' paradox）"という問題点がよく知られている。観測者を中心としてある決まった厚みをもつ球殻を考える。その球殻に含まれる星の数は、球殻の表面積に比例するから、半径の2乗に比例する。一方、それらの星から届く光の強さは半径の2乗に反比例する。このため、ある決まった厚みの球殻に含まれる星から届く光の強さは、半径によらず一定となる。半径は無限大まで広がっているので、すべての星から届く光の強さを合わせると無限大になる。このことは夜空が暗いことと矛盾する。このような矛盾点は、20世紀になってニュートンの重力理論を修正する一般相対性理論の登場を待ってから解決されるのである。

3. 一般相対性理論と膨張宇宙論

1916年、アルベルト・アインシュタイン（A. Einstein）は新しい重力理論である一般相対性理論（general theory of relativity）を完成させた。これにより、ニュートンの重力理論では説明できなかった水星の近日点移動をまず説明できるようになった。また、1919年にアーサー・エディントン（A. S. Eddington）は皆既日食を利用して星からの光が太陽近傍で曲がることを観測し、一般相対性理論の予言通りになっていることを確認した。一般相対性理論は重力を曲がった時空間の性質として説明する。これによると、ニュートンの重力理論は近似理論に過ぎないことになる。

一般相対性理論が完成するとすぐ、アインシュタインはこの理論を用いて宇宙のモデルを考えた。ところが、一般相対性理論の基本方程式であるアインシュタイン方程式（Einstein's equations）をそのまま用いると、宇宙が永遠に同じ姿を保ち続ける解は見つからない。アインシュタインは方程式に宇宙項（cosmological term）を付け加えることで、静的な宇宙モデルを編み出した。これをアインシュ

3. 一般相対性理論と膨張宇宙論

タインの静止宇宙モデル（Einstein's static universe）という。

一方で、ウィレム・ド・ジッター（W. de Sitter）は宇宙項を加えたアインシュタイン方程式をもとにして、宇宙に物質の含まれない真空宇宙解を発見した。この解は空間の尺度が指数関数的に膨張する宇宙となっていて、ドジッター宇宙モデル（de Sitter universe）と呼ばれている。また、1922年、アレクサンドル・フリードマン（A. Friedmann）は一般に物質が含まれる宇宙を考え、膨張する宇宙の解を導いた。これはフリードマン宇宙モデル（Friedmann universe）と呼ばれている。

1912年から1922年にかけて、ヴェスト・スライファー（V. M. Slipher）は系外銀河（我々の住む天の川銀河の外にある銀河）のスペクトル線を観測した。すると41個中36個もの銀河が赤方偏移していて、青方偏移する銀河が圧倒的に少ないことを見いだした。赤方偏移の原因を、視線方向への後退速度によるドップラー偏移と解釈すると、ほとんどの銀河は我々から遠ざかっていることになる。またエドウィン・ハッブル（E. P. Hubble）やミルトン・ヒューメイソン（M. L. Humason）たちは変光星の絶対光度を見積もるなどの方法で、系外銀河までの距離を定めていった。そしてハッブルは1929年、銀河の後退速度と距離との間に比例関係が成り立つという、いわゆるハッブルの法則（Hubble's law）を見いだした。銀河の後退速度を v として、その銀河までの距離を r とするとき、ハッブルの法則を式で書けば

$$v = H_0 r \tag{1-1}$$

となる。ここで H_0 はハッブル定数（Hubble constant）と呼ばれる定数である。

一方でそれより早い1927年、ジョルジュ・ルメートル（G. Lemaître）はアインシュタイン方程式を解いてフリードマン宇宙モデルを独立に再発見した。それとともに、当時スライファーやハッブルなどにより明らかにされていた系外銀河の赤方偏移について、その真の原因が宇宙の膨張にあることを最初に見抜いた。実は観測データを用いてハッブルの法則を最初に導いたのは、ハッブルではなくルメートルである。ルメートルがその結果をベルギーの無

第1章　宇宙論

名学術雑誌に発表したこと、またその後も先取権を全く主張しなかったことなどにより、宇宙膨張発見の功績はこれまでハッブル一人に帰されることが多かった。歴史的経緯により、法則の名前には最初の発見者でない人の名前が冠されてしまうことがよくあるが、これもその一例だといわれている。

彼らの得たハッブル定数の値はほぼ $H_0 = 500 \mathrm{km\ s^{-1}\ Mpc^{-1}}$ 程度であった。ここでMpc（メガパーセク）は距離の単位であり、ほぼ $1\mathrm{Mpc} = 3 \times 10^{22}\mathrm{m}$ である。このハッブル定数の値はこんにち知られている実際の値よりもかなり大きなものであった。当時は距離指標に用いた変光星の性質が十分理解されていなかったため、銀河までの距離の見積もりを大幅に過小評価してしまっていたのである。実際の値はずっと小さく $H_0 = 70\mathrm{km\ s^{-1}\ Mpc^{-1}}$ 程度であることが現在までに判明している。宇宙論においてハッブル定数は宇宙の絶対スケールを決める重要な定数だが、精密な値を求めるのが難しい。そこで次のようなパラメータ

$$h = \frac{H_0}{100\mathrm{km\ s^{-1}\ Mpc^{-1}}} \tag{1-2}$$

を導入して用いられることが多い。このときたとえば、後退速度が $1000\mathrm{km\ s^{-1}}$ の天体までの距離は $10h^{-1}\mathrm{Mpc}$ になる。このように宇宙論では距離の単位として $h^{-1}\mathrm{Mpc}$ という組み合わせがよく出てくる。

このようにして宇宙が膨張していることが明らかになると、アインシュタインの静止宇宙は観測と合わなくなり、彼は宇宙項を棄てた。だがルメートルは、宇宙が膨張していても宇宙項は存在するべきだと考えていた。このため、宇宙項を含む膨張宇宙のモデルをルメートル宇宙モデル（Lemaître universe）と呼ぶこともある。結果的にこのルメートル宇宙モデルは現在、現実の宇宙にもっとも近いものであると考えられている。

またルメートルは、宇宙には始まりがあって宇宙の年齢は有限だと考えた。最初限りなく小さかった宇宙が、ある時刻に突如として膨張し始めたことになる。この最初の宇宙のことを彼は"原初原子（primeval atom）"と呼んだ。宇宙に始まりがあるという考えは、その後発展したビッグバン理論に組み込まれて受け継がれている。

このようにして宇宙は動的に進化するものであることが明らかになった。そして宇宙全体の枠組みである時空間は一般相対性理論によって理解できることが判明したのである。

4. 一様等方宇宙モデル

宇宙はあまりにも複雑な存在であり、そのすべてを完全に記述しようとしてもできない相談である。そこで、最初に宇宙全体の大まかな性質を調べるため、極度に簡単化した宇宙のモデルを考える。もし、宇宙の複雑な構造やさまざまな出来事を捨象してしまえば、宇宙全体にはどこにも特別な場所や特別な方向はない、と考えられるであろう。これは、地球が宇宙の中心ではないというコペルニクス原理をさらに一般化した考え方であり、宇宙原理（cosmological principle）と呼ばれる。すなわち宇宙原理とは、大きなスケールで見たときに宇宙は一様かつ等方であると考えることである。アインシュタインが最初に静止宇宙モデルを作ったときに、この宇宙原理が考えられて採用された。

宇宙原理が実際の宇宙を正しくとらえているかどうかは、観測によって決められることである。最初に宇宙原理を満たす宇宙モデルを理論的に構成した後、そこから観測可能な予言を引き出して実際の観測結果と比較する。現在のところ、宇宙原理に反するような明白な観測結果はなく、非常によい精度で成り立っている。

宇宙原理でいう一様等方性とは、3次元空間についての性質である。3次元一様等方空間の局所的な性質は、数学的に曲率（curvature）という1つの実数Kだけで特徴づけられる。

曲率がゼロ（$K=0$）の場合とは通常の平坦な空間のことであり、そこではユークリッド幾何学が成り立つ。この空間に直線を引いて三角形を作ると、内角の和は必ず180°になる。しかし、曲率が正（$K>0$）の場合、三角形の内角の和は180°よりも大きくなる。逆に曲率が負（$K<0$）の場合、内角の和は180°よりも小さくなる。ユークリッド幾何学が成り立たないのは、空間が曲がっているためである。このような空間はリーマン幾何学（Riemannian geometry）によって記述される。

3次元空間が曲がっている様子を想像することは困難であるが、

第1章　宇宙論

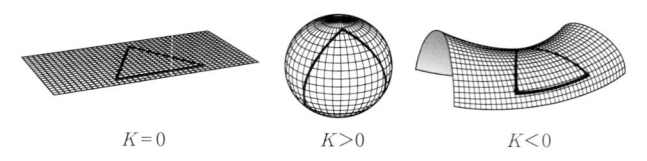

図1-1　曲率Kがゼロ、正、負となる2次元空間。

2次元空間が曲がっている様子は想像しやすい。一様等方な2次元の面も曲率だけでその局所的な性質が特徴づけられる。図1-1にあるように、平坦な平面の曲率はゼロである。球の表面の曲率は正である。また、馬の鞍もしくは山地における峠のような形をした面の曲率は負である。平面上の曲率はいたるところゼロであり、球面の曲率はいたるところ正の一定値をもっている。ところが曲率が負の一定値をもつ2次元面を厳密に図示することはできず、図のように峠の形をした面の曲率は一定ではない。だが、分かりやすく図示できないとしても、曲率が負の一定値をとる2次元面を考えることは数学的に可能なのである。

　曲率の値についてもう少し説明しておく。半径Rの球を考えると、その球面の曲率は$K = R^{-2}$である。すなわち、半径が小さいほど曲がり方が大きく、曲率が大きくなる。逆に半径が無限大の極限で球面の曲率はゼロになり、平坦な平面と区別がつかなくなる。また、曲率が負の一定値をもつ2次元面は、数学的に半径を純虚数にした球面に対応する。もちろん純虚数の半径を想像することは困難である。これは、曲率が負の一定値をもつ2次元面を目に見えるように図示することができない1つの理由である。

　平坦な2次元面上に1つの点を考え、そこを中心にして半径rの円を描くと、その円周の長さは$2\pi r$である。ところが図1-1から想像できるように、曲率が正の面上ではそれよりも円周が短くなり、曲率が負の面上では円周がそれより長くなる。曲率をもつ3次元空間でもこれと同じ性質がある。曲率がゼロの空間中に1つの点を考え、そこを中心にして半径rの球面を考えると、その球面の面積は$4\pi r^2$である。ところが、曲率が正の空間ではそれよりも球面積が小さくなり、曲率が負の空間では球面積が大きくなる。つまり

平坦な空間より正曲率の空間の方が、1つの点の周りにある「空間の量が少ない」のである。逆に負曲率の空間では周りに「空間がだぶついている」のである。

ここまでに説明してきたように、宇宙原理を満たす一様等方宇宙での3次元空間の曲率は、正、負、あるいはゼロの3種類しか取り得ない。2次元球面の面積が有限であるのと同じように、正曲率の一様等方3次元空間では体積が有限になる。一方、ゼロ曲率や負曲率の場合には体積は無限に広がっている。このため、正曲率の一様等方宇宙を閉じた宇宙（closed universe）、ゼロ曲率や負曲率の一様等方宇宙を開いた宇宙（open universe）と呼ぶことがある（ただし、位相幾何学的に非自明なつながり方をする空間を許すならば、空間の曲率と体積の有限性が対応しない場合もあり、この呼び方は必ずしも正しくないことがある）。

5. 膨張宇宙

時空間の尺度は一般相対性理論にしたがって相対的に変化する。一様等方宇宙には特別な方向というものがないので、空間尺度の時間変化のパターンは、全体として膨張するか収縮するか、あるいは全く変化しないかのいずれかである。ここで一様等方宇宙の中に一様に広がって存在する物質を考えてみよう。熱振動などのランダムな動きはないものとする。このとき任意の2つの場所にある物質間の距離を求めると、時間とともに一様に同じ倍率で大きくなるか小さくなるか、あるいは全く変化しないかのいずれかである。この一様な倍率を表す関数を$a(t)$とし、これをスケール因子（scale factor）という（図1-2）。

物理的にはこの関数の相対的な時間変化だけに意味がある。慣例的に現在時刻t_0における値を1とする規格化

$$a(t_0) = 1 \tag{1-3}$$

を採用することが多いので、以下でもこれを用いる。この場合スケール因子$a(t)$の値は、現在時刻を基準にした空間尺度を相対的に表している。

ハッブルの法則で明らかになったように、遠くの銀河ほど速く遠

第1章　宇宙論

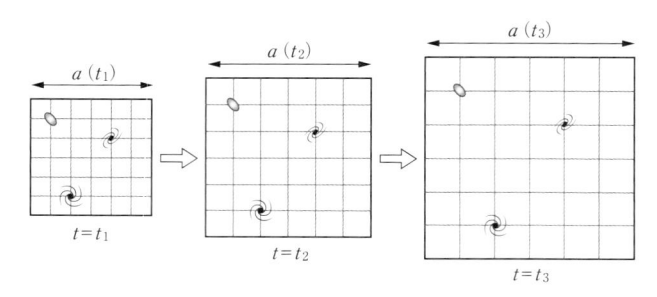

図1-2 空間が全体として膨張すると、どの銀河から見ても他の銀河が自分から遠ざかっているように見える。ただし銀河自体の大きさは変化しない。空間膨張の割合を表す関数がスケール因子$a(t)$である。

ざかっているので、現在の宇宙は膨張している。すなわち、スケール因子は増えている。ある銀河までの距離をrとするとき、後退速度はその時間微分$v(t) = dr/dt$で与えられる。ここでrは$a(t)$に比例し、その現在値をr_0とすると$r = r_0\,a(t)$となる。したがって、

$$v(t) = r_0 \frac{da}{dt}(t) \tag{1-4}$$

となる。ところで、観測により求められたハッブルの法則は、比較的近傍の銀河を調べて得られた関係である。このとき銀河からの光が地球に届くまでにスケール因子があまり変化しないので、上式におけるスケール因子の時間微分は現在時刻$t = t_0$における値で近似できる。それをハッブルの法則の式（1-1）と比較し、さらに式（1-3）を用いると、

$$H_0 = \frac{da}{dt}(t_0) \tag{1-5}$$

が導かれる。以上により、式（1-3）の規格化のもとで、ハッブル定数はスケール因子の時間微分の現在値に等しいことがわかる。

銀河（あるいは一般に天の川銀河の外にある天体）の後退速度と距離をグラフにしたものをハッブル図（Hubble diagram）という。最近の観測に基づくハッブル図の例が図1-3に示してある。距

6. 赤方偏移

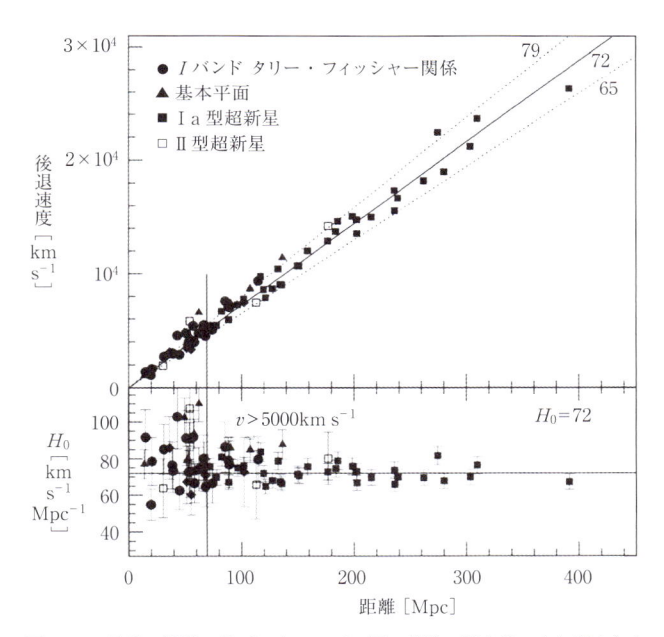

図 1-3 最近の観測に基づいたハッブル図。複数の測定法により得られたデータ点が示されている。(Freedman, W. L. et al. 2001, ApJ, 553, 47 より改変)

離が遠すぎない限り、このグラフの中で銀河はほぼ一直線上に乗り、その直線の傾きがハッブル定数を与える。我々の銀河から他の銀河を見ると、すべての銀河が我々を中心にして遠ざかっているように見える。だからといって、これは我々が宇宙の中心にいることを意味するわけではない。他の銀河の視点から見ると、やはりそこを中心にしてすべての銀河が遠ざかっているように見える。この状況は図1-2によって理解できるであろう。

6. 赤方偏移

一般相対論的な宇宙膨張とは、単に銀河と銀河の距離が離れてい

第1章 宇宙論

くだけの現象ではない。一般相対性理論において、物質やエネルギーの状態は、時空間の性質と不可分である。すなわち、宇宙が膨張することは空間そのものが膨張することを意味する。

光の速度は有限で、真空中では

$$c = 2.99792458 \times 10^8 \text{m s}^{-1} \tag{1-6}$$

に等しい(長さの単位であるメートルは真空中の光速度で定義されているので、この値は厳密なものであり誤差はゼロである)。光に限らず、あらゆる波長の電磁波や、質量ゼロの粒子は真空中を同じ光速度cで伝わる。人間の日常的なスケールでは無限に速いとも思えるこの速度も、宇宙論的なスケールではかなり遅い。宇宙論的に遠方の天体からやってくる光は、大昔に出発したものである。その光が天体を出発してから我々に観測されるまでの間に、宇宙は膨張して大きくなる。

膨張する宇宙の中を光が伝播すると、宇宙が膨張した割合と同じ分だけその光の波長も引き伸ばされる。スケール因子の値がaのときに波長λの光が天体を出発したものとし、それが波長λ_0となって我々に観測されたとすると、波長の伸びる割合とスケール因子の増える割合は比例する。すなわち、

$$\frac{\lambda_0}{\lambda} = \frac{1}{a} \tag{1-7}$$

という関係が成り立つ。

ここで、波長が最初に比べてどのくらい伸びたかを表す指標として

$$z = \frac{\lambda_0 - \lambda}{\lambda} \tag{1-8}$$

という量zを定義し、これを赤方偏移(redshift)と呼ぶ。天体を出発したときの波長λは、天体のスペクトル中に見られる原子や分子のスペクトル輝線(あるいは吸収線)を同定して知ることができる。それを観測された波長λ_0と比較すると、赤方偏移zが求まる。

式(1-7)、(1-8)を組み合わせれば、

$$1 + z = \frac{1}{a} \tag{1-9}$$

6. 赤方偏移

という関係が得られる。すなわち、光（電磁波）が出発した時刻から現在までに宇宙がどれだけ膨張したかという割合が、天体の赤方偏移である。赤方偏移が大きいほど昔に出発した光であるから、その天体までの距離も大きい。つまり赤方偏移はどれだけ過去かという時間の指標であるとともに、どれだけ遠方かという距離の指標でもある。

一般向けの書物において、宇宙論的な赤方偏移は銀河の後退によるドップラー偏移であると説明される場合もあるが、その説明はあまり正確ではない。第一義的には空間の膨張による効果として理解する必要がある。以下にこのことを少し詳しく説明しておく。

前述のハッブルの法則が成り立つ近傍宇宙の範囲に話を限れば、近似的な見方としてドップラー偏移とみなすことは可能である。特殊相対性理論によると、ある物体が波長λの光を出しながら速度vで観測者から遠ざかっているとき、観測者の測定する波長は

$$\lambda_0 = \frac{1+\frac{v}{c}}{\sqrt{1-\frac{v^2}{c^2}}}\lambda \tag{1-10}$$

で与えられる。ここで速度が光速度よりも十分遅く、分母に現れる$\frac{v^2}{c^2}$項が無視できるとすると、式（1-8）を使って近似的に

$$v \cong cz \tag{1-11}$$

が成り立つ。実際、ハッブルの法則はこの関係を使って導かれたものである。光速度より十分遅いという最初の近似と矛盾しないためには、$z \ll 1$が成り立っている必要がある。

一方、式（1-9）にそのような制限はなく、任意の赤方偏移について正しい。すなわち、式（1-9）はハッブルの法則よりも一般的な関係式である。これについて理解するため、現在に近い過去の時刻tを考えると、スケール因子の変化は小さいから、

$$a(t) \cong a(t_0) + \frac{da}{dt}(t_0)(t-t_0) = 1 - H_0(t_0-t) \tag{1-12}$$

と近似的に書ける。この近似式は、微分が曲線の傾きであることを利用して、$t = t_0$において関数$a(t)$を直線で近似することで得られる（テイラー展開を1次で打ち切った近似式）。この近似が成り立

つ条件として$H_0(t_0-t) \ll 1$を仮定している。すると式（1-9）、（1-11）を使うことにより

$$v \cong cz = \frac{c}{a}(1-a) \cong \frac{H_0 c(t_0-t)}{1-H_0(t_0-t)} \cong H_0 c(t_0-t) \tag{1-13}$$

となる。宇宙膨張の影響が少ない近傍宇宙において$c(t_0-t)$は天体までの距離rであるから、この式はハッブルの法則の式（1-1）と等しい。つまり、一般的な式（1-9）に近傍宇宙の近似を用いることで、ハッブルの法則が導かれたことになる。

ここで注意すべきは、赤方偏移が大きくて$z \ll 1$が満たされない場合、宇宙論的赤方偏移と通常のドップラー偏移の式（1-10）との間に直接の関係はないということである。この意味で、宇宙論的赤方偏移は単純なドップラー効果とは異なる概念である。

とはいうものの、強引にドップラー効果として理解することが不可能というわけではない。宇宙論的赤方偏移を、光の経路に沿った無限小ドップラー偏移の積分だと解釈することも可能である。だが、そのような解釈を取った場合、それを単純なドップラー効果であると呼ぶのは無理がある。

以上をまとめると、遠方の天体からの光（電磁波）は、出発してから観測されるまでに、宇宙が膨張した割合だけ波長が伸びる。元の波長からの伸びの割合を赤方偏移という。赤方偏移の大きい天体ほど遠方にあり、過去の姿を見せている。

7. フリードマン方程式と宇宙論パラメータ

宇宙の膨張はスケール因子$a(t)$によって表現され、宇宙論にとっては決定的に重要な関数である。その振る舞いは、一般相対性理論の基本方程式であるアインシュタイン方程式によって求められる。アインシュタイン方程式自体は複雑な多元非線形偏微分方程式であり、任意の条件で一般的に解くことは非常に難しい。しかし、宇宙原理を満たす大局的な一様等方宇宙に着目すると、アインシュタイン方程式は極度に簡単化して解けるようになる。

アインシュタイン方程式を一様等方宇宙に適用して得られる微分方程式の1つをフリードマン方程式（Friedmann equation）という。この方程式を導くには一般相対性理論の専門的知識が必要であ

7. フリードマン方程式と宇宙論パラメータ

る。ここではその導出を省略して結果だけを書くことにすると、

$$\left(\frac{1}{a}\frac{da}{dt}\right)^2 = \frac{8\pi G}{3c^2}\rho - \frac{c^2 K}{a^2} + \frac{c^2 \Lambda}{3} \tag{1-14}$$

である。左辺はスケール因子aとその時間微分で与えられ、スケール因子の変化の度合いを表している。右辺に現れる量は次に説明する通りである。まずcは式（1-6）で与えられる真空の光速度である。またGは重力定数（万有引力定数ともいう）を表し、

$$G = 6.674 \times 10^{-11} \mathrm{m^3\ kg^{-1}\ s^{-2}} \tag{1-15}$$

である。さらにρは宇宙のエネルギー密度、すなわち宇宙全体で単位体積当たりにどれくらいエネルギーがあるかを表す量である。そしてKは本章4節で説明した空間の曲率である。最後にΛは宇宙定数（cosmological constant）と呼ばれるもので、アインシュタインが追加した宇宙項に含まれる定数である。

フリードマン方程式（1-14）は現代宇宙論におけるもっとも重要な方程式の1つである。これはスケール因子$a(t)$に対する微分方程式になっている。その解を求めれば、宇宙がこれまでどのように膨張してきて、さらにどのように膨張していくのかを知ることができる。

フリードマン方程式の解を求めるには、右辺に現れるρ、K、およびΛを与える必要がある。ここでKとΛは定数であるが、エネルギー密度ρは時間変化する。現在の宇宙では物質がエネルギー密度の大部分を占めていて、その場合エネルギー密度は体積に反比例する。体積はスケール因子の3乗に比例するから、現在のエネルギー密度をρ_0とすると、

$$\rho = \rho_0 a^{-3} \tag{1-16}$$

で与えられる。この場合、3つの定数ρ_0、K、およびΛを与えてから、現在のスケール因子が$a(t_0) = 1$であるという境界条件を使うと、フリードマン方程式の解が1つ求まる。

フリードマン方程式（1-14）に現在時刻$t = t_0$を代入すると、式（1-3）と（1-5）を考慮して、

第1章　宇宙論

$$H_0{}^2 = \frac{8\pi G}{3c^2}\rho_0 - c^2 K + \frac{c^2 \Lambda}{3} \tag{1-17}$$

が得られる。すなわち、ハッブル定数H_0は3つの定数ρ_0、KおよびΛから従属的に定まる定数になっている。そこで、これらの定数から次の量を定義する：

$$\Omega_{M0} = \frac{8\pi G \rho_0}{3c^2 H_0{}^2} \tag{1-18}$$

$$\Omega_{K0} = -\frac{c^2 K}{H_0{}^2} \tag{1-19}$$

$$\Omega_{\Lambda 0} = \frac{c^2 \Lambda}{3H_0{}^2} \tag{1-20}$$

これらは単位をもたない無次元定数になっている。宇宙の状態を指定するパラメータのことを宇宙論パラメータ（cosmological parameters）と呼ぶが、これら3つのパラメータとハッブル定数は宇宙論パラメータの中でも代表的なものである。ここでΩ_{M0}は物質密度パラメータ（matter density parameter）、Ω_{K0}は曲率パラメータ（curvature parameter）、$\Omega_{\Lambda 0}$は宇宙定数パラメータ（cosmological constant parameter）と呼ばれる。式（1-17）をこれらのパラメータで表すと、

$$\Omega_{M0} + \Omega_{K0} + \Omega_{\Lambda 0} = 1 \tag{1-21}$$

という関係になる。つまりこれら3つの宇宙論パラメータの値は独立ではない。たとえば曲率パラメータは$\Omega_{K0} = 1 - \Omega_{M0} - \Omega_{\Lambda 0}$のように他のパラメータで表すことができる。

ここで、曲率と宇宙定数をゼロとするもっとも簡単な宇宙モデルはアインシュタイン・ドジッター宇宙モデル（Einstein-de Sitter universe）と呼ばれる。このモデルでは必然的に$\Omega_{M0} = 1$となり、エネルギー密度は

$$\rho_{c0} = \frac{3c^2 H_0{}^2}{8\pi G} \tag{1-22}$$

で与えられる。この密度ρ_{c0}のことを臨界密度（critical density）と呼ぶ。その値を質量密度に直すと

7. フリードマン方程式と宇宙論パラメータ

$$\frac{\rho_{c0}}{c^2} = \frac{3H_0^2}{8\pi G} = 1.88 \times 10^{-26} h^2 \, \mathrm{kg \, m^{-3}} \tag{1-23}$$

である。

ここで宇宙の膨張率を表す

$$H(t) = \frac{1}{a}\frac{da}{dt} \tag{1-24}$$

という時間の関数$H(t)$を定義する。その現在値はハッブル定数に他ならず、$H(t_0) = H_0$である。この関数と上に定義した宇宙論パラメータ、および式（1-16）を用いると、フリードマン方程式（1-14）は

$$H^2 = H_0^2 \left(\frac{\Omega_{M0}}{a^3} + \frac{\Omega_{K0}}{a^2} + \Omega_{\Lambda 0} \right) \tag{1-25}$$

と表される。

宇宙論パラメータの値は観測によって定められるが、正確な値が明らかになってきたのは21世紀に入るころからである。観測データの信頼性があまり高くなかった時代には、理論的な簡単さなどから宇宙項のない$\Omega_{\Lambda 0} = 0$のフリードマン宇宙モデルが主流であった。このモデルでは、式（1-21）より$\Omega_{K0} = 1 - \Omega_{M0}$となる。すなわち、物質密度パラメータが1よりも大きいと曲率が正、1よりも小さいと曲率が負になる（Ω_{K0}の符号は曲率の符号と逆であることに注意）。

フリードマン宇宙モデルについてフリードマン方程式を解くと、スケール因子の時間変化は図1-4の左図のようになる。ここで縦軸は相対的な時間変化だけを表していて、その絶対値は宇宙論パラメータによって決められる。ここで曲率が正の場合（物質密度パラメータが1より大きいとき）、宇宙膨張が途中で止まってその後収縮に転じるという特徴がある。一方、曲率がゼロか負の場合（物質密度パラメータが1かそれより小さいとき）、宇宙は永遠に膨張し続ける。曲率がゼロの場合はアインシュタイン・ドジッター宇宙モデルに等しい。宇宙膨張のスピードは曲線の傾きで与えられ、時間とともに遅くなっていく。すなわち減速膨張（decelerating expansion）である。物質に働く重力は引力であり、それが宇宙膨張を引き止める力になるからである。

第1章　宇宙論

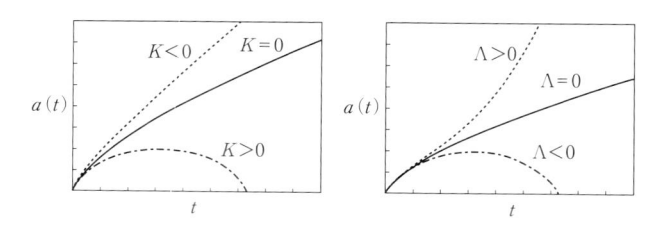

図1-4　スケール因子の時間変化。宇宙項なしのフリードマン宇宙モデルの場合（左図）と、曲率なしの平坦宇宙モデルの場合（右図）。横軸と縦軸の絶対スケールは宇宙論パラメータの値によって決まるが、形はこれらと相似である。

ところが、宇宙論的な観測が進展して宇宙論パラメータが正確に決められてくると、フリードマン宇宙モデルでは説明のつかない現象が数多く見つかってきた。宇宙の大規模構造の観測（第4章を参照）により、物質密度パラメータΩ_{M0}は1よりも小さいことが示された。宇宙マイクロ波背景放射の観測（本章16節）により、曲率パラメータΩ_{K0}はゼロに近いことが示された。そして遠方超新星の観測（第2章7節）により宇宙膨張が加速していることが示された。これらすべての結果を宇宙項なしに説明することは難しい。他にもさまざまな観測が宇宙項の存在を示唆している。

このように、現在では宇宙項のない単純なフリードマン宇宙モデルは現実に合わないことがわかっている。最近の観測によると宇宙論パラメータの値は

$$H_0 = 70 \pm 2 \mathrm{km\ s^{-1}\ Mpc^{-1}}、\Omega_{M0} = 0.27 \pm 0.02、$$
$$\Omega_{\Lambda 0} = 0.73 \pm 0.02、\qquad \Omega_{K0} = -0.002 \pm 0.006$$

と見積もられている。曲率パラメータの絶対値は物質密度パラメータや宇宙定数パラメータよりも極端に小さく、ゼロであっても観測と矛盾しない。そこで曲率がゼロ（$\Omega_{K0}=0$）で正の宇宙項をもつ宇宙モデルが、現在多くの観測を説明し得る新しい標準宇宙モデルとなっている。

この宇宙項入り平坦宇宙モデルにおけるスケール因子の時間変化は図1-4の右図のようになる。このモデルでは、式（1-21）から

7. フリードマン方程式と宇宙論パラメータ

$\Omega_{\Lambda 0} = 1 - \Omega_{M0}$ となる。すなわち、物質密度パラメータが1よりも大きいと宇宙定数が負、1よりも小さいと宇宙定数が正になる。ここで宇宙定数が負の場合（物質密度パラメータが1より大きいとき）、宇宙項は引力となって宇宙膨張を抑制する。このため宇宙は必ず膨張から収縮へ転ずる。宇宙定数がゼロの場合（物質密度パラメータが1のとき）は、アインシュタイン・ドジッター宇宙モデルに等しく、上で見たように永遠に減速膨張し続ける宇宙となる。

一方、宇宙定数が正の場合（物質密度パラメータが1より小さいとき）、宇宙は最初のうち減速膨張するが、途中で加速膨張に転じて、その後は永遠に膨張し続けるという特徴がある。これを式（1-25）で説明すると、スケール因子が大きくなるにつれて括弧中の最後の項だけが生き残り、H がほぼ一定になって、スケール因子が大きくなれば際限なく膨張スピードが増えてしまうからである。この場合、式（1-24）の解は近似的に $a \propto e^{Ht}$ となり（記号 $\propto$ は比例を意味する）、宇宙は指数関数的に膨張し続ける。

ちなみに、フリードマン方程式（1-14）において、宇宙定数の含まれる右辺の最後の項が、物質のエネルギー密度に対応する最初の項の一部として表されると考えれば、宇宙定数が

$$\rho_\Lambda = \frac{c^4 \Lambda}{8\pi G} \tag{1-26}$$

というエネルギー密度をもつとも解釈できる。物質のエネルギー密度と異なり、このエネルギー密度は宇宙が膨張しても薄まることがなく、単位体積当たり一定のエネルギーである。すなわち、宇宙定数が存在するということは、物質のない真空中に一定密度のエネルギーが存在するのと数学的には同じことになる。

こうして、宇宙定数は宇宙に広がった一定の真空エネルギー（vacuum energy）とみなすことができる。宇宙が加速膨張するという観測事実の説明として、宇宙定数はもっとも単純なものである。だがそれは理論的に不自然な存在であり、その起源は現在でも謎に包まれている。

この問題については第2章で詳しく述べる。

第1章　宇宙論

8. 宇宙のホライズン

　膨張宇宙の特徴の1つで、静止宇宙モデルにはないものに宇宙のホライズン（cosmological horizon）の存在がある。ホライズンとは地平線のことであり、そこから先は見えないという境界を指している。地上の地平線は線状の境界であるが、宇宙のホライズンは面状の境界であるため、地平面と呼ばれることもある。

　フリードマン宇宙モデルや宇宙項入り平坦宇宙モデルなどでは、過去に宇宙の始まりがある。宇宙年齢が有限ならば、光が進める距離も有限になる。そして相対性理論によれば光速を超えて情報が伝達することはない。つまり、ある場所から宇宙を見渡したときには過去の宇宙の姿が見えるが、そうして得られる情報の空間範囲は有限である。その境界の面が一種のホライズンとなり、特にこれを粒子ホライズン（particle horizon）という。

　現在の宇宙年齢は約137億年であるため、この間に光が進める距離は約137億光年である。しかし、我々に向かってくる光が過去に通過した場所は、その後の宇宙膨張によって現在さらに遠くに位置している。このことを考慮して計算すると、現在の粒子ホライズンまでの半径は約460億光年になる。

　一方、ある時空点から見てそれより未来に得られるはずの情報の範囲を表すホライズンも考えられる。これを事象ホライズン（event horizon）という。つまり、ある場所でずっと情報を集め続けるとき、いずれは有限の時間内に情報が届くはずの空間範囲がある。その境界面が、その場所から見た事象ホライズンである。観測者へ向かって光が進んでいても、宇宙膨張のせいでいくら待ってもそれが観測者に届かないときに事象ホライズンが発生する。

　フリードマン宇宙モデルでは膨張が減速し続けるため、十分な時間があれば光はどれほど遠い場所にでもいずれは届く。最初は宇宙膨張が速くて観測者になかなか到達しない光も、膨張が遅くなればいずれは到達する。つまり、この場合には事象ホライズンが存在しない（言い換えれば事象ホライズンまでの距離が無限大である）。ところが、宇宙項入り平坦宇宙モデルでは最終的に加速膨張し続けるため、膨張が速くなりすぎて観測者へ向かう光がいつまでたっても観測者に到達しないことが起こり、この場合には事象ホライズン

8. 宇宙のホライズン

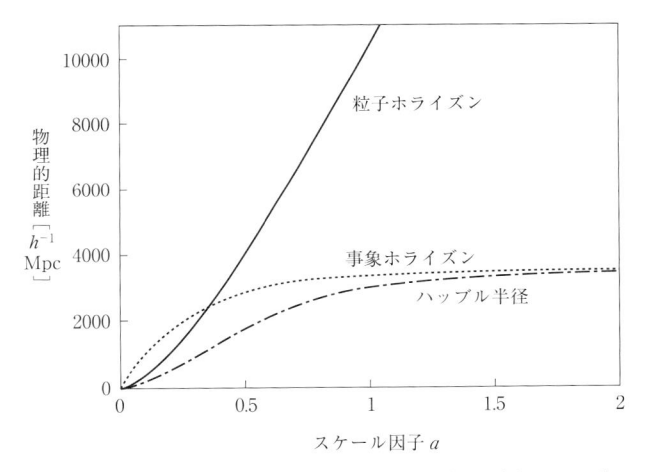

図1-5 標準ビッグバン宇宙における粒子ホライズンと事象ホライズン、およびハッブル半径の時間変化。$\Omega_{M0} = 0.27$、$\Omega_{\Lambda 0} = 0.73$を仮定。

が発生する。

　加速膨張する宇宙では、最初のうち事象ホライズンの内側にあった銀河などの天体も、時間が経つと宇宙膨張により事象ホライズンの外へと出て行くことになる。すなわち、加速宇宙において十分な時間が経過すると、我々から見て重力的に束縛された近傍銀河以外のすべての銀河は事象ホライズンの外へ出てしまう。そして、それ以降それらの銀河を永遠に観測することができなくなる。

　また厳密なホライズンとは異なるが、式（1-24）で定義される膨張率Hから距離の次元をもった量$\frac{c}{H}$を考え、これをハッブル半径（Hubble radius）と呼ぶ。減速膨張し続ける宇宙においてこの量は大まかに粒子ホライズンの距離スケールになる。一方、加速膨張し続ける宇宙においては大まかに事象ホライズンの距離スケールになる。図1-5は、標準ビッグバン宇宙モデルにおける粒子ホライズン、事象ホライズン、およびハッブル半径をスケール因子の関数として表したものである。

第1章　宇宙論

9.　ビッグバン宇宙

　本章7節で考察した宇宙モデルは、宇宙のエネルギー密度が体積に反比例する通常の物質によって担われていると仮定して導かれたものである。現在の宇宙では確かにその仮定がよく成り立っている。後述するように、宇宙には宇宙マイクロ波背景放射という放射成分が充満しているが、現在そのエネルギー密度は物質に比べて無視できるほど小さい。しかし、物質成分のエネルギー密度が体積に反比例するのに対して、放射成分のエネルギー密度は体積の$\frac{4}{3}$乗に反比例する。これは、放射のエネルギー密度の方が、物質のエネルギー密度よりも急速に減少することを意味する。逆にいえば、十分過去へさかのぼると放射成分のエネルギー密度の方が物質成分のそれよりも多くなる。

　放射成分とは光や電磁波だけでなく、十分質量が小さい粒子もその中に含まれる。質量エネルギーよりも平均的な運動エネルギーの方が十分大きい粒子は、放射成分に分類される。宇宙の初期には物質成分全体と放射成分全体の密度が等しくなる時刻があり、それを等密度時（matter-radiation equality time）という。等密度時より以前は、宇宙にあるエネルギーの優勢成分が放射で担われているため、その時期を放射優勢期（radiation-dominated epoch）という。それ以後は物質がエネルギー優勢成分になるため、物質優勢期（matter-dominated epoch）という。等密度時の宇宙年齢は約6万年であり、赤方偏移にするとほぼ$z = 3100$程度である。

　宇宙の初期では宇宙のエネルギー密度が大きいため、フリードマン方程式（1-14）の右辺における第2項（曲率項）や第3項（宇宙項）は無視できるほど小さい。この場合、エネルギー密度が$\rho \propto a^{-4}$（放射優勢）および$\rho \propto a^{-3}$（物質優勢）のとき、それぞれ

$$a(t) \propto \begin{cases} t^{\frac{1}{2}} & \text{（放射優勢期）} \\ t^{\frac{2}{3}} & \text{（物質優勢期）} \end{cases} \qquad (1-27)$$

という簡単な解になる。等密度時付近では両成分がエネルギー密度に寄与するため、これら2つの解の中間的な振る舞いをする。等密度時より十分以前や十分以後では、曲率項や宇宙項が無視できる限り、上の解のようにベキ的な時間変化をする。

9. ビッグバン宇宙

　放射優勢期の時間をさらにさかのぼっていくと、スケール因子は際限なく小さくなり、エネルギー密度は際限なく大きくなる。放射のエネルギー密度は温度 T の4乗に比例すると同時にスケール因子の4乗に反比例するので、温度とスケール因子は反比例 $T \propto a^{-1}$ の関係にある。したがって、過去にさかのぼるほど宇宙の密度と温度はいくらでも高くなる。すなわち、宇宙は非常に高温高密度の状態から始まり、それが大きく膨張することによって低温低密度になった。このように宇宙が変化してきたという理論をビッグバン理論（big bang theory）という。

　現在では数多くの観測によりビッグバン理論の正しさが実証されているが、当初は宇宙に始まりがあるという考えを嫌う人も多かった。宇宙が非常に小さい状態から始まったという考えは当初ルメートルによって提案された。その後1946年、ジョージ・ガモフ（G. Gamow）らによって、宇宙は熱い火の玉のような状態から始まったと考えられ、ここからビッグバン理論が発展させられた。だがこの理論は提案された当初から広く受け入れられたわけではない。

　1948年、ヘルマン・ボンディ（H. Bondi）、トーマス・ゴールド（T. Gold）、フレッド・ホイル（F. Hoyle）たちはビッグバン理論に反対して、宇宙に始まりを考えない定常宇宙論（steady state theory）を提案した。

　この理論では、宇宙は膨張しながらも定常的な状態で永遠に存在し続ける。宇宙が膨張すると必然的にその中にある物質は薄まってしまうはずだが、この理論ではそれを補うように空間から物質が湧き出しているものと考えられた。ちなみに、ビッグバンという名称は、ホイルがラジオの番組でガモフたちのモデルを揶揄していった言葉が定着したものである。しかし、ビッグバン理論の予言する宇宙マイクロ波背景放射（cosmic microwave background radiation、詳しくは本章16節参照）が1964年に実際に観測されたため、それ以後は定常宇宙論の説得力が急速に衰えた。その後も観測が進歩することで、ビッグバン理論の正しさは高い精度で確かめられてきている。

　初期宇宙は高温高密度状態にあるので、粒子の衝突や反応が頻繁におこる。このため、初期の宇宙では物質や放射が熱平衡状態にある。そして現在の宇宙に見られる複雑な空間的構造は存在しない。

第1章　宇宙論

熱平衡状態では、たとえば温度と密度が与えられれば、その物理的な状態が決まってしまう。その状態が具体的にどういうものかは、高エネルギー物理学を用いて理論的に計算できる。上で説明したように、宇宙の密度と温度がスケール因子の変化と共にどう変化するのかはわかっているので、宇宙の物質状態の変化を計算することができる。

以下に続く節では、ビッグバン理論に基づく宇宙の歴史を簡潔に述べる。

10. 宇宙の歴史Ⅰ（放射優勢期）

以下に、極初期から現在にいたる宇宙の歴史の中で、どのようなことが起きたのかを時間順序に沿って述べていく。ただし、宇宙の真の始まりの瞬間を含めて、あまりにエネルギーの高い状態を記述する物理理論はまだ確立していない。ここでは、すでに確立した理論である素粒子標準模型で記述できる範囲から始めることにする。以下で用いる宇宙時間とは、スケール因子がゼロになる時刻を基準として、そこからの経過時間のことである。

10-1　対称性の高い宇宙（宇宙時間：約10^{-12}秒以前）

自然界にある力の種類には、よく知られた電磁気力や重力の他に強い力（strong force）と弱い力（weak force）がある。後者2つの力は主に原子核内で働くため、日常生活にはなじみがない。自然界に知られている力の種類は、これらを合わせた4つである。宇宙時間が10^{-12}秒よりも以前、電磁気力と弱い力は一体化して電弱力（electroweak force）と呼ばれる力になっている。また、すべての素粒子は運動エネルギーが大きく、質量が無視できるためほぼ光速で飛び回る。このとき、素粒子間に働く力の性質には高い対称性が実現している。

10-2　電弱対称性の破れ（宇宙時間：約10^{-12}秒）

ところが、宇宙時間が約10^{-12}秒のころになると、電弱力が電磁気力と弱い力に分離し、以後は異なる力として振る舞うようになる。これが電弱対称性の破れ（electroweak symmetry breaking）と呼

10. 宇宙の歴史 I （放射優勢期）

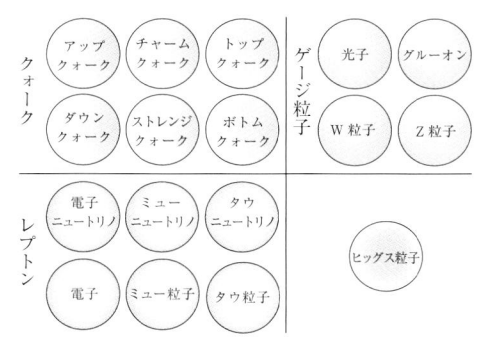

図 1-6 標準模型における素粒子の種類。

ばれる現象である。それまでに存在した高い対称性は破れ、電磁気力に関する制限された対称性だけが生き残る。このとき、対称性の破れに関するヒッグス機構（Higgs mechanism）という過程を通じてほぼすべての素粒子が質量を獲得する。ただし電磁気力に関する対称性は破れていないため、それを量子化した粒子である光子の質量はそれ以後もゼロにとどまる。

この段階で宇宙にある粒子の種類は、物質を構成する粒子のアップクォーク（up quark）、ダウンクォーク（down quark）、チャームクォーク（charm quark）、ストレンジクォーク（strange quark）、トップクォーク（top quark）、ボトムクォーク（bottom quark）、電子（electron）、ミュー粒子（muon）、タウ粒子（tau）、電子ニュートリノ（electron neutrino）、ミューニュートリノ（muon neutrino）、タウニュートリノ（tau neutrino）、そして力を伝える粒子の光子（photon）、W粒子（W boson）、Z粒子（Z boson）、グルーオン（gluon）、さらに上に述べたヒッグス機構に本質的な役割を果たすヒッグス粒子である（図1-6）。これらの多彩な粒子がお互いに相互作用をしながら宇宙の中に存在している。この他にも正体不明のダークマター（dark matter、暗黒物質とも呼ばれる。第3章参照）を構成する粒子が存在すると考えられるが、これは他の粒子とほとんど相互作用しない。

第1章　宇宙論

　以上に述べた粒子のうち、ヒッグス粒子、トップクォーク、W粒子、Z粒子は、早い段階で他の粒子に転換して消滅し、その後にはほとんど残らない。さらに続いてボトムクォーク、タウ粒子、チャームクォークも消滅する。

10-3　クォーク・ハドロン転移（宇宙時間：約 10^{-6} 秒）

　宇宙時間 10^{-6} 秒のころになると、宇宙の温度と密度が下がり、残っているクォークは単独で宇宙を飛び回ることができなくなる。それというのも、クォーク間に働く強い力は距離が大きいほど強いという変わった性質をもっているためである。強い力を伝える粒子がグルーオンである。現在の宇宙でもクォークが単独で存在することはなく、クォークは複数個結合した複合粒子としてしか存在できない。クォークからなる複合粒子をハドロン（hadron）という。ハドロンのうち、2つのクォークが結合した粒子をメソン（meson）という。また、3つのクォークが結合した粒子をバリオン（baryon）という。宇宙時間 10^{-6} 秒のころまで残っていたクォークはすべてハドロンになる。この出来事をクォーク・ハドロン転移（quark-hadron transition）という。

　アップクォーク2つとダウンクォーク1つが結合すると陽子（proton）になる。またアップクォーク1つとダウンクォーク2つが結合すると中性子（neutron）になる。クォーク・ハドロン転移で生成されるハドロンには陽子と中性子の他にもラムダ粒子（lambda baryon）やパイメソン（pi meson、パイオン pion とも呼ばれる）などがある。だが、陽子と中性子以外のハドロンは不安定で、すぐに消滅してしまう。さらにミュー粒子もこのころ消滅する。

10-4　ニュートリノ脱結合（宇宙時間：約1秒）

　ニュートリノ（neutrino）は弱い力と重力だけを感じる粒子である。宇宙時間が約1秒のころ、ニュートリノは他の粒子と重力以外の相互作用をしなくなる。この出来事をニュートリノ脱結合（neutrino decoupling）という。一般に脱結合（decoupling）とは、粒子が相互作用をもたなくなることをいう。ニュートリノの質量は十分軽いため、ほぼ光速で飛び回る状態で他の粒子から脱結合す

10. 宇宙の歴史 I （放射優勢期）

る。脱結合以前は他の粒子との間に熱平衡状態が保たれていたため、ニュートリノのエネルギー分布は熱平衡の形をしている。脱結合後のニュートリノがもつエネルギーは宇宙膨張に反比例して小さくなる。このため、脱結合後は熱平衡状態でないにもかかわらず、そのエネルギー分布は熱平衡分布と同じ形をしている。宇宙膨張とともに、全体のエネルギー（温度）は低下していく。

このため、現在の宇宙にはほとんど相互作用をしないニュートリノが充満している。脱結合時のニュートリノの温度は約 1.7×10^{10} K であるが、現在の宇宙でその温度は約 1.9 K にまで低下している。このことから、1 cm^3 当たり約 340 個程度のニュートリノが宇宙空間に存在していると計算される。これを宇宙背景ニュートリノ（cosmic background neutrino）という。だがニュートリノの相互作用があまりにも弱いために、これを直接観測することは現在のところできていない。

また、ニュートリノ質量の絶対値は判明していないが、もしそれが十分重ければ、ダークマターの候補になると考えられていたこともあった。しかしニュートリノは非常に速く飛び回る。もしニュートリノがダークマターならば、現在観測されているような宇宙構造は壊されていたはずである。このため、通常のニュートリノは少なくとも主要なダークマター成分ではない。

10-5 電子・陽電子の対消滅（宇宙時間：約10秒）

各々の素粒子の種類には、質量などの性質が全く同じで電荷などの符号だけが異なる瓜二つの種類が存在する。これを反粒子（antiparticle）という。粒子とその反粒子が出会って相互作用すると、光子などを放出して両者共に消えてしまうことがある。これを対消滅（pair annihilation）という。

ニュートリノ脱結合の少し後、宇宙にあるほとんどの電子と陽電子は対消滅して光になる。これを電子・陽電子の対消滅（electron-positron annihilation）という。陽電子は電子の反粒子である。電子はマイナス電荷をもつので、陽電子はプラス電荷をもつ。

対消滅により宇宙に漂っていた陽電子はほとんどなくなってしまうが、電子の数は陽電子の数よりもわずかに多く、過剰な電子は自

第1章　宇宙論

由電子となって残る。電子の数の方が多いのは、宇宙全体が電気的に中性であるため、プラス電荷をもつ陽子の数とほとんど同じ数の電子が後に残される。一方、陽子もその反粒子である反陽子よりわずかに多かった。これはもともと陽子と反陽子の数が等しくなく、数に関して非対称になっているためである。このことをバリオン非対称性（baryon asymmetry）と呼ぶ。この非対称性がどうして生じたのか、バリオン生成のメカニズムが解明されていないためにいまだによくわかっていない。

　一般に宇宙の温度は宇宙膨張によって低下していく。だが電子・陽電子が対消滅するとき熱を発生するため、その時期だけは温度低下の割合が少し鈍る。一方、それ以前に脱結合しているニュートリノはこの熱を受け取らないため温度低下の割合が鈍らず、ニュートリノの温度だけが低くなる。こうして宇宙の温度は宇宙背景ニュートリノの温度よりも高くなり、以後は約1.4倍の温度差を保ちながら、両者ともにスケール因子に反比例して温度が低下していく。

10-6　軽元素合成（宇宙時間：約3分）

　我々の身の回りにある物質は元素でできていることがよく知られている。元素は原子核と電子で成り立っていて、原子核は陽子と中性子で成り立っている。単独の陽子は、水素原子核に等しい。また、ヘリウム4原子核は陽子2つと中性子2つの複合粒子である。宇宙時間が約3分前後のとき、それまで単独で存在していた中性子の多くは、原子核反応過程を通じて最終的にヘリウムやその他の軽元素原子核の中に取り込まれる。中性子は単独で存在していると不安定な粒子であり、半減期（多数の粒子があるとき、その数が半減するまでに要する時間のこと）が約10分ほどで崩壊して、陽子と電子とニュートリノに転化してしまう。だが、原子核の中に取り込まれた中性子はずっと安定に存在できる。

　ここで作られる軽元素原子核はほとんどが水素とヘリウムであり、その質量比は約3：1である。またリチウムやベリリウムなどもわずかに作られる。その他の重い元素はごく微量しか作られない。我々の身の回りにある多様な元素のほとんどは、宇宙初期に作られた水素とヘリウムを原材料として、ずっと後に星の中で原子核

反応により作られたものである。ビッグバン軽元素合成については、後の15節でさらに詳しく述べる。この段階で作られた原子核はすべてイオン化していて、電子は自由電子として空間中を飛び回っている。

11. 宇宙の歴史Ⅱ（物質優勢期以後）

宇宙時間が数分程度で軽元素が合成された後、宇宙はしばらく放射優勢のまま推移する。放射優勢の宇宙では、放射による強い圧力によって構造が成長できず、非常になめらかな宇宙のまま6万年ほど膨張し続ける。以下では、そこからどのように現在の宇宙にまで成長してきたのか、時間に沿って述べていく。

11-1 放射と物質の等密度時（宇宙時間：約6万年）

本章9節で述べたように、宇宙年齢が約6万年のとき放射優勢から物質優勢へ移り変わる。その後しばらくはフリードマン宇宙として減速膨張をする。上に述べたように、放射優勢期の宇宙は一様でなめらかな状態に保たれている。一方、物質優勢期の宇宙でエネルギー密度を担っているのは主にダークマターである。ダークマターは重力以外の相互作用をほとんど（あるいは全く）しないので、放射優勢期のような大きな圧力は働かない。このため、重力によって物質が集合できるようになる。宇宙初期に微小な密度ゆらぎがあれば、それは重力により増幅して大きなゆらぎになる。この現象を重力不安定性（gravitational instability）という。

このように、ダークマターの重力不安定性によって、物質優勢期に密度分布の非一様性が成長する。この非一様性は現在の宇宙に星や銀河を作る主要な原因となる。

11-2 電子の再結合と光子の脱結合（宇宙時間：約38万年）

宇宙時間が約38万年になると宇宙の温度が十分低下し、イオン化していた水素原子核などが中性化する。ここで宇宙空間を漂う自由電子はほとんどが原子に取り込まれる。これを再結合（recombination）という。光子はそれまで主に自由電子と相互作用していた。自由電子がなくなると光子は物質とほとんど相互作用で

きなくなる。これを光子の脱結合（photon decoupling）という。このため電子の再結合と光子の脱結合はほぼ同じ時期に起こる。

光子が脱結合すると、光は宇宙空間をまっすぐ進むようになる。このことを"宇宙の晴れ上がり"と呼ぶ。脱結合した光は、その後の宇宙膨張により波長が伸びて、現在までに電波領域の電磁波となる。脱結合直前の光子は熱平衡状態にあるので、そのときの宇宙の温度である約3000Kの黒体放射（black body radiation）となっている（黒体放射とは、理想的な黒い物体から放射される電磁波のことで、そのエネルギー分布は温度だけで特徴づけられる）。脱結合後の光子は、宇宙膨張のスケール因子に反比例して温度が低下する。そして現在の宇宙では約2.7Kの温度をもつ黒体放射となる。この放射はほぼマイクロ波領域の電波として観測できるので宇宙マイクロ波背景放射と呼ばれる。これについては後の16節でさらに詳しく述べる。

11-3 宇宙の暗黒時代（宇宙時間：約38万年から数億年）

光子の脱結合以後、中性水素原子から放射される21cm線などを除けば、宇宙に星ができる時期までは光などを発する天体が存在しない（中性水素原子の陽子と電子のスピンが同じ向きのものは反対向きのものよりもわずかにエネルギーが大きい。このため水素の基底エネルギー準位には超微細構造がある。この準位間の遷移で放射されるスペクトル線の波長は約21.1cmであり、これを21cm線という）。この間は、光や電波など電磁波を使った観測で宇宙の状態を調べることができないため、実際にそこで何が起きていたのかを知ることが難しい。このためこの時代のことを宇宙の暗黒時代（dark ages of the universe）という。観測的に宇宙時間5億年ごろの銀河が発見されているため、少なくともそれ以前に暗黒時代は終了している。理論的に推定すると宇宙時間が約1億年から3億年くらいの間に最初の星が輝きだしたと考えられている。

暗黒時代の始まりである宇宙の晴れ上がり時には、宇宙はまだかなり一様であった。そこにあったわずかな密度ゆらぎは、暗黒時代を通じて重力不安定性により大きく増幅される。密度の大きい場所には、重力によりダークマターやバリオン成分が集積してくる。ダ

11. 宇宙の歴史 II（物質優勢期以後）

ークマターの密度がある程度大きくなると、粒子のランダムな動きによって形が支えられるようになり、それ以上小さく収縮できなくなる。これをダークマター・ハロー（dark matter halo）という。

ところが、ダークマター・ハローに十分な量のバリオン成分が集積してくると、放射によりバリオン成分の熱エネルギーだけが抜かれる。するとダークマター・ハローの中心部にバリオン成分だけ小さく収縮する。バリオン成分は星や銀河を作る材料である。基本的にはこのような過程で星や銀河が形成されて、それが光を発するようになり宇宙の暗黒時代は幕を閉じると考えられている。

11-4 天体や大構造の形成（宇宙時間：数億年以後）

宇宙にある構造は、小さい方から星（star）、銀河（galaxy）、銀河群（group of galaxies）、銀河団（cluster of galaxies）、超銀河団（supercluster of galaxies）のように階層構造をなしている。このような宇宙の構造は、おおむね小さいものから順番に形成されてきたと考えられている。小さな構造が合体することで大きな構造が作られていく。

宇宙で最初にできた星はビッグバン元素合成で作られた軽元素（ほとんど水素とヘリウム）だけを材料にして形成されたはずである。理論的に存在が予想されるこのような星を種族IIIの星（population III star）というが、まだ観測的には見つかっていない。初代の天体ができると、宇宙には再び光が差す。初代天体からの放射は、宇宙空間の中性水素を再びイオン化する。これを宇宙の再イオン化（reionization of the universe）という。このため、現在の宇宙空間にある水素原子は、その多くがイオン化した状態で存在する。

観測によれば、銀河は少なくとも宇宙時間5億年までには形成されている。宇宙初期にできた原始銀河は小さくて不規則な形をしている。現在の宇宙に見られる大きな銀河は、最初は小さかった銀河が合体することで形成されてきたと考えられている。

銀河同士がお互いに重力で引き合うことで、銀河群や銀河団が形成される。銀河群は50個程度までの銀河の集団、銀河団は50個程度から数千個程度までの銀河の集団である。銀河団より小さな構造

は重力的に束縛された天体であり、宇宙膨張で大きくなることはない。一方、銀河団よりも大きな超銀河団は、まだ形成途上にある宇宙の構造である。

11-5 宇宙の加速膨張（宇宙時間：約90億年以後）

宇宙ははじめのうち減速膨張をしているが、宇宙時間90億年ごろを境に加速膨張に転ずる。宇宙が加速すると、重力不安定性による構造形成は阻害される。重力で集合する効果よりも、宇宙膨張で引き離される効果の方が大きくなってくるからである。現在の宇宙では加速膨張の期間がそれほど長く続いていないため、大規模な構造の形成はまだ進行中である。しかしその形成の速さは徐々に低下している。

本章8節で述べたように、将来にわたって加速膨張が続けば、遠方の銀河から順に事象ホライズンの外へ出て行く。そして、近傍にある重力的に束縛された少数の銀河だけがホライズンの中に取り残され、それが因果的に関係する宇宙のすべてとなるであろう。

12. ダークマターとバリオンの起源

素粒子標準模型はほぼ確立しているため、上に述べた初期宇宙の歴史には不定性も少ない。しかし、宇宙時間が10^{-12}秒より前、非常に高エネルギーの状態を記述する確立した物理理論がないため、そこで何が起きたのかについては確実に知ることができない。宇宙の始まりの謎はその短い時間に凝縮していると考えられるが、そこはいまだ未知のベールに包まれている。

こうした極初期宇宙（very early universe）については、まだ確立していない理論的仮説を用いて調べられている。以下のいくつかの節では、極初期宇宙を調べる理論的な試みについて述べる。ただし、極初期宇宙の研究に用いられる理論は流動的であるため、そこから得られる結果も流動的であり、将来的に覆される可能性もあることは最初に注意しておく。理論的にあり得る可能性を探っておき、将来の観測的検証に期待することになる。

この節では、宇宙に存在する物質の起源について取り上げる。宇宙に存在する質量全体は、バリオン成分とダークマター成分に分け

12. ダークマターとバリオンの起源

られる。宇宙の歴史の中でそれらの起源がどこにあるのか、いまのところはっきりしていない。

まずバリオンは人間の体、地球や太陽、星などの質量の大半を担う。この成分は素粒子標準模型の枠内に含まれる粒子で構成されている。一方、ダークマターは宇宙にある質量全体のうち80％程度を占めているにもかかわらず、その正体は不明で、特に素粒子標準模型の枠内に含まれる粒子では説明できない。このため、ダークマターは素粒子標準模型を超えた理論に含まれるはずの粒子ではないか、と考えられている。また、バリオン成分は素粒子標準模型に含まれてはいるものの、それがどこで生まれたのかという起源が説明されるまでにはいたっていない。つまりこれら2種類の物質の起源を説明するには、素粒子標準模型では不足であり、それを超えた理論が必要になる。

12-1 ダークマターの候補粒子

素粒子標準模型を超えるにはいくつかの方向性があり得るが、その中でも超対称性理論（supersymmetric theory）というものが考えられている。超対称性とは、自然界の仮説的な対称性である。すべての素粒子はフェルミ粒子（Fermi particles）とボース粒子（Bose particles）という2種類に分類できることが知られている。超対称性とは、ごく簡単にいえば、フェルミ粒子とボース粒子の入れ替えに対する対称性である。しかし、現実の素粒子の間に超対称性は成り立っていない。そこで、まだ見つかっていない素粒子があり、現実の素粒子とそれら仮説的な素粒子との間に超対称性が成り立っていると考える。

超対称性理論で考えられる仮説的な素粒子を超対称性粒子（supersymmetric particles、SUSY粒子）と呼ぶ。現実に存在する素粒子の種類ごとに超対称性粒子が想定されるので、粒子の種類は標準模型の少なくとも2倍はあることになる。これら超対称性粒子のうち、電荷をもたないものがダークマターの候補になり得る。その典型例はニュートラリーノ（neutralino）と呼ばれる粒子である。これは電荷をもたない超対称性粒子が、いくつか量子的に混合した粒子状態である。

第1章 宇宙論

　超対称性理論に限らず、ある理論に弱い相互作用と重力相互作用だけをする粒子が含まれ、その粒子が十分重いものであれば、それはダークマターの候補粒子になる。そのような粒子はWIMP（Weakly Interacting Massive Particles、弱い相互作用をする重い粒子）と呼ばれる。ニュートラリーノはWIMPの候補であるが、他にも候補は考えられる。たとえば、余剰次元理論（この3次元空間の宇宙は高次元空間が巻き上げられたものだと仮定する理論）においては、我々に検知できない空間次元の方向に起因して粒子の質量に励起状態が発生する。これをカルツァ–クライン粒子（Kaluza-Klein particle）という。弱い相互作用をする安定なカルツァ–クライン粒子があれば、それがWIMPとして存在する可能性もある。

　もしダークマターがWIMPであるなら、弱い相互作用を通じて地上実験で検出できる可能性がある。この観点から、現在ダークマターの検出実験が多数進行中である。一方で、ダークマターが弱い相互作用をしなければならない理由はないので、ダークマターがWIMPでない可能性もある。

　WIMP以外にもダークマターの候補は考えられる。その中でもアクシオン（axion）と呼ばれる粒子がある。これは強い相互作用を記述する量子色力学において、実験で示されているCP不変性（粒子と反粒子を入れ替えるC変換と空間の鏡像変換であるP変換を組み合わせた変換について対称であるという性質）が成り立つ理由を説明するために導入された仮説的な粒子である。アクシオンの探索実験も数多く行われているが、いまのところ見つかっていない。

　WIMPやアクシオンなどのように、重力以外の相互作用をする粒子であれば、地上の実験で直接検出される可能性がある。一方、ダークマターが重力相互作用だけしか行わない未知の粒子の可能性も否定できない。重力相互作用は弱すぎるので、この場合には直接実験でダークマターを検出することは困難であろう。

12-2　バリオンの起源

　宇宙にある質量のうち、ダークマター以外の成分は主にバリオンである。バリオンとはクォークの複合粒子のことであり、現在の宇

12. ダークマターとバリオンの起源

宙にあるのは陽子と中性子である。クォークとその反粒子である反クォークは対消滅により数を変化させるが、クォークの数から反クォークの数を差し引いた数は不変である。この数を3で割った値をバリオン数（baryon number）という。素粒子の標準模型において、クォークはそれ自身で崩壊することのない安定な粒子とみなされている。その場合にはバリオン数が保存される。

宇宙初期の高温高密度状態ではバリオンと反バリオンが大量に存在していたが、宇宙が冷えるにつれてほとんどの反バリオンはバリオンと対消滅して消えてしまう。ところがバリオンの数の方が反バリオンの数よりも割合にして10億分の1だけ過剰であったため、バリオンだけが宇宙に取り残されたのである。バリオンの数と反バリオンの数の間にあったこの小さい割合の非対称性が、現在の宇宙におけるバリオン数の起源である。

素粒子の標準模型における通常の反応ではバリオン数が保存されるため、なぜ最初にバリオン数がゼロでない状態であったのかを説明することが難しい。しかし、宇宙の極初期は標準模型を超える理論で記述されると考えられるので、そこでバリオン数の保存しない反応を起こしている可能性がある。

自然界に知られている4つの力のうち、電磁気力、弱い力、強い力の3つの力を統一する理論を大統一理論（grand unified theory）という。大統一理論の候補にはいくつかの種類があるが、これらの理論では一般にバリオン数を保存しない反応が許される。すると、最初にバリオンと反バリオンが完全に対称でバリオン数がゼロの宇宙であっても、宇宙の進化のある段階でバリオン数を作り出すことが可能になる。

ただし、素粒子の標準模型の枠内でも量子効果によりバリオン数が保存しないスファレロン過程（sphaleron process）と呼ばれる反応があり、これは大統一理論で作られたバリオン数を消し去ってしまう可能性がある。逆にスファレロン過程を用いてレプトン数からバリオン数を作り出す可能性も考えられている。その他にもいろいろな可能性が提案されて調べられている。だが現在のところ、バリオン数の生成が実際になぜ起こったのか、まだ結論は出ていない。

第1章　宇宙論

13. インフレーション理論

　小さな宇宙がビッグバン宇宙として膨張を始め、現在の巨大な宇宙に進化してきた。このとき、宇宙の初期状態を考えると、そこに大きな不自然さがあるという問題がある。その1つは"ホライズン問題（horizon problem）"と呼ばれるものである。現在の宇宙を大きく眺めると、広大なスケールにわたってどこも同じような構造をしていて、一様な性質をもっている。この理由について標準宇宙モデルでは、そのような状態になるように宇宙が始まったという初期条件により説明するほかない。ところが、宇宙を初期にさかのぼれば減速膨張宇宙となるため、初期の粒子ホライズンはきわめて小さかったはずである。それまで一度も因果的に結びついたことのないスケールが一様な状態で始まるというのは、きわめて不自然である。

　もう1つの不自然な問題として、"平坦性問題（flatness problem）"と呼ばれるものがある。現在の宇宙は非常に平坦に近く、きわめて曲率が小さい。仮に曲率がゼロでないとしても、その曲率半径は少なくともホライズンよりずっと大きなスケールである。ところが、これを膨張宇宙で実現するには、初期の宇宙の曲率を極端に小さな状態から始めておかなければならない。これもきわめて不自然なことである。

　また、大統一理論などの仮説的理論を初期宇宙に適用すると、現在の宇宙に存在しない粒子を生み出してしまうという問題も知られている。これを"残存粒子問題（relics problem）"という。その典型的な例として、大統一理論を仮定すると現在の宇宙で観測されていないモノポール（磁気単極子）が大量に生み出される、という"モノポール問題（monopole problem）"がある。

　これら不自然さに関する3つの問題を一挙に解決する可能性をもつ有望な理論が、インフレーション理論（inflation theory）である。インフレーション理論では、宇宙の極初期の時代に急激な加速膨張をした期間があると想定する。この急激な加速膨張のことをインフレーション（inflation）という。この期間に宇宙は指数関数的に膨張し、はじめ小さかった宇宙が非常に短い時間のうちに巨大な宇宙になる。その後インフレーションが終わると、膨張の速さがどんどん遅くなる減速膨張の宇宙となる。

13. インフレーション理論

　急激な加速膨張をするインフレーション期があると、それがないと考えた場合の粒子ホライズンは見かけ上のものになる。最初に因果関係をもてる距離にあった2点は、インフレーション期に急激に遠方へ引き離されるため、インフレーションが終わってみるとあたかも粒子ホライズンの外にあるかのように見える。しかし本当の粒子ホライズンはそれよりもずっと大きい。こうしてインフレーションは宇宙を一様化することができ、ホライズン問題を解決できる。

　また、インフレーション前の空間が曲がっていて、最初に曲率半径がホライズンと同程度であったとしても、空間が急激に引き延ばされることで曲率半径も同じように引き延ばされる。この結果、インフレーションが終わってみると曲率半径は（見かけ上の）ホライズンよりもはるかに大きくなる。つまり我々に観測される宇宙はほぼ平坦になる。こうしてインフレーションは平坦性問題も解決できる。

　さらに、インフレーション以前に作られた残存粒子については、インフレーションによってその数密度が急激に薄められ、現在の宇宙には観測されないほど少なくなると考えられる。これにより残存粒子問題も解決できる。

　以上のように、インフレーション期を考えると、自然に我々の宇宙を作り出すような状態を宇宙初期に用意することができる。すると次に問題になるのは、インフレーション期が本当にあったとすると、どのような機構でそれがもたらされるのかということである。結論からいえば、その問題は完全には解決されていない。数多くのモデルが提案されて並び立っているが、決定的な結論は出ていない。

　インフレーションを起こす機構として、多くのモデルでは素粒子論で用いられる場の理論の枠組みが使われている。現代の素粒子論では、すべての素粒子は"場（field）"を量子化したものとして表される。場にはいくつかの種類があるが、その中でもっとも簡単な性質をもつのがスカラー場（scalar field）である。スカラー場がゆっくりと変化する場合、そのポテンシャル・エネルギーは真空エネルギー（vacuum energy）の役割をする。真空エネルギーはアインシュタイン方程式における宇宙定数と同等の効果をもつ。宇宙定数

第1章　宇宙論

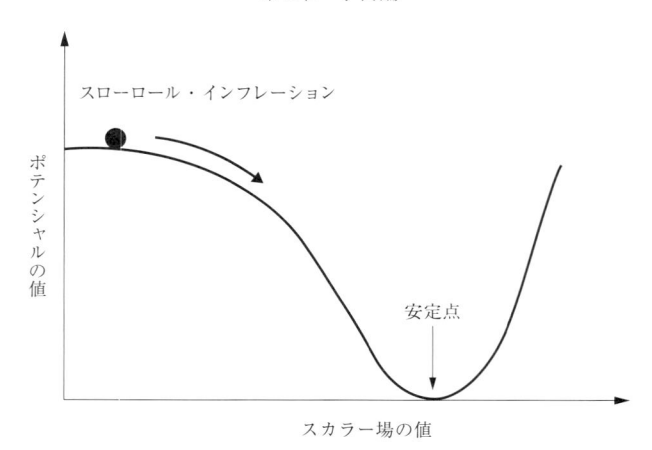

図1-7　インフレーションを起こすスカラー場のポテンシャルの例。

は空間を加速膨張させる。したがって、スカラー場が十分なポテンシャル・エネルギーをもちながらゆっくりと変化（スローロール）すれば、それにより宇宙が急激に加速膨張してインフレーション期が実現される（図1-7）。

このようなタイプのインフレーションのモデルをスローロール・インフレーション（slow-roll inflation）という。スカラー場がスローロールを止めて、ポテンシャルの安定点に落ち着くとインフレーション期は終わる。ただしこのモデルにおけるスカラー場は、現実に存在する素粒子とは関係しない仮説的なものと考えられる。

インフレーション理論は、1980年ごろに佐藤勝彦やアラン・グース（A. Guth）らによって提案された。ただし、彼らの最初のインフレーションモデルはスローロール・インフレーションではなかった。最初のモデルでは、素粒子の大統一理論におけるヒッグス場が偽真空状態になって真空エネルギーをもち、インフレーション期を実現させる。そして相転移により真の真空状態に落ち着くとインフレーションが終わると考えられた。

しかし、このモデルではインフレーションがうまく終わらないと

13. インフレーション理論

いう"華麗なる退場の問題（graceful exit problem）"があり、インフレーションの機構としては完全でなかった。そこで他のインフレーション機構がさまざまに考えられるようになった。そこでは必ずしも大統一理論とは直接関係しないスカラー場が用いられている。スローロール・インフレーションはその中でも多くのモデルに共通する特徴となっている。

インフレーション理論のもう1つの魅力は、宇宙構造の起源を量子ゆらぎによって説明し得る可能性をもつことである。たとえばスローロール・インフレーションでは、インフレーション中にスカラー場の量子ゆらぎがハッブル半径の外へと引き延ばされる。ハッブル半径の外へ出た量子ゆらぎからは量子的な干渉性が消えるため、そのゆらぎは古典力学的に振る舞う。すなわち古典ゆらぎになると考えられる（ただし量子ゆらぎが古典ゆらぎになる過程は、量子論自体に内在する難しい問題を孕んでいるため、完全には理解されていないところもある）。このようにして量子ゆらぎが古典化したと仮定すると、インフレーション後の宇宙に密度ゆらぎが残る。インフレーション後、その密度ゆらぎが再びハッブル半径の中に入ってくると、重力不安定性によりそれは大きく増幅されて、宇宙の構造形成の種となる。

インフレーション理論は魅力的であるが、現状では多くの仮定の上に構築された仮説の域を出るものではなく、具体的な機構にいたっては百家争鳴の状態にある。この状況を打破するには、さらなる観測的な検証が必要である。上に述べたようにインフレーション理論は初期密度ゆらぎの性質を予言し得ることから、宇宙の密度ゆらぎの詳しい観測によってその是非を問うことが可能である。現在のところ、宇宙マイクロ波背景放射や宇宙の大規模構造などの観測によって、いくつかのインフレーションモデルには制限が付けられている。だが、それでもまだ非常に多くのモデルが並び立っている。今後はさらに詳しく宇宙の密度ゆらぎを観測することなどにより、可能なインフレーションモデルを絞り込むことが期待されている。

たとえば、初期密度ゆらぎの非ガウス性が観測されると、インフレーションモデルの選別が大きく進むことが知られている。あるいは、今のところはまだ実用化されていない手段、たとえば宇宙背景

第1章　宇宙論

重力波などの観測により初期宇宙を探ることができるようになれば、インフレーション理論の是非を含めて極初期宇宙の研究には大きな進歩が見込まれる。

14. 量子宇宙論と宇宙の始まり

極初期宇宙の究極の疑問は、この宇宙がどうして始まったのかというものである。宇宙とは時間と空間に包み込まれた存在であるから、その始まりを解明するには、時間と空間の起源を明らかにしなければならない。宇宙時間をさかのぼると究極的に宇宙の大きさはいくらでも小さくなる。すると、宇宙全体がミクロの物理学に支配されるようになると考えられ、時空間自体に量子力学の原理が働くと考えられている。

一般相対性理論を量子論の枠組みで矛盾なくあつかえる完全な理論はない。それを目指す理論は量子重力理論（quantum gravity theory）という名前で呼ばれているが、概念的にも技術的にも非常に難しい課題を抱えている。

量子論においては、物理量について不確定性原理が働き、はっきりと確定した値をもつという古典論の性質は失われる。不確定性原理が顕著になるスケールは人間のスケールから見るとミクロな世界であり、人間の直感とは相反する世界が広がっている。一方、一般相対性理論によれば物質と時空間はお互いに関係し合うので、物質に不確定性関係があるのなら、時空間にも不確定性関係が働かなければつじつまが合わない。だがこれを理論的に矛盾なく整合的に理解することができていないため、量子重力理論は未完成なのである。

宇宙時間をさかのぼっていったとき、量子重力の効果が現れる時間のスケールを考えてみる。フリードマン方程式（1-14）において、宇宙の極初期ではエネルギー密度が非常に大きいため右辺は最初のエネルギー密度の項だけで近似できる。また宇宙時間 t のときの膨張率は大まかに $H \sim \frac{1}{t}$ となるから、エネルギー密度は $\rho \sim \frac{c^2}{Gt^2}$ となる（ここで「〜」は「大まかに等しい」ことを意味し、両辺の数値係数は無視している）。またこのとき、ハッブル半径内のエネルギーは $E \sim \left(\frac{c}{H}\right)^3 \rho \sim \frac{c^5 t}{G}$ となる。ここで量子論においては、時間と

14. 量子宇宙論と宇宙の始まり

エネルギーの間に不確定性関係 $\Delta t \times \Delta E \geq \frac{\hbar}{2}$ が成り立つ。ただし、Δt と ΔE はそれぞれ時間とエネルギーの値に対する不確定性の程度であり、この不確定性関係は両方の値を無制限に確定させることができないことを表している。すると、宇宙で因果関係にある領域すべてのエネルギーが不確定になる宇宙時間は、$Et \sim \hbar$ という条件を解くことにより、大まかに

$$t_\mathrm{P} = \sqrt{\frac{\hbar G}{c^5}} = 5.39 \times 10^{-44} \mathrm{s} \tag{1-28}$$

である。この時間スケールをプランク時間(Planck time)という。宇宙時間がこれ以下の時間や空間には確定的な意味がなく、宇宙そのものが量子的なゆらぎになると考えられる。3つの基本定数 $\hbar$, c, G により作られる時間の次元をもつ量は、このプランク時間が唯一可能な量である。これら3つの基本定数は、それぞれ量子論、特殊相対性理論、一般相対性理論を特徴づける。このため、これらの理論が統一された量子重力理論を使ってはじめて、プランク時間以前の宇宙の状態を正確に調べられるはずである。ところが、再三述べているようにこの理論は完成していない。

とりあえず理論的な整合性には目をつむって、時空間にも量子論の原理が働く場合、宇宙の初期状態に関して定性的にどんなことが期待されるかという研究が行われた。このように宇宙の始まりを考える理論を量子宇宙論(quantum cosmology)と呼ぶ。この方向の研究では、量子力学におけるシュレーディンガー方程式に対応する方程式で、時空計量の量子的な状態を記述すると思われるホイーラー・ドウィット方程式(Wheeler-DeWitt equation)が1967年に導かれている。この方程式は複雑な無限次元汎関数微分方程式であり、一般解を求めることが困難である上、通常の量子力学における確率解釈が許されないなど、数々の概念的な困難も内包している。

ホイーラー・ドウィット方程式を極度に簡単化し、一様等方宇宙の1次元自由度のみに限定したモデルを用いて、宇宙の創世を調べようとする研究がアレクサンダー・ビレンキン(A. Vilenkin)やジェームズ・ハートル(J. B. Hartle)、スティーブン・ホーキング(S. W. Hawking)をはじめとする人々により1980年代にさかんに行われた。この研究によると、時空間の存在しない"無(nothing)"

第1章 宇宙論

ともいうべき状態から、量子的なトンネル効果によって宇宙が始まった可能性がある。とはいえ、この描像がどこまで正しいのか理論的に確固とした結論はいまだに出ていない。

重力を量子論として理解しようとする試みには他にも多数のアプローチがある。素粒子論の統一理論的な見方によると、自然界のすべての力は量子的な粒子によって媒介される。したがって重力が整合的に量子化されたならば、グラビトン（graviton、重力子）と呼ばれる重力を伝える粒子が現れると考えられる。グラビトンを矛盾なく含む理論を構築しようとする試みには、超対称性理論の枠組みで重力理論を考える超重力理論（supergravity theory）や、点粒子の代わりに紐のように広がった対象を考えるストリング理論（string theory）などがある。一方これとは全く異なるアプローチとして、時空間を連続的ではなく離散的なものと考えて量子化しようとするループ量子重力理論（loop quantum gravity）や力学的単体分割（dynamical triangulation）などの理論もある。

これらさまざまなアプローチのどれも完成にはいたっていないが、それらの表面的な性質を用いて宇宙の始まりを推測しようとする研究もある。たとえば、ストリング理論などでは理論的に時空間の次元が4次元よりも多い高次元時空間を考える。このアイディアを拝借し、我々が住む3次元空間は4次元以上の空間に埋め込まれた"膜（brane）"のようなものかもしれない（ここでいう膜とは3次元空間のこと）、と考える膜宇宙論（brane cosmology）というアプローチがある。さらに2枚の膜が衝突することによってビッグバン宇宙が始まったと考えるエクピロティック宇宙論（ekpyrotic universe）という説もある。この説では宇宙初期にインフレーションがなくてもよいとされ、インフレーション理論の対抗馬であるという見方もある。

以上のようにいろいろと興味深い進展もあるが、これらの理論が実際の宇宙と少しでも関係しているのかどうかは不明である。宇宙の本当の始まりがどのようなものであり得るか、現状ではまだかなり深い闇に閉ざされている。

15. ビッグバン元素合成

　ビッグバン理論によれば、宇宙初期の高温高密度状態で主に軽元素が合成される。現在の宇宙にある重元素のほとんどは、宇宙初期に作られたものではない。星が形成された後にその内部で合成され、それが超新星爆発などにより宇宙空間に放出されたものである。宇宙初期には水素とヘリウムのような軽元素しか存在しない。現在の宇宙で星からの重元素にまだ汚染されていないところを観測することにより、宇宙初期に合成された元素の比率を知ることができる。その結果はビッグバン理論に基づいて計算される初期元素比率でほぼ説明できることが知られている。

　本章10節で述べたように、宇宙時間が数分のころに起きた原子核反応の結果、最初にできた中性子のほとんどはヘリウム原子核の中に取り込まれる。こうして宇宙のバリオン成分はほとんどが水素原子核（陽子1個）とヘリウム原子核（陽子2個と中性子2個）の形で存在するようになる。それらに比べると微量だが、他の元素の原子核も同時に合成される。

　このようなビッグバン元素合成の過程は、原子核反応率の実験データを用いて理論的に計算される。ビッグバン理論から宇宙の密度と温度の時間変化が与えられ、その条件下で考えられるすべての原子核反応過程を数値的に計算する。こうして、宇宙初期に合成された元素の種類と量が数値的に見積もられる。

　この結果、宇宙初期の軽元素合成は大まかに次のように進むことがわかっている。まず、最初に存在した中性子nの多くは陽子pと反応して重水素原子核Dになり、光子γを放出する。すなわち

$$n+p \to D+\gamma$$

という反応が進む。その後、短い間に次のような反応

$$D+D \to {}^3H+p,\ D+D \to {}^3He+n,\ D+p \to {}^3He+\gamma,$$
$$D+n \to {}^3H+\gamma,\ {}^3H+D \to {}^4He+n,\ {}^3He+n \to {}^4He+\gamma,$$
$$ {}^3H+p \to {}^4He+\gamma,\ D+D \to {}^4He+\gamma$$

により三重水素（${}^3H$）、ヘリウム3（${}^3He$）、ヘリウム4（${}^4He$）などの元素が作られる。ヘリウム4の原子核は安定なので最終的な存在

量が多くなるが、それ以外の原子核は束縛エネルギーが小さく、最終的な存在量はかなり少なくなる。また、次のような反応

$$^4\text{He}+^3\text{H}\rightarrow ^7\text{Li}+\gamma,\ ^4\text{He}+^3\text{He}\rightarrow ^7\text{Be}+\gamma,\ ^7\text{Be}+n\rightarrow ^7\text{Li}+p$$

により、リチウム7（^{7}Li）やベリリウム7（^{7}Be）などの軽元素も微量に作られる。これよりも重い元素はさらに微量しか作られない。

定量的な数値計算によって求められた軽元素質量比の時間変化を図1-8に示す。宇宙時間が約5分程度までには、単独で存在する中性子の数が急激に減り、ヘリウムをはじめとするさまざまな軽元素が合成される。最終的に合成される元素は、水素とヘリウム4が大半を占め、その質量比は約3対1程度になる。また、その他の元素

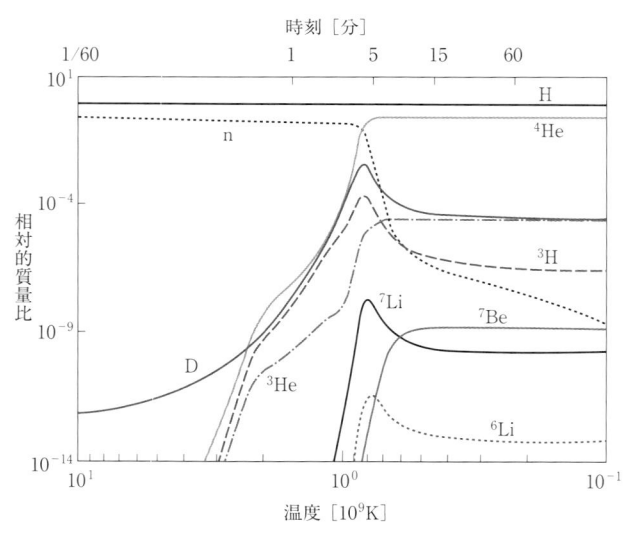

図1-8 ビッグバン宇宙における軽元素質量比の時間変化。縦軸は各元素の水素に対する相対的な質量の比を表す。(Burles, S., Nollett, K. M. and Turner, M. S., poster for the DAP "Great Discoveries in Astronomy in the Last 100 Years" exhibit at APS centennial meeting (arXiv:astro-ph/9903300) より改変)

15. ビッグバン元素合成

も微量ではあるが合成され、宇宙時間が20分程度になるとそれらの存在比がほぼ固定される。中性子は単独で存在するとき、半減期が10分程度で、ベータ崩壊

$$n \rightarrow p + e^- + \bar{\nu}_e$$

により電子e^-と反電子ニュートリノ$\bar{\nu}_e$を放出して陽子に転化してしまう。したがって元素合成時に原子核に取り込まれずに残った中性子は、徐々にその数を減らしていく。

理論的に計算された最終的な軽元素の存在比は、宇宙にあるバリオンの総密度に依存する。このことを用いると、観測で得られる原始的な元素の存在比を理論と比較することによって、宇宙にあるバリオンの総密度を見積もることが可能になる。

宇宙に存在するバリオンの数密度は宇宙膨張により体積に反比例して減少するが、宇宙にある光子の数密度も同じように減少するため、バリオン数密度と光子の数密度の比ηは宇宙膨張の間も値が一定になる。この比ηを横軸にして、最終的に合成されるいくつかの軽元素の存在比をグラフにしたものが図1-9である。

バリオン量が増えると反応率が増加し、中性子のベータ崩壊が進まないうちに元素合成が始まるため、中性子を材料とした主な最終生成物であるヘリウム4はわずかに増加する。また反応率が増加すると中間生成物である重水素や三重水素、ヘリウム3は減少する。リチウム7は生成過程と分解過程が複数あるため、単調な変化ではない。

重水素の存在比はバリオン量に敏感で単調に減少するため、宇宙にあるバリオンの総密度量を見積もるのに特に都合がよい。遠方の活動銀河核であるクェーサーの観測から得られるスペクトル吸収線を詳しく調べると、我々とクェーサーの間にある銀河間物質の元素組成を知ることができる。この方法で重元素に汚染されずに宇宙初期の状態を残している領域を観測すると、宇宙初期に作られた重水素の存在比を推定できる。その他の元素の存在比も、星の表面や星間物質の観測から推定される。こうして得られた軽元素の存在比は理論とよく一致する。

不定性の小さい重水素の存在比を観測的に求め、それを図1-9の

第1章 宇宙論

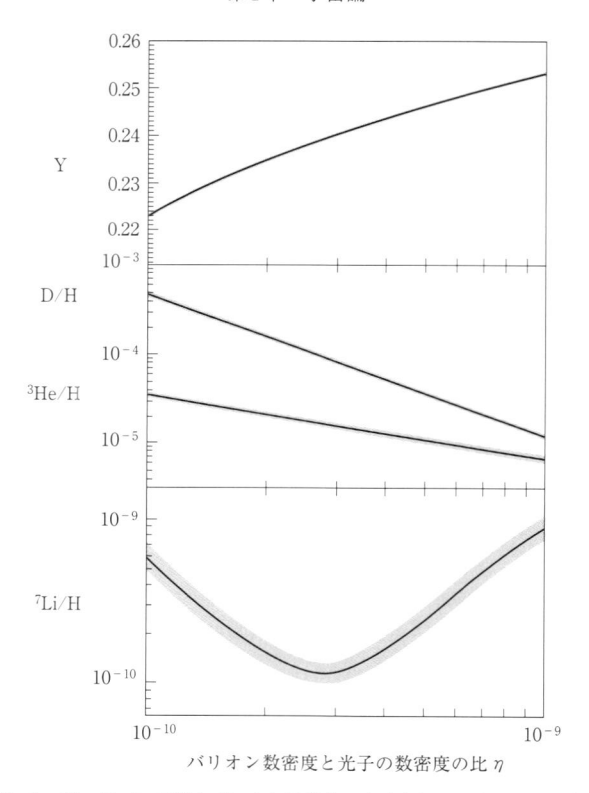

図1-9 ビッグバン元素合成により最終的に合成されるいくつかの元素の存在比。ここでYはバリオンの総質量に対するヘリウム4の質量比であり、それ以外は各元素の存在数と水素の存在数の比を表す。また、線の上下のグレーの部分は理論的な不定性を表す。(Olive, K. A., TASI Lectures on AstroParticle Physics (arXiv:astro-ph/0503065) より改変)

理論的な関係を使ってバリオンと光子の数密度比に換算することにより、$\eta = (6.0 \pm 0.4) \times 10^{-10}$という結果が得られている。光子の数密度は宇宙背景放射の観測により正確に求められているため、この値からバリオンの数密度が求められる。その値をバリオンの密度パラメータの値に直すと、

$$\Omega_{b0} h^2 = 0.022 \pm 0.002 \tag{1-29}$$

となる。ただしバリオンの密度パラメータΩ_{b0}は式（1-18）と同様にバリオン密度から定義される値である。このバリオン量は宇宙全体の質量よりもずっと少ない。したがって、宇宙の質量成分の大部分はバリオン以外の物質、ダークマターによって担われていることがここからもわかる。

16. 宇宙マイクロ波背景放射

宇宙時間が約38万年のころ、光子が物質から脱結合して宇宙が晴れ上がる。このときに残された光子の多くはそのまま膨張宇宙の中を進み続けるため、現在の宇宙空間にも背景放射として存在している。これが宇宙マイクロ波背景放射（Cosmic Microwave Background radiation、これを略してCMBとも表記される）である。

宇宙が膨張すると赤方偏移により光の波長が伸びてエネルギーが低下する。脱結合時の宇宙時間に対応する赤方偏移は約$z = 1100$である。そのときの宇宙の温度は約3000Kであるが、電磁波の温度はスケール因子に反比例して低下するため、現在では約2.7Kまで下がっている。この温度の電磁波はちょうどマイクロメートルからミリメートル程度の単位で表される波長帯に分布するため、マイクロ波背景放射と呼ばれている。

宇宙マイクロ波背景放射が初めて直接的に発見されたのは1964年から1965年にかけてのことで、当時ベル研究所にいたアーノ・ペンジアス（A. A. Penzias）とロバート・ウィルソン（R. W. Wilson）によってである。宇宙マイクロ波背景放射の存在はビッグバン理論の自然な帰結である。このため、この観測はビッグバン理論の確立に決定的な役割を果たした。宇宙マイクロ波背景放射の

第1章　宇宙論

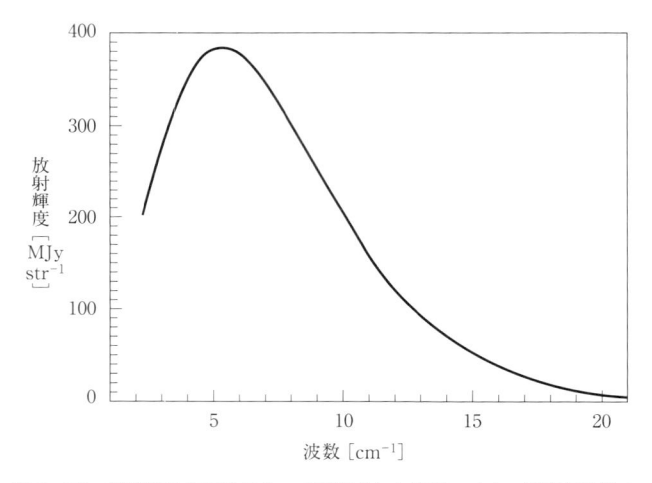

図1-10 観測衛星COBEによって測定された宇宙マイクロ波背景放射の放射スペクトル。黒体放射スペクトルと全く区別がつかない。（Fixsen, D. J. et al. 1996, ApJ, 473, 576 より改変）

　放射スペクトルは、ほぼ完全な黒体放射に等しいという大きな特徴をもつ。図1-10は1989年に打ち上げられた観測衛星COBE（Cosmic Background Explorer）によって測定された宇宙マイクロ波背景放射のスペクトル分布である。その形は理論的に計算される理想的な黒体放射のものと誤差の範囲で区別がつかない。この結果は、宇宙初期に熱平衡状態が実際に実現されていて、宇宙マイクロ波背景放射はそこから脱結合してきたものであるという強力な証拠である。

　宇宙マイクロ波背景放射は、宇宙のあらゆる方向からほぼ同じ温度で等方的にやってくる。これは初期の宇宙がきわめて一様で等方的なものであったことを示す重要な事実である。地球の運動によって生じるドップラー効果を差し引くと、ほぼ10万分の1の精度で等方的である。

　宇宙マイクロ波背景放射の温度にはわずかな非等方性も観測されている。非等方性のもっとも大きな原因は、観測装置が宇宙空間で運動していることによるドップラー効果である。観測装置の進行方

16. 宇宙マイクロ波背景放射

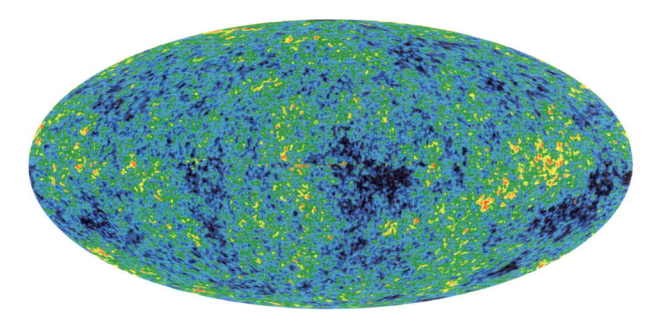

図1-11 観測衛星WMAPにより得られた宇宙マイクロ波背景放射の温度非等方性。銀河系からの放射による寄与と、固有運動によるドップラー効果からの寄与は差し引かれ、非常に微小な非等方性が拡大されて表されている。

向では波長が短くなって温度が上がり、その逆方向では波長が長くなって温度が下がる。このため双極的なパターンの非等方性が現れる。観測装置の運動は、地球に対する装置の運動や地球の公転運動、そして銀河系中での太陽系の運動、そして銀河系自体の運動が重ね合わされたものである。観測された双極的な温度非等方性から銀河系内部での運動の寄与を差し引くことで、我々の銀河系自体の固有運動を求めることができる。その結果、我々の銀河系はうみへび座 – ケンタウルス座超銀河団の付近へ向かって約$630 \mathrm{km\ s}^{-1}$の速さで運動していることがわかっている。

固有運動に伴うドップラー効果の寄与を差し引くことで、宇宙マイクロ波背景放射に内在する温度非等方性が観測されている。そのような非等方性は観測衛星COBEにより初めて発見され、その後もさらに詳しい非等方性が観測されてきた。図1-11は2001年に打ち上げられた観測衛星WMAP（Wilkinson Microwave Anisotropy Probe）による詳細な非等方性の地図である。その非等方性は約10万分の1程度の微小なものである。

ここに見えている温度非等方性の原因の1つは、光子の脱結合時に存在した宇宙の密度ゆらぎにある。その他に、脱結合後の光が我々のところへ届くまでに通過した宇宙の構造の影響もある。これ

第1章 宇宙論

らの効果は理論的にもかなりよく理解されていて、観測された温度非等方性の結果を正確に再現することができる。理論予言は宇宙論パラメータの値にも依存するため、観測データとの詳細な比較解析により宇宙論パラメータの値をかなり正確に絞り込むことも可能になる。

温度非等方性の強さを、多重極展開という数学的手法で分析したものが図1-12に表されている。横軸のℓは、角度にして$\frac{\pi}{\ell}$radのスケールで変化する非等方性の成分を表し、縦軸はその非等方性の強さを表している。このような図を温度非等方性パワースペクトル（temperature anisotropy power spectrum）という。実線が理論予言であり、データとの一致は見事である。

目立つ特徴として、ほぼ$\ell = 200$の付近に大きな盛り上がりがあり、そこから右にも周期的に盛り上がりが見える。これはいわゆるバリオン音響振動（baryon acoustic oscillations）と呼ばれる宇宙

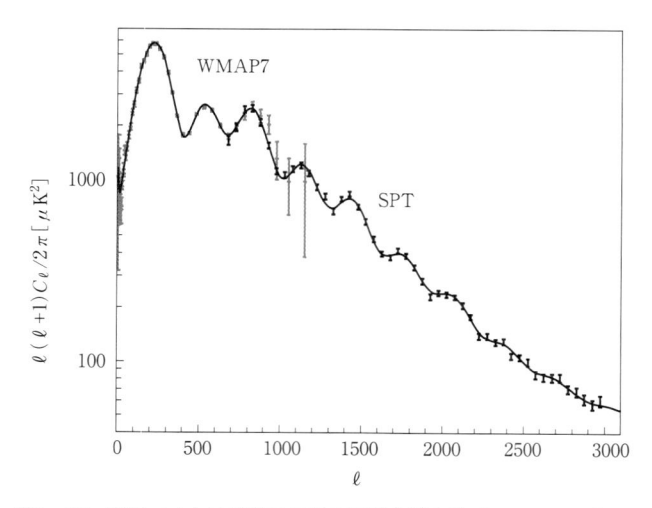

図1-12 宇宙マイクロ波背景放射の温度非等方性パワースペクトル。WMAP 7 yearおよびSPTという2つの観測を重ねたもの。実線が理論予言。（Keisler, R. et al., arXiv:1105.3182 より改変）

16. 宇宙マイクロ波背景放射

初期の振動現象が現れたものである。宇宙の晴れ上がりの前、バリオンと光子が結合している時期に、バリオンの密度ゆらぎが音波として伝播する。その過程は物理的に解明されているので、振動の物理的な波長スケールも理論的に計算できる。

一方、その振動現象が起きた場所から、はるか彼方に位置する我々が観測したとき、その振動スケールがどの角度に見えるかは、宇宙全体の曲率の値に左右される。この原理を用いて宇宙の曲率を推定することができ、現在のところ95％程度の確度で

$$-0.01 < \Omega_{K0} < 0.01$$

の範囲に制限されている。すなわちこの宇宙は平坦に近い。

この他にも宇宙論パラメータを制限するのに有用な情報が、さまざまな形で温度非等方性パワースペクトルに含まれている。このため、他の宇宙論パラメータ値を絞り込むのにも大きな役割を果たしている。また、最近では宇宙マイクロ波背景放射に含まれる偏光も観測できるようになっている。温度非等方性に加えて偏光の情報も用いるとさらに詳しい宇宙の情報が得られ、宇宙の再イオン化の時期を特定するなどのことが可能である。さらに将来的には、宇宙背景重力波の寄与の有無について詳しく調べたりすることも期待されている。

第2章
ダークエネルギー

第2章　ダークエネルギー

1. 概要

この章では、現代的な宇宙論が直面している奇妙な未解決問題を述べる。宇宙に関する人類の知識は急速に広がり続けているが、まだまだ宇宙にはわからないことがたくさんあり、そこには広大な謎が果てしなく広がっている。そんな中でも、この章の主題であるダークエネルギー（dark energy、暗黒エネルギーとも呼ばれる）は天文学のみならず物理学の未解決問題でもある。近年の観測技術の進歩が引き金となって、21世紀になってからは人類の解き明かすべき重大な課題の1つに数えられるようになった。

1917年、アインシュタイン（A. Einstein）は一般相対性理論に基づく最初の宇宙モデルを発表し、そこで宇宙項を導入した。アインシュタインにとって、宇宙項は静止宇宙を実現させるためだけに必要な醜いものだったため、後に宇宙の膨張が明らかになると、彼は宇宙項を不必要なものとして棄却した。だがルメートル（G. Lemaître）は、膨張宇宙においても宇宙項は存在してしかるべきとし、宇宙項をもつ膨張宇宙モデルを主張してアインシュタインに再考を促した。その後も宇宙論において宇宙項の有無は何度も取りざたされてきたが、観測的には決定的な進展のないまま長い期間が過ぎ去った。

一方で、宇宙項問題は宇宙スケールだけの問題ではなく、ミクロな世界を記述する場の量子論の問題としても深刻なものと考えられるようになった。この世界に観測されるすべての物質は、ミクロのレベルで場の量子論により記述される。場の量子論で素朴に計算すると、物質が存在しない真空の空間にも大量のエネルギーが詰まっているという結論が導かれる。場の量子論の枠内にとどまる限り、このこと自体は大きな問題にはならない。しかし一般相対性理論を考えると、真空にエネルギーが存在することは宇宙項が存在するのと同じ効果をもつ。それは宇宙空間を著しく曲げてしまうため、明らかにこの宇宙が広い範囲で平坦であることと矛盾する。

したがって、宇宙項がもし存在するとしてもそれは場の量子論から出てくる真空エネルギー起源ではあり得ない。場の量子論から素朴に期待される真空エネルギーは、何らかのメカニズムでほとんどゼロに打ち消されていると考えられている。それが何なのかという

1. 概要

問題が場の量子論における宇宙項問題である。

1998年、遠方超新星の観測により宇宙膨張の加速が示されて、宇宙項問題は新たな局面を迎えることになった。宇宙の加速膨張は、まさに宇宙項をもつ宇宙モデルが予言する性質だったからである。宇宙項が存在するとなると、量子論的な宇宙項問題の深刻度はさらに大きくなった。量子論的な真空エネルギーが完全に打ち消されずに宇宙項の起源となっているならば、その値は120桁以上もの精度で微調整されていることになるからである。これは物理学史上最悪の不自然な微調整問題である。

理論に不自然な微調整が必要なとき、その裏にはまだ明らかになっていない真実が隠されていることが多い。この事情は天動説になぞらえることができるかもしれない。天動説は天体の動きを正確に予言できたが、不自然に微調整された周転円や従円などを多数含んだ理論であった。その裏には、地動説と万有引力の法則が隠されていたのであった。

これと同じように、不自然に微調整された宇宙項の裏には、何かしら未知の真実が隠されていると考えるのが自然である。加速膨張が発見された1998年ごろ、宇宙項と同じような働きをする未知のエネルギーが宇宙を覆っているのではないかとの観点から、シカゴ大学のマイケル・ターナー（M. S. Turner）は、宇宙膨張を加速させる未知の原因に対してダークエネルギーと名付けた。この言葉は、光を発しないエネルギーという意味であると同時に、正体不明のエネルギーという意味ももつ。宇宙項はダークエネルギーの候補ではあるが、ダークエネルギーが宇宙項ではない可能性もある。

宇宙の加速膨張がほぼ確実になってからというもの、ダークエネルギーを説明しようとする理論的試みが無数に提案されるようになった。その研究は現在進行中であるが、さまざまな理論的可能性が乱立していて、今のところ十分な説得力をもつ理論があるとはいいがたい状況である。一方、ダークエネルギーの性質を観測的に制限しようとする天文学的観測計画が多数立案されている。こちらも現在進行中であり、そこから何が得られるかは今後の天文学や物理学の行く末にとっても重要な意味をもつかもしれない。

2. 一般相対性理論における宇宙定数

アインシュタインは一般相対性理論を完成させて間もなく、その応用として宇宙原理を使い静止宇宙モデルを構築した。このとき、宇宙は空間的に一様であるのみならず、時間的にも一様であると考えた。すなわち、膨張したり収縮したりすることのない静止宇宙モデルのみが、可能な宇宙であると考えたのである。ところが、一般相対性理論の基本方程式であるアインシュタイン方程式には、宇宙を静止したままに保ち続ける解が存在しなかった。

この理由は直感的にも不思議なことではない。一般相対性理論はニュートン重力理論の拡張であるため、宇宙に存在する物質の間に引力が働くという基本的な性質は変わらない。重力法則の定量的な性質に修正がなされるとはいえ、一般相対性理論においても物質間に働く重力は引力のみである。重力が引力のみであるならば、何か支える力がない限り静止した天体同士は時間とともに近づいていく。ニュートンの静止宇宙モデルでは無限に広がった空間にきわめて一様な状態で天体が分布すると考えて、不安定ながらもこの問題をなんとか回避しようとした。しかし、時空間と物質を同時に考えなければならない一般相対性理論では、空間すらも重力の影響を受けて変化してしまうので、そのような不安定な解すらも存在しないのだった。

そこでアインシュタインは静止宇宙を実現するため、最初に考えたアインシュタイン方程式に修正を施すことにした。そのとき方程式に新たに付け加えられた項、それがアインシュタインの宇宙項である。アインシュタインがもともと提案したアインシュタイン方程式は

$$R_{\mu\nu} - \frac{1}{2} g_{\mu\nu} R = \frac{8\pi G}{c^4} T_{\mu\nu} \qquad (2\text{-}1)$$

という形をしている。これはテンソル方程式と呼ばれる種類の方程式であり、時空計量に関する複雑な多元非線形偏微分方程式である。読者はその詳しい意味を理解していなくてもよい。ここではその大まかな意味だけを述べるにとどめる。

左辺は時空間のある場所における局所的な曲がり方から決まる量で、幾何学的な量になっている。また右辺は同じ場所にある物質や

2. 一般相対性理論における宇宙定数

エネルギーの状態、たとえば密度や圧力などから決まる量である（物質や放射などのない真空状態の場合、右辺はゼロである）。つまりアインシュタイン方程式（2-1）は、時空間の幾何学的な性質である左辺と、そこにある物質やエネルギーの状態を表す右辺を等式で結びつけている。時空間の曲がり方は物質の状態に影響され、逆に物質の状態は時空間の曲がり方に影響される、その関係を定量的に表したものである。時空間の曲がり方が小さい極限の場合を考えると、アインシュタイン方程式からニュートンの万有引力の法則を導くことができる。この意味で、アインシュタイン方程式はニュートンの万有引力の法則を含んでいて、さらにそれよりも適用範囲が広い。

アインシュタインが静止宇宙を実現させるために修正した方程式は次の形をしている：

$$R_{\mu\nu} - \frac{1}{2} g_{\mu\nu} R + \Lambda g_{\mu\nu} = \frac{8\pi G}{c^4} T_{\mu\nu} \tag{2-2}$$

最初に考えられたアインシュタイン方程式（2-1）との違いは左辺の最後の項である。ここに導入された新しい定数 Λ が宇宙定数（cosmological constant）と呼ばれるものである。このため宇宙項のことをラムダ項（Λ項、Λ-term）ということもある。宇宙定数が正の値であれば、宇宙項は宇宙空間を膨張させようとする効果をもつ。物質の重力は宇宙空間を収縮させようとするが、正の宇宙定数によりその力を食い止めることができるようになる。両方の力をバランスさせて、宇宙空間を膨張も収縮もしないようにしたものが、アインシュタインの静止宇宙モデルである。

宇宙項入りのアインシュタイン方程式（2-2）に宇宙原理を適用すると、スケール因子 $a(t)$ に対する方程式として

$$\left(\frac{1}{a} \frac{da}{dt} \right)^2 = \frac{8\pi G}{3c^2} \rho - \frac{c^2 K}{a^2} + \frac{c^2 \Lambda}{3} \tag{2-3}$$

$$\frac{1}{a} \frac{d^2 a}{dt^2} = -\frac{4\pi G}{3c^2} (\rho + 3p) + \frac{c^2 \Lambda}{3} \tag{2-4}$$

という2つの独立な式が得られる。最初の式（2-3）は式（1-14）のフリードマン方程式そのものである。一方、式（2-4）はフリードマン方程式とは独立な方程式であり、右辺の p は宇宙にある物質

や放射などによる圧力を表す。スケール因子を時間で2回微分したものは宇宙膨張の加速度を表すので、式（2-4）の右辺の各項は宇宙膨張の加速度を生む源となる。言い換えれば、宇宙を膨張させようとする力となっている。通常の物質ではエネルギー密度 ρ も圧力 p も正の量なので、右辺第1項は負であり宇宙膨張の加速度を負にしようとする。つまり宇宙を収縮させようとする。ところが右辺第2項は宇宙定数が正ならば膨張の加速度を正にしようとする。つまり宇宙を膨張させようとする。すなわち、正の宇宙定数は宇宙空間全体に斥力として働くことになる。これは通常の物質や放射などでは実現できない奇妙な性質である。

アインシュタインの静止宇宙モデルはスケール因子が $a = 1$ に保たれる解なので、式（2-3）、（2-4）ともに右辺の量がゼロになる。いま、エネルギー密度に比べて圧力が無視できるような物質を考えると、式（2-4）において圧力 p の項は無視できる。すると、少し計算すれば分かるように、スケール因子を1に保つ解は唯一 $\Lambda = K = \frac{4\pi G}{c^4}\rho$ となるものしかない。これがアインシュタインの静止宇宙モデルであり、宇宙定数と曲率がともに正の宇宙である。

宇宙膨張が発見されると、このアインシュタインの静止宇宙モデルは正しくないことが判明した。このため、静止宇宙を実現させる目的で導入された宇宙項は必要なくなり、アインシュタインは自ら宇宙項を捨て去った。彼は、宇宙項の導入は「我が人生最大の過ち（"the biggest blunder of my life"）」、とまで語ったといわれている（この逸話はビッグバン宇宙論の創始者であるガモフの作り話だという説もある）。ところが、宇宙項があっても何も矛盾があるわけでなく、膨張宇宙であっても宇宙定数がゼロであるべき根本的な理由はない。アインシュタインが宇宙項を捨てた後も、宇宙項の有無について決定的な結論が出ることはなかった。

3. 真空エネルギーとしての宇宙項

アインシュタインが宇宙項を導入したとき、彼はそれを式（2-2）のようにアインシュタイン方程式の左辺に置いた。元のアインシュタイン方程式（2-1）の左辺は幾何学的な量だけで書かれている。つまりアインシュタインにとっての宇宙項は、幾何学的な美し

3. 真空エネルギーとしての宇宙項

さをもつ左辺に恣意的に付け加えられた醜い項であった。一方、ビッグバン理論の父でもあるルメートルは、アインシュタインが宇宙項を捨てた後も宇宙項を保持するべきであると主張した。彼は宇宙項を右辺に移項し、何かエネルギーをもった物質的な起源のものとしてあつかい始めたのである。

宇宙定数を物質的な起源のものとみなすと、それはエネルギーと圧力をもつ実体だということになる。式（2-3）、（2-4）の右辺に現れている宇宙項を物質的なものとしてあつかうならば、エネルギー密度と圧力がそれぞれ

$$\rho_\Lambda = \frac{c^4 \Lambda}{8\pi G}, \quad p_\Lambda = -\frac{c^4 \Lambda}{8\pi G} \tag{2-5}$$

となるものとみなされる。通常の物質や放射などでは、エネルギー密度も圧力も正であり、両者が逆符号になることはない。ところが宇宙項を物質的なものとみなすと、通常ではあり得ない$\rho_\Lambda = -p_\Lambda$という関係が成り立つ。正の宇宙定数の場合、宇宙項を物質的なものとみなすということは、圧力が負になる奇妙な物質を考えることに相当する。

圧力とエネルギー密度が逆符号になるという関係は、体積が膨張してもエネルギー密度が薄まらないという、奇妙な性質を示す。熱力学の初歩的な知識をもつ読者に向けて、このことを少し詳しく説明しておこう。通常の気体の場合、熱の出入りがなければ内部エネルギーの増加ΔUは外から気体に加えた仕事ΔWに等しい（熱力学第1法則）。もしここで体積を増やしてもエネルギー密度ρが一定であるとすると、微小な体積変化ΔVに対して$\Delta U = \rho \Delta V$となる。またこのとき圧力pをもつ気体に外から加えられた仕事は$\Delta W = -p\Delta V$で与えられる。すると$\Delta U = \Delta W$より$\rho = -p$となる。つまりこの関係は、体積当たりのエネルギーが常に一定だという、奇妙な性質から導かれているのである。

通常の物質や放射のようなものを考えると、体積が膨張すればエネルギー密度は薄まるはずである。だが、宇宙項に対応するエネルギー密度は体積が膨張しても薄まらない。それを何か物質のようなものとみなすと奇妙であるが、空間それ自身がもっている固有のエネルギーと考えればそれほど奇妙ではない。つまり、真空状態の空

間にも一定密度のエネルギー、すなわち真空エネルギーがあると考えるのである。その実体はともかくとして、アインシュタイン方程式の中で宇宙項を導入することと一定密度の真空エネルギーを導入することとは、数学的に同等である。

4. 場の量子論における宇宙項問題

　古典物理学的に考えると、真空とは何も存在しない空間なので、真空のエネルギーはゼロと考えるのがもっとも自然である。しかし量子物理学的に考えると、真空にはエネルギーがある方が自然になる。これはミクロの世界に独特の不確定性関係があるからである。そこで以下では、量子論的に期待される真空エネルギーについて述べることにする。

　現代物理学の見方では、この世界にあるすべての物質は素粒子からなる。そしてすべての素粒子は空間的に広がった"場"を量子化して得られる。量子化とは、マクロな世界で成り立つ物理法則をミクロな世界で成り立つ量子論の原理と矛盾しないように書き換える手続きのことである。場というのは空間的に広がったものであるが、これを量子化すると粒子的な性質をもつようになる。よく知られた場の例は電場や磁場である。電場と磁場はもともと同じ起源をもっていて、電磁場という1種類の場が2つの側面を見せているものである。よく知られているように、電磁場が波となって進んでいるのが光などの電磁波である。この電磁場を量子化して得られる粒子は光子である。光子は電磁気力を運ぶ粒子とみなされる。つまり、光は波であると同時に粒子でもある、という二重性をもつ。量子論はこのように直感に反した世界であるが、それが正しいことは無数の精密な実験により確立している。

　光子と同じように、電子やクォークなど物質を作る素粒子も、それらに対応する場を量子化して得られる粒子である。電子が場であるというのは理解が難しいかもしれないが、極限的な状況で実験すると、電子も波のように振る舞うようになり、それが場であることを垣間見せてくれる。つまり、この世界全体はさまざまな場が作り出しているのである。

　電場や磁場を思い浮かべるとわかるように、場というものは空間

4. 場の量子論における宇宙項問題

の各点に物理的な値をもつ。すなわち、空間のすべての点に自由度がある。量子論の不確定性原理によれば、物理的な値をすべて完全に1つの値に決めてしまうことは原理的にできない。つまり場の値をミクロに見ると、それは絶えずゆらいでいることになる。このことは、場のエネルギーを完全にゼロに保つことができないことを意味する。これが、量子論において真空エネルギーが自然に出てきてしまう本質的な原因である。このことを量子化された粒子的な描像で言い換えれば、真空といえども不確定性関係により一時的に粒子ができたり消えたりしていて、それが全体として真空にエネルギーをもたせてしまうともいえる。

このように考えると空間の各点が有限の真空エネルギーをもつことになる。有限の空間の中にも点の数は無限個あるから、真空エネルギーの密度も無限大になると考えられるかもしれない。だが実際には、そのような描像も、ミクロの世界で破綻していると考えられる。なぜなら不確定性関係により、時空間の曲率さえも極限的なミクロの世界では平坦に保つことができなくなる、と考えられるからである。そこでは時空間が量子的にゆらいでいて、もはや空間の各点に場があるという描像も成り立たない。

量子論の効果により時間を連続的に広がったものと考えられなくなるスケールは、式（1-28）のプランク時間 t_P であった。これに光速を掛け合わせて得られる長さ

$$l_P = ct_P = \sqrt{\frac{\hbar G}{c^3}} = 1.62 \times 10^{-35} \text{ m} \tag{2-6}$$

をプランク長（Planck length）と呼ぶ。これは量子論の効果により空間を連続的に広がったものと考えられなくなる長さのスケールを表す。相対論では時間と空間が一体化しているため、時間に最小スケールがあれば、空間にも最小スケールが現れる。すると、場が空間的に変化するという描像はプランク長よりも大きな空間スケールだけに許されるはずである。こう考えることにより空間に含まれる点の数は有限に押さえられる。こうして量子的な真空エネルギーの値を見積もることができる。これを場の理論に基づいて計算した結果は、エネルギー密度にして

第2章　ダークエネルギー

$$\rho_v \sim \frac{\pi^2 c^7}{\hbar G^2} \sim 5 \times 10^{114} \, \text{J m}^{-3} \tag{2-7}$$

という莫大な値になる（添字vは真空を表すvacuumの頭文字）。

しかし、本当にこのような莫大な真空エネルギーが空間に充満しているとすると、一般相対性理論との間に深刻な矛盾を引き起こす。一般相対性理論によれば、エネルギーはどんなものであれ時空間に作用してそれを曲げてしまうからである。莫大な真空エネルギーは時空間に極端な曲率をもたらすため、この宇宙がほとんど平坦である事実と両立しない。

このことを定量的に見るため、式（2-5）を使ってこれを宇宙定数の値に直してみると、

$$\Lambda_v \sim 1 \times 10^{72} \, \text{m}^{-2} \tag{2-8}$$

となる。フリードマン方程式に現在時刻を代入した式（1-17）において、宇宙定数が莫大な値をもつならば、それを莫大な曲率で打ち消しておかなければならなくなる。これが事実であれば、宇宙の曲率半径は $K^{-\frac{1}{2}} \sim (\frac{\Lambda_v}{3})^{-\frac{1}{2}} \sim 10^{-36}$m 程度となって、プランク長よりも小さくなってしまう。ところが、実際の曲率半径は現在のハッブル半径よりもずっと大きい。これはあまりにも深刻な矛盾である。

宇宙定数パラメータ $\Omega_{\Lambda 0}$ の値は観測的に1を超えないことがわかっている。もし宇宙定数が式（2-8）の値であったならば、宇宙定数パラメータの値は

$$\Omega_{\Lambda 0} \sim 3 \times 10^{123} \, h^{-2} \tag{2-9}$$

という莫大な値になるはずである。つまり、量子論的な真空エネルギーの理論値は、観測的に制限されている値よりも123桁以上も大きいという矛盾を孕んでいるのである。想像を絶するようなこの大きな食い違いは、他の物理学の分野にもあり得ない前代未聞の規模の矛盾である。この未解決問題は"宇宙定数問題（cosmological constant problem）"と呼ばれている。

場の量子論においてこの問題を回避する可能性の1つは、異なる成分からの莫大な真空エネルギーがうまく打ち消し合っていると考えることである。超対称性など何らかの隠された対称性があり、莫

大なプラスの真空エネルギーが出てきても、それを打ち消すような莫大なマイナスの真空エネルギーがあればよい。対称性により真空エネルギーが完全にゼロに打ち消し合っているということがあってもそれほど不思議ではない。

だが、宇宙定数パラメータがゼロでなく1程度の値をもつには、123桁もの精度でわずかにプラスとマイナスの真空エネルギーを非対称にしておかねばならない。これほどの微調整を自然に起こすようなメカニズムは知られていない。このこともあり、宇宙定数は完全にゼロである方が理論的には自然であると考えられた。しかし、実際の宇宙はそれほど単純ではなかった。以下に述べるように、現在では宇宙膨張の観測により宇宙項(あるいは何らかの真空エネルギー)はゼロでないことが確からしい。このため、宇宙定数問題はさらに深刻度を増している。

5. 膨張宇宙における宇宙項

宇宙項の有無は宇宙膨張の振る舞いに大きな影響を及ぼす。ここでまた式(2-4)

$$\frac{1}{a}\frac{d^2a}{dt^2} = -\frac{4\pi G}{3c^2}(\rho+3p)+\frac{c^2\Lambda}{3}$$

(2-4:再掲)

を再掲して考えてみよう。もし宇宙定数が負であれば、式(2-4)の右辺全体が常に負になるので、宇宙膨張は必ず減速する。そして現在の宇宙は膨張していても、未来にはいずれ収縮を始めて、最後にはスケール因子がゼロになって必ず潰れてしまう。

宇宙定数が正のときは、その値によって宇宙膨張の振る舞いがいくつかの場合に分けられる。いずれの場合も、宇宙があまり大きくない段階では式(2-4)の右辺第1項が支配的なために宇宙膨張は減速する。その後の振る舞いは宇宙定数の値によって主に2つの場合に分けられる。1つ目の場合として、物質の量が多くて宇宙定数の絶対値が小さすぎると、宇宙定数が十分な効果をもたないうちに宇宙の膨張が止まってしまう。そしてその後は収縮に転じて最後には潰れてしまう(図2-1(a))。このような宇宙の終わり方をビッグクランチ(big crunch)という。

正の宇宙定数における2つ目の場合は、宇宙定数の値がある程度

第2章　ダークエネルギー

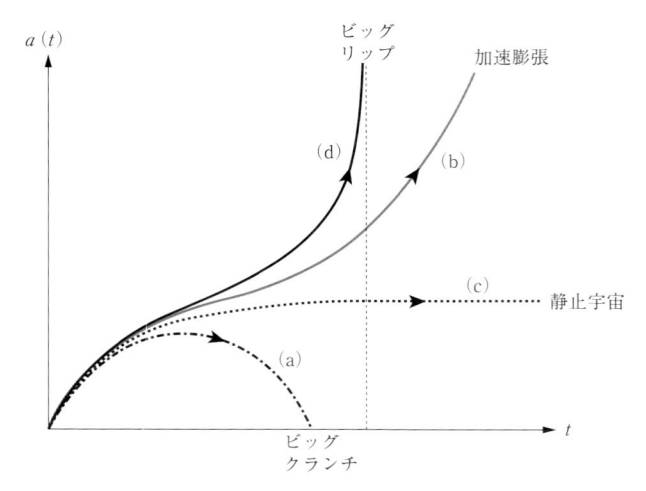

図2-1 宇宙定数やダークエネルギーのモデルによって、宇宙膨張の時間変化にはいくつかのパターンがある。

大きい場合である。このときは膨張の減速期に宇宙が十分大きくなることで式（2-4）の右辺第1項の絶対値が小さくなり、最終的には第2項の宇宙項の絶対値の方が大きくなる。第1項の絶対値を第2項の絶対値が上回った時点で宇宙の膨張は減速から加速に転じる。すなわちこの場合の宇宙膨張は減速膨張から加速膨張へと切り替わる（図2-1(b)）。

　正の宇宙項によりいったん加速膨張し始めれば、その後は際限なく膨張する。物質のエネルギー密度や圧力は、宇宙が膨張すればするほど小さくなるから、最終的に式（2-4）の右辺には宇宙項だけが残される。この極限で、スケール因子は指数関数で表されるようになる。すなわち、宇宙は指数関数的に膨張する。この指数関数的な膨張宇宙の解が表す宇宙をドジッター宇宙（de Sitter universe）という。

　正の宇宙定数におけるもう1つの可能性として、論理的には上の2つの場合の中間的な場合もあり得る。それは最終的に物質による

減速と宇宙項による加速がつりあって、最終的にアインシュタインの静止宇宙解に落ちつくという解である（図2-1(c)）。ただし、この解が実現されるためには、宇宙初期の膨張速度が無限の精度で不自然に微調整されていなければならない。つまり、非現実的な解である。

6. 加速膨張とダークエネルギー

　理論的には、宇宙の曲率と宇宙定数のどちらもゼロであるような宇宙がもっとも簡単である。このとき式（1-21）により物質密度パラメータの値は$\Omega_{M0}=1$となる。この簡単な宇宙モデルをアインシュタイン・ドジッター宇宙モデル（Einstein-de Sitter universe）という。一方、宇宙にあるバリオン量は物質密度パラメータの値にして1にはるかに及ばない。しかし銀河の回転曲線などの天文学的観測により、宇宙にはバリオン以外のダークマターが大量にあると示唆されている（第3章参照）。このため、ダークマター量とバリオン量を合わせた物質の密度パラメータの値を1とするモデルがよく考えられ、1980年代ごろまではそれが宇宙論の標準モデルとされていた。このモデルでは宇宙の膨張は減速しながら永遠に続く。

　ところが1990年代初めごろから、宇宙の大規模構造（第4章参照）の観測などによって宇宙の物質密度パラメータΩ_{M0}が測定できるようになり、その値が0.3程度であることが判明してきた。このとき宇宙論パラメータ間には式（1-21）が成り立つので$1-\Omega_{M0}=\Omega_{K0}+\Omega_{\Lambda 0}>0$となる。したがって、曲率と宇宙定数の両方がゼロになることはあり得ない。このため、それまでの標準モデルは考え直されなければならなくなった。1990年代には、宇宙定数がゼロで負曲率の"開いたモデル（open models）"と、曲率がゼロで正の宇宙定数をもつ"平坦モデル（flat models）"の2つの可能性が並び立つ状況であった。

　1990年代の終わりごろ、2つの超新星観測チーム（High-z Supernova Search TeamおよびSupernova Cosmology Project）は遠方超新星による宇宙膨張の観測結果を発表し、現在の宇宙が加速膨張していることを明らかにした。宇宙の加速膨張は正の宇宙定数により実現される。そして宇宙の大規模構造などからのデータを合わせると、

第2章 ダークエネルギー

宇宙論パラメータの値は$\Omega_{M0} \sim 0.3$、$\Omega_{\Lambda 0} \sim 0.7$程度の値になると見積もられた。この場合曲率はほぼゼロになるので、平坦モデルが正しそうだということになる。

そして2000年前後には宇宙マイクロ波背景放射における温度非等方性の解析により、宇宙の曲率は確かにほとんどゼロに近いことがわかってきた。これにより、式（1-21）により合計が1になるはずの宇宙論パラメータの内訳が調和的に説明され、長い間不定性の大きかった宇宙論パラメータの決定問題に解決の方向が見えてきた。このため、宇宙論パラメータの値が$\Omega_{M0} \sim 0.3$、$\Omega_{\Lambda 0} \sim 0.7$程度になる宇宙モデルは調和モデル（concordance model）と呼ばれることがある。それ以来、この調和モデルが宇宙論における事実上の新しい標準モデルとなっている。

宇宙定数がゼロでないとなると、その起源が何なのかという問題が大きく際立つ。観測を説明する宇宙定数の値はあまりにも不自然に小さいため、その背後に何か未知のメカニズムが隠されている可能性は高い。本章1節で述べたように、1998年ごろシカゴ大学のマイケル・ターナーは、宇宙定数を一般化した概念を表すためにダークエネルギーという用語を使い始めた。

宇宙定数はダークエネルギーの一種に分類されるが、ダークエネルギーが宇宙定数であるとは限らない。ダークエネルギーは宇宙を加速膨張させる原因となるものを全般的に指す。何らかのエネルギー成分で宇宙を加速膨張させようとすれば、一様等方宇宙のアインシュタイン方程式から導かれた式（2-4）の右辺第1項が正になるべきなので、

$$\rho + 3p < 0 \tag{2-10}$$

という条件を満たすことが必要になる。宇宙定数をエネルギー成分とみなした式（2-5）は確かにこの条件を満たしている。一方、通常の物質や放射ではエネルギー密度ρと圧力pのどちらも正であるから、この条件は満たされない。

この条件式（2-10）を満たすような新種のエネルギー成分があれば、それはダークエネルギーになる。その正体が何かを問わず、エネルギー密度と圧力から次のパラメータ

$$w = \frac{p}{\rho} \tag{2-11}$$

を定義する。これは状態方程式パラメータ（equation-of-state parameter）と呼ばれる。宇宙定数の場合には式（2-5）により常に $w=-1$ となる。だが一般にこのパラメータは時間変化をしてもよい。このパラメータを用いると、宇宙を加速膨張させるダークエネルギーになる条件式（2-10）は

$$w < -\frac{1}{3} \tag{2-12}$$

と表される。宇宙定数の場合は確かにこの条件を満たす。だが、この条件を満たすのは宇宙定数だけではない。この条件を満たしながらも値が $w=-1$ からずれているならば、それは宇宙定数でないダークエネルギーが宇宙を加速膨張させていることを意味する。

状態方程式パラメータが $-1<w<-\frac{1}{3}$ の範囲を満たしているならば、宇宙膨張の加速は宇宙定数の場合よりも緩やかなものになる。一方、このパラメータが将来の宇宙において $w<-1$ の範囲で推移するならば、いずれ宇宙膨張の加速が大きくなりすぎて、有限の時間内にスケール因子が無限大に発散するということが起こる。この様子は図2-1(d)に示してある。スケール因子が発散すると、それ以後には時空間が存在できなくなるため、そこで宇宙は終わりとなる。この直前にはダークエネルギーが物質に及ぼす力も無限に大きくなるため、あらゆる物質は最終的にバラバラに分解される。このような宇宙の終わり方をビッグリップ（big rip）という。

他の可能性として、将来、状態方程式パラメータの値が大きくなって $w>-\frac{1}{3}$ を満たすようになれば、宇宙は減速膨張に転じることになる。この場合、宇宙は通常の物質で満たされているのと同じような膨張をし、エネルギー総量に応じて永遠に減速膨張し続けるか収縮に転じるかのいずれかとなる。

最終的に宇宙がどのような結末を迎えるかは、ダークエネルギーの状態方程式パラメータの振る舞いにかかっている。

7. ダークエネルギーの観測

ダークエネルギーを観測的に調べるにはどうすればよいかといえ

ば、宇宙膨張の時間変化をできる限り精密に測定することに尽きる。時間変化を測定するためには、高赤方偏移宇宙を観測して宇宙の過去を見る必要がある。遠方超新星の観測が宇宙の加速膨張を示せたのも、高赤方偏移の超新星を多数観測できるようになったためである。

7-1 遠方超新星

　超新星とは突然明るく輝きだして、数週間程度でまた暗くなってしまう天体である。名前とは裏腹に、新しく星ができたわけでない。実際には大きな星がその終末期に大爆発を起こす現象である。超新星にもいくつかの種類があるが、その中でIa型超新星と呼ばれる種類のものはどれも爆発時の絶対的な明るさがあまり変わらない。多少の明るさのばらつきはあるが、最大の明るさが暗いものほどすぐに暗くなるという性質がある。この性質を用いると、かなり正確に絶対的な明るさを推定することができる。絶対的な明るさのわかっている天体は宇宙論において標準光源（standard candle）と呼ばれる。標準光源となる天体を観測すると、見かけの明るさからその天体までの距離を推定することができる。

　図2-2はIa型超新星の見かけの暗さを赤方偏移の関数としてプロットしたものである。見かけの暗さから超新星までの距離が推定でき、そこから逆算するとその超新星が爆発した宇宙時間がわかる。一方、赤方偏移は宇宙の膨張速度を反映した量なので、この図から間接的に宇宙時間と膨張速度の関係を知ることができる。このようにして宇宙が加速しているかどうかもわかるのである。

　内側に入れた図にはいくつかの理論線が引いてあり、現在の宇宙が加速膨張していることを仮定しないと観測データを説明することができない。さらに赤方偏移が$z = 0.5$程度のところで減速膨張から加速膨張に切り替わっていることも確かめられている。単に現在の宇宙が加速しているだけでなく、昔の宇宙が確かに減速膨張しているという事実は、宇宙定数やダークエネルギーのようなもので説明するのがもっとも自然である。

　天体の観測には不定性がつきものである。超新星の観測においても、遠方超新星からの光が途中で吸収されて見かけ上暗く見えてい

7. ダークエネルギーの観測

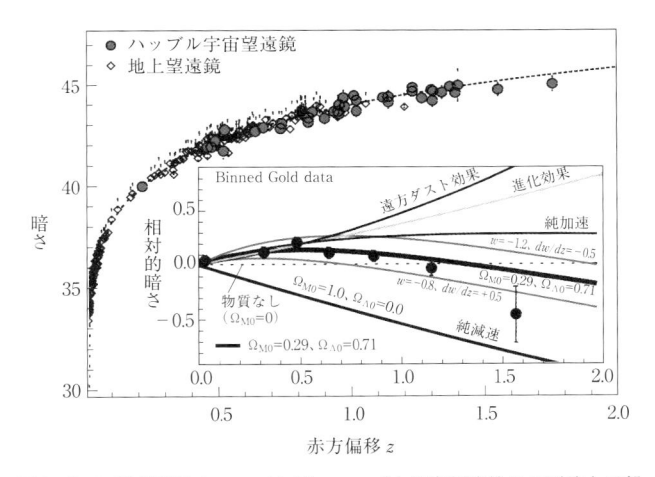

図2-2 Ia型超新星のハッブル図。ハッブル宇宙望遠鏡および地上の望遠鏡で観測した超新星の暗さと赤方偏移の関係。点線は $\Omega_{M0} = 0.27$, $\Omega_{\Lambda 0} = 0.73$ を仮定した理論。内部図は、物質なし平坦モデル（$\Omega_{M0} = 0$, $\Omega_{\Lambda 0} = 1$）を基準とした相対的な暗さ。宇宙項以外のモデルを仮定した理論がいくつか描かれている。ダークエネルギーを考えず、遠方ダスト効果や進化効果だけを考慮してもデータを説明できない。(Riess, A. G. et al. 2007, ApJ, 659, 98 より改変)

る可能性や、超新星自体の性質が遠方宇宙で異なっている可能性もゼロではない（ただし図2-2の内部図に示されているように、それらの効果で高赤方偏移側のデータを説明するのは難しい）。だが前節でも述べたように、超新星のデータを用いなくても宇宙の大規模構造や宇宙マイクロ波背景放射の観測から、間接的に宇宙は加速膨張するべきであるという結論が導かれるのである。宇宙観測はどのようなものでもそれぞれ固有の不定性をもっているが、異なる複数の観測がすべてダークエネルギーの存在を示唆していることは重要な事実である。

第2章　ダークエネルギー

7-2　バリオン音響振動

　最初に注意しておくが、ここでの内容は宇宙の大規模構造が関連するので、第4章を読んだ後のほうがわかりやすい。

　第1章16節において、宇宙マイクロ波背景放射の温度非等方性パワースペクトルに現れる盛り上がりのパターンは、宇宙初期の振動現象であるバリオン音響振動（Baryon Acoustic Oscillations、BAOと略される）の名残であると説明した。

　バリオン音響振動は、宇宙の密度のゆらぎに特徴的なスケールを刻み込むため、宇宙観測においてはいわゆる標準定規（standard ruler）になる。ここで、宇宙の標準定規とは大きさのわかっている天体のことである。標準定規となる天体を観測すると、その見かけの大きさからとの関係から、その天体までの距離を推定することができる。バリオン音響振動はいわゆる天体ではないが、宇宙マイクロ波背景放射の温度非等方性パワースペクトルなどと同様に、観測量を統計的に処理することで測定することができる。

　宇宙の大規模構造（第4章参照）において、基本的な観測量は多数の銀河が空間的にどのように配置しているかという情報である。宇宙マイクロ波背景放射の場合と同様に、宇宙初期に起きたバリオン音響振動のため宇宙の大規模構造にも特徴的なスケールをもつ振動の痕跡が残る。この特徴的スケールの距離だけ離れた銀河のペアの数は、そのスケール前後の距離にある銀河のペアの数よりもわずかながら多くなる。このため、多数の銀河の位置を観測する銀河サーベイという手法（第4章参照）により、宇宙の大規模構造の中にバリオン音響振動を観測することができる。

　図2-3はスローン・ディジタル・スカイ・サーベイ（Sloan Digital Sky Survey、SDSS）により観測されたバリオン音響振動の痕跡である。この図は距離ごとの銀河のペアの数が、ランダムな分布に比べてどれだけ多いかという割合を表したものである。こうして統計的に求められる距離の関数を2点相関関数（two-point correlation function）という（第4章5-2節も参照）。約$100h^{-1}$ Mpcのところに見えるわずかな盛り上がりがバリオン音響振動の痕跡である。

　大規模構造の中にバリオン音響振動が観測されると、それを宇宙

7. ダークエネルギーの観測

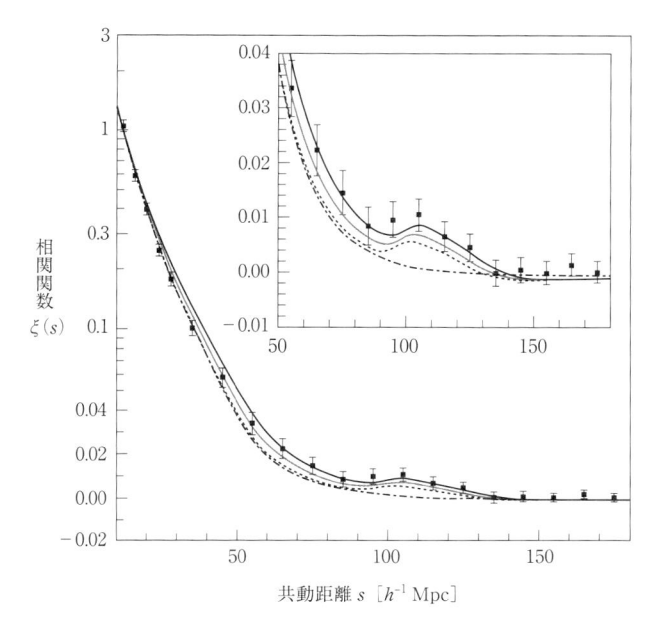

図2-3 相関関数におけるバリオン音響振動。内部図は音響振動の部分を拡大したもの。物質量を変化させたいくつかの理論線と、バリオンがゼロで音響振動のないモデルの理論線が示されている。(Eisenstein, D. J. et al. 2005, ApJ, 633, 560 より改変)

の標準定規として用いることができ、その場所までの距離を推定することができる。このため、超新星の場合と同じように、距離と赤方偏移との関係から宇宙膨張の時間変化を見積もることができ、ダークエネルギーの性質を制限することが可能になる。

7-3 ダークエネルギーの観測的制限

上に説明した3つの方法、すなわち、Ia型超新星、宇宙マイクロ波背景放射、および大規模構造のバリオン音響振動を用いて、現在

第2章　ダークエネルギー

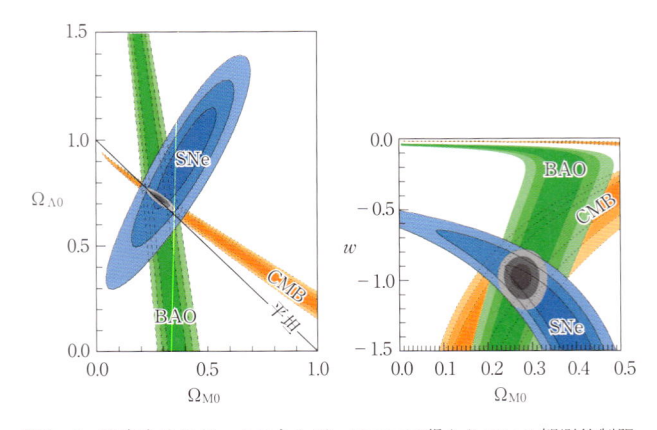

図2-4 現在までにダークエネルギーについて得られている観測的制限。Ia型超新星（SNe）、宇宙マイクロ波背景放射（CMB）、大規模構造におけるバリオン音響振動（BAO）による制限を合わせることでダークエネルギーのパラメータが狭い範囲に制限される。左図はダークエネルギーとして宇宙定数を仮定した場合で、パラメータΩ_{M0}および$\Omega_{\Lambda 0}$に対する制限。右図は平坦宇宙と時間変化しない状態方程式パラメータwを仮定したときのΩ_{M0}およびwに対する制限。各観測において3つの線で表される領域は、内側から外側へ向かってそれぞれ真のパラメータ値が68％、95％、および99.7％の確率でその中に入ることを表している。（Kowalski, M. et al. 2008, ApJ, 686, 749 より改変）

までに得られている観測データからダークエネルギーのパラメータを制限したものが図2-4である。左図からダークエネルギー（ここでは宇宙定数を仮定）のない$\Omega_{\Lambda 0} = 0$という場合は排除されていることがわかる。しかも、3つの観測方法のうちどの2つをもってきてもそれだけでダークエネルギーの存在を必要とすることがわかる。

　宇宙の加速膨張が宇宙定数によって引き起こされているのか、それとも他のダークエネルギーによって引き起こされているのかを区別することは重要な課題である。この目的のために、ダークエネルギーの状態方程式パラメータwの値を観測で制限するという方法

7. ダークエネルギーの観測

が用いられる。図2-4の右図には平坦宇宙を仮定したときの制限が与えられている。宇宙定数の場合である $w = -1$ は現在のところ観測的に排除されていないが、まだ不定性も大きい。状態方程式パラメータの値、さらにはその時間変化を精度よく制限することは、今後の重要な課題として残されている。

ダークエネルギーの性質を観測的に制限する方法には上に述べたもの以外にもさまざまなものがあり、将来的な観測計画に取り入れられている。

7-4 弱い重力レンズ

宇宙の大規模構造を調べる方法として、銀河の空間分布を直接探る代わりに、ダークマター分布を重力レンズ効果により探る方法もある。重力レンズ効果とは、天体の像が、その手前にある構造の作る重力ポテンシャルによって、ゆがんだり明るくなったりして見える一般相対論的な現象である（第3章2-3節も参照）。特に、遠方銀河の像の形を多数観測することにより、それらの銀河と観測者の間にあるダークマターの空間分布を調べるという方法が実用化されている。個々の銀河の形はその銀河固有の形をもっていて、それが重力レンズ効果によりゆがめられて観測される。重力レンズ効果が弱ければ、1つの銀河の形を観測して、重力レンズ効果によるゆがみだけを分離することはできない。しかし、ある天球領域で多数の銀河の形を平均することにより、個々の銀河のもっている形の情報を消し去り、重力レンズ効果によるゆがみだけを分離することができる。この方法における重力レンズ効果は弱いものであるため、弱い重力レンズ効果（weak lensing effects）と呼ばれている。

弱い重力レンズ効果を用いてダークマターの空間分布を調べ、見えない物質を含めた密度ゆらぎの様子を知ることができる。この観測を高赤方偏移宇宙まで広げると、密度ゆらぎの時間変化を知ることができる。密度ゆらぎは重力不安定性によって時間とともに増幅され、成長する。宇宙膨張が加速するとき、物質の密度はより速く薄まっていくため、密度ゆらぎの成長が阻害される。このため、密度ゆらぎの成長の速さを弱い重力レンズ効果によって調べれば、宇宙膨張の時間変化を推定することができ、ダークエネルギーの性質

に制限を与える方法になるものと期待されている。

7-5 その他の方法

　密度ゆらぎの成長の速さをもとにしてダークエネルギーを調べるための別の方法として、遠方に存在する銀河団の数密度を使うことも考えられている。銀河団は50個から数千個ぐらいまでの銀河の集団であり、重力的に束縛された構造としては最大のものである。銀河団も重力不安定性によって形成されるので、その数は密度ゆらぎの成長の速さに大きく左右される。このため、広い赤方偏移の範囲に渡って銀河団の数密度を測定すれば、宇宙膨張の時間変化を見積もることができ、そこからダークエネルギーの性質に制限を与えられる。

　他にも、ガンマ線バースト天体（第7章）やX線で見た銀河団（第4章）などの遠方天体を使って距離と赤方偏移の関係を求める方法や、将来観測されるかもしれない重力波を放射する天体までの距離を求める方法、数十年の間隔をおいて同じ天体の赤方偏移を測定して直接的に宇宙膨張の加速を調べる方法など、実にさまざまな方法が考案されている。将来的には、これらさまざまな方法を相補的に使うことで、より詳しいダークエネルギーの性質が多面的に明らかになっていくものと期待されている。

8. ダークエネルギーの理論

　ダークエネルギーの起源について、理論的には実に多様な可能性が考えられてきた。非常に多くの考え方や理論モデルが提案されているが、結論からいえばいまだに決定的な理論はない。深刻であった宇宙定数の微調整問題については、それら理論モデルによって多少和らげられることはあっても、根本的に解決されるまでにはいたっていない。この節では、現在までに提案されている多様な考え方や理論モデルのうち、いくつかの代表的なものに限ってその概要を簡単に紹介する。

8-1　クインテッセンスなど

　通常の物質ではエネルギー密度も圧力も正なので、状態方程式パ

8. ダークエネルギーの理論

ラメータが負になることはない。しかしながら、負圧力をもつ変わったエネルギー成分を考えることは可能である。第1章13節でインフレーション理論に関連して説明したように、宇宙全体にスカラー場が満ちていて、その値がゆっくりと変化する場合、スカラー場のポテンシャル・エネルギーが宇宙定数のような役割をして宇宙膨張を加速させることができる。現在の宇宙を加速させる原因かもしれないこのスカラー場のことをクインテッセンス（quintessence）という。古代ギリシャにおいて、地球上のものはすべて土、火、水、空気という4つの元素からなると考えられた。そしてクインテッセンスとは地球の外を覆う第5の元素のことであった。これになぞらえて、ダークエネルギーの候補としても同じ名前が名付けられた。

インフレーション期に宇宙に満ちていたとされるスカラー場（インフラトン）は、極初期段階の高エネルギー状態にある宇宙を加速膨張させると考えられているが、クインテッセンスはそれよりもはるかにエネルギーの低い状態にある現在の宇宙を加速膨張させるものである。両者のスカラー場を同一視するモデルもあるが、通常は両者を別物と考えることが多い。

クインテッセンスのポテンシャルをうまく選ぶと、過去の宇宙ではダークエネルギーのエネルギー密度がそれ以外のエネルギー密度と同じ程度、かつそれを上回らない範囲で推移し、現在の宇宙でダークエネルギーが上回るようなモデルを構成することができる。ダークエネルギー密度とその他のエネルギー密度が同じ程度になったのが、長い宇宙の歴史の中でもなぜ現在に近い時刻なのかという問題を"偶然一致性の問題（coincidence problem）"と呼ぶ。この問題はクインテッセンスにより解消される可能性がある。しかし、そのためにはクインテッセンスの初期条件に依然として微調整が必要である。

スカラー場のポテンシャル・エネルギーではなく、運動エネルギーによって宇宙を加速膨張させるというモデルもある。このようなモデルは"運動的"を意味するkineticとクインテッセンスを組み合わせてkエッセンス（k-essence）と呼ばれている。通常の力学法則を使う限りそのようなことは実現できないため、このモデルでは運動エネルギーに関する力学法則を通常とは異なるものに変更し

なければならない。これは基本理論としては不自然な操作であるが、高エネルギー領域を記述する未知の基本理論により導かれる近似的な現象論的法則（低エネルギー有効理論）として実現されるかもしれない。

このkエッセンスは通常のクインテッセンスと同じように偶然一致性の問題を解決する可能性をもつ。だが、運動法則の変更により超光速の音速が現れて因果律を破るなど、通常のクインテッセンスにはなかった不安定性が現れることがある。これを避けようとすると再び微調整問題に悩まされる。

通常のクインテッセンスの場合、状態方程式パラメータの動き得る範囲は必ず$w \geq -1$である。ところがkエッセンスを考えると、そのモデルによっては$w < -1$となることもあり、この場合はビッグリップが起きる可能性がある。このようなモデルをファントム・モデル（phantom model）というが、このタイプのモデルにもやはり不安定性の問題がある。

この他にも、スカラー場とは異なる物質場を用いるモデルや、ダークエネルギーとダークマターの相互作用を考えるモデル、ダークエネルギーとダークマターを同一の起源から説明しようとするモデルなど、実にさまざまなモデルが提案されて調べられている。だが現在のところ、観測される宇宙の加速膨張の性質を、微調整なしに自然に導くことのできる整合的なモデルは今のところない。

8-2 修正重力理論

クインテッセンスなどのような新しい物質場を導入せず、物理法則を修正することによって宇宙の加速膨張を説明しようとする立場もある。宇宙の膨張を司っているのは重力であるから、アインシュタインの一般相対性理論が大スケールで厳密には成り立たず、修正されると考えるのである。これを修正重力理論（modified gravity theory）という。

もちろん一般相対性理論は精密な実験により検証されていて、これまでのところ実験や観測との矛盾は見られない。だが、一般相対性理論の検証されたスケールはたかだか太陽系の大きさ程度までであるのに対して、宇宙膨張は銀河より大きなスケールの現象であ

8. ダークエネルギーの理論

る。そこで修正重力理論では、銀河よりもずっと大きなスケールで重力が一般相対性理論と異なるようなモデルを考えて、宇宙の加速膨張を説明しようとするのである。

一般相対性理論を修正する方法には、いくつもの方向性があり得る。その1つは、一般相対性理論の基本的な原理を保ちつつ、アインシュタイン方程式を複雑化する方向である。一般相対性理論は時空間の性質に関してある対称性（一般座標変換不変性）を満たすように作られている。アインシュタイン方程式は、そのような対称性を満たす力学方程式としてもっとも簡単なものではあっても、唯一の可能な方程式というわけではない。そこで一般相対性理論のもつ対称性を保ちつつも、アインシュタイン方程式より複雑な方程式を現象論的に考えることが可能である。こうして、理論的には矛盾なく重力法則を修正することができる。

ただし、一般相対性理論のさまざまな検証実験はアインシュタイン方程式の正しさを高い精度で示している。大きなスケールの重力だけを修正して、太陽系程度のスケールには高い精度で違いがでないようにすることは、不可能ではないにしても自然なことではない。また、アインシュタイン方程式に基づく一般相対性理論は非常に美しい理論である。このため、それをどのように修正するにしてもその美しさが損なわれることは否めない。

アインシュタイン方程式を現象論的に修正するのでなく、より基本的な原理から自動的に修正重力が導かれる方がはるかに望ましい。この方向性の理論としては高次元時空を考える理論がある。この理論では、実際の宇宙には4次元以上の空間が存在しているにもかかわらず、その中にある部分的な3次元空間の方向にしか物質が動けないと考える。全体の高次元空間はバルク（bulk）と呼ばれ、我々の住む部分的な3次元空間はバルクの中にある膜のようなものである。この見方に基づいた宇宙の理論を膜宇宙論といい、2000年ごろからよく調べられるようになった（第1章14節参照）。ただし、この宇宙に高次元が存在するという実験的あるいは観測的な示唆は全くなく、今のところは完全に理論的なモデルの段階である。

膜宇宙論により宇宙の加速膨張を説明する可能性としてDGPモ

デル（Dvali-Gabadadze-Porrati model）という理論モデルがよく調べられた。このモデルでは、5次元時空間からなるバルクに重力が伝わることができるのに対して、物質などは4次元時空間である膜上に閉じ込められていると考える。この高次元時空間において一般相対性理論と同様の対称性に基づき、比較的自然な力学方程式を設定すると、4次元時空間が加速膨張する解が見つかる。

だが、DGPモデルにおいても観測されている加速膨張を説明するためにはやはりパラメータの微調整が必要である。またその加速膨張解にはいくつかの不安定性が指摘されている。さらに最近の観測結果はDGPモデルと矛盾していることが分かってきた。このため、単純なDGPモデルは否定されつつある。膜宇宙論により加速膨張を説明するには、他のモデルを探す必要性がありそうである。しかし、それは理論をさらに複雑化することを意味するので、展望は開けないかもしれない。

8-3 非一様宇宙

クインテッセンスのように奇妙な物質のようなものを導入したり、修正重力理論のようにアインシュタイン方程式を複雑に修正したりせず、標準的な理論の枠組みの範囲だけで加速膨張を説明する可能性を追求する立場もある。その1つは、宇宙が通常考えられる以上の非一様性をもつと仮定するモデルである。もし、我々の住む天の川銀河がたまたま密度の低い領域のほぼ中心に位置していると、見かけ上、加速膨張のような傾向を観測することが起こりえる。まず、この低密度領域は非常に大きな半径をもつとする。低密度領域にある銀河は遠方へと強く引き寄せられるため、その後退速度は標準的な一様等方宇宙の予想よりも大きくなる。宇宙観測では距離と宇宙時間が対応するため、このときあたかも宇宙の膨張速度が増えているかのように見えることになる。

宇宙の中で密度の低い領域をボイド（void）という。そこで、上のようにして加速膨張を説明するモデルはボイドモデル（void model）と呼ばれる。だが、実際の宇宙に観測されているボイドの典型的な大きさは、最大でも数億光年程度である。一方、加速膨張を説明するために必要な仮説的ボイドはそれよりもはるかに大き

8. ダークエネルギーの理論

く、数十億光年程度の大きさになる。これほど大きなボイドをどのように作り出すのかは自明ではない。また、観測により宇宙は非常に等方的であることが分かっているので、それと矛盾しないためにはこのボイドがほぼ球対称的であり、さらに我々がその中心付近に存在していると仮定する必要があるため、不自然さが否めない。また、その他のいろいろな観測は、宇宙が数十億光年程度のスケールで一様であることを支持しているため、これらの観測と矛盾しないボイドモデルを考えることは難しくなっている。

ボイドモデルのような非標準的な理論を使わずに、宇宙の非一様性が見かけの加速膨張をもたらすという可能性も、全くないとはいえない。標準的なフリードマン方程式は、最初から宇宙の一様等方性を仮定して導かれた。しかし、現在の宇宙は明らかに小さなスケールで一様等方でない。この効果が大規模な宇宙膨張に影響を及ぼす可能性も考えられている。もし本当ならばもっとも簡単な加速膨張の説明になるかもしれないが、理論的評価が難しくそれが正しいという見通しは立っていない。

8-4 人間原理とマルチバース

ここまで説明してきたように、現状ではダークエネルギーの説明として十分な説得力をもつと認められた理論があるとは言い難い状況である。通常の物理法則に基づく説明方法では理解できない可能性もある。

この方向の考え方として、人間原理（anthropic principle）に基づいた議論がある。人間原理とは、この宇宙に人間が存在しているという自明の事実を、一種の原理にまで昇格させたものである。この宇宙は人間が誕生するという条件付きの宇宙である。すべてをその条件の下で考えることにすれば、宇宙項の微調整問題は消え去ってしまう。

もし宇宙定数の絶対値が実際の値よりも大きかったら、この宇宙はとても人間の住めるようなものにはならなかった。もし宇宙定数が負で、その絶対値が大きくなりすぎると、宇宙項が宇宙膨張を抑制して収縮させてしまい、宇宙は人類を誕生させるほど十分長く存在することができなかっただろう。一方、もし宇宙定数が正で、そ

第2章 ダークエネルギー

の絶対値が大きくなりすぎると、宇宙膨張が速くなりすぎて、星や銀河などの構造が作られず、やはり人類は誕生しえない。つまり、実際の値から大きく外れた宇宙定数をもつ宇宙には、人間が存在できないのである。

　だが、人間原理は微調整問題を根本的に説明しているわけではない。人間原理には、この宇宙になぜ人間が誕生しなければならないのかという説明が抜けているからである。この点を補う可能性として考えられているのは、マルチバース（multiverse）の概念である。

　マルチバースの考え方では、我々の観測する宇宙だけが唯一の宇宙ではなく、他にも無数の宇宙が存在しているとする。その1つ1つの宇宙では、物理定数や物理法則などが異なっている。その中のほとんどすべての宇宙に人類は誕生しないが、宇宙の数があまりにも膨大なため、きわめて少ない割合であっても人類の誕生する宇宙が存在する。このことが人間原理を成り立たせる根拠となる。

　人間原理やマルチバースの議論には伝統的な科学の方法を逸脱したところがあるため、その有用性に関しては賛否両論がある。最近では、万物の理論の候補とされるストリング理論の研究において、この宇宙が10^{500}種類も存在する宇宙の1つかもしれないという説が現れるにいたった。このことも後押しして、人間原理を積極的に使おうとする研究者も増えている。だが、それが正しい方向性なのかどうかは不明である。今後の研究を待つ必要があるだろう。

　ダークエネルギーは現代物理学が抱えるあまりにも深い問題である。この問題を解決するためには、あらゆる可能性を探る必要があることだけは確かである。

第3章
ダークマター

第3章　ダークマター

1. 概要

ダークマター（暗黒物質、dark matter）は質量をもつが、光や電波などの電磁波をいっさい出さない物質のことである。電磁波で観測されないことから、その正体は現在のところ不明のままになっている。なお、ダークマターのダーク（dark）は「暗い」というよりは、「わからない」という意味で用いられる。したがって、ストレートに日本語に訳すと「わからない物質」ということになる。日本語としては「暗黒物質」という名称が一般的に用いられているが、本書では「ダークマター」を用いる。

ダークマターは現在の宇宙の質量密度の23％を占めており[1]、原子物質（バリオン、baryon）の約6倍の質量密度にもなる。宇宙における物質はダークマターとバリオンだが、ダークマターは物質世界の85％を占めていることになる。これだけでも驚くべきことだが、宇宙全体の質量密度という観点では、さらに奇妙な観測事実が得られている（図3-1）。

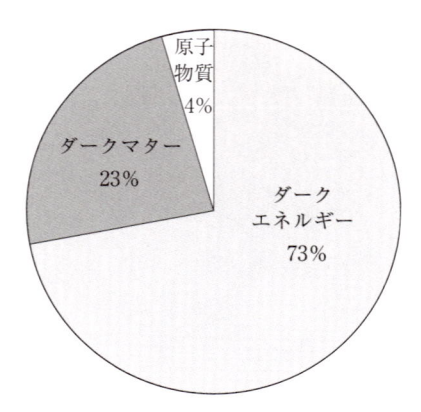

図3-1　宇宙の質量密度の成分表。（WMAP/NASA）

---

[1] WMAP（Wilkinson Microwave Anisotropy Probe）の7年間のデータ解析から、原子物質、ダークマター、およびダークエネルギーの比率として4.5％、22.5％、および73％という数値が得られている。

1. 概要

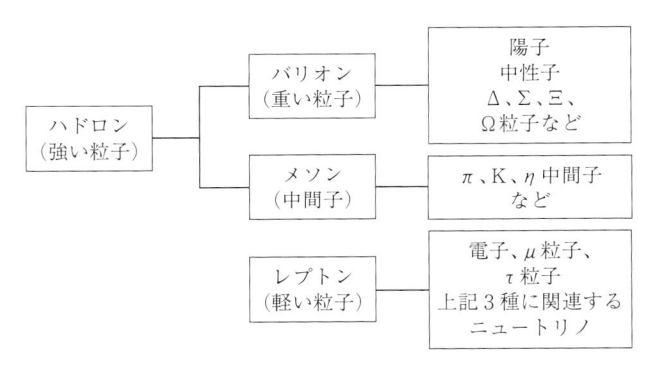

```
ハドロン ─┬─ バリオン ───── 陽子
(強い粒子)  │ (重い粒子)    中性子
          │                Δ、Σ、Ξ、
          │                Ω粒子など
          │
          └─ メソン ─────── π、K、η中間子
             (中間子)       など

レプトン ──────────────── 電子、μ粒子、
(軽い粒子)                τ粒子
                          上記3種に関連する
                          ニュートリノ
```

図3-2 普通の物質世界の素粒子。

図3-1に示すように、宇宙の質量密度のうち、物質（原子物質＋ダークマター）の占める割合は約$\frac{1}{4}$でしかなく、残りの約$\frac{3}{4}$は第2章で紹介したダークエネルギーで占められているのである。我々の知っている原子物質は4％程度しか質量密度に寄与していないのである。ここで、普通の物質世界のまとめを図3-2に示しておく。

現在観測される宇宙は、銀河（第5章）や宇宙の大規模構造（第4章）で美しく彩られている。これらの構造を宇宙年齢（137億年）の間に形成するには、バリオン[2]だけでは不可能で、ダークマターの助けが必須であることが理論的に分かっている。

実際、ビッグバン宇宙論による元素合成理論に基づくと、現在のバリオンの密度パラメータは$\Omega_{b0} = 0.04$程度にしかならない。宇宙全体の密度パラメータは$\Omega_0 \sim 1$であることがわかっているので、バリオンの寄与はやはり4％程度でしかない。

以上のことから、宇宙における構造形成においてダークマターはきわめて重要な役割を果たしてきていることがわかる。本章では太

---

[2] 原子物質（図3-2）のうち、質量の大半を担うもの。原子物質の質量を議論するときは、バリオンの質量で代表させることが慣例となっている。

陽系近傍、銀河系、銀河、銀河団などのさまざまな階層で調べられてきているダークマターの観測的証拠を概観した後で、ダークマターの候補として考えられている理論モデルを解説する。

2. ダークマターの観測的証拠

　ダークマターの存在を示唆する観測事実は、1930年代に得られていた。太陽系の近傍と銀河団という、まったくスケールの異なる領域で発見されたことは、ダークマターの普遍性を示唆しており意義深いことであった。しかしながら、これらの発見からダークマターという概念に昇華するまでは長い時間が必要であった。宇宙の基本的なユニットである銀河に、ダークマターが普遍的に存在することがわかってきた1970年代まで待つ必要があったからである。この節ではさまざまな階層で見つかってきたダークマターの観測的証拠をまとめる。

2-1 太陽系近傍と銀河系

　20世紀初頭から天体の撮像観測のみならず、分光観測も軌道にのってきたので、比較的明るく見える天体の性質を調べることができるようになっていた。

　太陽系近傍の星々の運動を調べていたオランダの天文学者ヤン・オールト[3]（J. H. Oort）は奇妙な事実に気がついた。太陽や太陽の近傍の星々は銀河系の円盤の中にあり、銀河中心の周りを回っている。このとき、銀河円盤と垂直方向にも振れながら運動していく。そのため、太陽系近傍の星々の銀河円盤に垂直な方向の運動の速度分散を測定すれば、太陽系近傍における銀河円盤の力学的な質量密度を求めることができる（ρ_{kin}）。一方、太陽系近傍の星々の質量密度（ρ_{star}）は星の質量－光度比（mass-to-luminosity ratio）を用

---

[3] オールト（1900-1992）は以下の重要な研究もしたことで著名な天文学者である。(1)銀河系のハローに星が存在すること、(2)銀河系はいて座方向にある銀河系の中心の周りを回転している、(3)太陽系の彗星の起源が太陽系の外縁部にある（オールトの雲）、(4)電波天文学の発展に貢献。(2)の業績で第3回京都賞を受賞した（1987年）。

2. ダークマターの観測的証拠

いて評価することができる。その結果、オールトは以下の値を得た（$M_\odot$は太陽質量）。

$$\rho_{\text{kin}} = 0.092 M_\odot \, \text{pc}^{-3}$$
$$\rho_{\text{star}} = 0.038 M_\odot \, \text{pc}^{-3}$$

この結果は、約60％の物質は電磁波による観測では見えていないことを意味する。したがって、電磁波で観測されない質量が大量にあることになり、それを"失われた質量問題（missing mass problem）"と呼ぶようになった。ちなみに、現在での観測値は以下のようになっている。

$$\rho_{\text{kin}} = 0.18 M_\odot \, \text{pc}^{-3}$$
$$\rho_{\text{baryon}} = 0.11 M_\odot \, \text{pc}^{-3}$$

ここでは、ρ_{star}の代わりにバリオンの質量密度であるρ_{baryon}が使われているが、星だけでなくガスの寄与も含まれているためである。約40％の質量がいまだに観測されておらず、"失われた質量問題"は解決していない。しかし、これこそが太陽系近傍に存在するダークマターの証拠であると考えられるようになった。

2-2 銀河

(1) 円盤銀河

銀河を取り巻くダークマター・ハローの存在が指摘されたのは1970年代になってからである。ヴェラ・ルービン（V. C. Rubin）はアンドロメダ銀河の円盤部がどのように回転しているかを調べた。銀河の質量分布が中心に集中している傾向があれば、銀河円盤の外側ではケプラー回転に近づき、回転速度v_{rot}は$r^{-\frac{1}{2}}$で減少していくことが予想される。ところが得られた回転曲線（rotation curve）は、図3-3に示すように、銀河円盤の外側でも回転速度が減少することはなく、回転速度が円盤部全体にわたってほぼ同じ値であることがわかった。このような回転曲線を"平坦な回転曲線（flat rotation curve）"と呼ぶ。なお、この図で外縁部の回転曲線は星ではなく、中性水素原子（H I）の放射するスペクトル輝線で観測されたものである。なお、銀河系の回転曲線については第6章

第3章　ダークマター

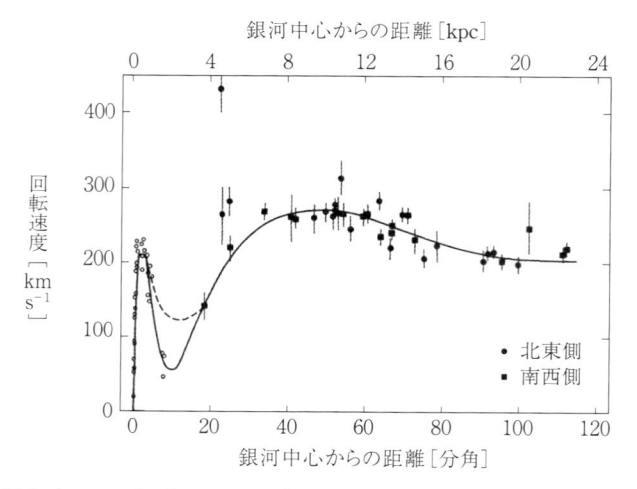

銀河中心からの距離 [kpc]

図3-3　ルービンとフォードが観測したアンドロメダ銀河の回転曲線。
(Rubin, V. C. & Ford, W. K. Jr. 1970, ApJ, 159, 379 より改変)

を参照されたい。

　アンドロメダ銀河で観測された平坦な回転曲線を説明するには、銀河は見えない質量に支配されていなければならない。
　質量分布が球対称であると仮定すると、回転速度は

$$v_{\rm rot}(r) = \sqrt{\frac{GM(r)}{r}} \tag{3-1}$$

で与えられる。ここで G は万有引力定数、$M(r)$ は半径 r 内に含まれる質量である（なお、球対称でない場合は、球対称からのずれの係数を $f(r)$ とすると、質量分布は $M(r) = f(r)rv_{\rm rot}^2(r)/G$ で表せる。$f(r)$ は1のオーダーである）。
　$v_{\rm rot}(r) =$ 一定の条件から、銀河の質量分布を半径 r の関数で表すと、

$$M(r) \propto r \tag{3-2}$$

108

2. ダークマターの観測的証拠

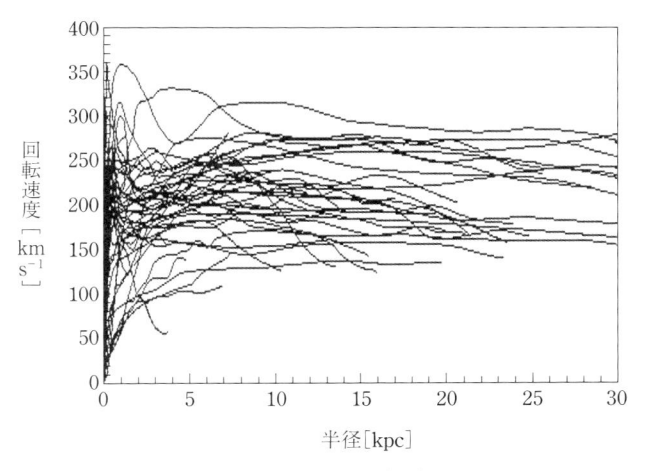

図3-4 近傍宇宙にある円盤銀河の回転曲線。(Sofue, Y. & Rubin, V. C. 2001, ARA&A, 39, 137 より改変)

を得る。この関係を質量密度分布で表せば、体積Vは半径rと$V \propto r^3$という関係があるので、

$$\rho(r) = \frac{M(r)}{V} \propto r^{-2} \tag{3-3}$$

となる。円盤銀河の表面輝度は半径が大きくなるにつれて、指数関数的に減少する（第5章参照）。したがって、銀河円盤の質量－光度比がおおむね一定であるとすれば、星やガスだけでは上記のような質量分布を実現するだけの物質があるとは考えられない。そのため、平坦な回転曲線は円盤銀河の周りに大量の見えない物質がある観測的証拠として考えられるようになった。

その後、多数の円盤銀河の回転曲線が観測されたが、いずれもアンドロメダ銀河のように平坦な回転曲線を示すことがわかった（図3-4）。したがって、銀河は普遍的に見えない物質（ダークマター）に取り囲まれていると認識されるようになった。

ここで、質量－光度比の観点からダークマターの量について見ておくことにする。もし銀河に星しかないとすれば、銀河の質量－光

第3章 ダークマター

度比は含まれる星々の平均的な質量 – 光度比になる。近傍宇宙の銀河は星質量の約10％がガスなので、ガスの質量の効果を入れると、バリオンの質量 – 光度比が推定できる。

質量 – 光度比は太陽の質量 – 光度比である $\frac{M_\odot}{L_\odot}$ を単位とする。主系列星や巨星の質量 – 光度比はおおむね0.7～1.3であり、白色矮星や中性子星などでは0.15～0.6程度である。ガスの寄与も入れると、太陽近傍での値は2～3になる。実際、円盤銀河では約3、楕円銀河では約10になっている。楕円銀河で大きな値が得られるのは質量 – 光度比の大きな低質量星が相対的に多いからである。しかし、ここでの質量は星の総質量を使っていることに注意が必要である。本来は力学的な質量を使うべきだからである。実際、円盤銀河の力学的質量を中性水素原子ガスの運動から評価すると、質量 – 光度比は約10から20に跳ね上がる。つまり、星やガスではまかなえないような質量をもつもの（ダークマター）が円盤銀河には存在するということを意味する。しかもダークマターの質量はバリオンの数倍は必要になる。

銀河の回転曲線の観測とは別に、1970年代、理論的な考察からも円盤銀河にはダークマターが必要であることが指摘されていた。それは、銀河円盤の棒状構造不安定性に関するものである。ジェレミー・オストライカー（J. P. Ostriker）とジム・ピーブルス（P. J. E. Peebles）はコンピュータによる重力多体系計算ができるようになったので、銀河円盤の力学的安定性を調べてみた。その結果わかったことは、銀河円盤は自己重力だけでは安定せず、棒渦巻構造をもつ銀河に進化してしまうことであった（図3-5）。いったん棒渦巻構造が銀河円盤にできると、棒渦巻構造を壊すメカニズムがないため、ずっとその構造が残る。近傍宇宙にある円盤銀河のうち、約半数は棒渦巻構造をもつが、残りの半数は普通の円盤銀河（渦巻銀河）である。そのため、銀河円盤を安定化させるメカニズムが必要であることが強く示されることになった。

銀河円盤を安定化するには、銀河のハローの重力ポテンシャルを増やすことである。彼らは銀河円盤が安定であるための条件として

2. ダークマターの観測的証拠

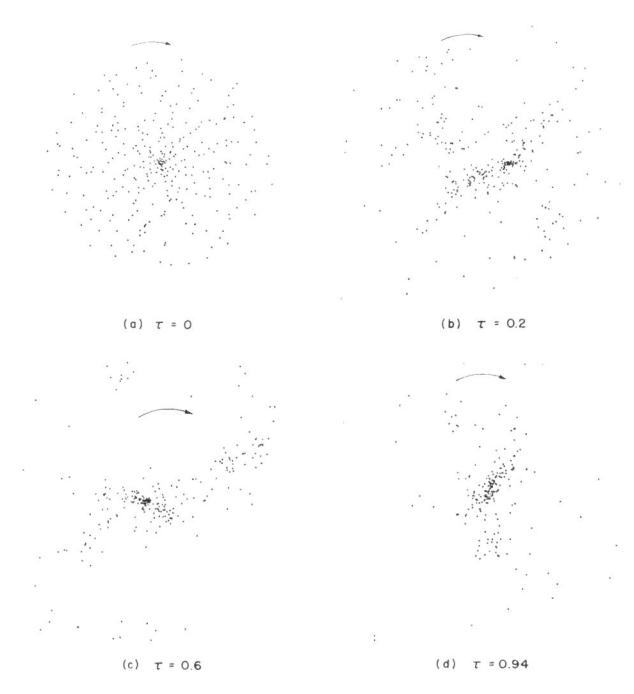

図3-5 オストライカーとピーブルスによる銀河円盤の安定性に関するコンピュータ・シミュレーション。円盤が棒状構造をもつように進化していく様子がわかる。τ は経過時間の目安を与え、(d)で約10億年に相当する。(Ostriker, J. P. & Peebles, P. J. E. 1973, ApJ, 186, 467より転載)

次の関係を得た。

$$\frac{\text{力学的エネルギー}}{\text{重力ポテンシャル}} < 0.14$$

これはオストライカー・ピーブルスの判定条件(Ostriker-Peebles criterion)と呼ばれている。つまり、銀河円盤を安定させるためには円盤の力学的エネルギーの7倍以上の重力ポテンシャルが必要で

第3章 ダークマター

ある。しかし、銀河のハロー領域にこのような重力ポテンシャルを担うような物質があるようには観測されない。そのため、彼らの研究はダークマターの必要性を示唆する重要な理論的研究として評価されることになった。

(2) 楕円銀河

楕円銀河内の星の運動は、円盤銀河のように回転運動しているのではなく、銀河の中をランダムな方向に軌道運動している。したがって、楕円銀河の形状は星々の速度分散の異方性で支配されている（第5章参照）。つまり、速度分散の大きな方向に延びた形状になるので、円盤銀河のように回転運動から楕円銀河の力学的質量を評価することはできない。そのため、楕円銀河の力学的質量は、主として以下に示すような方法で評価されてきている。

コア・フィッティング法：円盤銀河のように回転曲線から銀河の質量分布を評価することはできないが、楕円銀河の中心領域の速度分散は容易に測定できる。もし、楕円銀河の中心領域が等温球（isothermal sphere）であるとみなせば、中心領域の表面輝度分布と速度分散から楕円銀河の力学的質量を評価することができる。この方法をコア・フィッティング法と呼ぶ。

楕円銀河に属する球状星団の運動：楕円銀河の周りにある球状星団の運動を調べ、力学的質量を評価する。コア・フィッティング法に比べると、より直接的に楕円銀河の質量を評価できる。しかし、球状星団の軌道要素は視線速度しか測定できないため、正確には評価できない。1つの楕円銀河に対して多数の球状星団が観測されていれば、統計的に質量測定の不定性を減らすことはできる。球状星団は楕円銀河本体に比べて非常に暗いので、この方法が適用できる楕円銀河は近傍宇宙にあるものに限られる。

X線ハローの観測：楕円銀河の周りにある高温（約 10^7 K）プラズマの放射するX線の強度分布から、電離水素ガスの密度と温度分布を調べることができる。静水圧平衡を仮定すれば楕円銀河の質量分布および力学的質量を評価することができる。

2. ダークマターの観測的証拠

これらの観測から楕円銀河の質量 − 光度比は約10〜20であることがわかっている。この値は楕円銀河内の星やガスだけで説明できないほど大きなものである。したがって、円盤銀河と同様にダークマターが存在しなければ、観測された大きな質量 − 光度比を説明することはできない。

2-3 銀河団

銀河の階層としては、連銀河（binary galaxy）、銀河群（group of galaxies）もあるが、まとめてここで銀河団（cluster of galaxies）とともに説明することにしよう。

連銀河、銀河群、および銀河団は多体（N体）系であるが、統計学的な観点からNが大きい系ほど、質量決定精度はよくなる。観測できる量は天球面に投影した距離と視線速度のみなので、Nの小さな系である連銀河や銀河群の質量決定は多くの場合困難である。銀河群の場合は楕円銀河の項で説明したX線観測の結果が利用できる場合が多いので、銀河群の質量決定はもっぱらX線観測によっているのが現状である。

銀河団の場合もX線観測が有効だが、重力レンズ（gravitational lens）効果を利用した質量の評価が行われるようになってきている（後述）。ただし、銀河団の場合は$N = 100 \sim 1000$なので、銀河の運動学からも銀河団の力学的質量を評価することができる。

銀河団がビリアル平衡にあるとすると次の関係が成り立つ。

$$2T + U = 0 \tag{3-4}$$

ここでTは銀河団に含まれる全銀河の運動エネルギーの和であり、Uは重力エネルギーである。銀河団の総質量をM、銀河団の半径をR、速度分散をσ、Gを万有引力定数とすると、TとUはそれぞれ以下のように表せる。

$$T = \frac{M\sigma^2}{2} \tag{3-5}$$

$$U = \frac{-GM^2}{fR} \tag{3-6}$$

第3章　ダークマター

ここで、fは銀河の分布に依存した因子で1のオーダーの値である。これらの関係から銀河団の質量は次式で与えられる。

$$M = \frac{f\sigma^2 R}{G} \qquad (3-7)$$

1933年、フリッツ・ツビッキー（F. Zwicky）はまさにこの考えに基づき、かみのけ座銀河団の質量を評価してみた。銀河の星質量の総和から推定される速度分散は$\sigma = 80 \mathrm{km\ s^{-1}}$であったが、実際に観測から得られた速度分散は$\sigma = 1500 \mathrm{km\ s^{-1}}$もあった。つまり、力学的質量は星質量の総和の350倍も多いことになる。この結果に基づき、ツビッキーは銀河団には見えない物質が存在すると主張した（ツビッキーはかみのけ座銀河団内の銀河の平均質量を$10^9 M_\odot$、銀河の個数を800個とし、銀河団の星質量の総和として$8 \times 10^{11} M_\odot$を得た。これは過小評価であるが、まだ銀河の性質がよく分かっていなかったのでやむを得ないだろう）。

X線観測やビリアル平衡モデルの他にも、楕円銀河の質量評価の方法として紹介したコア・フィッティング法もある。銀河団のコア（銀河の個数密度が高い銀河団の中心部）や銀河団全体の密度分布を仮定する必要があるが、あとは速度分散の観測から銀河団の力学的質量を評価することができる。

このような評価方法を用いて、銀河団の質量－光度比は100から500という大きな値が得られている。したがって、より大きな階層構造で、より多くのダークマターが付随している傾向が観測されている（図3-6）。

近年、ハッブル宇宙望遠鏡やすばる望遠鏡などのおかげで、高解像度の撮像観測ができるようになった。そのため、重力レンズ効果を用いた銀河団のダークマターの研究が盛んに行われている。

重力レンズの理論は1936年、アルベルト・アインシュタイン（A. Einstein）によって提案された。その後、銀河を重力レンズ源とした二重クェーサーが1979年に発見され、銀河団を重力レンズ源としたレンズ像も1987年に発見された。ちなみに、重力レンズ現象による銀河の質量測定法はツビッキーによって1937年に提案されていた。

2. ダークマターの観測的証拠

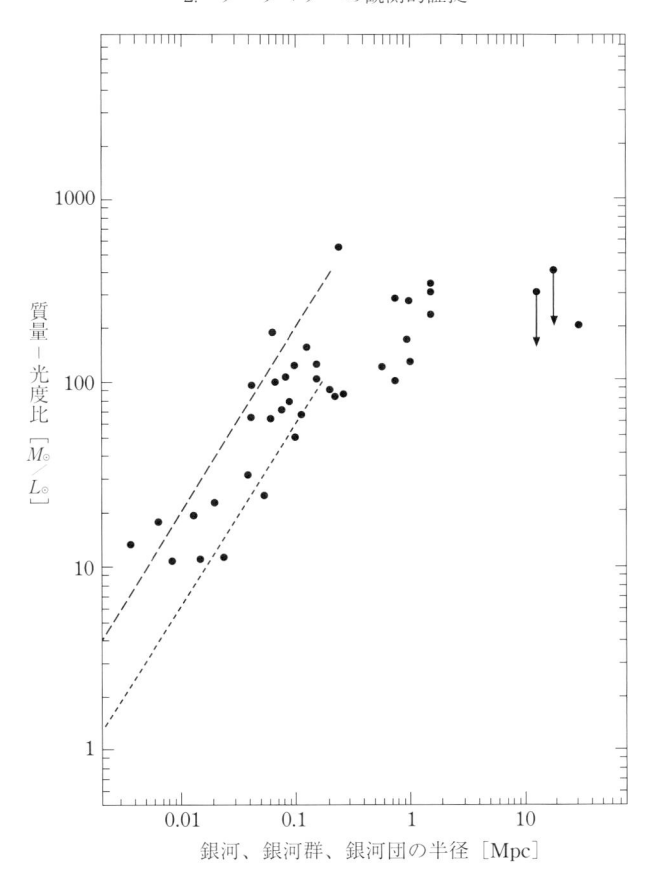

図3-6 さまざまな階層に対する質量 - 光度比と階層の大きさ（半径 R）の関係。(Bahcall, N. A. et al. 1995, ApJ, 447, L81 より改変)

重力レンズ効果には"強い重力レンズ（strong lensing）"と"弱い重力レンズ（weak lensing あるいは cosmic shear）"の2種類がある。強い重力レンズ効果は背景の銀河が視線上、あるいは視線に

第3章　ダークマター

図3-7　赤方偏移 $z = 0.17$ にある銀河団エイベル（Abell）2218方向で観測された重力レンズ像。（NASA/ESA/STScI）

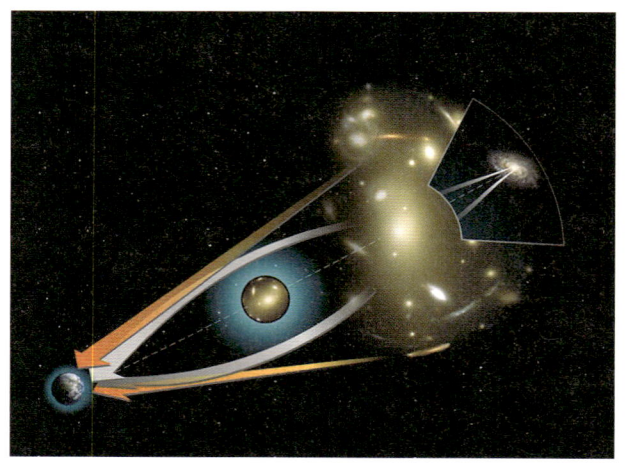

図3-8　図3-7の重力レンズ効果を説明する図。（NASA/ESA/STScI）

2. ダークマターの観測的証拠

近い方向にある銀河や銀河団の重力場の影響を受ける場合に起こる（図3-7および図3-8）。

アインシュタインの一般相対性理論によれば質量は時空の歪みとして理解される。光（電磁波）は宇宙の中で最短距離を取るように進むが（フェルマーの原理）、時空の歪みのために光路が変化する。そのため、重力レンズ効果が起こる。図3-8にエイベル（Abell）2218の方向で起こっている重力レンズ効果を概念的に示した。エイベル2218の背景にある銀河からやってくる光はエイベル2218の近くを通過する際、エイベル2218の質量によって時空が歪んでいるので光路が曲げられ、我々に観測される。そのため、天球面に投影すると、エイベル2218と背景銀河が重力レンズ効果を受けて歪められた像が重なって見える。

一方、弱い重力レンズ効果は1つの銀河や銀河団による効果ではなく、光が宇宙の中の多数の歪んだ重力場を伝播してくるときに、累積効果として現れるものである。たとえば、エイベル2218のような銀河団があったとしても、視線から大きく離れた方向にある銀河を見れば影響は弱い（図3-9）。

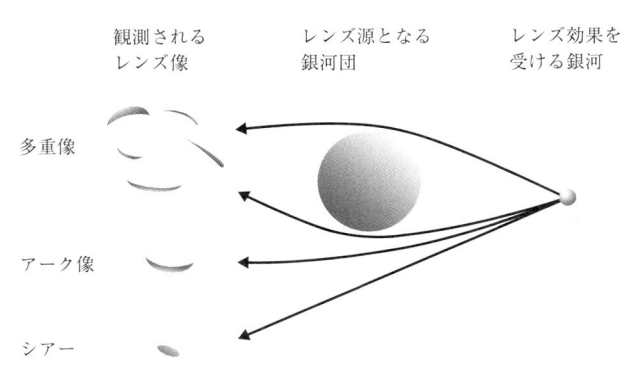

図3-9 強い重力レンズと弱い重力レンズの効果の違いを説明する概念図。

第3章　ダークマター

　弱い重力レンズ効果で生じる背景銀河の像の歪みの程度は小さいので、高解像度の画像が必要であることと、歪み情報の信頼性を高めるために多数の銀河の像を統計的に解析することが必要である。

　弱い重力レンズ効果を用いて評価した銀河団の質量 – 光度比も約$100 \sim 500$になる。このように、さまざまな手法で評価された値がおおむね一致している。

　最後に弱い重力レンズ効果とX線観測から得られたダークマターの観測的証拠を見ておくことにしよう。赤方偏移$z = 0.296$にある1E 0657-558（通称は"弾丸銀河団（bullet cluster）"）は2つの銀河団が衝突している場所である。衝突後、2つの銀河団に属する銀河は単にすり抜けるだけである。またダークマターも相互作用しないので、そのまますり抜けている。ところが、銀河団のガスは衝突して運動量を失い、衝突現場に近い場所にとどまる。まさにこの現象が観測されたのである（図3-10）。この観測結果はダークマターの動かぬ証拠として評価されている。

図3-10　弾丸銀河団における、ダークマター、高温ガス、および銀河の分布。(NASA/Chandra X-ray Observatory)

2. ダークマターの観測的証拠

2-4 大規模構造の形成とダークマター・ハロー

　第1章と第4章で紹介されているように、宇宙における構造形成はダークマター（正確には後述する"冷たいダークマター"）の重力のおかげで進んだと考えられている。バリオンの重力では弱すぎて構造形成ができないため、1980年代中盤からダークマターによる構造形成の理論的研究が盛んに行われるようになった（たとえば、VIRGOプロジェクトを参照：http://www.mpa-garching.mpg.de/Virgo/）。

　2007年、ハッブル宇宙望遠鏡のトレジャリー・プログラムである「宇宙進化サーベイ（COSMOSプロジェクト）」が宇宙におけるダークマターの3次元地図を初めて作ることに成功した。この研究では約50万個の銀河の高解像度画像を用いて弱い重力レンズ効果の解析が行われた。銀河までの距離が測定されているので、トモグラフィー解析が可能であり、赤方偏移 $z = 1$（約80億光年）までの

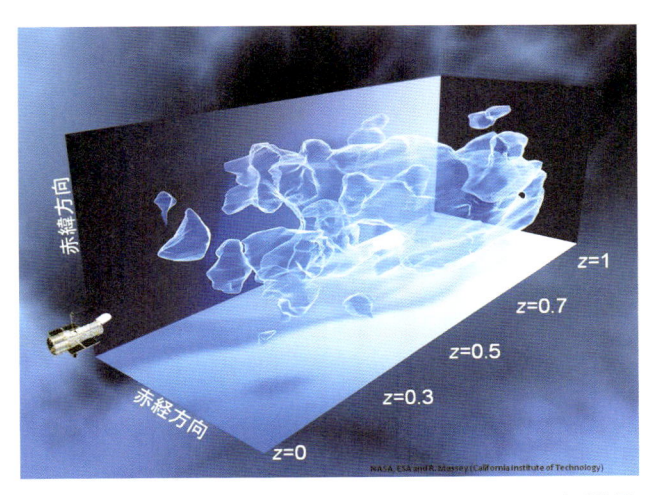

図3-11 COSMOSプロジェクトで得られたダークマターの3次元地図。赤方偏移 $z = 1$（約80億光年）での空間の広がりは2.4億光年×2.4億光年に相当。（提供：Richard Massey）

3次元地図が得られた(図3-11)。銀河の空間分布を調べてみると、ダークマターの空間分布とよく合っていることが確認された。これにより、冷たいダークマターによる宇宙の構造形成論が検証されるにいたった。

3. ダークマターの理論

ダークマターはあらゆる波長の電磁波を用いても、観測することができない。したがって、電荷をもっていない未知の素粒子であると考えられている。また、寿命は少なくとも宇宙年齢以上あること、構造形成を担うので非相対論的な速度で運動すること、質量密度にしてバリオンの数倍は存在すること、そしてバリオンと相互作用する確率が非常に小さいことが要求される。

この節では、理論上考えられるダークマターの候補(第1章12-1節も参照)と、その検出に向けた実験について解説することにする。ただし、バリオンも予想されるすべての量が観測されているわけではないので、見えていないバリオンについてまず言及しておくことにする。

3-1 バリオン・ダークマター

すでに述べたように、ビッグバン宇宙論で予想されるバリオンの密度パラメータは$\Omega_{b0} = 0.04$程度である。一方、今までに検出されているバリオンでは$\Omega_{b0} = 0.02$程度にしかならず、残り半分のバリオンは現在のところ検出されていない。

近傍の宇宙では星が担うバリオンの密度は$\Omega_{b0} = 0.0035$であり、低温の分子ガスや中性水素原子ガスでは$\Omega_{b0} = 0.0006$にしかならない。じつは、ほとんどのバリオンは銀河団や銀河群に付随するプラズマが担っていると考えられている。温度が2万K以下のプラズマは紫外線領域に放射を出すが、銀河系のガスによる吸収を受けるため観測が難しい。近傍銀河の約7割は銀河群に属しているように、多数の銀河群が近傍宇宙には存在している。したがって、観測されていない大半のバリオンはこれらの銀河群に付随する低温プラズマであろうと予測されている。

もう1つの可能性はハローにある暗いコンパクト天体(褐色矮

星、星質量ブラックホールなど）である。これはMACHO（Massive Compact Halo Object）と呼ばれている。大マゼラン雲や銀河系のバルジの方向には多数の星があるので、MACHOがそれらの星の視線上に近づいたときは強い重力レンズ効果で星の増光が観測される。実際、このような現象が観測され、MACHOの存在は確認されている。しかし、その寄与は$\Omega_{b0} = 0.001$程度であると推定されている。

では、遠方の宇宙ではどうなっているだろうか。赤方偏移が約$z = 3$では、クェーサー吸収線系（第14章参照）であるライマンαフォレスト（Lyman α forest）の観測から$\Omega_{b0} = 0.04$という値が得られており、ビッグバン宇宙論の予測とよく合っている。ライマンαフォレストの正体は確定されていないが、銀河などの構造形成の際に取り残された低質量（$10^7 \sim 10^8 M_\odot$）のガス雲であると考えられている。

3-2 非バリオン・ダークマター

ビッグバン宇宙論によるバリオン量の制限から、どうしても非バリオン・ダークマターが必要になる。現時点でもその正体は不明のままであるが、ここではどのような候補があるのか見ていくことにする。

非バリオン・ダークマターはまず温度で次の3種類に分類される：

1. 熱いダークマター（hot dark matter、HDM）
2. 温かいダークマター（warm dark matter、WDM）
3. 冷たいダークマター（cold dark matter、CDM）

相対論的な速度（光速度あるいはそれに近い速度）で運動するものをHDM、非相対論的な速度で運動するものがCDMである。WDMは両者の中間的な速度で運動する。この差は、宇宙初期に熱化学平衡にあったかどうか、あるいは熱化学平衡から離脱したときの運動速度の違いで生じている。

HDMの例はニュートリノである。ニュートリノはレプトン族の電子、ミュー粒子（ミューオン）、およびタウ粒子（タウオン）に

対応して、電子ニュートリノ、ミューニュートリノ、およびタウニュートリノがある。これら3種類のニュートリノの総質量はきわめて軽く、宇宙の質量密度への寄与は無視してよい。また、そもそも、HDMは現在観測されているような宇宙の構造形成を促進できないこともあり、ダークマターのよい候補とはなり得ない。

宇宙の構造形成に本質的な役割を果たすダークマターは、銀河のスケール（10～100kpc）から銀河団のスケール（数Mpc）に局在できなければならない。そのため、運動速度は数百 km s^{-1} 程度の非相対論的な速度であることが要請される。したがって、宇宙の進化に本質的な役割を果たしているダークマターはCDMである。非バリオン的CDMの候補粒子は第1章で紹介されたWIMP（Weakly Interacting Massive Particle、弱い相互作用をする重い粒子）とアクシオン（axion）である。

3-3 素粒子理論からの予測

(1) WIMP

WIMPの中でCDMの候補となるのは超対称性粒子（supersymmetric particle、SUSY粒子）のうち、電気的に中性な以下のニュートラリーノ（neutralino）である。

1. フォティーノ（photino）：光子の超対称性パートナー
2. ジーノ（zino）：Z粒子の超対称性パートナー
3. グラビティーノ（gravitino）：重力子の超対称性パートナー
4. 中性のヒッグシーノ（higgsino）：ヒッグス粒子の超対称性パートナー

なお、第1章で紹介されたカルツァークライン粒子（Kaluza-Klein particle）もWIMPの候補である。

このうち、フォティーノの質量は光子の質量がゼロなので、ゼロである可能性が高いが、弱い相互作用をする場合はCDMの候補になりうる。

宇宙初期に生成されたSUSY粒子はエネルギーの低いSUSY粒子に崩壊していくが、崩壊先のないもっとも軽い粒子［LSP（Lightest Supersymmetric Particle）と呼ばれる］は安定であり、その状態

3. ダークマターの理論

で宇宙に残されると考えてよい。そのため、それがもっとも可能性の高いCDM粒子となる。

また、SUSY粒子ではR-パリティ（R-parity）が保存される（空間反転に伴う保存量であるパリティと区別するためにR-パリティと呼ぶ。$R = (-1)^{2S+3B+L}$で定義され、S、B、およびLはそれぞれスピン数、クォーク数、およびレプトン数である）。したがって、生成の際には必ずペアで生成される。崩壊のときも同様である。

SUSY粒子の質量としては100～数百GeV（ギガ電子ボルト：1電子ボルトは1.78×10^{-36}kgに相当する。ちなみに陽子の質量は1.67×10^{-27}kg = 0.938GeVである）程度が予想されている。

(2) ヒッグス粒子

素粒子の標準理論では、すべての素粒子は、生まれたときには質量をもっていなかったことが要請される。しかし、実際には素粒子はさまざまな質量を獲得している。この質量の起源を説明するために、1964年にピーター・ヒッグス（P. W. Higgs）らは「宇宙初期に素粒子が質量を獲得する場（ヒッグス場と呼ばれる）を通過したときに、さまざまな素粒子が質量を獲得した」とするアイディアを提案した。

このヒッグス場を担う量子をヒッグス粒子と呼ぶ。ヒッグス粒子には電荷の違いでH^+、H^0、およびH^-の3種類がある。ヒッグス粒子の超対称性パートナーはヒッグシーノだが、H^0のパートナーは電荷をもたないWIMPの性質をもつのでCDMの候補になる。ヒッグス粒子の質量、すなわちヒッグシーノの質量はまだよくわかっていないが、陽子の質量の100倍（100GeV）以上で1000倍（1000GeV）以下と推定されている（最近の成果については、本章4節を参照）。

(3) アクシオン

基本素粒子であるクォークは強い力で結びつけられ、陽子や中性子などを構成している。この強い力を記述するのは量子色力学と呼ばれる理論である。自然界の法則に対しては、一般にはCP対称性が保存されている。ここで、C対称性は、電荷を反転させても、方程式系は保存されること（荷電共役とも呼ばれる）であり、P対称

性は鏡に映した系で、方程式系は保存されること（パリティ保存とも呼ばれる）である。これら2つの対称性が同時に成立している場合をCP対称性と呼び、量子論では粒子と反粒子の対称性を意味する。

　ところが、CP対称性は保存されていないこと（CP対称性の破れ）が実験から判明した。この矛盾を説明するにはクォークが3世代あればよいことを小林誠と益川敏英が指摘し、その後、実際に3世代のクォークが確認されるにいたった。

　アクシオンは素粒子同士に働く強い力のCP対称性の破れを説明するために理論的に提唱されたものである。これも、CDMの候補だが、質量は電子の1億分の1にも満たない（10^{-3}eV程度）と考えられている。したがって、アクシオンだけでCDMのすべてを担う場合は、バリオン総数の10兆倍は必要になる。

(4) 修正ニュートン力学

　銀河あるいはそれ以上のスケールではニュートン力学が成立していないという立場を採るアイディアもある。たとえば、銀河の平坦な回転曲線を説明する修正ニュートン力学（Modified Newtonian Dynamics、MONDと略される）は、モルダイ・ミルグロム（M. Milgrom）によって1983年に提案されている（第2章で紹介されたダークエネルギーを説明する修正重力理論とは異なることに注意）。

　ニュートンの運動方程式は、力をF、重力質量をm、加速度をaとすると

$$F = ma \tag{3-8}$$

となる。一方、MONDでは

$$F = m\mu\left(\frac{a}{a_0}\right)a \tag{3-9}$$

で表される。ここでa_0は加速度の次元をもつ定数である。μは$\frac{a}{a_0}$の関数であり、$\frac{a}{a_0} \gg 1$の場合$\mu \approx 1$、$\frac{a}{a_0} \ll 1$の場合は$\mu \approx \frac{a}{a_0}$となる。このように運動方程式を修正すると、銀河のような巨大なシステムでは影響が出てくる。銀河円盤の外縁部回転速度は系の総質量をMとすると、

4. 素粒子実験による検証

$$v_\mathrm{rot} = \sqrt[4]{GMa_0} \qquad (3-10)$$

で与えられ、銀河の半径によらず一定になる。したがって、ダークマターの存在を導入することなく、銀河の平坦な回転曲線が説明できることになる。

しかしながら、MONDの仮定は理論的な必然性があるものではない。また、弾丸銀河団（図3-10）の観測結果はダークマターとバリオンが明らかに異なる空間分布をしていることを示しており、ダークマター存在の明らかな証拠であると考えられている。以上のことからMONDを積極的に支持する理論も観測もない状況にある。

4. 素粒子実験による検証

4-1 ニュートラリーノの検出

ニュートラリーノは、衝突断面積はきわめて小さいがゼロではないので、まれにバリオンと衝突することがある。そのイベントを利用してニュートラリーノの検出実験が1990年代後半から行われてきている。

ニュートラリーノと衝突して原子核が反跳されるとき、微弱な熱や光を放出する。したがって、どの作用を用いるかで実験方法が異なる。

熱を検出するプロジェクトの例はCDMS（Cryogenic Dark Matter Search、低温ダークマター探査）である。このプロジェクトでは米国ミネソタ州のスーダン鉱山の地下700mの場所に、0.04Kに冷却したゲルマニウム検出器を設置して実験を続けている（CDMS II）。

一方、光を検出する実験（シンチレーション観測法）では、最初はヨウ化ナトリウムが用いられたが、最近は液体キセノンを用いた実験が行われてきている（DAMA、XENON100、ZEPLIN IIなど）。国内でも、東京大学宇宙線研究所を中心にした研究チームは史上最大の冷却液体キセノン実験装置を神岡鉱山に設置し、実験を開始している（図3-12）。

2008年、CDMS IIが2個のイベントを検出したとの報告をした

第3章　ダークマター

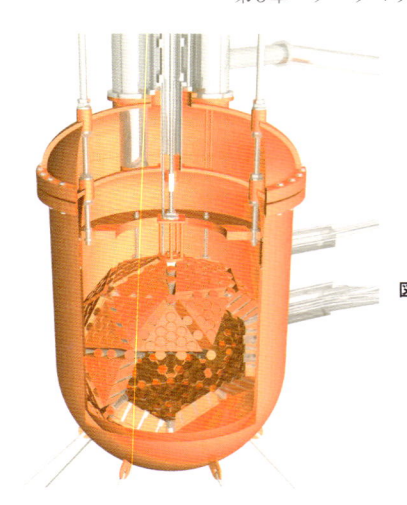

図3-12 XMASSの検出装置。重さ1tの冷却された液体キセノンタンクを642本の光電子増倍管で観測する。（提供：東京大学宇宙線研究所 神岡宇宙素粒子研究施設）

が、統計的に有意な結果とは認められていない。また、イタリアのグランサッソ研究所で行われているDAMAプロジェクト（名称はDArk MAtterの略）はヨウ化ナトリウム検出器を用いて、ダークマター検出量の季節変動を調べる実験を行っている。なぜ季節変動があるかというと、地球が$30\mathrm{km\,s^{-1}}$の速度で太陽の周りを公転運動しているためである。このため、ダークマター粒子に対する相対速度が季節によって変わる。それに伴う検出エネルギーの変化を調べるのである。なお、DAMAでは液体キセノンを用いた実験なども行ってきており、季節変動を確認したと報告したが、この結果も信頼性が低いと考えられている。したがって、いずれの方法でも、今のところ未検出の状況が続いている。

4-2 ヒッグス粒子の検出

　CERN（European Organization for Nuclear Research、欧州共同原子核研究機構）の運用するLHC（Large Hadron Collider、大型ハドロン衝突型加速器）の2つの実験装置ATLAS（A Toroidal LHC Apparatus）とCMS（Compact Muon Solenoid）がヒッグス

4. 素粒子実験による検証

粒子存在の兆候をつかんだことが2011年12月に発表された。検出された粒子の質量は116～130GeV（ATLAS）および115～127GeV（CMS）のレンジにくる。また、2012年7月4日には、125～126GeVの範囲にあることが発表された。まだ確実な検証とはいえないが、今後の追実験に期待が寄せられている。

なお、ヒッグス粒子やニュートラリーノなどのSUSY粒子は直接検出されるわけではない。LHCで検出されるのは通常の粒子のみだが、衝突前後の粒子系の運動量が保存されることから、見えない粒子の運動量とエネルギーが推定できる。

4-3 アクシオンの検出

アクシオンはバリオンとは相互作用しないが、強磁場とはフェルミオンを介して相互作用して電波（マイクロ波）を放射する（図3-13）。このメカニズムは1983年にピエール・シキヴィー（P. Sikivie）によって提案されたので、シキヴィー効果と呼ばれている。

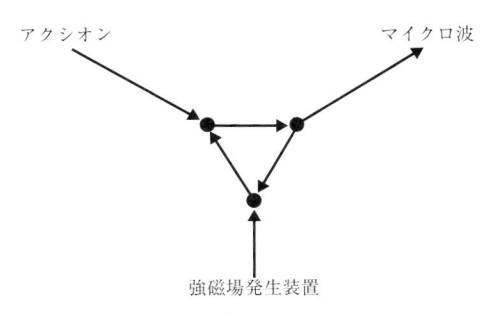

図3-13 シキヴィー効果。図中央の3個のフェルミオンのループを介して、アクシオンが強磁場と相互作用し、マイクロ波を放射する。

この原理や他の方法を用いてさまざまなグループがアクシオンの検出に向けて実験を続けてきているが、今のところ未検出に終わっている。

第3章　ダークマター

　以上のように、ダークマターの候補粒子はかなりしぼられてきており、またその検出に向けた実験が鋭意進められてきている。ここ数年のうちに大きな進展があることを期待したい。

第4章
宇宙の大規模構造

第4章　宇宙の大規模構造

1. 概要

　銀河は宇宙空間に均一に分布しているのではなく、図4-1に模式的に示すように、さまざまな規模の集団を作っている。その様子は宇宙の階層構造（hierarchical structure）と呼ばれることもある。

　いちばん小さい集団である銀河群（group of galaxies）には、明るい銀河が最大で数十個含まれている。銀河群よりひと回り大きい集団は銀河団（cluster of galaxies）という。いくつかの銀河群や銀河団がゆるく集まって超銀河団（supercluster of galaxies）という大集団を作っていることもある。

　銀河群、銀河団、超銀河団は数十Mpcにわたってフィラメント（filament、ひも）状に連なっていることが多い。宇宙にはこうしたフィラメントが縦横に張りめぐらされている。フィラメントに囲まれている銀河密度の低い領域をボイド（void、空洞）という。大規模構造（large-scale structure）とは、こうしたフィラメントと

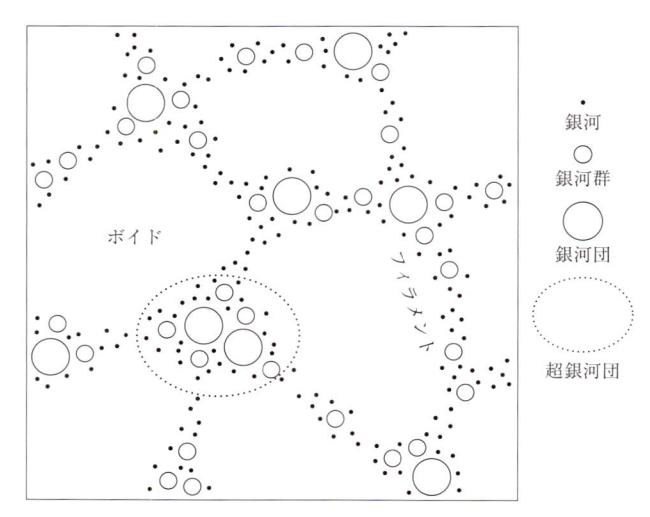

図4-1　銀河の分布の模式図。点は銀河、小さい円は銀河群、大きい円は銀河団を表す。点線の楕円で囲まれた領域は超銀河団。フィラメントとボイドが作る網の目のような構造が大規模構造。

1. 概要

ボイドで特徴づけられる銀河分布のことである。大規模構造は宇宙でもっとも大きな構造であり、宇宙の骨格をなしている。

銀河群から大規模構造までの集団（構造）のうち、銀河団と超銀河団の間には、自己重力系（self-gravitating system）かそうでないかで明瞭な違いがある。ここで、自己重力系とは自分自身の重力によって形を保っている系のことであり、星や銀河などがそうである。銀河群と銀河団は自己重力系の代表だが、超銀河団と大規模構造は重力的結びつきが弱いために自己重力系ではなく、宇宙膨張の影響で拡大し続けている。したがって、大規模構造は今後さらに大規模になっていく運命にある（ただし、それとひきかえに中身は薄まる）。

銀河とその集団の起源は、宇宙誕生直後にまでさかのぼる。誕生直後の宇宙には、原始密度ゆらぎと呼ばれるかすかな密度の濃淡が存在した。宇宙空間に、密度の高い領域と低い領域がモザイクのように混在していたのである。密度の高い領域はそれだけ重力が強いので、時間とともにさらに密度が上がり、やがて銀河や銀河集団になる。この過程をゆらぎの成長という。ゆらぎは実質的にダークマター（第3章参照）の重力によって成長する。もし宇宙の密度が完全に一様だったとしたら、銀河はおろかどんな天体も（もちろん我々も）生まれなかっただろう。

もともと密度が高かったゆらぎは早い時期に成長し、広い領域にわたるゆらぎは大きな集団に成長する。現実のゆらぎは小さい領域のものほど密度の濃淡が大きいので、まず小さくて濃いゆらぎが成長して銀河になり、続いて、もっと広い領域のゆらぎから銀河集団が現れてくる。

原始密度ゆらぎ自身の起源は、宇宙誕生時の量子ゆらぎだと考えられている。もしこれが正しいとすれば、宇宙最大の構造は最小の素粒子の世界につながっていることになる。

本章ではまず、銀河群から大規模構造までの各集団の性質を詳しく見ていく。その際、大規模構造の観測方法についても解説する。続いて、銀河の分布から密度ゆらぎの情報を抽出する方法について解説する。最後に、密度ゆらぎの成長に基づき、銀河とその集団の進化を記述する理論である構造形成論を紹介する。

第4章　宇宙の大規模構造

2. 銀河群、銀河団、超銀河団
2-1　銀河群

　銀河群はもっとも小規模な銀河集団であり、明るい銀河が2個から数十個含まれている。2個の場合は連銀河（binary galaxy）と呼ばれることもある。ひと口に銀河群といっても規模に1桁以上幅があるため、ここで取り上げる質量などの値はあくまでも典型的な値であって、個別にはかなりばらつくことに注意してほしい。なお、あとで述べるように、銀河群には明るい銀河の何倍もの数の暗い銀河が含まれている。

　銀河群は宇宙空間に$10^3 \mathrm{Mpc}^3$に1個程度の頻度で存在し、その直径は1Mpc程度である。一般に1Mpcほど離れた銀河同士は宇宙膨張によって100km s^{-1}ほどの速さで互いに遠ざかるが、銀河群の場合は銀河同士が重力によって強く結びついているため、ばらばらになることはない。

　銀河群の典型的な質量は$10^{12} \sim 10^{13} M_\odot$である。質量を求める方法の1つは、銀河の運動に基づくものである。銀河群の中の銀河は、銀河群自身の重力に対抗するために動き回っていなければならない。すなわち、動き回る速度v、銀河群の半径r、銀河群の質量Mの間には$v = f \left(\frac{GM}{r} \right)^{\frac{1}{2}}$という関係がある。ここで$f$は1に近い無次元量、$G$は万有引力定数である。$v$は観測で測定することができ、典型的な値は200km s^{-1}程度である。半径も測定できるので、この式から質量が推定できる。ほかにも、銀河群を満たす高温のプラズマガスの観測から推定する方法（本章2-2節参照）などがある。

　このようにして求められた質量は、個々の銀河に含まれている星やガスを合算した質量よりはるかに大きい。すなわち、銀河と同様に、銀河群も質量の大部分はダークマターが担っている。

　我々から比較的近い距離にある2つの銀河群の画像を図4-2に示す。どちらも明るい数個の銀河しか写っていないが、実際には数十個の暗い銀河も存在していると考えられている。観測しやすい近距離の銀河群といえども、暗い銀河をすべて見つけ出すことはできない。この事情は銀河団でも同じであって、銀河群と銀河団を明るい銀河の数で定義している大きな理由は、暗い銀河の正確な数がわからないことにある。

2. 銀河群、銀河団、超銀河団

図4-2 （左）M66銀河群。主な構成銀河は、M66（画像左下）、M65（右下）、NGC3628（上）。（右）M96銀河群（しし座I銀河群）。主な構成銀河は、画像中央下のM96をはじめとした数個の明るい銀河。（左：http://messier.seds.org/Pics/More/m65-66noao.jpg、右：http://messier.seds.org/Pics/Jpg/m96gr.jpg より転載）

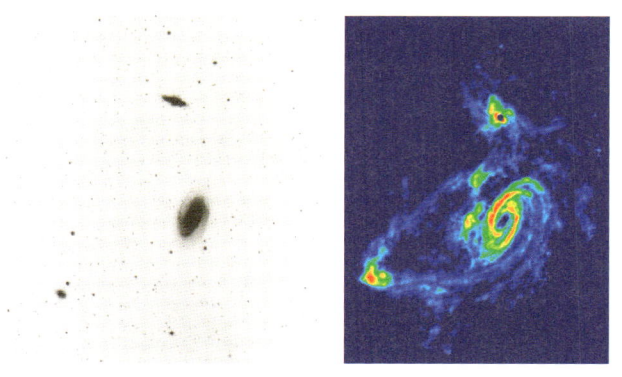

図4-3 可視光（左）と波長21cmの電波（右）で見たM81銀河群。中央の大きな渦巻銀河がM81、上方の小さな銀河はM82、左下の小さな銀河はNGC3077。電波の画像の色はガスの密度を表し、赤いほど高密度。（左：http://www.aoc.nrao.edu/~myun/m81poss.gif、右：http://www.aoc.nrao.edu/~myun/m81hi.gif より転載）

第4章　宇宙の大規模構造

　図4-2に示した可視光の画像には銀河群を構成する銀河しか見えないが、銀河群にはガスも存在する。星を作る材料となるような低温のガスや、高温のプラズマガスが銀河群を取り巻いている。

　図4-3は可視光と波長21cmの電波（低温ガスの水素原子はこの波長の電波を出す）で見たM（メシエ）81銀河群である。可視光で離ればなれに見える銀河は、じつはガスでつながっていることがわかる。

　明るい銀河の中には、銀河群や銀河団に属さず、ぽつんと孤立して見える銀河もある。そのような孤立銀河（isolated galaxy）も、よく観測してみると暗い銀河をしたがえていることが多い。銀河群のもともとの定義とは異なるが、複数の銀河が重力的に結びついているという意味で、これらは最小単位の銀河群とみなすこともできる。その意味で、孤立銀河と銀河群は連続した銀河の階層構造とみなすこともできる。

　銀河系は局所銀河群（Local Group）という群に属している。局所とは英語のlocalの訳で、"地元の"というような意味である。我々の住む銀河系が属しているので、地元というわけである。局所銀河群はありふれた銀河群の1つにすぎないが、もっとも詳しく観測されている銀河群であることはまちがいない。

　局所銀河群の銀河の中では、銀河系とM31（アンドロメダ銀河）がきわだって明るい。局所銀河群の質量の大部分もこの2つの銀河が担っている。

　図4-4に局所銀河群の銀河の分布を示す。50個ぐらいの銀河が見つかっているが、その多くは非常に暗い（軽い）銀河である。銀河系やM31は、このような暗い銀河を飲み込みながら成長してきたと考えられている。実際、銀河系の円盤に突入しつつある銀河も見つかっている。また、銀河系とM31も数十億年後に合体して1つの銀河になると考えられている。

　銀河群の中には、通常の銀河群と同じくらいの数の銀河が狭い空間に集まった、コンパクト銀河群と呼ばれる銀河群も存在する。図4-5はその例である。明るい数個の銀河が密集していることがわかる。コンパクト銀河群は通常の銀河群ほどありふれてはいないが、決してまれな存在ではない。銀河の混み具合において、コンパクト

2. 銀河群、銀河団、超銀河団

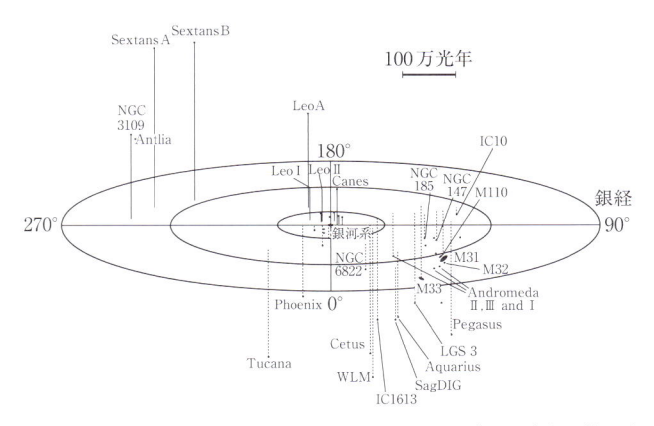

図4-4 局所銀河群。ここに示されていないものを含め、全部で約50個の銀河が見つかっているが、その多くは非常に暗い。
(http://www.atlasoftheuniverse.com/localgr.html より改変)

図4-5 コンパクト銀河群HCG44（左）とHCG79（右）。
(左：Russell Croman http://www.rc-astro.com/photo/id1020.html より転載、右：NASA/STScI)

銀河群は銀河団の中心部に匹敵しており、銀河同士の合体が頻繁に起きていると考えられる。

2-2　銀河団

　明るい銀河を数十個以上含む集団は銀河団と呼ばれている。銀河団は宇宙でもっとも重い自己重力系である。銀河団の直径は銀河群よりも大きく、5Mpcに達するものもある。

　一般に銀河団は、中心部に近いほど銀河が密集している。銀河団内部の平均密度は宇宙の平均の100倍以上高い。銀河団は$10^6 \mathrm{Mpc}^3$に1個程度の頻度で存在する。

　銀河群と銀河団は、大きさは違うが自己重力系としては同種の天体であり、両者にはっきりとした境界はない。したがって、大きな銀河群と小さな銀河団を区別することはできない。

　銀河団の典型的な質量は$10^{14} \sim 10^{15} M_\odot$である。質量の内訳は、約85％がダークマター、残りがバリオンである。銀河団も重力的にはダークマターに支配されている。バリオンの質量のうち星は2割にも満たず、残りは1億K近い高温のプラズマガスである（銀河団ガスと呼ばれる）。銀河団に大量のプラズマガスが満ちていることは、X線望遠鏡が打ち上げられてはじめて判明した驚くべき事実であり、X線天文学の最大の発見の1つとされている（銀河団ガスについては第14章4節を参照）。

　図4-6はX線と可視光で見たかみのけ座銀河団（Coma cluster）である。可視光では星しか写らないため、銀河と銀河の間には何もないように見えるが、X線で見るとプラズマガスが充満しているのがわかる。

　銀河団の銀河も銀河群の銀河と同じように動き回っている。その速度は銀河群の場合よりずっと大きく、1000km s^{-1}程度である。銀河団は銀河群に比べて重力ポテンシャルが深いので、このような大きな速度分散になっている。

　銀河団の質量は、銀河の運動速度からビリアル平衡（第3章2-3節を参照。本章2-1節の$v = f\left(\frac{GM}{r}\right)^{\frac{1}{2}}$の式と本質的に同じ）を仮定して求められるが、プラズマガスのX線観測から求められることも多い。プラズマガスは銀河団の重力によって閉じ込められてい

2. 銀河群、銀河団、超銀河団

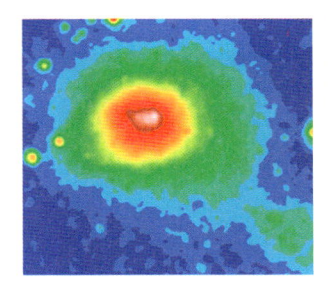

図4-6 X線（左）と可視光（右）で見たかみのけ座銀河団。X線画像の色はガスの密度を表し、赤いほど高密度。（理科年表「徹底解説」http://www.rikanenpyo.jp/kaisetsu/tenmon/tenmon_006.html より転載）

る。すなわち、プラズマガス自身の圧力による外向きの力と、全物質の重力による内向きの力がつりあっている（静水圧平衡）。プラズマガスの圧力はX線観測から測れるので、つりあいの式が解けて質量が推定できる。

重力レンズ効果（第3章2-3節）も有力な質量推定法である。銀河団の背後の銀河は、銀河団の重力レンズ効果によって歪んだ像として観測される。そこで、銀河団全体にわたって背後の銀河の歪みの度合いを測ることで、銀河団の質量が推定できるのである。この方法はたくさんの背景銀河のわずかな歪みを銀河団の見える領域全体にわたって測定する必要があるので、高画質の広視野カメラを装備したすばる望遠鏡が活躍している。

我々からもっとも近い銀河団は、約17Mpcの距離にあるおとめ座銀河団（Virgo cluster）である。おとめ座銀河団は非常に詳しく調べられており、暗いものまで含めると2000個以上の銀河が見つかっているが、銀河団としては規模が小さいほうである。

規模が大きい銀河団でもっともよく調べられているものは、距離約100Mpcにあるかみのけ座銀河団である。図4-7はかみのけ座銀河団の中心部の拡大画像である。2つのきわめて明るい銀河を中心にたくさんの銀河が分布している。この2つの銀河の間隔は銀河系からM31までの距離の3分の1程度しかない。銀河団の中心部では

第4章 宇宙の大規模構造

図4-7 かみのけ座銀河団の中心部。画像の上方にある明るく青白い天体は銀河系の星。(Russell Croman http://www.rc-astro.com/photo/id1164.html より転載)

図4-8 エイベル1689銀河団の中心部。重力レンズ効果が詳細に調べられている銀河団の1つ。(NASA/STScI)

2. 銀河群、銀河団、超銀河団

銀河の密度が非常に高いのである。

図4-8はエイベル1689（Abell 1689）銀河団という赤方偏移が0.18にある大きな銀河団の中心部の画像である。楕円形や円形のぼやっとした天体はすべてこの銀河団の銀河である。かみのけ座銀河団と同様、銀河がきわめて密集しているため、ほとんどの銀河は楕円銀河かS0（エスゼロ）銀河である。

なお、銀河系は銀河団には属していないので、局所銀河団という階層構造はない。

2-3 超銀河団

いくつかの銀河団や銀河群がゆるく集まった集団を超銀河団という。超銀河団は重力的な結びつきが弱いので、形のいびつなものが

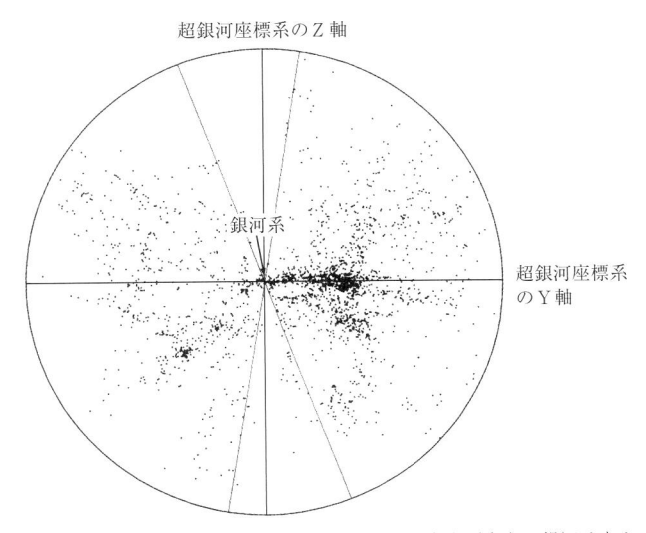

図4-9 局所超銀河団。1つの点が1つの銀河を表す（実際の銀河は点よりもずっと小さい）。銀河系は図の中心にある。右方にある銀河の密集した領域はおとめ座銀河団。（Tully, R. B. 1982, ApJ, 257, 389より改変）

139

多く、周囲との境界もはっきりしない。ある集団を超銀河団と認定するかどうかは意見がわかれることもある。しかし、こうした曖昧さは気にしなくてもよい。超銀河団は集団としてそれなりに独立して見えるが、物理的にはフィラメントの一部といってよく、あえて超銀河団だけを切り出して研究する意義はあまりないからである。

銀河系は局所超銀河団（Local Supercluster）という超銀河団に属している。ここでも局所は英語のlocalの訳である。局所超銀河団はおとめ座銀河団を中心とした約40Mpcの大きさの集団である。図4-9に示すように、局所超銀河団は比較的平坦な構造をしており、銀河系（図の中心）はその端のほうに位置している。

3. 大規模構造
3-1 大規模構造の姿

銀河団以上のスケールに注目して銀河の分布を見てみると、銀河の集まった数十Mpcの長さのフィラメント状の構造が宇宙空間に張りめぐらされていることがわかる。これとボイドの織りなす構造が宇宙の大規模構造である。銀河群や銀河団や超銀河団の多くはフィラメントの一部として存在している。孤立銀河の多くもフィラメントの中にある。フィラメント内部の銀河の密度（銀河団など銀河の密集した領域をならした平均値）は、宇宙全体の平均の数倍程度であり、コントラストはさほど高くない。

図4-10は、スローン・ディジタル・スカイ・サーベイ（SDSS）という銀河サーベイに基づいて描かれた、銀河系から約900Mpc以内の銀河の分布である。円の中心に銀河系があり、動径方向が距離を表す。銀河までの距離は後退速度からハッブルの法則（第1章3節）を用いて求めている。観測された銀河をすべて描き入れると3次元分布が重なって見づらくなってしまうので、この図では、銀河系を通る平面で宇宙空間を輪切りにした断面付近の銀河だけが描かれている。スイカを2つに割ったときに現れる種の分布に相当する。

図中に網の目のように見える数十Mpcスケールの構造が大規模構造である。網の糸に当たるのがフィラメント、フィラメントに囲まれた領域がボイドである。フィラメントやボイドは、形や大きさ

3. 大規模構造

やコントラストはまちまちではあるが、観測された宇宙全体で見えている（遠くで銀河が少なくなっているのは、明るい銀河しか観測できないことによる見かけの効果である）。したがって、大規模構造は普遍的な構造であることがわかる。一方、100Mpcをはるかに超える単独のフィラメントやボイドは見られない。

宇宙論の分野では、宇宙はどの場所も同じであると仮定して（宇宙原理：第1章4節参照）宇宙の幾何学や進化を記述するが、大規

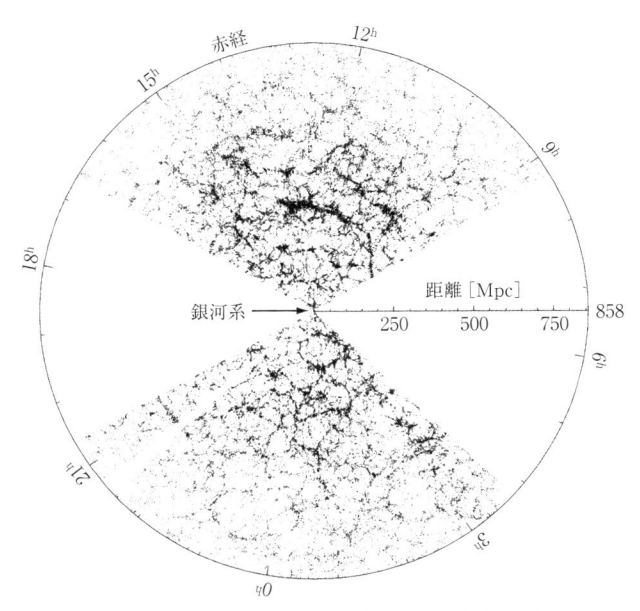

図4-10 スローン・ディジタル・スカイ・サーベイ（SDSS）によって描き出された銀河系から約900Mpc以内の銀河の分布。1つの点が1つの銀河を表す（実際の銀河は点よりもずっと小さい）。大規模構造を見やすくするために赤緯$-2°$から$+2°$の銀河だけが描かれている。銀河系は円の中心にある。データのない部分は観測しなかった天域。網の目のように見えるのが宇宙の大規模構造。(Gott, J. R. et al. 2005, ApJ, 624, 463 より改変)

第4章 宇宙の大規模構造

模構造の中では場所によって銀河の密度が異なるので宇宙原理は成立していない。大規模構造を大きく超えるスケールまでならして見ることではじめて、宇宙原理がよい精度で成立するようになる。カメラを目一杯ピンぼけにして白黒の網目模様を撮影するとほぼ灰色一色に写るようなものである。

3-2 銀河の特異運動

銀河群や銀河団の中で銀河は動き回っていると述べたが、じつは大規模構造の中でも銀河は運動している。たとえば銀河団の周囲の銀河は、ハッブルの法則から計算される後退速度よりもゆっくりと銀河団から遠ざかっている。銀河団の重力によって、後退にブレーキがかかっているのである。銀河団の近くにある銀河は遠ざかることすらできず、銀河団に飲み込まれる運命にある。こうした、一様な宇宙膨張からずれた運動を銀河の特異運動(peculiar motion of galaxies)と呼ぶ。

宇宙膨張は、たくさんのシールの貼られた風船がふくらむ様子にたとえられる。風船の表面が宇宙空間、シールが銀河である。シール同士は風船がふくらむにつれて離れていく(ハッブルの法則)。特異運動まで表現したい場合はシールの代わりに蟻を使えばよい。

図 4-11 赤方偏移 $z = 0.296$ にある 1E 0657-558 という銀河団(通称"弾丸銀河団"[bullet cluster])の可視光で見た画像。等高線は、重力レンズ効果によって測られた力学質量の分布。2つの銀河団が確認できる。これらは数千 km s^{-1} もの相対速度で衝突していることがわかっている。(Clowe, D. et al. 2006, ApJ, 648, L109 より転載)

4. 大規模構造の観測

ふくらんでいく風船の上で蟻はあちこち動き回る。これが特異運動である。蟻同士がぶつかることもあるだろう。これは銀河同士の合体に相当する。

宇宙の質量分布はなめらかではないので、宇宙空間の重力場もでこぼこしている。したがって、実質的にすべての銀河は特異運動をしており、大規模構造と特異運動は切っても切れない関係にある。銀河系も約500 km s^{-1}の特異速度をもつことが知られている。逆の見方をすれば、銀河の特異速度を測れば宇宙の質量分布が力学的に推定できることを意味する。実際、そのような研究も行われている。

銀河団のような非常に重い系も特異運動をすることがあり、場合によっては銀河団同士が合体してしまうこともある。図4-11に例示するように、合体しつつある銀河団も見つかっている。

4. 大規模構造の観測
4-1 大規模構造の発見

宇宙の大規模構造を描き出すには、銀河の天球面上の位置（赤経と赤緯）に加えて、距離を知る必要がある。ここで、銀河の距離dは赤方偏移zから求めることができる。分光観測で銀河の後退速度$v = cz$を測定し（cは光速度）、ハッブルの法則$d = \dfrac{v}{H_0}$を用いて求めるのである（H_0はハッブル定数）。本来は特異速度を差し引いた"真の"後退速度を使うべきだが、特異速度のわかっている銀河はごく少数なので、通常は観測された後退速度がそのまま用いられる。

ただし、大規模構造の存在は、銀河の天球分布だけからでも窺い知ることはできる。図4-12は南天の4300平方度という広い天域の銀河の分布を描いたものである。分布に大きなスケールの濃淡があるが、これはまさに大規模構造を見ているのである。いろいろな距離にある大規模構造を奥行き方向につぶして見てしまっている上に、距離が測られていないので絶対的な大きさもわからないが、大きなスケールで銀河が集団を作っていることは推測できる（銀河の典型的な大きさはわかっているので、濃淡の幅や長さが銀河何個分に相当するかを測れば、大きさの見当もつく）。

第4章 宇宙の大規模構造

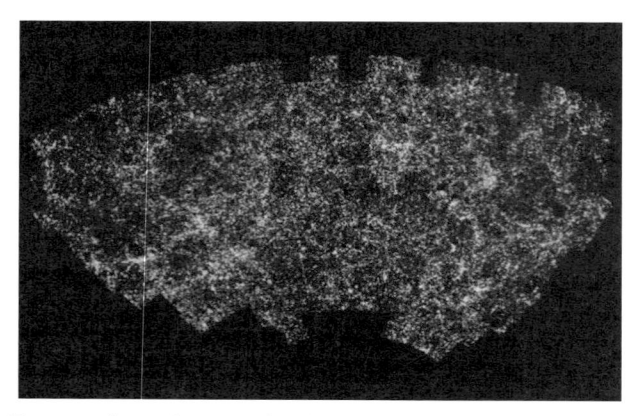

図4-12 南天の銀河の天球分布。(Maddox, S. J., Efstathiou, G., and Sutherland, W. J. 1990, MNRAS, 246, 433 より転載)

3次元分布として宇宙の大規模構造が発見されたのは、1978年のことである。スティーブン・グレゴリー (S. A. Gregory) とレアード・トンプソン (L. A. Thompson) はこの年、赤経11^h5 ～ 13^h3、赤緯+19°～+32°という東西に長い天域にある238個の銀河の3次元分布を発表した。図4-13がその分布図である。三角形の下側の頂点に銀河系があり、斜辺は銀河系からの距離、上辺は赤経に対応する。赤緯の幅(三角形の厚さ)が13°しかないので、赤緯の情報は圧縮して描かれており、SDSSの図と同様、実質的に宇宙の断面図とみなしてよい。このような図は、その形から扇図(あるいはパイ図)と呼ばれている。銀河系は扇の要にあたるところにある。もっと広い範囲の赤経を観測すれば、扇が開いてSDSSの図のようになる。

この図を見ると、銀河の集中している領域と、銀河がほとんど見つからない領域があることがわかる。もっとも目立つ構造は距離100Mpc付近を東西に横切る帯のような領域で、銀河が多数存在している。これはフィラメントの一部である。東端と西端付近にある銀河の集中した場所はかみのけ座銀河団とエイベル1367銀河団で

4. 大規模構造の観測

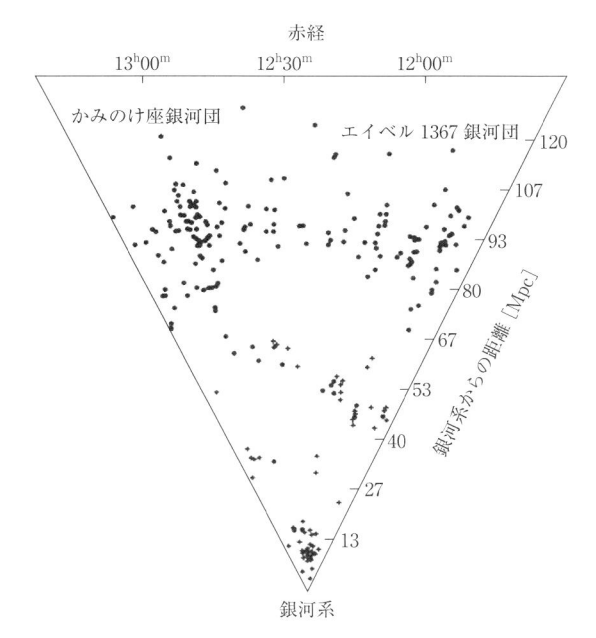

赤経

図4-13 グレゴリーとトンプソンによって発見された大規模構造。
(Gregory, S. A. & Thompson, L. A. 1978, ApJ, 222, 784 より改変)

あり、帯全体はかみのけ座超銀河団と呼ばれている。一方、この帯の手前側には銀河はあまり見られないので、ボイドの一部とみなせる。

なお、図では両銀河団の銀河の分布が奥行き方向に伸びているが、真の空間分布がそうなっているわけではない。銀河団の銀河は1000km s^{-1} もの速さで動き回っている。周囲の銀河も銀河団に向かう大きな特異速度をもっている。後退速度から距離を求める際にこうした運動の成分は補正されていないので、距離に誤差が生じ、見かけ上、銀河の分布が奥行き方向に伸びているように見えるのである。これはどの銀河団にも見られる現象である。伸びた様子が指

のように見えることから、神の指（Finger of God）と呼ばれている。

　グレゴリーとトンプソンの観測は大規模構造の一端を描き出しはしたが、調べた領域が狭すぎて大規模構造の全体像や普遍性まで調べるにはいたらなかった。大規模構造の全体像をとらえ、それを定量的に研究するには、図4-10のようにずっと広い領域の銀河の3次元分布を調べる必要がある。それには赤方偏移サーベイが有効である。

4-2　赤方偏移サーベイ

　赤方偏移サーベイとは、ある天域に見つかる一定の見かけ等級より明るい銀河をすべて分光して赤方偏移を測る観測手法のことである。グレゴリーとトンプソンの観測も、その天域内にある見かけ等級が15等より明るい銀河をすべて分光したという意味で、小規模な赤方偏移サーベイとみなせる。

　赤方偏移サーベイは多数の銀河の距離を測る観測でもある。銀河の研究にとって距離はきわめて重要である。なぜなら、真の明るさや質量などの基本物理量は、距離がわかって初めて求められるからである。その意味で赤方偏移サーベイは、銀河の3次元分布を調べるだけではなく、銀河の進化の研究にも大いに役立つものである。

　これまでに行われた主な赤方偏移サーベイには、ハーバード－スミソニアン天体物理学センター（CfA）サーベイ（約1万8000銀河）、ラスカンパナス（Las Campanas）赤方偏移サーベイ（約2万6000銀河）、2dF銀河赤方偏移サーベイ（約22万銀河）、SDSS（約93万銀河）、6dF銀河サーベイ（約12万5000銀河）などがある。銀河の数ではSDSSが群を抜いている。これらのサーベイでは分光は中小口径の望遠鏡で行われている。

　一方、狭い天域を非常に暗い銀河まで分光するというサーベイも行われている。これも赤方偏移サーベイの一種だが、おもな目的は大規模構造ではなく、銀河の過去の性質を調べることにある。暗い銀河の多くは遠く（すなわち過去）にあるからである。狭い天域を遠くの宇宙まで調べるので、サーベイ領域を3次元的に見ると鉛筆のように細長くなるため、ペンシルビームサーベイと呼ばれること

もある。非常に暗い銀河を分光する必要があるので、すばる望遠鏡クラスの大望遠鏡が使われている。

最近のすべての赤方偏移サーベイには、CCD（Charge Coupled Device、電荷結合素子：第16章2-4節）カメラを搭載した多天体分光器（Multi-Object Spectrograph、MOS）が使われている。CCDは高感度の検出素子であり、入射した光子の大部分をとらえることができる。天文観測でかつて主流だった写真乾板は感度が非常に低く、望遠鏡が集めた光の数％しか捕捉できなかった。光の利用という点では、CCDを導入することは、望遠鏡の主鏡を数倍大きくすることに等しい。

多天体分光器とは、視野に入る多数の天体を一度に分光できる分光器のことで、各天体の光をスリットや光ファイバーで受けてグリズムなどの分散素子（光をスペクトルに分ける光学部品）に導く。ただし、望遠鏡の視野が狭いと、分光したい銀河が少ししか視野に入らず、せっかくの多天体分光器は宝の持ち腐れになる。明るい銀河は数が少ないので特にそういう事態になりやすい。そこでたとえばSDSSでは、一辺3°もの広い視野を観測できる口径2.5mの望遠鏡を建設し、それに640個の天体を一挙に分光できるマルチファイバー式の多天体分光器を取り付けて観測が行われた。

5. 大規模構造の理論

5-1 銀河分布の定量化

銀河は宇宙の物質の分布を反映しているので、銀河の多い場所は物質の密度も高い。銀河の空間分布は、宇宙の構造形成を理解する手掛かりを与えてくれるのである。したがって、大規模構造の銀河の分布を定量化することは重要である。この研究に役立つのが、宇宙の密度ゆらぎの統計的性質、特にパワースペクトル（power spectrum）を求めることである。

パワースペクトルとは、平たくいえば、スケールごとにどれだけ密度がゆらいでいるか（濃淡があるか）を表す関数である。なお、大規模構造という用語はフィラメントやボイドという大きな構造に対する用語だが、本節では便宜上、こうした大きな構造を含むあらゆるスケールの銀河の分布を指すことにする。構造形成論（銀河や

第4章 宇宙の大規模構造

その集団の形成と進化を記述する理論)にはすべてのスケールの情報が必要だからである。

パワースペクトルは宇宙論や構造形成論にとって重要な量である。宇宙論については、パワースペクトルの形からダークマターの性質やインフレーションモデルが調べられる。構造形成論にとっての意義は、パワースペクトルがわかれば銀河とその集団の進化の骨格が決まることである。銀河とその集団は、単純にいえば、密度ゆらぎが重力的に成長したものである。あるゆらぎがどのように重力的に成長するかは理論的に十分理解されている。したがって、実際の宇宙にどんなゆらぎがあるかをパワースペクトルで調べ、その進化を調べれば宇宙の構造形成の様子を理解することができる。

5-2 2点相関関数

大規模構造を見るとフィラメントやボイドに目が行きがちであるが、これらは数十Mpcという大きなスケールのゆらぎである。銀河の分布を定量化する際は、目立つ構造にとらわれず、あらゆるスケールの構造を同じ方法で定量化する必要がある。また、我々はある特定の場所のゆらぎに興味があるわけではない。宇宙全体のゆらぎの統計的性質を知ることが第一義的な目的になる。ゆらぎを山にたとえるとすれば、我々が知りたいのは、どんな高さと広さの山がいくつあるかということである。

2点相関関数 (two-point correlation function) は、そうした目的でもっともよく用いられている。2点相関関数とは、2つの離れた場所に銀河が見つかる確率の平均からのずれを意味する。この関数は$\xi(r)$で表される。あるrでξが正の場合、距離rだけ離れた銀河ペアの数が、でたらめな分布の場合よりも多いことを意味する。つまり、銀河はrという間隔を好んでいることになる。表現を変えれば、銀河はrというスケールで群れていることを意味する。ξが負の場合はその間隔を銀河が避けている。なお、銀河がでたらめに分布している場合は、どのrでも$\xi = 0$になる。

このように、2点相関関数はスケールごとの銀河の群れ具合を教えてくれる。2点相関関数は銀河の絶対数とは無関係である。いくら銀河がたくさんあっても、でたらめに分布していれば2点相関関

148

5. 大規模構造の理論

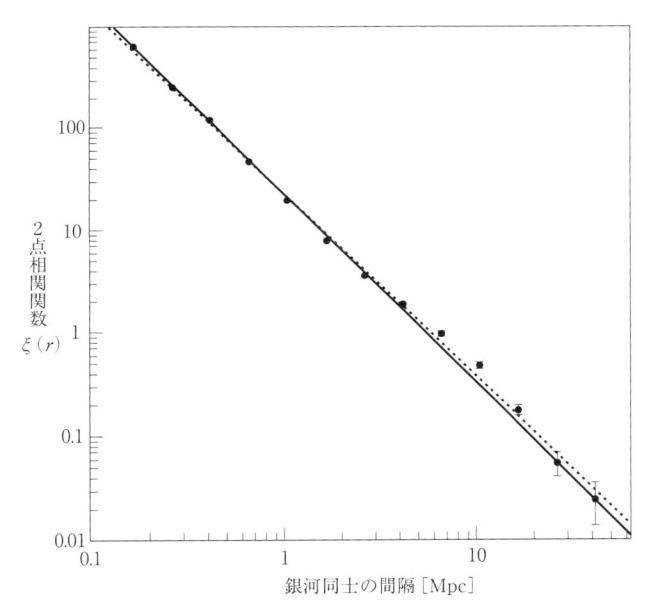

図4-14 SDSSから求められた2点相関関数。黒い点がデータで、実線はデータにベキ関数を当てはめたもの。rは$H_0 = 100 \mathrm{km\ s^{-1}\ Mpc^{-1}}$で計算されている。(Zehavi, I. et al. 2005, ApJ, 630, 1より改変)

数は0となる。逆に、数は少なくても分布のコントラストが高ければ2点相関関数は大きくなる。

銀河の3次元分布の観測データから2点相関関数を求めるには、いろいろなrに対してペアの数を数え、でたらめな場合のペアの数と比較すればよい。さまざまな値のrについて2点相関関数を精度よく求めるには、多くの銀河を含む広い体積の赤方偏移サーベイが必要である。

2点相関関数の測定例を図4-14に示す。これはSDSSから求められたものだが、他のサーベイも同様の結果を与えている。rが小さいほど2点相関関数が大きくなるので、短い距離スケールほど銀河

は強く群れていることがわかる。

両対数表示ではほぼ直線になっていることからわかるように、データのある$r<50$Mpcにおいて、ξはrのベキ関数で近似できる。2つの定数r_0、γを使って$\xi(r) = \left(\frac{r}{r_0}\right)^{-\gamma}$と表すとすると、$r_0 = 5.6$Mpc（$H_0 = 70$km s^{-1} Mpc^{-1}では8Mpcに相当）および$\gamma = 1.8$を得る。r_0はスケール長と呼ばれる定数で、値が大きいほどξが全体として大きくなるので、群れの強さの指標となる。

厳密には、r_0は明るい銀河や早期型の銀河では値が大きいことが知られている。これらの銀河は相対的に強く群れているからである。2点相関関数から物質の密度分布を得る際には、こうした銀河の性質による分布の違いを考慮する必要がある。

最後に、宇宙論の観点から期待される2点相関関数に現れる特徴について述べておく。それはバリオン音響振動（第1章16節および第2章7節参照）の影響で、2点相関関数は$r = 150$Mpc付近にピークをもつことが示唆されていることである。このピークはきわめて弱いものだが、SDSSで探査された非常に広い領域の明るい銀河を用いて2005年にはじめて検出された。ピークの現れるrの値は宇宙の時代や場所によらない。いわば宇宙に置かれた物差しのようなものである。この特徴を利用してダークエネルギーの性質を探ることができる。

5-3 パワースペクトル

2点相関関数をフーリエ変換（数学的操作の1つ）して理論的にあつかいやすくしたものがパワースペクトルである。$P(k)$で表されるパワースペクトルは波数kごとのゆらぎの濃淡の強さを意味し、音や光のスペクトルと似た概念である。波数とは波長λの逆数（正確には$k = \frac{2\pi}{\lambda}$）のことで、値が大きいほど波長が短い（スケールが小さい）。

SDSSの銀河データおよび他のいくつかの観測から得られた、現在の宇宙のパワースペクトルを図4-15に示す。いろいろな宇宙年齢の観測に基づいているが、すべてのデータは人為的に現在までスペクトルを成長させてある。パワースペクトルは時間とともに成長（値が増大）するので、同一の宇宙年齢で比べる必要がある。図か

5. 大規模構造の理論

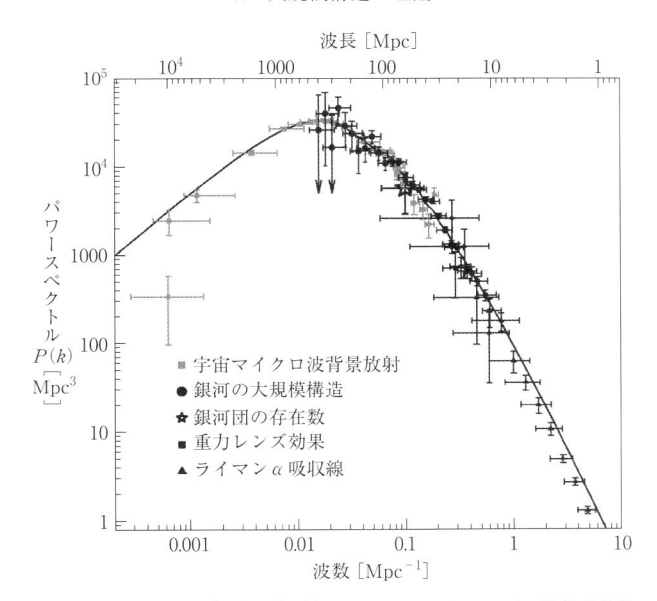

図4-15 いろいろな観測に基づくパワースペクトル。下の横軸は波数、上の横軸は対応する波長（いずれも $H_0 = 100{\rm km\,s^{-1}\,Mpc^{-1}}$ を仮定）。各観測は異なった宇宙年齢での測定であるため、ゆらぎの線形成長理論を使ってすべて現在の値に変換してある。たとえば、宇宙マイクロ波背景放射のデータは宇宙年齢が38万年のときの情報だが、図示されているのは現在まで成長させた場合の値である。また、曲線は冷たいダークマターモデルの予想を示している。（Tegmark, M. et al. 2004, ApJ, 606, 702 より改変）

ら、パワースペクトルは $\lambda = 500{\rm Mpc}$ 付近で折れ曲がる滑らかな関数形をしていることがわかる。少し難しくなるが、パワースペクトルの宇宙論的な考察を3つ紹介しておくことにする。

まず、500Mpc 付近の折れ曲がりは、パワースペクトルが成長の途中に変形を受けたものだと考えられている。すなわち、もともとのパワースペクトルは右上がりのまっすぐな関数形だったが、宇宙の放射優勢の時代（第1章10節）に短波長のゆらぎが成長を抑えら

れた結果、短波長側（折れ曲がりの右側）の強度が相対的に下がったと考えるのである。

次に、折れ曲がりの場所より長波長側（左側）のパワースペクトルは、ゆらぎの誕生時の形を保存している。この部分を$P(k) \propto k^n$で表すとすると、観測からほぼ$n=1$となる。インフレーションモデルは$n=1$に近いゆらぎを発生させることから、インフレーションモデルを支持する観測結果になっている。

最後に、パワースペクトルの形からダークマターの性質が推定できる。ダークマターの候補には、バリオン・ダークマター、熱いダークマター、冷たいダークマターがあるが（第3章）、バリオン・ダークマターと熱いダークマターは、冷たいダークマターに比べて短波長のスペクトルがきわめて弱いことが予想されている。図4-15に示したように、観測データと合うのは冷たいダークマターであり、4桁もの波長にわたってデータとの非常によい一致を示している。これはダークマターが冷たいことの強い証拠と考えられている。

5-4 冷たいダークマターに基づく構造形成論

冷たいダークマター（Cold Dark Matter）に基づく構造形成論とは、冷たいダークマターを仮定して銀河やその集団の形成と進化を記述する理論のことである。単に、冷たいダークマターモデルと呼ばれることが多い。その頭文字をとって、CDMモデルとも呼ばれる。第2章で見たように、我々の宇宙の組成はダークエネルギー（ラムダ項）が卓越している。パワースペクトルの形やゆらぎの成長は宇宙の組成にも依存するので、より正確に、ラムダCDMモデルと呼ばれることもある。

観測されたパワースペクトルをラムダCDMモデルに組み入れることで、ゆらぎの重力的成長が完全に決まる。いつ、どんな質量の銀河や銀河集団が現れるのかが記述できるのである。

図4-16に示すように、CDMモデルのゆらぎは、軽い質量（小さい体積）のゆらぎほど標準偏差（図の縦軸で、密度の濃淡の強さを表す）が大きい[1]。したがって、軽い銀河がまず出現し、その後、より重い銀河、銀河群、そして銀河団が現れることになる。これは

5. 大規模構造の理論

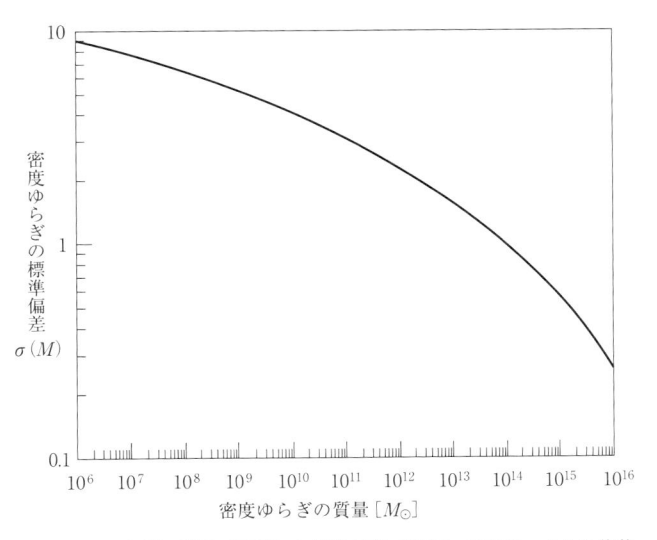

図4-16 ゆらぎの質量（横軸）と標準偏差（縦軸）の関係。大きな体積のゆらぎはそれだけ多くの物質を含むので、横軸はゆらぎの体積に相当する物理量と考えてよい。また、標準偏差はゆらぎの濃淡の強さを意味する。標準偏差が大きいほど、自己重力系に成長できる濃い密度ゆらぎが多く存在する。

遠方の銀河や銀河団の観測結果とも合っている。銀河は$z>7$でも見つかっているが、銀河団は$z>2$にはほとんど見られない。超銀河団や大規模構造に相当する大質量のゆらぎは、標準偏差が小さすぎるために、現在まで自己重力系になることはないのである。

なお、銀河の合体、銀河団の合体、銀河団への銀河の落ち込みなどの現象は、重力によるゆらぎの成長の一場面とみなすことができ

---
[1] 図4-15で、折れ曲がりより短い波長のパワースペクトルは右下がりになっているので、一見すると短い波長ほどゆらぎが弱い印象を受ける。しかし、質量と標準偏差の関係を見るには、$P(k)$そのものではなく、それから導出される図4-16の$\sigma(M)$を用いなければならない。

第4章　宇宙の大規模構造

る。

　重力による進化は銀河やその集団の進化の骨格を決めるが、もちろんそれが進化のすべてではない。銀河は単に物質が集まっただけの系ではないからである。星生成などのさまざまなバリオンの物理過程を考慮することで、はじめて理論として完成する。すなわち、重力的成長という骨格にバリオンの理論を肉付けする必要がある。

　重力だけを考えればよいダークマターと違って、バリオンは電磁相互作用もするためあつかいが非常に複雑である。そのため、物理の基礎方程式から理論を組み上げていくのは現実的ではない。そこで、現象論的なモデルを作り、それを観測と比較することでモデルを検証し、物理的理解につなげてゆく方法が取られている。このようなモデルは準解析的モデル（semi-analytic model）と呼ばれている。今後、宇宙の構造形成に関するさまざまな観測データがさらに出てくることで、宇宙進化の正しい描像が得られるようになるだろう。

第5章
銀河

第5章　銀河

1. 概要

　夜空を眺めると多数の星々が見える。そのため、長い間、我々が眺めている星々の世界こそが宇宙そのものであると考えられていた。しかし、実際には、数百万個から数千億個もの星（恒星）が1つの銀河（galaxy）を構成しており、宇宙にはそのような銀河が1000億個以上存在していることがわかってきている。太陽系が属している銀河系（天の川銀河）は多数ある銀河の1つである。

　この"恒星の宇宙から銀河の宇宙への変革"は1924年に起こった。この年、エドウィン・ハッブル（E. P. Hubble）はアンドロメダ星雲の距離を測定し、我々の住む銀河とは別の銀河であることを証明した。これがきっかけとなり、宇宙には多数の銀河が存在することがわかったのである。

　一般に銀河系から銀河系以外の他の銀河までの距離は、銀河系の大きさと比べて非常に遠く、そのため肉眼で夜空に確認することのできる銀河はアンドロメダ銀河や大小マゼラン雲などわずか数個しかない。しかし、望遠鏡などを使って暗い天体まで観測すると、我々が普段見ている明るい星々の隙間から、遠くの宇宙に存在する多数の銀河を見ることができる（図5-1）。

　銀河の大きな特徴は、その見かけの姿（形態）の多様性である。星は点または球状にしか見えないが、多数の星の集合である銀河はさまざまな形をしている。円形や楕円形の銀河、横から見ると比較的薄い円盤状の銀河、その円盤に渦巻模様が見える銀河、また規則性のない非対称な形状の銀河など多種多様である（我々は銀河を天球面に投影して見ているので、実際の観測では2次元の形状を見ていることに注意）。また、明るさや見た目の色、大きさ、渦巻模様の様子など、さまざまな特徴をもつ銀河が存在し、まさに千差万別である。

　可視光（肉眼で見ることのできる波長帯の電磁波）で銀河を観測すると、銀河を構成する多数の星から放射される光が支配的なので、銀河内の星の分布を見ていることになる。しかし、銀河の構成要素は星だけではない。星を作る材料となる星間ガスや星からの光を吸収・散乱する宇宙塵などの星間物質も銀河の重要な構成要素である。また、電磁波はいっさい出さないが星や星間物質よりもはる

1. 概要

図5-1 ハッブル宇宙望遠鏡による銀河の観測。中央やや下で十字に輝いているのが銀河系の中の星の1つで、それ以外の天体は銀河系とは別の銀河。(NASA/ESA/STScI)

かに大きい質量をもつダークマターが銀河を重力的に支配している。宇宙では、このような星、星間物質、ダークマターからなる銀河が複数(多数)集まり、銀河群、銀河団、大規模構造のような階層構造を形成している。その意味で、銀河は宇宙のもっとも基本的な構成要素である。

宇宙が誕生してから現在まで137億年経過しているが、宇宙の歴史の中で、銀河は最初から現在の宇宙で見られるような姿で存在していたわけではない。宇宙初期のダークマターの微小な密度ゆらぎが重力不安定性によって増幅されてダークマター・ハローが形成され、その後バリオン(おもに水素からなる)ガスがダークマターの

157

重力に引かれて、ダークマター・ハローの中で重力収縮が進み、星が形成され始める。この星の集団としての銀河の形成は宇宙年齢が数億年の時代に始まる。以後約130億年の間に成長し、現在の宇宙で見られるような銀河に進化したと考えられている。

この章では、現在の宇宙で見られる多種多様な銀河の分類法やその性質を解説する。後半では、遠方銀河の観測の現状を紹介した後で、宇宙の歴史の中で銀河がどのように形成され、進化してきたかを解説する。

2. 銀河の分類

現在の宇宙にはさまざまな特徴をもつ銀河が存在するが、これらの銀河を分類する方法としてもっとも基本的なものが、銀河の形態分類（morphological classification）である。銀河はその形態の特徴によって、以下に示す種類に分類される。

2-1 楕円銀河

楕円銀河（elliptical galaxy）は、天球面に投影された、みかけの形状が円形および楕円形に見える銀河である。楕円銀河の3次元構造は一般的に回転楕円体であると考えられている（ただし、厳密にいえば、3軸不等の形状をしていると考えるべきであろう）。

楕円銀河の可視光の表面輝度分布（次節参照）を調べると、中心付近で明るいが、かなり外側まで光芒が広がっているのが特徴である（図5-2）。

2-2 円盤銀河

円盤構造をもつ銀河は円盤銀河（disk galaxy）と呼ばれる。円盤（disk）成分に加えて、円盤銀河の中心には回転楕円体をしたバルジ（bulge）と呼ばれる成分があるが、円盤成分に対するバルジ成分の大きさは銀河ごとにまちまちである（バルジ成分をもたない円盤銀河も存在する）。

円盤銀河は円盤内の構造による違いで、さらに2種類に大別される。渦巻銀河（spiral galaxy）は、円盤の渦巻状の模様（渦状腕）が特徴的な銀河である（図5-3）。一方、円盤内に銀河中心を

2. 銀河の分類

図5-2 楕円銀河 M87。(国立天文台)

図5-3 渦巻銀河 M101 (左) と円盤銀河 ESO243-49 (右)。(NASA/ESA/STScI)

通る棒状構造（bar、バーと呼ばれる）をもつ銀河が半数以上を占めている。これらは棒渦巻銀河（barred spiral galaxy）として、渦巻銀河とは区別されている。

2-3 S0銀河

楕円銀河と渦巻銀河の中間の種族として、S0銀河（S0 galaxy）と分類されるものがある。これらは円盤構造をもつが、渦巻構造をもたない銀河としてハッブルによって仮説的に導入された種族であ

159

2-4 不規則銀河

現在の宇宙に見られる大部分の銀河は楕円銀河、S0銀河、円盤銀河のように回転対称性のよい形態を示すが、大小マゼラン雲に代表されるような非対称な形をした銀河も存在する。なかには銀河中心を定義することが難しいような形の銀河もある。これらの規則性の乏しい形をした銀河はまとめて、不規則銀河（irregular galaxy）に分類される（図5-4）。

2-5 ハッブル系列

上に述べた銀河の分類は、基本的に1936年にハッブルが提唱したハッブル分類に基づいている。ハッブルは、図5-5のように左から楕円銀河、S0銀河、渦巻銀河の順に並べて銀河の形態の整理を試みた。銀河を形態という系列で分類したので、ハッブル系列（Hubble sequence）と呼ばれることもある。また、音叉を横にしたような図になっているので、ハッブルの音叉図と呼ばれることもある。

渦巻銀河については、棒状構造をもつかどうかによって、渦巻銀

図5-4 不規則銀河NGC3256（左）とNGC1427（右）。（NASA/ESA/STScI）

2. 銀河の分類

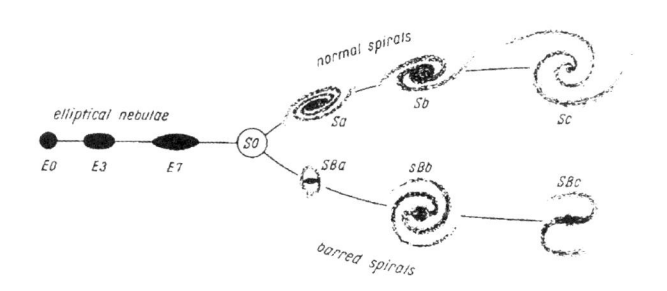

図5-5 ハッブルの音叉図(ハッブル系列)。左の系列は楕円銀河、上の系列は渦巻銀河、下の系列は棒渦巻銀河。("The Realm of the Nebulae", E. Hubble, 1936より転載)

河と棒渦巻銀河の2系統に分かれている。それぞれの系統では、右に行くほどバルジ成分が暗く、渦状腕の巻き方がゆるく、渦状腕の星生成領域が目立った銀河が配置されている。左側から順にSa、Sb、およびSc銀河(棒渦巻銀河の場合はSBa、SBb、およびSBc銀河)と名付けられている。

楕円銀河については、円形の楕円銀河がいちばん左側にあり、右に進むほどより扁平な形をした楕円銀河が配置されている。左側からE0、E1、E2、……、E7と細かく分類されている。ここでEのあとの数値は楕円銀河の扁平率を10倍したものである(楕円の扁平率は半長軸と半短軸の長さをaとbとすると、$\frac{a-b}{a}$で与えられる)。

ハッブル系列は銀河を形態の特徴を基準にして並べたものであったが、銀河の詳しい観測が進むにつれ、銀河を構成する星の年齢、星の総質量、あるいは星の材料となる星間ガスの量などの銀河の本質的な物理量がこの系列に沿って系統的に変化していることがわかった。そのため、ハッブル系列は銀河の性質やその進化を理解する上で重要だと考えられている。現在では、渦巻銀河の右側にSd銀河(棒渦巻銀河の場合はSBd銀河)を加え、さらにその右側に不規則銀河を配置した拡張版がよく使われている。

便宜上、楕円銀河とS0銀河を合わせて早期型銀河(early-type galaxy)、渦巻銀河と不規則銀河を合わせて晩期型銀河(late-type galaxy）と呼ぶことが多い。また、渦巻銀河の中でも、Saなどのハッブル系列で比較的左側に位置する渦巻銀河を早期型渦巻銀河（early-type spiral galaxy）、またScなど右側の渦巻銀河を晩期型渦巻銀河（late-type spiral galaxy）と呼ぶこともある。

　この早期型と晩期型の名前の由来は、ハッブルがこの形態分類法を発表した当時、銀河は形成の初期段階では球状の構造をしており、だんだん扁平化し（ここまでは楕円銀河）、さらに時間の経過とともに渦巻銀河のような構造に進化していくと考えられていたことによる。しかし、現在ではこれとは逆に、楕円銀河の方が渦巻銀河に比べて、古い星で構成されていることが観測的にわかっている。つまり、楕円銀河の方がむしろ誕生してから長い時間が経過した銀河である。そのため、楕円銀河から始まって渦巻銀河に進化したとする説は否定されている。しかし、早期型と晩期型という用語だけは昔のまま使われている。

2-6　矮小銀河

　これまでに述べてきた銀河のハッブル分類は、比較的明るく大きな銀河（giant galaxyとも呼ばれる）に対する形態分類である。ハッブル系列に分類される銀河と比べて暗い矮小銀河（dwarf galaxy）は異なる形態分布をもつことが知られている（ここではBバンド、中心波長＝440nmの絶対等級で−18等級よりも暗い銀河を矮小銀河と定義する）。

　矮小銀河はその形態により、2種類のタイプに分類される。1つは楕円銀河に類似した構造をもつ矮小楕円銀河（dwarf elliptical galaxy）および矮小楕円体銀河（dwarf spheroidal galaxy）である。もう1つは非対称で規則性が乏しい形態を示す矮小不規則銀河（dwarf irregular galaxy）である。矮小楕円銀河と矮小楕円体銀河を早期型矮小銀河（early-type dwarf galaxy）、また矮小不規則銀河を晩期型矮小銀河（late-type dwarf galaxy）と呼ぶこともある。

　矮小楕円銀河と矮小楕円体銀河は表面輝度（次節参照）によって、比較的明るい表面輝度の矮小楕円銀河と、比較的暗い矮小楕円体銀河とに分けられるが、その境界となる条件は明確に定義されているわけではない。

3. 銀河の観測的特徴

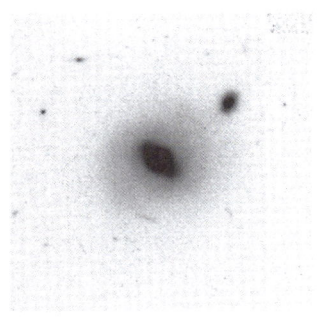

図5-6 ハッブル宇宙望遠鏡による青色コンパクト矮小銀河NGC1705（左）と低表面輝度銀河Malin 1（右）。（左図：NASA/ESA/STScI, 右図：Barth, A. J. 2007, AJ, 133, 1085より改変）

　矮小銀河の中には、中心の狭い領域に若い星が密集していると考えられている青色コンパクト矮小銀河（blue compact dwarf galaxy: BCD galaxy）や、観測することが難しい非常に表面輝度が低い銀河（low surface brightness galaxy: LSB galaxy）などに分類される銀河も存在する（図5-6）。

3. 銀河の観測的特徴

　ここでは銀河の性質を特徴づける基本的な物理量について解説する。星の集団としての銀河の性質と関係が深い観測量が主であるが、星間物質やダークマターに関わる物理量も含めて説明する。

3-1 光度

　銀河の光度（luminosity）とは、銀河の明るさのことで、ある銀河から単位時間当たりに放射される光（電磁波）のエネルギーとして定義される物理量である。紫外線、可視光、および近赤外線の波長帯では絶対等級で表されることも多い。我々は銀河の情報を電磁波で検出しているので、銀河の光度はもっとも基本的な観測量とい

える。注意すべきことは、観測する波長帯によって、その波長の光を出している銀河の構成要素が異なることである。したがって、さまざまな波長帯での銀河の光度を調べなければ、銀河の全体像を理解することはできない。

(1) 紫外線、可視光、および近赤外線

　紫外線、可視光、および近赤外線の波長帯の光はおもに銀河を構成する星から放射されている。したがって、これらの波長帯での銀河の光度は、その銀河に含まれる星の総量を反映している。銀河の可視光帯での光度は広い範囲におよんでおり、太陽光度の1000万倍程度の矮小銀河から数千億倍程度の巨大銀河まで存在している。

　光度ごとの銀河の単位体積（1Mpc^3）当たりの存在数を示したものを銀河の光度関数（luminosity function）と呼ぶ（図5-7）。銀河は一般に、暗い銀河の方が多く、明るくなる（図の左側に向かう）につれて徐々に銀河の数密度が減り、ある光度を超えると急激に減少する。このような銀河の光度関数の形は、

$$\Phi(L) = \frac{\phi^*}{L^*}\left(\frac{L}{L^*}\right)^\alpha \exp\left(-\frac{L}{L^*}\right) \quad (5-1)$$

の関数形でよく表されることが知られており、提案者にちなんでシェヒター関数（Schechter function）と呼ばれる。L^*は比較的明るい光度において、この光度を超えると銀河の数が急激に減少する特徴的な光度を表している。一方、αは光度が暗いところで、暗くなるにつれて銀河の数がどれくらい増えていくかを示している。また、ϕ^*は全体的な銀河の数を表すパラメータである。銀河の光度の分布の形と銀河がどのように形成されたのかということとは密接に関係していると考えられている。

　また、紫外線から近赤外線でのスペクトル・エネルギー分布（spectral energy distribution、SED）は銀河に主として含まれる星の種族で決まる（図5-8）。大質量星は寿命が1億年以下であり、宇宙や銀河の年齢と比べて短い。しかしこれらの星が大量にあると、紫外線の光度が卓越するので、銀河の紫外線光度は最近生まれたばかりの星の総量をよく反映している（1億年以上前に生まれた大質量星はすでに寿命を迎えて死んでいるため）。そのため紫外線

3. 銀河の観測的特徴

光度は、銀河における星生成率（star formation rate、SFR）のよい指標となる。

一方、近赤外線で主としてエネルギーを放射する小質量星は、寿命が現在の宇宙年齢と同程度かそれより長い。そのため、近赤外線での銀河の光度は、銀河が生まれてから現在までに生成された星の積算量のよい指標となる。

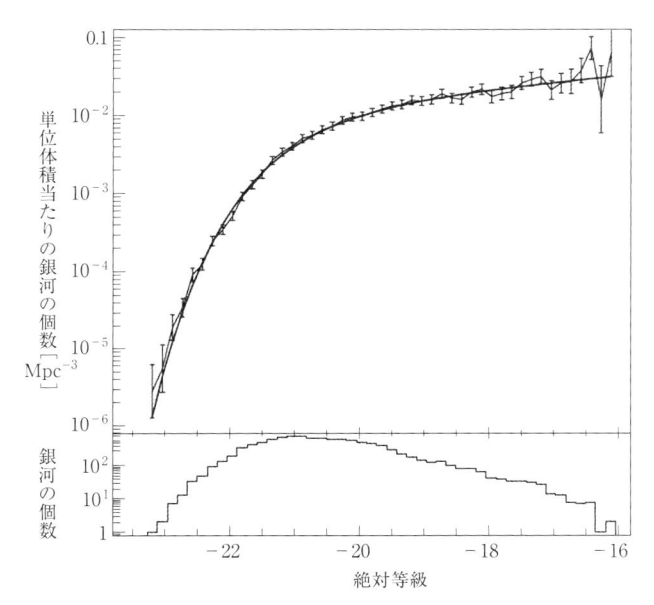

図5-7 銀河の光度関数（上段のパネル）。横軸は可視光の絶対等級を表し、縦軸は各等級をもつ銀河の単位体積当たりの個数を表している。誤差棒が付いた折れ線グラフが観測結果を表す。太いなめらかな曲線はこの結果にもっともよく合うシェヒター関数。下段のパネルはこの光度関数を求めるために使った銀河の個数を示している。絶対等級の暗い天体は（図では右側）、比較的近傍の宇宙にあるものしか観測できないため、個数がしだいに減っていく。(Blanton, M. R. et al. 2001, AJ, 121, 2358 より改変)

第5章　銀河

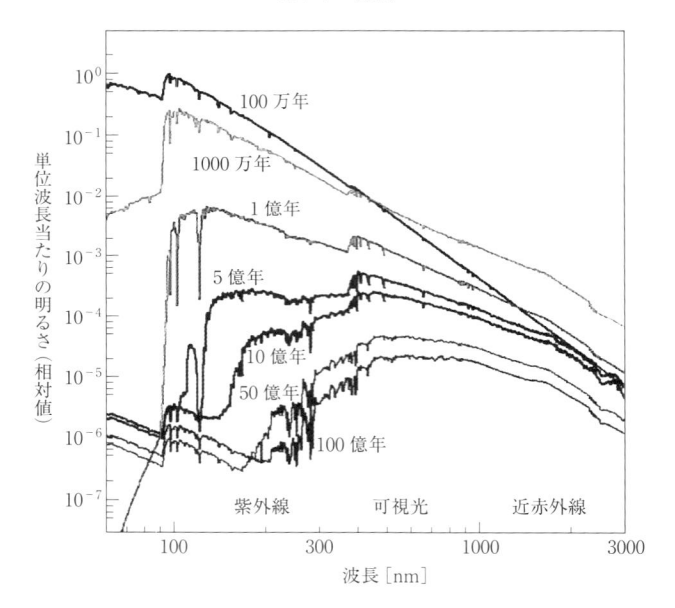

図5-8　銀河の紫外線、可視光および近赤外線でのスペクトル・エネルギー分布。横軸は光の波長を示し、縦軸は各波長での明るさを表す。ある時刻に銀河の星がいっせいに生まれた場合、時間とともにどのように各波長での明るさが変わっていくかを示している。紫外線は比較的短い時間で何桁も暗くなるのに対して、近赤外線の変化は小さい。

(2) 中間赤外線と遠赤外線

中間赤外線と遠赤外線の波長帯では、銀河内に含まれる宇宙塵（ダスト）からの放射が観測される。ダストは特に紫外線の光をよく吸収して温められ（30Kから50K程度）、熱を放射する。これが中間赤外線や遠赤外線帯での放射となる。したがって、これらの波長帯での銀河の光度は、紫外線で明るく質量の大きい星と、その光を吸収するダストがどれだけ含まれるのかを表していると考えられ、上で述べた星生成率の指標としてもよく使われる（図5-9）。

3. 銀河の観測的特徴

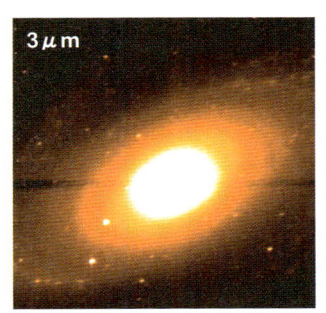

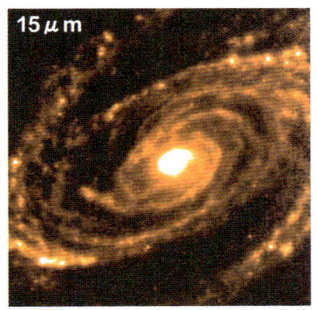

図5-9 あかり衛星による渦巻銀河M81の近赤外線(左)と中間赤外線(右)の画像。近赤外線ではなめらかに分布している小質量星が主に観測される。一方、中間赤外線では渦状腕のなかで生まれたばかりの大質量星の紫外線を吸収して温められたダストの熱放射が観測される。(JAXA)

(3) 電波

電波の波長帯では、中性水素原子ガスや一酸化炭素などの分子ガスから、ある特定の波長で放射される輝線の光度を測定することができる。そのため、その銀河にどれだけの星間ガスが存在しているかが推定できる。また、相対論的な速度で運動しているプラズマから放射される非熱的(non thermal)な電波連続光も観測される。

(4) X線

X線の波長帯では、活動銀河中心核(AGN)や、質量が大きい銀河のまわりの高温プラズマからの放射がおもに観測され、AGNの活動性や銀河の重力にとらえられた高温ガスの質量が推定できる。

以上のように、銀河はいろいろな波長で、それぞれ異なる構成要素によって光を放射している。各波長帯で放射されるエネルギーの大きさ(明るさ)を比べると、ほとんどの銀河の場合、紫外線から近赤外線における星からの放射と、中間・遠赤外線におけるダストの熱放射が大部分のエネルギーを占めている(図5-10)。

第5章　銀河

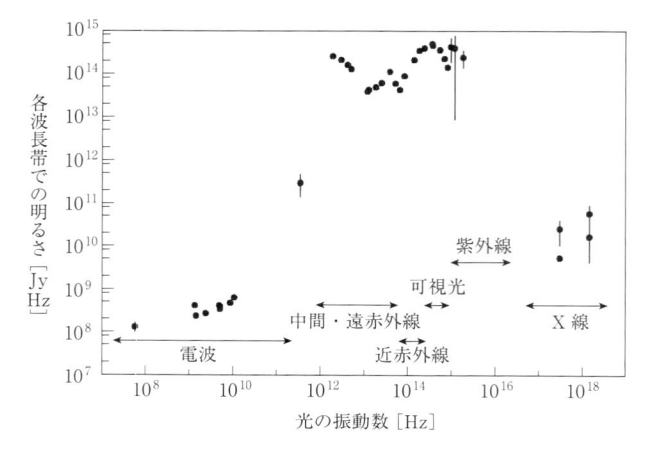

図 5-10　渦巻銀河M101のスペクトル・エネルギー分布。各波長で放射されるエネルギーの大きさを光の振動数の関数として表したもの。いろいろな波長帯での銀河の明るさを比べてみると、星がおもに光っている紫外線から可視、近赤外線にわたる波長帯と、ダストが熱放射を行っている中間・遠赤外線の波長帯で特に明るいことがわかる。この例のように、一般に銀河から放射されるエネルギーの大部分は星とダストからの放射で占められている。

3-2　質量

　銀河の進化を考える上で、銀河の質量は非常に重要な物理量である。なぜなら、銀河がどのような物理過程を経て、現在の質量を獲得してきたかは、宇宙の構造形成と関連する問題でもあるからである。

　銀河の質量の大部分は、みずからは光を発しないダークマターが担っているため、直接的な観測によりこれを測定することは難しい。しかし、その重力による影響を間接的に観測することで質量を推定することができる。

　銀河の力学的質量は銀河内の星やガスの運動状態を調べることで評価される。円盤銀河では、その円盤成分の回転運動（本章4-2節

3. 銀河の観測的特徴

参照）を維持するために必要な重力を求めることができる。また、回転運動がない場合でも、力学的平衡状態にある系において、運動エネルギーの総和 T と重力ポテンシャルエネルギー U の間に成り立つビリアル定理、$2T + U = 0$ を用いて質量を推定することができる。

楕円銀河では、銀河を構成する星の速度分散の測定（銀河を分光観測することで、視線方向の運動速度の情報が得られる）から運動エネルギーの総和を求め、ビリアル定理を通じて重力ポテンシャルエネルギーを計算できる。この重力ポテンシャルエネルギーと質量を結びつけるビリアル半径は、おおよそその銀河の典型的な半径（たとえば半光度半径、本章3-4節参照）と同程度なので、求めた重力ポテンシャルエネルギーと銀河のサイズから力学的質量を推定できる。また、この他にもX線で観測される銀河のまわりの高温プラズマの情報から、そのガスを重力で束縛しておくために必要な力学的質量を見積もることもできる。このようにして求められた銀河の総質量は、銀河を構成する星の質量の10倍以上にもおよぶことが多い。

銀河を構成する星の総質量（銀河の星質量：力学的質量とは異なることに注意）は銀河の基本的な物理量の1つである。銀河の中で星が生まれるときには、質量の小さい星ほど数多く形成される。また、これらの小質量星は寿命が長いので、銀河の星質量の大部分は太陽質量（$M_\odot$）程度以下の小質量星が担っている。これらの小質量星はおもに近赤外線帯にエネルギーを放射するので、近赤外線での銀河の光度が銀河の星質量をよく反映する。これらの小質量星の平均的な質量-光度比はよくわかっているので、銀河の光度から星質量を推定することができる。銀河の色やスペクトルから推定できる星の年齢や金属量についての情報（本章3-5節および3-6節を参照）も加えると質量-光度比のより正確な値がわかり、近赤外線の光度から星質量を高い精度で推定することができる。銀河の星質量は小さい銀河で数百万 $M_\odot$ であり、巨大な銀河では数千億 $M_\odot$ におよぶものまである。

星の材料である中性水素原子ガスや水素分子ガスなどの星間ガスの質量も、銀河の進化段階を考える上で重要である。中性水素原子

169

ガスでは波長21cmの電波で放射される輝線の光度を求めることで質量を推定できる。一方、分子ガスの大部分を占める水素分子ガスからの放射は非常に微弱で観測が難しい。そのため、一酸化炭素分子などの比較的強い分子輝線の強度から間接的に水素分子ガスの質量を推定している。しかし、水素分子と他の分子の存在量の比が、いろいろな特徴をもつ銀河の間で一定とみなせるのかどうかははっきりわかっておらず、推定される水素分子ガスの質量には比較的大きな誤差が伴う可能性がある。

現在の宇宙で見られる大部分の銀河においては、このようにして求められる星間ガスの質量は一般に星質量の約10％程度である。しかし、矮小不規則銀河の中には、星質量よりも星間ガスの質量の方が大きな銀河も存在する。

3-3 表面輝度分布

表面輝度（surface brightness）は天球面上に投影された単位面積当たりの明るさである。紫外線、可視光、および近赤外線における銀河の表面輝度分布は、銀河内での星の空間分布に関する情報を与えてくれる。現在の宇宙で見られる大部分の銀河は、銀河の中心に近いほど表面輝度が高く、外側にいくにつれて次第に暗くなる（銀河相互作用の結果、大きな擾乱を受けた銀河の中にはこの傾向を示さないものもある。たとえば、リング銀河など）。

銀河の中心からの距離に対して表面輝度がどのように変化していくかを表したものを銀河の表面輝度プロファイル（surface brightness profile）と呼ぶが、形態分類によって楕円銀河、あるいは渦巻銀河、というように同じ種族に分類された銀河同士では、非常に形の似た表面輝度プロファイルをもつことが知られている。楕円銀河では、銀河の中心からの半径rに対して、表面輝度は

$$I(r) = I_e \exp\left\{-7.67\left[\left(\frac{r}{r_e}\right)^{\frac{1}{4}}-1\right]\right\} \tag{5-2}$$

で表される。ここでr_eは銀河の広がり具合を決めるパラメータで、この値の半径よりも内側に含まれる光度が全光度（$I(r)$がrが無限大まで積分した値）の半分になるように定義されている。このr_eは有効半径（effective radius）と呼ばれ、楕円銀河の大きさの指標と

3. 銀河の観測的特徴

して使われる（本章3-4節参照）。I_eは全体の表面輝度の明るさを決めるパラメータで、半径がr_eでの表面輝度として定義される。このような表面輝度プロファイルは発見者の名前にちなんでド・ヴォークルール則（de Vaucouleurs law）、あるいは指数関数の中の$r^{\frac{1}{4}}$の部分にちなんで$\frac{1}{4}$乗則と呼ばれる。

一方、渦巻銀河の円盤成分の表面輝度プロファイルは

$$I(r) = I_0 \exp(-\frac{r}{h}) \tag{5-3}$$

で表される。ここでhは銀河の広がり具合を表すパラメータで、スケール長（scale length）と呼ばれる。I_0は全体の明るさを決めるパラメータで、この場合は中心での表面輝度の値として定義される。このような表面輝度プロファイルは指数関数則（exponential law）と呼ばれる。ただし、渦巻銀河のバルジ成分は楕円銀河と同様にド・ヴォークルール則にしたがう場合が多い。

ド・ヴォークルール則と指数関数則の形を比べると、ド・ヴォークルール則の方が中心付近に光度が集中しており、急な傾きのプロファイルになっている（図5-11）。また、ド・ヴォークルール則は外側までいくと逆に傾きがゆるやかになり、なかなか表面輝度が下がりきらない傾向もある。

なぜ楕円銀河が一様にド・ヴォークルール則にしたがう表面輝度プロファイルをもち、また渦巻銀河の円盤部が一様に指数関数則にしたがう表面輝度プロファイルをもつのか、十分に理解されているわけではない。ただ、それぞれの形態の銀河が形成される物理過程を反映していることは確かであろう。

銀河の平均表面輝度もよく用いられる観測量の1つである。物理的には、銀河の中で星がどの程度の密度で分布しているかを大雑把に表したものと考えることができる。3次元のユークリッド空間を考えると、銀河のみかけの大きさは銀河までの距離に反比例して小さくなるので、みかけの面積は距離の2乗に反比例する。一方、銀河のみかけの明るさは距離の2乗に反比例して暗くなるので、銀河のみかけの平均表面輝度は銀河までの距離に依存しない観測量になっている。しかし、このような近似が成立するのは我々から比較的近い距離にある銀河の場合だけである。宇宙論的距離にある遠方の

第5章 銀河

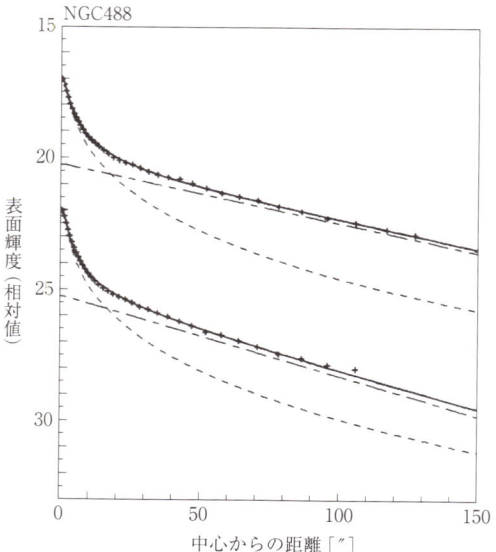

図5-11 Sb銀河NGC488（上図）の表面輝度分布。横軸が銀河中心からの距離、縦軸は表面輝度を示す。表面輝度は単位面積当たりの等級の単位で表されており、+が観測データ。点線がド・ヴォークルール則（バルジ成分）、一点鎖線が指数関数則（円盤成分）、実線は2つの足し合わせを表す。中心はド・ヴォークルール則、外側は指数関数則とよく合っている。（上図：米国国立光学天文台、下図：Kent, S. M. 1985, ApJS, 59, 115 より改変）

3. 銀河の観測的特徴

銀河に対しては、宇宙膨張の効果で $(1+z)^4$（z は赤方偏移）に反比例して距離とともに暗くなるので、注意が必要である。

3-4 サイズ

　銀河を構成する星やガスがみずからの重力によってつぶれずにその広がりを維持できるのは、それらの星やガスが重力とつりあうだけのなんらかの運動を行っているからである。銀河の大きさ（サイズ）は、その銀河の中での星やガスの力学的構造（運動）を反映しているため、銀河の形成過程を考える上で重要な物理量となっている。

　天球面上での銀河のみかけのサイズとその銀河までの距離を測定することで、実際の物理的サイズを求めることができる。多くの銀河では、銀河の外側にいくにつれ表面輝度がなめらかに暗くなり、しだいに夜空と区別がつかなくなっていって、銀河の端（輪郭）が明確にわかることはほとんどない。したがって、銀河のサイズを議論するときには、測定する範囲を明確にしなければならない。

　銀河のサイズとしてよく使われる観測量の1つは、半光度半径（half-light radius）である。これは、その半径より内側で積分した光度が銀河の全光度のちょうど半分となる半径として定義される（本章3-3節のド・ヴォークルール則の有効半径 r_e は半光度半径そのものである）。銀河の明確な端が定義できない場合でも、ある程度外側まで含めるように明るさを測ると、光度を測る半径を多少変化させても（外側では非常に暗くなっているので）測定される光度はほとんど変わらなくなる。その意味で、ある程度大きな半径で測定することにより銀河の全光度を推定することが可能であり、これを基準として半光度半径を定義することができる。

　多くの銀河の場合、半光度半径は観測される見た目の銀河の大きさ（半径）のおおよそ3分の1程度になる。たとえば、銀河系は差し渡し30kpc（約10万光年）程度の大きさで、半径にすると15kpcになるが、半光度半径は6kpc程度と評価されている。現在の宇宙で見られる銀河の半光度半径は、小さい銀河で1kpc以下のものから、大きい銀河で10kpcを超えるものまである。また、銀河団の中心にある非常に巨大な楕円銀河であるcD銀河（cD galaxy）の中に

は100kpcを超える半光度半径をもつ銀河も存在する。非常に明るい銀河を除けば、同じ全光度の楕円銀河と渦巻銀河では、一般に楕円銀河の方が小さな半光度半径をもつ傾向がある。

半光度半径以外では、前節で述べたように表面輝度プロファイルによって定義される有効半径や、スケール長が銀河のサイズの指標として使われることもある。また、銀河の全光度を測るための目安の半径として以下の半径もよく用いられる。

(1) クロン半径（Kron radius）：銀河の各場所での表面輝度で重み付けをして平均した半径。
(2) ペトロシアン半径（Petrosian radius）：ある半径での表面輝度と、そこから内側での平均表面輝度の比を基準にして定義される半径。

3-5 色

天体の色は、異なる波長帯での明るさの比として測定される観測量である。紫外線、可視光、および近赤外線の波長帯では異なる波長帯での等級の差として表されることが多い。これらの波長帯では、短い波長の方が長い波長に比べ相対的に明るいほど"色が青い"、また長い波長の方が短い波長に比べ明るいほど"色が赤い"と表現される。紫外線、可視光、および近赤外線での銀河の色は、その銀河にどのような色をもつ星がどれだけあるかを反映している。大質量星は高温で青い色を示すが寿命が短い。一方、小質量星は低温で赤い色をしていて寿命が長い。結局、どのような星がどの程度含まれているかが、銀河の色をおもに決めている。

銀河の中で新しく星が生まれている状況では、明るい大質量星の影響が強く、銀河は全体として青い色を示す。一方、星が新たに生まれなくなると、より寿命の短い質量の大きい星から順に死んでいくために、銀河の中では徐々により質量の軽い星だけが生き残ることになる。そのため、銀河の色は時間の経過とともに赤くなる。このように、銀河の色は銀河における星生成史（star formation history）を反映している。

個々の星の色は、質量に加えて金属量（本章3-6節参照）にも依存している。金属量が多い星間ガスから生まれた星は一般に赤い色

3. 銀河の観測的特徴

を示し、金属量が少ないほど星の表面温度が高くなり青い色を示す。そのため、金属量に富んだ星が多い銀河ほど、銀河全体でより色が赤くなる傾向がある。金属量は星生成史に比べると銀河の色への影響はそれほど大きくないが、どの銀河も星が生まれなくなってから長い時間が経過している楕円銀河同士で色の比較を行う場合には、その効果は重要である。

また、ダストを豊富に含む銀河では、ダストによる星間減光の効果（短い波長の光ほど吸収されやすい）によって銀河の色が赤くなる。ダストを豊富にもつ銀河では、ガス量そのものも多いので、活発に星が生まれている傾向がある。このような銀河では多くの若い大質量星が存在するにもかかわらず、星間減光のために比較的赤い色を示すこともある。

個々の銀河の中でも、上記の効果によって場所ごとに色が異なっているのが一般的である。たとえば、渦巻銀河の円盤では新たに星が生まれていて青い色を示すが、バルジは古い星ばかりなので円盤成分より赤くなる。また、現在の宇宙で見られる楕円銀河の多くは、銀河の中心に近いほど赤い色を示す傾向がある。

中間赤外線、遠赤外線の波長帯の銀河の光は、おもにダストの熱放射によるものである。一般にダストの温度は10Kから数十K程度である。温度が高いほどより短い波長で相対的に明るくなる（黒体放射で近似できる場合が多い）ので、中間赤外線から遠赤外線の波長帯のSEDから温度の情報を得ることができる。

銀河の色は2つの異なる波長のみかけの明るさの比なので、みかけの明るさが銀河までの距離の2乗に反比例して暗くなる効果は影響しない（2つの波長の間でこの効果が相殺するため）。しかし、宇宙論的な距離にある銀河については、宇宙膨張による赤方偏移の効果が銀河のみかけの色に大きな影響をおよぼす。赤方偏移zの距離にある銀河から出た光は、我々に届くときには波長が$(1 + z)$倍に引き伸ばされて観測される。そのため、ある特定の2つの波長で銀河の色を測定した場合、その銀河から出たときにはそれぞれ$1/(1 + z)$倍の波長の光を使って色を測定していることになる。したがって、まったく性質が同じ銀河であっても、より赤方偏移が大きい（より遠くにある）銀河ほど、より短い波長の光を観測してい

ることになり、本来銀河から放射された波長（静止波長）が異なっている分だけみかけの色も変化する。異なる赤方偏移の銀河の色を同じ条件で比較するには、それぞれの銀河に対して同じ静止波長帯での色を求める必要がある。また、この赤方偏移によって銀河の色が変化することを逆に利用して、観測された銀河の色から赤方偏移を推定することもできる。

3-6 金属量

　天文学における金属量（metallicity）とは水素とヘリウム以外の元素の量のことを指し、これらの元素をまとめて重元素（heavy element）と呼ぶ。宇宙初期のビッグバン元素合成では炭素より重い元素は作られず、宇宙の重元素のほとんどは銀河の中で生まれた星内部の原子核反応による元素合成と、星が死ぬ際の超新星爆発にともなう元素合成によって作られる。

　ガスから作られた星は、星風や超新星爆発を通じて再び星間ガスへと還元される。その際、星内部で合成された重元素を含んだガスがまき散らされるので、次に生成される星はより金属量の多い星になる。このサイクルが繰り返されることで、時間とともに宇宙の中で重元素量が増加してきたと考えられている。したがって、銀河の中の星やガスの金属量は、過去にその銀河でどれだけの星が生まれて重元素をまき散らしてきたかを反映しており、銀河の星生成史を理解するために重要な観測量である。

　前節で述べたように星の金属量はその色に影響を与える。特定の波長で測定した銀河の色から、その銀河を構成する星の金属量を推定することができるが、不定性は比較的大きい。高い精度で金属量を測定するには、各重元素およびそのイオンの吸収線を調べる必要がある。このためには高いS/N（ノイズに対する天体の信号の強さ、signal/noiseの略）でスペクトルを得る必要がある。

　また、大質量星が数多く存在する銀河では、水素（や重元素）が電離されHⅡ領域が形成されている。そこから放射される各重元素（中性原子とイオン）の輝線と水素原子からの輝線の強度比から、ガスに含まれる金属量を推定できる。一般に吸収線よりも輝線の観測の方が容易である。遠方の銀河のガスの金属量についても、輝線

の観測による測定が進められている。

3-7 環境

　銀河は宇宙の中で一様に分布しているわけではなく、一般的な低密度領域（フィールドと呼ばれる）から銀河群や銀河団など、さまざまな環境に分布している。銀河団のように多数の銀河が非常に密集した場所にいる銀河から、大規模構造のフィラメントやシート状の構造の中にいる銀河、ボイドと呼ばれるわずかな数の銀河が非常にまばらに分布している場所で孤立している銀河まで、さまざまな環境に置かれた銀河が存在する。現在の宇宙では、銀河団のように銀河が密集している領域では楕円銀河やS0銀河が多く、銀河の数密度が低い場所では渦巻銀河が多いことが知られており、これを形態－密度関係（morphology-density relation）と呼ぶ（図5-12）。また、銀河の数密度が高い環境ほど星が新たに生まれずに古い星ばかりの銀河が多く、密度が低い環境にある銀河は星が活発に生まれているものが多い。このように、銀河の置かれた環境と銀河の物理的性質の間には密接な関係がある。

　では、環境はどのようにして銀河に影響を与えるのだろうか。考えられる物理過程の1つは、近接した銀河同士による重力相互作用である。互いの銀河に潮汐力が働くことで形態が非対称な形に歪められたり、銀河の中のガスにも潮汐力がおよんで衝撃波が起きたり、ガスが銀河中心に落ち込んでいくことにより、活発な星生成が起こってガスが消費されることが期待される。さらに銀河同士が衝突合体すると、大規模な星生成と形態の大きな変化が起こった後、楕円銀河的な形態に進化すると考えられている。銀河が密集している環境では、このような銀河同士の近接相互作用が頻繁に起こることが期待される。また、銀河団の中では、銀河団を満たしている高温プラズマと銀河との相互作用によって、銀河内のガスがラム圧（ram pressure、動圧ともいう）によってはぎ取られることがある。

　銀河が誕生し始めた宇宙初期においては、将来銀河団になるような領域はダークマターの密度がまわりに比べて高く、ガスから星が生まれる条件が満たされやすいために、周囲よりも早い時期に銀河

第5章 銀河

形成が起こったのではないかとも考えられている。銀河が誕生してから現在にいたるまで、どの時代における環境効果が銀河の性質にもっとも強く影響を与えているのかについては、現在のところはっきりわかっていない。

銀河の環境の測定方法には2種類ある。1つは、天球面上をある大きさのマス目に分けて、各マス目に入っている、ある基準以上に明るい銀河の個数を数える方法である。もう1つは、各銀河からある一定の距離以内にどれだけの数の銀河があるかを測る方法である。一定の距離の代わりに、各銀河から5番目に近い銀河までの距

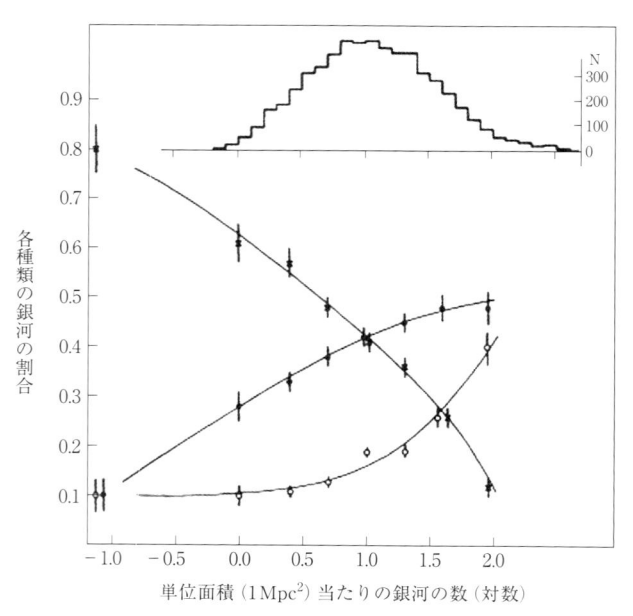

図5-12 銀河の形態-密度関係。横軸は銀河の数密度、縦軸は楕円銀河、S0銀河、渦巻銀河の割合を示す。それぞれ、○が楕円銀河、●がS0銀河、×が渦巻銀河および不規則銀河。(Dressler, A. 1980, ApJ, 236, 351 より改変)

178

離や10番目に近い銀河までの距離を使い、その距離より内側の領域にある銀河の数密度を評価してもよい。

また、あるスケールでの銀河の空間分布の疎密の度合いを測る指標として2点相関関数がよく使われる。こちらは、個々の銀河がどれくらいの密度の環境にいるのかを測るのではなく、ある特定の種類の銀河や特徴をもつ銀河が、各距離スケールにおいて一様分布の場合と比べてどれだけ強く密集しているかを統計的に測定する方法である。一般に銀河の環境を測定するためには、その環境を構成している多数の銀河の距離を高い精度で決定する必要があり、大規模な赤方偏移サーベイが必要になる。

4. 銀河の形態と性質

この節では、本章の2節で分類された形態をもつ銀河の物理的性質を簡単に説明する。

4-1 楕円銀河とS0銀河

楕円銀河とS0銀河は、渦巻銀河や不規則銀河と比べて可視光の波長帯での光度が明るい銀河の割合が高い。したがってより星の総量が大きな銀河が多い。これらの銀河は銀河団など銀河が密集した場所に多く存在しており、銀河団の中心領域では大部分の銀河が早期型銀河である。一方で、銀河のあまり集まっていない場所では、これらの銀河の割合は比較的低い。

現在の宇宙においては、早期型銀河はほとんど例外なく赤い色を示しており、これらの銀河では新しく星が生まれておらず、古い星から構成されていることがわかる。表面輝度分布はおおよそド・ヴォークルール則にしたがっており、晩期型銀河と比べて銀河の中心部分に光度が集中している傾向がある。

明るい楕円銀河では、表面輝度分布の等高線（等輝度線、isophoteと呼ばれる）の長軸の向きが表面輝度によって変化する現象が観測されている。これはこれらの銀河の構造が3軸不等の楕円体であることを示唆している。楕円銀河ではおもに星のランダムな運動によってその構造が維持されており、その速度分散が方向によって異なる大きさをもっていることが、3軸不等構造の原因だと考

第5章　銀河

えられている。

　また、楕円銀河の等輝度線の形を詳しく調べると純粋な楕円からのずれが見られ、楕円銀河は箱型（boxy）楕円銀河と円盤型（disky）楕円銀河に細分される（図5-13）。それぞれの種類の銀河の中における星の運動を調べると、円盤型では比較的大きな速度の回転運動が見られるのに対して、箱型では回転運動は弱くランダム運動が支配的であることがわかる。この点で、箱型と比べて円盤型の楕円銀河は晩期型銀河に近い性質をもっているといえる。そのため、ハッブル系列の楕円銀河の部分を図5-5のようにみかけの扁平率の順番に並べるかわりに、左側に箱型、右側に円盤型の楕円銀河を配置した改良版のハッブル系列が提案されている（図5-14）。

　すでに述べたように、早期型銀河は基本的に赤い色を示す。その中でも明るい銀河ほどより赤い色を示す傾向があり、これを早期型銀河の色-等級関係（color-magnitude relation）と呼ぶ（図5-15上）。銀河のスペクトルの特定の波長に現れる重元素の吸収線の観測などから、質量の大きい早期型銀河ほどより金属量の多い星で構成されていることがわかっており、これが色-等級関係のおもな原因と考えられている。

　また、楕円銀河にはサイズが大きい銀河ほど平均表面輝度が低い傾向があり、発見者の名前にちなんでコルメンディ関係（Kormendy relation）と呼ばれている。一方、楕円銀河の光度と星の速度分散の間には、光度が速度分散の4乗にほぼ比例するという関係があり、これは発見者の名前にちなんで、フェイバー-ジャクソン関係（Faber-Jackson relation）と呼ばれている。

　さらに、楕円銀河のサイズ（r_e）、星の速度分散（σ）、および平均表面輝度（I_e）の3つの観測量の間には、

$$r_e \propto \sigma^{\frac{5}{4}} I_e^{-\frac{5}{6}} \tag{5-4}$$

という関係がある。そのため、これらの観測量（の対数）を3軸にとったパラメータ空間上では、楕円銀河はこの関係にしたがったある平面上に分布する。これを楕円銀河の基本平面（fundamental plane）と呼ぶ（図5-15下）。楕円銀河では力学的平衡状態にあってビリアル定理が成り立っている。また、これらの銀河の質量-光

4. 銀河の形態と性質

度比は他の物理的性質にあまり依存せずに同じような値である。これら2つがおもな要因になって、基本平面が実現されていると考えられている。

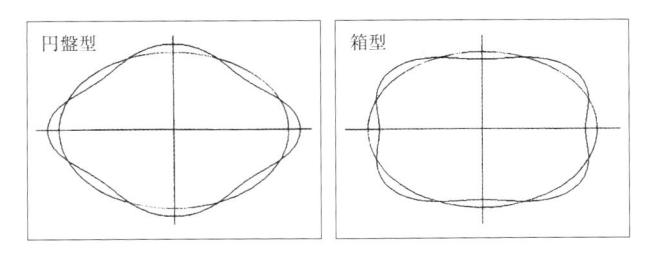

図5-13 円盤型楕円銀河（左）と箱型楕円銀河（右）の等輝度線の模式図。比較のため理想的な楕円とともに示してある。（Bender, R. et al. 1988, A&AS, 74, 385 より改変）

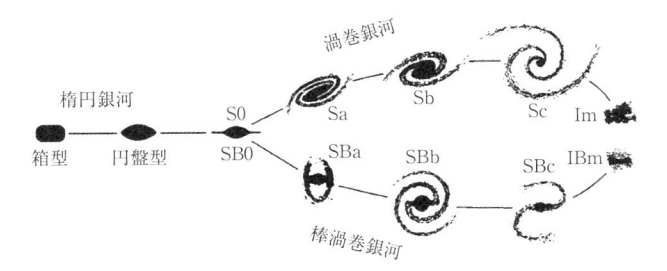

図5-14 改良版ハッブル系列。楕円銀河をみかけの扁平率の順番ではなく、左から箱型、円盤型の順番で並べている。また、ScおよびSBc銀河のさらに右側に不規則銀河が追加されている。（Kormendy, J. & Bender, R. 1996, ApJ, 464, L119 より改変）

第5章 銀河

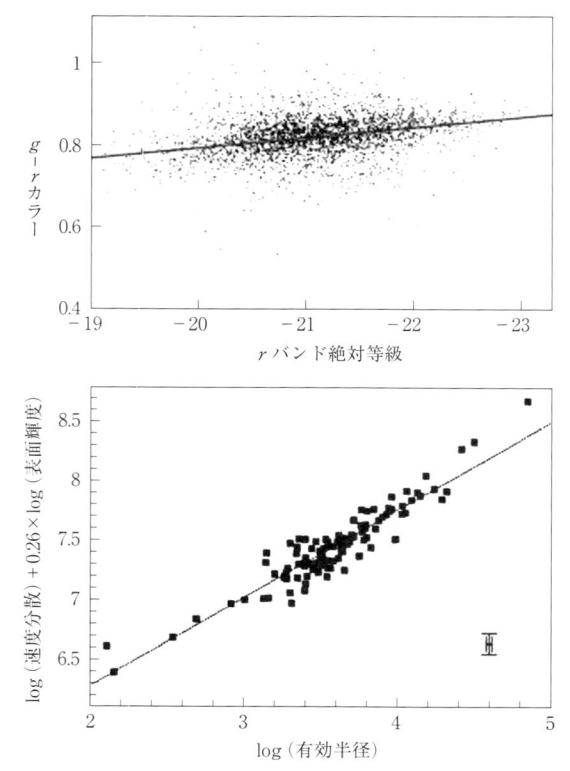

図5-15 (上) 早期型銀河の色-等級関係。縦軸のカラーは値が大きい(上に行く)ほど赤いことを示す。また、明るい銀河ほど赤い色を示す。(Chang, R. et al. 2006, MNRAS, 366, 717) (下) 楕円銀河の基本平面。サイズ、速度分散、平均表面輝度の3つのパラメータからなる3次元空間上で楕円銀河は一様に分布するわけではなく、ある平面上に分布する。図の縦軸はその平面を真横から見ることに対応するように速度分散と表面輝度を組み合わせたものになっている。実線が基本平面を示しており、楕円銀河はその線に沿った分布をしていて、平面の厚み方向のばらつきは非常に小さいことがわかる。(Djorgovski, S. & Davis, M. 1987, ApJ, 313, 59より改変)

4. 銀河の形態と性質

4-2 渦巻銀河

　渦巻銀河は、早期型銀河と比べて可視光光度が比較的暗いものまで、幅広く分布している。ただし、低光度の銀河は総じて晩期型渦巻銀河であり、早期型渦巻銀河は比較的明るい銀河の割合が多い。

　銀河団など銀河が密集した領域では渦巻銀河の割合はあまり高くないが、銀河がそれほど密集していない、宇宙のより一般的な場所では渦巻銀河が多い。渦巻銀河のバルジ成分は赤い色をしており、比較的古い星から構成されていて、その性質は早期型銀河との類似点が多い。円盤成分は青色をしており、若い星が多く、新しく星が生まれている。星の材料である星間ガスの大部分はこの円盤成分に付随している。円盤の半径方向で見ると、水素分子ガスは比較的中心部に集中して分布しているのに対して、中性水素原子ガスは星の分布よりもはるかに外側まで分布している。円盤成分には星間ガスとともにダストも存在しており、可視光の波長で円盤を横から見ると、このダストによる吸収によって円盤の中央部に黒い筋（ダストレーン、dust laneと呼ばれる）が見える（図5-3右）。

　銀河全体での色は、バルジ成分が明るい早期型渦巻銀河ではより赤く、円盤成分がより明るい晩期型渦巻銀河では青くなる（図5-16下）。星に対する星間ガスの質量比も早期型渦巻銀河から晩期型渦巻銀河へ移るにしたがって増加する傾向があり、晩期型渦巻銀河ほど星の材料であるガスに富んでいる（図5-16上）。渦巻銀河のガスの金属量については、明るく、質量の大きい銀河ほど金属量が高い傾向があることが知られている（図5-17左）。

　渦巻銀河の表面輝度分布は、バルジ成分が卓越している中心部では早期型銀河と同様のド・ヴォークルール則的なプロファイルで、円盤成分が支配的になる外側の方では指数関数則にしたがっている（図5-11）。渦巻銀河の円盤成分は回転運動によりその形状を維持しているが、その回転速度を各半径で見てみると（回転曲線）、中心付近を除くと半径によらずほぼ一定の値をもつ傾向がある。これは、ダークマターを含めた質量密度が半径の2乗に反比例するような分布であることを示唆している。

　また、渦巻銀河の光度と回転速度の間には、光度が回転速度のおよそ3乗から4乗に比例する関係があり、発見者の名前にちなんで

第5章　銀河

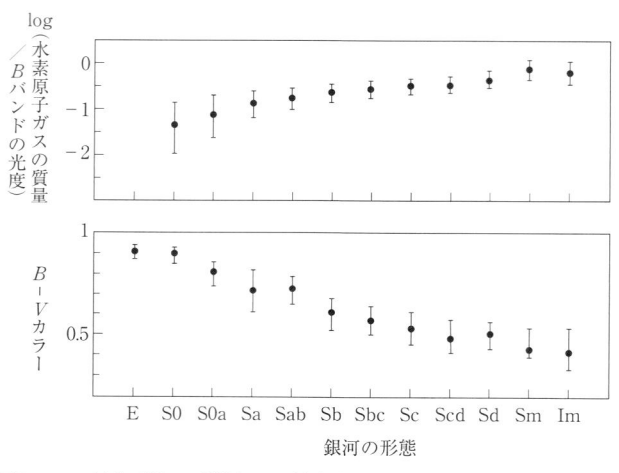

図5−16 （上）銀河の形態と、中性水素原子ガスの質量と可視光（Bバンド）の光度との関係。可視光の光度が大雑把に星の量を表すので、縦軸はおおよそ星に対するガスの質量比とみなすことができる。銀河の形態はハッブル分類をさらに細分化した改訂ハッブル分類で表されており、S0とSaの中間のS0aや、Scより晩期型の渦巻銀河であるSd、さらに晩期型のSmなどが追加されている。（下）銀河の形態と可視光での色の関係。（Roberts, M. S. & Haynes, M. P. 1994, ARA&A, 32, 115より改変）

タリー−フィッシャー関係（Tully-Fisher relation）と呼ばれる（図5−17右）。

近赤外線の光度を使うと回転速度の約4乗に比例するのに対して、可視光のBバンド（波長440nm帯）の光度では回転速度のおよそ3乗に比例する。この違いは、可視光ではダストによる星間減光や星の質量−光度比の影響を受けていることが原因である。したがって、銀河の星質量をよく表す近赤外線の光度と回転速度の関係の方が、より基本的な物理的性質を反映していると考えられている。

渦巻銀河の光度、サイズ、回転速度の間には、楕円銀河の基本平

4. 銀河の形態と性質

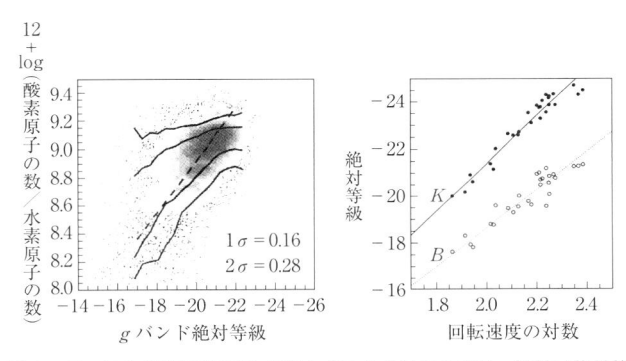

図5-17 (左) 晩期型銀河の光度とガスの金属量の関係。横軸は絶対等級、縦軸はガス中に含まれる水素原子の数に対する酸素原子の数を対数で示しており、ガスの金属量を表すよい指標である。点線は全体の銀河の分布をもっともよく表す直線を示す。4本の実線は上下の2本が各光度で銀河全体の95%が含まれる金属量の範囲を、中央付近の2本は68%の銀河が含まれる範囲をそれぞれ示している。(Tremonti, C. A. et al. 2004, ApJ, 613, 898 より改変)
(右) 渦巻銀河のタリー–フィッシャー関係。横軸は回転速度、縦軸は絶対等級を表す。○が可視光 (B バンド)、●が近赤外線 (K バンド) での明るさを使った場合。(Bell, E. F. & de Jong, R. S. 2001, ApJ, 550, 212 より改変)

面と同様に相関関係があることが知られており、これをスケーリング平面と呼ぶことがある。この相関関係は、回転運動によって重力とつりあっていることと、質量-光度比がどの渦巻銀河でもあまり変わらないことに起因していると考えられている。

4-3 不規則銀河

不規則銀河は、渦巻銀河よりもさらに可視光の光度で暗い傾向があり、現在の宇宙では比較的明るい銀河における不規則銀河の割合は低い。色は渦巻銀河よりも青い銀河が多く、活発に星が生まれていて、若い星の割合が大きい。名前が示すとおり非対称で規則性に乏しい形をしているが、不規則銀河の長軸と短軸の比の分布を統計

的に調べると、回転楕円体よりは円盤状の構造をもつ傾向が示唆されている。

不規則銀河の中には、大きな銀河と近接しているものがあり、これらの銀河は近くの銀河との重力相互作用（潮汐力）によって、不規則な形態になったものと考えられている。

不規則銀河はガスに富んでいるものが多く、星の質量に対するガスの質量は渦巻銀河と比べても大きい（図5-16上）。星の分布よりもはるかに外側までガスが分布している不規則銀河も存在する。

不規則銀河のガスの金属量は少なく、とくに光度の暗い銀河ほどガスの金属量が少ない傾向がある。ガスから星が作られることで銀河が進化していくという観点から考えると、これらの特徴は不規則銀河の多くが銀河進化の初期段階にあることを示唆している。

4-4 矮小銀河

矮小楕円銀河は赤い色をしており、年老いた星から構成されている。明るい楕円銀河と比べるとやや青く、楕円銀河の色－等級関係の光度の暗い方への延長線上に分布している。また、星の金属量も明るい楕円銀河と比べて低く、質量が小さい楕円銀河ほど金属量が低いという傾向に合致している。ガスは星の質量と比べて非常に少ない。星の回転運動はほとんど見られず、ランダム運動によってその形状を保っていると考えられている。

一方、矮小楕円銀河と矮小楕円体銀河の表面輝度分布は明るい楕円銀河とは異なり、指数関数則によって表されることが多い。ただし表面輝度プロファイルの形は光度に依存しており、明るくなるにつれてド・ヴォークルール則に近づいていく傾向がある。また、矮小楕円銀河と矮小楕円体銀河には、サイズが大きい銀河ほど平均表面輝度が明るい傾向があり、これは明るい楕円銀河のコルメンディ関係（本章4-1節参照）とは逆の傾向になっている。早期型矮小銀河は、明るい銀河に付随していることが多い。

矮小不規則銀河は色が青く、現在も星が新たに生まれていて若い星が多い。一般に矮小不規則銀河は星質量と比べて豊富なガスをもっている。これらのガスの空間分布は可視光での形態と似て複雑な形態を示すが、ガスの回転運動が観測されている銀河も多い。一

方、質量への寄与は小さいが古い星の成分も存在しており、これらは比較的対称性のよい分布をしていて、指数関数則にしたがう表面輝度分布を示す。ガスの金属量は明るい渦巻銀河や不規則銀河と比べて少ないが、光度が明るい銀河ほどガスの金属量が高い傾向があり、明るい渦巻銀河や不規則銀河で見られる傾向と合致している。矮小不規則銀河は、周辺に銀河が存在しない孤立した環境で発見されることが多い。

4-5 スターバースト銀河

　銀河の形態とは関係ないが、ここでスターバースト銀河（starburst galaxy）と呼ばれる激しい星生成を経験している銀河を紹介しておく。活動銀河中心核の研究と相まって、1980年代から、銀河中心領域で激しい星生成が発生している銀河が注目されるようになった。また、1984年、太陽光度の1兆倍ものエネルギーを赤外線で放射している超高光度赤外線銀河（ultra luminous infrared galaxy、ULIRG）が発見された。これらULIRGのエネルギー源もスターバーストが原因になっている（ダストが大質量星の紫外線で数十Kに温められ、赤外線を放射している）。したがって、銀河の進化の過程では、スターバーストという激しいモードの星生成現象も重要であることが認識されるようになった。

　スターバーストの明確な定義はないが、短い期間（数千万年）に大質量星（$10 M_\odot$ 以上の質量をもつ星）が1万個以上生成される現象である。ULIRGの場合は生成される大質量星の個数は1億個にもなる。スターバーストで生成された大質量星は数千万年以内に超新星爆発を起こして死ぬ。したがって、スターバーストの後には必ず超新星爆発が連鎖的に起こるフェーズがやってくる。多数の超新星残骸が重なり合い、高温のプラズマからなるスーパーバブルが形成される。このスーパーバブル内の圧力によって銀河の中にあるガスが吹き上げられ、銀河の外側まで流れ出していくことがある。これを銀河風（galactic wind）、あるいはスーパーウインド（superwind）と呼ぶ。

　スターバースト銀河は相互作用銀河（interacting galaxy）でよく発見される。また、ULIRGはほぼすべてが合体銀河（merging galaxy、あるいは単にmerger）である。銀河の合体には2種類ある。1つは普通の銀河同士が合体するもので、メジャー・マージャー（major merger）と呼ばれる。もう1つは普通の銀河とその衛星銀河（satellite galaxy）が合体するもので、こちらはマイナー・マージャー（minor merger）と呼ばれている。ULIRGは明らかにメジャー・マージャーを経験している。一方、スターバースト銀河の方はマイナー・マージャーを経験しているものが少なからずある。したがって、スターバーストは何らかの外的要因に起因して発生する可能性が高く、銀河円盤で発生する普通の星生成のモードとは異なる。

　次節で紹介するように、銀河は小さな構造から大きな構造へと合体を繰り返しながら進化してきたことが示唆されている。その意味では、スターバーストというモードも銀河進化の一翼を担っていると考えた方がよいだろう。実際、本章の6-2節で紹介する遠方銀河（若い銀河）の中には、明らかにスターバーストを起こしているものが圧倒的に多い。

5. 銀河形成論

　宇宙は誕生以来、137億年にわたり膨張を続けて現在にいたっている。銀河は宇宙の始まりから存在していたわけではなく、宇宙の進化が進む中で形成され、成長して現在の宇宙で見られる姿に進化してきた。この節では、どのようにして銀河が形成されたのかについて、現在考えられている描像を紹介する。

　現在の宇宙で見られる構造は、初期宇宙における微小な密度ゆらぎが重力不安定性によって成長してできあがったものだと考えられている。物質が放射に対して優勢な時期になると、宇宙の質量の大部分を占めるダークマターの微小な密度ゆらぎが成長し始め、密度の非一様性が大きくなる。最初まわりよりわずかに密度が高かった領域は、みずからの重力でまわりの物質を集めながら収縮するため、ますます密度が高くなる。やがて収縮が止まり粒子のランダム運動で形状が維持されるダークマター・ハローとなる。観測から求められた密度ゆらぎのパワースペクトルは、小さな質量スケールほどゆらぎのコントラスト（でこぼこ具合）が大きいことを示してお

5. 銀河形成論

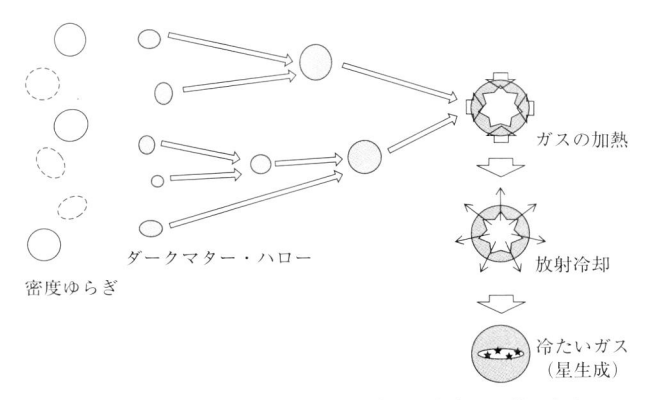

図 5-18 銀河形成の概念図。初期宇宙の微小な密度ゆらぎが成長してダークマター・ハローが形成される。ハローは合体を繰り返しながらより質量の大きなハローに成長する。ハローが形成されるときにその中のガスは加熱されるが、その後放射冷却によって温度は下がり、さらに収縮が進むとやがて星生成が起きる。

り、小さい質量のダークマター・ハローがまず形成されたと考えられる。その後、近傍にあるハロー同士が合体を繰り返すことによって、時間とともに次第に質量の大きなダークマター・ハローに成長する（図5-18）。

一方、放射（光子）の圧力によって密度ゆらぎが成長できなかったバリオン成分（陽子や中性子からなる物質、ここではおもに水素からなるガス）は、光子の脱結合後、光子から切り離されて、ダークマターの重力に引きつけられることで、密度ゆらぎが成長する。ダークマター・ハローができたときには、その中のバリオンのガスはハローの質量に応じた平衡温度になると考えられる。しかし、ダークマターと異なり、バリオンガスは電磁波を放射することでエネルギーを放出することができる。その結果、系の温度は下がっていく（放射冷却、radiative cooling）。

温度が下がると運動エネルギーが小さくなり、重力を支えきれなくなるので、さらに収縮して密度が高くなる。100万K程度の温度では電離したガスからの制動放射、1万K程度ではおもに水素やヘ

189

第5章　銀河

リウム、他の重元素原子からの輝線放射によってガスは冷える。このガスの冷却が効率よく起こると、ガスは収縮し続け、分子雲を経て星が生成されると考えられている。ガスが力学的平衡状態に落ち着くことなく、星が生まれるまで効率的に冷却される条件は温度と密度でおおよそ決まる。この条件が満たされるダークマター・ハローの質量は100億〜10兆$M_⊙$と見積もることができるが、これはまさに観測された銀河の総質量の範囲とおおよそ合致している。

このような過程を経て星の集団としての最初の銀河が生まれたのが宇宙誕生後およそ数億年のころであると考えられている。実際、本章6節で述べるように、宇宙年齢5億年の時代の銀河が発見されており、少なくとも宇宙年齢5億年には銀河が存在していたことがわかっている。銀河の誕生後は、ダークマター・ハローに新たに物質が落ちてきて、さらに星が作られる。また、ダークマター・ハロー同士の合体によって、より大きな銀河に成長すると考えられる。このような銀河進化のシナリオを階層的クラスタリング・シナリオ（hierarchical clustering scenario）と呼ぶ。

一方で、銀河の中では、新たな星の生成を阻害する過程も存在する。星が作られると、質量の大きい星は比較的短時間で超新星爆発を起こす。その爆発によって、ガスにエネルギーが注入されあたためられると（ガスの冷却と逆の効果になり）、星の生成が抑制される。多くの超新星爆発が起きる場合には、銀河の中のガスをダークマター・ハローの外まで吹き飛ばしてしまう可能性もある。また、活動銀河中心核（AGN）からの強い放射やジェットも、超新星爆発と同様にガスにエネルギーを与えて星生成を抑制する可能性がある。これらの超新星爆発やAGNによる星生成を抑制する効果をフィードバック（feedback）と呼ぶ。また、他の銀河やクェーサーからの強い紫外線放射にさらされている場合にも、水素ガスがあたためられることで（水素ガスは電離されるため）、やはり星生成が抑制される可能性がある。

このように、おもに重力のみが働いているダークマターと比べて、バリオンガスではさまざまな物理過程が働いている。ただし、銀河における星生成の物理過程は、まだ完全に解明されていないのが現状である。

6. 銀河の進化

　137億年前に宇宙が始まってから現在まで、銀河がどのように形成され、進化してきたのかを調べる上で、遠方にある銀河の観測は必要不可欠となっている。光は真空中を毎秒約30万kmの有限の速さで進むため、天体からの光が我々に届くまでには有限の時間がかかる。たとえば、太陽から地球の距離はおよそ1億5000万kmで、太陽から出た光は地球に届くまで約8分かかる。そのため、我々が今見ている太陽は約8分前に太陽から出た光であり、常に8分前の太陽の姿を見ていることになる。つまり、光の速度は有限なので、遠方の天体を観測すると、その天体の過去の姿を見ることになる。約250万光年の距離にあるアンドロメダ銀河からの光が地球に届くまでには250万年かかるので、現在観測しているアンドロメダ銀河はじつは250万年前の姿なのである。同様に、10億光年の距離にある銀河なら10億年前、100億光年先にある銀河なら100億年前の姿を見ることができる。

　したがって、さまざまな距離にある銀河を多数観測することで、各時代における銀河の平均的な性質がわかる。このとき大切なことは、十分広い領域の探査を行うことである。宇宙の密度ゆらぎのコントラストは大きな空間スケールほど小さいので、より広い領域（100Mpc以上のスケール）にわたって平均をとれば、宇宙の場所ごとのちがいは小さくなる。なお、場所ごとに銀河分布の性質が異なることをコズミック・ヴァリアンス（cosmic variance）と呼ぶ。

　結局、銀河進化の平均的描像を得るには、以下の2点が重要である。

(1) 昔まで時間をさかのぼるために非常に遠方の（すなわち非常に暗い）銀河まで観測すること。
(2) 各時代で、なるべく広い領域に渡って数多くの銀河を観測すること。

　この節では遠方銀河の探査に基づいて、銀河が誕生してからどのように進化してきたかについて、これまでわかってきたことを紹介する。

第5章　銀河

6-1　赤方偏移サーベイ

　本章3節で述べた銀河の物理的性質の多くを観測から求めるためには、銀河までの距離の測定が必要不可欠である。遠方銀河の観測によって銀河の進化を調べる場合、個々の銀河までの距離はその銀河がどの時代の銀河なのかを決定するために、もっとも重要な観測量になる。遠方の銀河までの距離を測定する基本的な方法は、分光観測を行って銀河のスペクトルを得ることである。銀河のスペクトル上に現れる輝線や吸収線、連続光のジャンプなどの特徴は、それぞれ特定の波長で銀河から放射されるので、観測された特徴がどの波長に現れたかを調べることで、その銀河の赤方偏移を測定することができる。

　赤方偏移サーベイとは、ある天域の中で一定のみかけの等級より明るい銀河をすべて分光観測し、赤方偏移（銀河の距離）を測定する探査法のことである。宇宙地図を作成し、宇宙の大規模構造を調べることを目的としたものだが、銀河の進化を調べる上でも非常に重要な役割を果たしている。

　赤方偏移が$z\sim0.1$程度（約10億光年の距離に相当）の比較的近傍銀河のサーベイとしては、2000年代に入って2dFとSDSSが、それぞれおよそ20万個、100万個という大規模な銀河サンプルを使って、現在の宇宙における銀河の光度や色、形態などの統計的性質を非常に高い精度で明らかにした。これらは遠方銀河の観測結果と比較するための基準として、銀河進化の研究の基礎となっている。

　宇宙論的に遠方の銀河の研究を目的とした赤方偏移サーベイの先駆けとなったのは、1990年代後半に行われたカナダ・フランス赤方偏移サーベイ（Canada-France Redshift Survey、CFRS）である。CFRSは口径3.6mのCFHT（Canada-France-Hawaii Telescope）望遠鏡を使って赤方偏移が$0<z<1$の約1000個の銀河の赤方偏移を測定した。その結果、約80億年前の宇宙では、現在より明るい銀河の数が多く、現在よりもずっと活発に星が生まれていたことが明らかになった（本章6-3節参照）。また、同時期に本格的に活躍し始めていたハッブル宇宙望遠鏡（Hubble Space Telescope、HST）の観測により、80億年前の活発に星が生まれている銀河の多くは不規則な形態を示す銀河であることがわかった。

6. 銀河の進化

表5-1 主な$z \sim 1$の赤方偏移サーベイ

サーベイ名	赤方偏移	銀河の個数	望遠鏡	特徴
CFRS	$0 < z < 1$	1000 個	CFHT	遠方銀河分光の先駆け
VVDS	$0.2 < z < 1.2$	十数万個	VLT	非常に多数の銀河を分光
DEEP2	$0.7 < z < 1.3$	5万個	Keck	質のよいスペクトル
zCOSMOS	$0.2 < z < 1.2$	4万個	VLT	HSTとの組み合わせ

2000年代に入ると、ケック望遠鏡やVLT（Very Large Telescope）などの口径8〜10m級の望遠鏡を使って、大規模な遠方銀河の赤方偏移サーベイが行われるようになった（表5-1）。

VVDS（VIMOS-VLT Deep Survey）は十数万個におよぶ銀河の赤方偏移を測定し、銀河の光度分布の進化を詳しく調べ、宇宙における星生成活動が約80億年前から現在までどのように低下してきたのかを明らかにした。

DEEP2サーベイ（ケック望遠鏡の多天体可視光分光器DEIMOSを使用した銀河の分光サーベイ。LRISを使用したサーベイはDEEP）は、星がほとんど生まれていない赤い銀河と、星が活発に生まれている青い銀河の光度や星質量の分布を調べ、約80億年前の宇宙では質量の大きい銀河の半分近くが活発に星を生成していることを発見した（現在の宇宙では質量の大きな銀河ではほとんど新たに星が生まれていないことに注意）。

質量の小さい銀河は、今も昔もその多くで星が新たに生まれている銀河が多いが、約80億年前から現在までの間に質量の大きい銀河の多くで星生成が止まったことを、銀河進化のダウンサイジング（downsizing）という。つまり、宇宙の中でおもな星生成活動（銀河の成長）が起きている場所が、時間とともにしだいに質量の小さな銀河だけに限られていくことを意味する。

一方、HSTやすばる望遠鏡など世界中の望遠鏡を使った、さまざまな波長帯での観測プロジェクト（多波長サーベイと呼ばれる）の1つとしてCOSMOS（宇宙進化サーベイ）プロジェクトがある。この一環として行われている赤方偏移サーベイzCOSMOSで

は、銀河進化と環境の関係に着目した研究が行われている。上で述べたように質量の大きい銀河ほど星生成が止まりやすい傾向がある一方で、本章3-7節で述べたように銀河が密集した環境ほど星生成を行っていない銀河が多い傾向がある。zCOSMOSでは、この2つの傾向を約80億年前から現在までにわたって調べた。その結果、銀河の質量に関係する星生成を止める機構と銀河の環境に関係する星生成を止める機構は、互いに独立している可能性が示唆されている。

上記のVVDSやDEEP2より規模は小さいが、HSTの撮像観測プロジェクトと連動した赤方偏移サーベイも行われている。一般に遠方銀河は小さく見えるので、地上からの観測では地球大気の効果（星がまたたいて見える効果）で像がぼやけてしまい、赤方偏移が0.3を超えるような銀河の形態の詳細を調べることは困難である。一方HSTは大気圏外から観測しているために地球大気の影響を受けず、高い空間解像度で観測できる。最近では補償光学（adaptive optics）という大気のゆらぎの影響を軽減する技術が発達したので、むしろ地上の大望遠鏡の方がHSTより高い空間解像度を得ることも可能になってきている。

しかし、現状では補償光学を使った観測は狭い視野に限られる欠点がある。この点でHSTは遠方銀河の形態を調べる上で非常に強力な手段となっており、多数の遠方銀河の形態についての統計的研究は、大部分がHSTを用いて行われてきている。

遠方銀河の研究におけるHST撮像サーベイの先駆けは、1990年代半ばに行われたハッブル・ディープ・フィールド（Hubble Deep Field、HDF）である。HDFは約5平方分角の領域を合計100時間以上かけてひたすら観測することにより、それ以前の観測と比べて、はるかに暗い天体まで検出することに成功し、遠方銀河研究に衝撃を与えた。HDFは、非常に遠方の銀河探査においてその威力を見せつけたが、$0<z<1$の時代における銀河の形態進化の研究にも大きく貢献した。その後、HDFと同様の観測がHDF-Southとして南天で行われた。さらに2000年代に入ってHSTに搭載された新型カメラ（Advanced Camera for Surveys）を用いて、ハッブル・ウルトラ・ディープ・フィールド（Hubble Ultra Deep Field、

6. 銀河の進化

表5-2 ハッブル宇宙望遠鏡による主な撮像サーベイ

サーベイ名	バンド	面積（平方分）	限界等級
HDF	U、B、V、I	5	～28
HDF-South	U、B、V、I	5	～28
HUDF	B、V、i、z	10	～29
GOODS	B、V、i、z	320	～27.5
GEMS	V、z	900	～27
COSMOS	I	7200	～27

HUDF）が行われ、その結果HDFよりもさらに暗い銀河が発見されるにいたった（表5-2）。HUDFが深さ（より暗い天体を検出すること）を追求したのに対して、広さを追求した撮像サーベイも計画され、南北2つの160平方分の領域をもつGOODSサーベイや、観測対象を$z<1$の銀河に絞るかわりに約900平方分に渡る広さをもつGEMSサーベイが行われた。2平方度（7200平方分）にわたる上記のCOSMOSはさらに広さに特化したHST撮像サーベイといえる。これらのHSTの観測と赤方偏移サーベイの組み合わせによって、赤方偏移1の時代の宇宙では、現在と比べて明るい不規則銀河の数が急増していること、その一方で現在の宇宙と近い数（少なくとも半数以上）の楕円銀河や渦巻銀河もすでに存在していたことがわかっている。また、本章3-7節で述べた銀河の形態-密度関係も、この赤方偏移1の時代にすでに成立していたことが示唆されている。

6-2 遠方銀河探査

前節で紹介した赤方偏移サーベイで観測された銀河は赤方偏移が1.3以下のものが大部分であった。これは、同じみかけの明るさの場合、手前にある比較的光度が低めの銀河と比べると、本来の光度が明るい遠方の銀河の数は非常に少ないからである。より遠方の銀河ほどみかけが暗くなるので、赤方偏移の測定のためにより多くの観測時間が必要になる。

第5章　銀河

　遠方の銀河を研究するためにみかけが暗い銀河をすべて観測しても、その中で目的の遠方銀河の割合が非常に低い、ということでは効率が悪すぎる。そこで、赤方偏移が1.3を超えるような遠方の銀河を研究する際には、比較的多くの時間が必要な分光観測を行う前に、撮像観測から得られる銀河のSED（あるいは色）を用いて、遠方の銀河を選出する手法が用いられている。

　その代表的な方法の1つがライマンブレーク法（Lyman break method）である。この方法で選出された遠方銀河はライマンブレーク銀河（Lyman break galaxy、LBG）と呼ばれる。

　また、この手法とは別に、高赤方偏移銀河のライマンα輝線を狭帯域フィルターを用いた撮像観測でとらえることによって遠方銀河の選出を行うこともよく行われている。この方法で選出された遠方銀河はライマンα輝線銀河（Lyman α emitter、LAE）と呼ばれる。

　ここでは、これら2つの方法と検出された銀河の性質を解説する。そのあとで、他の方法を用いた遠方銀河探査について触れることにする。

(1) ライマンブレーク銀河

　波長が91.2nmより短い紫外連続光は水素原子を電離することができる。この特徴的な波長はライマン端（あるいはライマンリミット）と呼ばれている。銀河から放射される紫外連続光のうち、ライマン端より波長の短い紫外線は星自身の大気や星間雲の中の中性水素原子にほぼ完全に吸収される。そのため、ライマン端より短い波長では銀河からの放射は急に暗くなる。この特徴をライマンブレークと呼ぶ。

　遠方銀河の場合、銀河間物質中の中性水素原子によって121.6nmより短い波長の光が吸収され、実際には121.6nmを境に暗くなることが多い。この急に暗くなる波長はその銀河の赤方偏移に応じて、波長が伸びて我々に届く。たとえば赤方偏移$z = 3$の銀河では、$91.2 \times (1 + z) = 364.8$nm以下の波長ではほとんど光が届かず、$121.6 \times (1 + z) = 486.4$nmより短い波長でも暗くなっており、これより長い波長では明るく見える。この急に明るさが変わる特徴を利用して遠方の銀河を選び出す手法がライマンブレーク法である。実

6. 銀河の進化

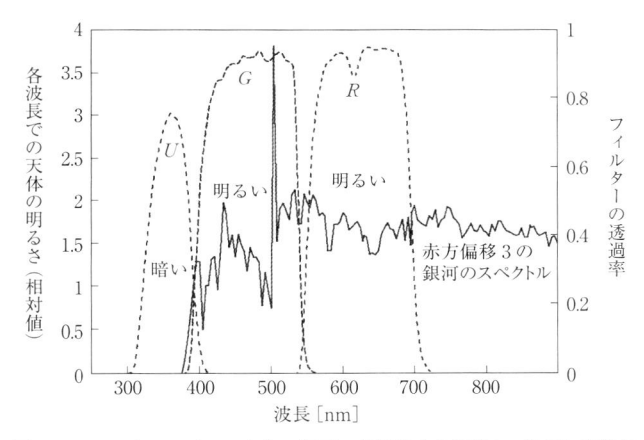

図5-19 ライマンブレーク法の概要。実線は赤方偏移3の銀河に期待されるスペクトル。点線はライマンブレーク法に使われる3つのフィルターを示す。この例では、Uバンドでは暗いが、GバンドとRバンドで明るい天体が赤方偏移3の銀河だと期待できる。

際には、他の距離にある銀河との区別をつけやすくするために、図5-19のように、ライマンブレークより短い波長帯で1バンド、長い方の波長帯で2つのバンドを使って撮像観測を行う。そうすると、いちばん短い波長帯では極端に暗い（ほとんどなにも映らない）のに対して、真ん中と長い波長帯では明るく観測される。この特徴をもつ銀河を選び出せば、その多くが遠方の銀河というわけである。この方法で選ばれた遠方の銀河をライマンブレーク銀河という。ライマンブレーク銀河に選ばれるためには、（91.2nmより波長の長い）紫外線でそれなりに明るい必要があるので、星が新たに生まれていて、かつ紫外線を吸収してしまうダストが少ない銀河が多い。

1996年に最初の赤方偏移3（約115億年前）のライマンブレーク銀河の発見が報告されたが、それまでは赤方偏移が2を超える遠方の銀河は、クェーサーや電波銀河などのAGNに限られていた。そ

のような遠方の"普通"の銀河をたくさん見つけられるようになったという点で、ライマンブレーク法は遠方銀河の観測に革命をもたらしたといえる。

ライマンブレーク法は適用する波長帯を長い方へシフトさせることで、より赤方偏移の大きな（より遠方の）銀河を探査できる。実際に最初の発見以降、赤方偏移が4、5、そして6を超えるライマンブレーク銀河が次々と発見された。赤方偏移が7（約129億年前）を超えると、ライマンブレークが可視光から近赤外線の波長帯に移る。近赤外線では地球大気が明るいため、地上の望遠鏡では非常に暗い遠方銀河の観測は難しい。そのため、赤方偏移が7を超えるライマンブレーク銀河の研究は、主としてHSTを用いて行われている。実際、赤方偏移が8～10のライマンブレーク銀河の候補も見つかっている。ただし、これらの天体はあまりに暗いので、現状では分光観測によって赤方偏移を確認された天体はない。

(2) ライマンα輝線銀河

銀河の中で新しく星が生まれていて大質量星が多くあると、その紫外線によって水素が電離され（H II領域）、その電離ガスから水素や重元素の輝線がそれぞれ特定の波長で放射される。この輝線を利用して遠方の銀河を選び出すことができる。選び出された天体は一般に輝線天体（emission-line object）、あるいは輝線銀河（emission-line galaxy）と呼ばれる。

具体的な方法としては、特定の狭い波長帯だけの光を通す狭帯域フィルターと幅広い波長帯の光を通す広帯域フィルターを組み合わせる手法がよく使われる。

輝線を出している銀河は、その輝線の波長でのみ特に明るい。輝線は銀河の赤方偏移に応じて波長が伸びて我々に届くが、その輝線の波長が狭帯域フィルターの波長と合致したときに、その銀河は明るく見える（図5-20）。同じ銀河を広帯域フィルターで観測すると、広い波長で平均されることにより輝線の影響は弱くなり、さほど明るく見えない。つまり、広帯域観測では暗いが狭帯域観測では明るい天体が輝線天体ということになる。その天体がどの輝線によって狭帯域観測で明るくなっているかがわかると、輝線ごとに銀河

6. 銀河の進化

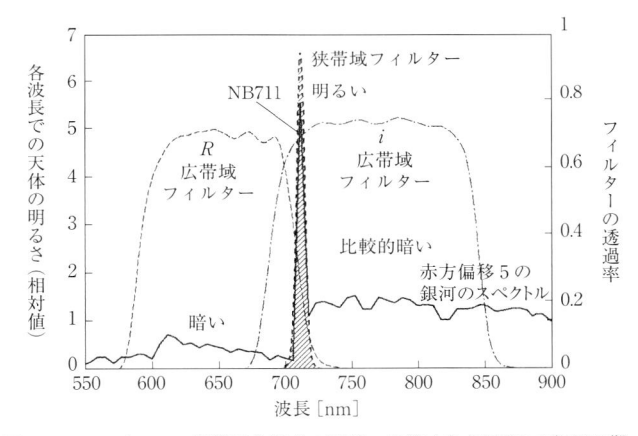

図5-20 ライマン α 輝線天体探査の概要。実線は赤方偏移5の銀河に期待されるスペクトル。太い点線（斜線の領域）が狭帯域フィルターを表し、細い点線と一点鎖線は広帯域フィルターを示す。この例では、720nm付近で観測される銀河のライマン α 輝線がちょうど狭帯域フィルターに入って明るくなる。一方、広帯域フィルターでは銀河の暗い部分も含めて広い波長を観測するので比較的暗くなる。

から放射されたときの波長は決まっているので、赤方偏移を求めることができる。

特に中性水素原子から放射されるライマン α 輝線（静止波長121.6 nm）は赤方偏移が3から7の範囲で、可視光の波長帯の狭帯域フィルターで観測できるため、遠方銀河探査でよく使われており、この方法で選ばれた銀河をライマン α 輝線銀河と呼ぶ。この手法による探査は1990年代半ばまでなかなか成功しなかったが、8m級望遠鏡でより暗い天体まで観測することで遠方のライマン α 輝線銀河が発見されるようになった。

輝線天体には、選ばれた時点で赤方偏移が高い精度で特定されること、またその強い輝線により分光観測を使った赤方偏移の確認が行いやすいという利点がある。そのため、1990年代後半に $z = 3$ を

第5章　銀河

超えるライマン α 輝線銀河が発見されるようになり、その後続々とより高い赤方偏移の銀河がこの手法で発見され、2000年代の最遠方天体の記録更新に大きく貢献した（本章6-4節参照）。日本のすばる望遠鏡は一度に広視野を撮像できる能力によって、ライマン α 輝線探査の手段として非常に強力であり、多数の赤方偏移が6を超えるライマン α 輝線銀河を発見した。これらのライマン α 輝線銀河は銀河形成だけではなく、宇宙再電離の様子を知るための重要な手がかりとなっている。

　ライマン α 輝線銀河の多くは、比較的質量が小さく、非常に若い星から構成されている傾向がある。しかし、どのような物理的条件で銀河から強いライマン α 輝線が出るのかについては、いまだにはっきりとはわかっていない。

(3) その他の手法で選出された遠方銀河
(a) バルマーブレーク法による遠方銀河探査

　ライマンブレークの代わりに、バルマーブレークと4000Åブレークと呼ばれる360〜400nmの波長を境に、短い波長側で急に暗くなる特徴を利用して遠方の銀河を選び出す方法もある。その1つは、近赤外線の J バンド（$1.2\,\mu m$帯）と K バンド（$2.2\,\mu m$帯）の色（$J-K$）が特に赤い銀河を選び出す方法で、この手法で選び出された銀河は遠方赤色銀河（Distant Red Galaxy、DRG）と呼ばれる。これらはおもに赤方偏移が2〜4の銀河で、バルマーブレークと4000Åブレークが赤方偏移して $0.36 \times (1+z) = 1.2\,\mu m$ から $0.40 \times (1+z) = 2.0\,\mu m$ の波長で観測される。これらの銀河はブレークより短波長側の J バンドでは暗いのに対して、長波長側の K バンドで明るくなり、その結果 $J-K$ の色が非常に赤くなる。

　遠方赤色銀河は、強いバルマーブレークと4000Åブレークを示す比較的古い星で構成された銀河か、活発に星が生まれているがダストによる吸収が大きいことにより赤くなっている銀河で、比較的大きな星質量をもつ。可視光や近赤外線の波長帯で赤く、紫外線で暗い、また星質量が大きいといった物理的特徴は、ライマンブレーク銀河やライマン α 輝線銀河とは対照的である。ライマンブレーク法やライマン α 輝線天体探査では見逃されていた銀河を発見できる

6. 銀河の進化

という点で、遠方赤色銀河はこれらの方法と相補的な関係にある。

(b) BzK 法で検出された遠方銀河

バルマーブレークを使ったもう1つの方法に、BzK 法（B、z、K の3バンドを使うことからこう呼ばれる）がある。おもに赤方偏移が1.4から2.5の銀河を、z バンドと K バンドの間に赤方偏移したバルマーブレークが入ることを利用する方法である。選ばれた銀河は BzK 銀河と呼ばれる。この方法は、赤い、青いといった銀河のスペクトルの特徴にあまりよらずに、その赤方偏移にある銀河の大部分を選び出せるという利点がある。これらのバルマーブレーク、4000Åブレークを用いた選択法も、用いる波長帯をより長い方へシフトさせることによって、より遠方の銀河を探査することができる。

(c) サブミリ波銀河

サブミリ波で検出される銀河は赤方偏移の大きい（たとえば赤方偏移が1から4程度）ものが多い。これは、数十Kの温度のダストからの熱放射のピークが遠赤外線（波長約 $100\mu m$）にあり、これが赤方偏移してサブミリ波帯で観測されるからである。一般にサブミリ波で発見された遠方の銀河をサブミリ波銀河（sub-mm galaxy、SMG）と呼ぶ。サブミリ波銀河では、爆発的な星生成にともなってダストが大量に作られていて、多数の大質量星からの紫外線放射がダストに吸収され、そのエネルギーの大部分をダストの熱放射として遠赤外線の波長で出しているものだと考えられている。

サブミリ波銀河はダストによる吸収が非常に強いので、紫外線はおろか可視光でもほとんどの光が吸収され、可視光から近赤外線の観測波長ではほとんど検出されない銀河も存在する。その点で、上で述べた可視光から近赤外線の観測を用いた遠方銀河の選択方法と相補的である。これらの銀河では、非常に活発に星が生まれているので、銀河が急速に成長している進化段階と考えられる。また、これらの銀河は、100億年以上前の宇宙における星生成活動の大きな割合を占めていた可能性がある。

なお、SMGは近傍宇宙にあるULIRGと類似した性質をもってい

第5章　銀河

る。

(4) 測光赤方偏移による遠方銀河探査

ここまでに紹介した方法は、比較的少数のフィルターを使った撮像観測で効率的に遠方の銀河を選び出す方法であったが、これらを全部組み合わせたような赤方偏移の決定法もある。前節で述べたHDFを契機として、ある1つの領域を多数の波長帯で撮像観測する、多波長サーベイが行われるようになった。このような場合、多くの波長帯での情報を同時に使うことによって、(分光観測することなく)赤方偏移を比較的高い精度で決定することができる。原理としては上述の方法と同様に、ライマンブレークやバルマーブレーク、輝線などの特徴をとらえて、それらを本来の波長と比較することによって赤方偏移を求めるというものだが、情報が増える分、決定精度を上げることができる。このような方法で求められた赤方偏移を測光赤方偏移(photometric redshift)と呼ぶ。これは、赤方偏移を決めて遠方の銀河を選び出すだけではなく、比較的広い波長に渡るスペクトルの情報によって、銀河の星質量や星の年齢、ダスト吸収量、星生成率などの物理的性質を推定できるという利点もある。

以上見てきたように、1990年代後半以降、遠方銀河探査は飛躍的に進展した。これらの観測から明らかになった初期宇宙における銀河進化の様子については次節で紹介する。

6-3　宇宙における星生成史

ここではおもに赤方偏移が1を超える遠方銀河探査によって見えてきた銀河進化について紹介する。特に銀河を構成する星々がどの時期に、どの程度生成されたかに焦点をあてる。

宇宙における星生成史を調べる際、以下に紹介する2つの方法を用いることが多い。1つは銀河の紫外線光度関数の進化を赤方偏移の関数として調べる方法である。もう1つは、宇宙における星生成率密度(star formation rate density、SFRD)を赤方偏移の関数として調べる方法である。これら2つの方法と結果を紹介した後で、さらに関連する話題を紹介していくことにしよう。

6. 銀河の進化

(1) 銀河の紫外線光度関数の進化

　遠方銀河の光は宇宙膨張により波長が伸びて我々に届くので、遠方銀河を可視光で観測すると、その銀河の紫外線の光を見ていることになる。銀河の紫外線光度はその銀河における星生成率を反映しているので（本章3-1節参照）、紫外線光度関数を調べることで、どの程度活発に星を作っている銀河がどれくらい多く存在するかがわかる。

　図5-21はライマンブレーク銀河の紫外線光度の分布の進化をプロットしたものである。各赤方偏移での光度関数を比べてみると、現在から赤方偏移が2まで時間をさかのぼるにつれて、明るい銀河の数が増えていることがわかる。赤方偏移2から4までは似たような分布を示し、そこからさらに昔、赤方偏移7までは再び明るい銀河の数密度が減っている。したがって、星生成率の高い銀河の数が、宇宙初期の赤方偏移7から4まで時間とともに増加し、赤方偏

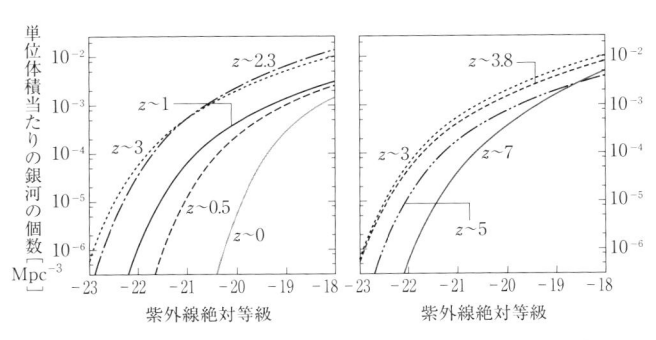

図5-21 ライマンブレーク銀河の紫外線光度関数の進化。横軸が銀河の紫外線光度、縦軸が各光度の銀河の単位体積当たりの数を示す。左が赤方偏移3から現在まで、右が赤方偏移7から赤方偏移3までの進化を表している。現在から赤方偏移3までは昔の時代ほど明るい銀河の数が多いのに対して、赤方偏移3から7では昔ほど明るい銀河の数が少なくなっていることに注意。(Wyder, T. K. et al. 2005, ApJ, 619, L15; Arnouts, S. et al. 2005, ApJ, 619, L43; Oesch, P. A. et al. 2010, 725, L150; Reddy, N. A. et al. 2009, ApJ, 692, 778; Bouwens, R. J. et al. 2011, ApJ, 737, 90のデータから作成)

第5章　銀河

移4から2までの時代にもっとも多くなり、赤方偏移2から現在にかけて減少したことがわかる。

(2) 星生成率密度の進化

各時代で宇宙の中でどれくらい活発に星が生まれていたかを表す指標として星生成率密度を使うことが多い。これは、宇宙の単位体積当たりの星生成率を表す。

個々の銀河の星生成率を推定する方法は上記の紫外線光度を用いる方法や、大質量星によって電離されたHⅡ領域からの輝線の光度を使う方法、大質量星からの紫外線を吸収したダストが再放射する遠赤外線の光度を用いる方法などがよく使われる。

図5-22はいろいろな方法で求めた各赤方偏移での宇宙の平均的な星生成率密度をプロットしたもので、提唱者の名前にちなんでマダウ・プロット（Madau plot）と呼ばれることもある。これを見

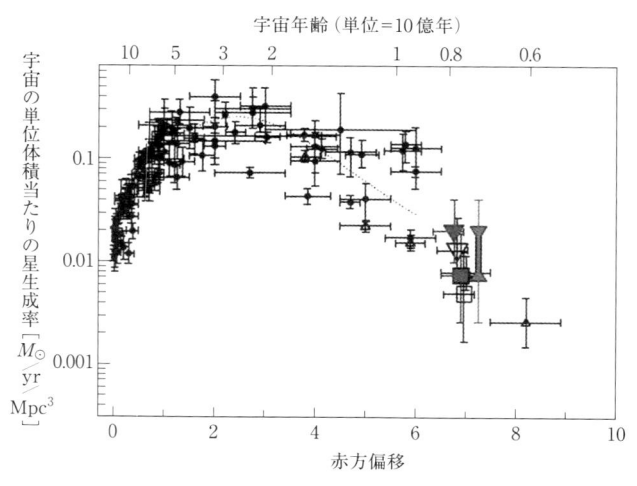

図5-22 宇宙の平均星生成率密度の進化。横軸は赤方偏移（宇宙年齢）、縦軸は単位体積当たりの星生成率を表す。（Ouchi, M. et al. 2009, ApJ, 706, 1136 より改変）

6. 銀河の進化

ると、赤方偏移が7から8（宇宙年齢にして約6億年）あたりから赤方偏移3（宇宙年齢約20億年）まで、次第に星生成が活発になっていき、赤方偏移が3から1（宇宙年齢およそ20億年から60億年）の間に最盛期を迎えて、赤方偏移1から現在までの約80億年の間に約10分の1程度にまで星生成率密度が減少してきたことがわかる。この宇宙の中でどの時代にどれくらいの星が作られてきたかの歴史を宇宙の星生成史（cosmic star formation history）と呼ぶ。宇宙の歴史の中のおよそ130億年間の星生成史の描像が見えてきたことは、ここ15年ほどに渡る遠方銀河の観測的研究によるもっとも大きな成果といえる。

(3) 銀河の星質量関数の進化

星の集団としての銀河の成長を考える上で、銀河の星質量は星生成率と並んで重要な物理量である。光度関数と同様な考え方で、星質量ごとの銀河の個数密度を表したものが、銀河の星質量関数

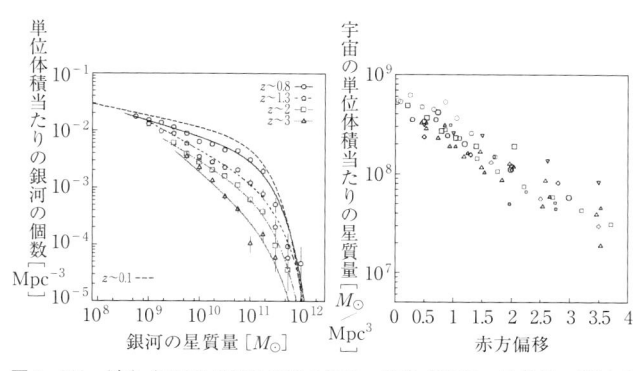

図5-23 （左）銀河の星質量関数の進化。横軸が銀河の星質量、縦軸は各星質量をもつ銀河の単位体積当たりの数を示す。（右）宇宙の平均星質量密度の進化。横軸は赤方偏移、縦軸は単位体積当たりの星質量を示す。異なるシンボルはいろいろなサーベイによる観測結果を示している。観測ごとにある程度のばらつきはあるものの、時間とともに宇宙の中で星が増えてきた様子が見て取れる。（Kajisawa, M. et al. 2009, ApJ, 702, 1393 より改変）

（galaxy stellar mass function）である。いろいろな時代の星質量関数を求めることで、どの時代にどれくらいの規模の銀河がすでに存在したかを調べることができる（図5-23左）。これを見ると、時間とともに銀河の数が全体的に増加してきたことがわかる。特に、赤方偏移が1から現在までに比べると、赤方偏移3から1程度までの間に銀河の数が急速に増加している。また、異なる星質量での進化の度合いに着目すると、この赤方偏移が3から1までの時代には、$10^{11}M_\odot$程度の星質量をもつ銀河の数が特に大きく増加した可能性がある。

図5-23（右）は宇宙の平均星質量密度の進化を示したもので、各時代に宇宙の中にどれだけの量の星があったかを表している。星質量密度は星生成率密度と同じように、ある体積の中に存在する銀河の星質量を合計して、それを体積で割ることにより求められている。図5-23（右）は宇宙全体で星の総質量が時間とともに増加していった様子を表している。時代ごとの増加の度合いを見ると、赤方偏移が1から現在までの約80億年の間に2倍弱程度増加しているのに対して、赤方偏移3から1までの約40億年の間に星質量は約5倍に増加しており、この時代に宇宙の中で急速に星が増えていったことがわかる。これは、宇宙の星生成率密度（図5-22）がもっとも高かった時期に一致している。

(4) 銀河のガスの金属量の進化

ガスの金属量は、その銀河の中で、どれだけのガスの量（割合）を星に変えたのかを反映しているので、その進化を調べることで、銀河の星生成史の重要な手掛かりを得ることができる。図5-24は、銀河の星質量に対するガスの金属量の分布を示している。赤方偏移が2や3といった遠方の銀河においても、本章4-2節で述べたような質量の大きい銀河ほどガスの金属量が高い傾向がある。各時代のガスの金属量の進化の度合いを見ると、赤方偏移0.7から現在までは進化は非常に小さいのに対し、赤方偏移2や4から0.7までの進化は大きいことがわかる。金属量の強い進化は、この時代に星生成が活発に起こって銀河が急成長を遂げたことを示唆している。各星質量での進化を見ると、質量の小さい銀河では赤方偏移0.7を超

6. 銀河の進化

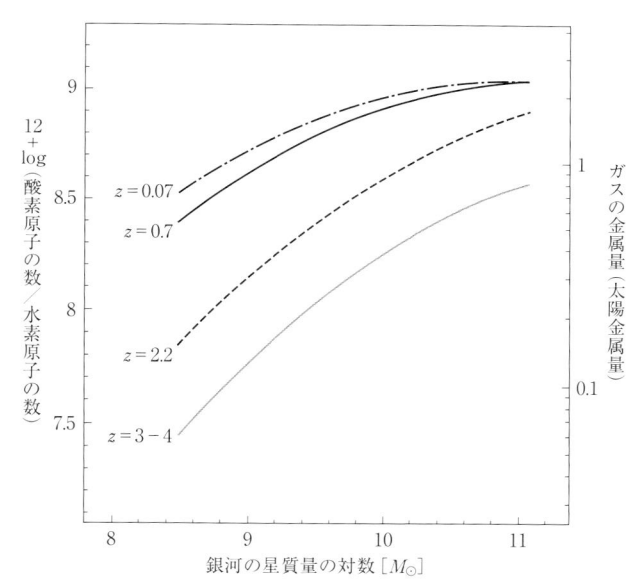

図5-24 銀河の星質量に対するガスの金属量の進化。横軸は星質量、縦軸はガス中の水素原子に対する酸素原子の個数を対数で表している。(Mannucci, F. et al. 2009, MNRAS, 398, 1915 より改変)

えると大きな進化が見られるが、大質量の銀河では赤方偏移0.7から現在まで進化が見られず、2と0.7の間の進化も比較的小さい。これらの大質量銀河は赤方偏移が4から2の間に活発な星生成によって大きく成長したのかもしれない。逆にいえば、この結果は大質量銀河における星生成は赤方偏移が2から0.7の間に大部分が完了したことを示唆しており、本章6-1節で述べたダウンサイジングの傾向とも合致している。

(5) 銀河の形態の進化

遠方の銀河の形態についても、HSTによる近赤外線観測で研究が進んでいる。たとえば、星が活発に生まれている赤方偏移2の銀

第5章　銀河

河をHバンド（1.6μm帯）で観測すると、銀河の静止波長における可視光帯の放射を見ていることになる。そのため、近傍銀河の可視光帯の観測結果と直接比較することができる。その結果、渦巻銀河のような形態を示す銀河は少なく、非対称な形や複数の塊に分かれた銀河が多いことがわかってきている。

　これらの銀河の表面輝度分布は指数関数則にしたがう傾向があるものの、天球面上での長軸と短軸の比の統計的分布は円盤状の形よりもむしろ、3軸不等の楕円体を示唆している。このような形態をもつ原因としては、昔の宇宙では（宇宙全体が小さかったので）銀河同士の重力的相互作用や合体が頻繁に起こったか、現在の宇宙の不規則銀河のように星の質量に比べてガスの質量が大きい場合には星生成が不規則な分布で起こりやすいことが考えられる。

　一方、星が新たに生まれていない、比較的古い星からなる赤方偏移2の銀河の形態を調べると、同程度の星質量をもつ現在の楕円銀河よりはるかにサイズが小さい銀河が発見された。これらの非常にサイズが小さい銀河の数（密度）は現在の楕円銀河と比べてかなり少ないが、その星質量の大きさを考えると、現在の楕円銀河に進化しているものと推測される。どのようにして赤方偏移2の時代から現在までの間にサイズがそれほど大きくなったのかについては、いくつかアイディアが提案されているものの、よくわかってはいない。

　本章6-1節で述べたように、赤方偏移が1の時代には楕円銀河や渦巻銀河の形態をもつ銀河が数多く観測されているのに対して、赤方偏移が2の銀河の形態は現在の銀河とは大きく異なっている。そのため、現在の宇宙で見られる銀河の形態は、この赤方偏移が2から1の時代（宇宙年齢30億年から60億年）に出来上がったのではないかと考えられている。

6-4　最遠方銀河

　最後に、もっとも遠くの天体の発見の歴史を振り返っておこう。1960年代半ばに、赤方偏移が2を超えるクェーサーが発見され、一気に初期宇宙の時代の天体が観測されるようになった。それ以降30年以上に渡ってクェーサーが最遠方天体を担ってきたが、これ

6. 銀河の進化

らは電波源として発見された天体であった。また、クェーサーを除いた銀河の中でもっとも遠い天体も、同じく電波観測によって発見されたAGNである、電波銀河であった。クェーサーによる最遠方記録の更新は1990年代初めの赤方偏移4.897のクェーサーの発見まで続いた。

転機が訪れたのは1990年代後半で、HSTによる観測によって、銀河団の大きな質量によって重力レンズの影響を受けて強く引き伸ばされた天体（アークと呼ばれる）が発見され、ケック望遠鏡によって赤方偏移が4.92であることが確認された。1990年代後半は、ライマンブレーク法の確立とケック望遠鏡による分光観測によって赤方偏移が3を超える（AGNではない）ふつうの銀河が次々と発見され始めた時期で、1998年には赤方偏移が5.60のライマンブレーク銀河が発見され最遠方天体となった。翌年には赤方偏移5.74のライマンα輝線銀河が最遠方記録を更新するにいたり、ライマンブレーク法と輝線天体探査を使った可視光観測によって最遠方天体が発見される時代に突入した。

1990年代初めから最遠方記録の更新がなかったクェーサーにおいても、2000年代に入って、SDSSサーベイの非常に広域にわたる可視光観測データに、ライマンブレーク法と同様の手法を適用することによって、赤方偏移が6を超えるクェーサーが発見されるようになった。2012年6月現在、もっとも遠方のクェーサーは、近赤外線の広域サーベイであるUKIDSSのデータを使って、同様の手法をさらに長い波長帯に適用することで発見された赤方偏移7.085の天体である。一方、2000年代に入って本格稼働を始めた日本のすばる望遠鏡は、このライマンブレーク法と輝線天体探査による遠方銀河の探査に大きく貢献した。すばる望遠鏡は8m級望遠鏡の中で唯一主焦点の観測装置（主焦点カメラ、Suprime-Cam）をもっており、口径8.2mの集光力と30分角スケールの広い視野を併せもつことによって、可視光で広い領域を非常に暗い天体まで観測することができる。他の望遠鏡にはないこの観測装置のおかげで、2000年代における最遠方天体の多くは、すばる望遠鏡によって発見されたライマンα輝線銀河が占めることになった。

1990年代後半に初めて距離測定が成功して以降、最遠方記録を

第5章　銀河

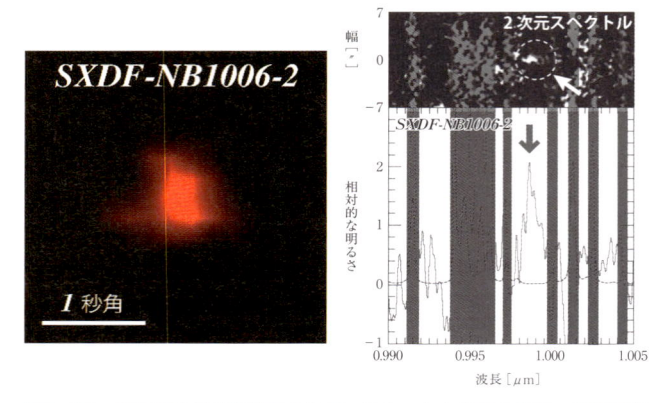

図5-25 2012年6月現在確認されているもっとも遠方の天体、赤方偏移7.215のライマンα輝線銀河SXDF-NB1006-2のすばる望遠鏡による画像（左）とケック望遠鏡によるスペクトル（右）。約1.0μm付近に見える左右非対称の輝線が赤方偏移したライマンα輝線。（国立天文台）

急速に伸ばしているのがガンマ線バーストである。ガンマ線バーストはガンマ線で突然明るく輝き、数十ミリ秒から100秒程度で暗くなる現象であるが、その後に続くX線から電波までの幅広い波長にわたる残光の観測によって、同定することが可能である。ガンマ線バーストの検出を目的とした衛星（HETE-2とSwift衛星）と、それに連動した世界中の地上望遠鏡による観測によって、数多くのガンマ線バーストの赤方偏移が同定されてきている。2005年には赤方偏移が6を超えるものが発見され、2009年には最遠方記録を大幅に更新する赤方偏移8.2のガンマ線バーストが発見されるにいたった。ガンマ線バーストは、発生後すばやく望遠鏡を向けることができれば、残光が比較的明るい状態で観測できる可能性があり、今後、最遠方記録をさらに更新していく上で有力な手段になるだろう。

　2012年6月現在、分光観測によって確実に赤方偏移が確認されているもっとも遠い銀河は、すばる望遠鏡を用いて発見された赤方偏

6. 銀河の進化

移7.215のライマン α 輝線銀河である（図5-25）。HSTによる長時間観測によって、赤方偏移が8から10の候補も見つかっているが、これらはあまりに暗いために現状の望遠鏡で分光観測することが難しく、赤方偏移の確認ができていない。今後の大幅な記録更新には、手前に銀河団がある領域で重力レンズによって本来よりも明るく見える天体を見つけるか、より大きな口径をもつ次世代望遠鏡による観測が必要になる。

第6章
銀河系

第6章　銀河系

1. 概要

　茫漠と広がった雲の帯のように見える天の川（図6-1）が多数の星の集まりであることがわかったのは、17世紀にガリレオ・ガリレイ（G. Galilei）が手製の望遠鏡を初めて夜空に向けたときである。18世紀になると、ウィリアム・ハーシェル（W. Herschel）は、口径47cmの反射望遠鏡による観測で、天の川を構成する星が凸レンズ状に分布していることを明らかにした。

　その後、19世紀から20世紀の初頭にかけて、ヤコブス・カプタイン（J. C. Kapteyn）らが円盤構造の定量的なモデルを提案し、我々の住む恒星の世界の姿が少しずつ理解されるようになっていった。また、ハーロー・シャプレイ（H. Shapley）は、変光星の周期－光度関係を用いて数十万個の恒星が密集した球状星団の距離を測定し、球状星団は銀河系を取り巻くように分布していることを発見した。さらに、球状星団の分布の様子から、銀河系が直径30万光年もの巨大な円盤状の形をしていることを突き止めた。特筆すべきことは、太陽は円盤の中心に存在しているのではなく、かなり端の

図6-1　南米チリのアタカマ砂漠で国際プロジェクトとして運用されているアタカマ大型ミリ波サブミリ波干渉計ALMAと天の川。（国立天文台）

方に位置していることがわかったことである。

このころ、点状に見える恒星とは異なって、淡く広がった小さな雲状の天体（渦巻星雲）が銀河系の中の天体なのか、あるいは銀河系の外の独立した天体なのかという大論争があった。しかし、エドウィン・ハッブル（E. P. Hubble）による1920年代の観測によって、渦巻星雲が銀河系から遠く離れた別の恒星集団であることが明らかになり、銀河系もそれらの銀河の一種であると考えられるようになった。

我々の住む銀河は"銀河系"あるいは"天の川銀河"と呼ばれている（以下、銀河系と呼ぶ）。英語では一般的な銀河（galaxy）と区別して、the Galaxy、あるいはour GalaxyやMilky Way Galaxyと呼ばれる。銀河系の大きさは10万光年にもおよび、また太陽系が銀河系の中に存在しているため、その全体構造を観測することはできない。しかし、現在では、銀河系が渦巻銀河、特に中心部分に恒星系が棒状に分布している棒渦巻銀河の一種であることがわかってきた。この章では、さまざまな波長の観測データや理論的研究から明らかになってきた銀河系の姿を解説する。

2. 多波長観測で見る天の川

2-1 銀河座標

天体の天球面での位置を表すとき、一般的には赤道座標を用いる。これは天の赤道を基準として、天球面上での位置を表す座標系で、経度は赤経（α）、緯度は赤緯（δ）を用いる。

しかし、銀河系の様子を調べるとき、銀河系の構造を反映した座標系を用いる方が便利である。その目的のため、銀河座標と呼ばれるものが定義されている（図6-2）。天の川の中心線が天球に描く仮想的な円を銀河面（galactic plane）と呼ぶ。厳密には物質の質量密度がもっとも高い面として定義されるが、中心線とほぼ一致している。銀河面（天の赤道に対して約63°傾いている）を基準に、天球面上での位置を経度（銀経ℓ）と緯度（銀緯b）で表した座標系を銀河座標と呼ぶ。

銀河中心は銀経$\ell = 0°$、銀緯$b = 0°$の方向にある（いて座の方角）。銀河系の中心方向では天の川がもっとも明るく太く見える。

第6章　銀河系

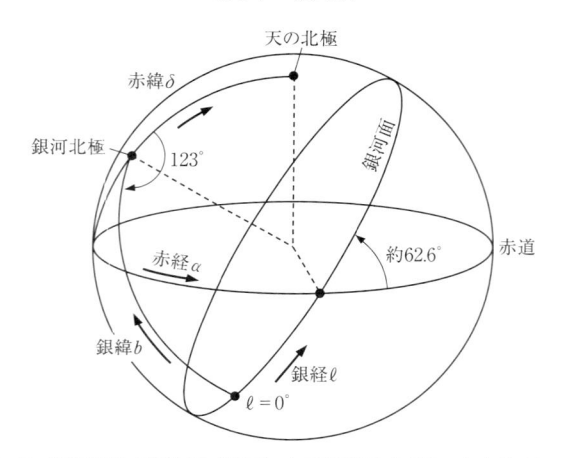

図6-2 銀河座標（銀経ℓと銀緯b）と赤道座標（赤経αと赤緯δ）の関係。銀河面（天の川中心線が天球に描く仮想的な円）は赤道面（地球の赤道が天球と交わって作る円）に対して、62.6°傾いている。銀河系の中心方向を$\ell=0°$とする。$\ell=0°$線の銀河北極での赤道座標に対する角度は123°である。なお、銀河中心の赤道座標は$\alpha = 17^h45.6^m$、$\delta = -28°56'$である。

一方、その反対方向（$\ell=180°$）の天の川は暗い。これは太陽系が銀河円盤の端に位置しているからである（本章3節を参照）。

2-2　さまざまな波長帯で見る天の川の姿

我々が銀河を観測するとき、まず可視光で調べるのが普通である。それは、我々の目が可視光に感じるようにできているからである。しかし、銀河のみならず、天体はあらゆる波長帯で電磁波を放射している。そこで、天の川の詳しい性質を述べる前に、さまざまな波長帯で見た天の川の姿を紹介する。

図6-3にさまざまな波長帯（電波からガンマ線）で観測した天の川の姿を示した。一見してわかるように、観測する波長によって、天の川のイメージはかなり異なる。これは、放射源の物理的性質によって、主として放射される電磁波の波長が異なるためである。

2. 多波長観測で見る天の川

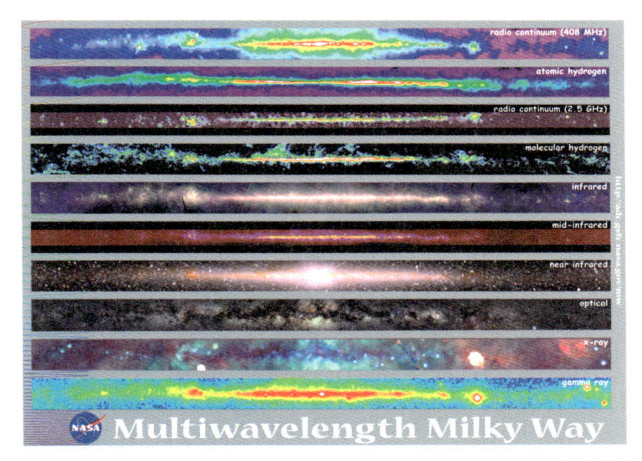

図6-3 さまざまな波長帯で観測した天の川。上から電波連続波408MHz、中性水素原子21cm線、電波連続波2.5GHz、一酸化炭素輝線、遠赤外線、中間赤外線、近赤外線、可視光、X線、およびガンマ線。(NASA)

　天の川の可視光の写真（図6-3、下から3番目）では銀河面に沿って暗い帯（吸収帯、dark lane）が見えている。吸収帯は入り組んだ非常に複雑な構造をしている。これは星間ガス中のダスト（固体微粒子、dust grain）によって、背景の星の光が吸収されているからである。

　可視光よりも波長の長い赤外線や電波は、ダストによって吸収されにくいために、銀河面が明るく輝いて観測される。恒星からの光を受けて温められたダストは、主として遠赤外線（波長：30〜300μm）を放射する。近赤外線（波長：1〜5μm）は、主に年齢の古い恒星からの放射である。

　振動数の低い電波連続波は、磁場と相対論的電子が相互作用して放射されるシンクロトロン放射（synchrotron radiation）が主な起源であり、より高い振動数（10〜40GHz）の連続波は電離した水素ガスの分布や高温の星の分布を反映している。

一方、電波域の輝線（中性水素の21cm線やさまざまな分子輝線）は、中性の原子ガスと分子ガス（冷たい星間ガス）の分布を示している。これらはもっぱら銀河面から強く放射されている。つまり、銀河系の星やガスは、銀河面に集中して分布しているということがわかる。ダストは比較的低温のガス（分子ガス）に付随して存在しているので、天の川の吸収帯の入り組んだ構造は、分子ガスの複雑な空間構造を反映している。

COBE（Cosmic Background Explorer）衛星による近赤外線画像（図6-3の下から4番目）では銀河中心方向に膨らんだ構造があることがわかる。これは年齢の古い星の集団でバルジ（bulge）と呼ばれる。

X線の強度分布（図6-3、下から2番目）からは、数百万Kの超高温ガスが星間空間中、特に銀河中心方向に存在していることがわかる。ただし、銀河面付近ではX線が途中の星間ガスによって吸収されるため、暗くなっている。

一方、X線よりもさらにエネルギーの高い電磁波であるガンマ線は、銀河面の星間ガスと高エネルギーの宇宙線との相互作用により発生するため、銀河面付近がいちばん明るくなっている（図6-3、一番下）。

以上見てきたように、銀河はあらゆる波長帯で電磁波を放射している。銀河を総合的に理解するには、いろいろな波長を用いた研究が必要であることがよくわかる。

3. 銀河系の基本構造

3-1 全体構造

銀河系はほかの渦巻銀河と同様、数千億個の恒星とさまざまな温度や密度の星間ガスやダスト、そしてダークマターから構成されている。また球状星団（globular cluster）や矮小銀河（dwarf galaxy）も銀河系の重力圏内にある。これまで行われてきた観測によって、銀河系の各成分を担う星の種類や、空間分布と速度構造などが異なっていることがわかってきた。これらは銀河系がどのように形成されてきたかを理解する上で重要な鍵を握っている。

図6-4に銀河系の全体構造を模式的に示した。その基本構造は、

3. 銀河系の基本構造

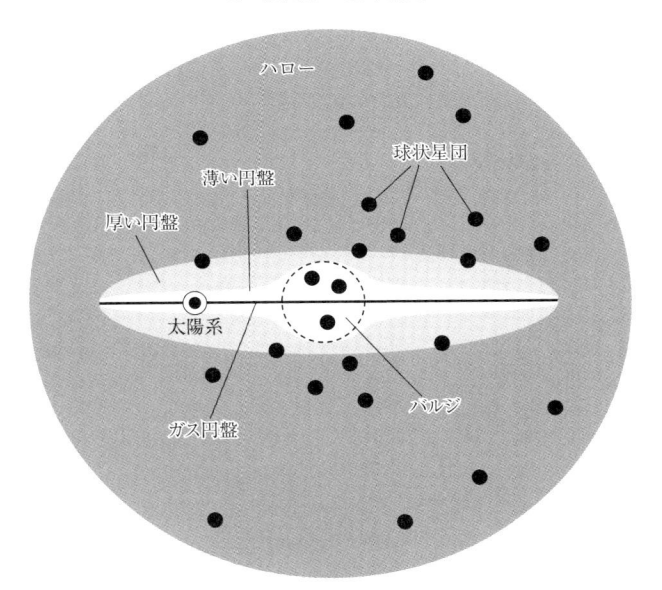

図6-4 横からみた銀河系の模式図。直径がおよそ30kpcの円盤部は厚さが0.3kpcほどの薄い円盤と1kpcほどの厚い円盤から成る。星間ガスは薄い円盤部に集中して分布している。太陽系は銀河中心から約8kpcの円盤部分にある。銀河中心部には古い星の集団であるバルジがある。そして、円盤とバルジを取り囲むようにハローがある。

バルジ、円盤 (disk)、およびハロー (halo) に分けられる。また、銀河中心から直径100～200kpc程度の範囲に、球状星団と、大小マゼラン雲 (Large and Small Magellanic Clouds、LMCとSMC) などの矮小銀河が分布している。

球状星団はハローに属する天体であるが、ハローには何らかの理由で銀河円盤からはぐれた星や、銀河系の重力場にとらえられている高温（1万K程度）のプラズマなどがある。球状星団以外は暗くて観測できないが、さまざまな形でハローには原子物質が存在している。これをダークハローと呼んでいる。

第6章　銀河系

　一方、銀河系はダークマター（第3章参照）に取り囲まれており、こちらは区別してダークマター・ハローと呼ばれる。銀河系のダークマターの総質量は原子物質の数倍にも達する。

3-2　バルジと棒状構造
　天の川は銀河の中心方向（いて座方向）がもっとも明るく、銀緯方向に膨らんでいる。この膨らんだ構造が他の渦巻銀河にも見られるバルジと呼ばれる構造である。バルジの形成に要した時間は、構成する星の化学組成から20億〜30億年と見積もられている。これらの星々はハローにある星々と同時期に形成されたと考えられている。また、バルジではごく中心部を除いて、この数十億年の間に活発な星生成現象は起きていない。したがって、銀河系の形成期に生まれた長寿命の低質量星がバルジを構成している。

　バルジの構造を詳しくみると、その形は完全に球状ではなく、銀緯方向にややつぶれた箱状の構造をしている。このような箱型バルジ（boxy bulge）は、銀河系外の横向き銀河（edge-on galaxy、渦巻銀河を真横から見ているもの）にもしばしば見られ、バルジが棒状構造（バー、bar）をしている間接的証拠となっている。

　すでに見たように、近赤外線は可視光に比べて星間塵による吸収の効果を受けにくい。そこで、COBEの近赤外線による銀河系のマップを用いて、バルジと円盤の星の分布を推定することができる。その結果を図6-5に示す。銀河系の棒状構造がきれいに見えている。今一度、COBEによる近赤外線画像（図6-3の下から4番目のイメージ）を詳しく見てみると、銀河中心をはさんで左側の方が右側よりもわずかに厚みがあり明るいことがわかる。これは図6-5に示したように、太陽系の位置（★印）からバー構造をしているバルジを斜めに見ているため、バーの近い側が少し明るく見えるためである。

　なお、この解析で求められた円盤とバルジの光度はそれぞれ $2.2 \times 10^{10} L_\odot$ と $0.6 \times 10^{10} L_\odot$ である（ここで $L_\odot$ は太陽の光度）。したがって、太陽の光度で換算すると、銀河系に含まれる星の総数は約200億個になる。また、銀河系の質量を推定した別の研究によれば、恒星系の全質量は、$6.4 \times 10^{10} M_\odot$ である。星は光度や質量に幅

3. 銀河系の基本構造

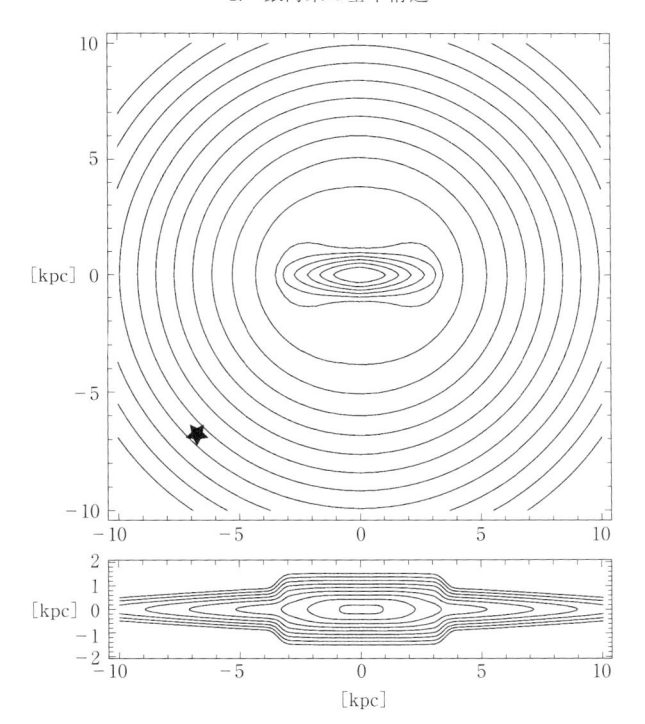

図6-5 COBEの観測データに基づいた銀河系の星分布モデル。等高線は星の密度を表す。(上) 銀河面の分布 (下) 断面図。銀河系中心部には、星が密集した領域（バルジ）があるが、銀河系のバルジは細長く歪んだ構造（バー）をしている。★印はおおよその太陽系の位置。(Freudenreich, H. T. 1998, ApJ, 492, 495 より改変)

があり、太陽より暗い星の数が多いことを考慮すると、銀河系に含まれる星の総数は1000億個程度であろう。

銀河系の円盤部の星は銀河中心の周りを回転運動しているが、バルジ部分の星は銀河面に垂直な方向にも大きな速度をもつ。つまり、星はさまざまな軌道でバルジの中を運動しており、ある瞬間の

第6章　銀河系

星の速度はばらばらの方向を向いている。完全に軌道がランダムであれば、バルジは球状になるはずだが、銀河系の場合、そうならずにバー構造や箱型バルジになっている。これは、特定の方向の軌道をもつ星がバルジ中に多く存在しているためと考えられている。

バルジの中の多数の星の3次元速度を観測で直接測定することは難しい。しかし、星の系を模したシミュレーションとの比較によって、バーや箱型バルジがどのように形成されるかわかってきた。それによると、恒星系円盤が重い場合、その自己重力によって中心部にバーが発達する。これはバー不安定性（bar instability）と呼ばれる現象である。その際、銀河面に垂直方向の運動もバーによる共鳴現象によって励起され、特定の方向に運動する星が現れる。つまり、箱型バルジとバーは連動して形成されるのである。

3-3　恒星系円盤（厚い円盤と薄い円盤）

銀河系の円盤部分は半径がおよそ15kpcである。ただし、明確な外縁があるわけではなく、円盤の表面密度は中心から外側に向かって指数関数的に小さくなっている。円盤部分には、数万年から数十億年の幅広い年齢をもつ星と水素を主成分とする星間ガスが混在する。恒星円盤には、厚みが0.3kpc程度の薄い円盤（thin disk）と1kpc程度の厚い円盤（thick disk）があると考えられている。薄い恒星系円盤ではガス円盤から100億年ほどかけて継続的に星が生成されている。現在、1年当たりおよそ太陽2個分の質量の星が銀河円盤全体で生まれている。

厚い円盤の金属量は平均的に太陽の金属量の30％程度で、太陽金属量の80％の薄い円盤に比べて金属量が少ない。後述するハローよりも年齢が若く、薄い円盤よりも年齢は古いと考えられている。構成する星の速度分散も、薄い円盤とハローの星の中間である。これらの事実から薄い円盤と厚い円盤は形成過程が異なると考えられているが、その成り立ちの違いはまだ完全には解明されていない。

銀河系外の渦巻銀河の円盤部には、渦状腕が見られる。銀河系にも数本の顕著な渦状腕があると考えられており、そこには年齢の若い星が多く分布する。

3. 銀河系の基本構造

3-4 星間ガス円盤

　円盤部分には主として水素から成る星間ガスが分布している。星間ガスは中性および電離した原子、分子、および固体の塵（星間ダスト）が含まれる。全質量は10億$M_\odot$程度と推定されている。星間ガスは厚さ300pc程度、半径20kpc程度に分布している。平均密度は銀河面で約1個cm^{-3}であり、銀河の外側へいくほど密度が低くなる。

　星間ガスは場所によって濃淡が異なり、密度が100〜1000個cm^{-3}程度の濃い部分は分子ガス雲と呼ばれている。その成分がほとんど水素分子だからである。分子雲は渦状腕に多く分布しており、星が形成されている。太陽から500pcのオリオン座分子雲、150pcのおうし座分子雲といった近傍の分子雲は星生成の現場として、電波望遠鏡等による観測で詳しく調べられている。

　銀河中心から10kpc付近までは中性の星間ガスの大部分は水素分子であり、それより外側は原子状態の水素が多くなる。星は分子雲から生まれるため、水素分子の割合が銀河系の外側で急激に減少することは、新たに星が生成されている領域に外縁があることを意味する。中性水素原子ガスは半径30kpc（太陽系から20kpc程度）まで広がっている。系外の渦巻銀河の外縁部の観測では中性水素の円盤は恒星円盤より数倍大きいことが知られており、銀河系も例外ではない。

3-5 ハロー

　年齢の古い星は銀河系円盤の周りに半径200〜300kpcにわたって球状に広がるハローを構成している。円盤に属する星（種族Iと呼ばれる）とは異なり、ハローに属する星（種族II）は円盤面から大きく外れた、軌道離心率の大きい楕円軌道を高速（数百$km\ s^{-1}$）で運動している。太陽近傍のそのような高速度星は1926年ヤン・オールト（J. H. Oort）によって発見された。ハローの星は金属（水素とヘリウム以外の元素）の割合が種族Iの星に比べて少ない。ハローは銀河形成の初期に、数億年程度で形成された構造だと考えられている。

第6章　銀河系

3-6　球状星団

　球状星団は、その名の通り、10万〜100万個程度の恒星が球状に密集した星団である。その典型的な大きさは数pc程度である。太陽近傍の星の数密度が平均的に1pc^{3}当たり1個程度であることを考えると非常に高密度である。

　現在知られている球状星団は、約150個あり、太陽系から数kpcから100kpc離れている。ハローの星と同様、球状星団の星も銀河系でもっとも古い種族である。たとえば、典型的な球状星団M15（距離およそ10kpc）の年齢は120億年と推定されている。

　球状星団は銀河とは異なり、星の密集度が非常に高いために、銀河の中の星では無視できた星同士の衝突が球状星団では無視できない（ここでいう衝突とは、星が直接衝突するという意味ではなく、星同士が近づくと互いの重力によって、その軌道が大きく変わることを意味する）。そのため、重力熱力学的振動という力学的な振動現象が星団中心部で起こることが理論的に知られている。

　系外銀河で知られている、バルジ質量と銀河中心の巨大ブラックホール質量の関係（マゴリアン関係）が、質量の小さい球状星団でも成り立っているとすると、球状星団にも質量の小さいブラックホールがあってもよいと考える研究者もいる。球状星団の中には、1000$M_\odot$程度の中間的な質量のブラックホールがあるのではないかという報告もある。しかし、その観測結果は中間質量ブラックホールがなくても説明できるという反論もあり、まだ決着を見ていない。

3-7　太陽系の位置と回転速度

　銀河円盤を構成する星やガスは銀河系の中心に対して約200km s^{-1}の速度で回っている。しかし、剛体の円盤のように一定の角速度で回転しているわけではなく、銀河中心からの距離によって回転速度が異なる（差動回転、differential rotation）。さらに円運動以外にも、動径方向や銀河面に垂直方向の速度も10〜20km s^{-1}程度ある。星々はメリーゴーラウンドの木馬のような複雑な運動をしながら銀河中心の周りを回っている。

　星やガスの運動を考えるときに、その基準となる座標系が必要で

3. 銀河系の基本構造

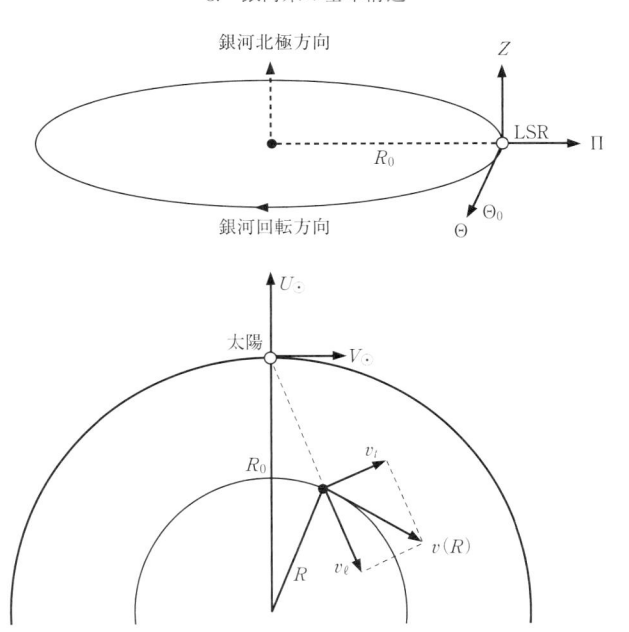

図6-6 局所静止基準（LSR）は、太陽を原点として、銀河中心の周りを軌道運動する仮想的な座標系である。天体の銀河の外側方向、銀河の回転方向、銀河の北極方向の速度3成分を（Π, Θ, Z）とすると、LSRの速度は円軌道の場合（0, Θ_0, 0）である。LSRを基準とした太陽の速度を（$U_\odot$, $V_\odot$, $W_\odot$）と表す。銀河中心からR離れた天体の速度を$v(R)$、その太陽から見た視線方向の速度をv_r、視線方向に垂直な速度成分をv_ℓとする。v_rはドップラーシフトの原理を使って、天体のスペクトルから求めることができるが、v_ℓを知ることは一般に難しい。

ある。物理的には回転の中心、すなわち銀河中心を原点とした座標系が自然のように思える。

しかし、我々はあくまで太陽系からしか観測ができないために、太陽系付近を基準とする座標系、すなわち局所静止基準（Local Standard of Rest、LSR）が用いられている。

225

第6章　銀河系

　LSRは、太陽を原点とし、銀河面内で軌道運動する仮想的な座標系と定義される（実体としてLSRというものがあるわけではないことに注意）。LSRの運動として円軌道を仮定する場合もある。LSRを基準として、銀河回転方向の速度をΘ、外側方向の速度をΠ、銀河の北極方向の速度をZとして（図6-6）、天体のLSRに対する相対速度（特異速度という）を、(U, V, W)と表す。

　太陽系の特異運動$(U_\odot, V_\odot, W_\odot)$を観測データのみから厳密に求めることはできない。そもそもLSRを観測データから定義できないからである。

　そこで、太陽近傍の星集団がLSRと同じ運動をしていると仮定し、その星集団の運動の平均値を求めることで、太陽系の特異運動を近似的に求めるということが行われている。

　LSRの銀河中心からの距離R_0と回転速度Θ_0は、銀河系の大きさ

表6-1 太陽系（LSRの原点）から銀河中心までの距離R_0、LSRの回転速度Θ_0、LSRに対する太陽運動速度$U_\odot$、$V_\odot$、および$W_\odot$のまとめ。

		R_0 [kpc]	Θ_0 [km s^{-1}]	$U_\odot$ [km s^{-1}]	$V_\odot$ [km s^{-1}]	$W_\odot$ [km s^{-1}]
1)	IAU勧告値（1985）	8.5	220 ± 20	10.0	15.4	7.8
2)	McMillan & Binney（2010）	6.7〜8.9	220〜279	—	—	—
3)	Schoenrich 他（2010）	—	—	11.1	12.2	7.3
4)	Ghez 他（2008）	8.4 ± 0.4	—	—	—	—
5)	Gillessen 他（2009）	8.33 ± 0.35	—	—	—	—
6)	Reid 他（2009）	$7.9^{+0.8}_{-0.7}$	—	—	—	—

1）1985年の国際天文学連合（IAU）総会で合意された推奨値。2）18箇所の大質量星生成領域のメーザ源の年周視差および固有運動の解析に基づく。同じデータに対して$\frac{\Theta_0}{R_0}$は29.9〜31.6km s^{-1} kpc^{-1}とばらつきは小さい。3）太陽近傍の約1kpc以内約1万5000個の星の年周視差や固有運動を高精度で測定したヒッパルコス衛星のデータから求めた値。ただし、0.5〜2km s^{-1}程度の不定性がある。4）、5）銀河中心の星の軌道を直接求めたより最近の観測によるもの。6）銀河中心のメーザ源（Sgr B2）の超長基線干渉計による年周視差観測から求めたもの。

3. 銀河系の基本構造

や回転速度を決める基本的なパラメータである。しかし、正確にこれらの値を決めるのは難しく、さまざまな努力がされてきた。1980〜90年代の論文ではR_0は7〜9kpcまでと幅があった。表6-1に、1985年の国際天文学連合（IAU）の勧告値や最近の報告をまとめた。銀河中心の星の運動を詳細に観測したデータから得られた値は$R_0 = 8.0$kpc前後に収束しつつある。

一方、Θ_0にも、200〜280km s^{-1}と大きな不定性がある。ただし、回転角速度すなわち$\frac{\Theta_0}{R_0}$は多くの研究で、30km s^{-1} kpc^{-1}前後の値を示している。

3-8 銀河系の真の姿

太陽系からしか観測できないという制約により、星や星間ガスなど銀河系内の天体までの距離やその3次元速度を測定することは難しい。では、銀河系が本当はどういう姿をしているかを知る手段はないのだろうか。いろいろな観測的制約にもかかわらず、銀河系全体の地図を観測データから再構成しようという努力がされてきた。

歴史的にはオールトらの1958年の論文に掲載された中性水素（H I）の21cm輝線強度の地図が有名である（より最近の同様の地図は、図6-8の左図）。これによってはじめて銀河系内のガスの分布は一様ではなく、系外銀河にみられるような大局的な渦巻構造をもっていることが認識された。

その後の研究から、銀河系の渦巻腕は少なくとも4本（内側から、じょうぎ座腕、たて座-南十字座腕、いて座-りゅうこつ座腕、ペルセウス座腕）あるというモデルが提唱された（図6-7）。また、太陽近傍にはオリオン腕あるいは局所腕（ローカルアーム）と呼ばれる構造がある。ペルセウス座腕の外側にはアウター腕の存在も提案されている。

図6-8は、オールトと同様の手法を最近の観測データに適用して、中性水素だけではなく水素分子の分布も示したものである。中性水素は半径17kpcほどの広がりをもち、質量は$2.5 \times 10^9 M_\odot$である。これは銀河全体の質量のおよそ1.5％である。

横からみると、中性水素の円盤は銀河の内側では0.5kpc程度、外側では2kpc程度に広がっており、さらに湾曲していることもわ

第6章　銀河系

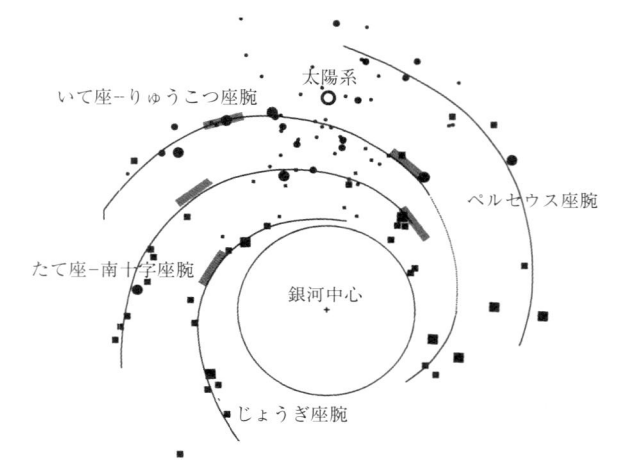

図6-7　銀河系の4本腕モデル。○は太陽系の位置。(Georgelin, Y. M. & Georgelin, Y. P. 1976, A&A, 49, 57 より改変)

かっている。最外縁部では、本来の銀河面から1.5kpc以上も離れている。このような湾曲構造（warping）は系外の銀河でもしばしば見られる。一方、分子ガスは半径10kpcよりも内側に分布しており、その厚みは50〜160pc程度である。

　ただし、これらの地図を作るにあたっては大きな仮定がされていることに注意が必要だ。それは星や星間ガスなどの天体が銀河中心を回る完全な円運動をしているという仮定である。また、銀河中心からの距離と回転速度の関係（銀河回転曲線）も仮定されている。そうすると、その天体のもつ視線方向速度（図6-6）の観測から、天体までの距離を推定することができる。しかし、銀河円盤中の天体は実際には非円運動（軌道半径が変わる）しており、また、銀河回転曲線には不定性が大きい（本章3-9節参照）。

　一方、高精度の理論シミュレーションを用いた、別のアプローチも近年、試みられている。まず、理論シミュレーションによって、"模擬銀河"を計算機上に生成する。この模擬銀河は、星、星間ガ

3. 銀河系の基本構造

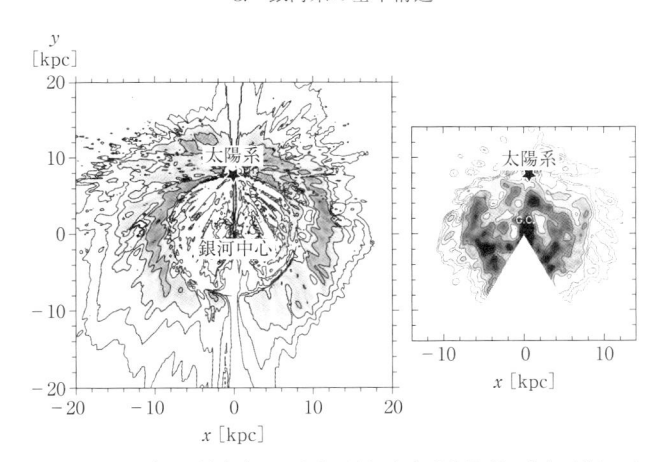

図6-8 銀河系の中性水素ガス分布(左)と水素分子ガス分布(右)。太陽系は、($x = 0$kpc、$y = 8$kpc)にある。色の濃さはガスの量を表す。中性水素も分子ガスも一様には分布していなく、腕と密度の濃い部分があることがわかる。(Nakanishi, H. & Sofue, Y. 2006, PASJ, 58, 847 および Nakanishi, H. & Sofue, Y. 2003, PASJ, 55, 191 より改変)

ス、ダークマターを含み、さらに星間ガスの加熱や冷却過程、星間ガスからの星生成や超新星爆発によって星が星間ガスに戻る過程など、現実の銀河系で起こっているさまざまな現象が取り入れられている。この模擬銀河に観測者(つまり太陽系)を置き、実際の観測と同様に擬似的に観測する。その結果を観測データと比較し、モデルや太陽系の位置を修正するということを繰り返す。最終的にもっともよく観測データを再現する銀河系のモデルと太陽系の位置が図6-9である。

このモデルによると恒星系の渦巻腕は顕著なものは4~5本あり、古くから渦巻腕と考えられていた5つの腕構造(アウター腕、ペルセウス座腕、いて座-りゅうこつ座腕、たて座-南十字座腕、じょうぎ座腕)に相当する構造も再現されている。しかし、特に低温の星間ガスがつくる渦巻腕は、単純でなめらかな構造(図6-7)

第6章　銀河系

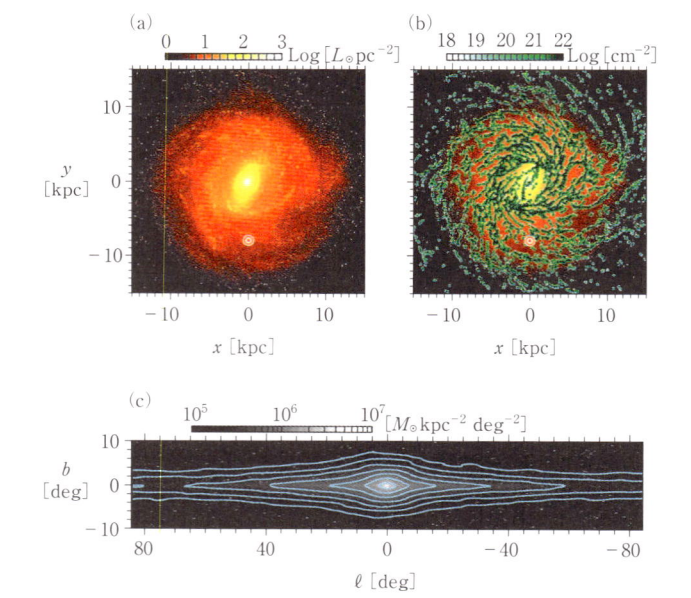

図6-9　銀河系の最新理論モデルと太陽系の位置（$x=0$kpc、$y=-8$kpc）。(a)星の分布。中心部に棒状構造、渦巻腕が見られる。(b)低温の星間ガスは多数の複雑な渦巻構造を作っている。(c)太陽系（上の図の二重丸印）から見た銀河系円盤。中心に箱型バルジが再現されている。COBEの赤外線マップで見られるように銀経が正の方がやや膨らんで見える。(Baba, J. et al. 2010, PASJ, 62, 1413より改変)

とは程遠い複雑な形態をしている。実際の渦巻腕は不連続で、細かく枝分かれしている。

シミュレーションで得られた銀河系モデルには、腕と腕をまたいで半径方向に2～3kpcも大きく非円運動する星間ガスや恒星が見いだされた。本来は非円運動している銀河円盤中のガスや星に対して、オールトと同様に円運動と回転曲線を仮定して、銀河面内の構造を再現したのが図6-10である。しかし、図6-9(b)に示されるよ

230

3. 銀河系の基本構造

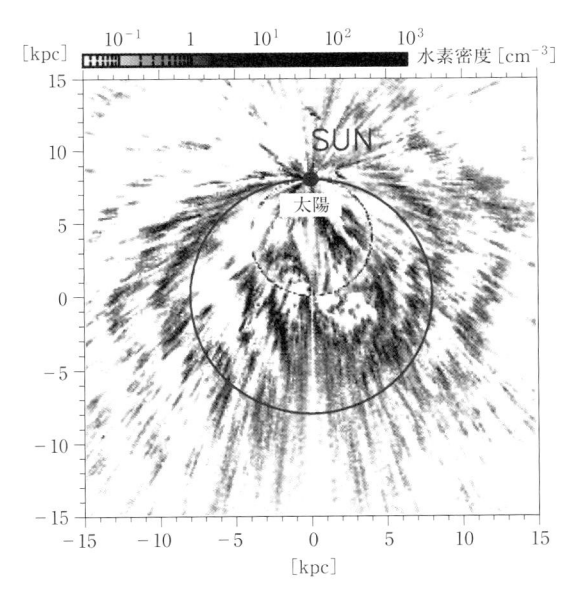

図6-10 図6-9のガスの分布から、視線方向速度と円運動を仮定して再構築したガス分布。図6-8と同様に太陽（$x = 0$kpc, $y = 8$kpc）を中心とした放射状の構造がある。しかし、このような構造は本当のガス分布（図6-9(b)）とはかけ離れている。(Baba, J. et al. 2009, ApJ, 706, 471 より改変)

うに実際のガスの分布にこのような太陽を中心とする放射状の構造はない。視線方向速度と円運動を仮定して距離を決めたことに問題があったのである。

理論シミュレーションからさらにわかってきた重要なことは、図6-9のような銀河構造は時々刻々と変化するということである。従来、銀河の渦巻腕は形を変えずに恒星系円盤を伝わるある種の波のようなものと考えられてきた。しかし、最近の研究では銀河渦巻は、その構造（渦巻の本数やその強さ、枝分かれ構造など）が時間とともに変わっていき、局所的にみると常に生成、消滅していること

とがわかってきた。その時間スケールは、銀河回転の時間スケール（太陽系付近で2億年程度）と同程度かそれ以下である。つまり、図6-9は現在の銀河系の姿であって、数億年もたつと細かい構造は変わってしまうだろう。また、太陽系も現在の位置で銀河中心の周りを円運動しているわけではないので銀河中心に近づいたり、また離れたりする。数億年後の夜空に見える天の川の姿は現在とは少し違って見えることだろう。

3-9 銀河系の質量分布と回転曲線

　銀河系のような円盤銀河はおおむね回転平衡、つまり銀河中心方向の重力と遠心力がつりあった状態にある。銀河の質量分布が半径のみの関数$M(r)$であれば、回転速度$v(r)$は、力学的つりあいの式

$$\frac{GM(r)}{r^2} = \frac{v^2(r)}{r} \tag{6-1}$$

から求めることができる。ここで、Gは万有引力定数。$v(r)$を半径rに対して描いた図を回転曲線という（図6-11）。上の式を用いれば、回転曲線から銀河系の質量分布$M(r)$を求められることがわかる。

　しかし、観測的に銀河系の回転曲線を正確に求めることは難しい。なぜなら観測から得られる速度は多くの場合、天体の視線方向速度のみだからである（図6-6のv_ℓ）。仮に、銀河回転が完全に円運動（軸対称）で、かつLSRの銀河中心からの距離R_0と回転速度Θ_0を与えると視線方向速度から幾何学的に回転速度$v(r)$を求めることができる。

　ところが、R_0とΘ_0の値は正確に得られていない（表6-1）。また、そもそも星間ガスや星は完全には円運動していない。そのため、視線速度から求めた回転曲線には観測データだけからは取り除けない不定性があることに注意しなければならない。

　図6-11の回転曲線を見ると、太陽よりも外側の回転曲線には大きな誤差がある。しかし、平均的には半径が大きくなっても回転速度はあまり減少していない。このことから回転速度を維持するのに必要な重力を発生させている"なんらかの物質"が銀河円盤の外側にも続いているということが予想される。一方、その領域では星や

4. 銀河系中心の構造と巨大ブラックホール

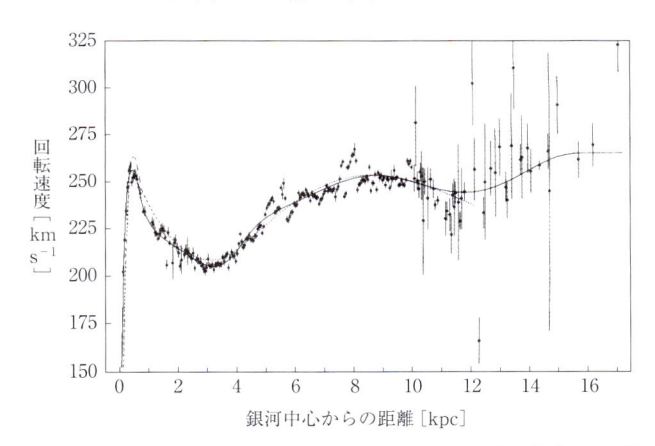

図6-11 銀河系の回転曲線。横軸は銀河中心からの距離、縦軸はその場所での回転速度。各点は観測データ。縦棒は回転速度の誤差を表す。銀河中心から10kpcを超えると、誤差が非常に大きくなっていることがわかるが、その平均値(曲線)は減少していない。(Clemens, D. P. 1985, ApJ, 295, 422 より改変)

ガスなどの光る物質はあまり存在していないことから、ダークマターが銀河円盤の外側にあるという間接的な証拠と考えられている。

4. 銀河系中心の構造と巨大ブラックホール

渦巻銀河の中心は単に回転する円盤の力学的な中心というだけではなく、しばしば銀河全体からの放射にも匹敵する強い電磁波を放っている特異な場所でもある。その激しい活動は、太陽質量の100万～10億倍もの巨大なブラックホールが原因であることもわかってきた(第11章および第12章)。

一方、銀河系の中心は太陽系からわずか8kpcの距離にあるために、他の銀河とは異なり、中心部の構造を詳しく観測することができる。その結果、銀河系の他の場所には見られない、さまざまな不思議な構造が発見されている。

第6章　銀河系

4-1　Sgr A*付近の構造

　銀河系の中心の数pcの領域には、高密度で明るい星の集団や、中性ガス、電離ガス、また非常に高温のガスが存在している。銀河面に沿ってさまざまな強い電波領域があり、その中でもっとも強い電波を放っているのが"いて座A（Sgr A）"と呼ばれる領域である。中心の直径1pcの領域には、"いて座A西（Sgr A West）"と呼ばれる電離水素領域があり、100万度の電離した低密度ガスからX線が放射されている。内部には"ミニスパイラル"と呼ばれる電離ガスの渦巻構造があり（図6-12）、これを半径1.5～4pcの分子ガスのリング"周中心円盤（circum nuclear disk、CND）"が取り囲んでいる。CNDの外側には、若い超新星残骸である"いて座A東（Sgr A East）"がある。この付近の銀河中心から5～100pcの領域にはたくさんの分子ガス雲も発見されている。

　星の密度は銀河中心に向かって次第に増えていき、その中心には非常にコンパクトな電波源である"いて座A*（Sgr A*、サジタリウスエースター）"がある（図6-12）。センチ波およびミリ波VLBI（超長基線電波干渉計、第16章3節参照）観測から、その大きさは、わずか0.4～1.2天文単位（au）、つまり、地球と太陽の間の距離程度と推定されている。その狭い領域から非常に強い放射が観測されていることから、巨大ブラックホールをエネルギー源とする系外銀河の活動銀河中心核と同様に、Sgr A*にも巨大ブラックホールが潜んでいるのではないか、と考えられ

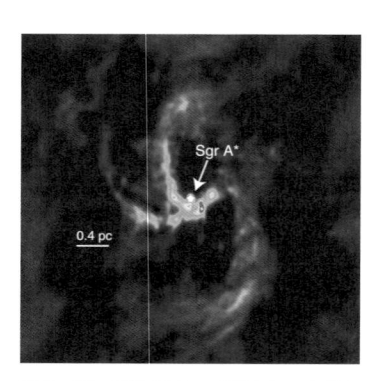

図6-12　電波源「いて座A」の内部には「ミニスパイラル」と呼ばれる3本の渦巻構造があり、さらにその中心付近にひときわ明るくコンパクトな電波源いて座A*（Sgr A*）がある。（米国立電波天文台）

るようになった。

4-2　巨大ブラックホールの発見

ヨーロッパ南天天文台のVLT望遠鏡などの20年近くにわたる観測により、Sgr A*近傍の30個の星の軌道が判明した。いくつかの星は、Sgr A*に光の速さで数十時間の距離（太陽系の大きさ程度）まで近づき、その速度は1000km s^{-1}を超える。この高速運動は何か強い重力をもつ天体が、その軌道の中にあることを意味している。また、VLBIによって、Sgr A*自身の運動も測定されている。これらの観測データの詳しい解析から、Sgr A*には125天文単位以内に430万$M_\odot$の巨大な質量をもつ謎の天体があることがついに明らかとなった。この謎の天体自身はどの波長の電磁波でも観測できないことから、現在もっとも確実な巨大ブラックホール候補の1つだと考えられている。

5.　衛星銀河（伴銀河）

銀河系から約800kpcの距離にあるアンドロメダ銀河（M31）は銀河系と同様の大型の渦巻銀河である。この2つの大きな銀河の近傍には矮小銀河や不規則銀河に分類される小型の銀河が40個ほどある。これらの銀河の集団は局所銀河群と呼ばれている。局所銀河群全体に含まれる質量は、$10^{13}M_\odot$程度と見積もられている。その大部分はダークマターが占める。

5-1　大マゼラン雲と小マゼラン雲

局所銀河群の銀河のうち銀河系から50kpcと75kpcと近く、南半球では肉眼でも見ることができるのが、大マゼラン雲と小マゼラン雲である。LMCとSMCは銀河系からもっとも近い系外銀河ともいえる。そのため、星生成領域や星間ガスの大局的な構造を高分解能で知ることができる貴重な天体である。質量はそれぞれ$2\times 10^{10}M_\odot$と$2\times 10^9 M_\odot$である。

LMCの星間ガスは直径10kpc程度の円盤状に分布しており、われわれはその円盤をほぼ正面から見ているため、詳しくその構造を知ることができる。オーストラリアコンパクト電波干渉計（ATCA）

第6章　銀河系

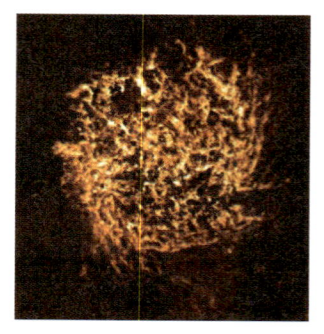

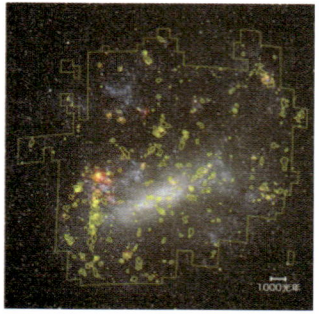

図6-13　大マゼラン雲の中性水素原子の分布（左）と可視光と一酸化炭素分子の分布の比較（右図の等高線。背景は可視光の写真）。一酸化炭素は水素分子の量のよい指標であり、水素分子が塊状に分布していることがわかる。（左図：http://www.atnf.csiro.au/research/lmc_h1/hi_column_density.html、右図：Fukui, Y. et al. 2001, PASJ, 53, L41 より改変）

による観測から（図6-13左）、中性水素原子ガス（総質量約$7 \times 10^8 M_\odot$）の分布は一様ではなく、雲状やフィラメント状の濃い部分や密度の小さい穴状の部分など複雑に入り組んだ構造をしていることがわかる。このように複雑な星間ガス構造をつくる原因は、多数の超新星爆発や星間ガス中の重力や熱不安定の成長によるものと考えられている。

分子ガスの観測はミリ波帯の一酸化炭素（CO）分子輝線を用いて、コロンビア大学の口径1.2m電波望遠鏡や、チリのラスカンパナス天文台（標高2400m）に置かれた名古屋大学の口径4m電波望遠鏡NANTENや、アタカマ高地（標高4800m）の口径4m NANTEN2、国立天文台等が運用する口径10m ASTE（アタカマサブミリ波望遠鏡実験）望遠鏡等によって詳細に行われた。

NANTENのサーベイにより、約270個の分子雲がLMCに発見されており（図6-13右）、それぞれの分子雲は2万$M_\odot$から巨大なものでは数百万$M_\odot$にもなる。

LMCには、銀河系本体では見られない、非常に活発な星生成領

236

域や年齢の若い球状星団が見つかっている。そのうちの代表的なものが30 Dor（かじき座30番星）と呼ばれる、複数の若い星団からなる巨大な星生成領域である。その質量は80万$M_\odot$もあり、直径300 pcもの巨大な電離ガス領域を伴っている。

LMCやSMCは銀河系よりも金属量が数分の1と小さく、そのため分子雲の形成や星生成が銀河系とは異なるのではないかと考えられている。

SMCの中性水素原子ガスは$5 \times 10^8 M_\odot$と見積もられており、LMC同様に多数のシェル構造や穴状の構造がある。NANTENのサーベイによると、分子ガスの総質量は、中性水素原子ガスの約1％である。

5-2 マゼラン雲流と銀河相互作用

大マゼラン雲と小マゼラン雲付近には、天球上で100°に渡って広がる中性水素の雲が観測されており、マゼラン雲流（Magellanic Stream）と呼ばれている。この構造の起源として以下のようなアイディアが考えられている。

両者はお互いに重力相互作用しながら、銀河系の周りを回転している。その軌道運動の解析から、SMCは約18億年前に銀河系に最接近した可能性が高い。その際、銀河系とLMCの潮汐力の影響でSMCの星間ガスが引き出され、マゼラン雲流が形成されたというのだ。数十億年後には、大小マゼラン雲は力学的摩擦（dynamical friction）という過程によって、その軌道が次第に銀河系に近づき、いずれは銀河系本体に飲み込まれることが予想されている。

大マゼラン雲と小マゼラン雲の相互作用や銀河系の潮汐力は、LMCで観測される活発な星生成領域である30 Dorなどの誕生に関係しているかもしれない。

6. 銀河系形成史

6-1 金属量分布と化学進化モデル

星や星間ガス中の鉄よりも軽い元素（金属）は、星の進化過程で合成され、超新星爆発などにより星間空間中にばらまかれたものである。その存在比を調べると、星間ガスからどのように星が生まれてきたか、つまり、銀河の形成史を探ることができる。そのような

第6章　銀河系

進化の理論モデルを化学進化モデル (chemical evolution model) と呼ぶ。

　化学進化モデルでは、ガスから生まれる星の質量スペクトル（初期質量関数）と、その生成率（星生成率）がモデルの振る舞いを決める。また、星から放出された金属がどのように星間ガスと混じるか、考えている系（銀河や星団）に対するガスの流入や流出、金属の供給源としての超新星や巨星のモデルによっても結果が変わる。逆にいうと、観測と理論モデルを比較することで、これらに制限を与えることができる。

　星間ガスや星の元素組成を表すのに [X/Y] という記法が用いられることが多い。これは元素の存在比を太陽の場合（太陽組成、$n_\odot$）と比較して表す記法である。星の元素XとYの数密度を、それぞれ$n_*(X)$および$n_*(Y)$とすると、

$$[X/Y] = \log_{10} \frac{n_*(X)}{n_*(Y)} - \log_{10} \frac{n_\odot(X)}{n_\odot(Y)} \qquad (6-2)$$

と定義される。つまり、[Fe/H] = -1 は、水素（もっとも多い元素）に対する鉄の存在比が太陽の場合に比べて、10分の1であることを示す。

　バルジとディスクの星は、[Fe/H] = 0 付近の値をもつものがもっとも多い。つまり太陽と同様の金属量をもつ。一方、ハローの星は、太陽組成よりも50分の1程度しか金属を含まない。これは、ハローでの星生成がディスクやバルジの星ができた過程よりも、不活発であったことを意味する。それぞれの観測データは、理論的な化学進化モデルの予想とよく合っている。

6-2 銀河考古学

　銀河ハローには年齢が100億年を超える古い星や球状星団が存在することから、銀河の形成期の情報がなんらかの形で残っていると考えられる。その情報を使って、銀河の形成史を探る手法は銀河考古学 (Galactic Archaeology) と呼ばれる。

　ハローに属する星は、太陽近傍では高速（太陽に対する相対速度が約60 km s^{-1}以上）で運動する星として観測される。それらの星は金属量が太陽よりも1～2桁も小さいので、金属欠乏星 (metal-

6. 銀河系形成史

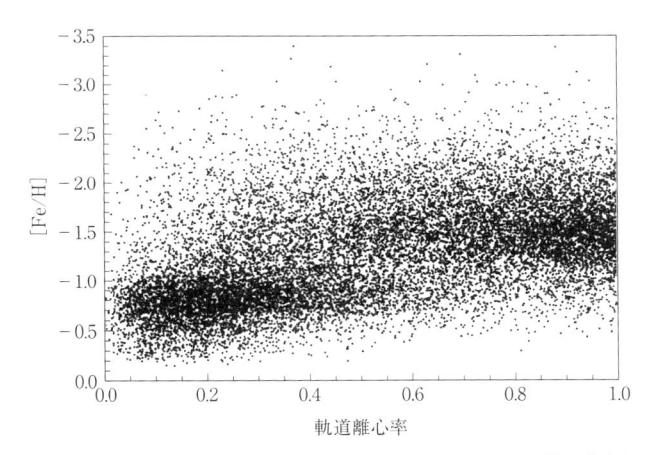

図6-14 SDSS/SEGUEサーベイから得られた、ハロー星の鉄の存在比[Fe/H]と軌道離心率の関係。円軌道は軌道離心率が0、軌道離心率が大きいほど、細長い楕円軌道をしている。金属量が少ないほど、軌道離心率が大きい傾向がある。(Calloro et al. 2010, ApJ, 692, 727 より改変)

poor star)と呼ばれる。それらの星の金属量を調べると、星の運動エネルギーや軌道離心率と負の相関があるということがオリン・エゲン(O. Eggen)、ドナルド・リンデン-ベル(D. Lynden-Bell)、およびアラン・サンデイジ(A. Sandage)の3人によって1962年に発見された。

金属量が少ないということは、化学進化がまだ進んでいないことを示唆し、これらの金属欠乏星が銀河形成の初期のころに生まれたことを意味する。さらに、その星の軌道が大きく広がっていて、かつ楕円軌道であるということは、銀河円盤中の星間ガスから生まれる普通の星とは異なって、金属欠乏星は重力収縮する原始銀河ガス雲から生まれたと考えるのが自然であろう。このような銀河形成過程は発見者の頭文字をとって"ELSシナリオ"と呼ばれている。

最近のSDSSによるデータの解析から、ハロー星の軌道の性質と金属量の関係がさらに詳細に分かってきた。図6-14に、金属量と

第6章　銀河系

軌道離心率の関係を示す。ハローの星（[Fe/H]<−1）にも、軌道離心率が小さい（円軌道に近い）ものから、軌道離心率が1に近い（細長い楕円軌道）ものまで存在していることがわかる。これらの軌道データを用いて、金属欠乏星のハロー中での空間密度を再構成したところ、ハローの内側では扁平な楕円構造、外側に行くほど球形に近い構造をしており、また、外側のハローは内側とは逆方向に回転しているらしいことがわかった。これらの結果は、内側のハローと外側のハローで、形成史が異なることを示唆している。

　銀河形成は、ガスとダークマターから成る原始銀河が自分自身の重力によって収縮しながら星をつくる過程である。しかし、1つの大きな原始銀河雲が収縮して1つの銀河ができたのではなく、小さな原始銀河が合体しながら、より大きな構造に成長した、と考えられている（階層的構造形成）。上記のハローの2重構造もそのような複雑なプロセスに原因があるのかもしれない。また、いて座矮小銀河のように、引き延ばされたような構造をしている不規則銀河や、SDSSによって発見された、星々がひも状に並んでいる"星のストリーム（star stream）"などの、銀河系ハローにみられるサブストラクチャー（小規模な構造）も階層的構造形成の名残なのかもしれない。

第7章
星

第7章　星

1. 概要

夜空を眺めると明るさや色の異なる星を見ることができる。望遠鏡を使えば、生まれつつある星の集団や、星が爆発した跡まで見つかる。さまざまな天体を見ることで、星の進化の道筋をたどることができる。また、専門の観測装置を用いて星からの光をスペクトルに分光すれば、その星を構成している元素までわかる。

星はどのようにして明るく輝いているのだろうか。宇宙に存在する元素はいつどこで合成されたのだろうか。星は宇宙にある多様な天体を構成するもっとも基本的な要素であり、その分類や進化を知ることは宇宙を理解する上で重要である。

1-1　星の分類と色 ── 等級図

さまざまな星を、光度を縦軸に、色あるいは表面温度を横軸にとって図上にプロットすると、ほとんどの星が左上（明るくて青白い星）から右下（暗くて赤い星）にのびる1つの帯の上に並ぶ（図7-1）。この図はヘルツシュプルング-ラッセル図（Hertzsprung-Russell diagram、HR図）と呼ばれ、星の分類や進化を考える上でもっとも基本的な情報をここから読み取ることができる。HR図で左上から右下にわたる帯は主系列（main sequence）と呼ばれ、安定に輝く星が並んでいる（表7-1も参照）。個々の星が主系列上で異なる場所に位置するのは、基本的には星の質量が異なるからである。質量の大きな星は明るく、色も白から青白く見える。一方で小さな星は暗く、色は黄色から赤く見える。星はその一生のほとんどを主系列の星として過ごす。その後さまざまな進化を経て、星の周辺に惑星状星雲を形成したり、超新星爆発を起こして死を迎える。

星からの光を波長ごとに分光したスペクトルを見ると、ところどころに黒い縞が見える。これらは星の大気中にあるさまざまな元素による吸収が現れているのだが、星によって見える吸収線は異なり、その特徴をもとにいくつかのタイプに分類することができる。これを星のスペクトル型分類と呼ぶ。現在標準的に用いられているのはハーバード分類と呼ばれ、O型、A型、K型などと呼ばれる。

HR図上では主系列の帯の左上から右下に向かってO、B、A、F、G、K、Mの順に並ぶ。星の表面温度もこの順に低くなってい

1. 概要

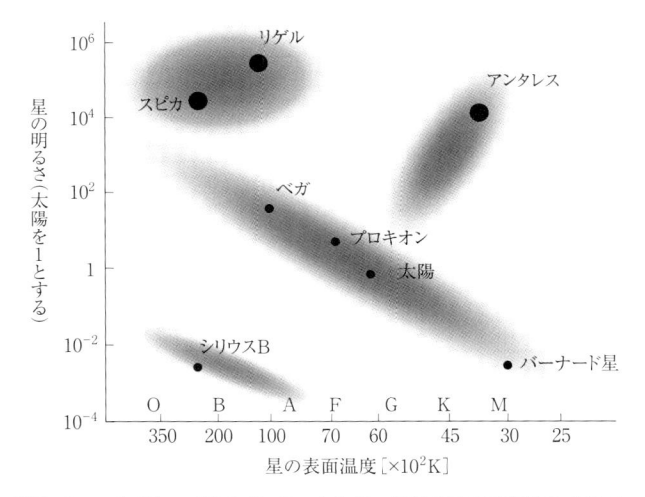

図 7-1 ヘルツシュプルング-ラッセル図。横軸は星の表面温度（あるいは色）、縦軸は明るさを表す。左上から中央を通り、右下へとつながる帯が主系列。

く。温度のちがいが星表面のさまざまな元素のイオン化度に影響し、スペクトル吸収線に特徴があらわれる。実はこの特徴のちがいでO、B、……と分類されていたのだが、HR図上で順番に並ぶことが見つかった。主系列の両端で、星の質量や半径は100倍ほどしかちがわないが、光度は太陽の光度を単位として0.01〜100万$L_⊙$と、1億倍ほども異なる。

また、表面温度が同じでも光度（絶対等級）のちがいを区別するために光度階級（luminosity class）が設定されている。超巨星、輝巨星、巨星、準巨星、主系列星（あるいは矮星）、および準矮星をそれぞれ光度階級Ⅰ、Ⅱ、Ⅲ、Ⅳ、Ⅴ、およびⅥのローマ数字で表すことになっている。

近年になって、水素燃焼を起こさず、自ら光り輝くことはできない褐色矮星（brown dwarf）が発見され、上記の分類は拡張された。褐色矮星は表面温度の順にL型、T型、Y型と分類され、おも

第7章　星

表7-1　主系列星の性質

スペクトル型	$m\,[M_\odot]$	M_V	$U\text{-}B$	$B\text{-}V$	$T_\mathrm{eff}\,[\mathrm{K}]$
O5	60	−5.7	−1.19	−0.33	42000
B0	17.5	−4.0	−1.08	−0.30	30000
B5	5.9	−1.2	−0.58	−0.17	15200
A0	2.9	0.65	−0.02	−0.02	9790
A5	2.0	1.95	0.10	0.15	8180
F0	1.6	2.70	0.03	0.30	7300
F5	1.4	3.50	−0.02	0.44	6650
G0	1.05	4.40	0.06	0.58	5940
G5	0.92	5.10	0.20	0.68	5560
K0	0.79	5.90	0.45	0.81	5150
K5	0.67	7.35	1.08	1.15	4410
M0	0.51	8.80	1.22	1.40	3840
M5	0.21	12.3	1.24	1.64	3170

m：質量　M_V：Vバンドの絶対等級　$U\text{-}B$：UバンドとBバンドの色指数　$B\text{-}V$：BバンドとVバンドの色指数　色指数とは天体の色を表す指標で、Uバンドは紫外、Bバンドは青色、Vバンドは緑色から黄色の波長域のことで、$U\text{-}B$、$B\text{-}V$はそれぞれのバンドの等級の差を示す。T_eff：星の表面の有効温度（"Allen's Astrophysical Quantities", 4th Edition, A. N. Cox, 2000, Springerより改変）

に赤外線を放出している。これらをHR図上に載せると、もっとも右下、主系列星よりも暗くて赤い領域に位置することになる。

1-2　原子核反応と元素合成

　では、星はどのようにして光り輝いているのかみてみよう。星のエネルギー源は核融合反応である。主系列星の中心部では水素が核融合しヘリウムになるという水素燃焼反応が起こっている。実際の反応は他の元素（炭素や窒素、酸素など）を含む複雑なものである

が、正味の変化は4個の水素原子核からヘリウム原子核を合成するものである。反応の前後で、もともと水素原子核がもっていた質量の0.7％に相当するエネルギーがガンマ線やニュートリノとして放出される。このエネルギー源のおかげで星は安定して輝くことができ、その一生のほとんどを主系列星として過ごす。

　水素燃焼にはp-pチェイン反応（p-p chain reaction）と呼ばれるものと、CNOサイクル（CNO cycle）と呼ばれるものがある。どちらも水素からヘリウムを合成してエネルギーを得る点では同じだが、途中の反応に関わる元素が異なり、また、反応が進む温度と反応速度の温度依存性が異なる。おおよそ、太陽より軽い星では中心部でp-pチェイン反応により、主にリチウムやベリリウムなどの軽元素を介して水素燃焼が起こる。一方、太陽よりも重い星の中心部では、炭素、窒素、酸素を介したCNOサイクルが主たるエネルギー源となっている。

　水素燃焼により輝く星、すなわち主系列星の内部ではだんだんと燃えかすであるヘリウムがたまっていく。主成分がヘリウムとなった中心部のコアがどのように進化するかが星の最終進化を左右することとなる。また、主系列を終えたのちに中心部コアでは炭素以上の重さのさまざまな重元素が合成される。以下ではさまざまな質量の星の進化をみていこう。

2. 星の進化
2-1 赤色巨星

　主系列星中心部の水素が消費され、いわば燃料がなくなってしまった後はその周辺の薄い球殻状の部分で水素燃焼が起こるようになり、球殻部分が徐々に外側、つまりまだ燃料が残っている部分へと広がっていく。水素が使い果たされた中心部は収縮を始め、一方で燃焼殻を境として、その外側に広がる外層は膨張する。収縮により中心部の圧力が高まり、外側に働く圧力勾配が大きくなる。このため外層の部分は押し出される形で膨れる。この時点で星は主系列を離れ、半径は大きいが表面温度の低い赤色巨星（red giant）へと進化する（図7-1右上）。その後の進化については星の質量に依存するが、概略は以下のようになる。

第7章　星

　まず、主系列を終えた星の中心部は主にヘリウムからできており、収縮すると同時に温度も上昇する。中心部温度が1億Kを超えると、トリプル・アルファ反応（triple-α reaction）と呼ばれる、ヘリウム原子核3つから炭素原子核1つが合成される反応が起こり、中心部での新たなエネルギー源となって中心部の収縮は止まる。太陽程度の質量の星では、このとき、膨張を続けていた外層も膨張から収縮へと転じ、いったん赤色巨星列から離れ、表面温度の高い青色巨星へと進化する。光度はほぼ一定で表面温度が変化するため、HR図上ではほぼ水平に左側に移動する。この領域をHR図での水平分枝（horizontal branch）と呼ぶ。

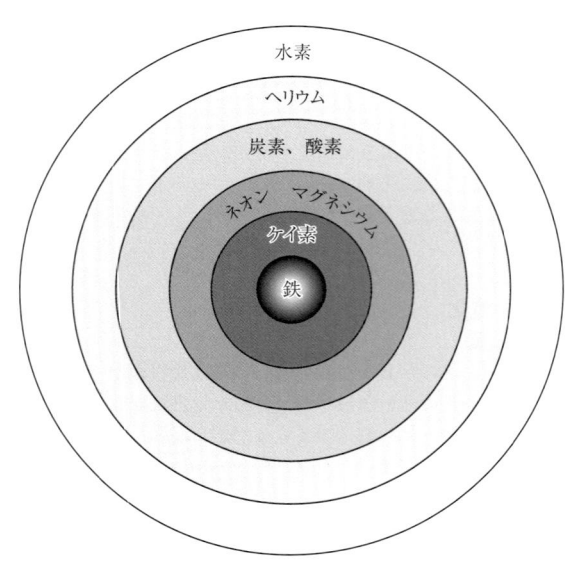

図7-2　進化した星の内部構造。中心から主な成分は鉄、ケイ素、ネオン、マグネシウム、酸素……と重い元素がタマネギ状に層をつくる。個々の層の厚みはこの図では均等になっているが、実際の星の中では図とは異なる。

2. 星の進化

2-2 重力崩壊とブラックホールの形成

　質量が太陽のおよそ10倍以上もある大質量星は、水素燃焼、ヘリウム燃焼のあとさらにその中心で炭素燃焼、ケイ素燃焼と核反応が続き、最後にもっとも内側で鉄のコアができるところまで核融合反応が進む。この段階にある星は、図7-2に示すように、異なる元素を主成分とする層が重なり合ったタマネギ状の構造をもつようになる。

　鉄はもっとも安定な原子核であり、これ以上の核融合反応は起こらない。そのため、鉄のコアは星自身の重みによってさらに収縮が進み、やがて中心の温度は30億Kを超える高温となる。これほど高温になったコアでは鉄（Fe）がヘリウム（He）と中性子（n）に分解する反応

$$^{56}\text{Fe} + \gamma \rightarrow 13^4\text{He} + 4\text{n} - 124.4 \text{ MeV} \tag{7-1}$$

が起こる。この光分解反応は、右辺に表したように吸熱反応であり、星の中心圧力はさらに下がり、収縮が進むこととなる。この一連の現象を星の重力崩壊と呼ぶ。重力崩壊によって中心部にブラックホールができる場合もある。

2-3 巨大質量星の進化

　宇宙には質量が太陽の100倍をはるかに超えるような巨大な星も存在する。これまでに見つかった非常に明るい超新星の中には、巨大質量星の爆発によると考えられるものもある。また、最近の理論研究によれば宇宙初期の星も巨大であった可能性が示唆されており、宇宙の化学進化を知る上でも重要である。

　巨大質量星は、通常の大質量星（$10 \sim 130 M_\odot$）と同じように、水素燃焼、ヘリウム燃焼、炭素燃焼と進んでいくが、その先の進化は大きく異なる。星の中心部で酸素燃焼が起こるとき、中心温度は10億Kを超えている。このような高温の中心部では、光子のなかにそのエネルギーが電子の静止エネルギーに達するものが多くなり、電子・陽電子対が生成される（対生成、pair creation）。光子が担っていた内部エネルギーが電子対の生成に使われてしまうため、実効的な圧力が下がり、中心部は重力収縮を始める。収縮によ

り解放される重力エネルギーの一部はまたも電子・陽電子対生成に使われ、コアは重力的に不安定となり、収縮は止まらない。これを対生成不安定（pair creation instability）と呼ぶ。収縮して温度が上昇したコアでは酸素燃焼率が増大し、温度は急上昇し、すぐに爆発的燃焼を起こすようになる。ここでようやくコアの収縮は止まり、逆に星は内側から急激に膨張し爆発を起こす。これを対生成型超新星と呼ぶ。

この特異な型の超新星をおこす星の質量には上限があり、およそ$300M_\odot$であると考えられる。これ以上重いと、酸素燃焼で放出されるエネルギーでは星全体を吹き飛ばすことができず、コアではケイ素燃焼、鉄の光分解がおこって最終的にブラックホールが形成される。星全体が重力崩壊してブラックホールとなるため、これが初期宇宙での中間質量ブラックホールの生成機構の1つと考えられる。

3. 高密度天体
3-1 白色矮星と惑星状星雲

HR図の左下には高温・低光度の星の一群が見られる。これらは白色矮星（white dwarf）と呼ばれる。白色矮星は半径が地球程度ときわめて小さいが、質量は太陽ほどもあり、平均密度が$10^6 \mathrm{g\,cm^{-3}}$もある高密度の星である。

よく知られた白色矮星として、おおいぬ座のシリウスの伴星、シリウスBがある。19世紀半ばに、シリウスのふらつきの観測から、伴星の存在が指摘された。実際に見つかったのはみかけの明るさが8.5等級と非常に暗いものであった。全天でもっとも明るい恒星であり、−1.5等級をもつシリウスの主星とは10等級以上、つまり1万倍ほども明るさにちがいがある。しかし、この連星系の動きから求められたそれぞれの質量は主星が$2.1M_\odot$、伴星が$1.1M_\odot$である。質量で2倍しかちがわないことから、暗い伴星の方はサイズが極端に小さいと考えられた。

このような高密度の星は、通常の気体の圧力や光子による放射圧ではなく、電子の縮退圧という、量子力学的な効果により自重を支えている。縮退圧はガスの密度のみに依存する量であるため、縮退したガスから成る中心部は特異な進化をする。

3. 高密度天体

このような白色矮星の質量に上限があることを予言したのはスブラマニアン・チャンドラセカール（S. Chandrasekhar）である。チャンドラセカールの質量は、白色矮星の組成（ヘリウムや炭素の割合）にもよるが、およそ$1.4M_\odot$である。これよりも重い白色矮星は自らの重みを支えることができず、重力的に収縮する。連星系にある白色矮星が相手の星からのガスを降着して限界質量を超える場合には、その中心で爆発的炭素燃焼を起こすことがあり、これがIa型超新星の起源であると考えられている（本章7節参照）。

次に、白色矮星へと進化する過程を詳しくみてみよう。質量が太陽程度からその数倍までの星は、主系列段階終了後、赤色巨星となった後に外層が放出されてしまい、惑星状星雲（planetary nebula）となるものがある（第13章2節参照）。その途上の進化は複雑だが、概略は以下のようになる。

主系列を離れたあと、中心のヘリウム核は縮退状態にあり、電子の縮退圧で支えられている。球殻での水素燃焼が続くためヘリウム核の質量は増大していき、光度と半径も増していく。中心温度が1億Kに達すると、縮退したヘリウム核ではトリプル・アルファ反応（本章2-1節）が一気に進み、ヘリウム・フラッシュと呼ばれる現象を起こす。その後、中心部でヘリウムを燃焼させながら外側球殻部では水素を燃焼する構造になる。HR図上では、赤色巨星列から離れ、光度はほぼ一定で表面温度が高い領域に移動する。

さらに中心でヘリウムが燃えつきると、燃えかすである炭素と酸素から成るコア、それを囲むヘリウム球殻、さらに外側の水素を主成分とする外層から構成される。球殻中でのヘリウム燃焼とその外側球殻での水素燃焼で輝く段階の星は、漸近巨星分枝星（asymptotic giant branch star、AGB星）と呼ばれる道筋をたどって光度と半径がさらに増えていく。星の半径が大きくなると、表面での重力はどんどん小さくなっていく。そのためなんらかのきっかけで外層が星からはがれやすくなる。詳細なメカニズムはいまだに解明されていないが、膨れあがった星からはやがて水素とヘリウムの外層がほぼ完全にはがれ、高温の炭素と酸素から成るコアがむきだしになる。

こうして白色矮星が中心に残される。一方で星から放出され、広

がったガスは中心の高温白色矮星に照らされ、惑星状星雲を形成する。広がったガスが惑星のように見えたためこのような名前が付けられた。

3-2 中性子星とパルサー

中性子星（neutron star）とは、半径が10kmほどの、白色矮星よりさらに小さいが質量は太陽程度もある超高密度の星である。1cm^{3}当たりの重さが実に1000億kgほどにもなる。このような超高密度状態では、電子は原子核中の陽子に吸収され、ほとんど中性子となっている。中性子星はもともと米国のロバート・オッペンハイマー（J. R. Oppenheimer）、ジョージ・ヴォルコフ（G. M. Volkov）とソ連のレフ・ランダウ（L. D. Landau）らによって理論的に予言された。しかしあまりに小さくて暗いため、観測不可能だと考えられていた。ところが中性子星はパルサー（pulsar）として、思いがけない形で発見されることになった。

1967年にケンブリッジ大学のアントニー・ヒューイッシュ（A. Hewish）の研究グループは、さまざまな天体から発せられる電波源の詳細な観測を行っていた。そのうち大学院生のジョスリン・ベル－バーネル（S. J. Bell Burnell）が観測データの中に、非常に規則正しい周期のパルス状電波を発見した。規則正しく電波を出す天体とはどのようなものが考えられるだろう。発見当初は地球外生命からの電波などとも考えられたが、やがてきわめて小さい天体、中性子星が1秒以下の短い周期で自転しており、自身の強い磁場から電波が放出されるというモデルが受け入れられることとなった。これらの天体はパルサーと呼ばれる。

これまでに約2000個のパルサーが銀河系やマゼラン雲で見つかっている。かに星雲の中心部にもパルサーがあり、超新星爆発の後に中性子星、そしてパルサーが形成されるという説を裏付けている。

4. 星の種族と第1世代星

銀河を構成する星々は、大きく2種類に分けられる。主に銀河円盤面に存在し、銀河中心を回る運動をしており、青や黄色をしてい

4. 星の種族と第1世代星

るものは種族Ⅰ（population Ⅰ）と呼ばれる。一方で主に銀河のハローに球状に広がり、円盤面に対する運動速度が大きいものは種族Ⅱ（population Ⅱ）と呼ばれる（第6章3節参照）。1940年代にウォルター・バーデ（W. H. W. Baade）は、ウィルソン山の天文台でアンドロメダ銀河を詳細に観測し、星には上記のように異なる種族が存在することをつきとめた。バーデはまた、フリッツ・ツビッキー（F. Zwicky）とともに、超新星爆発の後に中性子星ができると予言した天文学者でもある。

星の金属量に着目すれば、種族Ⅰはさまざまな元素を多く含む。なぜなら銀河が進化した後、比較的最近に生まれた、若い星だからである。一方種族Ⅱは金属含有量が少なく、おそらく宇宙の早期、つまり重元素汚染が進む前に生まれたと考えられる。この分類では太陽は種族Ⅰに属するが、その中でも年老いた部類である。星を金属量により区別する考えをさらに進め、金属量がゼロの星、つまり水素とヘリウムだけからなる星を種族Ⅲ（population Ⅲ）と呼ぶ。もっとも種族Ⅲの星はいまだ見つかっていないため、仮想的な存在である。

標準的な宇宙モデルによれば、宇宙初期のビッグバンの際に合成された元素は水素、ヘリウムと微量のリチウムだけであり、それらより重い元素はすべて星の中で合成されたと考えられる。すなわち、宇宙初期のある段階で、水素とヘリウムから成る始原ガス（primordial gas）から宇宙最初の種族Ⅲ星（ファーストスター）が生まれ、そうした星によって炭素や酸素といった、我々の体を構成する元素が初めて生み出されたのであろう。ファーストスターはまた、ビッグバンの後に闇につつまれた宇宙に初めて光を灯し、宇宙を漂うガスをあたためるという重要な役割を担ったと考えられる。

重元素を含まない種族Ⅲ星はこれまでの何十年にもわたる探索にもかかわらず、銀河系にみつかっておらず、一般には宇宙初期にほとんどなくなってしまったようである。つまり、その多くが寿命の短い大質量星だったのではないかと想像される。実際に最近の理論研究からも、始原ガスから生まれる星は数十$M_\odot$の大質量星になりやすいとの結論も得られている。

一方で、2000年以降の観測では、金属含有量が太陽の10万分の1

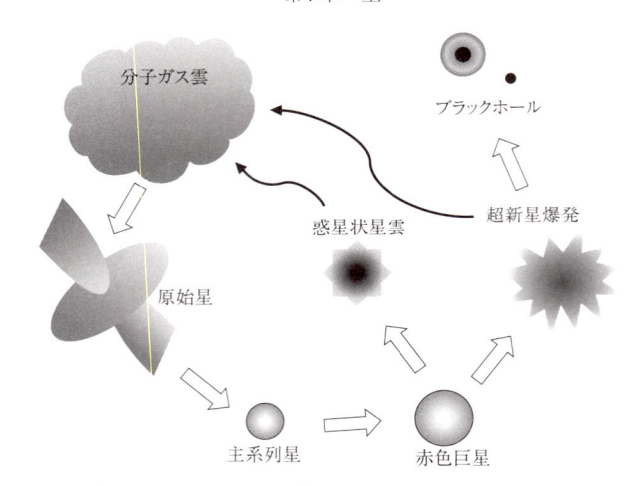

図7-3 星の一生。典型的な低質量星、大質量星の進化が描かれている。

以下という金属欠乏星が天の川銀河には見つかっており、より詳細な探索により種族III星が見つかるのではないかと期待されている。

5. 星の誕生

　星は星間ガスから生まれ、明るく輝き、そしてさまざまな形で死を迎える（図7-3）。超新星爆発のときにばらまかれたガスや星風として星間空間に放出されたガスからまた次の世代の星が生まれる、というサイクルを繰り返す。星を通していわば宇宙の物質循環が成り立っているのである。この節では宇宙にただよう星間ガスからどのようにして星が生まれるのか概観しよう。

　薄くただよう星間ガスにはガス自身の重力が働いており、ガスは収縮しようとする。しかし通常はガスの圧力や磁場による力などとつりあって一定の低密度状態にある。なんらかのきっかけでガスが圧縮され、密度が高まると自己重力が強く働き、圧力に打ち勝ってガスは重力収縮を始める。やがて濃いガス雲の中で星が生まれるための前段階といえる（図7-4）。

5. 星の誕生

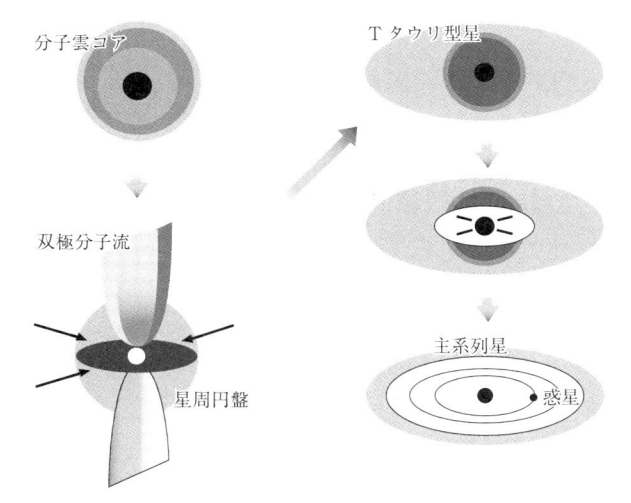

図7-4 分子ガス雲から星が生まれるまで。重力的に不安定になった分子雲の一部が凝縮し、分子雲コアをつくる。右側の図は、濃いガス雲に埋もれた生まれたばかりの原始星が、やがてまわりのガスを取り込みながら成長し、自ら光り輝く主系列星へと進化する様子を表している。

　一定の温度と密度をもつガスに対しては、自己重力と圧力により定まるジーンズ質量（Jeans mass）と呼ばれる限界質量があり、これよりも重いガス雲は重力的に不安定で、収縮を始める。これをジーンズ不安定性（Jeans instability）と呼ぶ。具体的には、ジーンズ質量はガスの温度の1.5乗に比例し、ガスの密度の平方根に反比例する。つまり薄くて温度の高いガスのジーンズ質量は大きく、一方で濃くて温度の低いガスのジーンズ質量は小さい。星間ガスの典型的な密度は$10^{-20}\,\mathrm{g\,cm^{-3}}$程度であり、きわめて薄いガスであることがわかる。一方で主系列星の中心部の密度は$1\,\mathrm{g\,cm^{-3}}$を超える。つまり、星間ガスが密度にしておよそ20桁も濃い状態になって、星が誕生することになる。

　重力的に不安定になり収縮しはじめたガスの中ではさまざまな化

第7章　星

学反応がおこり、ガス中には水素分子や一酸化炭素分子が生成される。これらの分子は気相中の化学反応で生成されることもあれば、星間ガス中のダスト上で効率よく形成されることもある。ガス中では分子のエネルギー遷移により放射冷却がはたらき、温度が下がる。たとえば速く回転している分子は電磁波を放出し、自らはよりエネルギーが低い状態に落ち着く。こうした放射冷却により、やがて低温で密度の高い分子ガス雲ができあがる。これがいわば星のゆりかごとなる。その中でも密度の高い分子雲コアはさらに重力収縮を続け、その中心で高温高密度のきわめて小さな静水圧コアができ、重力収縮が止まる。原始星（protostar）の誕生である。

　生まれたばかりの原始星そのものは表面温度が高く、とても明るいはずだが、濃いガスに囲まれているため、外から直接見ることはできない。しかし分子雲コアはおもに宇宙塵の熱放射によりエネルギーを失っており、この熱放射による赤外線を観測することができる。原始星が放つ紫外線や可視光線を宇宙塵が吸収し、赤外線として再放出しているのである。

　原始星はすぐに周りのガスを取り込み、質量、サイズともに成長していく。やがて表面からは広い波長にわたる電磁波を放出するようになり、自らは収縮しながら内部の温度が高まっていく。原始星内部の温度が1000万Kを超え、水素燃焼が起こるようになると、その核融合エネルギーで自らを支える星、つまり主系列星へと進化する。

　さて、実際の星間ガス雲でどのような質量の星が生まれるかは自明ではない。星生成の理論はまさにどのような質量の星が、どの程度生まれるかを予言するものでなくてはならない。しかしながら、現在のところ、まだそこまで理論は整備されていない。観測的には銀河系の太陽近傍の星々のデータから星の質量関数が求められている。大質量星は寿命が短いので観測される確率が低い。その効果を補正したものは星の初期質量関数（initial mass function、IMF）と呼ばれている。IMFは、星となるガスの単位質量当たりにどのような質量の星が何個生成されるかを表したものであり、$\phi(m)$と表記される。ここでmは星の質量である。$\phi(m)$はmのベキ関数で表されることが知られている。

$$\phi(m) \propto m^{-(1+x)} \tag{7-2}$$

 太陽系近傍の星の観測から$x = 1.35$という値が得られているが、この値を採用するIMFはサルピーター型のIMFと呼ばれる。これはエドウィン・サルピーター（E. E. Salpeter）が1955年に導出したものである。星の質量関数は銀河における大域的な星の形成や星生成史を議論する際に必要になるので、さまざまな研究が行われてきている。

6. 銀河の中での集団的星生成

 前節では分子ガス雲から星が生まれる様子を解説した。それでは分子ガス雲そのものはどのように形成されるのだろうか。ここで、銀河の中での集団的星生成について概観しよう。

 銀河は数百億から数千億個もの星によって構成される。銀河全体をダークマター・ハローと呼ばれるいわばダークマターの器が覆っており、その重力のおかげで星やガスは安定に存在することができる。標準的な銀河形成の理論モデルによれば、はじめにダークマターの巨大な塊であるダークマター・ハローが形成される。そして、その中にガスが取り込まれて銀河は生まれる。つまり、ダークマターが銀河のゆりかごとなる。

 ダークマターの重力に引きつけられて集まった銀河間ガスは圧縮されて密度が増し、温度も上昇する。ハローの外側から高速で流入してきたガスは中心付近の濃いガスと衝突し、大規模な衝撃波（shock wave）を形成して高温となる。これをビリアル衝撃波と呼ぶ。衝撃波を通していったん高温になったガス中では、原子同士あるいはイオンと自由電子が激しく散乱し、さまざまな放射過程を通して紫外光からX線にわたる電磁波を放出する。こうして銀河ハロー内のガスは放射冷却によって温度を下げながら収縮していくのだが、この際わずかでも初期に回転していれば、収縮しながら徐々に回転は速まり、やがて幾何学的に薄く広がった低温高密度のガス円盤を形成する。こうして銀河の基本構造ができあがる。

 回転する冷たいガス円盤はすぐに重力的に不安定になることが知られており、渦状腕や棒状の構造が発達する。またガス円盤のあち

第7章　星

こちの領域が局所的にジーンズ不安定（本章5節参照）になり、多くの濃いガス雲が形成される。ガス雲はさらに重力収縮を続け、あるいはガス雲同士が合体して巨大ガス雲となる。ガス雲内部では化学反応が進行して多量の分子が形成され、低温の巨大分子ガス雲へと進化する。こうして、ダークマター・ハローの中で形成したばかりの銀河円盤では、巨大分子ガス雲の形成を経て爆発的に星生成が起こる。

銀河円盤中で星が生まれる割合については、さまざまな観測からある経験則が提唱されており、シュミット則（Schmidt law）やケニカット則（Kennicutt law）として知られている。いずれも星生成がおこる割合を定式化した天文学者の名前に由来する。シュミット則は銀河内の局所的な星生成率とその場所でのガスの体積密度との関係を表している。一方、ケニカット則は銀河面全体の星生成率と全ガス表面密度との関係を表している。

最近の観測からは、銀河円盤中での星生成率はガス表面密度のおよそ1.5乗に比例することが知られており、これをケニカット-シュミット則と呼ぶ。ガスが重力的に収縮して星生成を起こすと考えれば、星生成率がこのような形でガス密度に依存することは予想される。しかし、実際の銀河内での星生成の効率（すなわち上記の関係式に現れる係数）は、簡単な重力不安定性から導かれるものよりはきわめて小さい。これは銀河内での星生成はフィードバック（feedback）と呼ばれる複雑なプロセスを経て抑制されていることを示唆している。

分子ガス雲から大小さまざまな星が生成されると、星からの光や星風に伴う質量放出、さらには寿命の短い大質量星が最期に引き起こす超新星爆発などにより、分子ガス雲そのものが破壊されたり、あるいは分子ガス雲内部は激しい乱流状態になる（さらに激しい星生成現象であるスターバーストに関連する事柄については第5章を参照）。こうして次の世代の星生成は強く抑制される。銀河内での星生成はいわば自己抑制的に働き、そのおかげでガスを徐々に星へと変換していくのであろう。このフィードバック過程の詳細については不明な点が多く、銀河形成理論の大きな謎として残っている。

7. 超新星爆発と元素合成

7-1 超新星の観測的分類

　超新星（supernova）とは、約1ヵ月の時間スケールで1つの星が銀河に匹敵するほど明るくなる現象をいう。図7-5に、典型的な超新星の画像を示す。以前から知られていた新星（nova）現象よりもさらに明るい、という意味で超新星と呼ばれる。さまざまな分類が提唱されているが、基本的な分類は超新星を分光観測して得られるスペクトルの特徴に基づいている。

　まず、スペクトルに水素の兆候があるかないかにより、Ⅰ型（水素の兆候無し）とⅡ型（水素の兆候あり）に大別される。Ⅰ型の中

図7-5 NGC 4526銀河に出現したIa型超新星SN 1994D（左下の点光源）。1つの星でありながら、銀河に匹敵する明るさをもつ。（NASA/ESA/STScI）

第7章　星

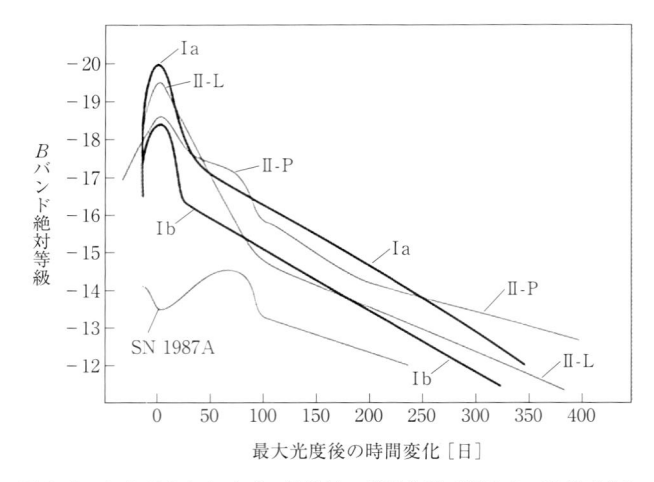

図7-6 さまざまなタイプの超新星の光度曲線（明るさの時間変化）。
（http://accessscience.com/content/Supernova/669600 より改変）

でスペクトルにケイ素の兆候があるものをIa、ケイ素がないものはさらに2つに分かれ、ヘリウムが見えるものがIb、見えないものがIcと分類される。II型超新星についてもさらに細かい分類があるが、ここでは割愛する。図7-6に示すように、型がちがうと、明るさの時間変化（光度曲線）もさまざまに異なる。

これらはあくまでスペクトルを用いた観測データの特徴に基づく分類であるが、物理現象に基づいた分類はこれとは異なる。Ia型は白色矮星で核反応が暴走的に進むことで起こる爆発現象であるのに対し、他（Ib、Ic、および II型）はすべて重力崩壊型と呼ばれ、およそ$8M_\odot$より重い大質量星が自らの重力で潰れる際に解放される重力エネルギーによる爆発である。以下ではこれらさまざまな超新星について詳しく解説する。

7-2　重力崩壊型超新星とニュートリノ天文学

普通の星のエネルギー源は中心部での原子核融合反応である。お

7. 超新星爆発と元素合成

およそ$8M_\odot$より重い大質量星では、水素がヘリウムに合成される主系列が終わると、ヘリウムが炭素、炭素が酸素に燃焼（核融合）してゆき、さらにマグネシウム、ネオン、ケイ素などの重元素が生成され、最終的に鉄が合成される。このとき、星内部の構造は重い元素ほど下に堆積した、タマネギのような構造をしている（図7-2）。

鉄は原子核の結合エネルギーがもっとも大きな元素である。鉄より軽い元素は核融合反応で、重い元素は核分裂反応で核エネルギーを生み出すことができる。ところが、鉄からはそれ以上核エネルギーを取り出すことができない。したがって、中心に鉄からなるコア（鉄コア）が生じると、そこでは核反応は起きず、白色矮星と同様に電子の縮退圧で支えられた状態になる。やがて鉄コアの質量が約$1.4M_\odot$になりチャンドラセカール質量を超えると、縮退圧では支えきれなくなり重力崩壊する。これが、重力崩壊型超新星の引き金となる。

鉄コアの半径は約1万kmであるが、重力崩壊により一気に半径10km程度の中性子星（あるいはもっと重い大質量星の場合はブラックホール）となる。密度にすれば実に10億倍の変化である。この過程により、約3×10^{53}erg（$=3\times10^{46}$J）という膨大な重力エネルギーが解放される。これは、太陽がその生涯（約100億年）をかけて放出するエネルギーの数百倍にもおよぶ。

この重力エネルギーはまず落下収縮する鉄コアの内向きの運動エネルギーとなる。その後、中性子星を支える原子核力が効くような超高密度に到達すると収縮がせき止められ、落下の運動エネルギーは原始中性子星の熱エネルギーと、収縮が止まった際の反跳による外向きの運動エネルギーに転化する。

反跳による外向きの運動は、それより後に降ってくる外層と衝突して衝撃波を形成する。この衝撃波が外側に伝搬し、やがて、外層全体を吹き飛ばしてしまう。これが超新星爆発として観測される。ただし、衝撃波は簡単に外層を吹き飛ばしてしまうほど強力かどうかはまだよくわかっておらず、後述のニュートリノ放射による後押しや対流などの効果で爆発にいたると考えられているが、詳しい爆発メカニズムはまだよくわかっていない。

爆発の運動エネルギーは10^{51}erg程度であり、これは上述した重

第7章　星

力エネルギーのわずか数百分の1にすぎない。また、この爆発の運動エネルギーがそのまま超新星の明るさになるわけではない。超新星の光は、主に爆発で放出された約 $0.1M_\odot$ 程度のニッケルが約6日の半減期でコバルトに崩壊する際に放出する原子核反応エネルギーが可視光に転化して観測されるものである。

通常、星のもっとも外側の層は水素層である。水素層を残したまま超新星爆発を起こすと、スペクトルに水素が見えるII型として観測される。一方、星風や連星における質量交換など、何らかの理由で水素層がはがれてしまうことがある。そのような星が爆発するとIb型になる。さらにヘリウム層まではがれてしまった星が爆発したものはヘリウムが見えないIc型になると考えられている。

では、解放された重力エネルギーの大半を占める、原始中性子星の熱エネルギーはどこに行くのであろうか？　鉄コアの温度はおよそ1000億Kという超高温になっている。非常な高密度のため、光（電磁波）はまっすぐに進めず、外に出てくることはできない。このエネルギーは、相互作用の弱いニュートリノの放射として外に放出されることになる。

ニュートリノは他の粒子や物質との相互作用がきわめて弱いため、たとえば地球などでも簡単に通り抜けることができる。ただし原始中性子星ではあまりに密度が高いため、中心部ではニュートリノすらまっすぐに進めずに閉じ込められてしまう。鉄コアの表面で密度が急激に下がるところで、ニュートリノもまっすぐ進むようになり、この面（ニュートリノ球面）からニュートリノが外に放射されることになる（我々が見る太陽の表面である光球面と同様である）。鉄コアの重力崩壊後、およそ10秒程度の時間をかけて、重力エネルギーの大半がニュートリノとして放射される。

1987年に大マゼラン雲（距離約16万光年）で発生した超新星SN 1987A（図7-7）からは、このニュートリノ放射が日本のカミオカンデ実験（図7-8）とアメリカのIMB実験でそれぞれ11個と8個ずつ検出された。超新星からは 10^{58} 個ものニュートリノが放出されたが、そのうち、10^{16} 個のニュートリノがカミオカンデの検出器である巨大水槽に到達したと推定される。しかしそのほとんどは通り抜け、わずか11個だけが水槽の中の水と反応して検出されたので

7. 超新星爆発と元素合成

図7-7 大マゼラン雲(左上)に出現した超新星1987A(右下の点状の天体)。(アングロ・オーストラリアン天文台)

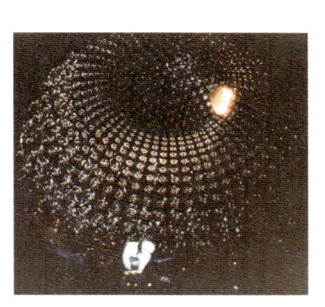

水タンク
高さ(16m)× 直径(16m)

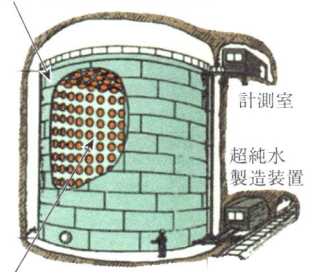

計測室

超純水製造装置

1000本 20インチ光電子増倍管

図7-8 超新星1987Aからのニュートリノを検出したカミオカンデの内部(左)と概観図(右)。現在稼働中のスーパーカミオカンデはこの10倍以上の体積をもつ。(東京大学宇宙線研究所)

第7章　星

ある。
　ちなみに、大マゼラン雲は北半球にある日本からは見えない。すなわち、カミオカンデで検出されたニュートリノは地球を通り抜けてきたのである。これは太陽以外の天体からの初めてのニュートリノの検出であり、ニュートリノ天文学の誕生ともいえる歴史的なできごとであった。この成果によりカミオカンデを率いた小柴昌俊氏に2002年度のノーベル物理学賞が授与されている。
　現在稼働中のスーパーカミオカンデは、旧カミオカンデ実験より10倍以上大きい検出体積を誇る。もし今、銀河系の中で重力崩壊型超新星が起きれば、数千個ものニュートリノが検出されると期待されている。実現すれば、光では見えない超新星の最深部の状況や、ニュートリノに関する素粒子物理の知見など、さまざまなことが解明されるであろう。銀河系で超新星が起こる頻度は数十年に一度といわれており、スーパーカミオカンデが稼働中に超新星が起きることが切に望まれる。
　超新星爆発によって吹き飛ばされた外層の物質は、数百年から数千年という長い時間をかけて星間空間の中で膨張しながら、星間物質と衝突して衝撃波を生成する（超新星残骸）。衝撃波で加熱された高温の物質はX線で輝き、また、衝撃波により高エネルギー粒子（宇宙線）が加速されると考えられている。こうした高エネルギー粒子（陽子や電子）によると考えられるガンマ線や電波の放射が超新星残骸から観測されている。超新星残骸は地球に降り注ぐ宇宙線の主要な加速源と考えられている。
　中心部に残された中性子星やブラックホールはどうなるだろうか？　単独星から生まれた中性子星は、磁場をもって回転することで電波パルサーとして観測される。また、連星系では中性子星やブラックホールに相手の星からガスが質量降着することで輝くコンパクト連星などとして観測される。

7-3　Ia型超新星

　Ia型は白色矮星を含む連星系において、白色矮星が何らかの原因で暴走的な核反応を起こし、生じた核融合エネルギーで星全体をバラバラにして爆発してしまう現象である。水素爆弾の爆発のような

7. 超新星爆発と元素合成

ものといってもよい。重力崩壊型とちがい、中性子星やブラックホールなどコンパクト天体を後に残すことはない。

Ia型超新星を引き起こす核反応の暴走は、連星をなす白色矮星に相手の星から質量が降り積もり、チャンドラセカール質量（本章3-1節参照）（$1.4M_\odot$程度）に近づくときに起きると考えられている。白色矮星は、通常の星のような高温ガスの圧力ではなく、電子の縮退圧で支えられている。電子は量子統計力学上、フェルミ粒子に分類され、量子力学的な1つの物理状態には1つの粒子しか入れない。一般にエネルギーの低い状態から電子が詰まっていくが、高密度になればなるほどより高いエネルギー状態まで電子が詰まっていくことになる。そのため、低温であってもこれらの高エネルギー電子によって大きな圧力が生まれる。これが縮退圧である。

星を支える圧力のうち、縮退圧が支配的になっていると、核反応の暴走が起きやすくなる。通常、核反応が起きると、それによるエネルギー生成でガスが高温化して、その圧力により膨張することで温度と密度が下がり、核反応を抑制するフィードバックが働く。しかし温度と無関係な縮退圧で支えられている状況では、核反応が起きてもそれによるガスの膨張が起こらず、フィードバックがかからないため核反応が暴走してしまうのである。

このようなシナリオにより、Ia型超新星の光度の時間変化や、元素生成量、スペクトルなどをよく説明できる。しかし、どのような連星がIa型超新星を引き起こすのかはまだよくわかっていない。よく議論されているのは以下の2つのシナリオである（図7-9）。

(1) 単縮退（single-degenerate）シナリオ：白色矮星の相手の星は縮退していない主系列星あるいは赤色巨星で、相手の星の質量放出により放出されたガスが、白色矮星に降り積もる。ここでいう縮退とは、縮退圧で支えられた星、すなわち白色矮星をさす。

(2) 二重縮退（double-degenerate）シナリオ：白色矮星同士の連星が、重力波放出により距離を縮め、最後に合体する際に軽い方の白色矮星が潮汐破壊されて重い方に降り積もる。

この2つのシナリオについてはいまだに論争が続いており、決着をつけるにはさらなる観測が必要である。もしかしたら、どちらのシナリオからもIa型超新星が生まれているのかもしれない。

第7章 星

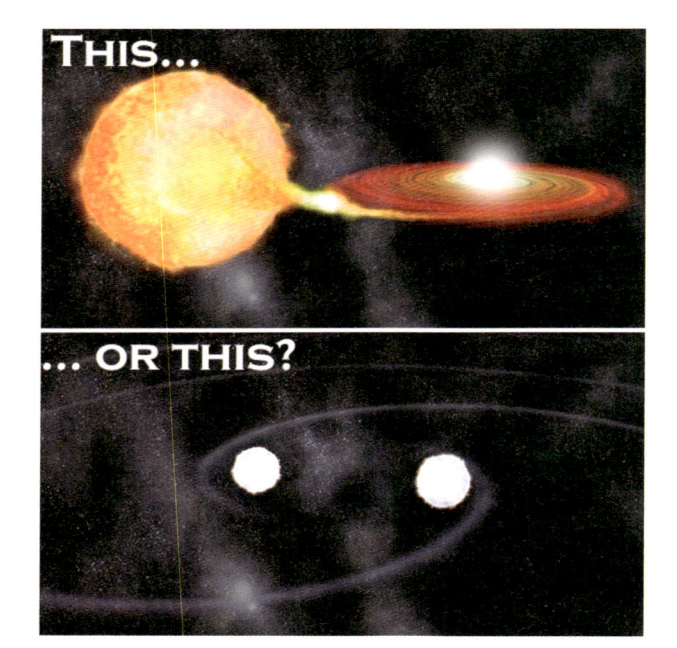

図7-9 Ia型超新星の母天体シナリオの概念図。上は単縮退シナリオ、下は二重縮退シナリオ。(http://blogs.discovermagazine.com/badastronomy/2010/02/18/dwarf-merging-makes-for-an-explosive-combo/ より転載)

　このIa型超新星は、宇宙論研究の道具としても大変重要である。Ia型超新星はその最大光度（絶対的な明るさ）が他の天体に比べて比較的均一のため、明るさは一定と考えてよい。絶対的な明るさがわかっている天体を観測した場合、観測されるみかけの明るさからその天体までの距離を測定できる。このような天体を標準光源と呼ぶ。

　Ia型超新星は、近傍宇宙でよく利用される標準光源であるセファイド型変光星などにくらべてはるかに明るいため、もっと遠方の天

264

7. 超新星爆発と元素合成

体までの距離を測ることができる。Ia 型超新星は現在知られている中でもっとも遠くまで適用できる標準光源である。この性質を使って、古くから宇宙膨張の速度を表すハッブル定数の測定が行われてきた。宇宙膨張により遠ざかる銀河で Ia 型超新星が起きれば、そのみかけの明るさから距離がわかり、超新星あるいは銀河のスペクトルから赤方偏移、したがって後退速度がわかる。これより、ハッブル定数を測定することができる。

現代の高性能望遠鏡を用いれば、Ia 型超新星は後退速度が光速に近づく宇宙論的遠方まで標準光源として使用できる。そのような遠方では、もはや距離と後退速度はハッブルの法則のような単純な比例関係ではない。その比例関係からのずれを見ることで、宇宙の形(曲率)や宇宙の物質密度などを測定できる。この手法で、1998年に2つの独立な超新星観測チームによって、宇宙はダークエネルギーと呼ばれる未知のエネルギー物質により加速膨張していることが発見された(第2章参照)。この成果に対して2011年にノーベル物理学賞が授与されている。

7-4 元素の起源

超新星は、宇宙における重元素の重要な生成源である。ビッグバンで宇宙が誕生した直後に作られる元素はリチウムまでである。それより重い元素はすべてそれ以降に形成された天体において作られ、星間空間に放出されたものである。

重力崩壊型超新星では以下のようにして重元素が放出される。超新星を起こす直前の星ではすでに述べたように、鉄のコアを中心としてさまざまな重元素の層がタマネギ状に取り巻いている。超新星爆発で外層が吹き飛ばされるとき、衝撃波による高温でさらに原子核反応が進んだ上で、これらの重元素は星間空間に放出される。中心の鉄コアはほとんど落下して中性子星やブラックホールとなるため、外に放出される鉄は $0.1 M_\odot$ 程度である。むしろ重力崩壊型超新星では、親星のタマネギ構造を反映して炭素や酸素、ケイ素などが多く放出される。我々の体を作る元素の多くも、かつては大質量星内部の高温領域で核反応によりつくられたものなのである。

一方、Ia 型超新星では、暴走的核反応により一気に鉄まで核燃焼

が進む。その後、星全体がバラバラとなってすべて星間空間にばらまかれるため、鉄が多く生成される。典型的に、1回の超新星から$1M_\odot$程度の鉄が生み出される。

　自然界には、鉄よりも重い元素も存在する。鉄が原子核結合エネルギーで考えるともっとも安定な元素であるため、熱平衡状態にある原子核反応では鉄より重い元素は生成されない。これらの元素は、r過程（r-process、rはrapidの意味）やs過程（s-process、sはslowの意味）等の非平衡過程で生成されると考えられている。どちらも、重い原子核に中性子が衝突してさらに重い元素に変わっていく過程であるが、前者はβ崩壊（原子核中の中性子が陽子に変わる反応）より速く、後者は遅く起こるものをいう。s過程の現場としては漸近巨星分枝にある星の質量放出などがある。一方、r過程の現場としては重力崩壊型超新星爆発や連星中性子星の合体などが考えられているが、まだよくわかっていないことが多い。

8. ガンマ線バースト
8-1 発見とそれ以降の歴史

　ガンマ線バースト（gamma-ray burst、GRB）は、1日に1回程度、全天のうちのある1点が突然、ガンマ線で明るく輝く現象である。ガンマ線バーストのガンマ線の典型的なエネルギーはだいたいメガ電子ボルト（MeV）程度である。継続時間は短いものは数十ミリ秒（短いバースト、short burst）、長いものは100秒以上にもなる（長いバースト、long burst）。継続時間の分布をみると、2秒程度を境に2つの山があり、両者は別の種族と考えられている。典型的なガンマ線バーストのガンマ線放射強度の時間変化を図7-10に示す。

　ガンマ線バーストは1960年代の終わりに、アメリカの軍事衛星によるガンマ線観測で偶然に発見された。この衛星は、ソ連の核実験を監視する目的のものであった。このような経緯から、ガンマ線バーストが自然天体現象であることが判明し、1973年に論文として公表されるまでには少し時間がかかった。

　その後長く、ガンマ線バーストは謎の天体とされた。その理由は、まずガンマ線以外の波長で対応天体が見つからないことであ

8. ガンマ線バースト

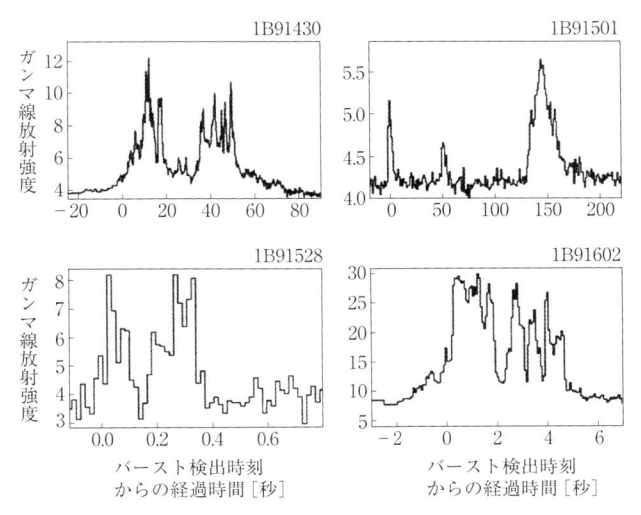

図7-10 ガンマ線バーストのガンマ線放射強度の時間変化の例。観測されたガンマ線放射強度の秒単位の時間変動を表したもの（光度曲線）。バースト検出時刻（衛星の検出器がガンマ線バーストと認識した時刻）をゼロとしている。それぞれ4つの異なるガンマ線バーストで、パネル上部の数字はガンマ線バーストの名前である。(Fishman, G. J. et al. 1994, ApJS, 92, 229 より改変)

る。ガンマ線観測は角分解能が悪く、ガンマ線到来方向の誤差領域内に、たとえば可視光なら膨大な数の天体があるため、どれが対応天体かを特定することはきわめて難しかったのである。対応天体が見つからないため、ガンマ線バーストまでの距離も全く不明であった。それこそ太陽系内の現象なのか、あるいは宇宙の果てからやってくるのかすら不明だったのである。

1992年になりコンプトンガンマ線観測衛星のBATSE検出器によるガンマ線バーストの観測結果が出てくると、大きな発展があった。まず、ガンマ線バーストの到来方向は全天でほぼ一様であることが判明した。さらに、ガンマ線バーストの明るさ分布を見ると、

第7章　星

　通常の3次元空間にガンマ線バーストが一様に分布している場合に比べて、暗いものが少なかった。これは、遠くへ行くとガンマ線バーストの発生頻度が相対的に落ちていることを意味する。

　この観測事実から、2つのシナリオが有力となった。1つは、ガンマ線バーストは我々の銀河系のハローに分布しているというものである。ハローは銀河円盤とちがいほぼ球形と考えられているので、方角が一様というのも説明できるし、遠くへいくと銀河系ハローの端が見えてくるため、数が減ることも説明できる。もう1つは、ガンマ線バーストが宇宙論的な遠方からやってくるというものである。この場合は、宇宙の一様等方性から到来方向の分布は当然ながら一様となり、また、宇宙論的な効果により遠方のバーストは少なく見えることになる。宇宙論シナリオの場合、ガンマ線バーストが放出するガンマ線の総エネルギー量は10^{51}ergを超え、超新星の爆発エネルギーに匹敵するエネルギーをガンマ線放射だけで生み出していることになる。

　さらなる進展は1997年に訪れた。イタリア・オランダ共同のX線観測衛星、BeppoSAX（ベッポサックスと発音する）が初めてガンマ線バーストに伴うX線残光をとらえたのである。ガンマ線のバーストが終わっても、X線残光はそれよりゆっくりしたスピードで減光する。さらに、X線はガンマ線より角分解能がよく、天球上での位置がよく決まる。その位置に可視光望遠鏡を向けることで、可視光残光まで発見された。特に、1997年5月8日に発生したGRB 970508の可視光残光をハワイにある口径10mのケック望遠鏡で分光観測したところ、赤方偏移$z = 0.835$の吸収線が見いだされた。これは、ガンマ線バーストが宇宙論的な距離で発生していることの動かぬ証拠となった。ここに、ガンマ線バーストの距離という、発見以来の最大の問題が遂に解決されたのである。

　その後ガンマ線バーストは一躍、天文学におけるホットトピックにのし上がった。今や残光はX線や可視光だけでなく、電波にまでいたる幅広い波長域で観測されている。ガンマ線バーストの正体に関していえば、最大の発見はガンマ線バーストが重力崩壊型超新星に付随して起こることであろう。1998年に起きたGRB 980425は、超新星SN 1998bwとほぼ同時に同じ場所で起きたため、ガン

8. ガンマ線バースト

マ線バーストと超新星の関連が取りざたされた。しかし、本当に物理的に関連しているとすれば、この天体は普通のガンマ線バーストに比べて距離が異常に小さく、絶対光度もきわめて小さいガンマ線バーストとなってしまうため、物理的関連のぜひについては論争となった。2003年に、ごく普通の絶対光度をもつガンマ線バースト、GRB 030329と超新星SN 2003dhの相関が報告され、ガンマ線バーストと超新星の関連は疑いのないものになった。

しかし前述したように、ガンマ線バーストには継続時間の長短で2つの種族があり、超新星との関連が確立されたのは継続時間の長い方の種族のみである。継続時間の短い種族は、以下（本章8-4節）に述べる観測事実から、長い方の種族とは本質的に異なる天体現象であることがわかってきている。

8-2 生成メカニズム

ガンマ線は、ガンマ線バーストからどのように放射されているのだろうか？ 実は、ガンマ線バーストが超新星に関連していることが判明するはるか以前から、理論的な考察により以下のような現象であると考えられていた。ガンマ線バーストの時間変動から推定される放射領域のサイズに、ガンマ線バーストから放射されるガンマ線をすべて詰め込むと、ガンマ線同士がぶつかって電子・陽電子対を生成してしまい、簡単に外に出てこられない。これは観測に矛盾する。この問題を解決するには、放射領域が、我々観測者に向かってほぼ光速（専門的には"超相対論的なスピード"という）で運動している必要がある。そのスピードは実に、光速の99.99995％以上と見積もられる。これは理論的に推測されたものであるが、現在では、電波の残光が相対論的効果により見かけ上、光速を超えて広がる超光速運動（superluminal motion）を示すことが知られている。そのような現象はガンマ線バーストが実際にほぼ光速で膨張していなければ起きないので、上記の理論的考察が観測的に裏付けられているといえる。

さらに、ガンマ線バースト残光の振る舞いから、ガンマ線バーストはある方向に鋭く絞られたジェットと呼ばれる質量放出によって引き起こされていると考えられている。ジェットとは、原始星やブ

第7章　星

ラックホール連星、活動銀河中心核などのさまざまな天体で観測されている現象である。重力中心にガスが円盤状に落ち込む（降着する）際に、一部の質量が細く絞られた外向きの流れとなる。それが降着円盤の軸方向に放出されてジェットになると考えられている。ガンマ線バーストも、中心にできたブラックホールへガスが降着する際に形成されるジェットが原因であるとする説が有力である。

　鋭く絞られたジェットからの放射もまた、同じ方向に鋭く絞られている。つまり、ガンマ線バーストが発生しても、我々がちょうどその方向にいる場合だけ、ガンマ線バーストとして観測される。すなわち、我々が目にするガンマ線バーストはたまたまジェットがこちら向きのものだけであり、実際にはそれよりずっと多くの（数百倍ともいわれる）ガンマ線バーストが宇宙で起きていることになる。

　銀河系内で我々の方向に向いたガンマ線バーストが起きる確率は、およそ100万年に1度かそれ以下と見積もられている。しかしひとたび起きれば、その強烈なガンマ線放射は、地球の大気などに影響を与え、地球の生命体に深刻な影響を与える可能性がある。その観点から、歴史上の生物大絶滅の原因がガンマ線バーストであった可能性を検討するような研究も行われている。

8-3　長いガンマ線バーストと超新星との関連

　上述したように、継続時間の長いガンマ線バーストは超新星に付随して起きる現象である。対応する超新星はほぼすべてIc型の重力崩壊型超新星であり、超新星の光度などから、Ic型の中でもかなり大きな質量（数十$M_\odot$以上）をもった親星の重力崩壊だと考えられている。

　ガンマ線バーストから放射されるガンマ線の総エネルギーは、ジェットの効果を考慮しても巨大なもので、10^{51}ergほどある。これを実現するには、よほど大きな重力エネルギーを解放する必要があり、大質量星でなければならないと考えられる。また、Ic型超新星は水素やヘリウムの外層がはがれた星で起きる超新星である。このことは、中心部で作られるジェットとの関連があると考えられる。せっかく星の中心部でジェットをつくっても、外層を通過する際に

8. ガンマ線バースト

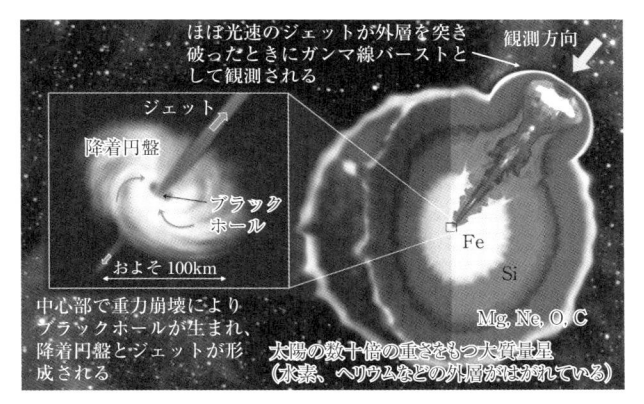

図7-11 継続時間の長いガンマ線バーストの想像図。

多くの物質と相互作用すると、すぐに減速してしまうからである。うまくジェットが勢いを保ったまま外層を突き破った場合だけ、ガンマ線バーストとして観測される可能性が高い。

　ジェットを形成するには、星の中心コアの重力崩壊後にガスが直接ブラックホールに落ちてしまわずに、降着円盤を作ることが必要である。そのためには親星の自転がカギである。したがってガンマ線バーストの有力なシナリオは、高速で自転する大質量星が水素やヘリウムの外層を失ってから重力崩壊するタイプの超新星ということになる。こうしたモデルはコラプサーモデル（collapsar model、collapseは崩壊を意味する）と呼ばれる。この概念図を図7-11に示す。

8-4　短いガンマ線バーストの起源

　継続時間の長い種族に比べ、短い種族は観測的手がかりが少なく、その正体は依然として謎に包まれている。2005年に発見された短いガンマ線バーストでは、初めてこの種族の母銀河が特定され、それは楕円銀河であった。楕円銀河は大昔に星生成活動を止めてしまった銀河で、古い星の集まりである。重力崩壊型超新星を起

第7章　星

こすような大質量星は寿命が短いため、現在でも活発に星生成を行っている銀河にしか存在しない。重力崩壊型超新星や長いガンマ線バーストもそのような銀河にしか見つからない。したがって、短いバーストが楕円銀河で起きるということは、大質量星に直接関連した現象ではないことになる。

この種族の母天体はいまだに不明であるが、母銀河が楕円銀河であることを考慮すると、連星中性子星の合体などが有力な説として考えられる。中性子星同士の連星は、重力波を放出しながらその間隔を次第に狭め、最後に合体してブラックホールになると予想される。合体までの時間は連星として生まれた時の2つの星の間隔によってさまざまで、ときには宇宙年齢に匹敵する時間が必要になる。したがって楕円銀河で発生しても問題はない。連星中性子星は合体時に特に強い重力波（gravitational wave）を放出すると期待されるので、重力波観測の重要ターゲットとしても注目されている。継続時間の短いガンマ線バーストに付随した重力波放射が検出される日がくるかもしれない。

8-5　宇宙論的研究への応用

ガンマ線バーストはきわめて明るいため、非常に遠方で起きても検出することができる。1990年代半ばまで、人類の知るもっとも遠方の天体はクェーサーであった（赤方偏移 $z=5$ 程度）。その後、口径8mクラスの大望遠鏡の登場と共に遠方銀河を発見する手法が発展し、銀河が最遠方天体となった。しかし、2009年に起きたGRB 090423は、赤方偏移が $z=8.2$ と、それまでの最遠方銀河の記録 $z=6.96$ を大きく塗り替え、ガンマ線バーストが人類の知る最遠方天体となった（図7-12）。

宇宙では、遠方を見ることは過去を見ることである。赤方偏移8.2というのは、現在の宇宙の年齢が137億年であるのに対し、宇宙誕生後わずか6億年のころに起きたガンマ線バーストを観測していることになる。したがって、ガンマ線バーストを道具として使うことで、初期の宇宙の物理的状態や星生成活動などを探ることができる。たとえば、GRB 090423は、宇宙誕生後わずか6億年という段階ですでに大質量星が活発に形成されていたことを明確に示し

8. ガンマ線バースト

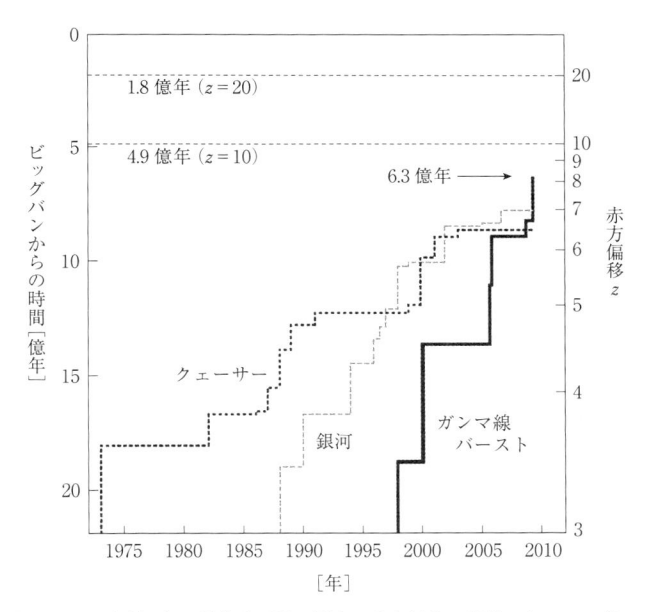

図7-12 人類の知る最遠方天体の歴史。赤方偏移の記録において、ガンマ線バーストは21世紀に入ってから急激にクェーサーや銀河に追いつき、そして追い越した。(提供:山崎了)

た。

また、我が国のすばる望遠鏡がスペクトルを取得した赤方偏移 $z=6.3$ の GRB 050904(当時の最遠方ガンマ線バースト)のスペクトルからは、銀河間空間の水素の電離度に関する情報が得られた(図7-13)。これにより、この時代の宇宙がすでに電離されていたことがわかり、宇宙論の重要問題である宇宙再電離(第14章5-2節参照)のメカニズムに関して、初めてガンマ線バーストから貴重な知見が得られた。遠方宇宙探索の道具としてのガンマ線バーストの有用性を証明するものである。この方面の研究は、次世代の宇宙

273

第7章　星

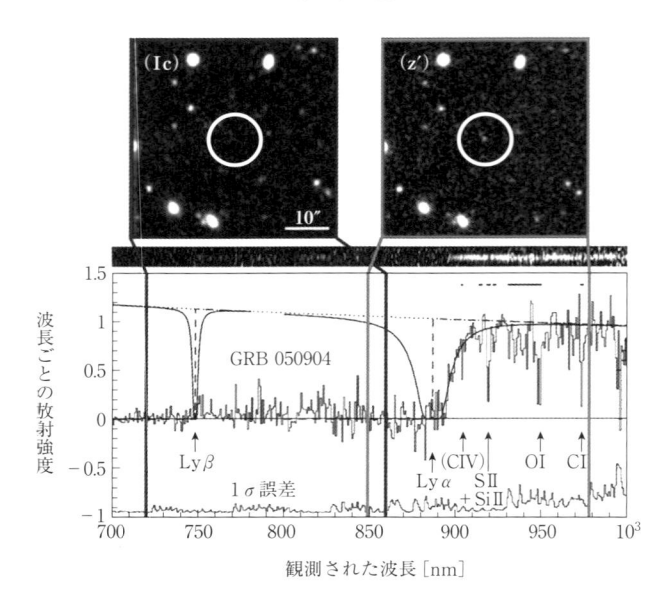

図7-13 すばる望遠鏡が取得したガンマ線バースト050904の可視光残光の画像（上半分、Icおよびz'バンドフィルター）とスペクトル（下半分）。スペクトルは、赤方偏移された観測波長ごとの光の強度として図示されている。スペクトル中に水素のライマン系列線（Ly α、Ly β）や重元素の吸収線（C、O、Siなど）の位置も表示されている。元素のあとのI、IIなどのローマ数字は、元素の電離状態を表す。スペクトルの下には、1標準偏差に相当する誤差の大きさも示されている。このバーストは発生当時、最遠方（$z=6.3$）のバーストで、波長890nm（静止系のLy α線）より短波長側の光が、銀河間空間で吸収されてしまっていることがわかる（このため、Icフィルターの画像には残光が写っていない）。波長900nm付近のスペクトル形状の詳細解析から、この時代の宇宙がすでに電離されていることがわかった。（国立天文台）

8. ガンマ線バースト

望遠鏡や地上30mクラス望遠鏡の登場によりさらに発展すると期待されている。

　もっとも遠く、もっとも初期の宇宙を探るという天文学のフロンティアにおいて、ガンマ線バーストは今やかかせない重要天体として認識されている。

第8章
太陽

第8章　太陽

1. 概要

　太陽は我々地球上の生命のエネルギーの源である。したがって、太陽は古代から信仰の対象であった。一方、太陽は時折、突然、月に隠され光を失うことがある。皆既日食である（図8-1）。これは古代の人々にとっては、太陽エネルギーの消滅、すなわち世界の終わりを想像させ、恐怖の瞬間であった。このようなことから、皆既日食や金環日食・部分日食の記録は紀元前から残っており、すでに紀元前6〜7世紀のころに、日食の起こる周期、サロス周期（約18年10日と1/3日）が知られていた。また、このような日食の発生が正確な暦の発達を促した。17世紀後半、渋川春海によってつくられた我が国初の国産暦（貞享暦）の正否は、日食の予報が正しくできるかどうかで検証された。

　一方、皆既日食のときに垣間見えるコロナは200万Kもの超高温状態にあり、太陽風となって流れ出し、地球にさまざまな影響を与

図8-1　1991年7月11日にメキシコ・ラパスにて観測された皆既日食。（提供：京都大学天文台観測隊）

えている。さらにコロナで発生する爆発現象、太陽フレアは、地球環境や現代文明に大きな影響を与える。これらの太陽活動は20世紀半ばから後半にかけてようやく判明してきたが、太陽は我々に恵みを与えるやさしい母というだけでなく、時には大きな災いをもたらす厳しい母でもあったのである。ただし、その災いのおかげで、地球生命の進化が促進されたといえるかもしれない。本章では、現代の太陽観測が暴き出した、驚くべき爆発だらけの太陽の素顔を見ていくことにする。

2. 太陽内部

　太陽内部は中心から、コア（中心の太陽半径1割程度の領域）、

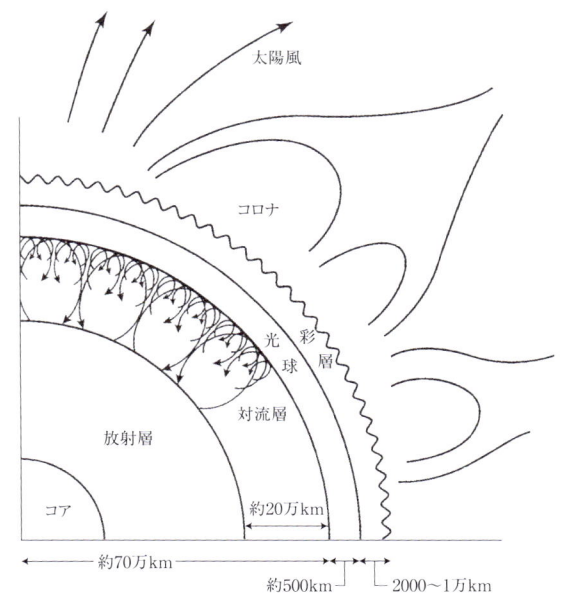

図8-2　太陽の断面図。（『最新画像で見る　太陽』柴田一成、大山真満、浅井歩、磯部洋明著、2011、ナノオプトニクス・エナジー出版局より転載）

第8章 太陽

放射層(中心から0.7太陽半径まで)、対流層(0.7太陽半径より外側)となっている。コアの温度は1000万Kを超え、そこでは水素原子核(陽子)がヘリウム原子核に変わる核融合反応が起きている。そのとき放出するエネルギーで、太陽の放射のエネルギーがまかなわれている。この核融合反応で発生した大量の光子(ガンマ線)は放射層で物質と衝突、拡散を繰り返しながら、次第にエネルギーを低下させ、エネルギーを対流層まで運ぶ。すると、そこでは対流でエネルギーを運ぶ方が効率よくなるので対流が発生する。対流運動で運ばれてきたエネルギーは、最終的には太陽表面(光球)より放射の形で宇宙空間に放たれる。光球より外側は大気と呼ばれ、彩層、遷移層、およびコロナからなる。コロナからは太陽風が流れ出している。図8-2に太陽断面図の模式図を示す。

2-1 核融合反応

太陽のコアでは、水素原子核4個が融合してヘリウム原子核1個がつくられる核融合反応が起きている。4個の水素原子核の質量は、1個のヘリウム原子核の質量より少し大きいので、この核融合反応の結果、減少した質量(質量欠損)に相当する静止質量エネルギーの分だけ、エネルギーが解放され、それが太陽の明るさの源となるのである。

現在の太陽の明るさ(約4×10^{33} erg s^{-1})をまかなうためには、1秒間に6.7×10^{14}gの水素を消費する必要がある。太陽の質量は、2×10^{33}gあり、コアに含まれる質量はその約10分の1なので、コアの質量全部をヘリウムに変換するのにかかる時間は約3×10^{17}秒〜10^{10}年、すなわち100億年となる。これがおよその太陽の寿命となる。

2-2 日震学

太陽対流層は乱流状態にある。そのため音波が発生し、太陽全体がいつも震動している(図8-3)。この音波(太陽震動)を利用すると太陽の内部構造が診断できる。地震波の解析から地球内部の物質分布がわかるように、太陽内部における音波の解析から、太陽内部の物質分布、温度分布、回転角速度分布などがわかる。このよう

2. 太陽内部

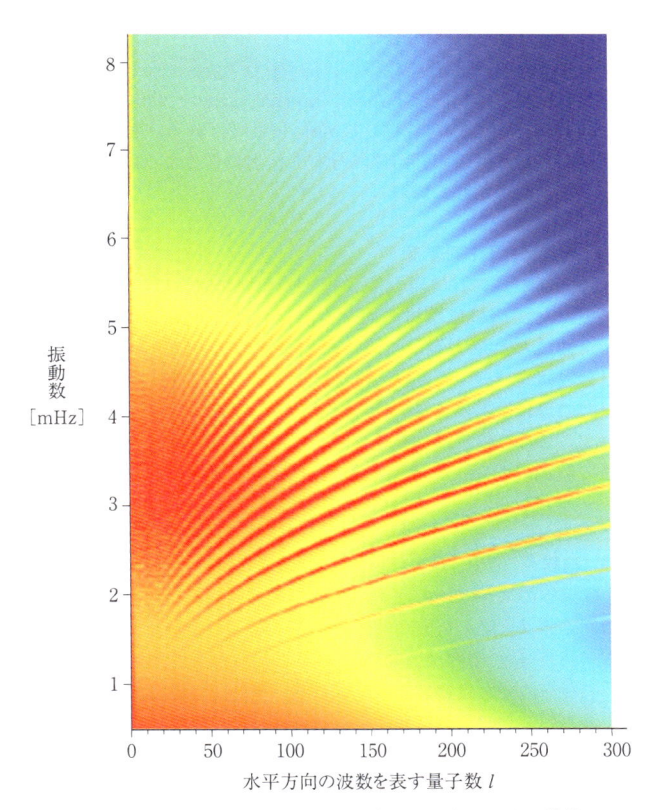

図8-3 太陽震動のパワースペクトル。左下から右上に走る筋状のリッジ構造の上でパワーが強くなっている。SOHO衛星搭載の観測装置MDIのデータによる。(ESA/NASA)

な学問のことを日震学（helioseismology）という。

　日震学は1960年代後半のロバート・レイトン（R. B. Leighton）による5分振動の発見に始まる。太陽が約5分の周期でいたるところ震動していることが発見されたのである。のちに震動は太陽全体

281

の音波の固有振動であることがわかり、圧力モード（p-mode）と呼ばれるようになった。ここで、pは圧力（pressure）の意味である。それに対して、内部重力波（internal gravity wave）を原因とする振動モードもあり、略してg-modeと呼ばれる。将来、日震学の精度が上がれば、内部の磁場分布も検出できるようになるのではないかと、期待されている。

2-3 対流層・子午面還流

太陽内部の外側、半径の30％ほどの領域が対流層である（図8-2参照）。対流層には階層の異なる渦がいくつか共存している。対流層全体にわたる大規模対流、表面付近の超粒状斑（～3万km）対流と粒状斑（～1000km）対流などである。一方、対流層内で南北方向の流れもある。これを子午面還流（meridional circulation）という。これらの流れは磁場の起源（ダイナモ機構）や自転の赤道加速の起源において、重要な役割を果たしていると考えられている。

2-4 自転

太陽黒点のスケッチの観測から、赤道付近は速く自転し、北極南極の近くでは太陽の自転角速度は小さくなっていることが知られている（図8-4）。中緯度帯を基準に選ぶと、赤道は加速されていることになるので、赤道加速と呼ばれる。図8-5に自転角速度分布を示す。このように角速度が一定でない自転のことを一般に差動回転（differential rotation）という。

日震学の発展によって、太陽内部対流層における自転角速度分布もわかってきた。それによると対流層の底で角速度が大きく変化している。その層のことをタコクライン（速度勾配層）と呼ぶ。この層の辺りで、ダイナモ機構が働いていると考えられている（本章4-5節参照）。

3. 太陽大気

太陽大気は内側から順に、光球、彩層、遷移層、およびコロナと名付けられている（図8-2参照）。さまざまな観測結果と理論の組

3. 太陽大気

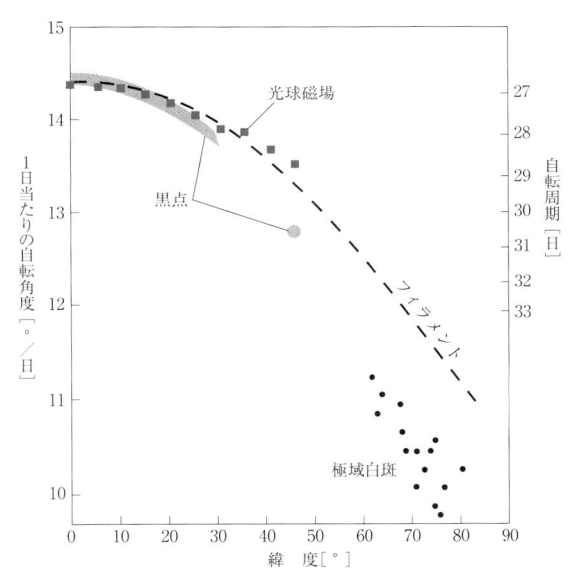

図8-4 緯度ごとによる1日当たりの自転速度の分布図。(『最新画像で見る 太陽』柴田一成、大山真満、浅井歩、磯部洋明著、2011、ナノオプトニクス・エナジー出版局より転載)

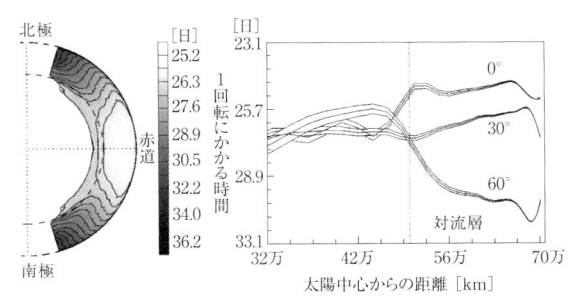

図8-5 太陽内部の自転角速度分布。(左) 自転角速度分布の断面図。(右) 太陽の半径 (深さ) 方向の自転角速度を緯度別に表したもの。SOHO衛星搭載の観測装置MDIのデータによる。(ESA/NASA)

283

第8章　太陽

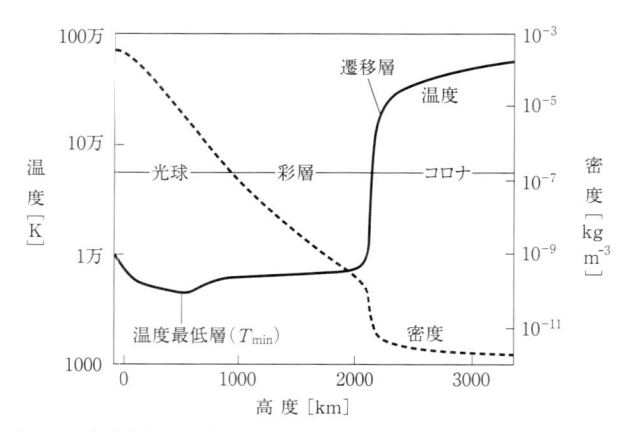

図8-6 太陽大気の温度・水素密度分布図。0は太陽光球面（太陽表面）。
("Sun, Earth and Sky", K. R. Lang 1995より改変)

み合わせにより、太陽大気の温度や密度の構造が明らかになっている（図8-6）。

　太陽大気の温度は光球で約6000Kであり、高度が上がるにつれ温度が下がっていく。しかし途中で上昇に転じて、約1万Kの彩層、薄い遷移層を経て、200万Kの高温大気であるコロナにつながる。密度にいたっては、光球～コロナ間で約7桁（1000万分の1倍）も変化する。物理状態が激しく変化するため、大気の高度によってそこから放射される光は大きく異なる。言い換えると、観測する波長（電磁波）によって、太陽像は大きく姿を変える（図8-7）。

3-1　光球

　可視光（白色光）で見える太陽の表面は光球（photosphere）と呼ばれる。温度は約6000Kである。光球は厚みが500kmほどしかない非常に薄い（太陽半径の約1000分の1）大気層であるが、我々が受ける太陽放射エネルギーのほとんどが、この光球から放射される。白色光で見た太陽（図8-7(a)）は中心でもっとも明るく、縁に向かうにつれ暗く見える。これは周縁減光（limb darkening）と呼

3. 太陽大気

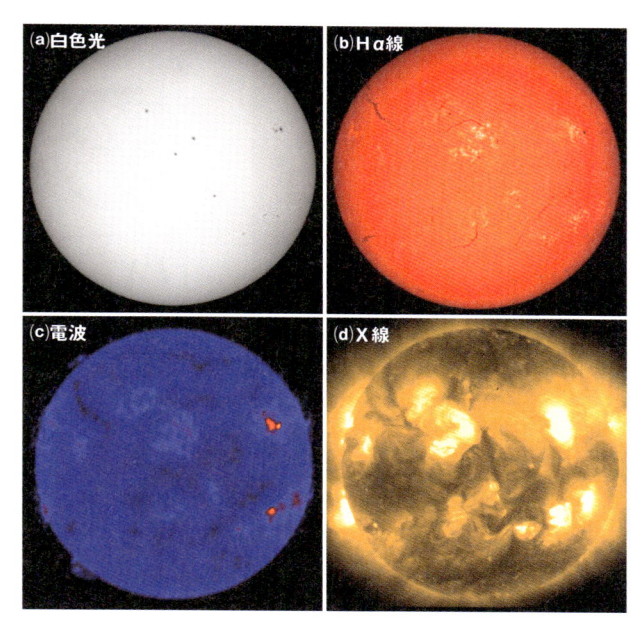

図8-7 さまざまな波長（電磁波）でみた太陽の様子。(a)可視光（白色光）、(b)Hα線、(c)電波、(d)X線。白色光では光球が、Hα線では彩層が、電波では彩層とコロナが、X線ではコロナが観察できる。（京都大学飛騨天文台/国立天文台/JAXA）

ばれ、光球では高度が高くなるにつれ温度が下がっていることに呼るものである。また白色光では、黒点や白斑とよばれる構造が見られる（本章4-1節参照）。

黒点や白斑が全くない場所では、光球は一見のっぺりとしているが、望遠鏡で拡大して見てみると、小さなつぶつぶ構造の集まり、あるいは細胞（セル）状構造をしていることがわかる（図8-8）。粒状に見える構造は粒状斑（granulation）と呼ばれる。典型的な粒状斑の大きさは約1000kmである。また、粒状斑は平均寿命6～10分で時々刻々と変化する。粒状斑は、対流（本章2-3節参照）

285

第8章 太陽

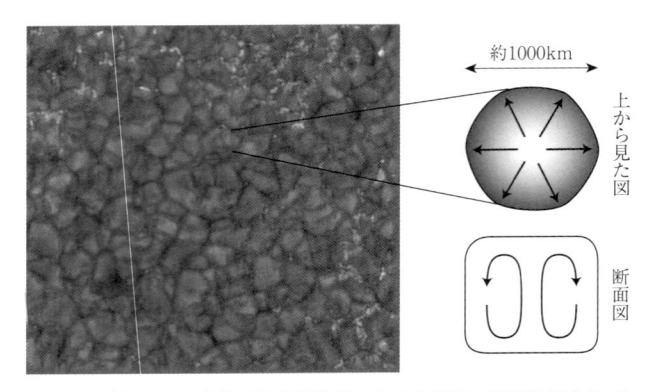

図8-8 （左）ひので衛星可視光望遠鏡による粒状斑。観測波長はGバンド（430nm）。（右）粒状斑の模式図。（国立天文台/JAXA）

の渦による構造（図8-8右）で、中央で熱いガスがわき上がり、周縁で冷えて下降している。この温度の違いのために、粒状斑は中心付近が明るく周縁が暗くなっている。

1962年には、レイトンにより、超粒状斑（supergranulation）が発見された。超粒状斑は、直径約3万km、水平方向の速度0.5km s^{-1}程度の対流構造である。太陽全面を分光観測し、そのドップラー速度の分布を見てみると、特に太陽の縁付近でセル状構造が観測される。

3-2 彩層

光球の外側には、温度が数千から1万Kの彩層（chromosphere）と呼ばれる大気層がある。古くは、皆既日食の際に十数秒間のみ現れる、ピンク色に輝く薄い層として認識されていた（彩層という名称はその鮮やかな色彩にちなんでつけられた）。この大気層の温度はちょうど水素が電離するかしないかの境目に対応しており、水素のHα線（656.3nm）でよく見える。Hα線で観測した太陽の様子を図8-7(b)に示す。また図8-9には、黒点が見られる領域（活動領域と呼ばれる）周辺の白色光とHα線での画像を示す。白色光は光球

3. 太陽大気

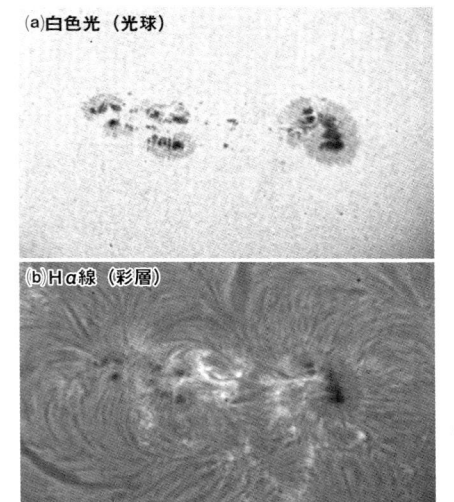

(a)白色光（光球）

(b)Hα線（彩層）

図8-9
(a)白色光と(b)Hα線で見た、黒点周辺の光球・彩層の様子。（京都大学飛騨天文台）

を、Hα線では彩層の様子を表している。白色光とは異なり、Hα線像ではさまざまな筋状構造が見られる。これらは磁石の周りに散らした砂鉄の分布に似ており、磁力線の構造を反映している。

彩層では、光球と比べてはるかに変化に富んだ複雑な構造が見られる。黒点周辺のプラージュ（plage）と呼ばれるHα線で明るい領域や、黒い筋状構造のダーク・フィラメント（本章4-2節参照）が目を引く。また、フレア（本章4-3節参照）などさまざまな活動現象も発生している。これらの複雑な構造は、彩層では磁場の力がガスの圧力と拮抗していることによる。

太陽の縁をHα線で見るとわかるように、彩層は細長いジェット状の構造から成り立っている（図8-10(a)）。このようなジェット構造はスピキュール（spicule）と呼ばれる。スピキュールは典型的には長さ約6000km、速度約30km s^{-1}、寿命約5分である。彩層での音速は約10km s^{-1}であるから、超音速のジェットである。太陽面を観察すると、スピキュールがネットワーク（網目）状に生えて

第8章 太陽

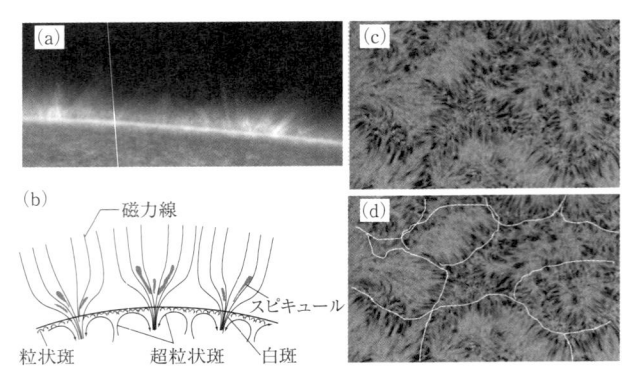

図8-10 (a)スピキュール。ひので衛星可視光望遠鏡で撮影。(国立天文台/JAXA) (b)スピキュールの概略図。(『最新画像で見る 太陽』柴田一成、大山真満、浅井歩、磯部洋明著、2011、ナノオプトニクス・エナジー出版局より転載) (c)ネットワーク(網目)状に生えている筋模様構造がスピキュールで、(d)ネットワークを強調したもの。(京都大学飛騨天文台)

いることがわかる(図8-10(c)、(d))。この網目状構造は超粒状斑の縁に相当している。超粒状斑対流によって磁力線が沈み込むところに集まり、そこでスピキュールが発生すると考えられる(図8-10(b))。

3-3 コロナ

彩層のさらに外側には、薄い遷移層を経て、200万Kの大気層であるコロナが広がっている。皆既日食(図8-1)で見られる真珠色に輝く様子は、古代から人類を魅了してきた。コロナの明るさは太陽全体の100万分の1程度(満月の明るさとほぼ同じ)ときわめて暗く、地上では皆既日食の際か特殊な観測装置(コロナグラフ)を用いなくては見ることができない。一方、1960年代に始まった人工衛星によるX線太陽観測により、コロナに関する知見が一気に得られるようになった。

図8-7(d)は、X線で見た太陽全面像を示す。X線コロナ画像では、コロナがループ状構造から成り立っていることがわかる。また

3. 太陽大気

明るさは一様ではなく、黒点が見られる活動領域の周辺では特に明るいこと、北極と南極付近では暗いことなどが見て取れる。北極と南極付近の特に暗い領域は、コロナホール（coronal hole）と呼ばれる。コロナホールは、磁力線が惑星間空間に開いているため、プラズマが太陽風（本章3-4節参照）として逃げ出しており、密度が周囲より低くなっている。またコロナホールは、極域だけでなくしばしば低緯度域にも現れる。

どうしてコロナは200万Kもの超高温状態になっているのか？この問題はこのことが発見された1940年代から半世紀以上たった今も未解決であり、コロナ加熱問題と呼ばれている。ただし、磁場が重要な働きをしていることは間違いない。このことは、コロナが一様な明るさではなく、磁場の強い活動領域で明るいループ状に存在し、磁場の弱い極域では暗いことから示唆される。

3-4 太陽風と太陽圏（低速/高速太陽風）

100万Kを超える高温のコロナプラズマは、太陽重力を振り切り惑星間空間へと吹き出している。このプラズマの流れは太陽からの風、太陽風（solar wind）と呼ばれ、この太陽風のおよぶ範囲は太

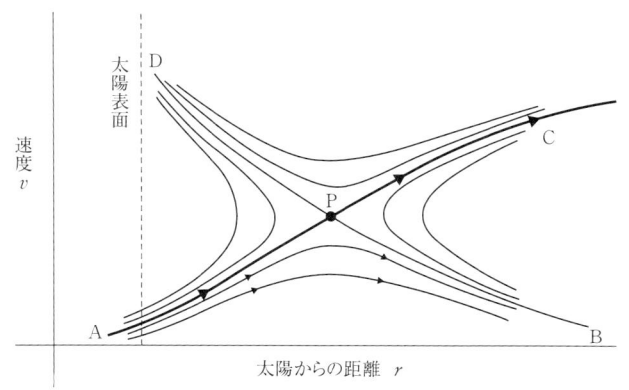

図8-11 重力がある場合の流体力学方程式の一般解。遷音速解（太線）が太陽風解。(Parker, E. N. 1958, ApJ, 128, 664 より改変)

第8章　太陽

陽の勢力範囲である太陽圏を形成している。ユージン・パーカー（E. N. Parker）は、この太陽風の存在を観測に先駆けて理論的に示した。つまり、コロナプラズマは重力と圧力勾配による静的なつりあいを保てず、絶えず外側に流れ出していることを流体の運動方程式から導いたのである。図8-11はこの運動方程式の解の種類を図示している。A→P→Cの経路では、太陽から遠ざかるにつれ速度が上昇し、Pで音速に達してなお加速され、超音速の太陽風となることがわかる。

太陽風の速度は、吹き出し口である太陽表面の磁場構造に深く関係している。図8-12は、太陽極軌道探査機ユリシーズ（Ulysses）によって得られた、太陽緯度による太陽風速度の分布を示す。太陽

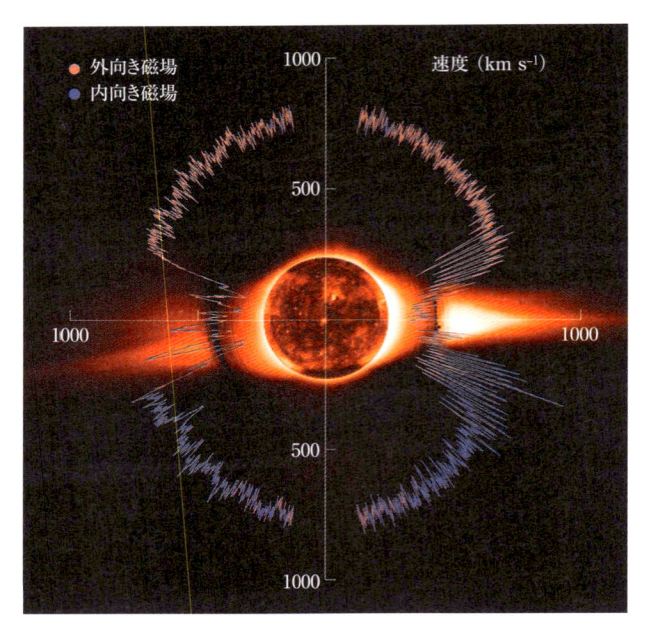

図8-12 太陽風速度の緯度による変化。Ulysses衛星による。（ESA/NASA）

4. 太陽活動

風速度を図の中心からの距離で表している。この図から、太陽の北極・南極付近からは速い太陽風（高速太陽風；速度は800km s^{-1}程度）が、低緯度からは遅い太陽風（低速太陽風：速度は400km s^{-1}程度）が吹き出していることがわかる。高速太陽風は、特にコロナホールから吹き出している。ただしこれらの太陽風速度の分布領域は、フレアなどの活動現象や長期の太陽活動周期（本章4-5節参照）により変化する。太陽活動が活発な時期には低速太陽風の領域が極付近にまで張り出し、逆に静穏な時期には高速太陽風の勢力範囲が中〜低緯度付近にまでおよぶ（図8-12は太陽活動が静穏だった時期の太陽風速度分布を示している）。

4. 太陽活動

太陽大気では、太陽黒点の近傍での突発的な爆発現象、大小さまざまなジェット現象など、バラエティに富んだ活動現象がいたるところで観測される。

4-1 黒点と白斑

黒点（sunspot）は、白色光ではシミのような暗い構造として観測される（図8-7(a)）。典型的な大きさは数万kmであり、だいたい地球と同じ大きさである。黒点が暗く見えるのは、周囲の光球より少し温度が低い（約4000K）ためである。ただし暗いのは周囲の光球と比較してであって、じつは満月より数万倍も明るい。黒点は

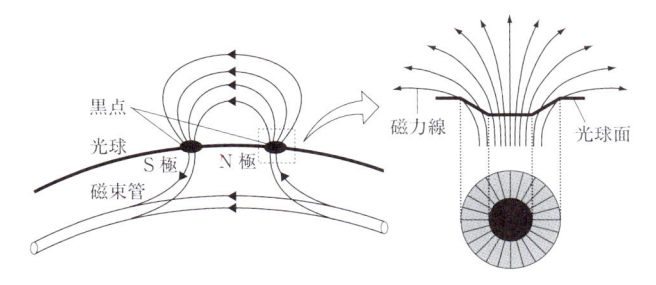

図8-13 巨大磁気チューブの浮上による黒点の形成（左）と黒点（右）の概略図。

第8章　太陽

図8-9(a)が示すように、中心に暗い暗部とその周辺にやや明るく（グレー部）放射状に明暗の筋状構造が並ぶ半暗部をもつ。

黒点は、太陽内部から浮上してきた巨大な磁場のチューブの光球での断面（図8-13）であり、半暗部の筋状構造は磁力線を反映している。黒点中心での磁場強度はおおむね1500〜4000G（ガウス）で、大きな黒点ほど磁場が強い傾向がある。典型的にはN極・S極の磁場極性をもった2つの黒点が、対となって出現する。太陽の自転方向を考慮して、西側に現れる黒点を先行黒点、東側の黒点を後行黒点と呼ぶ。

黒点にはいろいろなタイプがあり、図8-14で示すように白色光でみた形や黒点の大きさ（チューリッヒ分類）、あるいは黒点磁場の配置（マウント・ウィルソン分類）に基づいて分類される。チューリッヒ分類はパトリック・マッキントッシュ（P. S. McIntosh）により改良されており、黒点のおよその成長・消滅過程やサイズ・複雑さなどに応じて7つのタイプに分類する方法である。この分類法は太陽フレアの予報にも適したものになっている。一方マウントウィルソン分類では、磁場極性の分布の複雑さに応じて、α型（単極群）、β型（双極群）、γ型（複極群：2つ以上の双極ペアが複雑に分布するもの）、δ型（密集複極群：反対の磁場極性をもつ暗部が非常に近接していて半暗部を共有しているもの）に分けられる。δ型黒点は磁場構造が非常に複雑になっていることを示唆しており、このような黒点をもつ活動領域ではフレアが多数発生したり、巨大なフレアが発生したりすることがある。

白斑（facula）は、太陽の縁付近の光球で見られる、白いぼやっとした点々模様の構造である（図8-15左）。白斑の正体は、半径100kmほどの微細な、しかし強い（1000G程度の）磁場をもつ磁束管の断面（図8-15右）と考えられている。

4-2　プロミネンスとダーク・フィラメント

プロミネンス（prominence; 紅炎）は、古くは、皆既日食の際に太陽の縁から立ち上る赤い炎のような構造として知られてきた。プロミネンスの正体は、数千〜1万K程度の冷たいプラズマであり、水素原子からのHα線スペクトルを放射するため、赤っぽく光って

4. 太陽活動

黒点のチューリッヒ分類（マッキントッシュの修正版）

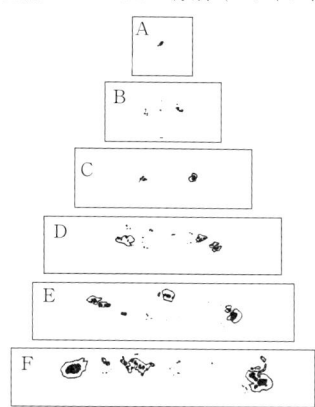

タイプ	特徴
A	単極、半暗部無し
B	双極、半暗部無し
C	双極、主黒点に半暗部
D	双極、両黒点に半暗部、サイズ<10°
E	双極、両黒点に半暗部、サイズ＝10～15°
F	双極、両黒点に半暗部、サイズ>15°
H	単極、半暗部有り

マウント・ウィルソン分類

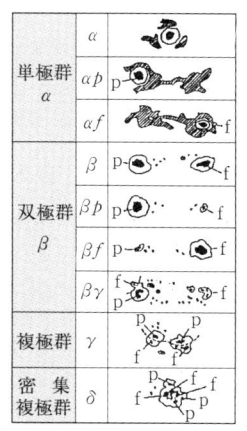

α 単極群	α	プラージュの中央部に黒点
	αp	プラージュの先行部に黒点
	αf	プラージュの後続部に黒点
β 双極群	β	両黒点の大きさがほぼ等しい
	βp	先行黒点が大きい
	βf	先行黒点が小さい
	$\beta\gamma$	半暗部の中に異極性暗部
γ 複極群	2つ以上の双極があって複雑
δ 密集複極群	1つの半暗部に両極が接近している

図 8-14 黒点のチューリッヒ分類（マッキントッシュによる修正版）とマウント・ウィルソン分類。

第8章　太陽

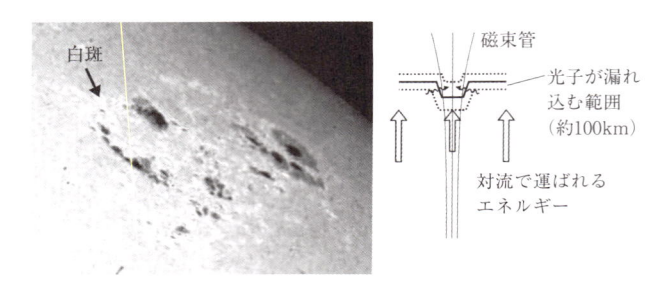

図8-15 活動領域周辺で見られる白斑（左：京都大学飛騨天文台）。白斑領域での磁力線構造の模式図。（右：『総説宇宙天気』柴田一成、上出洋介編著、2011、京都大学学術出版会より転載）

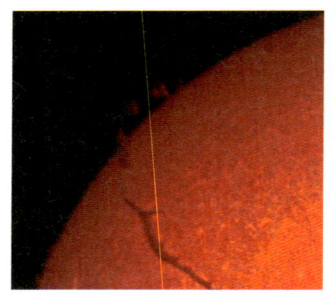

図8-16 プロミネンスとダーク・フィラメント。太陽縁外では明るく（プロミネンス）、面内では暗い構造（ダーク・フィラメント）として観測される。（京都大学飛騨天文台）

いる。ただしプロミネンスが放つ光はそれほど強くないため、太陽の縁外では明るく見えるが、太陽面内にくると黒い筋模様（ダーク・フィラメント）として見える（図8-16）。プロミネンスのプラズマは、磁場の力によってコロナ中に浮かんでいる。

　活動領域から離れた場所に現れるものは静穏型プロミネンスと呼ばれ、数ヵ月にわたって安定に存在するものもある。一方で、活動領域内に現れる活動型プロミネンスは、一般に短寿命で、フレア（本章4-3節参照）にともなって飛び去る（噴出する）ものも見られる（図8-22）。

294

4. 太陽活動

4-3 フレア

　太陽面ではさまざまな規模の活動現象が起きている。その中で最大のものが、太陽フレア（太陽面爆発）である。フレアが発生すると、電波からガンマ線にいたるあらゆる波長域で、電磁波の強度が突発的に増加する（図8-17）。フレアは、黒点の近くで発生することが多い（図8-18）。このことから、フレアのエネルギー源は、黒点近くの太陽大気中に蓄えられた磁気エネルギーであることが明らかとなってきた。フレアの大きさは大小さまざまであるが、大きいものでは10万km四方もの巨大な空間で発生する。

　Hα線では、図8-18で示すように、しばしば2つの細長い構造で明るく輝くことがある。この細長い構造はフレアリボンと呼ばれ、またフレアリボンが2つ並ぶことから、このようなフレアはツーリ

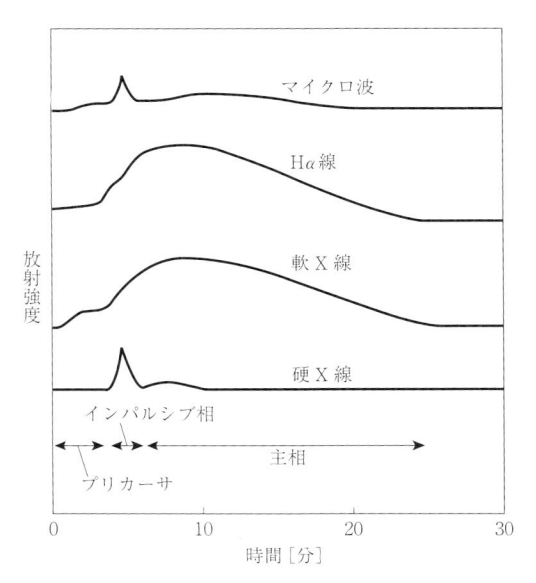

図8-17　典型的なフレアにおける、さまざまな波長での放射強度の時間変化（ライトカーブ）。

第8章　太陽

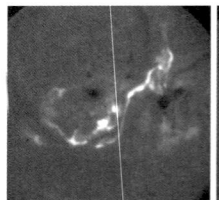

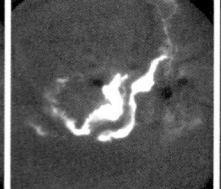

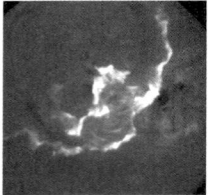

| 05:10:22UT | 05:17:26UT | 05:48:03UT |

図8-18 Hα線で見た典型的な太陽フレアの例。2001年4月10日に発生した巨大フレアの様子。フレアリボンが見える。(京都大学飛騨天文台)

ボン・フレアと呼ばれる。2つのフレアリボン領域は、それぞれN極とS極の磁場極性の領域に現れる。フレアの進行とともに、10〜100km s^{-1}程度の速度でフレアリボンの間隔は広がって行く。

図8-19には、太陽の縁付近で発生したフレアのX線像を示す。フレアにともないX線では、明るく輝くループ形状(フレアループ)が見られる。特に、図に示したような上部がとがったループ形状のカスプ構造(cusp)がしばしば観測される。このようなフレアはカスプ型フレアと呼ばれる。カスプ型のループ形状は、太陽フレアのエネルギー解放が太陽コロナ中で発生していることによる。このカスプ構造も、フレアの進行とともに、徐々に大きく成長する。

フレアでのエネルギー解放を説明するモデルとして、磁気リコネクション(磁力線のつなぎかえ)モデル(図8-20)が広く議論されている。コロナ中で逆向きの磁力線が押しつけられて、つなぎかえ(リコネクション)が起き、これにより解放される磁場エネルギーがプラズマの運動エネルギーや熱エネルギーに変換される。カスプ型のフレアループはまさに磁気リコネクションモデルが示唆する磁力線構造を表すものである。また、フレアでは多くのフレアループがアーケードのように並んでおり、Hα線で見えるフレアリボンは、このフレアループの足元に対応している。フレアループやフレアリボンの成長は、磁気リコネクションが次々と起きていることを示している。

4. 太陽活動

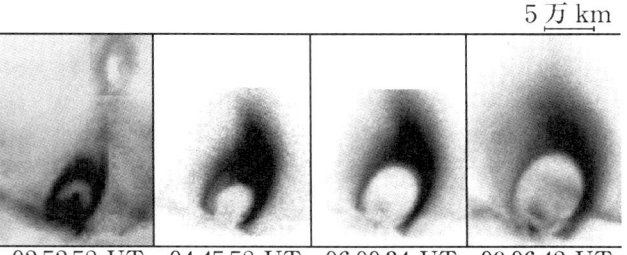

図8-19 X線で見た太陽フレアの白黒反転画像（ネガ像）。ようこう衛星のX線望遠鏡による。1992年2月21日に発生したフレア。ろうそくの炎のような構造（カスプ構造）が時間とともに成長するのがわかる。（JAXA）

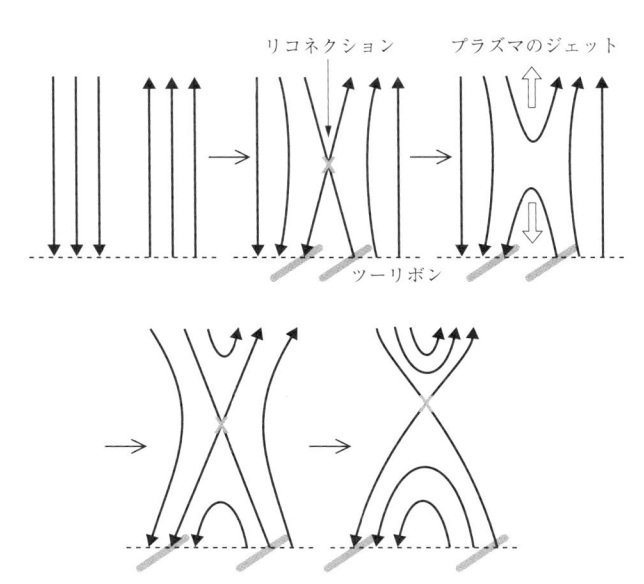

図8-20 磁気リコネクションモデル。

第 8 章　太陽

4-4　コロナ質量放出

　人工衛星による観測技術の発達にともない、1970年代からは宇宙空間での人工日食によるコロナの観測が可能となった。それらにより、突然大量のコロナガスが太陽から惑星間空間へ放出される現象が発見された。これをコロナ質量放出（coronal mass ejection; CME）と呼ぶ（図8-21）。

　放出される質量は10億〜100億 t（10^{15}〜10^{16}g）、速度は10〜3000km s^{-1}（平均速度は500km s^{-1}）、大きさは太陽半径の数倍から10倍にもおよぶ。大きなフレアにともなって発生することが多いが、中にはフレアが起きていなくても発生することがある。そのような場合は、フィラメント（プロミネンス）（図8-16）の噴出が

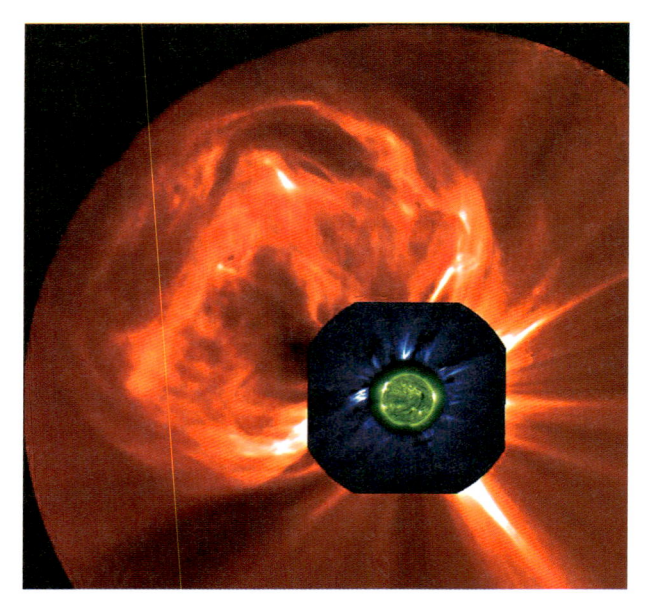

図 8-21　2012年1月23日に発生したCME。STEREO衛星による、地球公転軌道前方からの観測。向かって左手に地球がある。（NASA）

4. 太陽活動

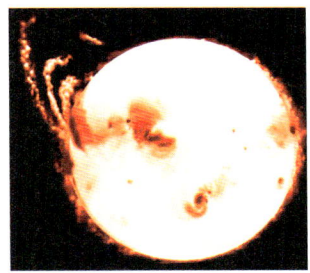

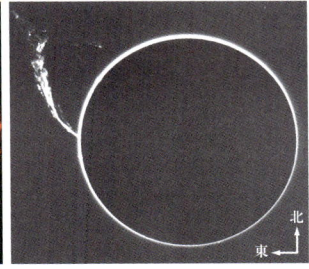

図8-22 1992年7月31日に発生したプロミネンス噴出。左：野辺山電波ヘリオグラフで撮影された電波画像。3つの異なる時間の画像を重ねて表示している。太陽面はX線で見たコロナ（ようこう衛星）。（国立天文台/JAXA）　右：同じプロミネンス噴出をHα線で見たもの。（国立天文台・乗鞍コロナ観測所）

起きていることが多い（図8-22）。逆に、小規模なフレアの場合、CMEをともなわないことも多い。CMEや太陽風は太陽から大量のガスや磁力線を放出しており、惑星間空間に多大な影響を及ぼしている（本章5節参照）。

プロミネンスやフィラメントの噴出は、フレア（磁気リコネクション）にともなって解放される磁気エネルギーにより上方に加速されたと考えると説明がつく。噴出速度は $10 \sim 500 \mathrm{km\,s}^{-1}$ とさまざまである。また、加速の継続時間も数分から数時間と幅広く分布する。フィラメント噴出では、Hα線で見える構造だけでなく、周辺の100万Kのコロナプラズマもいっしょに噴出する。これがCMEであると考えられている。

4-5 太陽活動周期とダイナモ

太陽黒点の数や太陽フレアの発生数は、一定ではなく増減を繰り返している。黒点の数を客観的に表すため、黒点相対数（R; ウォルフ黒点数）が導入されている。これは黒点群の数 g、観測した黒点の総数 f から $R = k(10g + f)$ と定義されている量である。ただし、k は観測機器や観測者等による係数である。

黒点相対数は図8-23に示すように、1700年ごろ以降はピークの

第8章 太陽

大小はあるものの、およそ11年の周期で増減を繰り返している。これを太陽周期(solar cycle)という。また、黒点数の多い時期を極大期、少ない時期を極小期と呼ぶ。11年周期の最初のころは、黒点は高緯度で出現することが多いが、時間が進むにつれ低緯度側に徐々に出現場所が移動することが知られている。このため、縦軸に太陽面の黒点出現緯度、横軸に時間をプロットすると(図8-24)、11年ごとに蝶の羽に似たパターンを示し、このような図は蝶形図[バタフライ・ダイアグラム(butterfly diagram)]と呼ばれる。

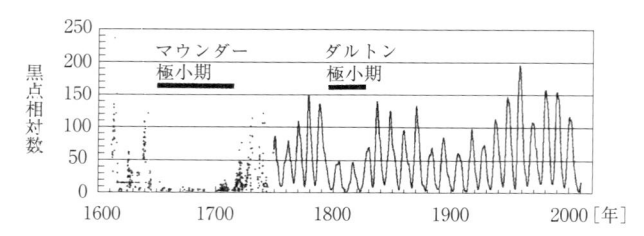

図8-23 過去400年にわたる太陽黒点相対数の変化。(『理科年表』)

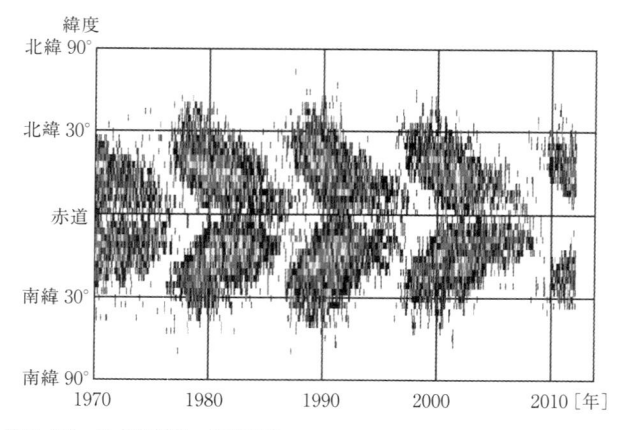

図8-24 黒点蝶形図。(NASA)

4. 太陽活動

一方、磁場の極性に着目すると太陽周期は倍の22年である。黒点ペア（西側（先行）と東側（後行）黒点のペア）の磁場極性の向きは、南北半球で逆になっており、1つの活動周期（11年）内では同じ半球の黒点ペアの磁場極性はみな同じ向きである。しかし、次の活動周期では、黒点ペアの磁場極性の向きは反転する（ヘールの法則）。

では、黒点はどのように生み出されるのであろうか。先に述べた

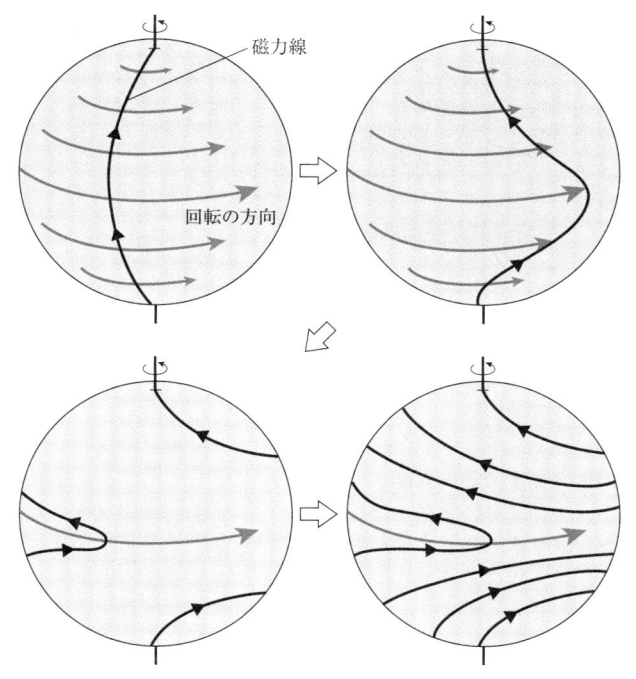

図8-25 太陽の差動回転の模式図。南北に走る磁力線が、差動回転により東西方向に引き延ばされる。（『最新画像で見る　太陽』柴田一成、大山真満、浅井歩、磯部洋明著、2011、ナノオプトニクス・エナジー出版局より転載）

ように、太陽は差動回転している。このため、南北方向に貫いている磁力線は、差動回転によって東西方向に引き延ばされる。太陽が何回転もする間に、ついには東西方向のリング状になった磁力線が形成される（図8-25）。こうしてできた東西方向の磁束管の一部が太陽表面に浮かび上がることで、黒点がつくられると考えられている。このことから、先行・後行黒点の磁場極性が、南北半球で逆転していることも説明がつく。南北方向の磁場をポロイダル磁場（poloidal magnetic field）、東西方向の磁場をトロイダル磁場（toroidal magnetic field）と呼ぶが、このように、ポロイダル磁場からトロイダル磁場を生み出す機構をω効果（ω-effect）と呼ぶ。11年での南北磁場の反転を生み出すには、さらにトロイダル磁場からポロイダル磁場をつくるα効果（α-effect）が必要である。これは太陽のコリオリ力や乱流による効果と考えられるが、起きている場所などについてはまだよくわかっていない。

5. 宇宙天気と宇宙気候

　大きな太陽フレアが発生すると、約1〜3日後に地球で磁気嵐が発生する。フレアにともなう大量のプラズマや磁場が惑星間空間に放出され、地球方向に飛来し、それらが地球周辺の磁場・プラズマ環境を大きく乱すと考えれば理解できる。太陽活動や惑星間空間の様子から、地球周辺の環境を予報する宇宙天気（space weather）の研究が盛んに行われている。

5-1　太陽高エネルギー粒子

　大規模なCMEが発生すると、しばしば観測画像に傷のような模様が大量に現れることがある（図8-26）。これは100MeV以上のエネルギーにまで加速された粒子が観測機器のCCDにぶつかることで発生する。このように、太陽フレアやCMEにともなって、粒子（陽子、電子、イオン）が10keVから数GeVにいたるまで加速されていることが明らかとなってきた。このような粒子は、太陽高エネルギー粒子（Solar Energetic Particle; SEP）と呼ばれる。ただし、実際には、SEPは高エネルギー陽子のことを指すことが多く、通称太陽プロトン現象（Solar Proton Event; SPE）という。図8-

5. 宇宙天気と宇宙気候

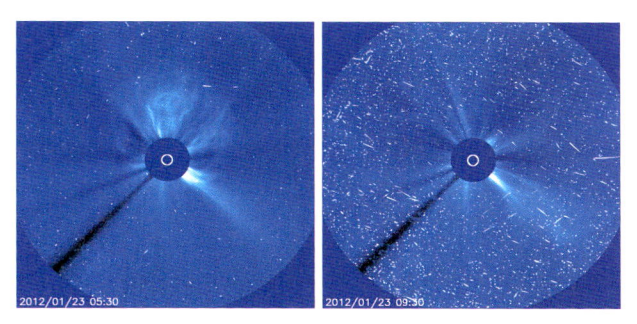

図8-26 2012年1月23日に発生したCME。SEPがCCDにぶつかることにともなう傷が多数見られることからノイズ・ストームとも呼ばれる。SOHO衛星LASCOによる。(ESA/NASA)

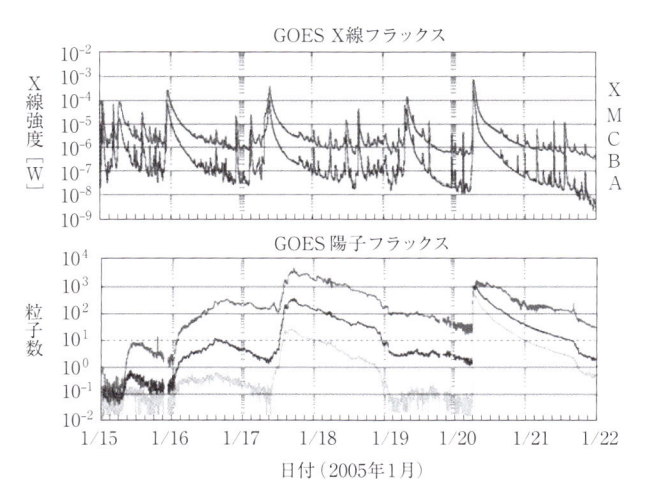

図8-27 2005年1月のストーム。上段は軟X線強度、下段は陽子フラックス。GOES衛星による。上段右のX、M、…、AはX線強度によるフレアのクラスを示す。(NASA/NOAA)

303

第8章　太陽

27には、2005年1月に頻発した太陽フレアとSEPを示す。太陽からのX線放射（上段）の上昇は太陽フレアに相当する。陽子フラックス（下段）がフレアにともなって増加している。一方、地磁気に跳ね返されることなく地球大気にまで到達するGeVオーダーのSEPもある。このようなGeV陽子は空気シャワーにより地表での大量の放射線増加を引き起こすため、GLE（Ground Level Enhancement/Event）と呼ばれる。

　ではSEPはどこでどのように加速されるのか？　これまでにフレア本体での加速の説とCME前面に形成される衝撃波（以下CME衝撃波、本章5-2節参照）による加速の説が議論されたが、現在はその両方の寄与が指摘されている。SEPは、継続時間が数時間程度のインパルシブ・イベントと、数日続くグラジュアル・イベントの2種類に大別できる。前者はフレア加速粒子が主、後者はCME衝撃波加速粒子が主である。インパルシブ・イベントとグラジュアル・イベントでは、観測されるイオンの組成比も異なっており、加速環境の違いに起因するとされている。巨大磁気嵐の原因となるのはグラジュアル・イベントであることが多いが、発生頻度はインパルシブ・イベントに比べ圧倒的に少ない。ただし、中間的なイベントも観測されており、より統一的なモデルの構築が議論されている。

　CME衝撃波により粒子が加速される場合は、衝撃波と地球の相対的な位置関係により、地球で観測されるSEPフラックスの時間変化が異なることが知られている。SEPと関連するCMEは平均速度が約1500 km s^{-1}と高速で、かつ、空間的広がりも大きいことがわかっている。GLEに関連するCMEの速度は約2000 km s^{-1}とさらに高速である。

5-2　惑星間空間衝撃波・共回転衝撃波

　CMEは惑星間空間に擾乱を生じ、この擾乱は惑星間CME（Interplanetary CME; ICME）とも呼ばれる。ICMEプラズマの様子は、探査機などにより直接計測されている。内側にCMEプラズマに対応する、磁場が強く低温・低密度な領域があり、磁気雲と呼ばれている。高速のICMEは、惑星間空間を伝播する過程で太陽風

5. 宇宙天気と宇宙気候

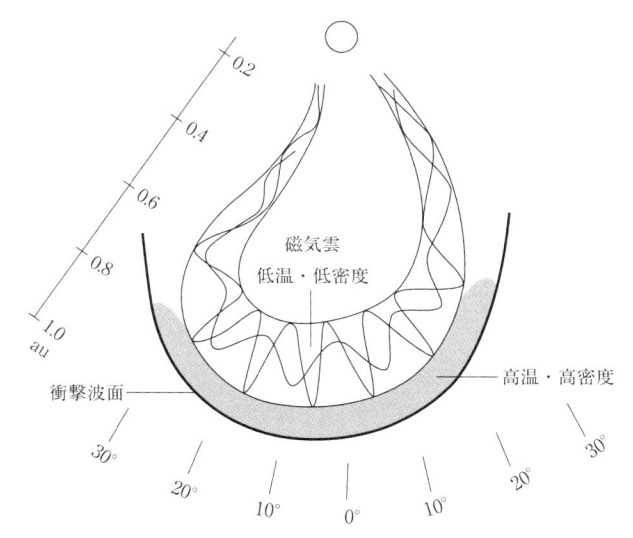

図8-28 ICMEにともなう惑星間空間衝撃波の模式図。(Marubashi, K. 1997, AGU Geophys. Monograph, 99, 147 より改変)

と相互作用し、前面に衝撃波を形成する（図8-28）。衝撃波面とICMEプラズマの間は圧縮されて、高温・高密度になっている。衝撃波はSEPの加速場所の1つであり、強い磁場をもつICMEプラズマは高速で地球磁気圏に衝突することで磁気嵐を引き起こす。

磁気嵐には、フレアやCMEといった太陽面での活動現象に起因しないものもある。これらは、高速太陽風（本章3-4節参照）により惑星間空間で形成された衝撃波による。太陽は磁場を引き連れて自転するため、太陽系内では磁場は渦巻構造（スパイラル構造）に引き延ばされている。プラズマは磁力線に沿った方向に運動するため、太陽風もこのスパイラル構造に沿って吹いている。

コロナの磁場構造に応じて太陽風の吹き出し速度が変化するが、高速太陽風が先を行く低速太陽風に追いつくと、その高速/低速太陽風の接触面では、プラズマの圧縮が起き、太陽風磁場の強度も増

第8章　太陽

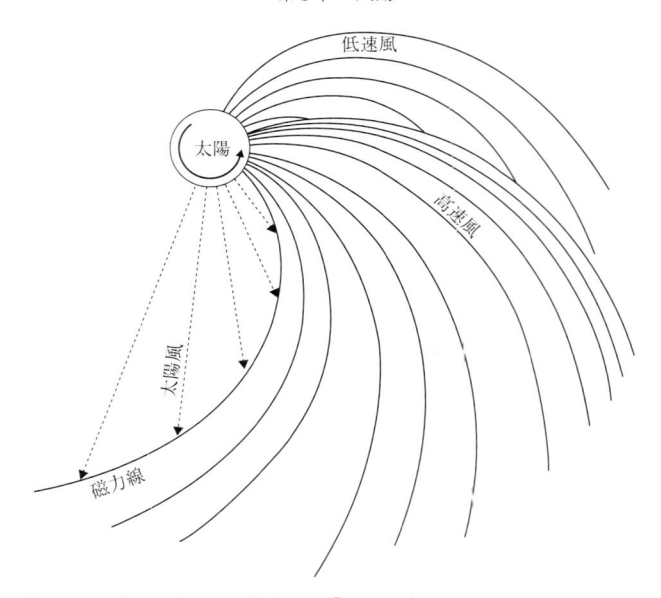

図8-29　共回転衝撃波の模式図。(『シリーズ現代の天文学10　太陽』桜井隆、小島正宜、小杉健郎、柴田一成編、2009、日本評論社より転載)

加する。この領域は共回転相互作用領域（Corotating Interaction Region; CIR）と呼ばれる。圧縮は太陽風の流れとともに進行するため、CIRは太陽から遠くなるにつれ発達し、ついには衝撃波を生じる。このような衝撃波は太陽自転とともに回転するため、共回転衝撃波と呼ばれる（図8-29）。また、共回転衝撃波にともなう磁気嵐は、太陽自転によって回帰的に起きる。

5-3　磁気嵐とオーロラ・サブストーム

　磁気嵐は、太陽表面での磁場構造や活動現象に起因して太陽−地球システム全体で発生する大規模現象である。磁気嵐は、地球低緯度地域の磁場データから算出される地磁気変動の指数"Dst

5. 宇宙天気と宇宙気候

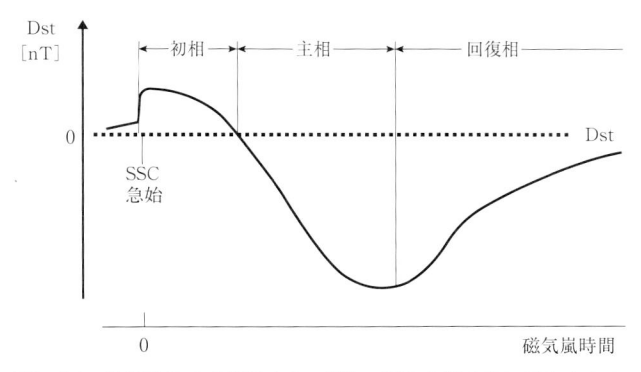

図8-30 磁気嵐時の典型的なDst指数の変動を模式的に示したもの。(Kamide, Y. et al. 1998, JGR, 103(A8), 17,705 より改変)

(Disturbance Storm Time) 指数"により特徴づけられている。図8-30に、磁気嵐でのDst指数の変動を模式的に示す。磁気嵐のときにDst指数は、不連続な増加である急始（SSC）をともなっていったん増加（初相）し、その後急激に減少（主相）、また緩やかに回復（回復相）する。一般には、Dst指数の最小値がマイナス50nTを下回ると磁気嵐と呼ぶ。なお、T（テスラ）は磁束密度の単位で、1Tは10^4Gに相当する。1nT（ナノテスラ）は10^{-9}Tのことで、10^{-5}Gである。典型的な継続時間は主相で数時間、回復相は数十時間である。初相は太陽風中の磁場の向きによってさまざまあり、SSCをともなわない磁気嵐も半数近くある。

磁気嵐の直接の原因は、赤道上空で地球を環状に取り巻く西向き環電流（ring current）の増大である。環電流がつくる磁場の向きは地表で南向きなので、環電流が増大するとももとの北向き磁場を減らすように働く。すなわち、Dst指数の減少として現れる。CMEや太陽風が地球磁気圏にぶつかることでこの環電流が発達すると考えられているが、その詳細なメカニズムはまだよくわかっていない。

太陽活動と磁気嵐の関係はどうなっているのか。図8-31に太陽活動（黒点数）と磁気嵐の発生数の変動を示す。太陽磁場に大きく

第8章　太陽

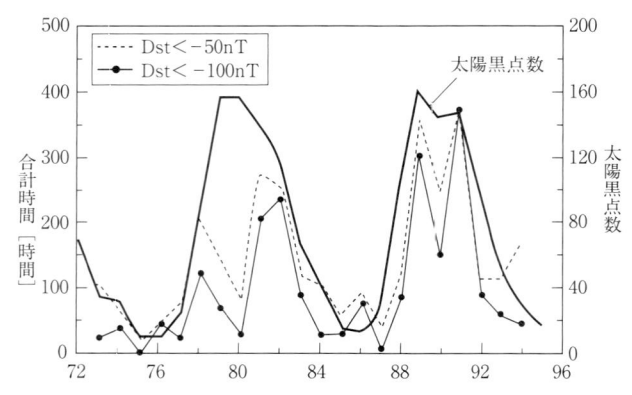

図8-31　太陽活動周期（黒点相対数）と磁気嵐の発生数（合計時間）の変動。(Kamide, Y. et al. 1998, JGR, 103(A8), 17,705 より改変)

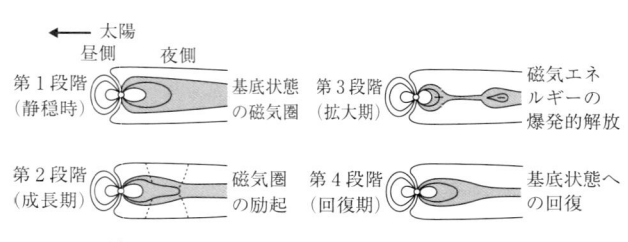

図8-32　磁気圏サブストームの発達過程。(『総説宇宙天気』柴田一成、上出洋介、2011、京都大学学術出版会より転載)

依存するため、太陽活動の偶数期と奇数期で大きく異なる（太陽の南北極磁場は22年で入れ替わる）が、11年の太陽活動で磁気嵐の発生頻度には2つのピークがあることがわかる。1番目のピークは太陽活動が活発なときに相当しており、フレアやCMEの頻発により磁気嵐が増えていることを示す。大きな磁気嵐もこの時期に多い。磁気嵐発生頻度の2番目のピークは太陽活動の減衰期に存在しており、1番目よりむしろ大きい。2番目のピークでは、ひとつひ

5. 宇宙天気と宇宙気候

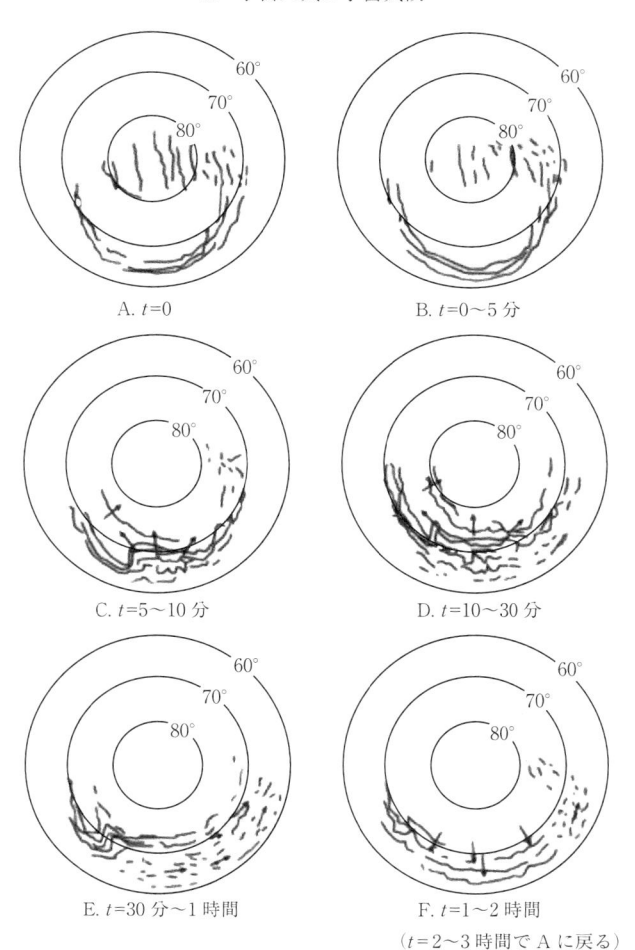

A. $t=0$

B. $t=0\sim 5$ 分

C. $t=5\sim 10$ 分

D. $t=10\sim 30$ 分

E. $t=30$ 分〜1 時間

F. $t=1\sim 2$ 時間

($t=2\sim 3$ 時間で A に戻る)

図8-33 オーロラ・サブストームによる、オーロラの発達と衰退の様子。地球の北極上空から地球を見た図。中心は磁場の北極で、上が太陽方向。(Akasofu, S.-I. 1964, Planetary and Space Science, 12, 273 より改変)

309

とつの磁気嵐の大きさはそれほどではないが、コロナホールからの高速太陽風に起因する磁気嵐の発生数が多いとされる。

CMEや太陽風は地球の太陽側（昼側）で地球磁気圏にぶつかり、地球夜側の磁気圏へ大量のプラズマ・磁場を注入する。このことは夜側の磁気圏を大きく乱し、磁気リコネクションの発生を促して、磁気エネルギーが爆発的に解放される。一連の磁気圏変動は磁気圏サブストームと呼ばれている（図8-32）。

サブストームは、極域オーロラの変動現象としても認識されるため、オーロラ・サブストームと呼ばれる。図8-33にオーロラ・サブストームにおけるオーロラの発達の様子を示す。地球の夜側で弧状の構造（オーロラアーク）が赤道側から明るくなり始め、オーロラアークが多重構造で急激に現れながら極方向、夕方方向（西向き）に発達する。

5-4 太陽活動の長期変動による地球環境（気候）への影響

本章4-5節で述べたように、太陽黒点の数は約11年の周期で増減を繰り返す。ただしその増減は一定ではなく、たとえば1645～1715年ごろには、太陽黒点が極端に少ない時期（マウンダー極小期）があった（図8-23）。同じころ全世界的に寒冷化した（ミニ氷河期や小氷期）ことが知られていることから、太陽活動と地上の気温（地球気候）との相関関係がこれまでも広く議論されてきた。

太陽黒点の観測は、約400年前までさかのぼれるが、それ以前の太陽活動と地球気候との関係はどうだったのか。それを知る手掛かりとして、宇宙線（宇宙からやって来る高エネルギー粒子）が使われている。太陽活動が活発だと、太陽系全体の磁場のバリアーが強くなり宇宙線が地上に届くのを妨げる。逆に太陽活動が静穏だと、地上に到達する宇宙線は増加する。宇宙線は地球大気と衝突する際に炭素14（^{14}C、炭素の放射性同位体）を生み出し、それが樹木に取り込まれることで木の中に記録として残る。つまり、大木の年輪中に含まれる炭素14の量を測定することで、年ごとの宇宙線の量、すなわち太陽活動（黒点数）をおおよそ知ることができる。図8-34は、こうして求められたここ1000年間の宇宙線・太陽黒点数・気温の変化のグラフである。因果関係はまだはっきりとはわか

6. 恒星活動

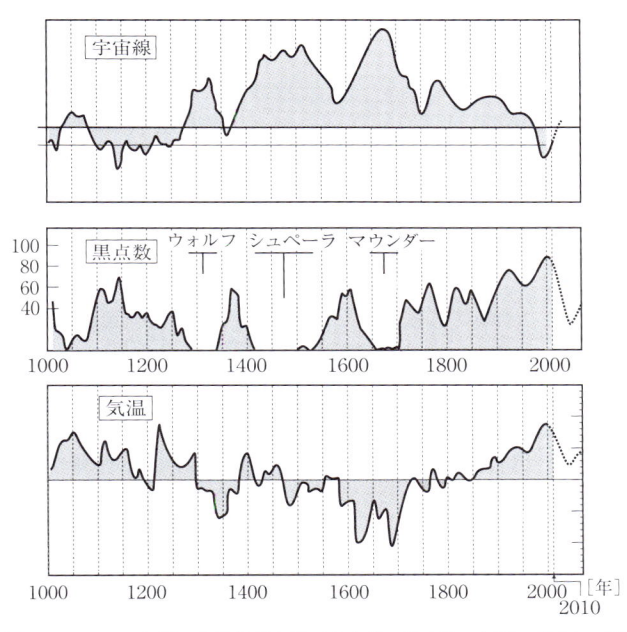

図 8-34 1000年間の太陽活動変動（宇宙線・黒点数・気温の変化）。（提供：丸山茂徳）

らないが、太陽活動の活発な時期は気温が上昇するという相関が見てとれる。

6. 恒星活動

　近年の天文観測の発展によって、恒星にも太陽と同様な活動現象があることがわかってきた。恒星の活動現象の観測は、太陽活動の原因を解明する上で多くのヒントを与えるだけでなく、近年数多く発見されつつある系外惑星の環境や生命生存条件を決める上でも重要である。その意味で、恒星活動の研究は宇宙生物学の基礎をなすといえる。

311

第8章　太陽

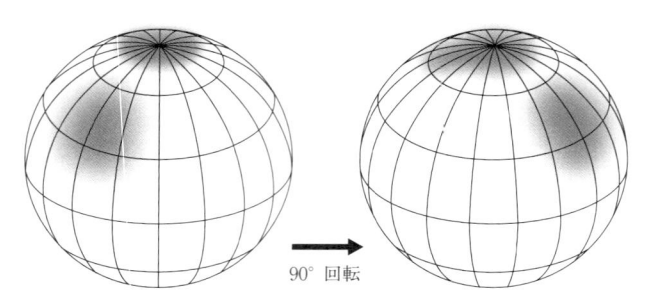

図8-35 HD 106225の恒星黒点。恒星の自転する際の放射強度の変動から黒点の大きさや場所を推定。(Hatzes, A. P. 1998, A&A, 330, 541 より改変)

6-1　恒星黒点

　恒星は太陽に比べるとはるかに遠い距離にあるので、太陽のように表面を分解して黒点を見ることはできない。しかし、黒点が存在して恒星が自転していると、恒星の明るさが周期的に変動するので、このことを考慮すると、黒点を間接的に見つけることができる。黒点の正体は強い磁場なので、直接的には恒星の磁場を測れば黒点に対応する強い磁場があるかどうかわかる。若い星では、星全体の平均磁場強度が数千Gにものぼるケースも観測されている。このような観測から、恒星の表面積の何割も占める巨大な黒点がある恒星も知られている（図8-35）。

6-2　恒星彩層

　太陽で観測されているHα線やカルシウムH、K線は、太陽活動にともなってスペクトル線の深さや幅がいろいろ変化する。Hα線やカルシウムH、K線は彩層から放射されているので、彩層の活動を知る上で大変有用である（図8-36）。これを恒星に応用すると恒星彩層の活動の程度を知ることができる。このような観測から、恒星彩層の活動の強さが恒星磁場の強度と相関があること、自転速度とも相関があること、などが知られている。

　また、長期の観測からは、太陽と同様な11年周期に相当する周

6. 恒星活動

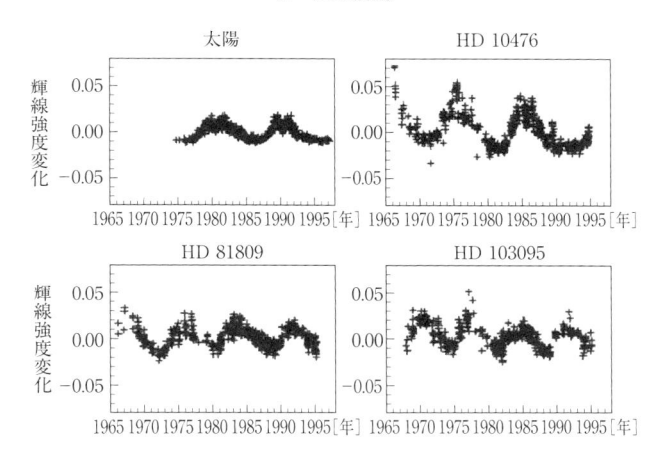

太陽　　　　　　　　　　HD 10476

HD 81809　　　　　　　　HD 103095

図8-36 ウィルソン山天文台で観測されたカルシウムH、K線で測った太陽・恒星の輝線強度変化。(Radick, R. R. 2001, Adv. Space Res., 26, 1739より改変)

期変動（5〜20年）や、マウンダー極小期のような大極小期があることもわかっている。また、カルシウムH、K線のライン幅が星の光度とともに増大することも知られている。これは発見者の名前をとって、Wilson-Bappu効果と呼ばれている。

6-3　恒星コロナ

X線天文学の発展によって、ほとんどの恒星の周りに太陽コロナと同じような100万Kのコロナがあることが判明した。図8-37では、HR図上にコロナが見られる星を示す。赤色超巨星を除くほとんどの星にコロナが存在する（HR図上、コロナが存在する領域と存在しない赤色超巨星の領域の境界線はコロナ恒星風境界線（dividing line）と呼ばれる）。恒星コロナが放つX線光度は恒星の自転速度と共に大きくなる（図8-38(a)）。一方、X線光度は星の磁束量とよい相関を示すので（図8-38(b)）、これは自転速度が大きいほど星の磁束が増大することを意味していると考えられる。

第8章 太陽

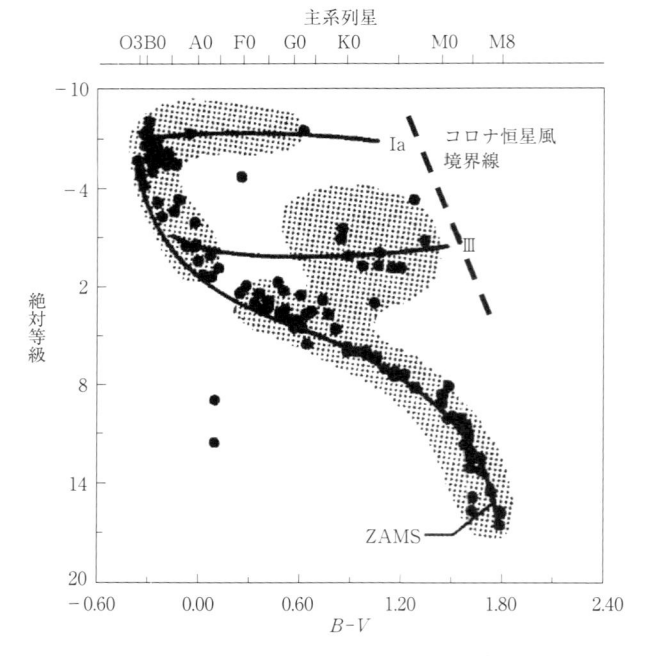

図8-37 HR図上にコロナ活動を有する恒星の分布を示したもの。(Rosner, R. et al. 1985, Ann. Rev. Astron. Astrophys., 23, 413 より改変)

6-4 恒星風

　太陽から太陽風が流れ出しているのと同様に、恒星からも恒星風が流れ出している。ただし、恒星風の直接観測は容易ではない。若い星（原始星やT Tauri型星など）や年老いた星（巨星・超巨星）からの恒星風は、Hα線によるドップラー速度観測などにより測定されている（図8-39）。それによると、若い星や巨星・超巨星では、太陽風に比べてはるかに大量の年間$10^{-9} \sim 10^{-5} M_\odot$もの質量が流れ出しており、星の構造や進化に影響を与えるほどであることがわかった。一方、太陽風による質量損失率は年間$10^{-14} M_\odot$程度であ

6. 恒星活動

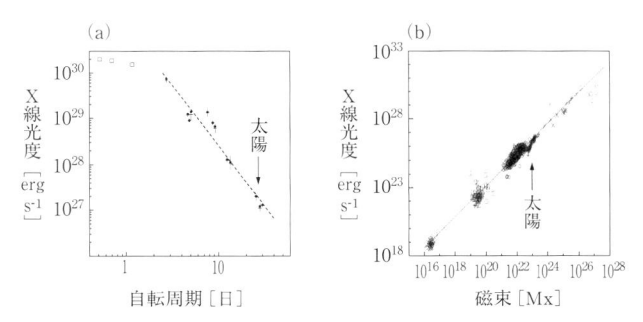

図8-38 (a)太陽・恒星のX線光度と自転周期の関係（Güdel, M. 2007, Living Reviews in Solar Physics.,4, 3 より改変）。(b)太陽・恒星のX線光度と磁束の関係。Mx（マクスウェル）は磁束の単位で、G cm^2（$=10^{-8}$Wb）に相当する。太陽については活動領域やX線輝点など、領域ごとにプロットしてある。（Pevtsov, A. A. et al. 2003, ApJ, 598, 1387 より改変）

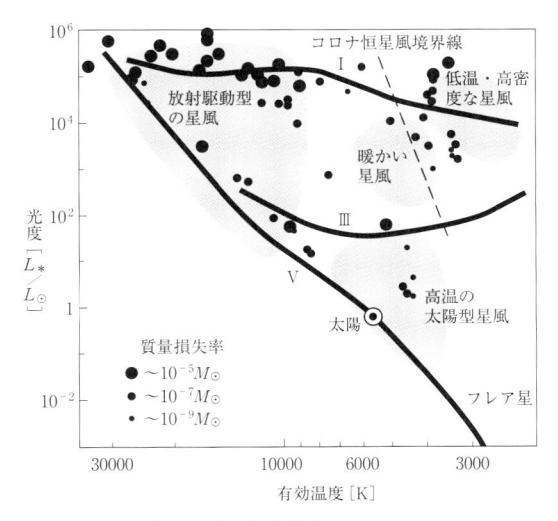

図8-39 恒星風の種類と質量損失率（Cassinelli, J. P. 1979, Ann. Rev. Astron. Astrophys., 17, 275 より改変）

315

第8章 太陽

り、100億年かけても太陽の質量は1%も減らない。太陽質量程度の主系列星でも同様であろうと考えられている。

6-5 恒星フレア

HR図上のほとんどの恒星で、太陽フレアとよく似た恒星フレアが起こることが知られている。とくに若い星や近接連星系（RS CVn型変光星）ではフレアが頻繁に発生している。また低温度星（M型星）のある種の星もフレアを頻発していることが知られており、フレア星と呼ばれる。恒星フレアはあまりにも遠方にあるので空間構造は不明であるが、可視光、Hα線、電波、X線などさまざまな電磁波の強度の時間変化は太陽フレアのそれとそっくりである。また、母体となる恒星の性質も彩層活動、恒星黒点（磁場）、恒星コロナなど、太陽の性質とよく似ている。このような観測的事実から恒星フレアは太陽フレアと共通の電磁流体力学的メカニズム（磁気リコネクション機構）により起きていると考えられている。実際、太陽フレアと恒星フレアの間では、エミッション・メジャー

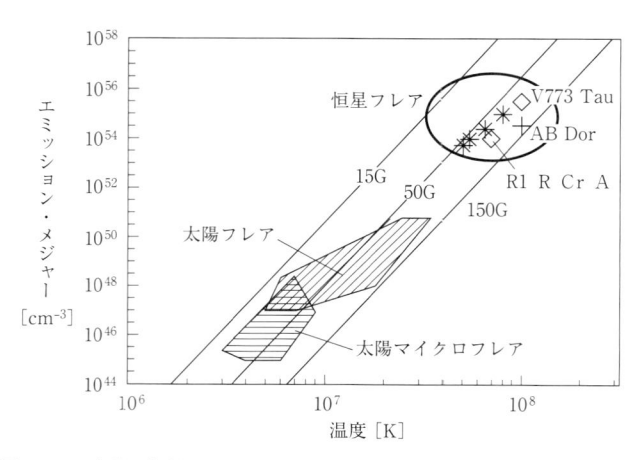

図8-40 太陽・恒星フレアにおけるエミッション・メジャー−温度の相関関係（Shibata, K. and Yokoyama, T. 1999, ApJL, 526, L49 より改変）。

6. 恒星活動

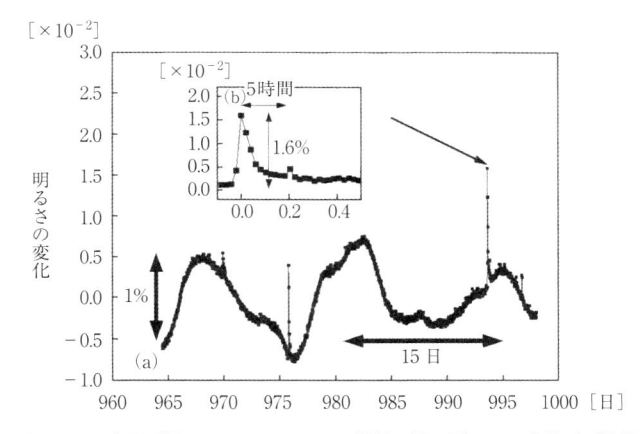

図8-41 太陽型星のスーパーフレア。縦軸は星の明るさの変化（平均的な星の明るさで規格化した値）。横軸は時間（日）。星自身の明るさが15日くらいの周期で変動していること、時折、数時間の寿命のスーパーフレアが発生していることがわかる。この場合では、スーパーフレアの明るさは星の明るさの1.6％にものぼり、解放された全エネルギーは10^{35} erg（最大級の太陽フレアの1000倍くらい）と推定される。(Maehara, H. et al. 2012, Nature, 485, 478 より改変)

($EM = n_e^2 V$ であり、n_e は電子の数密度、V は体積、EM はボリュームエミッション・メジャーともいう）は温度とともに増大するという共通の相関関係が成り立っており（図8-40）、この直線は磁気リコネクション機構により説明できることが知られている。

自転速度の速い星では、最大級の太陽フレアの10～100万倍もの規模をもつフレアが発生することも知られており、スーパーフレアと呼ばれる。太陽のように年老いた星ではスーパーフレアは起きないと信じられていたが、近年、太陽類似星で最大級の太陽フレアの100～1000倍ものスーパーフレアが多数発見され、衝撃をもたらした（図8-41）。

第8章　太陽

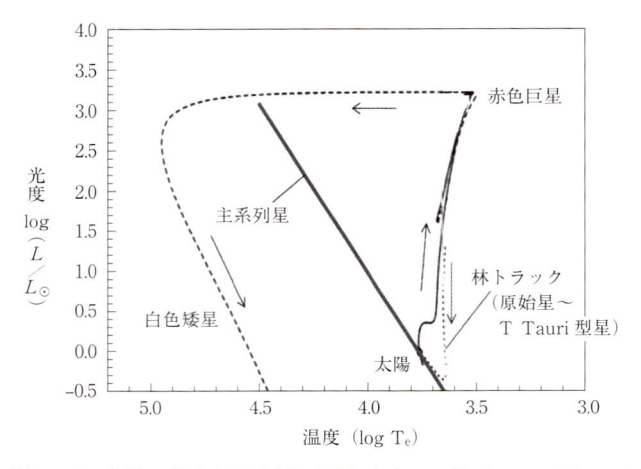

図8-42　太陽の進化をHR図上で示したもの。(Sackmann, I.-J. et al. 1993, ApJ, 418, 457より改変)

7. 太陽の一生

　星は暗黒星雲の中で生まれる。我々の太陽もかつて46億年前、暗黒星雲の中で生まれたに違いない。生まれたばかりの太陽（原始太陽）は、現在の太陽の10倍以上も明るく輝いており、いわゆる林フェーズ（Hayashi phase）という進化段階にあったと考えられる。HR図（図8-42）中の林フェーズにおける星の進化経路は林トラックと呼ばれている。この段階の原始太陽は単に明るいだけでなく、巨大フレアなどの激しい爆発現象を頻繁に起こしており、原始惑星系円盤や惑星形成に大きな影響を与えたと考えられる。原始太陽はゆっくりと光度を下げ、T Tauri型星という段階（1000万年間程度）を経たのち主系列星となる。主系列星になったばかりの太陽は現在より少し（数十％程度）暗く、当時の地球は全球凍結するくらい寒かったと考えられるが、地質学的にそのような痕跡はなく、"暗くて若い太陽のパラドックス"と呼ばれている。太陽は今後50億〜70億年経つと半径を増し巨星となる〔図8-43〕。巨星の半径は最大、現在の太陽半径の100倍以上にも達する。この段階が

318

7. 太陽の一生

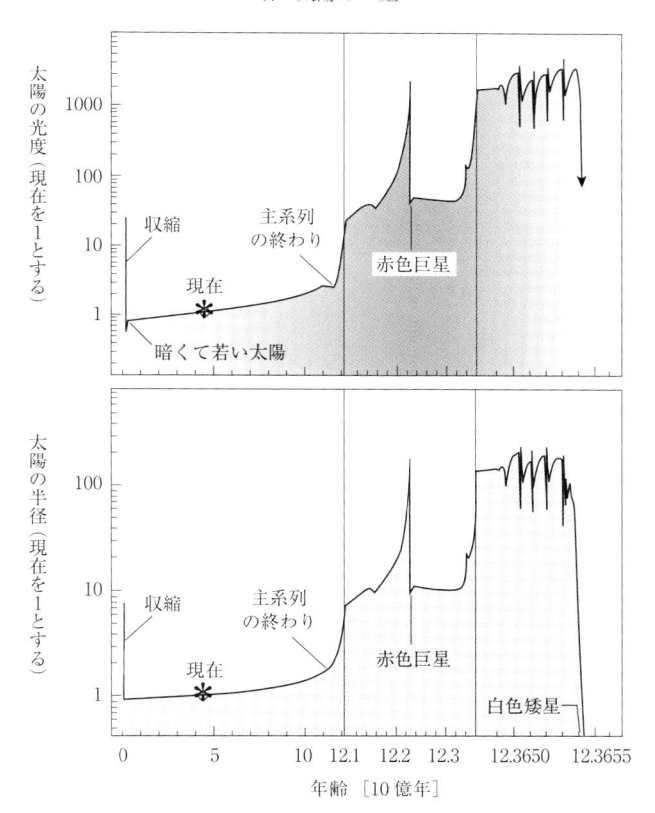

図 8-43 太陽の進化にともなう光度（上段）と半径（下段）の時間変化。(Sackmann, I.-J. et al. 1993, ApJ, 418, 457 より改変)

赤色超巨星である。この時点で地球は太陽に飲み込まれ、蒸発して消滅することになる。赤色超巨星となった太陽はその後、膨れ上がった外層をすべて放出し、惑星状星雲となる。最後に赤色超巨星のコアが白色矮星として残り、ゆっくり冷えて暗黒矮星となることが予想される。

第 9 章
太陽系

第9章　太陽系

1. 概要

　太陽系（solar system）とは、我々が住む地球を惑星としてもつ恒星である太陽が、その重力で拘束している天体群、あるいはそれらの天体が存在する範囲を指す。我々の太陽系は、太陽を中心に8つの惑星、惑星になりかけたものの成長できずに終わった準惑星、小天体群や衛星、それに広大な空間に存在する惑星間塵や主に太陽から放出されているプラズマ、高エネルギー粒子などで構成されている。

　太陽系のほとんどの質量（99％）は、太陽が担っており、惑星を含めた他の天体をすべてあわせても太陽の質量の100分の1にも満たない。太陽系に属する天体は、基本的には太陽の重力の支配下にある。惑星や小天体、惑星間塵にいたるまで、その強大な重力に支配されており、太陽をめぐる軌道にある。

　太陽系の天体は惑星（planet）、準惑星（dwarf planet）、太陽系小天体（small solar system body）の3種類に分類される。

　惑星は国際天文学連合により、以下の性質をもつものとして定義されている。

(1) 太陽を周回している。

(2) 十分な質量があって重力が強いために、固体に働く種々の力を上回って平衡形状（ほとんど球形）となっている。

(3) 自分の軌道の周囲から、衝突合体や重力散乱によって、他の天体をきれいになくしてしまったもの。

　太陽系の惑星は8個あり、公転軌道が太陽に近い順から水星、金星、地球、火星、木星、土星、天王星、海王星である。水星がもっとも小さく、木星が最大である。このうち太陽に近い4つの惑星、水星、金星、地球、火星は岩石質からなり、外側の4つの惑星、木星、土星、天王星、海王星はガスの割合が多い。前者を地球型惑星（terrestrial planet）、後者を木星型惑星（Jovian planet）と呼ぶ。さらに後者を細分化し、木星と土星を巨大ガス惑星（gas giant）、天王星と海王星を巨大氷惑星（ice giant）と分けて呼ぶ場合も多い。これは同じ木星型惑星でも、木星や土星が太陽とほぼ同じ水素やヘリウムからできているのに対し、天王星や海王星は中心に巨大な岩石を含む氷の核をもつという、内部構造のちがいによる。

1. 概要

8つの惑星の軌道は、ほぼ1つの平面に沿っている。地球の軌道面を黄道面（ecliptic plane）と呼ぶが、ほとんどの惑星の軌道面は、黄道面からの傾きが10°未満である。これは第10章でも紹介されるように、惑星系の形成シナリオを考えると、自然に納得できるものである。これら惑星の軌道分布を他の天体の代表例とともに図9-1に、また太陽と惑星のデータを表9-1に示す。それぞれの軌道

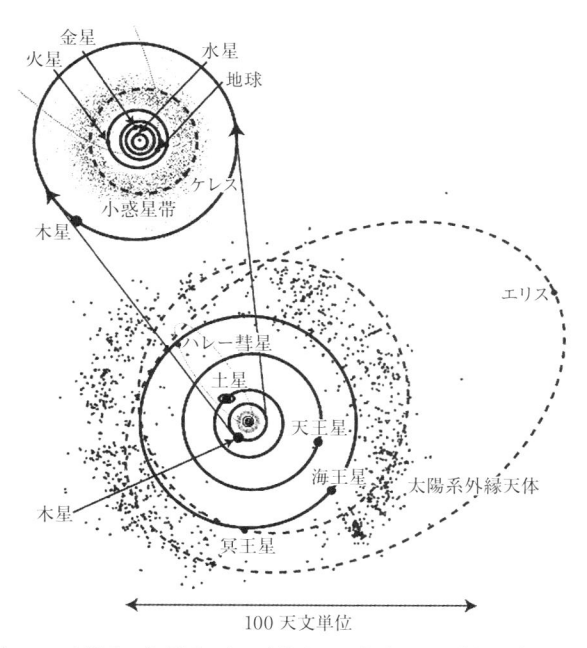

図9-1 太陽系の概観図。上が木星までの軌道図で、木星と火星の間に無数の小惑星が存在している。下は、その外側の軌道図で海王星の軌道の外側には太陽系外縁天体が分布しているのがわかる。点線や薄い線で描いた楕円形の4つの軌道は、彗星の代表例としてハレー彗星、準惑星のケレス、冥王星型天体でもあるエリス、冥王星の軌道図を示す。（日本学術会議・対外報告「国際天文学連合における惑星の定義及び関連事項の取扱いについて」より転載）

第9章　太陽系

表9-1　太陽系の主な構成要素である天体の各種データ

	太陽	水星	金星	地球
赤道半径 (km)	696000	2439	6052	6378
対地球比	109	0.38	0.95	—
自転周期*	25日9時間 7分	59日	243日	23時間56分
公転周期*	—	87.9日	224.7日	365.256日
公転速度 (km h^{-1})	—	172404	126108	107244
軌道長半径 (×10^{4}km)	—	5790	10800	14960
軌道傾斜角	—	7.0051	3.3947	—
衛星数	—	0	0	1
質量 (対地球比)	33万	0.055	0.81	—
密度 (g cm^{-3})	1.41	5.43	5.20	5.52
重力加速度 (m s^{-2})	274	3.6	8.6	9.8
平均表面温度 (℃)	5330	−170〜430	480	25
極大光度等級	−26.7	−2.4	−4.7	
反射能	—	0.06	0.78	0.30

*恒星に対しての値

　はほぼ円に近く、お互いに交差するようなことはなく、数値計算によっても太陽系の年齢のオーダーできわめて安定である。
　惑星に準じるほど大きな天体だが、惑星の定義のうち(3)を満たさないものを準惑星と呼ぶ。その代表が冥王星である。冥王星は、発見当初はほぼ単独で、その軌道領域にあると考えられ、第9惑星とされていた。しかし、1992年以後、同じ領域に続々と小天体（太陽系外縁天体）が発見され、冥王星に匹敵する大きさの天体も見つ

1. 概要

火星	木星	土星	天王星	海王星
3397	71492	60268	25559	24764
0.53	11.2	9.45	4.01	3.88
24時間37分	9時間50分30秒	10時間14分	17時間14分	16時間
687日	11.86年	29.53年	84.25年	165.2年
86868	47016	34704	24516	19548
22790	77830	142700	286900	449600
1.8497	1.3030	2.4887	0.7732	1.7695
2	63	60	27	13
0.11	318	95	14.5	17.1
3.93	1.33	0.69	1.32	1.64
3.7	23	11.3	11.5	11.6
−45	−120	−180	−210	−220
−3.0	−2.8	−0.5	5.3	7.8
0.16	0.73	0.77	0.82	0.65

かってきたため、その軌道領域の付近から、他の天体をきれいになくしてしまったとはいえない状況にあり、惑星に含めないことになっている。準惑星は、2006年の国際天文学連合で策定された新しい種別である。準惑星は2012年現在、小惑星帯のなかでもっとも大きなケレス（Ceres）、および太陽系外縁天体の中では冥王星（Pluto）とエリス（Eris）、ハウメア（Haumea）、マケマケ（Makemake）の5天体となっている。

第9章　太陽系

ところで、太陽系外縁天体であり、なおかつ準惑星とされた天体群は、特に冥王星型天体（plutoid）と呼ばれている。

準惑星よりも小さく、(2)の条件も満たせない天体群が、太陽系小天体である。その成分や特徴によって小惑星や彗星などに分類されている。

小惑星（asteroid、minor planet）は主に地球型惑星の存在領域と木星型惑星の存在領域の間、つまり火星と木星の間の小惑星帯（main belt）と呼ばれる領域にあり、主に岩石質からなる小天体である。その数は軌道が決まったものだけでも、すでに30万個を超えている。さらに、木星型惑星の存在する領域の外側、つまり海王星の外側には、氷を含んだ小天体群が存在する領域があり、太陽系外縁天体（trans-Neptunian object）と呼ばれている（エッジワース・カイパーベルト天体、あるいはカイパーベルト天体または海王星以遠天体とも呼ばれることがある。本章6-3節参照）。これらの小天体群は、主に黄道面に沿って順行軌道を描いているものが多数を占めているが、なかには大きく傾いた天体も存在する。

彗星（comet）は、氷をはじめとする揮発性物質が含まれる小天体で、太陽に近づくとそれらが蒸発し、質量放出をする。彗星は一般に軌道が細長く、ほとんど放物線や弱い双曲線軌道を描くものもある。周期が200年以下のものを短周期彗星（short-period comet）、それ以上のものを長周期彗星と便宜的に呼んでいる。短周期彗星の大部分は、惑星と同じ黄道面に集中し、惑星のめぐる向きに公転しているが、長周期彗星（long-period comet）は黄道面とはほぼ無関係で、ランダムに分布している。このことから、短周期彗星は太陽系外縁天体が、また長周期彗星はオールトの雲（Oort cloud）と呼ばれる、太陽系を大きく取り巻く球殻状の小天体群が、それぞれ起源と考えられている。ただし、後者のオールトの雲については、実在が間接的に示されているにすぎない。天文学的には、観測されたときに、質量放出の兆候がある小天体を彗星、それが確認されずに恒星状のものを小惑星と定義している。ただ、最近では明らかに小惑星帯に存在しながら、彗星的な質量放出がみられるものや、彗星のような軌道をもちながら質量放出がみられない小惑星などが発見されており、その境界は曖昧になりつつある。

2. 地球型惑星

　衛星（satellite）は、惑星や小天体の周りを回る軌道にあり、その母天体に対して小さく、なおかつ一般的には、その重力圏を離れるだけのエネルギーがないものとされる。木星型惑星の衛星については、母惑星に近い軌道を同じ向きに回るものと、相当に外側を逆向きで回る逆行衛星群が知られている。木星などの周囲では、惑星である水星よりも大きな衛星が存在する。

　太陽系には、そのサイズが小さな砂粒や塵も黄道面を中心に多数存在している。これらは惑星間塵（interplanetary dust）と呼ばれ、やはり太陽を公転しているが、これだけ小さいと太陽からの放射圧（光の圧力）や、電磁気的な力など、重力以外の力が働くようになる。惑星間塵の力学的寿命は太陽系の寿命に比べて圧倒的に短く、重力以外の効果のために、次第に軌道が小さくなっていき、太陽に近づいて融けてしまう。そのため、彗星や小惑星が、その供給源と考えられている。

　太陽系空間は、常に太陽から吹きつける太陽風（solar wind）と呼ばれるプラズマの風が吹いているが、これについては第8章を参照されたい。ちなみに、この太陽風が星間空間の電磁気的な風（星間風）とせめぎあう場所までの範囲を太陽圏（ヘリオスフェア、heliosphere）と呼んでいる。太陽から約90億kmから150億kmのあたりに境界があるといわれているが、境界面はヘリオポーズ（heliopause）と呼ばれる。太陽活動によって、この場所は変動している。電磁気的には、太陽風が星間風とせめぎ合う場所が太陽系の範囲とする考え方もあり、そういう意味で太陽系の果ては、ヘリオポーズといっても構わない。ただ通常、太陽系の果てといえば、太陽がその重力の影響を保ち、他の恒星などの重力に打ち勝って、天体を重力圏内にとどめておける範囲で、一般にはオールトの雲までと考えられる。一方、惑星が存在する黄道面付近の延長上で考えると、太陽系外縁天体の端あたりが太陽系の果てと呼ぶ場合もあり、明確な定義はない。

2. 地球型惑星

2-1 水星

　水星（Mercury）は、太陽系の惑星の中ではもっとも太陽に近い

第9章　太陽系

惑星である。太陽からの距離は平均して0.39天文単位だが、軌道の歪み具合である離心率はやや大きい。太陽に近ければ近いほど、太陽を巡るスピードが速くなるため、水星は太陽を駆け足で回っている。そのスピードは、惑星の中でも最速で秒速約47.4kmである。公転周期は約88日である。また、水星は太陽系の中ではもっとも小さい惑星である。重さも大きさも8つの惑星の中では最小であり、直径は約4900kmと地球の半分以下である。木星や土星の衛星群の中には、この水星よりも大きな衛星がある。水星には衛星はなく、惑星の中では唯一、大気がほとんどない。

　水星の自転は特殊な状況になっている。太陽に近いため、その重力の影響で、公転周期と自転周期が整数比の関係にあるからである。月の自転周期は、その公転周期と1：1になっているが、水星の場合は3：2となっている。水星の自転周期は約59日、つまり公転周期約88日の3分の2である。水星表面に降り立つと、太陽が東から昇り、西に沈むまで約88日、夜も約88日続くことになる。これがちょうど公転周期に相当する。これだけ昼も夜も長い上に大気がないので、昼の表面は熱く、夜は冷えて冷たくなり、その差は600℃にもなる。

　肉眼で見える惑星の中でも、水星はもっとも観察しにくい対象である。ベテランの天文ファンでも、見たことがない人もいるほどである。その理由は、もっとも太陽の近くを回る惑星であることによる。地球より内側を巡る惑星を内惑星、外側を回る惑星を外惑星と呼ぶ。外惑星は適切な時期になると、太陽と反対方向の深夜の夜空に輝くのに対して、内惑星は地球から見ると太陽のそばから大きく離れることがない。したがって夕方か、明け方にしか見えない。内惑星が太陽から見かけ上、もっとも大きく離れるときの離角を最大離角（greatest elongation）と呼ぶ。地球のすぐ内側の惑星・金星の場合、最大離角のときには太陽から約50°も離れるので、誰でも簡単に眺められるが、水星はもっと内側なので、最大離角のころでも、せいぜい28°どまりである。そのため日没後すぐの西の地平線か、あるいは日の出前の東の地平線の近くにしか見えない。金星よりも高度が低く、なおかつ暗いので、よほど大気が透明で、低空まで雲がない条件でないと観察できない。

2. 地球型惑星

図9-2 水星探査機メッセンジャーによって撮影された水星の姿。表面には無数のクレーターが見える。(NASA/Johns Hopkins University Applied Physics Laboratory/Carnegie Institution of Washington)

　この観察のしにくさによって、長い間、水星は謎の惑星として、詳しい情報が得られなかった。アメリカの水星探査機マリナー10号が初めて接近し、その表面が月のようにクレーターにおおわれていることがやっと明らかになった。大気がないために天体衝突の痕跡がそのまま残されているのである（図9-2）。

　大小のクレーターに混じって、直径1300kmにもおよぶカロリス盆地と呼ばれる巨大な地形がある。大きな小惑星の衝突と、その溶岩流出によって形成されたものである。おもしろいことに、この盆地のほぼ正反対の部分（対蹠点）には、たくさんの直線状の丘陵が複雑に錯綜する地域がある。これは衝突の衝撃が水星の内部を伝わって、ちょうど正反対の場所で集中したために形成されたと思われている。また、ところどころにリンクル・リッジ（wrinkle ridge）と呼ばれる崖のような地形が見られる。これは水星が収縮したときにできた"しわ"のようなものと考えられている。

　水星は、小振りの惑星の割には密度が大きい。内部の中心核には

329

第 9 章　太陽系

ぎっしりと鉄が詰まっていて、その大きさも半径の4分の3を占めている。水星形成時の衝突によって、外側の軽い部分が飛ばされたのではないかというシナリオが提案されているが、よくわかっていない。マリナー10号から30年ほど探査が行われていなかったが、アメリカの探査機メッセンジャーが2008年から新たに探査を行っており、2015年以降には日本とヨーロッパ共同の探査機ベピ・コロンボが新しい知見をもたらすにちがいない。

2-2　金星

　金星（Venus）は太陽から2番目の距離、そして地球のすぐ内側を回っている内惑星である。太陽からの距離は平均して0.72天文単位で、地球よりも3割ほど太陽に近い場所を公転しており、その公転周期は224.7日である。

　金星は、地球の双子の惑星といわれている。赤道半径は地球が6378kmに対して、金星は6052kmとほぼ同じだからである。質量は金星は地球の約81％とわずかに軽めである。ちなみに金星には衛星はない。

　金星の大きな特徴は、他の惑星とは異なり、その自転が逆向き、すなわち北からみて右回りであることだ。自転周期はきわめて長く約243日である。自転軸が横倒しの惑星としては天王星があるが、完全に逆向きに回っている惑星は金星だけである。金星の自転は、惑星が生まれてから、次第に変化して、この状態に落ち着いたと考えられている。この自転周期には地球の影響も残されている。金星が地球に近づく会合周期は584日である。金星の表面の一地点から空を観察したとすると（実際には厚い雲におおわれて見えないのだが）、太陽は西から昇って東へ沈む。自転と公転が重なり、金星の一日（太陽が金星の一地点から見て一周する周期）はちょうど116.8日となる。この値を5倍すると会合周期の584日となる。つまり、地球と会合するとき、まるで月のように、金星は必ず同じ面を地球に向けているのである。

　金星は非常に厚い雲が全面をおおっているので、表面を観測することはできない。この雲は、地球のように水や氷ではなく、硫酸の雲である。その下は、灼熱地獄となっていて、表面の温度は480

2. 地球型惑星

図9-3 金星探査機ベネラ13号が撮影した金星表面。手前には探査機の一部が見えている。(NASA/NSSDC)

℃、大気も濃くて約90000hPaもあることが旧ソ連の着陸探査機によって明らかになった（図9-3）。そのために、硫酸の雲から落下する硫酸の雨は、途中で蒸発してしまい、表面まで届かない。地球型惑星でもっとも熱い惑星といえるだろう。これだけ熱くなっているのは、金星の大気の大部分を占める二酸化炭素が、温暖化ガスとして、いわゆる温室効果をひきおこしているからである。

この厚い雲は太陽の光を効率よく反射する。この雲の反射能は0.78、つまり入ってきた光の78％を反射する。太陽系の惑星の中では天王星についで2番目に高い反射率である。地球に近いことと相まって、地球から見える夜空に輝く天体の中では、金星は太陽と月に次いで3番目に明るい。日の出のときに東にあらわれる金星を明けの明星、日没のときに西にあらわれるのを宵の明星と呼ぶ。水星と同じく、内惑星なので、太陽から最大離角約50°までしか離れないため、せいぜい日の出の3時間前から、あるいは日没の3時間後までしかみることができない。その輝きは-4.7等に達し、その美しさから、英語では美の女神ビーナスの名前がつけられている。金星がもっとも明るくなったときを、天文学用語では最大光輝あるいは最大光度（maximum brightness）と呼ぶ。そのときの金星の明るさは、あたりに街灯などがない暗い場所であれば、影ができるほどである。

金星の気象現象は謎に満ちている。スーパーローテーション（super-rotation）と呼ばれる、超高速の風が吹いているからだ。この風は、わずか4日で金星を一周するほど強く、風速は秒速100mに達している。どうして、これほど速い風が吹いているのかについては、いまだに謎のままである。

金星は表面をおおっている厚い雲のために、表面の様子はよくわ

第9章　太陽系

図9-4　金星探査機マゼランが合成開口レーダー観測で明らかにした金星の地形。明るい部分は溶岩などの新しい地形である。(NASA/JPL)

からなかったが、1990年に金星に到着し、周回する軌道に乗ったマゼラン探査機のレーダー観測によって、広大な高地や、火山活動によると思われる火山や溶岩地形の詳細が明らかになった（図9-4）。特に、直径2200kmもあるアルテミス峡谷と呼ばれる外堀状の環状地形は、コロナ（corona）と呼ばれ、規模の小さなものがあちこちに存在している。マグマのように上昇してくる熱い液体塊が、地表面を押し上げてできたといわれている。高さ8kmの火山・マート山は、地球の楯状火山に似て、長大な溶岩流が流れ出た痕跡が認められる。直径が数十km程度の小規模の火山では、ドーム（dome）と呼ばれる地形や、コーン（cone）と呼ばれる小さな噴火

332

2. 地球型惑星

口地形もある。金星の火山活動は、その地形から判断すると、地球のものに似ているが、大陸移動はないと考えられる。

　これらの火山活動が現在も続いているかどうかは、わかっていない。少なくともマゼラン探査機は数年ほど探査を続けたが、時間間隔をおいて同じ領域を観測した結果からは明確な火山活動に伴う地形の変化は見つかっていない。ただ、火山活動をうかがわせる証拠もいくつかある。1つは厚い雲の主成分である硫酸の量である。硫酸は硫黄を含んでいるが、この硫黄はカルシウムを含む金星の岩石に吸収され続けるので、火山活動で供給してやる必要がある。また、パイオニア・ビーナス探査機の観測中に、金星の雲の上の二酸化硫黄と硫酸微粒子が減少していったことも報告されている。観測前に大規模な噴火活動が起こり、金星大気中に大量の硫黄を放出して、それが減少していったとも考えられる。近い将来、金星の火山がまだ生きていることがわかるかもしれない。

2-3　地球と月

（1）　地球

　地球（Earth）は内側から数えて3番目の惑星である。太陽系の中では唯一、生命の存在が確認されている惑星で、太陽からの距離は平均して1天文単位、1億5000万kmで、公転周期は恒星に対して365.256日（太陽に対しては歳差のために365.24日）である。地球型惑星の中では唯一、たいへん大きな衛星である月をもっている。

　正確にいえば、地球の軌道は完全な円ではない。円からの歪み具合である離心率が0.017という楕円軌道であるため、太陽からの距離が遠いときと近いときとで、約500万kmの差がある。通常、地球がもっとも太陽に近づくのは新年の1月4日ごろ、遠くなるのは7月6日ごろである。

　自転はほぼ1日だが、月の影響で少しずつ遅くなっている。この遅くなるのを放っておくと、市民生活を送る基準となる時刻と昼夜が次第に合わなくなる恐れがあるので、しばしばうるう秒（leap second）をいれて調整している。また、自転軸が公転面に対して約23°傾いているために、公転にしたがって太陽光の当たり方が変化し、季節が生じている。この自転軸は、その傾きを保ったまま、

第9章　太陽系

　自転軸の方向はゆっくりと変化している。これはちょうど回転するコマの傾いた回転軸が、みそすり運動するのと同じで、歳差運動（precession）と呼ぶ。歳差が一周する周期は約2万6000年である。現在の自転軸の北極方向には北極星があるが、歳差によってみかけの天の北極はどんどん動いていくので、北極星は次第にずれていく。エジプトのピラミッドがつくられたころ、天の北極に近かったのはりゅう座α星ツバーンという恒星であり、ピラミッドの中につくられた北向きの穴は、この星に向けられたとされている。一方、1万2000年後には、天の北極はこと座のベガ、すなわち織り姫星に近づくことになる。

　ところで、地球の公転周期が正確に自転周期の倍数になっていないことが、市民生活を送る上で、暦をつくるにあたり工夫が必要になる理由である。自転周期だけで暦を考えてしまうと、季節と暦がずれていく。太陽に対する公転周期は、365.2422日なので、端数を4倍すると1に近くなるので、4年に一度うるう年（leap year）として、2月29日を挿入して調整する。それでも端数が積算され、100年ほど経過すると、やはり約1日程度ずれてしまう。これを調節するために、400年に3回ほどうるう年を抜くことにしている。400で割り切れる1600年や2000年をうるう年とし、残りの100で割り切れる年はうるう年にしないというやり方で調整しているのである。

　地球は、我々自身が住んでいる惑星なので、その内部構造や特徴は他の惑星に比べて、かなり詳しくわかっている。固体部分は、外側から軽い岩石成分の地殻（crust）、やや重い岩石成分でできた流動するマントル（mantle）、高温で溶けている鉄などの金属質の核（コア、core）に分けられる。地殻の一部は大陸をつくるプレート（plate）と呼ばれる板状のものに分かれ、マントルの対流などによって少しずつ動いている。これをプレート運動と呼ぶ。そのために大陸の配置は次第に変化していく。

　こうした地質学的な活動は、地球内部の放射性壊変元素が壊れて熱を出すことが主な原因である。火山活動や地震だけでなく、こうした内部流動によって地球には磁場が生まれ、強さや極性も変化していく。この磁場によって地球の周囲には磁気圏（nagnetosphere）

2. 地球型惑星

図9-5 アポロ17号から撮影された地球。(NASA/NSSDC)

が生じ、太陽風や高エネルギーの宇宙線などが直接、地上に到達するのを防いでいる。

地球は窒素が78％、酸素が21％というきわめて珍しい成分の大気をもつ。この大気成分のうち、酸素は活性が強く、通常は岩石などと容易に結びついてしまうが、生命活動のために生まれ続けており、大気として主要な割合を占めている。一方、地球の表面の約70％を海がおおっている（図9-5）。地球の環境は、太陽からほどよい距離であるために、水が、気体としての水蒸気、液体としての水、そして固体としての氷の3つの状態を実現できる温度となっている。そのため、水が蒸発して水蒸気となり、大気中で雨となって降り注ぎ、川になって海に流れるという循環が、地球の気象現象の特徴となっている。これらの気象現象が起こる領域は、地表から十

第9章　太陽系

数kmまでで、これを対流圏（troposphere）と呼ぶ。その上に薄い大気が層状に流れている成層圏（stratosphere）、そして中間圏（mesosphere）、熱圏（thermosphere）と宇宙へ続いている。

　10〜50kmの上空では、酸素の大気がもとになって太陽の紫外線を吸収するオゾン層（ozone layer）がある。また地上60kmよりも上では、大気成分の原子が電子と分かれて電離層（ionosphere）をつくっていて、特定の波長の電波を反射し、長距離の電波通信に重要な役割を果たしている。ちなみに、オーロラや流星は、中間圏で起こる現象である。

(2) 月

　月（Moon）は我々の住む地球の唯一の衛星である。半径はほぼ地球の4分の1と、惑星と衛星の比率では圧倒的に大きな天体である。地球から平均して約38万kmのところを約27日で公転し、同時に同じ周期で自転している。地球から見て肉眼でも大きさがわかる天体で、公転につれて太陽との位置関係を変えるために大きく満ち欠けする。重力は地球の6分の1で、ほとんど大気がない。月の公転周期は約27日だが、その間に地球も月も太陽の周りを公転していくため、太陽の反射光の受け方、つまり実際に月が満月を迎えてから、次の満月までの周期はやや長くて29.5日になる。月の満ち欠けの周期を朔望月、地球から見て、月が元の位置に戻ってくる公転周期を恒星月と呼ぶ。

　月の自転周期は、この公転周期に等しくなっているため、月は常に地球に同じ面を向けている。表面には無数の天体衝突の跡であるクレーターがある。高地（陸）あるいは山岳地峡と呼ばれる、衝突による破片におおわれた明るい領域に多い（図9-6）。大きなクレーターでは、衝突時に飛び出した噴出物が再び月面上に落下し、副次的なクレーターができる。満月に近づくと、そのクレーターの列が四方八方に光の筋として伸びているのがわかる。これは光条（レイ、ray system）とも呼ばれている。また溶岩の流出によってできた滑らかな海と呼ばれる、やや暗い領域もある。こうした明暗の地形が、肉眼でも見える明暗模様となって、日本ではウサギの餅つきに見立てられてきた。

2. 地球型惑星

図9-6 アメリカの月探査機クレメンタインのデータによる月の表と裏。裏は表に比べて海がほとんどないことがわかる。(NASA/JPL/USGS)

ウサギの模様のある半球を通常は"表"と呼び、地球から見えない半球を"裏"と呼ぶ。地球から裏を見ることはできないが、月の軌道が楕円であることなどによる秤動(libration)という現象によって、地球から月の表面の6割弱が見える。月のように、自転周期が地球を周回する公転周期と一致している状態を、自転と公転が同期(synchronous rotation)しているという。このように、月の自転と公転が同期しているのは、地球の重力の影響が大きかったためと考えられている。生まれたばかりの月は、現在よりも地球の近くを回っており、その影響も大きかったのである。起きあがりこぼしを考えるとわかりやすい。起きあがりこぼしのお尻は、頭に比べて相当に重くなっている。そのため、お尻が地球の重力に引かれるので、お尻を下にして(つまり地球に向けて)、立ち上がった状態がもっとも安定である。実は月の表側は、裏側に比べて、やや重くなっており、起きあがりこぼしのように、月はお尻を(つまり表側を)地球に向けて、安定した状態になった末に、そのまま公転周期と自転周期が一致したのである。

地球型惑星のなかで、どうしてこれほど大きな衛星が地球にだけ生まれたのかは長く謎であり、その起源に関しては諸説あった。現在では、地球が生まれつつあるころに、火星サイズの天体が斜めに

衝突して、その破片が地球のまわりで寄り集まって月になったという、ジャイアント・インパクト説（巨大衝突説、giant impact hypothesis）が有力である。このモデルだと、月の岩石と地球の岩石が似ていることや、月だけに蒸発しやすい成分が少なく、強く熱せられたことなどがうまく説明できる。また、月がかつて地球の近くにあり、次第に遠ざかっていったこととも矛盾しない。

月は、地球にも大きな影響をおよぼしている。1日に2回海面が上下する潮の満ち干（潮汐、tide）は、月の重力が引き起こす代表的な現象である。この満ち干によって、地球の自転は次第に遅くなり、その代わりに月はエネルギーをもらって遠ざかっている。平均して、月は1年に3～4cmほど遠ざかっている。

ところで、月の直径は太陽の約400分の1で、地球と月の距離は、地球と太陽の距離の約400分の1となっている。この偶然が、月と太陽の見かけの大きさをほぼ同じにしているため、日食（solar eclipse）という天文現象が起こる。特に月がすっぽりと太陽をおおい隠す皆既日食（total solar eclipse）は、天文現象の中でもっとも感動的な現象の1つである。しかし、月は次第に遠ざかっていくので、遠い未来には月は太陽をおおい隠せなくなり、金環日食（annular eclipse）しか起こらなくなる。

逆に地球の影に月が入り込んで、満月が欠けるのが月食（lunar eclipse）である。月食を起こす地球の影は、地球のいわば断面ともいえる。満月が欠けていくときの輪郭を見ると、丸いのがわかる。月食は、そういう意味では、月を投影スクリーンとして地球のシルエットを写し出している、壮大な影絵ともいえるのである。地球の影は、月よりもかなり大きいので、月が遠ざかる影響は日食よりも小さい。

日食や月食は、地球と月、太陽が一直線に並ぶような条件が必要である。月の軌道面が、地球の軌道面と5°ほどずれているので、2つの軌道面が交差する場所でしか起こらない。したがって、その頻度は、1年に2回から多くて3回となる。

2-4　火星

火星（Mars）は地球のすぐ外側を公転している太陽系の第4惑

2. 地球型惑星

図9-7 バイキング1号がとらえた火星の半球。下側に白く見えているのは南極冠、右上に見える色の濃い領域は大シルチス平原である。(NASA/NSSDC)

星である。赤道半径は約3400kmと、地球の半分程度と小振りで、重力は地球の約3分の1ほどである。そのため、これまで、大気の相当量が宇宙に逃げてしまったと考えられている。現在の大気は薄く、地球の100分の1以下の大気圧しかない。成分は二酸化炭素が主成分だが、わずかに水蒸気も存在する。

　地球の外側の惑星を外惑星と呼ぶ。内惑星とちがって、深夜の夜空に輝くことがある。特に火星は、約2年2ヵ月ごとに地球に接近するが、その軌道がかなり歪んだ楕円なので、接近距離が毎回異なる。火星が夏から秋にかけて接近する場合には、接近距離が小さい"大接近"となる。冬から春にかけての接近時の距離は大きく、"小

図9-8 ハッブル宇宙望遠鏡がとらえた通常の火星（左）と大規模な砂嵐（黄雲）におおわれた火星（右）。(NASA/ESA/STScI/AURA)

接近"と呼ばれている。小接近時の距離は1億kmほどだが、大接近時には5600万kmにまで近づくので、それだけ明るく輝いてみえる。

肉眼では不気味なほど赤く見えるために、血の色を連想させ、ローマ神話の軍神マルスの名前が付いている。この色は、火星表面の鉄分を含む岩石が赤くさびた色である。慣れれば天体望遠鏡で、表面に明暗模様を見ることができる。表面の明るく赤い部分には大陸や高原の、逆に暗く見える部分には海や湖の名前がつけられている。これまでの探査機によって、多くのクレーターや火山、峡谷などが見つかっている（図9-7）。

特筆すべきは水が流れたような川や洪水の跡などがあることで、かつて大気が豊富だったころには、海があったとされている。表面からは、水中でしかできないような物質、たとえば硫酸塩鉱物（海の中の"にがり"のようなもの）や、地球では強酸性の水中や鉄泉のような熱水環境で生成する鉄みょうばん石などが見つかっており、堆積層などの様子からも火星の少なくとも一部は、かなり長期にわたって海があったことは確実である。

火星の自転軸は地球と同じように傾いているために四季がある。両極のドライアイスと氷でできた極冠（polar cap）という白く輝

く領域は、四季に応じて大きさが変化する。気象現象も顕著で、わずかな水蒸気の雲や砂嵐（dust storm）も発生する。

特に砂嵐は、しばしば全面をおおうほど発達する。全面をおおって、表面模様が見えなくなってしまうほど発達した砂嵐を黄雲と呼ぶ（図9-8）。これは火星の大気が薄く、水蒸気も極端に少ないために起こる現象である。一度、強い砂嵐が起きると、巻き上げられた塵が太陽の熱を吸収して、上昇気流を加速し、どんどん大規模になっていく。地球の場合は、大量に水蒸気が含まれているので、雨になって上昇気流のエネルギーが吸収されてしまうのだが、火星の場合には水蒸気は0.1％以下なので雨が降らない。そのため、いったん砂嵐が大きくなると、とめどなく大規模になるのである。大接近のときに起きれば、小さな望遠鏡でも砂嵐が1週間に渡って表面をおおっていく様子がわかる。

火星の表面や大気現象を考えると、ある意味で太陽系惑星の中で地球にもっとも近い環境といえる。そのために、火星の大気を変化させて、地球のような環境にするテラ・フォーミングなども研究されている。

火星には2つの小さな衛星フォボスとダイモスがある。どちらも、じゃがいものようないびつな形で、おそらく小惑星が衛星になったものと考えられている。

3. 巨大ガス惑星

木星から外側の4つの惑星（木星、土星、天王星、海王星）は、これまで紹介した内側の岩石質の惑星たちとは性質が全く異なっている。固い地面がなく、巨大で、表面はガスが厚い層をつくっている。これらをまとめて木星型惑星（Jovian planet）と呼ぶことがあるが、特に木星と土星は水素やヘリウムが多く、太陽の成分と似ていること、氷や岩石の中心核が比較的小さいことから、巨大ガス惑星（gas giant）と呼ばれている。

3-1 木星

木星（Jupiter）は太陽系最大の惑星である。直径は地球の約11倍、赤道半径は約7万1000km、重さは太陽のほぼ1000分の1、地

第9章　太陽系

球の318倍もある。木星の成分は水素が多いので、もし現在の重さの50倍から100倍ほどの質量があれば、中心部で核融合反応が起こり、光り輝くもう1つの太陽になっていたはずである。

また、木星は木星型惑星の中ではもっとも内側を公転する惑星である。そのため、太陽からかなり離れているにもかかわらず、夜空でも−3等弱と、通常は金星に次いで明るい。また外惑星なので深夜の夜空にどっしりと輝くこともあり、その風格からローマ神話の最高神ユピテル（ジュピター、Jupiter）と命名されている。

木星の公転周期は約12年である。地球からみた木星の位置は、黄道上を1年に約30°ずつ、東へ進むことになる。黄道上には12の星座があり、黄道十二宮と呼ばれていて、ほぼ30°ごとに並んでいるため、木星はこれらの星座をほぼ1年ごとに巡ることになる。古代中国でも、黄道を同じく12に分けて、十二次と呼んでいたせいもあり、木星は歳を表すという意味で歳星とも呼ばれていた。

木星の表面は図9-9のようにアンモニアの厚い雲におおわれていて、東西方向に平行な縞模様が特徴である。これは東西方向の風による模様で、暗く見える部分を縞（belt）、明るい部分を帯（zone）と呼ぶ。縞模様が、しばしば突然淡くなったり、その淡い部分に暗い柱状の模様が現れ、東西流の流れに乗って急速に縞全体に広がって、元に戻る攪乱と呼ばれる現象も起こる。また、ところどころに渦を巻いた斑点のようなものも存在する。特に、南半球の低緯度帯には、まわりよりも赤みを帯びた巨大な大赤斑（great red spot）と呼ばれる斑点がある。東西2万6000km、南北1万4000kmもある巨大な楕円形の模様で、周期約6日で回転する巨大な大気の渦である。大赤斑は、一説には17世紀に発見されて以降、300年以上も見え続けているとされているが、どうしてこれだけ長く継続しているのか、よくわかっていない。

木星の中心部には重い鉄と岩石などの成分からなるコアがあり、そのまわりに厚く液体金属水素の層がとりまいている。この中心部からは、まだ相当量の熱が発生していて、木星は赤道も極もほとんど温度が変わらない。これは地球型惑星の表面温度が太陽光に支配されているのと対照的である。

木星の自転周期は、緯度によって異なる。赤道付近で9時間50

3. 巨大ガス惑星

図9-9 ボイジャー2号がとらえた木星。左下に見えるのは大赤斑。
(NASA/JPL/USGS)

分、それ以外で9時間55分程度だが、このような速い自転のために、遠心力によって赤道部が膨らみ、極方向がつぶれている。この自転もまた縞模様を生む原因の1つである。

　木星は太陽以外での太陽系最大の強力な電波源でもある。その原因は地球より数十倍も強力な強い磁場にある。この磁場がつくる磁気圏の中に、後述する活火山をもつ衛星イオ（Io）が公転している。イオから放出されるガスが磁力線を横切ることによって、巨大な電流が発生している。その発電量は10億kWとも推定されているほどで、いわば巨大な発電所ともいえるだろう。その電流が粒子として木星の極地方に衝突し、オーロラが発生し、また同時に強い電波を発生させているのである。

第9章　太陽系

　木星型惑星には規模の差があるものの、すべて環が存在する。木星の環の幅は6400km、木星半径の1.72倍から1.81倍にいたる狭い環である。この環の近くには2つの小さな衛星（J15アドラステアとJ16メティス）があり、その重力作用によって環を構成する小さな粒子が広がらないように保っている。これらの衛星は、環の粒子を羊にみたてて、それが散らばらないように見張っているという意味で、羊飼い衛星（shepherd satellite）とも呼ばれている。

　木星には60個あまりの衛星がある。一般に木星や土星には衛星が多数あるが、共通した特徴がある。母惑星に近い衛星群はサイズも大きく、その赤道面付近に軌道面をもち、母惑星の自転方向の向きに公転している。これに対して、母惑星からかなり離れた衛星群はサイズが小さく、軌道面もばらばらで逆行しているものも多い。こうしたことから、内側の衛星群を規則衛星（regular satellite）、外側を不規則衛星（irregular satellite）と呼ぶことがある。規則衛星は、木星などが生まれるときに形成された周惑星円盤の中で成長したもので、外側の不規則衛星群は惑星の重力に捕捉されたものと考えられている。木星の場合、次に述べる4大衛星を含む内側の衛星は、周期260日以下で公転する規則衛星、周期600日以上の衛星群が不規則衛星となっている。

　木星の規則衛星は巨大である。特に、ガリレオによって発見された4つの衛星（イオ、エウロパ、ガニメデ、カリスト）は4大衛星（ガリレオ衛星、Galilean satellites）として、小さな望遠鏡でも簡単に観察できる（図9-10）。これらの衛星は興味深い現象も多い。

　ガリレオ衛星のうちで、もっとも内側を回るイオにはたくさんの活火山がある。木星に近く、潮汐力が強く働いているために、衛星そのものが形を歪められ、内部で発生する摩擦熱によって火山活動が起きている。

　その外側を巡るエウロパ（Europa）は、アストロバイオロジー的視点ではもっとも注目される衛星である。一見つやつやの氷の表面に数多くの筋が縦横無尽に走っている様子は、まるで宇宙に浮かぶマスクメロンのようだが、こうした模様の上にクレーターが少ないことから、かなり新しい地形であることを示唆している。表面の氷の厚さは数十km以上はあるとされ、氷の地殻が内部の熱で膨張

3. 巨大ガス惑星

図9-10 木星のガリレオ衛星。左からイオ、エウロパ、ガニメデ、カリスト。(NASA/JPL/DLR)

し、諏訪湖の御神渡りのように盛り上がった筋をつくったり、あるいはクレバスをつくったりしつつ、しばしばいちど融解して、ふたたび凍りついたように氷の板が折り重なっているような模様も存在する。この氷の地殻の下は高圧になっていて、海が存在していると考えられる。このエウロパの地下の海では、生命が発生している可能性がある。

3番目のガニメデ（Ganymede）は太陽系で最大の衛星で、惑星である水星よりも大きい。表面は不純物の混じった氷で、エウロパよりも黒っぽい。ガニメデの地形は古いクレーター地域と新しい地質活動の証拠と思われる溝地域とに分かれる。この溝は地下から沸き上がってきた新しい水のマントルがあたかも地球でいう溶岩のように表面をおおいながら凍ったものと思われている。

ガリレオ衛星で木星からもっとも遠いのがカリスト（Callisto）である。この衛星はクレーターが多いことから、地質活動は形成初期に終わったと思われる。ガリレオ衛星中いちばん密度が小さく、その分水の比率も多い。地質活動の熱源となる放射性元素を含む岩石も少なかったと考えられる。

カリストの地形で目を引くのは多重環クレーター（multi-ring craterまたはmulti-ring basin）である。1つのクレーターを中心にいくつもの大きさの違う円形構造が同心円を成し、最外部まで3000kmもあるものさえある。月や水星にも規模は小さいながら同じような構造はみられるので、一般にこれは大規模な衝突によるものと思われているが、氷の地殻が陥没してできたカルデラ状地形で

345

あるとか、水火山の湧き出し口地形であるといった説もある。

ガニメデとカリストの表面には直線状にならんだクレーター列（クレーター・チェーン、crater chain）が見つかる。この地形は、木星の強い潮汐力で引き裂かれた彗星の破片群が衝突した跡である。

3-2 土星

木星の外側を巡る太陽系の第6惑星が土星（Saturn）である。木星に次ぐ、太陽系では2番目に大きな巨大ガス惑星で、赤道半径は約6万kmである。ただ、極半径は1割ほど短く、惑星としての扁平率は太陽系で1番である。これは10時間14分と短い自転周期とともに、1cm^{3}当たり、わずか0.7g程という太陽系最小の平均密度であることが要因である。この密度だけを見ると、水に浮くほど軽いということになる。公転周期は約29.5年である。

土星大気の表面はアンモニアの雲でおおわれていて、木星と同様に縞模様が見られる。嵐のような擾乱現象もときどき観測されるが、木星ほど変化は激しくない。木星と同様に、土星もかなりの熱を自ら出している。土星内部では、ヘリウムが水素の中を落下し、金属水素のあたりで雨のように液滴となって、さらに落下していくといわれている。このヘリウムの雨による運動エネルギーの解放が発熱の1つの原因ともいわれている。

土星の特徴はなんといっても大規模な環をもつことである（図9-11）。木星型惑星の環の中で、小型の望遠鏡で眺めることができるのは土星だけである。環ははっきりしたところでも、半径の倍以上の約14万km、希薄なところまで含めれば8倍の約48万kmにまで広がっている。環は氷や岩石でできた粒子からなり、数十万kmという広がりに対して、その厚みはわずか数百mといわれている。

土星の環は、発見されていった順番にアルファベットがつけられている。外側からE、G、F、A、B、C、D環と並んでおり、それぞれの環の間には、粒子が少ない隙間がある。特にA環とB環は小さな望遠鏡でもよく見える土星の環の主要部分で、その隙間は太くて、目立つ。ここは発見者の名前からカッシーニの空隙（Cassini division）、またA環の内部に見える隙間をエンケの空隙（Encke

3. 巨大ガス惑星

図9-11 土星探査機カッシーニがとらえた土星とその環。(NASA/JPL/Space Science Institute)

division）と呼んでいる。F環、G環、そしてE環は探査機によって発見された希薄な環で、F環などには捻れた複雑な構造があることが知られている。実際には、1つの環といっても、衛星群との力学的作用によって数百から数千本の細かな筋構造をもっている。

環の成因については、まだよくわかっていない。大まかにいえば、かつて土星の周りを回っていた衛星の破片か、あるいは彗星か小惑星などの天体の破片とされている。破片同士も、お互いに衝突を繰り返しながら、次第にこのような美しい形を整えていったのだろう。環の中の細かな構造は、比較的小さな衛星がおよぼす重力の微妙な影響がつくり出しているが、衛星から環へ粒子が供給されていることもわかっている。

環は土星の赤道面上にあるが、土星の自転軸が軌道面に対して約27°ほど傾いているので、地球から見ると公転周期の半分、つまり約15年ごとに環を真横から見る位置関係になる。このときには環は薄いために見えなくなる。土星の環は明るいので、この環の消失現象時には、土星の本体の近くの衛星を観測するには好都合となり、1995年にもいくつかの衛星が発見されている。

最近では、外側を巡る衛星フェーベ（Phoebe）が原因と思われる環も発見されている。この環は半径約1800万km、幅は約600万km、厚さ約120万kmもある、環というよりドーナッツ状の粒子に

第9章　太陽系

よる構造だが、フェーベの軌道面に沿っているため、赤道面と27°も傾いている。おそらくフェーベが長い間、彗星のように放出した塵や氷が原因であると思われている。

土星には60個の衛星があるが、やはり内側の規則衛星と外側の不規則衛星群に分かれている。なかでも注目されているのは、規則衛星の中でも最大のタイタン（Titan）である。直径約5000kmと最大で、水星よりも大きく、厚い大気をもっている。その表面の大気圧は地球大気の約1.5倍の1500hPa、表面温度は絶対温度で約90K（ほぼ-180℃）、主成分は窒素という、地球によく似た大気成分であることも驚きである。地球より小さなタイタンに、どうしてこれほど濃い大気が存在するのか、また主成分がどうして窒素なのか、まだよくわかっていない。

さらに驚くべきことに、タイタンには地球と同じように雨が降り、湖や海をつくるという循環系があることである（図9-12）。もちろん、水は大地として凍りついているので、かわりにメタンやエタンなどの炭化水素がちょうど地球の水の役割をしている。カッシーニ探査機から切り離された、着陸探査機ホイヘンスは、2005年にタイタンに着陸し、まるで地球の川のような地形を撮影した。雨が降り、氷の大地をえぐった形跡である。また、タイタンの火山活動は水がマグマになって噴き出してくる。水の溶岩が流れ、それが凍って大地をつくっている。タイタンでは水が、地球の岩の役割を

図9-12　カッシーニ探査機がレーダーでとらえたタイタンの極地方にある炭化水素の湖沼群。（NASA/JPL/USGS）

しているのである。

　液体が表面に存在すれば、そこで生命が発生しているかもしれないとも考えられる。なにしろ、液体の主成分そのものが生命の材料である、炭素を多く含む物質である。ただ、低温なので、化学反応のスピードが遅いのが難点といえるだろう。

4. 巨大氷惑星

　天王星と海王星は、肉眼時代にはその存在が知られていなかった惑星である。見かけが木星や土星の本体に似ていたことから木星型惑星に分類されていたが、内部に岩石を含む氷の大きな中心核があることがわかり、木星や土星の巨大ガス惑星とは異なる巨大氷惑星（ice giant）に分類されている。

4-1 天王星

　天王星（Uranus）は土星の外側を、約84年の周期で公転する太陽系の7番目の惑星である。肉眼では見えない明るさだったため、1781年にイギリスの天文学者ウィリアム・ハーシェル（W. Herschel）によって、はじめて発見された。

　天王星は赤道半径約2万6000kmと地球の4倍ほどの大きさをもち、木星、土星に次いで、太陽系第三の大きさの惑星である。ガスの多い木星型惑星だが、内部に岩石を含む氷の大きな中心核があることから、海王星と共に巨大氷惑星と分類される。

　天王星の大きな特徴は、その自転軸が軌道面に対して約98°も傾いていることである。つまり、ほぼ横倒しの状態で公転しているのである。このため、ある時期には南極や北極を太陽に向け続けることになる。北極や南極では昼夜が42年間も続くことになる。こんな奇妙な惑星は天王星だけである。

　どうして自転軸がこれほど傾いているのか、よくわかっていない。一説では、惑星形成時期、大きく成長した原始惑星同士が衝突して合体していくときに、たまたま1つの原始惑星が原始天王星に斜めに衝突して、自転軸が傾いたのではないか、とされている。

　面白いことに、天王星に接近したボイジャー2号の観測によると、天王星の磁場の軸（磁軸）は、自転軸に対して約60°も傾いて

349

第9章　太陽系

いて、その軸の中心は惑星の中心を通っていなかった。むしろ、磁軸の方が軌道平面に垂直に近かったのである。木星型惑星の磁場は太陽と同じように逆転する可能性もあり、天王星の磁場は、いままさにその逆転が起きつつあったのかもしれない。いずれにしても、天王星は太陽系でもっともへそ曲がりの惑星といえるだろう。

天王星を望遠鏡で見ると、やや緑がかった青色に見える。これは天王星の大気中に含まれるメタンが赤色の光を吸収しているためである。表面は、あまり特徴がなく、のっぺりとした構造で、ほとんど特徴的な模様は見えない。メタンの一部が凍って雲になっていることが土星や木星と異なる点である。17時間ほどの自転周期は、これだけ大きな惑星にとってみると相当に速いので、木星や土星で同じように縞をなすアンモニアの雲も存在しているとしても、メタンの雲におおい隠されている可能性がある。

図 9-13 ハッブル宇宙望遠鏡がとらえた横倒しの天王星とその環。(NASA/ESA/M.Showalter, SETI Institute)

天王星には、13本の細い環と、27個の衛星がある。環と本体に近い規則衛星群は、どちらも天王星の赤道面に沿っているので、地球から見るとほぼ垂直に回っているように見える（図9-13）。

天王星の環は、20世紀後半に、恒星が天王星に隠される現象に

4. 巨大氷惑星

よって偶然、発見された。天王星に隠される前後、ほぼ同じように恒星が減光されたことから、環の存在が明らかになったのである。その現象からは 5 本のリングが見つかったが、その後の探査機やハッブル宇宙望遠鏡の観測により、13 本のリングが見つかっている。

環の中でも、天王星のもっとも外側にある ε 環は、とりわけ細いことが知られている。環を構成しているのは大小の氷や岩のかけらや砂粒ほどの小さな粒子なので、長い年月の間、お互いに衝突を繰り返しながら、幅は自然に広がってしまうはずである。どうして細いままでいられるのか、非常に不思議であった。その謎を解いたのは 1986 年のボイジャー 2 号探査機であった。ε 環のすぐ外側と内側とに、ほぼ同じような大きさの衛星が発見されたのである。コーデリアとオフェーリアと命名された、これらの 2 つの衛星は、その間にある環の粒子が広がらないような重力作用をおよぼし、中間の環を細いまま保つ役割を担っている。あたかも群れを離れる羊を群れに引き戻すべく見張っている羊飼いの犬に似ているので、こういった衛星を羊飼い衛星と呼んでいる。こうした小さな衛星の絶妙なコントロールの上に、細い環は成り立っているのは、土星の F 環でも同じ状況で、両側にパンドラとプロメテウスという 2 つの羊飼い衛星が作用していることがわかっている。こういった羊飼い衛星のような役割をはたしている小さな衛星が、まだたくさんあるのかもしれない。

4-2 海王星

海王星（Neptune）は太陽系最遠の惑星である。天王星の運動の観測から、天体力学を駆使した理論的な予測に基づき 1846 年に発見された惑星で、イギリスの天文学者ジョン・アダムズ（J. C. Adams）とフランスのユルバン・ルベリエ（U. J. J. Leverrier）、それに実際に観測をしたベルリン天文台の天文学者ヨハン・ガレ（J. G. Galle）が発見者とされている。明るさは天王星よりも暗く、約 8 等級なので、天体望遠鏡でしか見ることはできない。

太陽からの距離が約 30 天文単位、実に 45 億 km も離れている最遠の惑星であり、そのぶん足が遅く、太陽を巡る公転周期は約 165 年であり、発見されてから、やっと一周したところである。

第9章　太陽系

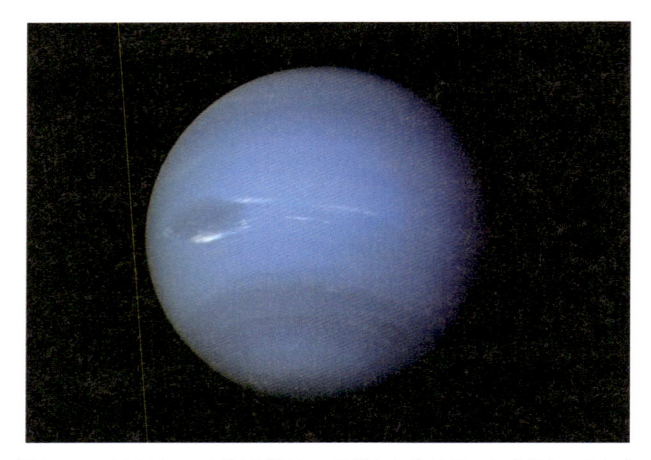

図9-14 ボイジャー2号が接近して撮影した海王星。大暗斑と、それをとりまく白いメタンの雲が見える。(NASA/JPL)

　本体は赤道半径が約2万4800kmと太陽系では4番目の大きさで、天王星と同じく、中心に岩石を含む氷の中心核をもつ巨大氷惑星である。海王星は極寒の世界と思われがちだが、意外にも表面温度は予想よりも高い。赤外線で計測してやると、約50K（−220℃）と、表面温度だけなら、ほとんど内側の天王星とほぼ同じである。地球や金星のように温室効果があるはずもないので、海王星内部に重力収縮による発熱か、あるいは放射性物質によるかなりの熱源があると考えられている。海王星の密度は1cm^{3}当たり1.64gと、木星型惑星のなかではもっとも大きい。氷と岩石質のコアが比較的大きいはずで、そこに含まれる放射性元素の量も他と比較して多い可能性はある。

　その内部発熱のせいか、海王星は天王星と比較しても表面に見える大気の活動が活発である。探査機の接近時には、緯度−20°付近に巨大な大黒斑（大暗斑）があって、それを取り巻くようにして輝くメタンの白い雲や、スクーターと名付けられた高速で移動する雲、絹雲のような雲など、大小さまざまな種類の模様が存在してい

4. 巨大氷惑星

た。全体として青く見えるのは、大気中のメタンが赤色の光を吸収するためである（図9-14）。

海王星にも環があり、衛星も本体の近くの衛星群と、外側の逆行衛星に分かれている。海王星で最大の衛星であるトリトン（Triton）は、内側にもかかわらず逆行している衛星である。これだけ惑星に近く、かつ大型の衛星で逆行軌道をもつのは、太陽系ではトリトンだけである。

トリトンは木星の衛星イオと同じく、氷の火山がある。探査機の撮影した画像には、トリトン表面から何らかの物質が局所的に噴出している様子が映し出されている。黒っぽい噴煙や、それがトリトンの希薄な大気に流される様子から、噴出物は窒素と考えられている。赤道部には、マスクメロンの皮のようなモザイク模様が見られる。氷の地殻が膨張と収縮を繰り返したときにできたもので、クレーターがそれほど見られないため、かなり新しい地形と考えられる。トリトン全体には非常に希薄な大気が取り巻いているが、その主成分は窒素と考えられている。太陽系外縁の極寒の地でも、こういった地質学的あるいは気象学的な活動があるのは驚くべきことである。

ところで、地球の月は順行軌道のために次第に地球から遠ざかっているが、トリトンは逆行軌道のために次第に海王星に近づいている。いずれトリトンは海王星に近づき、その強い潮汐力で引き裂かれてしまうだろう。そうすると、その破片が海王星を取り巻く見事な環になるにちがいないが、もちろん、そんなことが起きるのは何億年以上もの遠い未来の話である。

海王星の衛星ネレイド（Nereid）も奇妙である。トリトンと違って軌道は順行だが、細長い楕円軌道をもち、その離心率は0.75ととても歪んでいる。これだけ細長い軌道をもつ内側の衛星は、やはりネレイドだけである。どうして、このような衛星系ができあがってしまったのか、よくわかっていない。もともと衛星ではなかったトリトンを海王星が捕捉したとき、かなり激しい重力相互作用が起きて、もともと円軌道に近かったネレイドが歪んだ楕円軌道になってしまったのかもしれない。

なお、海王星の外側の不規則衛星群は、日本のすばる望遠鏡によ

る発見がほとんどである。

5. 準惑星と冥王星型天体

　太陽系天体はこの章の最初に紹介したように、現在、惑星、準惑星、太陽系小天体の3つのカテゴリーに分類されているが、このうち中間のカテゴリーである準惑星（dwarf planet）は、2006年に国際天文学連合が定めた惑星の定義の内で3番目の条件、すなわち"軌道の周囲には、衝突合体や重力散乱によって、同じような大きさの他の天体をきれいになくしてしまったような状況"が満たされていないものである。つまり、太陽系形成時にある程度の大きさに成長して、自己重力が強くなり、全体として球状の形をなすという惑星としての2番目の条件までは満たすものの、同じ軌道領域に同じような天体が存在する場合、準惑星となる。

　火星と木星の間にある小惑星帯に属する小惑星ケレス、海王星以遠にある太陽系外縁天体群の中の冥王星などが、これに相当する。2012年夏現在、準惑星に登録されているのはケレス、冥王星、エリス、マケマケ、およびハウメアの5つである。

　この定義は、主に重力と軌道だけからの基準で考えられたものであるが、同じ準惑星でも、火星と木星の間にある小惑星帯の天体と、海王星の外側にある太陽系外縁天体を一括してしまうには問題が多いという指摘がある。

　第1の問題は、太陽からの距離が大きく異なるので、その成分が全く違うことである。小惑星帯のあたりでは岩石質が多く含まれ、氷は少ないが、太陽系外縁天体あたりになると氷が多い。第2に、それぞれの生まれ方・育ち方にも違いがあるといわれている。小惑星帯は、太陽系初期においてはかなり惑星形成へと進んだが、木星などの影響もあって、衝突が合体よりも破壊へとつながり、小さな天体を生んだ。小惑星の一部は、準惑星レベルの天体が破壊されたものと考えられる。一方、太陽系外縁天体では、衝突による合体があったことは確かだが、破壊された証拠はそれほど多くは見られない。したがって、この両者をおなじ準惑星と呼ぶのは、抵抗がある研究者が多い。

　そこで国際天文学連合では、冥王星がそれまで長く惑星と呼ばれ

5. 準惑星と冥王星型天体

てきたことにも鑑みて、準惑星のうち、太陽系外縁天体に属するものだけを取り出した、いわばサブカテゴリーである冥王星型天体（plutoid）を設定している。

現在、小惑星帯に属する準惑星ケレスを除く、冥王星、エリス、マケマケ、ハウメアの4つが、このサブカテゴリーに属する。冥王星型天体に属する天体は、今後も新しい天体が発見され、増えていくことが予想される。

5-1 小惑星帯の準惑星

小惑星帯の天体の中で準惑星に分類されているのは、小惑星で最初に発見されたケレスである。イタリアの天文学者ジュゼッペ・ピアッツィ（G. Piazzi）が1801年の元日の夜に発見した。もともと、火星と木星の間があまりにも間隔が空いていることから、未知の惑星があるのではないかとされていたため、当初は新惑星の発見と考えられた。しかし、翌年には同じような場所にパラスが、さらに1804年にジュノー（Juno）、1807年にはヴェスタ（Vesta）と続々と発見されていった。明るさから予測される大きさも小さかったこともあり、天王星の発見者であるハーシェルによって、asteroid（恒星状に見える天体）という総称が提案された。日本語名の小惑星は、その後、使われるようになったminor planetに由来する。最初に見つかった4つの小惑星は他と比較しても、とりわけ半径が大きいので、四大小惑星と呼ばれている。

ケレスは小惑星の中でも直径が950kmと最大で、それだけで小惑星全体の総質量の2割以上を占めている。探査機がまだ接近したことはないが、地上観測でもかなり球形をしていることがわかっている。おそらく内部は分化しており、地殻、氷を含むマントル、岩石からなる中心核にわかれている可能性が高い。アメリカの探査機「ドーン」が、2015年にケレスに接近する予定である。

小惑星番号4をもつヴェスタも準惑星候補である（図9-15）。1807年3月29日にドイツの天文学者ハインリヒ・オルバース（H. W. M. Olbers）によって発見された。ヴェスタの直径は468～530kmで、小惑星帯の小惑星としては3番目の大きさである。ヴェスタの表面の反射率が他の小惑星に比べて高いこと、そのスペクト

第9章　太陽系

図9-15 ハッブル宇宙望遠鏡が撮影した準惑星ケレス（左）およびヴェスタ（右）。（NASA/ESA/Southwest Res.Inst./Univ. Maryland）

図9-16 小惑星探査機ドーンが接近して撮影したヴェスタ。表面にクレーターや褶曲した溝のような地形が見られる。（NASA/JPL-Caltech/UCLA/MPS/DLR/IDA）

5. 準惑星と冥王星型天体

ルも特異であることから、同じような小惑星とともに金属成分が多いヴェスタ型と分類されている。

大小のクレーターも存在し、特に南半球には直径460kmもある巨大なクレーターが存在する。2011年7月、アメリカの探査機「ドーン」がヴェスタへ到着し、周回軌道を維持しながら詳細な観測を行い、多数のクレーターと共に、赤道周辺の溝状の地形などを発見している（図9-16）。

5-2 冥王星型天体

冥王星（Pluto）は、1930年にアメリカ・ローエル天文台のクライド・トンボー（C. W. Tombaugh）によって発見され、2006年まで第9惑星とされていた準惑星である。冥王星型天体の代表でもあり、太陽系外縁天体としても最初に発見されたものである。公転周期は248年あまりで、離心率が0.25という歪んだ軌道をもつ。そのために海王星よりも太陽に近づくこともある。この公転周期は海王星の周期のちょうど1.5倍である。このように公転周期が整数比になっている状態を共鳴状態（resonance）と呼ぶことがあるが、そのために会合する様子は規則的に繰り返す状況で、なおかつ軌道傾斜角も約17°と傾いているために、海王星と一定の距離以下に接近することはない。

探査機が近づいたことがないために、表面の様子はあまりよくわかっていない（図9-17）。冥王星にはメタンが主成分の希薄な大気

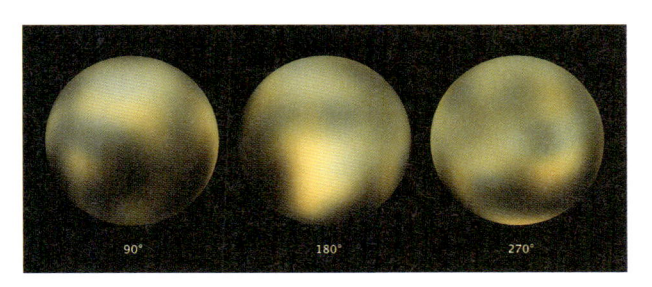

図9-17 ハッブル宇宙望遠鏡の観測から推定された冥王星表面の明暗模様。（NASA/ESA/STScI）

があるが、それが太陽から離れるにつれて、霜のように表面に凍り付いていき、反射率が高くなるようである。

冥王星は5つの衛星をもっているが、特筆すべきは衛星カロン（Charon）である。冥王星の半分もの大きさがあり、密度は両者とも約2g cm^{-3}と推定されている。太陽系の外縁部の天体にしては氷とともに、岩石にも富んでいるといえるが、その結果、冥王星と衛星カロンの重心は、冥王星上空1200kmの場所にある。そのため、連天体ともみなされることがある。

2015年にアメリカの探査機ニュー・ホライゾンズが接近して、観測する予定である。

エリスは、2003年に撮影されたデータから発見された冥王星とほぼ同じサイズの冥王星型天体である。黄道面に対して、44°も傾いた楕円軌道を、約560年かけて公転している。また、ディスノミアと呼ばれる衛星を1つもっている。

マケマケは、2005年に発見された冥王星型天体である。イースター島の創造神にちなむ名前で、29°ほど傾いた楕円軌道を、約300年で公転している。

ハウメアは、スペインのシエラ・ネバダ天文台で発見された天体で、2個の衛星をもっている。ハワイ諸島の豊穣の女神にちなんだ名前で、衛星も神話上の子どもの名前にちなんでヒイアカとナマカと命名されている。28°ほど傾いた楕円軌道を、約282年で公転している。他の冥王星型天体と異なり、自転周期が約4時間と速く、長軸が約2000kmあるのに対して、短軸が約1000km、もう1つの軸が約1500kmという三軸不等の形状とされている。

6. 太陽系小天体

太陽系天体のうち、惑星、準惑星の条件を満たすことがない、すべての小さな天体を太陽系小天体と呼ぶ。衛星は、惑星のまわりを回っているので、通常は含まない。この太陽系小天体は、さらにその物理的・力学的特徴などによって彗星、小惑星、太陽系外縁天体、惑星間塵などに細かく分類されている。

6. 太陽系小天体

6-1 彗星

彗星（comet）は、本体に氷を主成分として含む小天体である。本体である彗星核（nucleus）は、巨大な雪の塊と呼んでもいいだろう。大部分の彗星は、80％ほどが水（H_2O）、残りの20％には二酸化炭素（CO_2）、一酸化炭素（CO）、それに微量成分として炭素、酸素、窒素に水素が化合した種々の物質が含まれていて、さらに砂粒のような塵が混ざっている。雪の少ないときにつくった雪だるまのように、表面に土や砂がついて黒くなったような"汚れた雪だるま"などと呼ばれているが、その塵成分と揮発成分の比率はさまざまである。大部分の彗星核は、図9-18のように数kmからせいぜい数十kmほどの大きさである。

太陽に近づくと、その熱で氷や揮発成分が少しずつ融けていく。すると、まわりが真空のために、液体にならずに、揮発成分が気体となって蒸発する。こうして、彗星核からガスが放出される。このガスに引きずられるように、細かな砂粒や塵も一緒に宇宙空間に吐き出される。こうして彗星は核のまわりが、ぽやっとした薄いベールにおおわれたように見える。これを頭部あるいはコマ（coma）と呼ぶ。

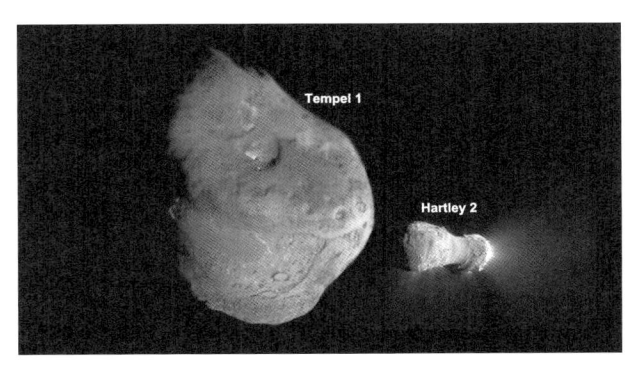

図9-18 2つの彗星核：テンペル第1彗星とハートレイ第2彗星の核の同一スケールによる比較。もっとも長いところでは7.6kmおよび2.2kmである。（NASA/JPL-Caltech/UMD）

第9章　太陽系

図9-19 2002年に出現した池谷・張彗星の三色合成画像。塵の放出量がまだ少ないため、イオンの尾と頭部の緑色のコマがよくわかる。（東京大学木曽観測所）

コマの主成分は電気を帯びていない中性のガスである。一方、飛び出したガスの一部は電気を帯びたイオンとなり、太陽から吹き付ける電気的な風である太陽風に吹き流され、図9-19のように太陽と反対側に伸びた細い尾、イオンの尾（別名プラズマの尾、ion tail）をつくりだす。一部、ナトリウムなど電気を帯びない中性原子も、太陽の光圧を受けて吹き流され、中性原子の尾をつくる。さらに細かな塵は、太陽の光圧を受けて、ゆるやかに反太陽方向へたなびく塵の尾（別名ダストの尾、dust tail）をつくる。塵の尾はサイズに応じて、たなびき方がちがうために、図9-20のように太い幅をもった扇形の尾となるが、これがほうきのように見える。また、大きな砂粒は、彗星の軌道を回り続けて、流星群の原因になることがある。

彗星核からの放出物が多ければ多いほど、彗星のコマは明るくなり、尾も伸びるが、ほとんどの彗星は小さいので天体望遠鏡でもコ

6. 太陽系小天体

図9-20 2007年に南半球で大彗星になったマックノート彗星。塵の放出量が多く、扇形に広がった尾が見られた。(S. Deiries/ESO)

マしか見えないことが多い。

彗星の軌道は、他の太陽系天体とは大きく異なっている。ほとんどの太陽系天体は、小惑星帯の小惑星も含めて、円に近い軌道を描いているのだが、彗星は大部分が大きく歪んだ軌道で、いくつかの惑星軌道を横切っている。そのため、惑星を横切るときに惑星の引力の影響を受けて、大きく軌道がかわるものも多く、中には惑星に衝突してしまうものさえある。そのため、彗星の力学的寿命も、また揮発成分を放出し続けるという意味での物理的寿命も短い。

周期が200年を境にして、周期的に何度も太陽への接近を繰り返すものを短周期彗星 (short-period comet)、200年を超え、いちど太陽に近づいてそのまま太陽系から脱出して二度と帰ってこないものも含めて長周期彗星 (long-period comet) と呼ぶ。前者は主に黄道面にそった順行軌道をもつものが多いが、後者は、黄道面とは無関係に太陽に近づく軌道をもつ。例外もあって、有名なハレー彗星では、約76年周期の短周期彗星だが、軌道は逆行である。こうした短周期彗星を特別にハレー型彗星 (Halley type) と呼ぶこともある。

361

第9章　太陽系

　短周期、長周期彗星に対応した、彗星のやってくる故郷があるといわれている。1つは、後述する海王星の外側にひろがる太陽系外縁天体の群れである。ここからやってくる天体が、短周期彗星となると考えられている。この領域から、何らかの原因で太陽系外縁天体が内側へと軌道を変える。すると、すぐ内側の海王星の重力で、その一部はさらに内側へと軌道を変える。さらに、今度は天王星の重力で、その一部がさらに内側へ、という具合にバケツリレー式に太陽系の内部へ落ち込んでいく。こうして、最終的に木星の強い重力によって、地球あたりまでやってくるようになり、太陽熱を受けて揮発成分を蒸発させることで短周期彗星となる。太陽系外縁部から、内側へと軌道を変えつつある途中と思われる、ケンタウルス族（Centaurus）という天体群も見つかっていて、一部はすでに揮発性の高い成分の蒸発による彗星活動を示している。

　もう1つの故郷は、もっと遠方で、太陽を球殻状にとりまくオールトの雲（Oort cloud）である。その半径は数万天文単位（1天文単位は地球と太陽との距離）、つまり約5兆〜10兆kmである。もちろん、雲とはいっても、彗星が広大な空間にぽつんぽつんと浮かんでいるだけだから、すかすかの構造である。長周期彗星の大部分は、ここからやってきている。どちらも太陽から遠く、冷たい場所なので、雪や氷が長い間、融けずに残っていたわけである。どちらも太陽系ができたときの物質をそのまま閉じこめているという意味では、太陽系の過去の情報がそのまま氷に閉じ込められた化石といえるだろう。

　彗星に分類するか、小惑星に分類するかは、観測時に質量放出があるかどうかで決められている。彗星のようにガスや塵を出している場合のみを彗星として、そうでない恒星状にしか見えない天体は小惑星として、小惑星番号を付けて分類する。彗星は主に氷、小惑星は主に岩石質の天体だが、太陽から遠いところだと、彗星であっても蒸発しないことが多く、区別ができない。したがって、おそらく氷が主成分と思われる太陽系外縁天体も、小惑星番号が付けられている。まれに小惑星として発見・登録された後に、彗星活動が見つかった場合、彗星としての番号もつけられることが多い。このように両方に登録された、二重国籍をもつ天体は増えつつある。

6. 太陽系小天体

　最近では、大きく歪んだ彗星としての軌道をもつのに、彗星活動が見つからない小惑星や、小惑星帯の中で、明らかに彗星活動をしている小惑星（メインベルトコメット、main-belt comet）が見つかったりしている。これらは枯渇した彗星核であったり、氷や水を含む小惑星である可能性がある。実際には小惑星と彗星とは、本質的に明確な区別があるわけではなく、つながっている可能性がある。

6-2　小惑星

　小惑星（asteroid、minor planet）は、主に火星と木星との間に存在する小さな岩石質の天体である。小惑星が数多く見つかるこの領域を、小惑星帯（メインベルト、main belt）と呼んでいる。19世紀の初めにイタリアの天文学者ジュゼッペ・ピアッツィ（G. Piazzi）が、最初の小惑星ケレスを発見してから、現在までに軌道が確定した小惑星は30万個に達している。大きさはケレスが最大で、直径1000kmほどだが、小さいものほど数が多く、ほとんどは数km以下で、形も不定形である（図9-21）。500mサイズまで含めると全部で約160万個もの小惑星があると推定されているが、全体の質量をあわせても、せいぜい月の質量の約15％程度に過ぎない。

　小惑星帯に属する小惑星は、一般には黄道面にそって、ほぼ円の順行軌道を描いている。ただ、その分布は一様ではなく、土星の環の空隙のように、ところどころに小惑星が少ない領域がある。この空白域は、小惑星の公転周期が木星の公転周期と1:3という整数比になっていて、木星の重力的影響を受けやすいところに相当しており、小惑星が軌道から追い出されてしまった場所である。これらの空隙をカークウッド・ギャップ（Kirkwood gap）と呼んでいる。ちなみに、小惑星帯の外側と内側の端は、その周期の比が1:2、1:4になる場所に対応している。小惑星は、小惑星帯だけでなく、火星軌道を越え、地球に接近する地球近傍小惑星や、木星軌道より遠方にも存在しているが、それらの特異な軌道をもつ小惑星は、このカークウッド・ギャップから木星の重力的影響を受けてはね飛ばされてきた可能性が高いと考えられる。

　こうした整数比でも、逆に軌道を安定させ、多くの小惑星が生き

第9章 太陽系

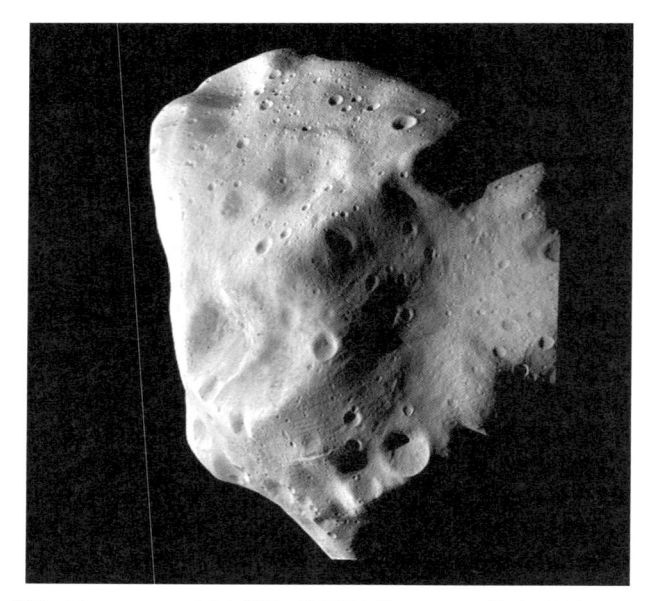

図9-21 ヨーロッパ宇宙機関の彗星探査機ロゼッタが接近・撮影した小惑星ルテティア。最長で120kmの大きさがある大型の小惑星だが、形状は丸くない。(ESA 2010 MPS for OSIRIS Team MPS/UPD/LAM/IAA/RSSD/INTA/UPM/DASP/IDA)

残っているケースもある。トロヤ群(Trojan asteroid)と呼ばれる小惑星は、木星と同じ軌道周期、つまり1:1の状態で、木星の前方60°、後方60°の場所を中心に、相当数が発見されている。これらの太陽と木星との正三角形の点はラグランジュ点(Lagrangian point)と呼ばれる、安定な場所になっている。

小惑星帯の中を細かく眺めると、小惑星の軌道の性質が似たものが多数見つかることがある。これらは小惑星同士が衝突した結果、それらの破片が同じような軌道をたどっている結果とされており、族(family)と呼ばれている。もともと、小惑星の発見数が数百個に上った20世紀初頭に、東京帝国大学東京天文台の天文学者・平

6. 太陽系小天体

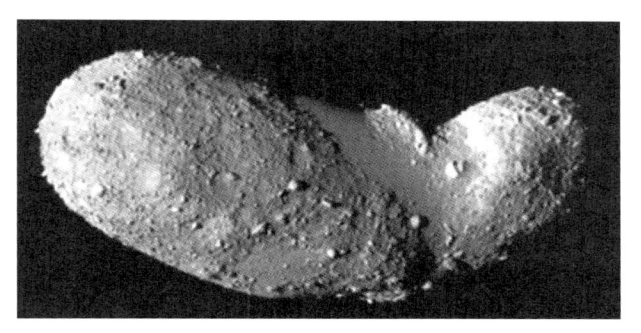

図9-22 日本の小惑星探査機はやぶさが到達、着陸に成功し、表面からサンプルをもち帰った小惑星イトカワ。(JAXA)

山清次によって発見されたもので、平山族（Hirayama families）とも呼ばれる。族は、小惑星の発見数が増えるにつれ、続々と発見されるようになり、今では族の中で最大の小惑星の名前をとって、テミス族（Themis family）、コロニス族（Koronis family）、エオス族（Eos family）などと呼ばれている。もっとも新しいカリン族（Karin family）は約580万年前に衝突が起こって、その衝突で生まれた惑星間塵が地球にも降り注いだことがわかっている。

小惑星は太陽光を反射しているので、その表面の物質によってスペクトルが違って見える。スペクトルや色によって、全体に青っぽく、炭素が多そうなC型、赤っぽい色のS型、いかにも金属反射のようなM型などと分類されている。小惑星帯でも太陽に近いほどS型が多く、遠いとC型が多くなる。日本の小惑星探査機「はやぶさ」がサンプル採取をした小惑星イトカワ（図9-22）はS型である。地球に落下する隕石のほとんどは小惑星起源といわれているが、はやぶさ探査機で立証されたといえる。

小惑星帯で惑星ができなかった理由は、木星の強大な重力で成長途中の天体群がかき乱されたためとか、あるいは水が氷になる境界線だったためなど、いろいろな説があるが、はっきりとはわかっていない。

第9章　太陽系

6-3　太陽系外縁天体

　太陽系小天体のうち、海王星の軌道よりも外側を周回している天体、正確には軌道長半径が海王星の軌道長半径を超える天体を太陽系外縁天体と呼ぶ。英語では、海王星よりも遠い天体という意味で、トランス・ネプチュニアン・オブジェクト（trans-Neptunian object）と呼ばれる。太陽から遠方にあるために、明確な彗星活動を示しているものはないが、彗星のように氷が主成分であると思われている。実際、いくつかの天体の表面で、氷の反射スペクトルが見つかっている。1992年に冥王星以外の太陽系外縁天体が発見されて以後、その数が急激に増えている。

　大きさとしては冥王星やエリスが最大級で、その直径は2000kmを超えるが、いまのところそれらを超える天体は見つかっていない。なお、大きな天体になると、前述したように冥王星型天体にも分類される。しかし、なにしろ遠方に存在していて、暗いため、まだまだ未発見の天体があるかもしれない（図9-23）。

　太陽系外縁天体は、30天文単位からせいぜい50天文単位までの帯状の領域に集中している。この帯状領域を、こういった小天体の存在を予想していた天文学者の名前から、エッジワース・カイパーベルト（Edgeworth-Kuiper Belt）あるいはカイパーベルト（Kuiper Belt）と呼ぶ。小惑星帯と同じように海王星の影響が強く、この帯の範囲にある天体の公転周期は海王星の公転周期との比率が3：2から2：1の間になる。ただ、小惑星よりも軌道が大きく傾いていたり、離心率が大きく歪んだ楕円軌道の天体も多い。ちょうど、公転周期比が海王星と3：2や2：1の場所にも天体が集中している。これらは共鳴状態にあるという意味で共鳴天体と呼び、特に3：2の場所には冥王星が含まれるので、特別にプルチノ（小さな冥王星という意味、Plutino）族と呼ぶ。

　ベルトの中間にある天体群は、海王星と特別な関係にはなく、古典的天体（classical object）と呼ばれる。ここには冥王星型天体のハウメアやマケマケが含まれる。50天文単位よりも外側には、エリスなどに代表される、大きく伸びた楕円軌道の外縁天体が散在していて、散乱円盤天体（scattered disk object）などと呼ばれている。

6. 太陽系小天体

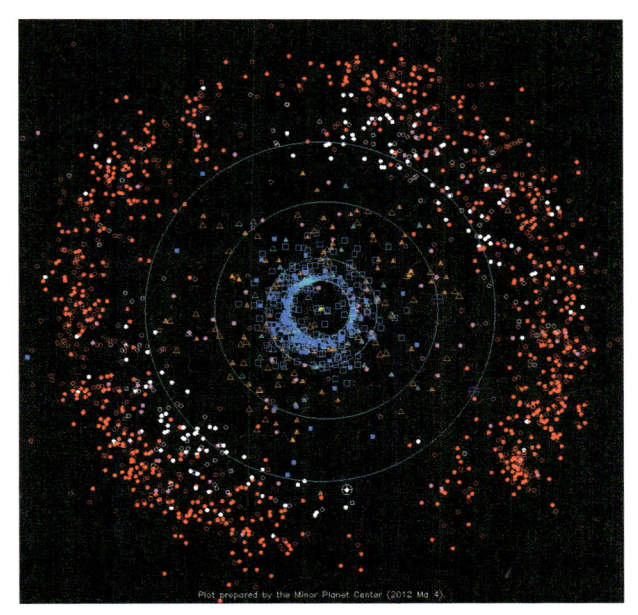

図9-23 木星以遠の太陽系小天体の分布。軌道線は内側から木星、土星、天王星、海王星で、その外側に太陽系外縁天体が帯状に分布しているのがわかる。三角形はケンタウルス族、四角形は彗星である。(IAU Minor Planet Center)

　散乱円盤天体は、衝突や接近遭遇、あるいは海王星の影響などで外側にはじき飛ばされた天体と考えられている。もちろん、そのような影響で、内側にはじき飛ばされる天体もあるはずだが、それが海王星に捕まって、さらに内側へと落ち込みつつあるケンタウルス族となっており、木星以遠で海王星の軌道より近い場所を巡る小天体として見つかっている。

　太陽系外縁天体は、惑星成長のスピードの遅かった領域だったため、成長途中で材料であるガスや塵がなくなってしまい、それ以上に成長できなかった天体群である。ただ、その外縁天体の軌道は、

小惑星よりも乱れていて、大きな傾きや歪んだ楕円軌道のものが多く存在する。これは太陽系形成初期に海王星がじわじわと外側に移動してきて、軌道を乱されたためと考えられている。

6-4 惑星間塵

　太陽系空間にはかなりの量の小さな固体微粒子（塵）が存在していて、惑星間塵あるいは惑星間空間塵（interplanetary dust）と呼ばれている。小惑星と惑星間塵とのサイズの境界は明確に決められていない。多くは1mmの10分の1から100分の1ほどで、サイズが小さいものほど数は多くなる。

　月明かりのない、よく晴れた春の夕方の日没後、薄明が終わった西の空や、秋の早朝の薄明前の東の空に、黄道に沿ってきわめて淡い光の帯が見えることがある。これらは惑星間塵が太陽の光を反射して、全体として光っているもので、黄道光（zodiacal light）と呼ばれている（図9-24）。黄道光は、黄道から離れるにつれ暗くなる。これは黄道面付近に塵が集中しているからである。また太陽か

図9-24　チリのヨーロッパ南天天文台VLT望遠鏡設置地点で撮影された黄道光。三角形の淡い光が黄道に沿って伸びているのがわかる。（ESO/Y. Beletsky）

6. 太陽系小天体

ら離れるにつれて暗くなるのだが、太陽とちょうど正反対の場所では、塵が太陽の光をたくさん反射するため、再び明るくなる。これは対日照（Gegenschein）と呼ばれていて、人工灯火の影響のない、理想的な夜空でないと見ることはできない。いまでは幻の天文現象といってもよいだろう。

こうした惑星間塵は、重力にしたがって太陽を公転しているが、太陽光の影響が大きいために、次第に円軌道となると同時に軌道が小さくなっていき、せいぜい数千万年ほどで太陽に向かって落下し、途中で蒸発してしまう。サイズによって異なるものの、その物理的な寿命は太陽系の年齢（46億年）に比べれば短いので、供給源が必要である。供給源としては、太陽系外縁天体や小惑星などの小天体の衝突現象による放出や、彗星からの放出が考えられている。

惑星間塵は、地球にも普段から降り注いでいる。大きな惑星間塵の一部は流星などとなって目撃されるが、過去に地球に落下した惑星間塵は深海底や南極の氷床からも採取される。

6-5 流星と流星群

流星（meteor）は、主に砂粒程度の大きさの惑星間塵が地球に秒速10〜70kmという猛スピードで衝突し、大気中で短時間だけ光る現象である。一般に地上高度約80kmから120kmの間の大気との衝突で発生する衝撃波加熱で、大気や流星から蒸発した物質が熱いガス（プラズマ）となって発光する。このガスは電離して一時的に電波も反射するので、可視光だけでなく、レーダーでも観測することができる。また、流星によっては途中で分裂したり、爆発的に明るくなったりすることもある。

流星のもとになる惑星間塵の粒の大きさは、せいぜい数cmで、これらを流星体（meteoroid）と呼ぶことがある。サイズが大きいほど、また大気に突入する速度が速いほど、明るく光る。一般に暗い流星ほど数は多い。

流星のうち、きわめて明るく光るものを火球（fireball）と呼んで区別することもあるが、明確な定義はない。燃え尽きずに地上まで落下すると隕石（meteorite）となるが、そのような火球は満月

第9章　太陽系

クラスにまで明るくなる。隕石落下を伴う火球では、超音速で低空まで落下してくるので、そのときの衝撃波が音波として地上に到達し、広範匝で爆発音のような音が聞こえる。

実際の流星はさまざまな色に輝いて見えるような個性があるが、これは流星が発光するガスの種類に依存している。一般に遅い流星だとオレンジ色が強く、速い流星になると青白くなる傾向がある。

流星が出現した後、煙のようなものが残ることがあり、流星痕（meteor train）と呼ぶ。多くはほんの数秒程度で消えてしまうが、明るい流星だと数分から数十分も残って、光り続ける場合もある。これを特別に永続痕（persistent train）と呼ぶ。永続痕がなぜ長時間、光り続けるか、まだよくわかっていない。

上空で融けてしまった塵粒から放出された物質の一部は、冷えて直径0.1mm以下の固体の球粒となり、次第に大気中を降下し、地上に達する。これが流星塵あるいは宇宙塵（micrometeorite、micrometeoroid）で、比較的、簡単に採取できる。ただ、最近では工場からの煤煙などが同じ形状をしているので、見た目だけでは区別できなくなっている。

こういった流星現象は木星や火星でも観測されている。また月への大きな流星体の衝突による発光現象も、特定の流星群の時期に観測されている。月の場合は、固体表面への衝突による発光なので、地球とはメカニズムは異なる。

流星は、毎夜のように出現しているが、しばしば特定の時期に数が急激に増えることがある。これを流星群（meteor shower）と呼び、流星群に属する流星を群流星（shower meteor）、属さない流星を散在流星（sporadic meteor）と呼ぶ。

流星群は、同じ母親から生まれた流星体の群れである。母親は彗星か小惑星である。流星体の群れは、母親とほぼ同じ軌道に沿って、太陽を巡っている。この流星体の群れを地球に突入する前にとらえることは難しいが、しばしば彗星の軌道に沿って、流星体に相当するようなサイズの塵粒が赤外線や可視光で観測されることがあり、ダスト・トレイル（dust trail）と呼んでいる。実際の流星群を引き起こすトレイルは、さらに細かなトレイルの集合体だが、天文学的な観測手法によって、そこまでは空間的に分離することはで

6. 太陽系小天体

きない。

　地球に突入するトレイルに含まれる流星体は、地球大気にほぼ平行に突入してくるので、地上から見ると、あたかも星座の一点から放射状に流れ出るように見える（図9-25）。これを天文学では放射点（radiant point）と呼んでいる。この放射点の近くの星座や恒星の名前をもとに、XX座XX流星群という名前が付けられることになる。国際天文学連合では、95の流星群について、その名称を決めている（2012年現在）。流星群の放射点が、太陽の方向にある場合には、夜間に観測することはできない。こういった、レーダー観測などで見つかる昼の流星群を昼間群、あるいは、昼間流星群（daytime meteor shower）と呼んで、区別することもある。

　流星群には、毎年コンスタントにほぼ同じ出現数を見せる定常群、母親の彗星の回帰に伴って出現数が大幅に増加する周期群がある。三大流星群と呼ばれる、しぶんぎ座流星群、ペルセウス座流星群、ふたご座流星群は前者、10月りゅう座流星群やしし座流星群は後者である。また、かつては見られたのだが、現在はそれほど観測されなくなってしまったものを衰退群と呼ぶこともある。周期群、定常群、そして衰退群は、この順番に流星群の進化の度合いを示していると考えられる。流星体はサイズが小さいので次第に拡散

図9-25 2001年に日本で大出現したしし座流星群。10分間の露出を3回重ねているものである。（提供：津村光則）

371

第9章 太陽系

し、長い間には流星群と認識できなくなり、散在流星になっていくと考えられている。

　流星群の活動度、つまり流星の数の多さは、1時間当たりの流星数（hourly rate）が指標となる。いわゆる三大流星群の極大時には1時間当たり100個程度である。同じ流星群でも、月明かりや天候状況、空の暗さ、視野の広さ、流星群の放射点の高度などの観測条件の差が流星数に影響する。数が多いときには、流星雨あるいは流星嵐などと呼ばれることもあるが、明確に定義されているわけではない。

　本章で紹介した、我々の太陽系の姿は、これまでの天体観測と惑星探査機によって解明されてきた描像である。しかし、この描像はあくまで現在のものであって、近い将来にはどんどん書き替えられていくに違いない。新しい技術による観測や新たな探査機がこれまで見えなかった太陽系の未知なる側面をどんどん明らかにしつつあるからである。

　たとえば日本の探査機かぐやのデータや、はやぶさが持ち帰った微粒子の解析から、月や小惑星に関する新しい知見が得られつつある。火星探査機も火星表面での水や有機物、そして生命探査へと進みつつある。地上からの観測でも同様である。たとえば、本章6-3節で紹介した太陽系外縁天体の仲間では、これまでとは明らかに軌道の性質が異なるセドナという天体が発見されている。セドナは近日点が76天文単位とエッジワース・カイパーベルトの外側にあり、さらにその遠日点は約900天文単位と非常に遠く、周期は1万年を超えるほどである。特に近日点がベルト領域にないというのは、これまでの散乱円盤天体にはなかった特徴であり、ベルト領域で生まれ、散乱されたとは考えにくい。彗星の起源の1つとされるオールトの雲の天体にしては近いため、内部オールトの雲（inner Oort cloud）の天体とするべきではないかという主張もある。実は、太陽系はまだまだ外側に、我々が知らない天体が存在し、それらが未知の構造をなしている可能性が高い。今後もどんどん書き替わる太陽系の描像に注目していきたいものである。

第10章
太陽系外惑星

第10章　太陽系外惑星

1. 概要

　天文学の歴史は、我々を特別な位置（世界の中心）から、ありふれた集団の一員へと引きずり降ろす歴史であった。天球上における惑星の奇妙な動きの解析によって、16〜17世紀に天動説から地動説への転換が起きた。地球が世界の中心ではなく、太陽が中心であり、地球は他の惑星とともに太陽のまわりを回っていることがわかったのである。20世紀はじめには、その太陽も天の川銀河（銀河系）の中でごくありふれた星の1つであることがわかった。やがてその銀河系すらも宇宙に無数に存在する銀河の1つであることがわかる。

　このような認識にたてば、銀河系の他の星のまわりにも太陽系のような惑星系があり、そこには地球のような惑星もあって、生命も住んでいるのではないかと想像するのは自然なことであった。地球のような小型の惑星、ましてやそこに住む生命の検出は無理だとしても、木星のような大型の惑星なら見つけることができるかもしれない。そう考えて、1940年代から他の恒星のまわりの惑星（太陽系外惑星または簡単に系外惑星と呼ぶ。英語ではextrasolar planetまたはexoplanet）のサーベイ観測が始まった。

　ただし、木星のような大型の惑星であっても、検出はたやすくない。惑星は中心にある星（中心星）の光を反射して光っているだけなので、もちろん非常に暗い。だが、その暗さが問題なのではなく、中心星がそばで桁違いの明るさで光っていることが検出を困難にしているのである。したがって、惑星がまわっていることで生じる星の光の変化をとらえるという間接的な方法が多く用いられることになる。

　1940〜1960年代に使われたのは、惑星が回っていることで、天球上の星の位置がふらつくことを調べるアストロメトリ法（本章2-1節参照）だった。だが、地上からでは、観測が不可能であることが70年代になってはっきりした。

　1980年代に入ると、星のふらつきを位置ではなく速度変化としてとらえる、ドップラーシフト法（本章2-2節）での観測が盛んになった。特に、ヨウ素ガスセル法が開発されたことにより、木星と同じような質量・軌道半径の惑星が存在すれば発見できる観測精度

1. 概要

(視線方向速度が10 m s^{-1}程度)に達し、系外惑星の発見は現実味を帯びた。しかし、1990年代に入っても系外惑星は発見できなかった。

この間、惑星形成論は理論主導で進むこととなった。太陽系のデータしかなかったので、それはあくまでも太陽系起源論であったのだが。

1960年代には星生成の枠組みがほぼできあがったのを受けて、それを基礎にした惑星形成理論が展開されていった。基礎とするのは、円盤状のガス雲から惑星が生まれたとする円盤仮説である。分子雲コア(密度が局所的に高い部分)が収縮して星ができる際に、角運動量が十分に抜けなければ、いったんは円盤状になると予想される。この円盤はやがて惑星を生んで、それらを残して中心星に吸収されると考えるのである。

アメリカのアル・キャメロン(A. G. W. Cameron)は、星生成の流れの中で円盤が自己重力で分裂して惑星ができると考えた。一方、当時ソ連のヴィクトール・サフロノフ(V. S. Safronov)や京都大学の林忠四郎や中澤清らは、円盤の中で固体成分が凝縮して微惑星(planetesimal)が形成され、それらが集積して惑星が形成されると考えた(微惑星仮説)。

キャメロン・モデルでは地球型惑星の形成の説明が難しいのに対して、微惑星が先に集積してガス成分は後から付け加わる(コア集積モデル)と考えることで、太陽系において内側から、小型岩石惑星(地球型惑星)、巨大ガス惑星(木星型惑星)、中型氷惑星(海王星型惑星)の順に並ぶことが見事に説明できた(本章4-2節参照)ので、微惑星仮説にもとづいたモデルが標準モデルとみなされるようになった(ただし、系外惑星の発見後は、キャメロン・モデルの再検討も行われている。本章4-3節参照)。

1995年、事態は急展開する。それまでと同じドップラーシフト法を使って、スイスのミッシェル・マイヨール(M. Mayor)らが、太陽型恒星のペガスス座51番星のまわりに、ついに系外惑星を発見したのだ。それはホット・ジュピター(hot Jupiter)と呼ばれる惑星で、重さは木星の半分くらいの巨大ガス惑星であるにもかかわらず、軌道半径は0.05au(1auは地球の軌道長半径)で公転周

第10章　太陽系外惑星

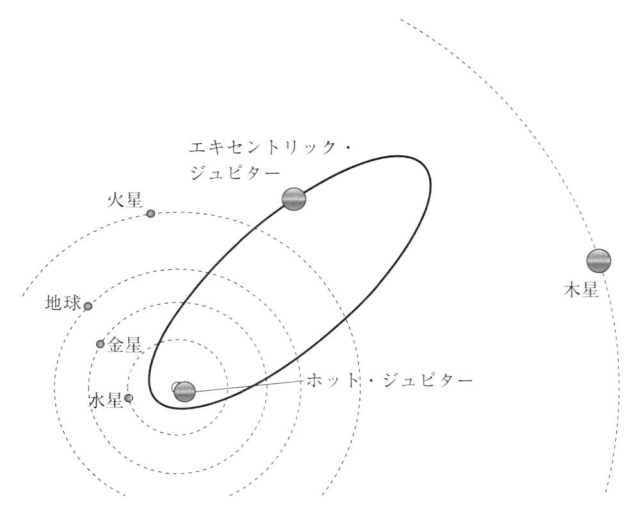

図10-1 ホット・ジュピター、エキセントリック・ジュピターの模式図。

期はたった4日だった。木星が5.2auを12年かけて公転しているのとは大違いだ。

標準モデルでは、巨大ガス惑星は中心星からある程度離れた場所にできるとされていた（本章4-2節参照）。その常識が、当時の観測精度で十分検出できたはずのホット・ジュピター（この惑星によるペガスス座51番星のゆれの視線速度は55m s^{-1}であり、100m s^{-1}を超えるホット・ジュピターもある）が発見できていなかった理由であった。その先入観がはずれると、続々と系外惑星が発見されるようになった（図10-1）。

ホット・ジュピターの他にも軌道離心率が0.2～0.3を超えるような楕円軌道の巨大惑星、エキセントリック・ジュピター（eccentric Jupiter）も次々と発見された。軌道離心率は軌道の偏心・楕円の程度を表す量で、0が円軌道、1が放物線を表す。太陽系の惑星では水星を除いて、0.1以下である。だが、系外惑星では0.9を超える

376

長楕円軌道のものまで発見された。この時期に次々と新発見をして大活躍したのが、従来からドップラーシフト法での系外惑星探査を継続してきた、アメリカのジェフ・マーシー（G. Marcy）らのチームであった。

系外惑星の発見数は、8年後の2003年には100個を超え、15年後の2010年には500個を超えた。そして、2011年には1年間で200個以上が発見され、さらに2009年に打ち上げられたNASAのケプラー宇宙望遠鏡は、中心星の食をとらえるトランジット法（本章2-3節参照）を使って、2000個以上の惑星候補天体を確認した。

また、2012年現在では、重力マイクロレンズを使った方法や、直接撮像も成功するようになってきた。トランジット法では、惑星の大きさや軌道だけではなく、惑星大気組成や大気温度も推定できる場合があり、また、トランジット法とドップラーシフト法を組み合わせると、惑星の密度が測定できて、内部組成が推定できるなど、多様な観測データが得られるようになってきている。

2008年以降、巨大ガス惑星だけではなく、それよりずっと質量が小さい地球質量の10倍程度の惑星、スーパーアース（Super-Earth）の発見が相次ぐようになった。ケプラー宇宙望遠鏡のデータも合わせると、太陽型恒星の数十％以上にスーパーアースが存在することが示唆されている。また、惑星表面に海（H_2Oの液体状態）が存在することが可能な軌道範囲のハビタブル・ゾーン（habitable zone）にあるスーパーアースも続々と発見され、地球外生命の探査の議論も活気づいている。

2. 系外惑星の観測方法
2-1 アストロメトリ法

アストロメトリ法（astrometry method）は恒星の天球上の位置を高精度に観測することによって、惑星を間接的に検出しようとするもので、1940〜1970年代に盛んに用いられた。質量M_*の恒星のまわりを、質量M（$\ll M_*$）の惑星が軌道半径aの円軌道で公転しているとする。このとき恒星は、惑星と恒星の重心を中心として、距離$a_* = \left(\frac{M}{M_*}\right)a$の振幅の円運動をすることになる（図10-2）。地球からその恒星までの距離をDとすると、a_*の大きさは角度

第10章　太陽系外惑星

図 10-2　惑星公転による中心星の運動。重心からの距離 $a_* = \left(\frac{M}{M_*}\right)a$ の振幅の円運動をすることになる。その円運動の角速度は惑星の公転速度 $\Omega_\mathrm{K} = \left(\frac{GM_*}{a^3}\right)^{\frac{1}{2}}$ に等しい。

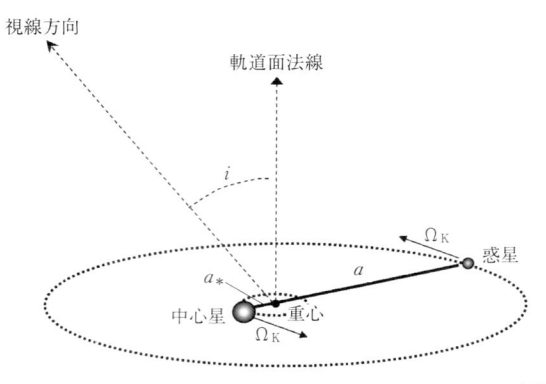

$$\Delta\theta \cong \frac{a_*}{D} \cong \left(\frac{M}{M_*}\right)\left(\frac{\mathrm{pc}}{D}\right)\left(\frac{a}{\mathrm{au}}\right) \tag{10-1}$$

に見える。ここでpcは1auの長さが1秒角に見える距離である。この式が示すように、同じ距離Dなら、重く、中心星から遠い惑星ほど検出しやすいことになる。だが、$D = $数pcという我々に非常に近い恒星が木星のような重い惑星（$\frac{M}{M_*} = 10^{-3}$, $a = 5\mathrm{au}$）をもっていた場合でも、$\Delta\theta \sim 10^{-3}$秒角程度であり、地上からの観測は現在の技術をもってしてもきわめて難しい。

2-2　ドップラーシフト法

　1995年以降の約10年間の系外惑星探査はドップラーシフト法（Doppler-shift method、または視線速度法、radial velocity method）の独壇場だった。2012年の段階でも依然として主力の観測法であり、ドップラーシフト法のサーベイで500個以上の惑星が発見されている。

　この方法では、惑星が回ることによる中心星の運動を、天球上の位置変化からではなく、視線速度によって測定する。中心星が円運

2. 系外惑星の観測方法

動していると、その運動面が視線方向に対して垂直でない限り、中心星は我々に周期的に近づいたり、遠ざかったりする。救急車のサイレンが、ドップラー効果によって、近づいてくるときと、遠ざかっていくときとで、音の高さ（振動数）が変わるのと同じように、近づいているときの中心星の光は青くなり（振動数が高くなる、または波長が短くなる）、遠ざかっているときの光は赤くなる（振動数が低くなる、または波長が長くなる）。宇宙膨張による遠方銀河の赤方偏移に比べたら、はるかに微妙な偏移だが、精密な高分散分光観測によって、その微妙な偏移をとらえる。

質量 M_* の恒星のまわりの半径 a の円軌道を公転する惑星の公転角速度 $\Omega_\mathrm{K} = \left(\frac{GM_*}{a^3}\right)^{\frac{1}{2}}$ なので、中心星の運動速度の振幅の視線方向成分 v_r は、

$$v_\mathrm{r} = a_* \Omega_\mathrm{K} \sin i = \left(\frac{M \sin i}{M_*}\right)\left(\frac{GM_*}{a}\right)^{\frac{1}{2}} \tag{10-2}$$

となる。ここで i は視線方向と惑星軌道面法線がなす角度である（図10-2）。視線速度の変動周期は惑星公転周期 $T_\mathrm{K} = \frac{2\pi}{\Omega_\mathrm{K}} = 2\pi\left(\frac{a^3}{GM_*}\right)^{\frac{1}{2}}$ に等しいので、中心星質量が見積もられていれば、視線速度の変動周期から惑星の軌道長半径 a が求まる。そして v_r の式から $M \sin i$ が求まる。

円軌道ならば時間変動はサインカーブになるが、偏心した楕円軌道（本章3-1節参照）の場合は、サインカーブからずれるので、楕円の程度を表す軌道離心率も決定できる。

ドップラーシフト法では視線速度しか観測できないので、i は決まらないが、軌道面の向きはランダムだと考えると、真の質量 M の期待値は、観測された $M \sin i$ の $\frac{4}{\pi} \cong 1.27$ 倍になる。惑星質量分布は何桁も幅があるので、この $\sin i$ の不定性は、（個々の惑星の質量ではなく）統計的な議論をする限り、ほとんど無視できる。

視線速度は、具体的には、中心星の放射スペクトルの吸収線の位置のずれを高分散分光観測で測定する。しかし、望遠鏡、測定装置固有の誤差があるので、吸収線の絶対位置測定は $100\mathrm{m\ s}^{-1}$ 程度の精度にしかならない。しかし、ヨウ素ガス、アルゴン・トリウムガスなどの吸収線を望遠鏡に通して恒星のスペクトルに重ねれば、その既知の吸収線も同じ望遠鏡、測定装置固有の誤差を受けるので、

第10章　太陽系外惑星

それと恒星光の吸収線の相対位置を測定すれば、$1 \mathrm{m\ s^{-1}}$以下という高精度を達成することができる。

太陽質量の恒星の場合、上式でケプラー速度$\left(\frac{GM_*}{a}\right)^{\frac{1}{2}}$は$1\mathrm{au}$で$30\mathrm{km\ s^{-1}}$になる。$\sin i = 1$の場合、$1\mathrm{au}$に木星質量惑星（$\frac{M}{M_*} = 10^{-3}$）があれば$v_\mathrm{r} = 30\mathrm{m\ s^{-1}}$、地球質量惑星（$\frac{M}{M_*} = 3 \times 10^{-6}$）があれば$v_\mathrm{r} = 0.1\mathrm{m\ s^{-1}}$となる。$v_\mathrm{r}$の式から明らかであるが、重く、中心星に近い惑星ほど検出しやすい。また、軌道周期程度の期間のデータがないとv_rの変動が決定できず、軌道周期は$a^{\frac{3}{2}}$に比例するので、中心星から遠い惑星の軌道決定には時間がかかる。

このドップラーシフト法は、高分散分光をしなければならないため、実視等級が明るく、吸収線を多数もつ恒星にしか使えないという難点がある。そのため、絶対等級が暗いM型星や表面温度が高くて吸収線が少ないB、A型星は不利となり、もっぱら太陽型星（G型矮星を中心に、F8V型からK2V型あたりまでを含む星、solar-type star）のまわりの惑星ばかりが検出されることになる。

2-3 トランジット法

惑星の軌道面と視線方向がほぼ一致している場合、惑星が中心星の前を横切る食現象が観測できる。食による中心星の周期的な減光をとらえることができれば、惑星の存在を検出することができる。これをトランジット法（transit method）と呼ぶ（図10-3）。木星の断面積は太陽の$\frac{1}{100}$なので、木星サイズの惑星は1％以下の精度の測光観測ができれば検出できることになる。この方法はドップラーシフト法の高分散分光観測に比べてシンプルであり、実視等級の暗い恒星でも検出可能であるという長所がある。一方、食連星や脈動などの他の原因による変光との見分けが難しいという短所がある。

最大の問題は、惑星が存在していても、惑星軌道面と視線方向がほぼ一致していなければ、食を観測できないということである。惑星軌道面がランダムな方向を向いているとすると、食を観測できる軌道の傾きになっている確率はほぼ$\frac{d}{a}$になる。ここで、dは星の物理半径（太陽では$d_\odot = 0.005\mathrm{au}$）で、$a$は惑星の軌道長半径。木星と同じ$a = 5\mathrm{au}$の惑星だと、確率は0.1％にすぎない。$a = 0.05\mathrm{au}$と

2. 系外惑星の観測方法

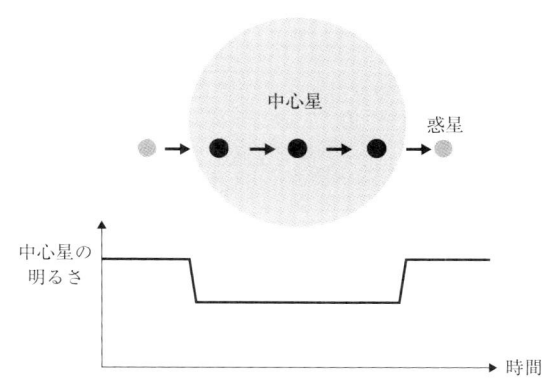

図10-3 惑星による中心星の食。食の間、中心星の見かけの明るさが落ちる。

いうホット・ジュピターの場合は10％になるが、検出効率が悪いことには変わりない。また、食をおこしている期間も限られている。このため、トランジット法で新惑星を発見しようとすると、非常に多くの恒星を頻繁に見張る必要がある。

食をおこす軌道面の傾きは$\sin i \simeq 1$なので、ドップラーシフト法とトランジット法の両方で観測できた惑星に対しては個々の惑星の質量が決まる。また、ドップラーシフト法によって決まった質量とトランジット法によって決まった断面積をあわせると、その惑星の密度が決まり、組成の推定ができることになる。また、説明は省くが、ドップラーシフト法とトランジット法の併用によって、星の自転軸と惑星の公転軸がなす角度（天球上への投影成分）も測定することができる（ロシター・マクローリン効果）。

一方、惑星と中心星の空間分解は難しいため、一般に惑星からだけの光を取り出すのは難しい。ところが惑星が食をおこしているときと、そうでないときのスペクトルの差をとることで、惑星大気の透過光の成分を取り出して、惑星大気組成を読みとることができる。また、惑星が星の後方に隠れているときと見えているときの赤

第10章　太陽系外惑星

外線の強さを比べて、惑星大気の黒体温度（光球面温度）を見積もることもできる。

惑星の食の検出は1999年、当時ハーバードの大学院生だったデビッド・シャルボノー（D. Charbonneau）たちによって初めて成功した。これはHD 209458bと呼ばれるホット・ジュピターの食で、ドップラーシフト法で発見された惑星のフォローアップだった。

地上望遠鏡を使ったトランジット法によるサーベイは2006年くらいから新惑星を続々と発見するようになり、2012年春の段階では約200個の惑星がこの方法で発見されている。

ケプラー宇宙望遠鏡は、宇宙からトランジット法によるサーベイを行っており、2011年には中間報告で2000個以上の惑星候補天体を発表した。大気のゆらぎがない宇宙空間からだと、断面積が太陽の1万分の1という地球サイズの天体も検出可能になり、ケプラー宇宙望遠鏡は膨大な個数の小型惑星候補天体を発見している。

2-4　重力マイクロレンズ法

一般相対論的効果である重力レンズ効果を使って、惑星を検出することができる。天体のまわりでは空間が歪むことで光路が曲がる。恒星とそのまわりを回る惑星による歪みは非常に小さいが、ある恒星が背後の恒星の前を通ると、背後の恒星の光が集約されて増光する。これをマイクロレンズ（microlensing）と呼ぶ。前面を通過した恒星に惑星があると、惑星からの微小な増光も観測される。確率は低いが、地球質量程度の惑星でも地上から観測可能となる。マイクロレンズによる惑星検出は、アメリカのボフダン・パチンスキ（B. Paczyński）らによって提案された。

この方法の長所は1回の観測で惑星を検出できるということだが、追試がほぼ不可能という難点もある。そのため、世界的な観測ネットワークが構築されている。日本のMOA（Microlensing Observations in Astrophysics）チームはそのネットワークの中心的な存在になっている。

マイクロレンズサーベイでは銀河系円盤半径のオーダーの距離の恒星の惑星が検出されやすいが、その場合、増光が増幅される位置

関係は1〜3au程度の惑星軌道半径に対応し、そのような軌道半径の惑星が選択的に検出され、他の方法とは相補的になる。

また、この方法では、たまたま後方の恒星の前を通り過ぎることが必要なので、存在確率が高い恒星の惑星ほど検出確率が高くなる。銀河系の恒星の大部分が低質量のM型矮星なので、M型矮星の惑星がもっとも発見されやすくなる。2012年春までにこの方法で発見された14個の惑星系の中心星の多くはM型矮星で、一部がK型矮星である。

この方法では、中心星に束縛されていない浮遊惑星も観測可能であり、銀河系には非常に多数の浮遊惑星が存在することを示す観測結果が出ている（MOAチームによる発見）。

2-5 直接撮像法

惑星自身の光を中心星から分離して、直接検出するのが直接撮像法（direct imaging method）である。中心星と惑星の光度差は非常に大きいことが、長年この方法での惑星検出を困難なものにしてきた。太陽と木星の場合、可視領域では10億倍、赤外領域でも1万倍の光度差がある。

しかし、大気ゆらぎの補正を行う補償光学（アダプティブ・オプティックス）技術の進歩により、中心星光をシャープにとらえて、惑星光を分離できるようになり、さらに中心星の部分だけを隠すコロナグラフ（すばる望遠鏡ではHiCIAOがある）が進歩してきたことにより、2008年ごろから、この方法での惑星発見が報告されるようになってきた。

直接撮像は中心星から離れた惑星のほうが有利なことはその方法から明らかであるが、標準的なコア集積モデルでは説明が難しい、数十au以遠の巨大ガス惑星がいくつも発見されて、新たな謎をなげかけている。

3. 系外惑星の特徴

以下に、2012年までに観測された系外惑星の分布の特徴についてまとめておく。

第10章 太陽系外惑星

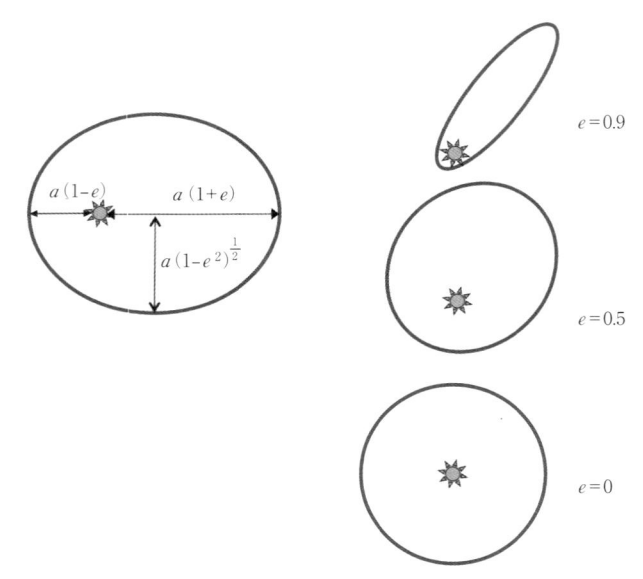

図10-4 軌道長半径aと軌道離心率e。

3-1 軌道長半径、軌道離心率

　系外惑星の軌道分布を説明するために、まずは軌道長半径（semimajor axis）と軌道離心率（eccentricity）を説明しておく。ケプラー軌道は一般に楕円軌道である。楕円の長い方の軸の長さの半分を軌道長半径と呼び、通常aで表す。楕円の程度を表すために、短半径を$a(1-e^2)^{\frac{1}{2}}$と表して、軌道離心率eを定義する。$e=0$が円軌道を表し、eが大きくなるほど軌道は歪んで、$e=1$は放物線を表す。また、楕円軌道は偏心していて、近点距離は$a(1-e)$、遠点距離は$a(1+e)$となる（図10-4）。

3-2 惑星質量分布

　ドップラーシフト法では質量Mが大きな惑星ほど検出しやすい

3. 系外惑星の特徴

はずなのだが、質量が小さい惑星が多数発見されている（$\frac{dN}{dM} \propto M^{-\alpha}$とすると、$\alpha > 1$）。無バイアスサンプルを使った存在確率の推定もされており、観測しやすい周期50日以内の惑星に関していえば、太陽型恒星が木星質量（地球質量の318倍）以上の惑星をもつ確率がせいぜい数％なのに対して、地球質量の10～30倍程度のネプチューン（Neptune）または地球質量の2～10倍の惑星スーパーアース（ただし、これらは厳密な定義ではない）をもつ確率は20～50％もしくはそれ以上と推定されている。スーパーアースは観測限界ぎりぎりのため不定性が大きいが、ネプチューンよりも存在確率が高いことは確かである。

ケプラー宇宙望遠鏡はトランジット法を使っているので、質量ではなく、惑星サイズを測ることになるが、これまでに検出できた惑星候補の80％くらいは海王星サイズ以下である。

3-3 軌道長半径

ドップラーシフト法では、2012年現在、木星質量以上の惑星ならば数au以内のものは発見可能な精度になっており、巨大ガス惑星の軌道長半径分布を議論できる状況にある。一方、トランジット法では軌道長半径に関する観測バイアスが強く（本章2-3節参照）、観測軌道長半径分布の議論にはあまり向かない。

太陽系では巨大ガス惑星の木星、土星は5.2au、9.6auという外側領域に存在するのに対して、ドップラーシフト法で発見された巨大ガス惑星は0.02auという中心星のごく近傍から（10年程度の観測データで検出可能な）5au程度まで広く分布している。標準モデルにしたがえば、固体材料物質が少ない1au以内での巨大ガス惑星のその場形成は難しいが、1au以内に広く巨大ガス惑星が分布する観測事実は、形成後に巨大ガス惑星が内側に移動したか、コアが内側に移動した後にガスを集積して成長したことを示唆する。

中心星の近傍で軌道周期が1週間以内（厳密な定義ではないことに注意）というような巨大ガス惑星はホット・ジュピターと呼ばれ、初めて発見された系外惑星のペガスス座51番星の惑星は、その1つである。ホット・ジュピターはドップラーシフト法で観測しやすいため、当初、多数発見され、周期3日あたりに系外巨大ガス

第10章　太陽系外惑星

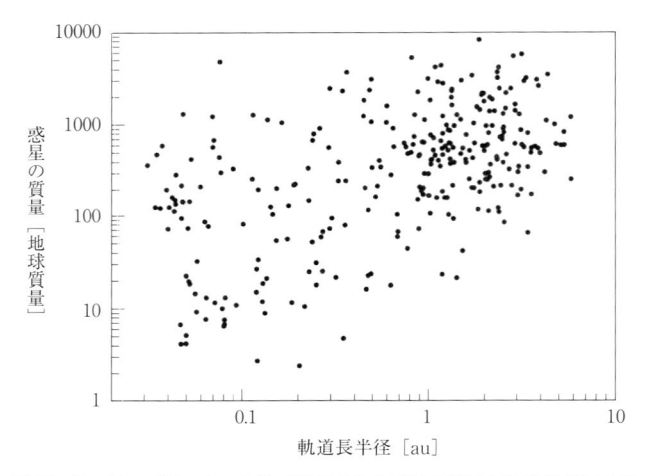

図10-5　ドップラーシフト法で発見された惑星の質量と軌道長半径の分布。（データは http://exoplanets.org/ による）

惑星の分布が集中していることがわかった。

　しかし、その後、観測が進むと、確かにそのあたりの存在確率は高いが、その場所にだけ極端に集中しているわけではなく、その外側にもほぼ一様に分布していることが明らかになってきた。現在では、観測データの蓄積により、逆に1au以遠で巨大ガス惑星の存在確率が有意に高くなっていることがわかってきた（図10-5）。

　巨大ガス惑星よりも低質量の惑星、たとえばスーパーアースも多数発見されるようになってきたが、これらはドップラーシフト法やトランジット法の観測精度の問題で、1auよりずっと内側でしか検出できない。スーパーアースの軌道長半径依存性は、まだよくわかっていない。

　だが、そのような内側領域でのスーパーアースの"その場形成"は固体物質が少なくて難しいので、もっと遠方で形成したあとに移動したか、材料物質が内側に移動した後に集積したのではないかと考えられている。また、巨大ガス惑星は、内側領域では周期3日

3. 系外惑星の特徴

(0.04au) 程度に分布のピークがあるが、スーパーアースは周期10日あたりに緩やかなピークがあるように見える。その違いも形成プロセスの違いを反映しているのではないかといわれている。

3-4 軌道離心率

軌道離心率eについては本章3-1節で説明したが、太陽系では質量が大きな惑星ほど軌道が円に近い傾向があり、木星、土星のeの値は0.05程度である。それに対して、系外巨大惑星ではeが大きなエキセントリック・ジュピターがかなりの割合を占めており、惑星質量が大きいほうがeが大きいという太陽系とは逆の傾向がある（図10-6）。なぜeが大きいものが多数存在するのかのアイディアについては本章4-3節を参照されたい。

一方、eの軌道長半径方向の分布を見ると、$a \sim 1$au付近で高い値をとっている。aが小さいところではeが大きくなると近点距離$a(1-e)$が小さくなる。たとえば近点距離が0.05au以下になると、

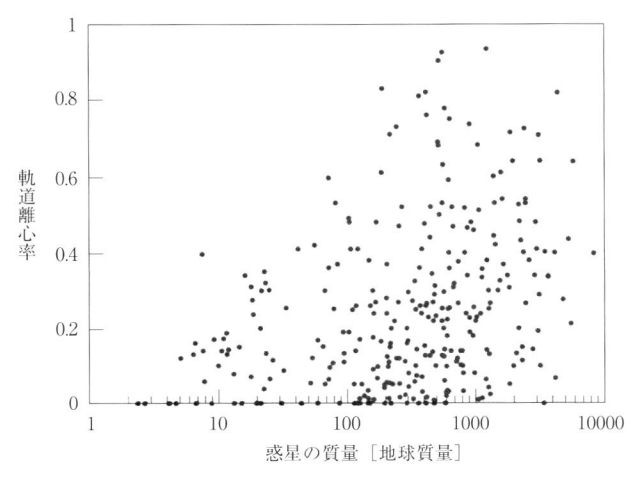

図10-6 ドップラーシフト法で発見された惑星の質量と軌道離心率の分布。（データはhttp://exoplanets.org/による）

387

第10章　太陽系外惑星

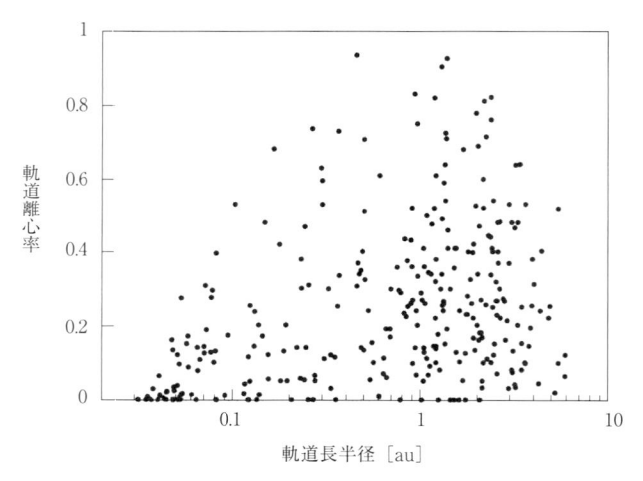

図10-7　ドップラーシフト法で発見された惑星の軌道離心率と軌道長半径の分布。（データはhttp://exoplanets.org/による）

中心星の潮汐力による惑星の変形でエネルギー散逸が効果的になり、近点をほぼ保存したまま軌道が円軌道化するので、eが大きいものは存在できない。この効果で図10-7の左上のデータがないことは説明できる。

3-5　軌道面傾斜角

ある基準面からの惑星軌道面の傾きを軌道面傾斜角（inclination）と呼ぶ。太陽系では地球軌道面や惑星の全軌道角運動量の垂直面を基準にして測ることが多い。惑星は原始惑星系円盤から生まれ、原始惑星系円盤は中心星と同じ向きに回っているはずなので、惑星の公転面と中心星の赤道面はほぼ一致し、惑星公転と中心星自転の方向も同じはずというのが常識だった。

系外惑星では、ドップラーシフト法とトランジット法の両方で観測できる場合に限り、惑星軌道面と中心星の赤道面（自転軸に垂直な面）の傾きを測定できる。これによりわかったことは、逆行して

3. 系外惑星の特徴

いるものや惑星公転面と中心星赤道面が直交しているものなどが多数あるということで、太陽系の常識はそのまま通用しないようだ。

3-6 中心星の依存性

　中心星の金属の組成比率が高いほど、巨大惑星の存在確率が高いという相関関係があることが観測的に知られている。太陽より金属組成比率が数倍高い恒星では巨大惑星の存在確率は10倍近くになるという報告もある。この観測事実は標準的なコア集積モデルによる巨大ガス惑星の形成を支持している。なぜならこのモデルでは、地球質量の5〜10倍以上というような固体コアの形成が必須であり（本章4-2節参照）、中心星と円盤は同じような組成なので、中心星の金属の組成比率が高いほど円盤の固体成分量は大きく、大きなコアが形成されるからである。

　惑星系の中心星のスペクトル型に対する依存性も指摘されている。M型星のまわりでは、巨大ガス惑星の存在確率は太陽型星にくらべてかなり低くなる。これは低質量のM型星では円盤質量も小さく、固体成分量が小さいからだと考えられている。

　一方で、太陽型星より数倍程度重い中質量のA型星、B型星では、巨大ガス惑星の存在確率は高めで、質量も大きい。これは円盤質量が大きいからだと考えられている。また、1au以内にほとんど巨大ガス惑星が存在しないという、太陽型星とは大きく異なる結果も示され、議論になっている。注意してほしいのは、A型星、B型星の主系列段階でのドップラーシフト法での観測は難しいので、これらの結果は、巨星に進化した段階での観測結果だということである（そのような巨星の惑星サーベイを初めて行ったのは、佐藤文衛らである）。

　銀河系には連星が多いが、連星のまわりにも多数の惑星が発見されている。ほとんどは、100auなど広く離れた連星の一方のまわりを回る惑星だが、近接連星の外側を回る惑星も発見されている。前者は統計的議論ができるだけの数は発見されているが、現在のところ、単独星のまわりの惑星分布と有意に異なる分布は確認されていない。連星でも普通に惑星系は形成されるのである。

第10章 太陽系外惑星

3-7 内部構造

先にも述べたが、ドップラーシフト法では質量がわかり、トランジット法では断面積がわかるので、両方で観測できれば、惑星の密度が推定できる。惑星をつくる成分の代表的なものには、鉄、岩

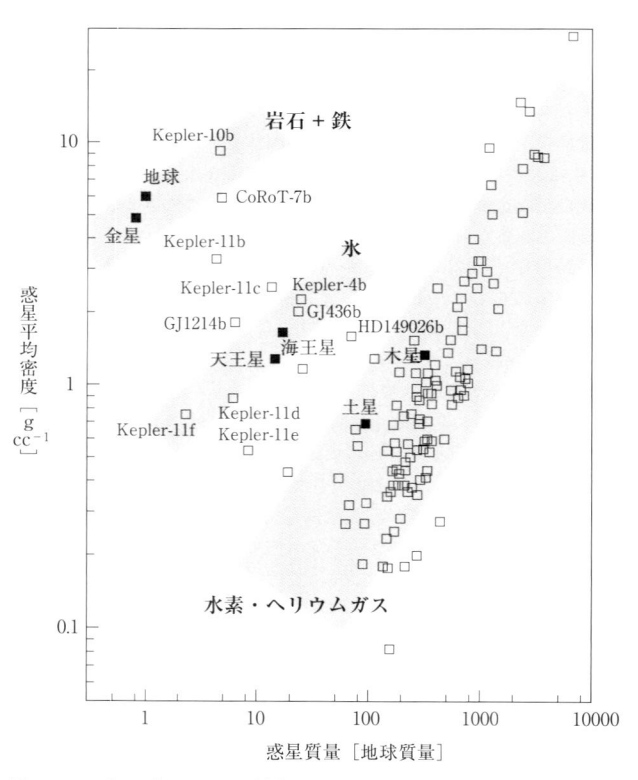

図10-8 ドップラーシフト法とトランジット法の両方で観測が成功した惑星の質量と密度（データはhttp://exoplanet.eu/）。それぞれの帯は岩石＋鉄だけ、氷だけ、水素・ヘリウムガスだけだった場合の惑星の存在範囲を示す。

石、氷、水素・ヘリウムガスの4つがあり、この順で密度が低くなり、凝縮温度も低くなる。これらの性質を使って、密度から惑星の組成を推定することが、ある程度可能となる。

図10-8の惑星質量と密度の分布を見ると、系外惑星は、太陽系惑星と同様に、3つのグループに分類できる。地球質量の100倍以上の惑星は水素・ヘリウムガスを主成分とした巨大惑星で、それ以下の質量のものは、氷を主成分とした中密度で中型の氷惑星、そして高密度の岩石・鉄を主成分とした小型岩石惑星（地球型惑星）である。ただし、それぞれのグループにはっきり分かれるわけではなく、大きなばらつきがあることに注意が必要となる。

たとえば、巨大惑星のグループのなかでも、佐藤らが発見したHD 149026bは質量が土星程度もあるのに密度が異常に高く、主成分が固体であることが示唆される。一方で、密度が異常に低いものもある。

このグラフの低質量惑星はトランジット法で検出された惑星なので、一般に中心星に近く温度は高いはずだが、氷を主成分にしていると推定される惑星も多数発見されている。ただし、岩石惑星で厚い水素・ヘリウム大気をもっている場合も（太陽系ではそのような惑星は存在しないが）、おなじような密度になるので、注意が必要である。仮に氷が主成分の場合は、融けて数千kmもの深さの海洋を形成している可能性もある。

このように、系外惑星は、軌道ばかりでなく、組成にも大きな多様性が存在する。

4. 形成モデル

4-1 原始惑星系円盤

概要でも述べたが、原始星のまわりに形成される原始惑星系円盤（protoplanetary disk）から惑星系は形成される。分子雲コアが収縮して星ができる際に、円盤が形成されると考えられているが、形成される円盤の性質が理論的に明らかになるまでにはいたっていない。

一方、1980年代後半から、さまざまな波長で原始惑星系円盤は観測され、その性質がかなり明らかになってきた。Hαの輝線が観

第10章　太陽系外惑星

測されることから、円盤から中心星表面に連続的にガスが落ち込んでおり、その落下率は年間10^{-9}〜$10^{-7}M_\odot$と推定されている。

ガスは円盤の外側から内側へと流れ、最後に中心星に落ち込んでいる。その内側への流れは粘性拡散によって引き起こされ、分子粘性は非常に小さいので、乱流粘性による拡散だと考えられている。乱流の原因としてもっとも有力なものは磁気回転不安定（MRI）である。

円盤の質量は、電波観測から10^{-3}〜$10^{-1}M_\odot$程度と見積もられている。円盤に浮いているダストは乱流に伴うエネルギー散逸や中心星光によって加熱されて、その温度に応じて赤外線や電波を放射する。電波は、温度が低く、光学的に薄い円盤外側領域から出ているので、電波強度からダスト量を見積もることができる。円盤組成は中心星組成と同じだと仮定することによって、ダスト量から水素・ヘリウムガスの総量、つまり円盤質量を見積もることができる。ただし、この見積もりは、ダストの光学的特性に左右されるため、不定性が大きい。

円盤の寿命は、年齢の異なる星生成領域における若い星のまわりでの円盤の検出確率から、数百万年程度と見積もられている。円盤の典型的質量の$10^{-2}M_\odot$を、粘性拡散による典型的落下率である$10^{-8}M_\odot$/年で割れば、100万年になるので、これらの観測値は、つじつまはあっている。円盤ガス質量がかなり下がった後では、粘性拡散だけではなく、中心星や他の恒星からの紫外線による光蒸発も円盤ガス散逸に寄与する可能性が指摘されている。

円盤のサイズに関しては、10〜100 au程度と見積もられているが、ALMA以前の電波望遠鏡の分解能では円盤の空間的分解が難しい。この典型的サイズの半径で円盤が途切れているのではなく、その外側にも密度が低い外縁部がかなり遠方までひろがっていることが予想される。

惑星形成の初期条件として重要なのは、面密度（円盤の垂直方向に積分した密度）と温度の半径依存性であるが、その依存性を観測で直接決定することについてはALMAの本格的な観測を待たなければならない。理論的にはいくつものモデルが提案され、観測のSED（放射エネルギーの波長分布）を使って、面密度や温度分布が

4. 形成モデル

推定されているが、不定性がかなり大きい。

そのため、惑星形成モデルでは、現在の太陽系の惑星分布から復元した円盤モデルを使って、スケーリングすることが多い。この復元円盤モデルでは、現在の太陽系の地球型惑星（岩石、鉄）の観測質量と巨大ガス惑星内部の固体（氷、岩石、鉄）質量の推定量から連続的な面密度分布を推定し、そこに、もともとあった水素・ヘリウムのガス量を太陽の元素組成を参考にして付加する。現在の太陽系を作るのに必要最小限の量の円盤なので、太陽系最小質量モデルと呼ばれることも多いが、林忠四郎により提示されたので、林モデルと呼ばれることも多い。このモデルのガス面密度を太陽系の惑星が分布している数十auで積分すると、$10^{-2}M_\odot$となり、電波観測から推定されている円盤質量の典型的な値に一致する。しかしながら、観測からは$10^{-3}\sim 10^{-1}M_\odot$程度のばらつきがあるので、面密度にも2桁程度の分散があってもおかしくない。

4-2 コア集積モデル

太陽系形成の標準モデルは、1960年代から80年代にソ連のサフロノフ・モデルや、京都大学の林忠四郎や中澤清らによって提案された京都モデルなど、低質量円盤で微惑星から惑星ができたとするモデルを指す。京都モデルでは、木星や土星のような巨大ガス惑星は、微惑星が集まってできた固体コアに、円盤ガスが後から付け加わったと考える。これをコア集積モデル（core accretion model）と呼ぶ。コア集積は微惑星仮説を前提としているため、コア集積モデルは微惑星仮説による標準モデルを指す場合もある。

標準モデルによる太陽系形成の流れは以下のようになる（図10-9）。
1) 質量が$0.01M_\odot$程度の原始惑星系円盤が形成される。
2) 円盤内で凝縮したμm以下のサイズのダストが円盤赤道面に沈殿し、ダストが集まって微惑星が形成される。
3) 微惑星が衝突合体によって成長していく。
4) 数au以内では岩石・鉄ダストのみが凝縮するので、岩石でできた地球型惑星が形成される。
5) 中心星から離れるほど惑星の重力が相対的に強くなり、さらに

第10章 太陽系外惑星

低質量円盤の形成

微惑星の形成

微惑星から
固体惑星が集積

固体コアにガス流入
木星、土星形成

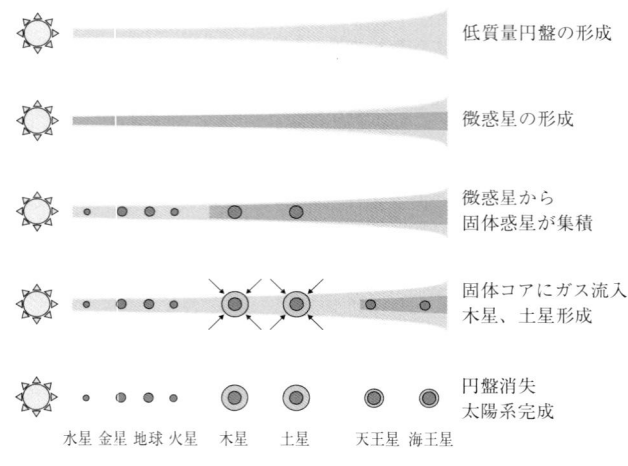

円盤消失
太陽系完成

水星 金星 地球 火星　木星　土星　　天王星 海王星

図10-9 太陽系形成の標準モデルの模式図。実際は円盤内で惑星形成が続くのだが、円盤の断面を切って、その断面に半径方向に投影した略図。

数au以遠では氷ダストが凝縮するので、集積する固体惑星質量が地球質量の5～10倍程度に達する。そうなると、惑星重力によって大気が準静的にコアに落ち込み始め、円盤ガスが残っていれば、そのガスが惑星に暴走的に流入し、木星、土星という巨大ガス惑星が形成される。
6) 原始惑星系円盤ガスが消失する。
7) 中心星から離れるほど微惑星の集積は遅くなるので、天王星、海王星が集積したころには、円盤が消失していて、ガス流入はなく、氷惑星として残る。

　4)～7)の説明からわかるように、太陽系では内側から、小型岩石惑星（地球型惑星）、巨大ガス惑星（木星型惑星）、中型氷惑星（海王星型惑星）の順に並ぶことが必然であることがわかる。また、5)のように、円運動をしている円盤ガスを集積して形成されるので、ガス惑星の軌道がほぼ円軌道（$e \ll 1$）になっていること

4. 形成モデル

も説明できる。

　ところが、系外惑星系では、太陽系のような惑星の軌道配置にはなっていないものが多い。系外惑星の観測をうけて、標準モデルは拡張され、上記のプロセスに加えて、円盤との重力相互作用による惑星の移動（本章4-4節参照）や惑星形成後の軌道不安定（本章4-5節参照）などが付け加わり、初期円盤質量も電波観測の結果を受けて〜$0.01M_\odot$には限っていない。そのことにより、系外惑星系の多様性がコア集積モデルで説明可能になってきた。反面、惑星軌道移動を入れたことで、太陽系の再現がうまくいかなくなったという難点もある。

4-3 円盤不安定モデル

　中心星と同程度の重い円盤が自己重力で分裂して巨大ガス惑星が形成されるという、円盤不安定モデル（disk instability model）は、1960年代にアメリカのキャメロンらによって提案されたのだが、地球型惑星や天王星、海王星といった氷惑星の説明に不都合があり、いったんは消えた。だが、太陽系とは大きく異なる系外惑星系が多数発見され、円盤不安定モデルに注目が寄せられている。

　これまでの数値計算結果が示すことは、中心星から数十au以上離れた円盤の外側領域では、自己重力によって円盤の分裂がおこり得るということである。もし、分裂塊が惑星サイズまで収縮し、内側に移動して生き残れば、このモデルでの巨大ガス惑星形成は可能である。

　さらに直接撮像により、中心星から数十au以上離れた場所で巨大ガス惑星が発見されており、コア集積モデルでは、そのような遠方ではコア集積に時間がかかり過ぎて巨大ガス惑星の形成が難しいのに対して、円盤不安定モデルでは容易に作れることも円盤不安定モデルが正しいことを後押ししている。しかしながら、コア集積モデルでも遠方巨大ガス惑星の形成プロセスはいくつか提案されており、観測されている中心星の重元素組成比と巨大ガス惑星の存在確率の明確な相関関係は、コア集積モデルに非常に有利であり、当分は議論が続くと考えられる。

第10章　太陽系外惑星

4-4　ホット・ジュピター

　本章4-2節で説明したように、コア集積モデルのもとでは、巨大ガス惑星は数au以遠の中心星から離れたところでできやすい。ホット・ジュピターの起源でもっとも有力なモデルは、そのように中心星から離れた場所で形成された巨大ガス惑星が、本章4-1節で説明した、円盤ガスの中心星への降着にひきずられて、中心星の近くまで移動するというものである。

　コア集積モデルでは、円盤ガスがコアに流れこんで巨大ガス惑星が形成されるのだが、惑星が木星質量以上に成長すると、その重力で惑星軌道近傍の円盤ガスがはね飛ばされてギャップが開く（図10-10）。その反作用で、惑星はギャップの縁から遠ざけられるので、結果として惑星軌道はギャップの中に固定されて、円盤との相対運動はとまる。しかし、円盤自身は乱流粘性によって中心星へゆっくりと流れていくので、惑星は一緒に中心星方向に移動すること

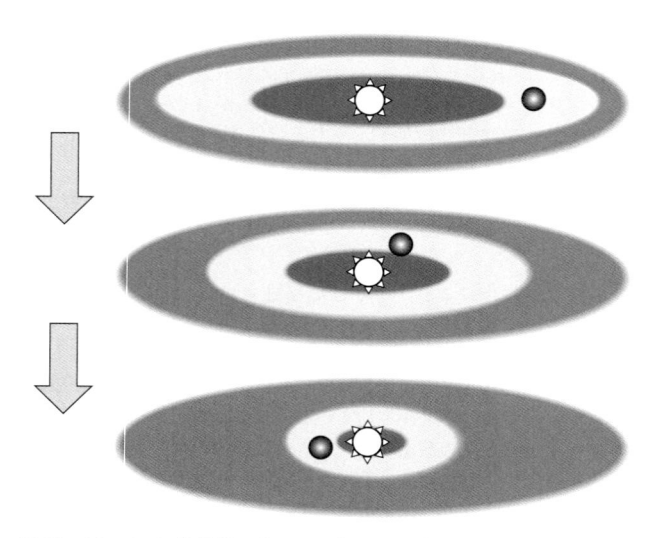

図10-10　タイプ2移動によるホット・ジュピターの形成モデルの模式図。

4. 形成モデル

になる。このような移動をタイプ2移動（type II migration）と呼ぶ。

円盤内縁まで達すると円盤ガスは熱電離して、中心星磁場にそって中心星に流れ込むが、惑星はホット・ジュピターとして取り残される。この移動プロセスは、アメリカのダグラス・リン（D. N. C. Lin）とイギリスのジョン・パパロイゾウ（J. C. B. Papaloizou）によって1980年代に指摘されていたが、ペガスス座51番星のホット・ジュピターの発見によって、一躍、注目されることになった。

惑星軌道の移動にはタイプ1移動（type I migration）もある。これは円盤にギャップを開けない地球質量程度の惑星が円盤と重力相互作用して、円盤の中を急速に半径方向に移動するというもので、1980年代にアメリカのピーター・ゴールドライヒ（P. Goldreich）、スコット・トリメイン（S. Tremaine）、ウイリアム・ワード（W. R. Ward）らによって提案された。この軌道移動があると、数au以遠で形成されたコアが内側に移動し、内側領域でコアの質量が5〜10地球質量を超えて巨大ガス惑星になることができる。

このプロセスでは、推定された移動があまりに速くて、地球が生き残っていられないという問題があった。系外惑星発見後、このプロセスは大変注目されて詳細な解析が続いているが、2012年現在、移動の速さも向き（内側か外側か）も理論的には決まらない、混沌とした状況になっている。

ホット・ジュピターの形成プロセスとしては、次に述べる巨大ガス惑星同士の重力散乱によるものもあると考えられている。軌道離心率が大きなホット・ジュピターや中心星の自転と反対向きに公転しているホット・ジュピターが発見されるようになってきたが、タイプ2移動によるモデルではホット・ジュピターは円軌道からあまりずれないと考えられ、ましてや逆行にはならない。重力散乱ではそういうホット・ジュピターも可能である。

太陽系の木星や土星は遠方に位置しており、本章3-3節で示したように、系外の巨大ガス惑星も1au以遠に存在しているものが多い。これらの巨大ガス惑星はタイプ2移動をあまり受けていないようである。これらは円盤が消えるタイミングで形成されたとすれ

第10章　太陽系外惑星

ば、あまり移動していなくてもつじつまは合う。だが、なぜそのタイミングで形成されたのかについては、初期円盤質量によるというのが1つの可能性であるが、いまのところわかっていない。

4-5　エキセントリック・ジュピター

コア集積モデルのもとでは、巨大ガス惑星は円に近い軌道で形成されるのが自然である。しかし、楕円軌道を回るエキセントリック・ジュピターが多数観測されている。コア集積モデルにしたがうならば、形成後に何らかの原因で軌道が楕円化したと考えなければならない。

原因としては、原始惑星系円盤、連星系の伴星、近傍を通過する他の恒星、他の惑星などの重力の影響が考えられる。図10-6、10-7によると、軌道離心率が0.5を超えるようなものも多数存在しており、原始惑星系円盤や恒星遭遇ではそこまで上げることは難しい。連星系の伴星の影響は重要であるが、エキセントリック・ジュピターの大部分は単独星のまわりで発見されていて、それらは他の惑星からの重力が原因と考えられる。ただし、それだけ軌道離心率を上げるためには、摂動源の惑星は、観測されているエキセントリック・ジュピターと同程度の質量のものである必要がある（図10-11）。

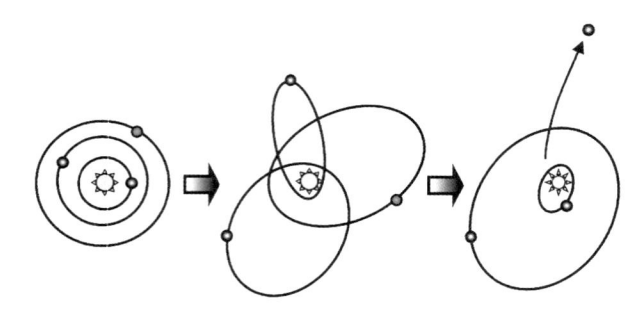

図10-11　重力散乱によるエキセントリック・ジュピターの形成モデルの模式図。

4. 形成モデル

　太陽系惑星の軌道は安定で、太陽系形成以来円に近い軌道を保っている。太陽系の巨大ガス惑星は、木星と土星の2つであるが、巨大ガス惑星が3個以上になると状況が変わる。惑星が2個の場合は、軌道間隔がある限界値以下だと軌道が不安定化して軌道離心率が上がって軌道交差をするようになるが、その限界値以上の軌道間隔だと離心率は小さな幅で振動するだけである。ところが、巨大ガス惑星が3個以上だと、軌道間隔がどれだけ大きくても有限の時間で軌道不安定が起こることが知られている。つまり、惑星が形成される時間スケールでは軌道は安定だが、形成後に軌道不安定を起こすことがある。

　また、ガス円盤が残っている状況だと、巨大ガス惑星の軌道が移動することで、限界値以下になって軌道不安定を起こすという可能性もある。

　軌道不安定が起こると、近接散乱が起こるようになる。巨大ガス惑星の重力は強いので、近接散乱が起こると、ある惑星が惑星系外にとばされ、残されたものが反作用で、大きく歪んだ楕円軌道で系内に残ることになる。巨大ガス惑星が3つの場合は、残された2つの惑星は一般に大きく離れ、それらはもはや軌道交差をせずに安定な楕円軌道の惑星として残る。この場合、外側に残る惑星の軌道長半径はかなり大きくなり、ドップラーシフト法で検出できるのはいちばん内側のものだけという場合が多くなる。

　巨大ガス惑星の近接散乱が続いて、軌道離心率eが1近くまで跳ね上げられている状態では、近点距離$a(1-e)$が0.05au以下というような非常に小さい値をとる場合がある。その場合、中心星による潮汐力で惑星の変形がおこり、近点距離をほぼ保存したまま軌道が円軌道化するので、ホット・ジュピターが形成される。円軌道化が不十分なうちに円盤ガスが消えてしまえば、多少軌道離心率を残したホット・ジュピターが残るはずで、実際にそのようなホット・ジュピターが発見されている。

　また、軌道角運動量は$[a(1-e^2)]^{\frac{1}{2}}$に比例しているので、$e \sim 1$に跳ね上げられている場合、その惑星の軌道角運動量はきわめて小さくなっており、わずかな摂動で軌道角運動量の符号が変わって、逆行になる。逆行になったまま潮汐力で円軌道化すれば、逆行のホ

第10章　太陽系外惑星

ット・ジュピターが形成される。逆行ホット・ジュピターの存在は長沢真樹子らによって理論的に予測され、すぐに成田憲保らの観測によって実際に発見された。この発見によって、重力散乱によるホット・ジュピターの形成が一躍注目されることになった。

4-6　スーパーアース

　ドップラーシフト法でもトランジット法でも、これまでに発見されているスーパーアースは、軌道長半径が1auよりずっと内側のものばかりなので、まだ全貌が見えない。重力マイクロレンズ法では1～3auのスーパーアースが見つかっているが、まだ数も少ない。

　しかしながら、中心星近傍では微惑星の総量が限られている一方で、短周期のスーパーアースの存在確率が非常に高いことは、タイプI移動がその形成に重要な役割を果たしていることに間違いはないであろう。図10-6からわかるように、スーパーアースの軌道離心率は低い傾向にあること、周期が10日あたりに存在確率のピークがあること、地球質量の10倍程度の質量をもっているものであっても巨大ガス惑星になっていないことなどは、その形成モデルを考える上で重要な制約になる。一方、太陽系をはじめとして、短周期スーパーアースをもたない系もあるということは重要である。スーパーアースの形成モデルに関しては、今後の観測データを待たなければならない。

　系外惑星の観測は急発展していて、地球質量クラスのアース（Earth）、さらにはハビタブル・ゾーンにあって、生命を宿しているかもしれない惑星の観測にも、手が届きそうになっている。これらの惑星の形成モデルの確立もこれからである。系外惑星研究の進展には、当分、目が離せない状況が続くと考えられる。

第11章
ブラックホール

第11章 ブラックホール

1. 概要

　大量の物質をきわめて小さな領域に押し込めた極限状態がブラックホール（black hole）である。天体の重力は、質量が大きいほど、そしてサイズが小さいほど強くなるため、ブラックホールの重力はきわめて強い。ブラックホールに一度吸い込まれてしまった物質は、二度と脱出することができない。宇宙最高速度の光でさえも例外ではなく、ブラックホールは光を一切放出しない暗黒の天体である（図11-1）。

　アルベルト・アインシュタイン（A. Einstein）が1915年に提唱した一般相対性理論（general theory of relativity）によると、ブラックホールは極限的に時空（時間と空間）の歪んだ領域として理解される。その時空の歪みがつくり出す強重力場によって周囲では激しい現象が起こる。ブラックホール自体は暗黒であるが、高エネルギー光子が放射されジェットが噴出すると考えられている。ブラックホール天体は宇宙でもっとも活動的な天体といえる。

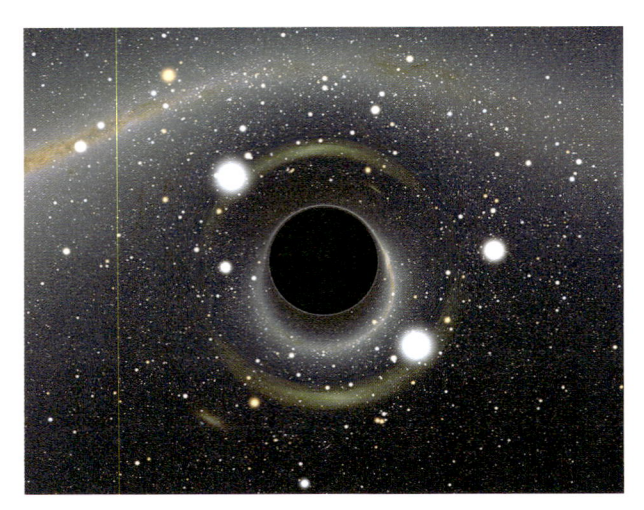

図11-1　宇宙に浮かぶブラックホールの想像図。（http://en.wikipedia.org/wiki/Black_hole より転載）

2. ブラックホール時空

　ブラックホールの理論的予言から約50年を経た1970年、高エネルギー放射を行う天体、はくちょう座X-1（Cygnus X-1）の正体がおよそブラックホールに間違いないと考えられるようになったのを皮切りに、現在では多数のブラックホール候補天体が見つかっている。

　太陽の10倍程度の質量をもつブラックホールは、対となる恒星の大気をはぎ取り吸い込んでいる。銀河の中心には太陽の数百万から数十億倍もの質量をもつ巨大ブラックホールが潜んでいる。ブラックホールの存在はおよそ間違いないと考えられているが、より直接的な証拠を探す計画も進んでいる。

2. ブラックホール時空

　一般相対性理論では、時間と空間を合わせた時空（spacetime）の歪みとして重力が記述される［なお、重力や非慣性系の効果を含まない相対性理論は特殊相対性理論（special theory of relativity）である］。宇宙の中には多種多様な天体が存在し時空が歪んでいるが、もっとも時空が歪んだ場所がブラックホールである。

　一般相対性理論が発表された直後、ドイツの物理学者カール・シュバルツシルト（K. Schwarzschild）は、この新しい重力理論である一般相対性理論が星の外部の重力場をどのように予測するのかを調べた。一般相対性理論の基本方程式であるアインシュタイン方程式（Einstein's equation）を解かなければならないのだが、この方程式は非線形連立偏微分方程式であるので一般に解くことが難しい。そこでシュバルツシルトは、星の回転や表面および内部でのさまざまな現象を無視した。完全な球形をした星を仮定し、さらに星の質量は球の中心の一点に集中しており、その外側は真空であるような状況下でアインシュタイン方程式を解くことに成功した。これはアインシュタイン方程式を解いた初めての成功例であった。このとき得られた解はシュバルツシルト解（Schwarzschild solution）と呼ばれ、この解が記述する時空をシュバルツシルト時空（Schwarzschild spacetime）と呼ぶ。シュバルツシルト解はブラックホールの時空構造をもつ解であった。

　シュバルツシルト解によると、星に近い場所ほど空間が歪み、は

第11章　ブラックホール

るか遠方で平坦になる。空間の歪みが重力に対応するので、重力が距離とともに弱まることになる。また、空間だけでなく時間も歪んでいる。星の中心から距離rの位置にいる人の時間Δt_*と十分遠くにいる人の時間Δt_∞には、

$$\Delta t_\infty = \frac{1}{\sqrt{1-\frac{R_S}{r}}}\Delta t_* \tag{11-1}$$

という関係がある。ここで、R_Sはシュバルツシルト半径（Schwarzschild radius）と呼ばれ、星の質量M、万有引力定数G、および光速度cを用いて

$$R_S = \frac{2GM}{c^2} \tag{11-2}$$

と与えられる。星の質量が太陽と同じ場合（1.989×10^{30}kg）、シュバルツシルト半径R_Sは約2.95kmとなる。

式（11-1）によると、重力源である天体の近くにいる人の時間は、重力が働いていないはるか遠方にいる人の時間よりもゆっくりと進むことがわかる。たとえば、シュバルツシルト半径の2倍の位置にいる人（つまり、$r=2R_S$）の時間Δt_*と無限に遠い位置にいる人の時間Δt_∞の間には$\Delta t_\infty \cong 1.41\Delta t_*$という関係がなりたつ。シュバルツシルト半径の2倍の位置にいる人の時間が100秒経過したときに、遠方にいる人の時間は141秒経過したことになる。つまり、シュバルツシルト半径の2倍の位置にいる人の時間の進み方は、遠方にいる人の時間の進み方よりも遅くなる。さらに、ちょうどシュバルツシルト半径の位置にいる人（$r=R_S$）の時間の進み方は、無限の遠方にいる人の時間と比べて無限に遅くなる。つまり時間が全く経過しないように見える。

この時間の歪みの効果によって、光の振動数と波長も影響を受ける。光の振動数は単位時間当たりの振動の回数であるから、重力場中で時間の進み方が遅れると振動数は小さくなる。一方、光の波長は光の速度を振動数で割ったものであるから、重力場中での光の波長は長くなる。重力場中の光の波長が長くなるこの現象を重力赤方偏移（gravitational redshift）と呼ぶ。

位置rから出た光の振動数をν_*、波長をλ_*とし、この光が無限の

2. ブラックホール時空

遠方まで届いたときの振動数をν_∞、波長をλ_∞とすると、

$$\nu_\infty = \sqrt{1-\frac{R_S}{r}}\nu_*、\lambda_\infty = \frac{1}{\sqrt{1-\frac{R_S}{r}}}\lambda_* \qquad (11-3)$$

という関係になる。光が出た位置rがシュバルツシルト半径に近いほど、遠方に到達した光の振動数は小さくなり、波長は長くなる。そして、シュバルツシルト半径の位置$r = R_S$になると、遠方での振動数はゼロ、波長は無限大となる。光のエネルギーは振動数に比例（波長には反比例）するので、シュバルツシルト半径の位置から発せられた光はエネルギーを完全に失い、見ることができなくなる。これは、外からブラックホールを見ると光を出さない黒い球のように見えることを意味する。

シュバルツシルト半径から光が外向きに発せられたとしても、その光はシュバルツシルト半径の外に出ることができない。このため、半径がシュバルツシルト半径である球面の内部領域は、光を含めて一切の情報を外部に発することのできない領域になる。この球面を事象の地平面（事象ホライズン、event horizon）といい、この内部がブラックホールである。

シュバルツシルト解で記述されるブラックホールはシュバルツシルト・ブラックホール（Schwarzschild black hole）と呼ばれる。あたかも無限小の領域に全質量が詰め込まれた状況を想定することになるが、実質的にはブラックホールは、ある質量をもつ物体がその質量に対応するシュバルツシルト半径の球内に集中していると考える。たとえば、太陽と同質量の物体の場合、半径2.95kmの球内に閉じ込めるとその球面は事象の地平面となり、その内部がブラックホールとなる。このような激しい圧縮が実現する天体現象の一例が超新星爆発である。

球状で自転していないブラックホールであるシュバルツシルト・ブラックホールに対し、通常の天体と同様に自転しているブラックホールの時空構造を探す試みが数多くの物理学者によって行われた。1963年、ついにロイ・パトリック・カー（R. P. Kerr）によって自転するブラックホールを表す解が見つかった。カーによって発見された時空をカー時空（Kerr spacetime）と呼び、この時空が記

述するブラックホールをカー・ブラックホール（Kerr black hole）と呼ぶ。

カー・ブラックホールの解は、自転の効果を入れたという意味でシュバルツシルト・ブラックホールの解をより一般的にしたものである。ただし、同様に空間が真空であることを仮定して導かれている。現実の宇宙に存在するブラックホールの周囲には、強い重力で引き寄せられたガスや星、電磁場などが存在しており、真空ではない。このことから、宇宙に存在するブラックホールの時空はカー時空からわずかにずれた時空になっていると考えられる。このわずかなずれは摂動と呼ばれる。

カー時空からの摂動の効果を記述する方程式が1972年にサウル・チューコルスキー（S. A. Teukolsky）によって見いだされ、チューコルスキー方程式（Teukolsky equation）と呼ばれる。いかなる摂動に対してもカー・ブラックホールが壊れることなく安定で、宇宙に長期間存在できるかどうかは自明ではなかったが、1973年にウィリアム・プレス（W. H. Press）とチューコルスキーが数値的にチューコルスキー方程式を解き、安定であることを示した。その後、1989年にバーナード・ホイッティング（B. F. Whiting）が解析的な計算によって安定であることを完全に証明した。

重力崩壊によるブラックホール誕生の瞬間やブラックホール同士の合体、ブラックホールと中性子星で構成される連星の合体など、宇宙では時々刻々と時空が変化する激しい現象が起こっていると考えられている。このような時間変動する時空も一般相対性理論の基本方程式であるアインシュタイン方程式の解として計算されるが、時空の対称性などがないので数値的に計算する以外に手段はない。

アインシュタイン方程式を数値的に解く研究分野は数値相対論（numerical relativity）と呼ばれている。1990年代に現在標準的に用いられている計算手法が開発されて以来、2000年代に入ってからも精力的に研究が進められている。

3. ブラックホール天体の分類

現在、ブラックホール候補天体は多数が見つかっているが、それらは大きく2つのグループに分類される。その1つは星質量ブラッ

3. ブラックホール天体の分類

クホール（stellar mass black hole）である。星質量ブラックホールは太陽の約10倍程度の質量をもつ。星質量ブラックホールのサイズ（シュバルツシルト半径）はわずか数十kmである。星と連星を成しており、星のガスを吸い込みつつ高エネルギー放射をおこなっている。星質量ブラックホールは、我々が住む銀河系内に数十個見つかっている。その数は今後も増えると期待され、また、他の銀河にも多数存在すると予想される。星質量ブラックホールは、質量の大きな星がその生涯を終えるとき、超新星爆発と呼ばれる大爆発を起こした際に形成されると考えられている。

星質量ブラックホールの代表例は、はくちょう座にあるX線源、はくちょう座X-1である（図11-2）。1970年ごろ、はくちょう座X-1にはX線を放射する謎の天体が存在することが知られていたが、そのX線強度が激しくかつ非常に短い時間間隔で変動することが発見された。また、この天体は単独で存在するのではなく、巨大な星と連星を成し、互いの周りを回っていることがわかった。光のドップラー効果を測定することで、星の運動の様子がわか

図11-2 はくちょう座X-1の想像図。ブラックホールと星が連星を作っており、ブラックホールの周囲には星から流れ出たガスが作る降着円盤があると考えられている。（ESA）

407

第11章 ブラックホール

り、それを用いてこの天体の質量を計算するとおよそ太陽の10倍程度となる。通常の星のように可視光で輝かずに強力なX線を放射すること、そして太陽の10倍もの質量をもつこと、これらの特徴をあわせもつ天体は星質量ブラックホールをおいて他にはない。隣の星からガスを吸い込みつつ、X線で明るく輝いているのである。ちなみに、はくちょう座X-1のように、星とブラックホールが連星を成すシステムをブラックホール連星（black hole binary）と呼ぶ一方、ブラックホール同士がペアを組むシステムを連星ブラックホール（binary black hole）と呼ぶ。連星ブラックホールが存在する明確な証拠は得られていない。

　星質量ブラックホールよりもはるかに大きな質量をもつブラックホールも存在する。巨大ブラックホール（超大質量ブラックホール、supermassive black hole、SMBH）である。太陽の百万〜数十億倍の質量をもつが、そのサイズは大きくても地球と太陽の距離程度である。巨大なのは質量であり、サイズは非常に小さい。

　巨大ブラックホールの観測の歴史は1930年代にさかのぼる。カール・ジャンスキー（K. Jansky）やグロート・レーバー（G. Reber）は、宇宙から飛来する電波をキャッチしていたが、それらの放射源の中に巨大ブラックホール起源の電波源があるとは気づかなかった。

　強力な電波放射源はクェーサー（quasar、第12章参照）と呼ばれたが、それが盛んに研究されるようになったのは1960年代中ごろ以降のことである。クェーサーの放射スペクトルを調べていたマーテン・シュミット（M. Schmidt）は、クェーサーがはるか数十億光年彼方で輝く天体であることを発見した。この発見は、クェーサーがきわめて明るく輝くコンパクトな天体であることを意味する。当時の天文学では理解不能であったが、1970年代、降着円盤（accretion disk）（本章5節）の理論が提唱されると、クェーサーの正体は巨大ブラックホールとそれを取り巻く降着円盤と理解されるようになった。その後、クェーサーの巨大ブラックホールは銀河の中心に存在することがわかった。クェーサーをはじめ、セイファート銀河（Seyfert galaxy）や電波銀河（radio galaxy）など、巨大ブラックホールが動力源となって明るく輝く銀河中心を活動銀河中

心核（active galactic nucleus、活動銀河核とも呼ばれる）と呼んでいる。

現在では、活動銀河中心核の有無にかかわらず、およそすべての銀河の中心に巨大ブラックホールが存在すると考えられている。巨大ブラックホールはありふれた存在といえる。我々が住む銀河系も例外ではなく、その中心であるいて座の方向に質量が約410万$M_⊙$の巨大ブラックホールが存在することがわかっている。巨大ブラックホールの形成メカニズムは謎に包まれている。

以上のように、ブラックホールは星質量ブラックホールと巨大ブラックホールに大別されるが、その中間の質量（およそ100〜1万$M_⊙$程度）をもつ、中質量ブラックホール（intermediate mass black hole、IMBH）も注目されている。巨大ブラックホールが星質量ブラックホールから成長したものであるならば、その成長過程において必ず中質量ブラックホールのフェーズを経たはずだからである。中質量ブラックホールは巨大ブラックホールの成長プロセスを解明する鍵を握る天体といえる。中質量ブラックホールの候補天体はわずかながら見つかっているが、実際に存在するか否か、明確な結論は出ていない。

さらに、理論的にはミニブラックホールの存在も予言されている。はるかに小さな質量をもつブラックホールであり、宇宙初期に多数形成された可能性がある。また、大型ハドロン衝突型加速器であるLHC（Large Hadron Collider）の実験によって人工的に作り出される可能性も取りざたされている。ただし、仮に存在もしくは形成されたとしても、ミニブラックホールはホーキング放射（本章8節参照）で短時間の内に蒸発し、消えてしまうと考えられている。

4. ブラックホールの形成

星がその生涯を終えるとき、自分自身の重力によって急速に中心部に向かって落下する。これを重力崩壊（gravitational collapse）、もしくは爆縮と呼ぶ。星質量ブラックホールはこの重力崩壊によって形成される。

太陽などの主系列星と呼ばれる星の内部では、核反応で放出されたエネルギーが高温状態を作り出し、熱的な圧力が星自身の重力を

第11章 ブラックホール

支える。これは、熱的な圧力による外向きに広がろうとする力と、自分自身の重力で縮もうとする内向きの力がつりあっている状態である。このため星は安定して存在する。進化の末、星が核融合反応のエネルギー源を使い尽くすと外向きの力が弱くなり、つりあいを保てなくなる。その結果、星は収縮することになる。中心部の密度上昇に伴い原子核による電子の捕獲が進むため、中心部の圧力はあまり上昇せずに星の収縮は継続する。

 物質が中心部に落下し続け、中心部の密度が原子核密度にまで近づくと、ついに核力の効果が効きはじめる。すると、重力崩壊する物質が跳ね返され、衝撃波が発生する。この衝撃波が外側まで伝わる際、大爆発が起こる。これが超新星爆発（II型超新星：第7章参照）である。この超新星爆発によって星の外層は吹き飛ばされるが、中心部には高密度天体が形成される。高密度天体の種類は星の質量と金属量によって異なる。ブラックホールが誕生する場合もある。

 ブラックホール以外の結末は白色矮星と中性子星である。金属量が少ない場合、恒星の質量が$9M_\odot$程度以下であれば白色矮星、$9M_\odot$以上で$25M_\odot$以下程度であれば中性子星、そしてそれ以上であればブラックホールが形成される。ところが、金属量が多くなるとブラックホールは形成されないという予想もある。この場合、星が重い場合でも中性子星が形成されることになる。

 白色矮星の内部では熱による力ではなく電子の縮退圧によって星の重力が支えられている。電子の縮退圧というのは、きわめて高密度な状態において電子が高速に運動し始めることによって生じる量子力学的な力である。量子力学によると電子は波の性質をもつ。電子が狭い領域に圧縮されると運動する電子の波長が短くなり、その結果、エネルギーが大きくなる。この大きなエネルギーが圧力として作用し、重力と拮抗することで白色矮星は支えられることになる。

 白色矮星の質量には上限がなく、すべての星が白色矮星になれるという従来の考えを覆したのがスブラマニアン・チャンドラセカール（S. Chandrasekhar）である。チャンドラセカールは、電子の縮退圧に特殊相対性理論の効果を取り入れることによって、白色矮星

4. ブラックホールの形成

の構造を解きなおした。電子の密度が低い場合には縮退圧は密度の$\frac{5}{3}$乗に比例して増加する。しかし、密度の上昇とともに電子の運動速度が上昇し、光の速度に近くなると、相対性理論の効果が効きはじめる。すると縮退圧は密度の$\frac{4}{3}$乗に比例するようになる。恒星内部での収縮によって到達できる最高温度が存在し、その結果、白色矮星の質量に上限値があることがわかったのである。その質量は約$1.4M_\odot$であり、チャンドラセカール質量（Chandrasekhar mass）と呼ばれている。

　白色矮星が電子の縮退圧で支えられるのに対し、中性子星は中性子の縮退圧で支えられる高密度星である。中性子星の質量にも上限値が存在することがロバート・オッペンハイマー（J. R. Oppenheimer）やジョージ・ヴォルコフ（G. M. Volkov）らによって明らかにされた。超高密度状態での状態方程式が確定していないため、中性子星の最大質量の正確な値は確定していないが、最大で$3M_\odot$程度と見積もられている。この最大質量を超える高密度天体は、縮退圧で支えることができず、自己重力で崩壊してブラックホールになる。そのため、観測された高密度星の質量が$3M_\odot$を有意に超える場合、その高密度星はブラックホールであると推定される。

　星の重力崩壊によってブラックホールが形成される様子は、オッペンハイマーとハートランド・スナイダー（H. Snyder）によって、圧力がないという理想化された極限の下ではじめて計算された。重力崩壊をする物質とともに落下していく星の表面に乗った観測者は約1時間でシュバルツシルト半径まで到達し、有限の時間ですべての重力崩壊を終える。一方、この過程を星の外部の観測者から見ると、星の表面に乗った観測者とは時間の進み方が異なるためにまったく異なったようすに見える。外部から見ると星の表面がシュバルツシルト半径に近づくにつれて重力崩壊はどんどんゆっくりとなり、その様子は永遠に重力崩壊を続ける星として観測される。より現実的な状況における恒星の重力崩壊の過程は計算機を用いて調べられており、今日でも研究が続いている。

　大質量の星が重力崩壊する場合には$10M_\odot$以上の質量をもつブラックホールも形成されると考えられている。大質量星の重力崩壊以

外にも、連星中性子星（互いの周りを回っている2つの中性子星）からも、星質量ブラックホールが生まれると考えられている。連星中性子星は、重力波の放出で角運動量を失い、徐々に近づいて最終的に合体する。合体した天体の質量が中性子星の上限値を超えると、自己重力で潰れてブラックホールになるのである。

　一方、巨大ブラックホールの形成過程は解明されていない。クェーサーが初期宇宙にも存在するという事実は、ビッグバン後わずか数億年の間に巨大ブラックホールが形成されたということを意味する。超新星爆発で生まれた星質量ブラックホールが成長したのだとすれば、急速に成長したメカニズムが問題となる。ブラックホール同士の合体と、降着円盤からのガスの吸い込みが考えられるが、いまだ結論は出ていない。また、近年、巨大ブラックホールの質量と銀河バルジの質量に比例関係があることが示唆されている。これは、巨大ブラックホールの成長と銀河の進化に何らかの因果関係があったことを意味している。巨大ブラックホールと銀河の共進化問題と呼ばれ、もっとも注目を浴びている謎の1つであるが、まだ解決されていない。銀河の専門家とブラックホールの専門家が協力して研究が進められている（第12章参照）。

5. 降着円盤

　ブラックホールの周囲には、降着円盤と呼ばれる回転ガス円盤が形成されていると考えられる（図11-2）。ブラックホールの重力にとらえられたガスが、直線的にブラックホールに落下し吸い込まれることは稀であり、通常はブラックホールの周囲を回りつつ、徐々にブラックホールに引きつけられる。このため、ブラックホールの周囲には回転ガス円盤が形成されることになる。これが降着円盤である。この降着円盤こそが、暗黒であるはずのブラックホールが、実際には明るく輝く天体として観測される理由である。

　降着円盤の回転角速度は、ブラックホールに近いほど大きいという性質をもつ。このように各部分が異なる回転角速度をもつ回転を差動回転と呼ぶ。差動回転が引き起こされる原因は、中心天体に近いほど強い重力を受けるためである。差動回転することによって、円盤を構成するガスには摩擦が働く。摩擦によって円盤のガスは熱

5. 降着円盤

せられ、光を放射するようになる。ブラックホールに近い部分ほど回転速度が大きく、摩擦も効率的に働くため、降着円盤の内縁付近（ブラックホールに近い部分）がもっとも明るく輝くことになる。

　降着円盤の放射メカニズムをエネルギーの流れという観点から見直すと、重力（位置）エネルギーを効率的に光エネルギーに変換していることになる。もともとブラックホールの遠方に存在したガスは、重力源から遠いために大きな重力エネルギーをもっている。それがブラックホールに近づき、回転速度が増すことで運動エネルギーに変換される。そして、その運動エネルギーの一部が摩擦でガスの熱エネルギーに変わり、光のエネルギーに転換されたことになる。降着円盤から放出されるエネルギーは、ブラックホールが速く自転するほど多いと考えられている。シュバルツシルト・ブラックホールの場合、吸い込まれるガスの質量エネルギーの10％程度を放出するが、高速で自転するカー・ブラックホールの場合には約40％程度放出することが可能である。この効率は、人類が日常的に使っている化学反応はもちろんのこと、星内部での核反応をも上回る。したがって、宇宙でもっとも効率のよいエネルギー変換機構といってよい。

　降着円盤での摩擦は、エネルギーの変換だけでなく、角運動量の輸送にも寄与している。角運動量の保存則にしたがうと、遠心力はブラックホールからの距離の3乗に反比例する。一方、ニュートン重力では重力の強さは距離の2乗に反比例する。これは、天体に近づくほど重力も強くなるが、それ以上に遠心力が強くなることを意味する。つまり、角運動量が保存されている限り、遠心力が妨げとなってブラックホールはガスを吸い込めない。しかし、実際の降着円盤では摩擦が働くため、より内側の軌道を回るガスから外側の軌道を回るガスへと角運動量が輸送される。そのため、遠心力による妨げが弱まり、ガスはブラックホールへと徐々に落下して行くことができる。降着円盤での摩擦は、ガスがブラックホールへ吸い込まれつつ、円盤が明るく輝く原因となっているのである。ブラックホール自体は暗黒であるが、周囲に降着円盤をまとうことで明るく輝く。これがクェーサーやはくちょう座X-1の正体がブラックホールであることの大きな根拠の1つとなったのである。

第11章　ブラックホール

　降着円盤での摩擦のメカニズムは、物質と物質をこすり合わせる日常的な摩擦とは異なっていると考えられる。降着円盤内での摩擦は、実は磁場によるものと予想されている。円盤内部では、回転運動によって渦巻状の磁場構造が作られる一方、磁気流体的な現象によって乱雑な磁場構造も増幅される。降着円盤内の物質はプラズマ状態（電離した状態）にあり、磁場と密接に相互作用する。同じ磁力線につながった内側の物質から外側の物質へ角運動量が輸送されると考えられ、これが円盤内部での角運動量輸送のより詳細なメカニズムである。また、引き延ばされた磁力線がつなぎ変わる際に物質は加熱されると予想されている。これは、物質の回転エネルギーが、磁場のエネルギーを介して熱エネルギーに転換されるということである。

　ブラックホール周囲の降着円盤は、おおまかに3種に分類することができる。重力エネルギーを光エネルギーに転換することで輝くというメカニズムは変わらないが、その性質は大きく異なる。

5-1　標準円盤モデル

　1つ目が標準円盤モデル（standard disk model）と呼ばれるもので、1973年にニコライ・シャクラ（N. I. Shakura）とラシッド・スニヤエフ（R. A. Sunyaev）によって構築された。標準円盤モデルは円盤理論の基本となるもので、重力エネルギーから光エネルギーへの変換効率がもっともよい。上述の10％や40％という値は、この標準円盤モデルによるものである。放射により大量のエネルギーを失うため、標準円盤は比較的低温（といっても数万〜数百万Kはある）になる。同時にガスの圧力が下がるため、円盤は幾何学的に薄くなる。標準円盤の表面温度はおよそブラックホールからの距離の$\frac{3}{4}$乗に反比例する。温度が距離に依存するため、全体としての放射スペクトルは、温度の異なる黒体放射の重ね合わせ（多温度黒体放射、multicolor blackbody）となる。もっとも放射に寄与する円盤内縁部分の温度は、ブラックホール質量と質量降着率（単位時間当たりにブラックホールに吸い込まれるガスの量）に依存するが、星質量ブラックホールの場合は数百万K、巨大ブラックホールの場合は数万K程度になる。このため、星質量ブラックホールの

5. 降着円盤

周囲の降着円盤は主にX線で輝くが、巨大ブラックホールの場合は主に紫外線で輝くことになる。

標準円盤は活動銀河核の強力な可視光や紫外線放射を説明することに成功した。また、ブラックホール連星の放射スペクトルのうち、熱的な低エネルギー成分をもうまく説明できる。ただし、活動銀河核でもブラックホール連星でも、非熱的な高エネルギー放射など、標準円盤モデルだけでは説明できない放射成分も観測されている。

5-2 放射非効率降着流

2つ目の円盤モデルは、1977年に一丸節夫、1994年にラマッシュ・ナラヤン（R. Narayan）とインスー・イー（I. Yi）によって提唱された放射非効率降着流、ライアフ（Radiatively Inefficient Accretion Flow、RIAF）である。ライアフが形成されるのは、標準円盤よりも質量降着率が十分低い状況である。この場合、円盤の密度は下がり、熱エネルギーから光エネルギーへのエネルギー変換効率が下がる。放射によるエネルギー損失が少なく、高温で幾何学的に厚い形状の円盤が形成される。エネルギーの変換効率が低く、比較的暗い円盤として観測されることになる。ただし、発生する光子の数は少ないものの、高温ガスの存在により高エネルギー光子が放射される。また、電子が磁場中を運動することによって起こるシンクロトロン放射によって電波領域で比較的強い放射を行う。ライアフは比較的光度の小さい活動銀河核や、暗い状態にあるときのブラックホール連星に存在すると考えられている。

5-3 スリム円盤モデル

3つ目は、質量降着率が著しく高いときに現れるスリム円盤モデル（slim disk model）である。マレック・アブラモウィッツ（M. Abramowicz）らによって1988年に構築されたものである。このモデルでは円盤がきわめて高密度となり、円盤内部で発生した光子が円盤から脱出できず、ガスもろともブラックホールに吸い込まれるという現象（光子捕獲）が起こる。ただし、莫大な量の光子が発生するため、同じ質量のブラックホールで比較すると、光子捕獲を逃

れて円盤表面から放射されたわずかな光だけで標準円盤モデルの明るさを超える。円盤の表面温度分布はおよそブラックホールからの距離の$\frac{1}{2}$乗に反比例する。その放射は多温度黒体放射であるが、温度分布が標準円盤と異なるため、観測されるスペクトルの形状が異なる。一部の活動銀河核やブラックホール連星で、スリム円盤と矛盾しない放射スペクトルが観測されているが、まだ結論は出ていない。

ここで紹介した円盤モデルは、あくまで降着円盤の構造を大まかに理解し、多様な観測スペクトルを説明するためのものである。実際のブラックホール周囲の構造は、もっと複雑なものである。降着円盤の上空にコロナ（corona）と呼ばれる高温の大気が存在する証拠や、ジェット（jet）や円盤風（disk wind）のようなガスの噴出現象が起こっている証拠が見つかっている。さらに、ブラックホール天体が示す光度変動は、降着円盤が時間変化していることを示唆している。ブラックホールはもちろんのこと、降着円盤も非常にコンパクトであるため、その直接撮像にはいまだ成功していない。今後の研究がより現実的な描像を解明すると期待されている。

6. ジェットと円盤風

強力な放射と並び、ブラックホール天体が示す高エネルギー現象がガスの噴出である。特に、非常に細く絞られたガスの流れはジェットと呼ばれ、主に電波の観測でその様子がとらえられている。実際に、銀河中心の巨大ブラックホール近傍から噴出したジェットが銀河を突き抜け、はるか銀河間空間まで到達している様子が観測されている。また、図11-3は恒星質量ブラックホールの近傍から吹き出すジェットをとらえたものである。いずれもブラックホールが存在すると思われる領域から、2本のジェットがそれぞれ反対方向に噴出している。

直接検出することはできていないものの、電波の強度からジェットが噴出していると思われている天体もある。観測されるジェットの速度は光速の数十％以上である。中には光速の99％以上に達するものまで報告されている。ジェットの噴出源はブラックホール周

6. ジェットと円盤風

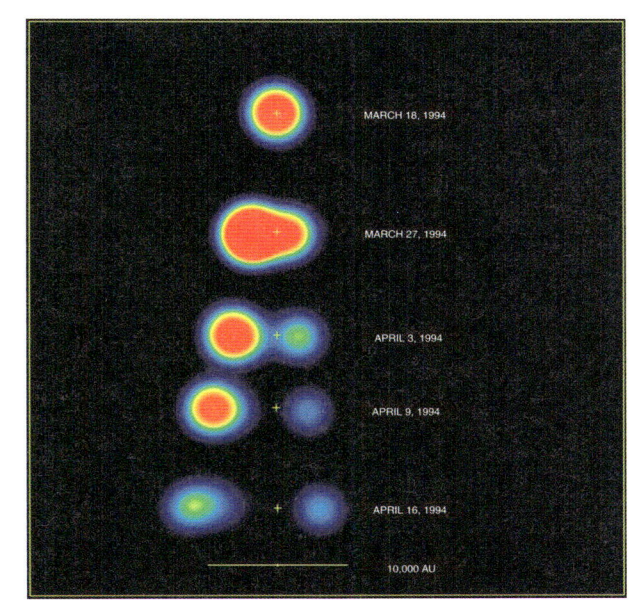

図11-3 恒星質量ブラックホール候補天体GRS1915+105で観測されたジェット。1994年3月18日、27日、4月3日、9日、16日の様子。(米国立電波天文台)

囲の降着円盤である可能性が高い。降着円盤から垂直方向に何らかのメカニズムでガスが噴出すると考えると、ジェットが2本セットで観測されるという事実をうまく説明できる。

ジェットの噴出メカニズムはまだよくわかっていないが、有力視されているメカニズムが磁場の力による加速と放射の力による加速である。

6-1 磁気圧駆動型ジェット

降着円盤を構成する物質はプラズマであり、また、円盤内部では磁場が増幅されている。円盤の回転運動によりブラックホール周囲

第11章　ブラックホール

に渦巻状の磁場構造が生成されると、磁場の力は円盤と垂直方向に働く。この力で円盤表面からガスが噴出する可能性がある。これは磁気圧による加速を利用したものであり、磁気圧駆動型ジェットと呼ばれる。

　磁気圧駆動型ジェットにはもう1つの利点がある。渦巻状の磁場構造がジェットとともに円盤から噴出すると、ジェットにはらせん状に磁力線がからみつくことになる。らせん状の磁場構造は、ジェットを細く絞る働きがある。磁気圧駆動型ジェットは、ジェットを加速しつつ、細く絞るという2つのメカニズムをあわせもっているのである。このジェットは、降着円盤がライアフ状態のときに効率よく発生すると考えられている。ライアフでは、光の放射によるエネルギー損失が少ないため、重力エネルギーは主にガスの熱エネルギーや磁場のエネルギーへと転換される。効率的に磁場を増幅し、磁場のエネルギーをジェットのエネルギーへと転換できるのである。

6-2　放射圧駆動型ジェット

　ジェットを加速するもう1つのメカニズムが放射圧である。光子は運動量をもっているため、吸収もしくは散乱されることでガスに力を加えることができる。主に自由電子の散乱による放射の力で噴出するジェットが考えられており、放射圧駆動型ジェットと呼ばれる。放射圧駆動型ジェットは降着円盤がスリム状態のときに発生すると考えられる。ライアフや標準円盤では光子の量が足りず、放射の力がブラックホールの重力に打ち勝てないからである。ちなみに、電子散乱による放射の力が重力とつりあうときの光度を、エディントン光度という。スリム円盤だけがエディントン光度以上で輝くので、放射圧駆動でガスを噴出できるのである。ただし、放射圧だけではジェットを細く絞るメカニズムが欠けている。放射圧駆動型ジェットも、円盤内で増幅された磁場がらせん状に巻き付き、細く絞られている可能性が指摘されている。

　ここでは主に電子と陽子のプラズマからなるジェットを想定しているが、ジェットの主成分が電子と陽電子（質量が電子と同じでプラスの電荷をもつ粒子）のペア（ペアプラズマと呼ばれる）であれ

6. ジェットと円盤風

ばジェットはもっと容易に噴出すると考えられる。質量の大きな陽子が含まれなければ、加速効率が上がるからである。まだ結論は得られていないが、電子と陽電子がジェットの主成分である可能性も調べられている。

6-3 ブランドフォード・ナエック機構

円盤の放射や磁場に加え、ブラックホールの自転エネルギーを利用するメカニズムも有力である。自転しているブラックホール（カー・ブラックホール）のまわりでは時空の引きずりが起こり、磁力線が捻られる。ブラックホールのごく近傍で磁力線が捻られると、それは周囲へと伝わり、プラズマを加速する可能性がある。これはブランドフォード・ナエック（Blandford-Znajek）機構と呼ばれるジェットの発生メカニズムである。

ジェットはすべてのブラックホール天体で観測されているわけではない。ブラックホールとそれを取り巻く降着円盤という同じような構造をもちながらも、ジェットが観測されている天体とそうでない天体がある。また、ジェットが観測されている天体であっても定常とは限らず、突発的にジェットを噴出する天体もある。現在も盛んに研究が行われているが、ジェットの発生条件やそのメカニズムはいまだ謎に包まれている。

ここまで説明してきたジェットとは異なり、ブラックホール近傍から遠方に向かって比較的広がって噴出するガスの流れも観測から示唆されている。巨大ブラックホールや恒星質量ブラックホールのX線観測により、青方偏移した鉄の吸収線が見つかってきたが、これが1つの証拠である。また、一部のクェーサーではガス噴出流が起源と思われる青方偏移した金属元素の吸収線が可視光観測で見つかっている。ガス噴出流の起源はいまだ解明されていないが、降着円盤とする説が有力である。降着円盤表面から噴出したガスが、細く絞られることなく広がって飛んで行くという考え方である。これは円盤風と呼ばれ、細く絞られたジェットと区別されている（図11-4）。磁場や放射、ガス圧による力が有力視されているが、円盤風の噴出メカニズムもよくわかっていない。

提案されているいくつかの噴出メカニズムの中で、ラインフォー

第11章　ブラックホール

図11-4　円盤風の想像図。(NASA/CXO)

ス（line force）と呼ばれる放射の力で加速する円盤風が特に重要視されている。そのメカニズムを簡単に紹介しておこう。

6-4　ラインフォース駆動型円盤風

　金属原子中の電子は、エネルギーの低い準位から高い準位へ遷移（束縛-束縛遷移）することで、その準位間のエネルギー差に相当する波長の光子を吸収（ライン吸収）する。ライン吸収によって金属元素が運動量を得て、周囲のガスもろとも吹き飛ばされる。こうして吹き出す円盤風がラインフォース駆動型円盤風である。金属元素が完全電離もしくは高階電離した状態では、ライン吸収が非効率になり円盤風は発生しない。この結果、ラインフォース駆動型円盤風では、中間電離状態もしくは低電離状態の金属元素を含むガスだけが選択的に吹き飛ばされることになる。ラインフォース駆動型円盤風は、観測から示唆されている金属元素の電離状態と加速機構の両方を同時に説明できる有力な理論モデルである。

　ライン吸収が効率的に働いた場合の放射の力は、自由電子の散乱

420

による放射の力を超える。よって、ラインフォース駆動型円盤風はエディントン光度以下で輝く標準円盤からでも噴出し得る。ただし、星質量ブラックホール周囲の標準円盤は、巨大ブラックホール周りの標準円盤と比べ、ラインフォースが弱いと考えられる。星質量ブラックホール周りの円盤の方が、円盤の温度が高く、X線照射が強いため、金属元素が高階電離状態になるからである。

ジェットと同様に電子散乱による放射の力や磁場の圧力で噴出する円盤風、さらにはガスの圧力や磁気遠心力と呼ばれる機構で噴出する円盤風も提案されている。これらの加速メカニズムも有力ではあるが、金属元素が中間電離状態にあることを同時に説明するには、噴出ガスの密度や光源からのX線放射強度が適度な値になっていなければならない。これを自然に成り立たせる決定的な理論は見つかっていない。

また、観測される吸収線は時間変動していることがわかっている。光源自体が変動している可能性もあるが、吸収構造の変化であると推測されている。円盤風が分裂しており、分裂片が観測者の視線を横切っている可能性がある。噴出メカニズムと電離状態に加え、円盤風の分裂メカニズムをも解明する必要がある。これが円盤風の問題をより複雑にしている。今後の研究による解明が期待される。

7. ブラックホールの質量測定

ブラックホールを特徴づける物理量は、質量、スピン（自転）、そして電荷である。スピンや電荷についてはまだまだ困難であるが、質量についてはいくつかの方法で測定が行われている。

ブラックホール連星では星質量ブラックホールとその伴星である星が互いの周囲を回りながら運動している。星が観測者に近づいたり遠のいたりを繰り返すため、ドップラー効果によって星の輝線は周期的に変動する。得られた光度曲線から連星の回転周期Pや伴星の動径速度v_rを測定することができる。動径速度とは、実際に回転運動している星の運動速度ではなく、観測者から見た視線方向の速度成分である。

一方で、光度などの観測情報と星の進化理論を組み合わせること

第11章　ブラックホール

で星の質量を測定することができる。連星の軌道運動の力学を用いると、観測される周期P、動径速度v_r、および星の質量M_*と推定したいブラックホールの質量M_{BH}との間には

$$\frac{(M_* \sin i)^3}{(M_{BH} + M_*)^2} = \frac{P}{2\pi G} v_r^3 \tag{11-4}$$

という関係がある。ここで、iは連星が回転運動する面に垂直な方向と観測者の視線方向の間の角度である。この関係式からブラックホールの質量を推定できる。ただし、一般には$\sin i \leqq 1$の範囲の不定性が残る。この場合には、ブラックホールの質量の下限値が求められる。これらの推定した質量が中性子星の最大質量よりも大きければ、その天体はブラックホールであると同定される。

我々の住む銀河系の中心にある巨大ブラックホール候補天体であるいて座A*（Sgr A*）は地球から約8kpcの距離に存在し、強い電波源として観測されている。いて座A*の中心にあるブラックホールそのものの姿は直接観測されていない。しかし、この巨大ブラックホールの周りを公転する星の運動が観測されており、星の楕円軌道と公転周期からブラックホールの質量が見積もられている。

星の楕円軌道の長半径（semi-major axis）をa、公転周期をPとすると、ケプラーの第3法則より、楕円軌道の内部に含まれる質量Mは

$$M = \frac{4\pi^2}{GP^2} a^3 \tag{11-5}$$

となる。地球から見ると星の楕円軌道が傾いているのであるが、同時に星からの光のドップラー効果を測定することにより、どの程度傾いているのかを測定することができる。このように観測によって星の公転周期Pと楕円軌道の長半径aを測定することにより、質量Mを計算することができる。このような観測はアメリカのアンドレア・ゲーツ（A. M. Ghez）らのグループとドイツのラインハルト・ゲンツェル（R. Genzel）らのグループによって独立に行われた。

ゲーツらのグループはハワイのマウナケア山頂にあるケック望遠鏡を用いて観測を行い、ゲンツェルらのグループは南米チリにあるVLT（Very Large Telescope）などを用いて観測を行った。1990年代から継続的に行われた観測の結果、いて座A*の周りを公転す

7. ブラックホールの質量測定

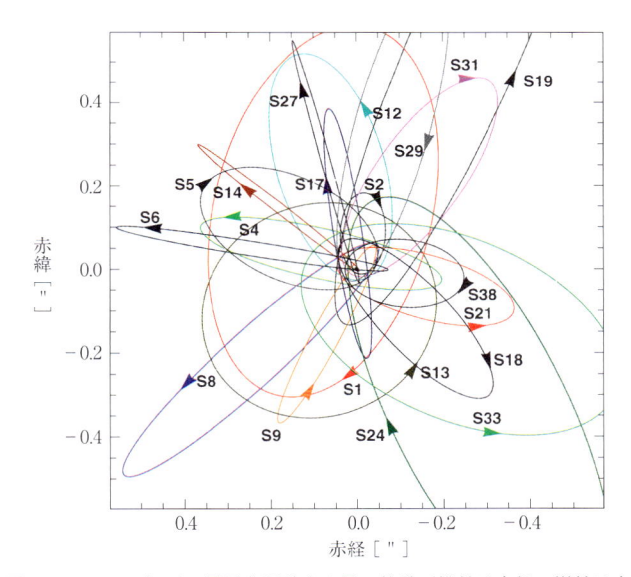

図11-5 いて座A*の周囲を運動する星の軌道（横軸は赤経、縦軸は赤緯）。図の中心がいて座A*の位置。(Gillessen, S. et al. 2009, ApJ, 692, 1075 より改変)

る星の中でも特にS2と呼ばれる星は公転周期が約15.8年、軌道の楕円率が約0.89であることなどがわかった（図11-5）。このS2の軌道の力学から、いて座A*にある巨大ブラックホールの質量は太陽の質量の約410万倍であると見積もられた。S2が、もっともブラックホールに近づくときの距離は約110天文単位（au）であり、これはシュバルツシルト半径の約1300倍にあたる。また、S2の公転速度はもっとも速いときで毎秒約1万2000kmである。これは光速の約4％もの速さである。このような観測は現在でも引き続き行われており、今後より正確にブラックホールの質量が測定されることになるだろう。

銀河の中心部の個々の星の運動を観測する手法は、もっとも精度の良いブラックホールの質量測定法の1つであるが、星の運動を観

第11章　ブラックホール

測することができないほど遠方にある銀河の場合、別の手法で巨大ブラックホールの質量が測定されている。渦巻銀河であるNGC4258の中心にある巨大ブラックホールの質量は、ガス円盤の回転運動を計測することで推定された。1990年代前半に三好真、井上允、中井直正らによってNGC4258の中心にある回転ガス円盤の水分子のメーザー（電波領域で観測されるレーザー放射の一種。水メーザーと呼ばれる）放射源が観測され、メーザー放射が円盤の回転によるドップラー効果を見事にトレースしている様子が検出された（第12章参照）。この結果、円盤の回転曲線が明確にとらえられ、中心にある巨大ブラックホールの質量が約3600万$M_\odot$であることがわかった。ただし、NGC4258のように水メーザーの放射が観測される天体はごく稀である。

　活動銀河中心核の巨大ブラックホールの質量測定では、ブラックホール周囲を飛び回るガス雲による輝線放射が利用されている。輝線の幅からガス雲の速度を計測し、また、降着円盤の光度変化と輝線の変化の時差から、ガス雲とブラックホールの距離を見積もる。速度と距離がわかればブラックホールの質量が推定できる。不定性が大きくなるが、多数の天体で採用されている方法である。また、理由はわかっていないものの、巨大ブラックホールの質量と銀河バルジの質量に相関があるという事実を逆手に取り、銀河の観測から中心のブラックホール質量を推測するという手法もある。

　また、そもそも本当にブラックホールが実在するのかという根本的な問いに答えるため、より強い証拠を求める観測も行われ始めている。その1つが、電波干渉計を用いていて座A*を観測する試みである。沈志強（Z.-Q. Shen）らのグループが超長基線電波干渉計（VLBI、第16章3節参照））を用い、3.5mmの波長の電磁波でいて座A*のイメージを観測した。観測されたイメージの大きさと銀河中心であるいて座A*までの距離から、いて座A*の3.5mmの波長の電磁波で光っている領域の大きさは約1天文単位であることがわかった。この大きさはシュバルツシルト半径の約12.6倍に相当する。いて座A*の周囲には他に有力な重力源の存在を示す観測例がないことから、S2の公転軌道から見積もられた約410万$M_\odot$の質量が約1天文単位という小さな領域に入っていることになる。この観測結

7. ブラックホールの質量測定

果は、いて座A*の中心に巨大ブラックホールが存在することを示すもっとも有力な証拠であると考えられている。

さらに、アメリカのシェパード・ドールマン（S. S. Doeleman）のグループらの1.3mmの波長の電磁波の観測によって、いて座A*が非常に小さいサイズの光源であり、その大きさはブラックホールの事象ホライズンと同程度の大きさであるということが明らかにされた。いて座A*がブラックホールであるという推測をより強固なものとしたのである。

より直接的な証拠として、ブラックホールの黒い穴を検出しようという試みが進められている。ブラックホールが吸い込むガスは高温になるために光子を放出しながらブラックホールに落下していく。ブラックホールは輝くガスの中の黒い穴となる。ブラックホールが作り出すこの影絵は、ブラックホール・シャドウ（black hole shadow）またはブラックホール・シルエット（black hole silhouette）と呼ばれる。ブラックホール・シャドウはブラックホールが存在することの直接証拠であるばかりか、ブラックホールの質量やスピンを正確に計測する有力な手段でもある。理論的研究は既に進められており、将来的に観測されることが期待される。

上述の手法はすべて電磁波による観測であるが、重力波による観測が近い将来になされると期待されている。一般相対性理論によると、時空が激しく変動する現象では大きな振幅をもつ重力波が放出される。そのため、超新星爆発や連星中性子星の合体によってブラックホールが形成される瞬間、強い重力波が放出されると考えられる。電磁波はガスから放射されるので、ブラックホールの間接的な情報を得ているに過ぎないが、重力波は時空の情報であるので、ブラックホールをより直接的にとらえたことになる。

また、重力波は透過性が高く、散乱や吸収の影響をほとんど受けることがないので、ブラックホール近傍の情報をそのまま伝達する。たとえば、重力崩壊によってブラックホールが形成される際、周囲には大量のガスが存在するので電磁波でとらえるのは困難と予想されるが、重力波であれば原理的に直接観測が可能である。発生する重力波の波形は、解析的手法や数値相対論によって理論的に詳しく研究されており、重力波が検出されればその波形からブラック

ホール時空の情報を得ることができる。現在、重力波はまだ観測例がないが世界各国で重力波検出器が稼働しており、重力波検出を目指している。

8. ホーキング放射と宇宙の終末

1974年、イギリスのスティーヴン・ホーキング（S. W. Hawking）は、ブラックホールは放射によって、質量を減少させながら蒸発してしまうと発表し、それまでの常識を根底からくつがえした。この放射はホーキング放射（Hawking radiation）と呼ばれる。ブラックホールが放射するということは、ブラックホールはもはや何でも吸い込むだけの黒い穴ではないことを意味する。

ホーキングは、ブラックホールを古典的にあつかい、ブラックホール周囲の物質を量子的にあつかう計算を行った。量子的に真空を考えるときには、粒子と反粒子が常に生成・消滅している状態を考える。一般に、粒子と反粒子が生成、消滅している状況は観測者によって見え方が異なる。ある観測者にとっての真空状態は、加速度運動している別の観測者にとっては真空ではなくなる。たとえば、真空中を加速度aで運動する観測者は温度

$$T = \frac{ah}{4\pi^2 c k_B} \tag{11-6}$$

の黒体放射を観測する。ここで、cは光速、hはプランク定数、k_Bはボルツマン定数である。量子論で用いられる粒子・反粒子の生成・消滅を記述する演算子が観測者ごとにどのように変換するのかはボゴリューボフ変換（Bogoliubov transformation）によって記述される。上の例では、真空状態にボゴリューボフ変換を行うことによって、加速度運動する観測者には式（11-6）の温度の黒体放射をする粒子が生成されているように見える。ホーキングは重力崩壊によって形成されるブラックホール時空に対してこのような計算を行った。ホーキングの計算によると、遠方の観測者にとって質量Mのシュバルツシルト・ブラックホールは温度にして

$$T = \frac{hc^3}{16\pi^2 k_B GM} \sim 6 \times 10^{-8} \left(\frac{M_\odot}{M}\right) \text{K} \tag{11-7}$$

の黒体放射を行うことになる。ここで、Gは万有引力定数である。

8. ホーキング放射と宇宙の終末

質量の小さいブラックホールほど高温の放射をするのである。相対論では質量とエネルギーは等価であるので、ホーキング放射でブラックホールがエネルギーを失うということは、ブラックホールの質量が減少することである。ホーキング放射ですべてのエネルギーを失うとき、ブラックホールは消滅する。これに要する時間 t はブラックホールの質量の3乗に比例し、およそ

$$t \sim 10^{67} \left(\frac{M}{M_\odot}\right)^3 \text{年} \sim 10^{75} \left(\frac{M}{M_\odot}\right)^3 \text{秒} \qquad (11-8)$$

である。質量の小さいブラックホールほど、短時間で蒸発することになる。

現在の宇宙において、星質量ブラックホールや巨大ブラックホールの蒸発は起こらないと考えてよい。星質量ブラックホールのホーキング放射の温度は100万分の1度という超低温であり、蒸発するのに要する時間は宇宙年齢よりはるかに長くなるからである。巨大ブラックホールの場合はさらに低温で、蒸発にはさらに長い時間を要する。実際の宇宙では、ブラックホールは周囲の物質を吸い込んでいるので、それによる質量増加の方が卓越する。また、仮に周囲に物質がないブラックホールがあったとしても、宇宙は宇宙マイクロ波背景放射（現在観測される温度は約3K）に満たされているので、ホーキング放射で失うエネルギーよりも、背景放射のエネルギーを吸い込んで得るエネルギーの方が大きい。質量は減少しないのである。

ただし、質量のはるかに小さいミニブラックホールの場合は状況が異なる。ホーキング放射の温度が背景放射より高くなり、強力なホーキング放射を行って短時間で蒸発する。こういったミニブラックホールは、宇宙初期に形成され、宇宙のどこかでガンマ線を放射して蒸発している可能性があるが、いまだに見つかっていない。また、LHCの実験でミニブラックホールが形成される可能性もあるが、即座に蒸発すると予想される。

現在の宇宙においてはおよそ無視できるホーキング放射であるが、宇宙の終焉に大きな影響を与える。我々の宇宙は137億年前にビッグバンで始まり、今日まで膨張を続けてきたと考えられる。そして、最新の宇宙論によると、この宇宙は開いており永久に膨張を

第11章　ブラックホール

続けると予想されている。

　膨張宇宙の中で生まれた物質は自己重力で収縮し、やがて星や銀河が誕生した。超新星爆発で星質量ブラックホールが形成され、巨大ブラックホールも現れた。これらのブラックホールは、今この瞬間も周囲の物質を吸い込んで成長している。そうでない場合でも、宇宙背景放射のエネルギーがブラックホールに流れ込み、ブラックホールの質量は増加している。また、さらなる超新星爆発や中性子星の合体によって新たなブラックホールも誕生し続けている。宇宙におけるブラックホールの占める割合は、現在も増加し続けているといえる。

　宇宙の未来はどうなるのか？　ブラックホールは合体を繰り返し、周囲の物質を吸い込むことでさらに成長し続け、ついにはほとんどの物質がブラックホールに吸い込まれるだろう。膨張を続ける広大な宇宙空間の中に、巨大ブラックホールだけが漂う時代がおとずれるのである。その後も宇宙は膨張を続ける。背景放射の温度は下がり続け、ホーキング放射の温度を下回る。それまで背景放射を吸い込んで成長していた巨大ブラックホールが、ホーキング放射でいよいよ質量を失い始めるのである。比較的質量の小さなブラックホールから順に蒸発し、やがてすべてのブラックホールが蒸発する。宇宙は限りなく絶対零度に近い背景放射とホーキング放射だけで満たされる。そこで、新たな天体の形成が起こることはない。宇宙は熱的死を迎えるのである。

第12章
巨大ブラックホールと活動銀河中心核

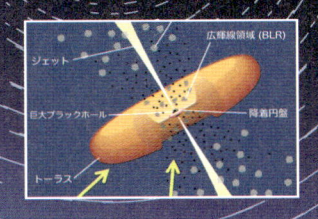

第12章 巨大ブラックホールと活動銀河中心核

1. 概要

　銀河は基本構造として円盤成分とスフェロイド成分（バルジ）をもつ（ただし、楕円銀河は円盤成分をもたない）。しかし、銀河にはもう1つ重要な成分がある。それが銀河中心核（galactic nucleus）である。実際、不規則銀河や矮小銀河の一部を除くと、ほとんどすべての銀河は銀河中心核をもっている（図12-1）。

　銀河中心核には比較的個数密度の高い星団があるのではないかと考えられてきたが、巨大ブラックホール（超大質量ブラックホール、supermassive black hole、SMBH）がその正体であることがわかってきた。実際、銀河系の中心部にも410万$M_\odot$のSMBHが存在

図12-1 楕円銀河M87の銀河中心核（左上の明るく輝いて見える場所）とジェット構造。（NASA/ESA/STScI）

1. 概要

すると考えられている。ほとんどすべての銀河の中心核にSMBHがあることは驚きだが、中にはSMBHの強力な重力場を利用して、膨大なエネルギー放射（電磁波）やジェットを出しているものがある。そのような銀河中心核は、活動銀河中心核（active galactic nucleus、AGN）と呼ばれている（活動銀河核という表現も使われている）。

AGNの研究は1943年に発表されたカール・セイファート（C. K. Seyfert）の論文に端を発する。彼は近傍銀河の中で、とりわけ明るく輝く銀河中心核をもつものを選び、分光観測を行った。その結果、電離ガスの運動速度が銀河の回転では説明できないほど大きな値をもつものが発見された。当時はその原因がわからず、彼の論文も注目を集めることはなかった。しかし、1963年にクェーサー（quasar）が発見され、同種の天体であることがわかってから、多くの研究者の注目を集めるようになった。それはクェーサーのエネルギー源としてSMBH説が1964年に提案されたからである。70年代になると、SMBHの周辺に形成される降着ガス円盤の重要性が認識され、AGNのエネルギー放射のメカニズムが徐々に理解されるようになった。

一方、観測的には、さまざまな波長帯での観測が進められるにつれ、AGNの多様性が認識されるようになった。そもそもクェーサーは電波源として発見されたものだが、その後の観測で電波源として認識されるものは1割にも満たないことがわかってきた。また、赤外線やX線の探査で発見されるAGNもあり、AGNを総合的に理解することが困難な状況に陥った。

その事態を救ってくれたのが、近傍宇宙にあるAGNの詳細な研究である。近傍宇宙にある代表的なAGNはセイファートの名前にちなんでセイファート銀河（Seyfert galaxy）と呼ばれるようになり、80年代にかけて精力的に研究が行われた。その結果、AGNの統一モデルの姿が見えてきたからである。ただし、なぜ電波源になるものとならないものがあるかは、いまだ解明されていない。

一方、AGNの中でクェーサーは非常に明るいため（典型的な銀河の100個分以上の光度を有する）、宇宙論的に遠方にあるものが多数発見されている。現在までに発見されたもっとも遠方のクェー

第12章 巨大ブラックホールと活動銀河中心核

サーの距離は129億光年である。そのため、宇宙論や銀河間空間の研究にも役立っている(第14章参照)。

本章ではまず、銀河中心核にあるSMBHの存在がどのように認識されてきたかを解説する。続いて多様なAGNがどのように統一的に理解できるようになってきたかを紹介する。近年、SMBHの質量が銀河のスフェロイド成分の質量と非常によい相関を示すことがわかってきた。そのため、SMBHは銀河と共に進化してきたことが示唆されるようになった。そこで、最後に、巨大ブラックホールが宇宙の歴史の中でどのように形成され、現在の姿になってきたのか、銀河進化との関連もふまえて現状の理解をまとめることにする。

2. 巨大ブラックホール

AGNは銀河中心部の非常に狭い領域から莫大なエネルギーを放射しており、現在ではSMBHとその周囲に存在する降着円盤が正体であると広く受け入れられている。これらのエネルギー発生の担い手はAGNのセントラル・エンジンと呼ばれる。SMBHの存在が有力視されている理由として、莫大なエネルギーがきわめて狭い領域から放射されていることと、銀河中心部のガスや星がきわめて強い重力に支配されて高速に運動していることがあげられる。

天体からの明るい放射は周辺の物質に放射圧をおよぼすため、物質が飛ばされずにいるためには中心の質量によって重力的に引き止めておく必要がある。中心天体に対して球対称に質量を落とす場合、放射圧と重力がつりあうときの中心天体の光度をエディントン光度(Eddington luminosity、$L_{\rm Edd}$)と呼び、SMBHの質量($M_{\rm BH}$)と以下の関係がある。

$$L_{\rm Edd} = 1.3 \times 10^{38} \left(\frac{M_{\rm BH}}{M_\odot}\right) {\rm erg\ s}^{-1} \qquad (12\text{-}1)$$

たとえば、クェーサーの典型的な光度$10^{46}{\rm erg\ s}^{-1}$で輝くAGNがあったとすると、$M_{\rm BH} = 8 \times 10^7 M_\odot$という大質量のSMBHが中心核に存在していなければならない。

エネルギーを放射している領域の大きさは光度の時間変化から制限される。もし放射領域が大きければ、領域全体の光度が変動した

2. 巨大ブラックホール

としても、光がその領域を伝わるのに有限の時間がかかるために、短い時間での変動が観測されなくなる。そのため、もし短い時間Δtの間に変動が観測されたとすれば、その放射領域の大きさDは$D<c\Delta t$と制限される。ここでcは光速である。AGNの光度は数日以下のタイムスケールで変動することが観測されているので、放射領域の大きさは数光日、すなわち太陽系のサイズよりも小さいことが示唆される。このような狭い領域から、AGNで観測される光度、$10^{42}\sim10^{47}\mathrm{erg\,s^{-1}}$（あるいは、$10^9L_\odot$から$10^{14}L_\odot$）を放射するには、通常の恒星の集団では不可能である。そのため、AGNからのエネルギー放射を説明するために、SMBHへの物質降着の際に解放される重力エネルギーを利用するアイディアが採用されるようになったのである。

銀河の中心核付近で高速で運動するガスの存在も、銀河中心に大質量が集中していることを示している。AGNの電離ガスから放射される輝線の速度幅は数千から数万$\mathrm{km\,s^{-1}}$におよぶものがある。これは通常の銀河回転の速度（数百$\mathrm{km\,s^{-1}}$）では説明がつかないが、SMBH周辺に電離ガスがあるとすれば説明がつく。

現在行われているもっとも信頼性が高い手法の1つは光反響マッピング（reverberation mapping）と呼ばれるものである。中心核にある主たる放射源からの可視光や紫外光は時間変動を示す。それに照らされた電離ガスが放つ輝線放射は、中心の放射源からそのガスまで光が伝わる時間だけ遅れて時間変動を示す。この時間差から、中心の放射源とガスの間の距離がわかる。輝線幅からガスの運動速度がわかるので、ケプラーの法則を用いて、SMBHの質量を求めることができる。

また、銀河中心付近のガスの運動を直接測定することでもブラックホール質量を推定することができる。その中でも精密測定がなされているのは、電波で観測される水メーザー（H_2O maser）放射を利用する方法である。水メーザーは、背景光を受けた水分子が励起され、エネルギーが低い準位よりも高い準位に電子がより多く分布することで強力な輝線放射が増幅されて発生し、22GHzの周波数で観測できる。超長基線電波干渉計（VLBI、第16章3節参照）という手法で電波観測を行うと、ミリ秒角程度の高分解能でメーザー

第12章 巨大ブラックホールと活動銀河中心核

が放射されている位置を測定することができる。各位置でのガスの運動速度を測定すると、中心の重力源の質量を求めることができる。たとえば、NGC4258という銀河の中心部では、三好真らによってケプラーの法則にしたがって回転する分子ガス円盤が発見され、$M_{BH} = 3.6 \times 10^7 M_\odot$と精密に測定された（図12-2）。

銀河中心付近の星の運動速度によるSMBHの質量測定も行われている。ただし、中心核が明るすぎる場合には中心付近の星を観測することが困難であるため、この方法は低光度のAGNや活動性を示さない銀河で使用されている。銀河系中心に限っては、個々の星の運動を追うことでM_{BH}が求められている。しかし、他の銀河では多数の星をまとめて観測することしかできないため、領域ごとの平均速度と速度分散を測定し、理論モデルと比較することで質量が評価されている。この方法で、銀河バルジの質量や銀河内の星の速度分散とM_{BH}との間によい相関があることがわかってきた。これらの相関が成り立つことを認めれば、銀河本体の観測から中心核SMBHの質量を推定することも可能である。

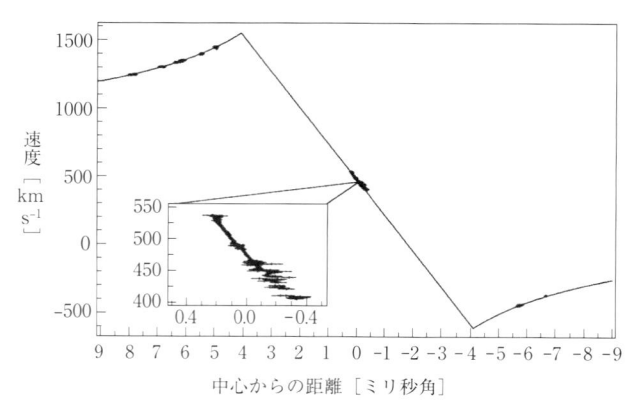

図12-2 NGC4258からの水メーザー放射で測定された、銀河の中心からの距離に対するガスの運動速度。実線はケプラー回転する円盤から期待される速度。（Bragg, A. E. et al. 2000, ApJ, 535, 73より改変）

このようにさまざまな方法を併用することにより、今では多くの銀河中心核についてM_{BH}が推定されている。典型的には、セイファート銀河中心核で$M_{BH} = 10^7 \sim 10^8 M_\odot$程度、クェーサーでは$M_{BH} = 10^8 \sim 10^9 M_\odot$程度である。現在知られているもっとも質量の大きなSMBHはかみのけ座銀河団の中心銀河NGC4889にあり、その質量は$M_{BH} = 2 \times 10^{10} M_\odot$である。一方、質量の小さいSMBHを探索する試みも精力的に行われており、$M_{BH} = 10^5 M_\odot$程度のものが見つかっている。

3. 活動銀河中心核の種類

3-1 セイファート銀河

セイファート銀河は、特に近傍宇宙で典型的に見られるAGNの種族の1つであり、比較的低光度のクラスに属する。より高光度のAGNであるクェーサーとは、可視絶対光度では-23等級、X線光度では$10^{44}\mathrm{erg\,s^{-1}}$程度を境にして区別されることが多い。ただし、この境界は厳密に決まっているものではない。

ルイス・ホー（L. Ho）らがパロマー天文台のヘール望遠鏡を用いて行った、明るい近傍銀河486天体に対するスペクトル観測の結果によると、近傍宇宙にある銀河の約10％がセイファート銀河に分類されている。なお、遠方宇宙において暗い天体を観測することは困難であるため、セイファート銀河は近傍宇宙で観測されやすく遠方宇宙では見つかりにくい。ただし、セイファート銀河とクェーサーの分類は光度だけで区別されており、距離の情報は定義に用いられない。

セイファート銀河の可視スペクトルには複数の強い輝線が見られるが、これらの輝線は速度幅によって2種類に分類される（表12-1および図12-3）。

(1) 狭輝線：速度幅は比較的狭く、典型的には数百$\mathrm{km\,s^{-1}}$である。許容線と禁制線の両方に観測される。これらの輝線が放射される領域を狭輝線領域（narrow-line region、NLR）と呼ぶ。

(2) 広輝線：速度幅は比較的広く、典型的には数千$\mathrm{km\,s^{-1}}$であるが、中には数万$\mathrm{km\,s^{-1}}$におよぶ場合がある。許容線にしか観測されない。これらの輝線が放射される領域を広輝線領域

第12章 巨大ブラックホールと活動銀河中心核

(broad-line region、BLR) と呼ぶ。

狭輝線と広輝線の速度幅の違いは、表12-1に示したように、中心核からの距離の差に起因する。AGNの電離ガス雲の速度幅は中心核の周りのケプラー回転で近似できるので、銀河回転を無視すると、SMBHの重力による回転速度$v_{\rm rot}$は以下のように表される。

$$v_{\rm rot} \sim 210 \left(\frac{r}{1{\rm pc}}\right)^{-\frac{1}{2}} \left(\frac{M_{\rm BH}}{10^7 M_\odot}\right)^{\frac{1}{2}} {\rm km\,s^{-1}} \quad (12\text{-}2)$$

たとえば、$r = 0.01$pcにBLRがあると、$v_{\rm rot} \sim 2100$km s^{-1}となる。したがって、速度幅はその2倍の4200km s^{-1}になり、BLRの典型的な速度幅になる。また、kpcスケールの距離にあるNLRの電離ガス雲は銀河回転による速度が卓越しており、数百km s^{-1}の速度幅になる。

狭輝線はすべてのセイファート銀河で観測されるが、広輝線は一部のセイファート銀河でしか観測されない。このため、セイファート銀河は次の2つのタイプに分類される。
(1) 1型セイファート銀河:広輝線と狭輝線の両方が観測される
(2) 2型セイファート銀河:狭輝線しか観測されない

表12-1 NLRとBLRの性質の比較

	NLR	BLR
典型的な速度幅	数百 km s^{-1}	数千 km s^{-1}
電子密度	$10^2 \sim 10^6$cm^{-3}	$10^{10} \sim 10^{12}$cm^{-3}
電子温度	1万 K	1万 K
中心核からの距離	10pc〜数 kpc	0.01〜1pc
代表的な輝線[a]	[OⅢ]、[NⅡ]、[OⅠ][b]	水素原子のバルマー線[c]、FeⅡ[d]

[a] 可視光帯で観測されるもの
[b] [OⅢ]λ4959, 5007、[NⅡ]λ6548. 6584、[OⅠ]λ6300, 6364(数字はÅで表した波長)
[c] 紫外域ではヘリウム(HeⅡ)や炭素(CⅣ)の許容線も観測される。
[d] FeⅡはバンド輝線なので、可視光帯では波長4570Åを中心にして数百Åにわたって観測される。

3. 活動銀河中心核の種類

　この分類は1974年にエドワード・カチキアン（E. Y. Khachikian）とダニエル・ウィードマン（D. W. Weedman）によって提案されたものである。1型と2型セイファート銀河は、近傍宇宙では約1対4の割合で観測されている。

　1型と2型セイファート銀河は、実は同じ種族の天体であるが、見かけの効果で別種の天体のように観測されている。その理由につ

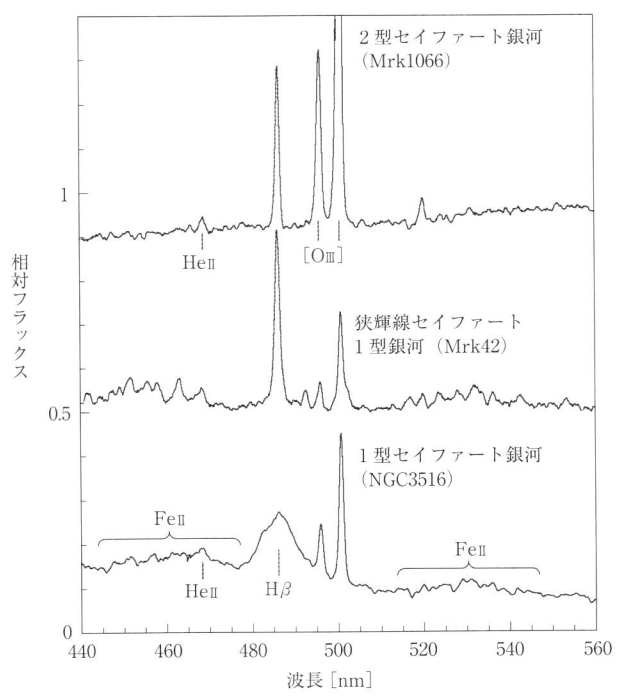

図12-3　セイファート銀河の可視スペクトル。上から順に、2型セイファート銀河Mrk1066、狭輝線セイファート1型銀河Mrk42、および1型セイファート銀河NGC3516。（Pogge, R. W. 2000, NewA R, 44, 381より改変）

いては、本章の活動銀河中心核の統一モデルの節で改めて説明する。

これらの分類に加え、興味深い種族のセイファート銀河として、狭輝線セイファート1型銀河（narrow-line Seyfert 1 galaxy、NLS1）がある。NLS1の可視スペクトルには速度幅が2000km s^{-1}を上回る輝線は見られないが、BLRから強く放射されるFeⅡ輝線が見られる（図12-3）。また、X線や赤外線スペクトルの特徴は2型セイファート銀河よりも1型セイファート銀河の特徴に合致する。このため、NLS1は1型セイファート銀河の一種だが、SMBHの質量が1型セイファート銀河よりも小さいためにBLRガス雲の運動速度が小さいと考えられている。

また、NLS1は他のセイファート銀河に比べてSMBHへの質量降着率が高いという報告がある。以上の特徴から、NLS1は質量成長が進行中であり、進化途上のSMBHを有する可能性がある。そのため、NLS1はSMBHの形成や進化を研究する上で鍵となる天体として注目を集めている。

3-2 LINER

LINER（ライナー）とは、low-ionization nuclear emission-line region（低電離中心核輝線領域）の略称である。この分類はティモシー・ヘックマン（T. M. Heckman）によって1980年に提案された。

LINERは中心核部分のスペクトルが低い電離度のイオン（N$^+$やS$^+$）や中性原子（O^0）からの強い輝線を示すという性質で定義される。この性質を示すために、図12-4に可視光帯の輝線による輝線天体の分類図を示す。イオンや中性原子の励起状態を調べる図なので、励起診断図（excitation diagram）と呼ばれるが、提案者の名前にちなみBPT図、あるいはVO図とも呼ばれることが多い。この図を見てわかるようにLINERでは低電離輝線（図では［SⅡ］が示されているが他に［NⅡ］や［OⅠ］なども使われる）が相対的に強いことがわかる。また、星生成銀河の電離ガスもAGNと比較すると低電離であるが、LINERでは［OⅠ］λ6300輝線が有意に強い。これはAGNから放射される高エネルギー光子がNLRに部

3. 活動銀河中心核の種類

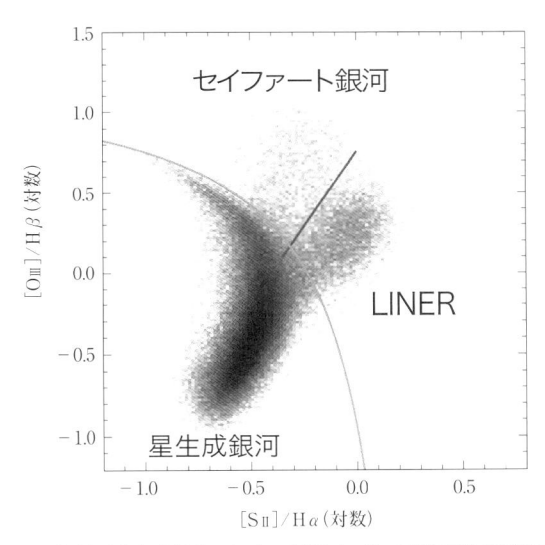

図12-4 輝線天体を分類するための診断図の例。可視光帯で観測される輝線である [OⅢ]/Hβ の強度比と [SⅡ]/Hα の強度比を組み合わせることで、図に示したようにセイファート銀河、LINER、および星生成銀河を区別することができる。(Kewley, L. J. et al. 2006, MNRAS, 372, 961 より改変)

分電離領域を形成しているためである（[OI] 輝線は部分電離領域で放射される）。

　また、セイファート銀河と同様に LINER にも1型と2型が存在する。LINER は典型的なセイファート銀河よりも低光度であることが多いが、分類の基準に光度は用いられないので注意を要する。LINER の母銀河はセイファート銀河の母銀河に比べると、より早期型の形態を示す場合が多いことも知られている。

　ホーらによる観測の結果によると、LINER は AGN のうち50〜75%、全銀河の20〜30%程度を占めている。このため LINER を考慮に入れると、AGN は決して珍しい天体ではなく、むしろありふれた天体といえる。なおここで示した割合は検出感度の限界による

第12章　巨大ブラックホールと活動銀河中心核

数え落としを補正していない。そのため、観測で見落としている微弱なAGNも含めると、さらに高い割合になると考えられる。このことは、多くの銀河の中心にSMBHが存在することと矛盾しない。

ただし、LINERを本当にAGNの一種族とみなしてよいかどうかという問題については議論の余地が残っている。すなわち、観測されているLINERの輝線スペクトルの特徴が、SMBHと降着円盤の組合せ以外の考え方でも説明できるためである。その例は、衝撃波でガスを加熱して電離ガスを作る方法である。また、惑星状星雲の親星や水平分枝の段階にあるような進化の進んだ恒星など、高温の星の集団がLINERの電離源となっている可能性も指摘されている。LINERのうちどれくらいの割合が本当にAGNかという問題は本質的に重要な問題である。なぜなら、先にも述べたように、銀河の中心にSMBHがどの程度普遍的に存在するかという問題につながるためである。現在までのところ、多くのLINERは低光度のAGNであることが確実になっている。しかし、AGNでは説明できないものもあるので、今後の観測的研究の進展が注目される。

3-3　クェーサー

クェーサーはAGNの中でもっとも明るい種族である。クェーサーは、quasi-stellar radio source（準恒星状電波源）の略称である。これは、クェーサーが点状（恒星状）に見える電波源として発見されたためである。ただし、その後の探査でわかったことだが、実際にはクェーサーのうち強い電波源である割合は1割程度にすぎない。そのためクェーサーという名称は実態を必ずしも正確には反映していない。それにもかかわらず、歴史的経緯で今でもこの名称が用いられている。また、quasi-stellar object（準恒星状天体）を短縮したQSOという名称が一時期用いられたが、今ではほとんど使われていない。なお、準恒星状電波源あるいは準恒星状天体という日本語訳の略称として準星という用語もあったが、これも現在では用いられない。

セイファート銀河よりも明るいAGNがクェーサーに分類され、もっとも明るいクェーサーではその光度は紫外線絶対等級で−29等級にも達する。この莫大な放射エネルギーが銀河中心部のきわめて

3. 活動銀河中心核の種類

狭い領域から放射されているということこそが、特に重要なクェーサーの特徴である。非常に明るいという特徴により非常に遠方にあってもクェーサーの観測は比較的容易であるため、クェーサーは遠方宇宙（初期宇宙）を探るための道具として使われてきている。たとえば、銀河間物質の化学組成や電離状態の進化を調べる際の背景光としてクェーサーは重宝されている（第14章参照）。また、初期宇宙におけるSMBHの形成と進化を議論するためにも、遠方クェーサーの観測的探査が活発に行われてきている。2012年7月現在での最遠方のクェーサーは、ダニエル・モルトロック（D. Mortlock）らが2011年に報告した、赤方偏移 $z=7.085$（距離は約129億光年）のULAS J112001.48+064124.3である。

3-4 電波銀河

　AGNのうち一部は非常に強い電波を放射しており、電波銀河（radio galaxy）と呼ばれている。この強い電波放射は空間的に広がった構造から主として放射されている。図12-5に示すように、こうした構造はMpc程度の大きさに達するものもあり、母銀河よりはるかに大きなスケールまで広がっている（銀河の典型的なサイズは10kpc程度である）。

　電波を放射している領域は以下の3つに分類される。
(1) 中心核に相当し空間的に分解できない点源であるコア（core）
(2) 細く絞り込まれた構造であるジェット（jet）
(3) 空間的に広がった構造であるローブ（lobe）

　ジェットの正体は、中心核から光速に近い相対論的速度で噴出される荷電粒子流である。ローブはおおむね中心核に対して対称な形だが、ジェットについては片側のみが観測されることも多い。その理由は、相対論的効果によってジェットの明るさがジェットの進行方向に向かって増幅されるため、観測者に近づく側のジェットが見かけ上明るく見える一方、遠ざかる側のジェットは見かけ上暗く見えるからである。

　セイファート銀河と同様に、電波銀河にも1型と2型が存在す

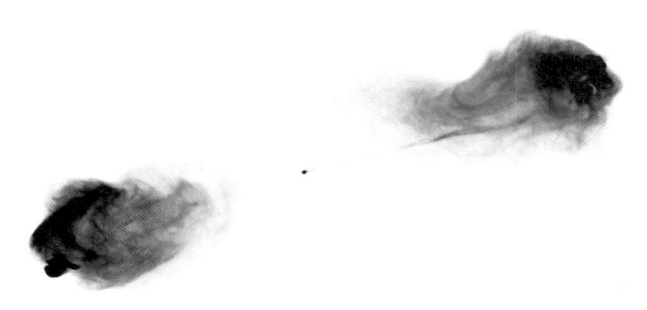

第12章　巨大ブラックホールと活動銀河中心核

図12-5　電波銀河はくちょう座A（Cygnus A）の電波画像。VLAにより振動数5.0GHzで観測したもの。（米国国立電波天文台）

る。しかし通例では1型電波銀河や2型電波銀河というよりも、慣習的に広輝線電波銀河（broad-line radio galaxy、BLRG）あるいは狭輝線電波銀河（narrow-line radio galaxy、NLRG）と呼ばれる。また、高光度の電波銀河はクェーサーと呼ばれるが、電波の弱いクェーサー（radio-quiet quasar）と区別するため電波の強いクェーサー（radio-loud quasar）と明示的に呼ばれる。

　電波銀河は大質量（$10^{11}M_\odot$以上）の銀河を母銀河にもつ傾向がある。これまでに見つかっている最遠方の電波銀河は赤方偏移$z = 5.19$にあるTN J0924-2201であるが、この最遠方電波銀河を含め、ほとんどの高赤方偏移電波銀河も星質量が$10^{11}M_\odot$以上に達するような母銀河をもっている。高赤方偏移では、このような大質量銀河は非常に稀な存在であるため、電波銀河の存在する領域は宇宙の各時代において特別に構造形成が早く進んでいる領域である可能性がある。実際に電波銀河の周辺を探査すると、宇宙の平均的な場所に比べて銀河が多数見つかる場合がある。このため、高赤方偏移宇宙にある銀河団や原始銀河団を発見するための目印として電波銀河が使われることがある。

3-5　ブレーザー

　ブレーザー（blazar）はもともと、可視光激変クェーサー（optically violent variable quasar、OVV quasar）やBL Lac天体

4. 活動銀河中心核からの放射

表12-2 活動銀河中心核の分類

	電波の弱いAGN	電波の強いAGN	
ジェットを見る方向	斜め、横	斜め、横	真正面
可視光輝線	観測される	観測される	観測されないか、弱い
AGNの種類 （明るい） ↑ ↓ （暗い）	電波の弱い クェーサー セイファート銀河 LINER	電波の強い クェーサー 電波銀河	ブレーザー

（BL Lac object）といった種族として認識されていた。OVVクェーサーはBLR放射など、クェーサーとしての性質も示すが、非常に激しい時間変動を示すことから特に区別してこのように呼ばれる。可視スペクトル中に強い輝線や吸収線の特徴が見られないAGNもあり、代表的天体であるBL Lacertae（とかげ座BL）の名前にちなんでBL Lac天体と呼ばれる。

　これらのAGNは、電波ジェットが視線に近い方向に放射されていると考えれば統一的に理解することができる。そのため、これら一群のAGNはブレーザー（これは単なる名称で、物理的な意味は含まれていない）と総称される。

　光速に近い速度で運動する荷電粒子からの放射は、進行方向のごく狭い方向に集中する。これを相対論的ビーミング（relativistic beaming）効果と呼ぶ。ジェットの進行方向の正面近くから観測すると、この効果のため、激しい光度変動を引き起こし、また、ジェットからの放射が降着円盤や輝線放射領域などからの放射を圧倒する。したがって、ブレーザーの観測的特徴をよく説明することができる。

　この節で述べたさまざまな種類のAGNの特徴を表12-2にまとめる。

4. 活動銀河中心核からの放射

　AGNは電波からX線（ときにはガンマ線）までの広い波長域で

第12章　巨大ブラックホールと活動銀河中心核

明るい放射を出している（図12-6）。これは、AGNをもたない銀河とは全く異なる性質である。したがって、この広帯域スペクトルを星の放射で説明することは不可能であり、降着円盤やジェットからの放射など、AGNに特有な放射源を導入する必要がある（表12-3）。広い帯域にわたる連続的な放射に加え、可視光や紫外線などで、さまざまな電離度のイオンや原子からの輝線スペクトルを示すことも大きな特徴である。ここでは、それらの放射について述べる。

4-1　降着円盤の熱放射

　AGNは広い波長域にわたって放射しているが、特にエネルギーを多く放射しているのは紫外線から極端紫外線にかけての波長域で、そのスペクトルの形状からビッグ・ブルー・バンプ（big blue bump）と呼ばれている。標準降着円盤（第11章5節参照）は高温のガス円盤であり、各半径の温度に応じた黒体放射をしている。円盤は内側ほど高温になり、AGNまわりの円盤の最内縁ではおおよそ10万K程度である。内縁からは極端紫外線が放射され、円盤の外側ではより波長の長い紫外線や可視光が放射される。これが、ビッグ・ブルー・バンプの放射の元になっていると考えられている。ただ、極端紫外線は星間物質で吸収されやすいためにほとんど観測ができないことと、可視光から紫外線で観測されているスペクトルの形状は標準降着円盤だけでは説明できないことから、放射の起源は十分には理解されていない。

　一方、LINERなど低光度のAGNはビッグ・ブルー・バンプを示さない。このことは、低光度AGNは質量降着率が小さく、紫外線を明るく放射する標準降着円盤がブラックホール周辺に形成されていないと考えると理解できる。

　AGNは、軟X線（$0.2 \sim 1\,\mathrm{keV}$）でも明るい成分が観測されることが多く、近似的には温度100万〜200万Kの黒体放射の形状をしている。しかし、降着円盤内縁部を考えてもこの温度は高すぎ、その起源はよくわかっていない。

　$1 \sim 2\,\mathrm{keV}$以上の硬X線スペクトルはべき関数の形をしており、数百keVで折れ曲がり高エネルギー側で急激に暗くなる。この成

4. 活動銀河中心核からの放射

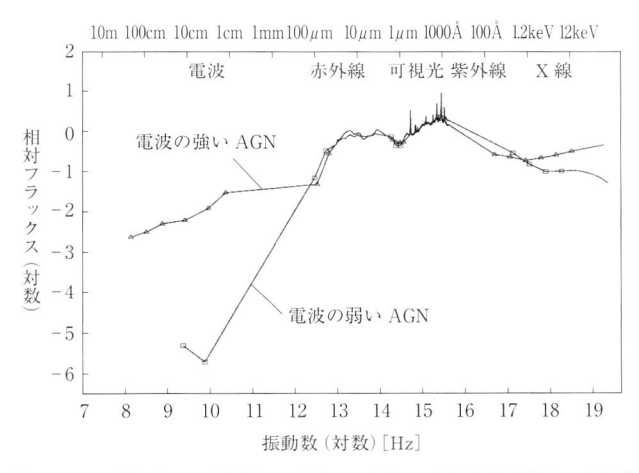

図 12-6 1型AGNの広帯域スペクトル。□と△を結んだ実線は、それぞれ電波の弱いAGNと電波の強いAGNの平均的スペクトルを示す。(Shang, Z. et al. 2011, ApJS, 196, 2 より改変)

表 12-3 活動銀河中心核の放射源

	電波の弱いAGN	電波の強いAGN (ブレーザーでないもの)	電波の強いAGN (ブレーザー)
電波	ジェット	ジェット	ジェット
赤外線	トーラス	トーラス	ジェット
可視光	降着円盤 輝線放射領域	降着円盤 輝線放射領域 ジェット	輝線放射領域が 見えることもある ジェット
紫外線	降着円盤 輝線放射領域	降着円盤 輝線放射領域 ジェット	ジェット
X線	降着円盤コロナ	降着円盤コロナ ジェット	ジェット

第12章 巨大ブラックホールと活動銀河中心核

分は、降着円盤からの紫外光が、降着円盤コロナと呼ばれる温度10億K程度の高温電子と衝突しエネルギーを得ることで作られている。この過程は逆コンプトン散乱（inverse Compton scattering）と呼ばれる。

このようにして作られたX線は、観測者に直接届くだけでなく、降着円盤やトーラス（torus、降着円盤やBLRを取り囲むように存在しているドーナツ状のガス・ダスト雲）を照らす。照らされた物質中に侵入したX線は一部が光電吸収を受けながらもコンプトン散乱されて観測者に届く。この放射成分を反射成分と呼ぶことがある。反射という用語を使っているが、鏡面による全反射ではなく、コンプトン散乱であることに注意が必要である。物質にX線があたると、蛍光X線も放射される。鉄は宇宙に多く存在するとともに、蛍光X線を出しやすい（蛍光収率が大きいという）ため、6.4keVの鉄Kα蛍光輝線が観測されることが多い。

降着円盤からの紫外線などの放射が、周辺にあるトーラス内のダストに吸収されると、ダストは温度数十Kからダストの昇華温度（dust-sublimation temperature）である1500～2000K程度に温められる。そのため、温度に応じて、赤外線を放射する。この放射が数μmから数十μmの波長域で観測されている。

4-2 輝線放射領域

本章3-1節のセイファート銀河で説明したように、AGNの可視スペクトルにはNLRとBLRの2種類の輝線放射領域が観測されている（表12-1）。輝線放射のメカニズムは次の2種類に分類される。
(1) 許容線（permitted line）
(2) 禁制線（forbidden line）

許容線は再結合線（recombination line）などで、紫外線から赤外線の波長帯では水素原子の再結合線が顕著に放射されている。ここで、再結合とは電離したイオンと電子が再び結合することをさす。

禁制線は重元素原子やイオンから放射される。励起は主として電

4. 活動銀河中心核からの放射

子との衝突で行われる。BLRでは禁制線が観測されていないが（表12-1）、これは重元素の原子やイオンがBLRに存在しないためではない。BLRでは電子密度が非常に高いので、衝突逆励起（周辺の電子に運動エネルギーを与える）でエネルギーの低い準位に遷移してしまうためである。

なお、許容と禁制の言葉は、電気双極子放射の遷移が量子力学的に許されているか、禁じられているかを意味する。禁制線は本来なら放射されないが、星間空間のように低密度の環境下では磁気双極子放射や電気四重極放射として放射されるものである。

BLRの空間的サイズは1pc以下であるため、観測的にBLRを空間的に分解して観測することはできない。一方、NLRは数十pcから数kpcの大きさを有するため、近傍のAGNであれば空間的に分解して観測することが可能である。この形状が円錐状をしていることから間接的にトーラス状の遮蔽体の存在が示唆されている。これは、あとで説明するAGNの統一モデルを支持する観測事実として重要である。

4-3 ジェット

ジェットは、ブラックホール近傍から放出される光速近くまでに加速された物質の流れで、電波からガンマ線までのすべての波長で放射している。特にジェットが観測者の方向を向いている種族であるブレーザーでは、相対論的ビーミングという現象のためジェットからの放射の大部分が観測者方向に集中し、観測される放射のほぼすべてがジェット起源である。

ジェットからの放射は、電波からガンマ線の広い帯域の中で大きな2つのピークをもち、低エネルギー側のシンクロトロン成分と高エネルギー側の逆コンプトン散乱成分の組み合わせで理解されている。ジェットには磁場が伴っており、加速された電子が磁力線にまきつきながら高速に運動する際に放射されるシンクロトロン放射（synchrotron radiation）によって電波から紫外線（ときにはX線帯域まで）で輝く。電波や可視光ではジェットからの放射の偏光しているようすも観測されており、主要な放射過程がシンクロトロン放射であることを強く支持している。

第12章　巨大ブラックホールと活動銀河中心核

　ジェット内には高エネルギー電子が大量に存在するため、シンクロトロン放射された光子は高エネルギー電子と衝突してエネルギーを得る（逆コンプトン散乱）ことで、より高エネルギーの放射も作られる。この放射をシンクロトロン自己コンプトン（synchrotron self-Compton、SSC）放射と呼ぶ。この成分はX線から高エネルギーガンマ線までの帯域で観測される。

4-4　固有な吸収線系（噴出流）

　AGNからの明るい放射は放射源と観測者の間にある物質により一部が吸収される。放射が吸収体を構成する原子を励起する際に、エネルギー準位差に相当する波長を選択的に吸収するため、スペクトル上で特定の波長が暗くなり吸収線として観測される。吸収を担う物質としては、AGNそのものに密接に関係するもの、AGNの母銀河内に存在するもの、および銀河間空間に存在するものがある。ここでは、AGNに起因するものについて述べる。

　AGNの紫外線スペクトルを観測すると、数千$km\ s^{-1}$の速度幅におよぶ幅の広い吸収線（broad absorption line、BAL）が観測されることがある。この吸収線は、対応する輝線よりも短波長側に見られることがほとんどであり、視線方向にある中心核からの噴出流（アウトフロー、outflow）によるものだと考えられる。輝線と吸収線の速度差が噴出流の速度に相当するが、この速度差は2万$km\ s^{-1}$を超すこともある。

　スペクトルにBALが見られるクェーサーはBALクェーサー（BAL quasar）と呼ばれ、クェーサー全体のうち10％程度を占めている。なお観測されているBALクェーサーはほとんどが赤方偏移1以遠で見つかっているが、紫外線スペクトルを近傍宇宙のAGNに対して調べることが技術的に難しいため近傍のBALクェーサーが見つかりにくいという選択効果が働いていることに注意する必要がある。

　ところで、BALクェーサーとBALを示さないクェーサーの違いが何によるのかということがしばしば問題になる。中心核からのガス噴出の有無により両者の違いを説明することは可能である。あるいは、すべてのクェーサーにガス噴出現象が生じていて、噴出され

4. 活動銀河中心核からの放射

たガスが視線方向上に存在するかどうかという位置関係でBALクェーサーとそうでないクェーサーの差が生じると考えることも可能である。この2つのアイディアのうち前者が正しい場合には、BALクェーサーが巨大ブラックホール進化の特別な段階を見ている可能性が考えられる。また後者のアイディアが正しい場合には、中心核からのガスの噴出現象が普遍的であることを意味する。これら2つのアイディアのうちどちらが正しいのかを明らかにすることは重要であるが、いずれの考え方が正しいのかは未解決の問題である。

X線スペクトルにも、視線上に存在する電離したガスによって作られる吸収線が観測されている。詳細なスペクトル観測により、ヘリウム様や水素様（電子が2個または1個だけが残っている電離度を意味する。英語ではHe-likeおよびH-likeと呼ぶ）にまで電離した窒素・酸素・ネオンなどの吸収線が検出されている。吸収線の中心エネルギーの測定から、吸収体が300～1000 km s^{-1}程度の速度で噴出していることがわかっている。これらの吸収体は中心核からの明るい放射によって電離（光電離）されたガスであるため、電離吸収体（ionized absorber）と呼ばれる。温度は10万K程度であり、X線を明るく放射する高温ガス（温度100万K以上）と対比させて温かい吸収体（warm absorber）と呼ばれることもある。中心核の光度と電離の進み具合から、中心核から吸収体までの距離は1pc程度と推定されている。

最近では、このような電離吸収体に比べてさらに電離が進んだガスがより高速で噴出しているようすも観測されてきており、超高速噴出流（ultra-fast outflow）と呼ばれている。この噴出流は、鉄よりも軽い元素はほぼ完全電離し、鉄はヘリウム様や水素様にまで電離が進むという、きわめて高い電離度を示す。噴出速度も大きく、光速の3～30％程度にもなる。この噴出流はこれほどの速度をもっているため、銀河内の星間ガスに対して大きなエネルギーを与えている可能性がある。もしそうならば、星生成を抑制したりブラックホールへの質量降着を妨げたりする可能性がある。あとで述べる、銀河とブラックホールとが相互に影響をおよぼしながら進化したという共進化過程を理解する鍵になる現象となる。

第12章 巨大ブラックホールと活動銀河中心核

5. 活動銀河中心核の統一モデル

　AGNの統一モデル (unified model) とは、1型と2型のAGNを別種族の天体と考えるのではなく、観測者が天体を見込む角度が違うことにより本来同じ種族の天体が見かけ上別種族の天体に見えていると考えるアイディアである（図12-7）。具体的には、光学的に厚い（光子の散乱や吸収により不透明になっている）ガスやダストがドーナツのような形をした遮蔽体（トーラス）を形成していて、このトーラスが降着円盤およびBLRの外側に存在すると考える。この場合、トーラスの回転軸方向からトーラス内側を見込むような角度でAGNを観測すると、BLRがトーラスに隠されずに観測さ

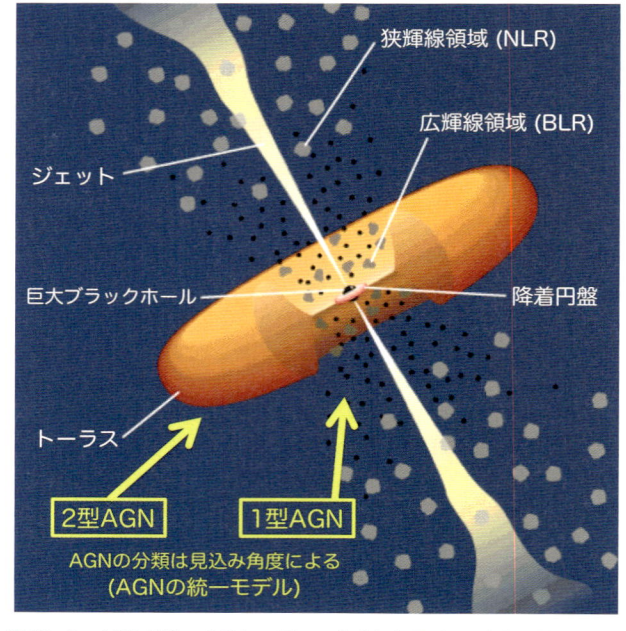

図12-7　AGNの統一モデル。(Urry, C. M. & Padovani, P. 1995, PASP, 107, 803 より改変)

5. 活動銀河中心核の統一モデル

れ、1型として認識される。一方、トーラスの赤道面方向から観測すると、BLRはトーラスに隠され、2型として認識される。

このAGN統一モデルの観測的証拠の1つとして重要なものに、1985年のロベルト・アントヌッチ（R. R. J. Antonucci）らによる観測結果がある。彼らは2型セイファート銀河NGC1068の可視偏光スペクトルを測定した。直接光スペクトルには速度幅の広い輝線が見られない一方、偏光スペクトルには速度幅の広いHβ線、He II 輝線、Fe II 放射など、1型セイファート銀河の特徴が見られた。このことは、NGC1068ではBLRがトーラス状の遮蔽体により隠されていて、トーラスの回転軸方向に放射された光が散乱されて観測者に届いていると考えれば理解できる。このとき、何がBLR放射を散乱しているかが問題になるが、偏光に波長依存性が見られないので、ダストによる散乱ではなく自由電子による散乱が支配的であると考えられている（ダスト散乱であれば、波長の短い光ほど散乱を受けやすいため、直接光スペクトルに比べ偏光スペクトルで連続光の傾きがより青くなるはずである）。ただし、すべての2型AGNについて偏光スペクトル中にBLR放射の兆候が見られるわけではない。

この偏光分光観測に加え、近赤外線での分光観測でもAGN統一モデルを支持する結果が得られている。いくつかの2型セイファート銀河について、可視光スペクトルには見られない速度幅の広い成分が、近赤外線スペクトル中の水素輝線に見られるようすが報告されている。これは、可視光に比べ近赤外線の方がダストに吸収されにくいため、可視光で見てもトーラスに隠されて見えなかったBLRが、近赤外線では見えているものと理解できる。

トーラスの存在の間接的な証明として、先に述べたように、多くのAGNに円錐型の形状をしたNLRが観測されていることがあげられる。輝線放射だけをとらえる特殊な撮像観測を行い、狭輝線を放射するガスの空間分布を調べると、中心核を頂点とする円錐型に分布しているのである。この状況は、中心核から全方位に向けて放射される光子のうちトーラスで遮られるものはトーラス以遠のガスを電離させることができず、トーラスの開口方向に放射される光子だ

第12章　巨大ブラックホールと活動銀河中心核

けがトーラス以遠のガスを電離させてNLRを形成していると考えれば説明できる。

　トーラスの存在を示す別の重要な結果として、日本のX線天文衛星「ぎんが」による観測がある。粟木久光らは、2型AGNのX線スペクトルが、1型AGNのX線スペクトルが視線上にある物質によって大きな吸収を受けた形をしており、トーラス越しに中心核を見ていると解釈できることを示した。

　中心核からトーラス内壁までの距離は、ダスト昇華半径（dust-sublimation radius）が決めていると考えられる。中心核までの距離が近くなればなるほどダストが受ける放射エネルギーが大きくなって温度が上昇し、1500〜2000K程度に達したダストは昇華してしまう。このため、ダストはダスト昇華半径よりも外側でしか安定的に存在できないので、この半径が中心核からトーラス内壁までの距離を決めている。

　このAGN統一モデルによれば、1型AGNと2型AGNの個数比はトーラスの形状と密接に関係する。現状の観測装置ではトーラスを空間的に分解して観測することが困難であるために、トーラスの形状はよくわかっていない。特にトーラスの厚みは1型AGNと2型AGNの個数比と直接対応すると考えられるが、トーラスの厚みが自己重力に逆らって維持されていることを物理的に説明することは簡単ではない。1つのアイディアとして、トーラスの内側で活発な星生成が起きているため、持続的に超新星爆発が発生して外向きの力が生じていればトーラスの形状が維持されるという数値シミュレーション結果も報告されている。

　ただし、1型AGNと2型AGNの個数比はAGN光度に依存することが知られている。この事実は、ある形状のトーラスを導入するだけでクェーサーやセイファート銀河など幅広い光度のAGNに見られる多様性を理解することはできないことを意味する。とりわけ、明るいクェーサーについて2型の天体数が極端に少ないことは、放射圧の影響で幾何学的に厚いトーラスが存在できないことを意味するのかもしれない。ただし、可視光でのクェーサー探査では相対的に暗い2型クェーサーを見落としがちであり、またX線探査でも非常に強い吸収を受けた2型クェーサーを見落としがちであることに

注意する必要がある。

　高光度側だけではなく、低光度側においてもAGN統一モデルの適用限界についての議論がある。いくつかの低光度AGNについて、BLR放射が可視スペクトルに見られないにもかかわらず、中心核がトーラスに隠されていないと考えられる天体がある。これらの天体では、X線スペクトルに吸収の兆候が見られず、可視連続光が1型AGNと同様の時間変動を示すことが報告されている。つまり、中心核はトーラスに隠されておらず直接見えていると推察される。したがって、このようなAGNでは、BLRが隠されているのではなく、そもそもBLRが存在しないのではないかと考えられている。

　このように、AGN統一モデルは依然として有効なモデルであるものの、AGN統一モデルが成り立たないような場合もあることを認識しておく必要がある。

6. 活動銀河中心核の探査

　AGNの探査の黎明期を切り拓いたのは、電波サーベイである。ケンブリッジ大学のグループが1959年に発表した第3ケンブリッジカタログ（3C）では、4素子の電波干渉計を用いて振動数159MHzで行った探査の結果がまとめられており、赤緯$-22°\sim+71°$にあって8Jyよりも明るい471の電波源が記載されている。この電波サーベイは空間分解能が悪く、可視対応天体を同定するためには月による掩蔽現象に頼る必要があったが、それにより1963年には3C 48と3C 273の赤方偏移がそれぞれ0.367と0.158であることがわかった。初めて宇宙論的距離にあるクェーサーを発見したという点でこの探査の意義はきわめて大きい。ケンブリッジ大学の電波天文学グループは3C以降にも電波サーベイを継続し、現在では10Cカタログまで公表されている。

　またケンブリッジ大学によるもの以外にもいくつかの電波サーベイが行われており、代表的なものにオーストラリアのパークス天文台が南天（赤緯$+20°$以南）に対して行った電波サーベイがある。ただし、こうした電波サーベイでは、AGNの一部にすぎない電波の強いAGNだけが主に発見されることに注意する必要がある。

第12章 巨大ブラックホールと活動銀河中心核

　初期の電波サーベイとそれに基づく可視光での観測から、AGNが非常に青い色をしている点状の天体であることが理解されるようになった。これをふまえ、可視光帯のいくつかのバンドで点源を測光して色を調べて、Uバンドが特に明るい天体（紫外線超過を示す天体）に注目することによりAGNを探す取り組みが精力的に行われるようになった。クェーサーは数密度が小さいので、効率よくクェーサーを探査するために視野の広いシュミット望遠鏡が多用された。紫外線超過天体の代表的な探査は、パロマー天文台で取得した画像データに基づいてリチャード・グリーン（R. Green）らが1986年にまとめたものであり、そのカタログに示された114天体のクェーサーサンプルはパロマー・グリーン（PG）クェーサーと呼ばれている。

　紫外線超過に加え、強い輝線がスペクトル中に見られることもAGNの観測的特徴である。このことに注目し、シュミット望遠鏡に対物プリズムを取り付けて視野内の明るい天体のすべてについて、粗いスペクトルを取得して効率よくクェーサーを探す手法も試みられている。代表的な探査は、英国シュミット望遠鏡（United Kingdom Schmidt Telescope、UKST）を用いて行われたラージ・ブライト・クェーサー探査（Large Bright Quasar Survey、LBQS）である。この探査では、約600平方度に対する観測により、赤方偏移3.3程度までのクェーサー計1055天体をカタログ化している。

　クェーサー探査を飛躍的に進展させたのが、スローン・ディジタル・スカイ・サーベイ（Sloan Digital Sky Survey、SDSS）である。SDSSは全天の約4分の1におよぶ広大な領域をおよそ350〜900nmの5バンドで撮像し、大量のスペクトルを取得するプロジェクトである。この5バンドでの測光情報を用いると、高赤方偏移クェーサーが示すライマンブレーク（Lyman break、クェーサーと観測者の間に存在する中性水素により静止系波長91.2nmより青い光が吸収されて非常に暗くなる特徴：第5章参照）を観測することができるため、効率よく高赤方偏移クェーサーを探すことができる。ユー・シェン（Y. Shen）らが2011年に公開したSDSSクェーサーカタログには10万天体以上のクェーサーが掲載されている。このSDSSクェーサー探査では赤方偏移6.42までのクェーサーが発見さ

6. 活動銀河中心核の探査

れた。またカナダ・フランス・ハワイ望遠鏡（Canada-France-Hawaii Telescope、CFHT）も同様の広域サーベイを行い（CFHT Legacy Survey、CFHTLS）、赤方偏移6.43までのクェーサーを発見している。

さらに高赤方偏移にあるクェーサーを探すには、可視光から近赤外線に赤方偏移するライマンブレークをとらえる必要があるため、近赤外線での広域撮像サーベイが必要になる。英国赤外線望遠鏡（United Kingdom Infrared Telescope、UKIRT）を用いた広域撮像サーベイ（UKIRT Infrared Deep Sky Survey、UKIDSS）のデータに基づき、モルトロックらが2011年に報告した、赤方偏移7.085にあるULAS J112001.48＋064124.3が2012年7月現在で知られている最遠方のクェーサーである。日本の国立天文台がアメリカ合衆国ハワイ州のマウナケア山頂に設置しているすばる望遠鏡においても、次世代超広視野カメラを用いて広域多バンド撮像観測を行ってクェーサーを系統的に探査する計画が進められている。

電波での探査や可視光での探査といった古くから行われているAGN探査に加え、近年ではX線によるAGN探査が盛んに行われている。X線でのクェーサー探査は、感度の高さと探査領域の広さを両立させることが他波長での探査より困難である一方、X線の透過力のおかげでダストに覆われたAGNを見つけやすいという利点がある。特に透過力が高い硬X線による探査では、他波長では発見困難なほどに深くダストに覆われたAGNを発見することができる。

最近では、中間赤外線のスペクトル形状に着目してAGNを探査する取り組みも行われてきている。NASAが2003年に打ち上げた赤外線天文衛星であるスピッツァー宇宙望遠鏡（Spitzer Space Telescope）により高感度の探査が可能になった。日本の赤外線天文衛星「あかり」は全天に対する多バンド赤外線撮像観測を行い、X線情報と組み合わせたAGN探査などの試みが行われている。今後、NASA等が2009年に打ち上げた赤外線天文衛星であるワイズ（WISE）衛星による非常に深い全天多バンド赤外線撮像観測がAGN探査に有用なデータを提供すると期待される。

こうした多くのAGN探査の目的は、さまざまな距離にあるさまざまな明るさのAGNの数を数え上げることにより、SMBHが宇宙

の中でどう進化してきたかを理解することである（次節参照）。

7. 活動銀河中心核の形成と進化

　観測されている巨大ブラックホール（SMBH）は、種となるブラックホール（seed black hole）が何らかの形で形成された後に現在の姿へと成長してきたと考えられている。しかし、種となるブラックホールは観測的にとらえられておらず、その質量や形成メカニズムもよくわかっていない。1つの考え方は、大質量星の超新星爆発で形成される恒星質量程度のブラックホールが種となり、ガス降着やブラックホール同士の合体を経てSMBHに成長したというものである。しかしこの考え方では、宇宙年齢10億年の時点までに太陽質量の10億倍の質量のSMBHを作ることが難しく、観測結果を説明することが困難である。

　そこで、宇宙初期に存在したと考えられる第一世代星（種族IIIの星、population III star、第7章参照）の超新星爆発で形成されるブラックホールを種とするアイディアが考えられている。第一世代星はそれ以降の世代の恒星よりも質量が大きくなる可能性があり、太陽質量の数百倍にも達し得ることが指摘されている。ただし、大質量第一世代星の超新星爆発の理論から予想される元素組成比と天の川銀河における低金属量星の元素組成比が全く合わないことなどから、第一世代星の質量が太陽質量の数百倍に達するようなことはなかったのではないかという指摘もある。さらに別の考え方として、太陽質量の数百倍以上のガス雲が星生成を経ずに重力収縮により直接ブラックホールを作り、それがSMBHの種となるというアイディアもある。いずれの考え方も広く支持されるにはいたっておらず、今後の研究の進展が待たれるところである。

　種ブラックホールが形成されたとすると、その後質量が成長し、現在のSMBHの姿にいたるまで進化してきたはずである。銀河中心核SMBHは、合体と質量降着によって質量を増加させてきたと考えられている。なお、SMBHの進化ということばで、SMBHの性質（質量や角運動量）が時間とともに変化してきたようすを表す。

　銀河は衝突合体を繰り返し進化してきたため、合体の時点で銀河の中心核にSMBHが存在していたとすれば、SMBH合体も起こっ

7. 活動銀河中心核の形成と進化

てきたと予想される。合体した銀河の中に2つのSMBHがあると、周囲の星との重力による相互作用を通じて徐々に角運動量を失い、中心へと落ち込んでいく。しかし、SMBH間の距離が1pc程度になると、距離を縮めるのにきわめて長い時間がかかり、現在のところ宇宙年齢よりも短い時間で合体させる機構は理解されていない。これが、未解決のファイナルパーセク問題（final parsec problem）である。さらにSMBH間の距離を縮めることができたとすると、重力波を放出することによってSMBH同士はさらに近づき、最後には合体する。

周辺のガスや星がSMBHに吸い込まれる（質量降着する）ことでも、SMBHは質量を増加させてきたはずである。SMBHの周囲には、降着してきた物質により降着円盤が形成され、質量降着した量に応じて降着円盤は明るく輝く。すなわち明るく輝いているAGNは、質量を増加させつつある状況にあるSMBHであるといえる。ただ、質量降着が起こり、降着円盤が明るく輝くと、その放射圧により質量降着が妨げられるため、SMBH質量を短時間の間に急成長させることには限度（エディントン限界）がある。宇宙年齢が10億年に満たない時期に、すでに$10^9 M_\odot$を超える質量のSMBHが存在していたという観測結果が得られているが、種ブラックホールをそのような大質量のSMBHへと短時間で成長させるために、エディントン限界を超えた質量降着が起こっていた可能性も提案されている。

SMBHの進化を調べる際、光度関数（luminosity function）がよく用いられる。光度関数は、ある光度の天体が、どれほどの数密度で存在しているかを光度の関数として表したものである。天体の距離（あるいは赤方偏移）ごとのグループに分けて光度関数を比較することで、光度関数の進化（赤方偏移依存性）を調べることができる。光度関数が距離とともに関数の形状を保ったまま、密度が変化する（グラフが上下方向に移動する）ことを密度進化（density evolution）、光度が変化する（グラフが左右方向に移動する）ことを光度進化（luminosity evolution）という。

観測的には、本章6節で紹介したような大規模な探査を行い、さまざまな距離や明るさにある多数のAGNを検出し数え上げること

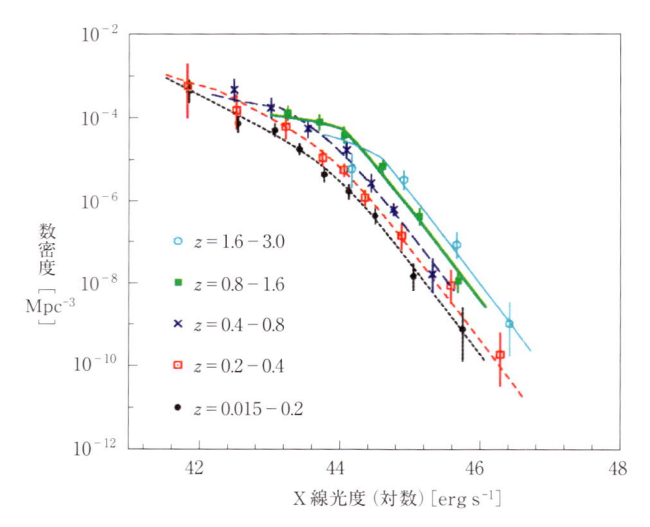

第12章 巨大ブラックホールと活動銀河中心核

図12-8 X線で観測されたAGNの光度関数を5つの赤方偏移のグループに分けて示したもの。(Ueda, Y. et al. 2003, ApJ, 598, 886より改変)

によって、光度関数とその進化が調べられている。図12-8はさまざまなX線天文衛星を用いて2〜10keVのX線で検出されたAGNの光度関数である。この図で赤方偏移ごとの光度関数の形を比較すると、単に上下方向や左右方向に関数を移動させた形状にはなっていない。この光度関数の進化の仕方は、光度によって密度進化の度合いが異なるという光度に依存する密度進化（luminosity-dependent density evolution）で表されている。

この光度関数の進化は、別の表現をするとわかりやすい。図12-9はAGNを光度ごとにグループ分けし、それらの空間密度が時間とともにどう変化してきたかを、赤方偏移の関数として表したものである。光度が大きいAGNであるクェーサーは赤方偏移2〜3程度で存在量がピークになり、近傍宇宙では全く見られなくなってい

7. 活動銀河中心核の形成と進化

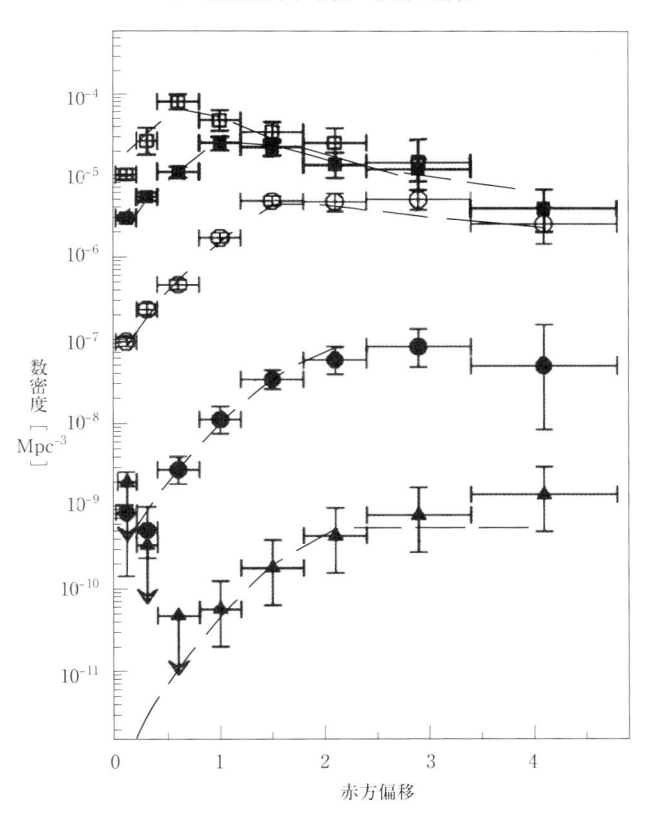

図12-9 光度ごとにAGNの空間密度を赤方偏移の関数として示したもの。上から光度（erg s^{-1}）の対数が46以上、45-46、44-45、43-44、42-43。（Hasinger, G. et al. 2005, A&A, 441, 417 より改変）

る。クェーサーより光度が暗いAGNは、光度が暗いほどより近傍（最近の宇宙）で存在量のピークをとる。このように、光度によって個数の進化の仕方が異なることがわかる。光度が暗いものほど、

より最近の宇宙で存在量がピークになる現象は、ダウンサイジング（downsizing）と呼ばれている（第5章参照）。

　明るいクェーサーが、遠方では多く存在していたが近傍で見られなくなっていることから、近傍宇宙にはクェーサーの残骸であるSMBHが、今では中心核活動性を示さないような通常銀河の中心に残っていると考えられる。これは、死んだクェーサー問題（dead quasar problem）と呼ばれている。実際、銀河中心核の活動性を示さない近傍銀河の中心に存在するSMBHが見つかり始めており、これらがクェーサーの名残なのかもしれない。
　AGNは質量降着によって輝いており、SMBHの質量が質量降着だけで増加している（合体の影響を無視する）とすると、AGNの光度関数の進化をSMBH質量の進化へと焼き直すことができる。ただし、降着した質量がどれほどの効率で放射に転化するかは仮定する必要がある。降着した質量がもつ静止エネルギーの約10〜30％が放射されたとすると、観測されている光度関数の進化から予測される現在の宇宙でのSMBHの質量密度と、観測から実際に推定された通常銀河を含めた銀河中心核SMBHの質量密度がよく一致することがわかっている。この10〜30％という放射効率は、回転するブラックホール（カー・ブラックホール：第11章参照）の場合に期待される値でもあり、質量降着がSMBHの質量成長に重要な役割を果たしていることは間違いなさそうである。

8. 巨大ブラックホールと銀河の共進化

　SMBHと銀河の共進化（co-evolution between supermassive black holes and galaxies）とは、銀河とその中心核に位置するSMBHが互いに影響をおよぼし合いながら進化してきたとする考え方である。この概念によれば、銀河進化の全貌を理解するためにはAGN現象の理解が必須であることになる。
　SMBHと銀河のかかわり合いの重要性が広く認識されるようになったきっかけの1つは、SMBH質量と母銀河のスフェロイド成分（円盤銀河であればバルジ、楕円銀河であれば銀河自身）の星質量とが正比例の関係にあることが観測的にわかってきたことである

8. 巨大ブラックホールと銀河の共進化

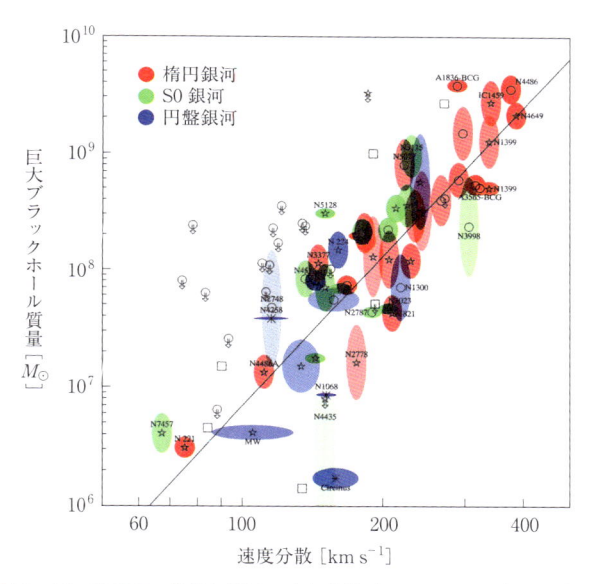

図 12-10 SMBHの質量と銀河の速度分散（スフェロイド成分の質量の指標）の相関（マゴリアン関係）。（Gültekin, K. et al. 2009, ApJ, 698, 198 より改変）

（図12-10）。しかも、この関係はAGNの有無に拘らず成立している。

本章2節で述べたような方法により、SMBHの質量が測定されてきており、近傍宇宙にある銀河について調べてみると、SMBHと母銀河スフェロイド成分の質量比は銀河によらず約0.2％という値が得られる。この正比例関係は、観測的にこの関係を指摘したジョン・マゴリアン（J. Magorrian）の名前から、マゴリアン関係と呼ばれることもある。この正比例関係は、銀河とSMBHが密接な影響を互いにおよぼし合いながら質量成長を遂げてきたことを示唆する。しかし1万光年以上の大きさをもつ銀河とシュバルツシルト半径が0.01光年以下であるSMBHとがどのようにして互いの進化に

第12章　巨大ブラックホールと活動銀河中心核

影響をおよぼし合うのか、その物理過程を明らかにすることが現在大きな課題となっている。

銀河で新しく星が爆発的に生成される現象をスターバースト（starburst：第5章参照）というが、銀河の星質量増加につながるスターバースト現象とSMBHの質量増加につながるAGN現象が密接に関係することは古くから知られており、スターバースト‐AGN関係（starburst-AGN connection）と呼ばれている。

たとえば、スターバースト強度の指標である多環式芳香族炭化水素（polycyclic aromatic hydrocarbon、PAH）からの赤外線強度とAGN光度の間に正の相関が見られることは、スターバースト‐AGN関係の観測的兆候の1つである。宇宙における平均的な星生成率密度（単位体積単位時間当たり星生成率、star-formation rate density）の赤方偏移依存性と、明るいクェーサーの数密度の赤方偏移依存性とがほぼ同じ形をしていることも、スターバースト‐AGN関係の傍証である。

AGN統一モデルで重要な幾何学的に厚いトーラスの形状を維持するため、中心核近傍におけるスターバーストが本質的な役割を果たしているとする理論的指摘もあるが、これもスターバースト‐AGN関係を踏まえたものである。

SMBHと銀河の共進化を考える際に鍵となる概念が、フィーディング（feeding）とフィードバック（feedback）である。フィーディングとは、銀河スケールからSMBHにガスを供給することである。一般にガスは角運動量をもつため、銀河スケールにあるガスをSMBHに落下させるためにはガスの角運動量を取り除く必要がある。この角運動量の抜き取りを引き起こすため、銀河合体が本質的な役割を果たすとする考えや、棒渦巻銀河における棒構造のポテンシャルが寄与しているとする考えなどが提案されている。効率のよいフィーディングは銀河の中心部に大量のガスを輸送するため、SMBHへの質量降着を起こすとともに、銀河中心部でのスターバースト現象も引き起こすかもしれず、スターバースト‐AGN関係と密接にかかわっている可能性がある。

一方、フィードバックとは、AGN現象が母銀河の星生成活動な

8. 巨大ブラックホールと銀河の共進化

どに影響を与える過程である（なお、フィードバックという用語はAGN以外にも天文学の種々の天体について使われるため、AGN現象によるフィードバックのことを明示的にAGNフィードバックという場合が多い）。たとえば、AGNからの強い放射に伴う放射圧や、AGNの活動性に伴うガスの噴出流（本章4-4節参照）により、母銀河中のガスが吹き飛ばされることで星生成の材料がなくなり、星生成活動が停止することが考えられる。

ところで、銀河の統計的性質の進化を理論モデルで取り扱う際に、大質量銀河での星生成活動が継続しすぎてしまい、現在の宇宙で観測されている大質量銀河の数密度や色分布を理論が再現できないという困難がしばしば見られる。この困難を解決するためにAGNフィードバックをモデルに導入し、大質量銀河での星生成活動をある時期に止めてしまうことにより現在の宇宙での銀河の観測結果と合致する理論計算が得られている。そのため、銀河進化におけるAGNフィードバックの重要性が注目を集めている。

AGNフィードバックは、銀河に対して働くだけでなく、より大きなスケールである銀河団に対しても働いていることが知られている。銀河団はX線を放射する高温ガスに満ちているが、AGNから放出されたジェットが高温ガスを押しのけて作った空洞状の構造が

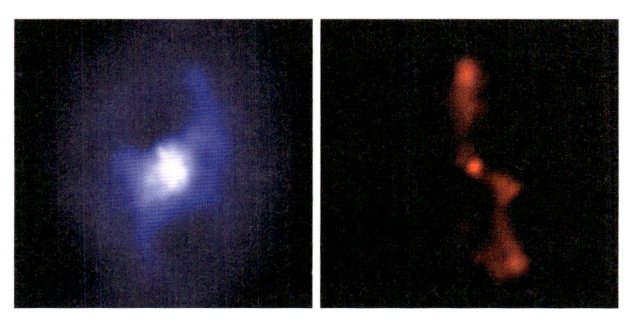

図12-11 （左）銀河団MS0735.6+7421のX線画像。電波画像（右）で見られるAGNからのジェットが吹き出しているところでは、X線を放射する高温ガスが押しのけられ空洞になっている。（NASA/Chandra X-ray Center）

第12章 巨大ブラックホールと活動銀河中心核

観測されている（図12-11）。このことから、AGNが銀河団といった宇宙の構造にまでも大きな役割を果たしていることが推測される。

　以上見てきたように、AGN現象はSMBHの形成と進化やエネルギー生成機構のみならず、銀河進化との枠組みでも重要な現象であると考えられるようになってきた。宇宙の進化を総合的に理解する上で、AGNの役割は想像していた以上に大きい。今後はAGN（すなわちSMBH）と銀河の共進化をベースにした研究が必須になるであろう。

第13章
星間物質

第13章　星間物質

1. 概要

　街あかりのない場所で夜空を眺めると、まさにミルクが流れ落ちたような天の川が目に入る。天の川をさらによく見ると、暗く、星が少ない部分があるのに気づく。この暗黒領域は、物質が何も存在しないわけではない。天の川を形づくる星々の間は、実は真空ではなく、希薄な気体や固体微粒子（以下、宇宙塵、cosmic dust）で満ちているのだ。天の川の暗黒領域は、こういった物質の密度が濃い領域であり、そこにある宇宙塵による"もや"で、背景の星がおおい隠されている。そして、暗黒領域の中でもさらに物質の濃い場所で、星が集団で誕生する。本章では、こうした星間空間を漂う物質、星間物質（interstellar medium）について見ていこう。

　まず、星間物質の元素組成を見てみる。太陽近傍の星間物質でもっとも多い元素は水素であり、質量比で約74％を占める。次に多い元素はヘリウムで、約25％である。水素、ヘリウムより重いその他の元素は、残りのわずか1％強しかない。このような元素組成は太陽と同様である。そもそも星の材料は星間物質であり、元素組成が共通しているのは当然かもしれない。

　ところで、天文学では水素、ヘリウムより重い元素を総称して金属という。実は、金属元素はこの宇宙がビッグバンで始まったときにはなかったものだ。これらは、星内部の核融合反応により生み出され、星の死とともに星間空間に放出される。何世代もの星の生死を経て、ようやく1％ほど蓄積してきたのだ。金属元素は量的には少ないが、効率的な放射冷却の機能をもち、星間物質の進化と星の生成に大きな影響をあたえる。そして、星の大集団である銀河の進化と深くかかわることになる。

　次に星間物質の成分を見てみよう。星間物質の質量の約99％は気体であり、残りの約1％は宇宙塵（固体）である。宇宙塵は、量的には少ないが、背景の星の光を減光する効果や、星間物質の加熱と冷却の効果を担う重要な構成要素である。

　ここで星間気体（interstellar gas）の3つの特徴を見ておこう。第1の特徴は希薄さである。地表付近の空気は、約3×10^{19}個cm^{-3}の分子を含む（0℃、1atmにおいて、1mol［$= 6 \times 10^{23}$個の分子］の気体の体積は22.4 ℓ である）。一方、星間気体は、分子雲という

1. 概要

表13-1 星間気体の諸相

分類	典型的密度 [個 cm^{-3}]	典型的温度 [絶対温度K]	体積占有率 [%] (不定性大)	銀河系内 の総質量 [1億太陽 質量]	円盤垂直 方向の 広がり [pc]
コロナガス (超高温電離 雲：HIM)	0.003	10^6	約50	—	3000
高温電離雲 (WIM)	0.1	8000	約25	10	900
電離雲 (H II 領域)	1〜10^5	10^4	—	0.5	70
高温中性雲 (WNM)	0.5	8000	約30	28	220
低温中性雲 (CNM)	50	80	約1	22	94
分子雲	200以上	10	約0.05	13	75

("The Physics and Chemistry of the Interstellar Medium", A.G.G.M. Tielens 2005 Table 1.1 より改変)

密度が濃い領域でも、約10^{3}個cm^{-3}程度と桁違いに希薄である。第2の特徴は多様さである。表13-1に代表的な成分をまとめた。分子雲とコロナガスを比較すると、密度で約5桁、温度でも約5桁の差がある。第3の特徴は圧力平衡である。代表的な星間気体成分は互いの圧力がつりあった状態（圧力平衡）にある（図13-1）。これが多様な成分が共存できている理由である。

星間物質には、高いエネルギーをもち、高速で飛び交う原子核や電子もある。これを宇宙線（cosmic ray）という。宇宙線の質量は、星間物質の中では無視できるほど小さいが、そのエネルギー密度は星間空間の電磁波のそれに匹敵するほど大きい（表13-2）。どうして宇宙線がそのような大きな運動エネルギーをもつのか、いまだ完全には解明されておらず、天文学上の難問の1つとして知られている。

第13章　星間物質

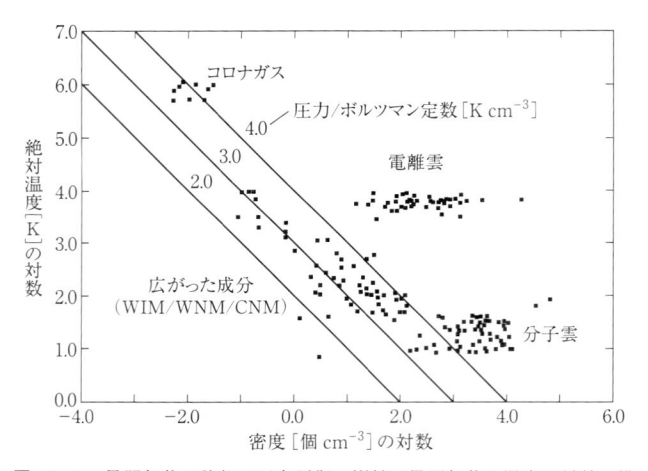

図13-1 星間気体の諸相の圧力平衡。縦軸は星間気体の温度の対数、横軸は密度の対数。代表的な成分は、左上から右下へかけて、温度と密度の積（＝圧力）が一定の線上に並んでいる。つまり、ほぼ圧力平衡にある。圧力平衡からのずれは、膨張もしくは収縮を表している。電離雲は膨張しており、分子雲は重力収縮している。(Myers, P. C. 1978, ApJ, 225, 380 より改変)

表13-2 太陽近傍の星間エネルギー密度の内訳

要素	エネルギー密度 [eV cm^{-3}]
電磁波	1.12
（宇宙マイクロ波背景放射）	(0.265)
（星間塵赤外線放射）	(0.31)
（星放射）	(0.54)
熱	0.49
乱流	0.22
磁場	0.89
宇宙線	1.39

("Physics of the Interstellar and Intergalactic Medium", B. T. Draine 2011 Table 1.5 より改変)

2. 星間雲

2-1 分子雲

　星生成の現場である分子雲（molecular cloud）は、主に水素分子で構成されている。しかし、水素分子は赤外線および電波観測では検出しにくい。そこで、水素分子のかわりに一酸化炭素分子（CO）の電波輝線を検出して分子雲を見つけるのが一般的である。銀河系の星間空間では、分子雲の占める体積比率は0.1％未満である（表13-1）。

　銀河系の円盤面では、銀河系中心から半径約5kpcの円周上に比較的多くの分子ガスが分布し、渦状腕と位置的によい相関を示している（図13-2）。また、円盤の赤道面に非常に薄く分布してい

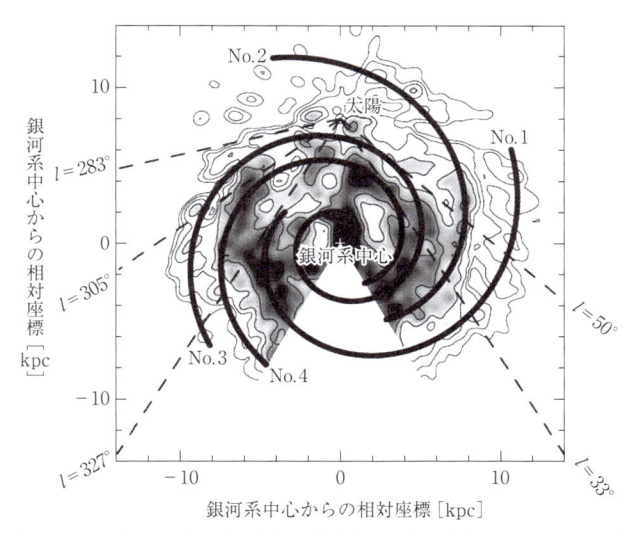

図13-2 銀河系の分子雲分布と渦状腕との比較。濃淡で分子ガスの分布を示している。図中の＋印は銀河系中心を示す。太陽の位置から見て銀河系中心の反対側の空白は観測ができていない領域。No.1からNo.4の実線は銀河系の渦状腕の位置を、そしてlは銀経を示している。（Nakanishi, H. & Sofue, Y. 2006, PASJ, 58, 847 より改変）

第13章　星間物質

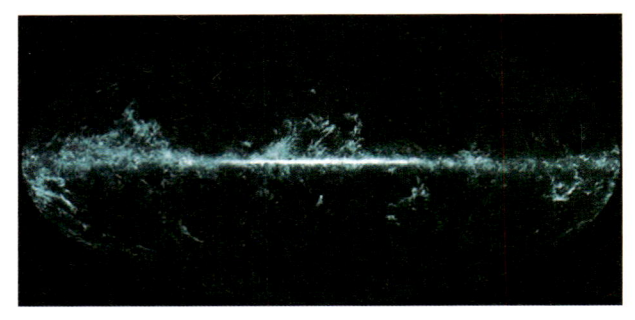

図13-3 プランク衛星により撮影された銀河系の一酸化炭素輝線の分布。一酸化炭素分子は水素分子と共存しており、星間分子雲の分布の指標となる。（ESA/Planck Collaboration）

とが特徴的である（図13-3）。典型的な厚みは約50pcしかない。図13-3を見ると、円盤の上下にも大きく広がった分子雲が存在するのがわかる。これらは、太陽近傍の成分か、大質量星や連鎖的に起きた超新星爆発の影響で吹き飛ばされた成分である。

それぞれの分子雲の構造はさらに複雑であり、サイズも多様である。太陽の10万～100万倍の質量をもつ巨大分子雲（giant molecular cloud）のサイズは100pc程度になるのに対し、太陽の100倍程度以下の質量をもつ孤立した分子雲のサイズは0.3pcしかない。分子雲のサイズの幅は実に3桁にもわたることになる。先に見た大域的な分布は、このような多様な大きさの分子雲の重ね合わせである。なお、巨大分子雲の形状はフィラメント状、板状、泡状、そして不規則形状の塊（クランプ）などで構成される複雑な構造をもつ。

次に、分子雲の物理的性質を見てみよう。分子雲の平均密度は100～1000個cm^{-3}程度である。星間空間の中では高密度の領域であるが、地球大気と比べるとはるかに希薄である。温度は10～20Kほどで、星間空間でもきわめて冷たい領域である。

分子雲の内部構造として重要なのは分子雲コア（molecular cloud core）である。大きさは0.1pc程度、質量は太陽の10倍程度である。一酸化炭素分子以外にもアンモニア等の少し複雑な分子の輝線が検出される。分子雲コアの温度は10K程度であり、分子雲

2. 星間雲

の平均的な温度と同じである。一方、密度は1万〜100万個cm^{-3}になっており、分子雲の平均密度より1〜3桁も高密度な領域となっている。密度が高いため、分子雲コア内部で重力収縮が起こりやすく、星生成の現場となる。

最後に分子雲の形成と破壊についてまとめる。分子雲は渦状腕の位置とよく合っているので、その形成には渦状腕の影響が重要と考えられる。星間物質が渦状腕と遭遇すると、渦状腕の重力で圧縮され衝撃波が発生する。その後、暴走的な放射冷却による収縮や重力による収縮を経て分子雲が生まれる。巨大分子雲に関しては、浮力で銀河面からせり出し湾曲した磁力線に沿って星間物質が落下することで形成される可能性もある（図13-3および図13-12）。しかし、分子雲の形成がどのように行われているか、まだよくわかっていない。

分子雲は、その内部に誕生した大質量星の放射や星風、超新星爆発の影響で破壊される。分子雲の誕生から破壊までの時間は、渦状腕の伝搬モデルから、およそ1000万年程度と考えられている。

2-2 中性水素（H I）雲

天文学では、中性水素（単独の水素原子）をH Iと表す。ちなみに電離（イオン化）水素はH IIと表す。中性水素雲とは少量のヘリウムと微量の重元素を含むものの、ほとんどが水素原子から構成されている天体である。中性水素雲は、波長21cm（振動数1420MHz）の電波輝線で検出される。この電波輝線は、水素原子を構成する陽子と電子のスピンの向きがそろった状態から反対向きの安定な状態になる際に放射される（スピンの向きがそろった状態の方が少しエネルギーが高い）。

銀河における中性水素雲の分布は、星々の分布をはるかに超えて、銀河の外縁部にもおよんでいる。その一例として、渦巻銀河NGC6946の星と中性水素雲の分布の違いを図13-4に示す。中性水素雲は星の分布の2倍以上にまで大きく広がっていることがわかる。

中性水素雲は温度によって冷たい成分と暖かい成分の2つに分類される。低温中性雲（cold neutral medium: CNM）は、温度が

第13章　星間物質

図13-4 NGC6946の可視光で見える円盤（左）と中性水素雲分布（右）の比較。左右は同じスケールで表示されている。（Boomsma, R. et al. 2008, A&A, 490, 555より転載）

80K程度で、水素原子の密度は約50個cm^{-3}である。銀河系では、銀河系中心から約4〜8kpcの位置に多く分布し、典型的な厚みは約100pcである。こういった大域的な分布は、中性水素雲の加熱と冷却のバランスでほぼ決定されている。主たる加熱機構は星間塵の光電効果や宇宙線によるイオン化で生じた電子がもつエネルギーの星間物質への分配である。冷却機構としては、イオン化炭素の輝線放射によって系外へエネルギーをもち出す放射冷却が重要である。

一方、高温中性雲（warm neutral medium; WNM）は、温度が約8000Kで、水素原子の密度は約0.5個cm^{-3}である。冷たい成分と同様に、銀河系の円盤面では、銀河系中心から約4〜8kpcの位置に広がって分布している。典型的な厚みは約200pcであるが、円盤と垂直方向には指数関数的に密度は減少し、銀河系のハローとつながっている。加熱機構としては、星間塵の光電効果と宇宙線によるイオン化に加え、X線によるイオン化の効果も重要となる。冷却機構としては、水素原子のライマンα輝線放射による放射冷却が重要である。その他にも、中性酸素や中性炭素の輝線や、イオン化した星間塵と電子との再結合の効果も無視できない。

このように、CNMとWNMは、ともに水素原子を主成分としているが、温度にも密度にも大きな差がある。しかし、お互いの圧力

2. 星間雲

がつりあうことで、このような2成分が共存することができる。なお、銀河系円盤の赤道面付近に限ると、CNMが質量の約80％を占めている。

2-3 電離水素（HⅡ）雲

　オリオン星雲（M42）をはじめとする有名な星雲のいくつかは、若い大質量星の紫外線によって水素が電離（イオン化）した、電離水素領域（HⅡ領域）という天体である。水素原子をイオン化するには、13.6eV（わずか200京分の1cal）以上のエネルギーを、水素原子にあたえればよい。これは波長が91.2nm以下の紫外線に相当する。このような紫外線光子を電離光子という。

　大質量星（太陽質量の10倍以上の質量の星）はその表面温度が約3万Kを超え、大量の電離光子を放射する。そのため周囲にある中性水素原子は電離され、HⅡ領域が形成される。HⅡ領域内では、水素原子の電離と、水素イオンと自由電子の再結合とがつりあった状態（電離平衡）が達成される。ベンクト・ストレムグレン（B. Strömgren）は、1939年、密度一定で球対称な場合の理論を構築した。この球対称領域をストレムグレン球と呼び、典型的半径（ストレムグレン半径）は1～10pcと評価された。これは観測されるHⅡ領域のサイズとよく一致する。

　HⅡ領域内の水素イオンが自由電子と再結合する際、自由電子はある量子数nのエネルギー準位にいったん入った後、下の準位に遷移する。このとき、電子は準位間のエネルギー差を光子として放射する。この光子はある決まった波長の輝線として観測される。たとえば、量子数$n=3$から2への遷移はHα輝線、$n=4$から2への遷移はHβ輝線となる。これら$n=2$への遷移で生じる輝線は可視光に現れ、バルマー系列という。HⅡ領域は、特にHα輝線で非常に明るく輝く天体である。他に、$n=1$（基底状態）に遷移する紫外線のライマン系列、$n=3$に遷移する赤外線のパッシェン系列などがある。

　水素イオンと自由電子が再結合しない場合でも、電磁気力で自由電子の軌道が変化すると光が放射される。これを制動放射という。X線から電波まであらゆる波長の光を連続的に放射するが、特に電

第13章 星間物質

表13-3 HⅡ領域の分類

分類	自由電子の密度 [個 cm^{-3}]	サイズ [pc]
超コンパクト	3000以上	およそ0.1以下
コンパクト	1000以上	およそ0.1から1
典型的	およそ100	およそ1から10
巨大	およそ10	およそ10以上

(『シリーズ 現代の天文学6 星間物質と星形成』福井康雄、犬塚修一郎、大西利和、中井直正、舞原俊憲、水野亮編、2008、日本評論社表4.1より改変)

波における放射が強い。また、HⅡ領域内部やその周囲には星間塵もある。それらは主として赤外線を放射する。

表13-3にHⅡ領域の分類を示したが、密度やサイズの値はそれほど厳密なものではない。典型的HⅡ領域や巨大HⅡ領域は可視光のHα輝線でよく見つかり、オリオン星雲などの有名な星雲はこれに分類される。

コンパクトHⅡ領域や超コンパクトHⅡ領域は、分子雲に埋もれている天体で星間塵の減光のため可視光では見えず、電波や赤外線で検出される。これらは電波天文学や赤外線天文学の発展とともに1970年代に見つかってきた種類である。最近では、さらに小さい極超コンパクトHⅡ領域（サイズが約0.05pc以下）というタイプも見つかっている。

以上のようなHⅡ領域のサイズの違いは、年齢の違いと考えられている。星は分子雲の中で誕生するので、若い大質量星の周囲は高密度であり、そのストレムグレン半径は小さい（超コンパクト）。HⅡ領域の温度は約1万Kと高く、周囲のガスより圧力が高いので、HⅡ領域は膨張する（コンパクト）。そして、分子雲の一部を突き破り、可視光でも見えるようになる。

HⅡ領域の外にも、星間空間を満たす希薄な高温電離雲（warm ionized medium; WIM）がある。表13-1からわかるように、電離雲の質量のほとんどはこのWIMであり、HⅡ領域の総質量は実はあまり大きくない。WIMの存在は、プラズマ中を通過するパルサーからの電波信号の振動数ごとの到着時間の違いや、星間空間に薄く

2. 星間雲

広がったHα輝線の観測などからわかる。また、WIMの制動放射により生じる電波は、宇宙マイクロ波背景放射（第1章16節参照）へのノイズとなる。宇宙マイクロ波背景放射から初期宇宙の情報を引き出そうとするとき、銀河系のWIMの性質をよく理解しておくことが必要となる。

WIMのイオン化源（加熱源）としては、HII領域と同様に、大質量星からの電離光子が考えられている。しかし、どれくらいの割合の電離光子がHII領域を脱出するのか、また、その電離光子がどうやって星間空間の中性水素雲を避けて比較的遠くまで到達し、広い範囲にわたってWIMのイオン化を維持するのかはわかっていない。いずれにしても、電離光子の吸収源となる中性水素雲は、星間空間に一様にべったりと分布しているのではなく、コンパクトな塊のような構造をもち、まばらに分布している必要がある。

HII領域からはさまざまな輝線が観測される。銀河系外の一般の銀河からも、個別のHII領域を見ることはできないが、それらを銀河全体で積算した輝線が観測される。このような輝線を用いると、その銀河のさまざまな物理量を推定することができる。たとえば、水素のHα輝線から銀河の星生成率（単位時間当たりに生成される星質量）を推定することができる。また、水素に対する酸素や窒素の輝線の強度比を用いると、金属元素の相対量を推定することができる。このような推定は、銀河の化学組成を調べる重要な道具になっている。

遠方宇宙の若い銀河からは、強いライマンα輝線が観測されることが多い（第5章6節参照）。ライマンα輝線は、銀河内の星間空間と銀河の外の銀河間空間で複雑に散乱されるためHα輝線ほど単純ではないが、HII領域から放射されることは同じである。ライマンα輝線の観測からその銀河の星生成率やHII領域を生み出す大質量星の性質などが推定されている。このように、HII領域から放射されるさまざまな輝線は、銀河の進化の研究に重要な情報をあたえてくれる。

銀河の進化のみならず、宇宙全体の進化を考える場合、銀河間空間の進化も考慮しなければならない。銀河間空間の性質を調べてみると、近傍の宇宙から約130億光年彼方の宇宙まで、水素は完全電

第13章　星間物質

離状態にあることがわかった。ところが宇宙の歴史を考えると、宇宙誕生後38万年経過したときに、陽子と電子は再結合し宇宙は中性化したはずである（宇宙の晴れ上がり：第1章11節参照）。したがって、何らかのメカニズムで銀河間空間にある水素原子は、再び電離されたことになる。これは宇宙再電離と呼ばれる。しかし、何が宇宙再電離をもたらしたかは、今のところ不明である（詳しくは第14章5節参照）。

基本的には、星間空間のHⅡ領域同様、大質量星からの電離光子によって銀河間空間の中性水素原子が電離されたと考えられている。その場合、電離光子の一部が星間空間を経て銀河の外の銀河間空間へと到達する必要がある。最近、すばる望遠鏡などによる観測で、実際に銀河間空間にたっした電離光子が一部の遠方銀河で発見された。これをもって、宇宙再電離の物理過程が解明されたわけではないが、今後の研究に期待が寄せられている。

2-4　惑星状星雲

太陽質量の8倍より軽い質量をもつ星は、赤色巨星の段階を経た後、その外層を星間空間に放出する。この膨張する外層はさまざまな殻状の構造をつくる。中心に残された白色矮星から放射される電離光子により、外層のガスが電離され、HⅡ領域となる。これが惑星状星雲（planetary nebula）として観測されている。この名前の由来は、望遠鏡の口径が小さかった時代に、大型の惑星と見た目が似ていたことによるもので、惑星とは何の関係もない。

近年ではハッブル宇宙望遠鏡等による高解像度の画像が得られるようになり、惑星状星雲の研究は大きく進展した（図13-5）。惑星状星雲は従来考えられていたような滑らかな構造をしているのではなく、複雑な構造をしている。また、形状も多様である。惑星状星雲全体の5分の1程度は球状の殻構造をもつが、大多数は非球対称な構造をしている。このような多様な形状は、中心星が連星であることや、星風の非一様性、磁場、もしくはこれらがお互いに影響しあった結果生じていると考えられている。

典型的な惑星状星雲の大きさは0.3pcで、電子密度は100〜1万個cm^{-3}である。若い惑星状星雲ほど密度は高く、膨張するにつれ

2. 星間雲

て密度は減少する。質量は太陽質量の0.1～1倍程度である。温度は1万K程度であり、加熱源は中心に残された熱くコンパクトな星の中心核である。この中心核は後に白色矮星となる。中心核と惑星状星雲の殻との間は100万Kにたっする高温のプラズマで満たされている。

銀河系では、現在、3000個ほどの惑星状星雲が見つかっているが、銀河系を構成する星の数（約2000億個）からすると極端に少ない。これは、惑星状星雲の寿命が短く、数万年程度しかないためである。短寿命ではあるが、星間空間における惑星状星雲の役割は大きい。星内部での核融合反応で合成された炭素、窒素、酸素、カルシウム等のさまざまな元素を周囲にまき散らし、星間物質の金属元素汚染を引き起こす。こうして供給された金属元素は、効率的な放射冷却を行ない、星間物質の構造と進化に影響をあたえる。

図13-5 エスキモー星雲。(NASA/ESA/STScI)

惑星状星雲の距離は、必ずしも正確に求められているわけではない。比較的近傍にある惑星状星雲ならば、膨張による見かけの大きさの変化から距離を推定できる。膨張速度の測定が別に必要となるが、それはドップラー効果による輝線の波長の変化をスペクトル観測で測定して求める。しかし、遠くの惑星状星雲は見かけの大きさの変化が小さいため、この手法は使えない。銀河系内の多くの惑星状星雲の距離決定に不定性が残されているのが現状である。

2-5 超新星残骸

超新星残骸（supernova remnant）とは、超新星爆発に起源をもつ球殻状の衝撃波面と内部の高温ガスからなる星間雲である。超新星爆発は、太陽質量の8倍以上をもつ大質量星の最期に起きる爆発（II型超新星）や、白色矮星への質量降着あるいは合体時に起こる

第13章　星間物質

爆発である（第7章7節参照）。

　超新星爆発は星間物質の金属元素汚染も引き起こす。特に鉄や、コバルト、ニッケルなどの多様な微量重原子核を供給する。超新星残骸が周囲の星間物質と混合することで、星間物質の元素組成が変わっていく。したがって、星間ガスの化学的性質や銀河の化学進化が大きな影響をこうむる。

　衝撃波を受け超新星残骸となった星間物質は、温度が約100万Kとなり X線で明るく輝く。原子核はほとんど完全電離状態となり、他の星間物質では見られない高階電離の輝線も観測される。また、高速で運動する自由電子が磁力線に巻きついて放射されるシンクロトロン放射がX線や電波で明るく観測される。さらに、自由電子がX線光子に衝突しエネルギーをあたえガンマ線光子にする過程（逆コンプトン散乱）も起こる。このような多様な高エネルギー放射は、膨張速度が衰えて高温の状態を維持できなくなるまで数万年程度続く。

　超新星残骸は銀河宇宙線の生成源の有力候補である。超新星残骸は衝撃波と磁場をもつため、宇宙線の加速が期待できる。実際、超新星爆発のエネルギーの1％を宇宙線粒子の加速に利用できれば、銀河系の宇宙線生成量をまかなえる。しかし、宇宙線加速の詳細はいまだ不明な点が多く、現在でも精力的に検討が続けられている。

2-6　コロナガス

　コロナガスは、100万K以上の温度にもたっする希薄な星間物質プラズマである。名前は太陽のコロナに性質が似ていたことに由来する。最近では、超高温電離雲（hot ionized medium; HIM）と呼ばれることもある。

　その起源は大質量星の星風や、超新星爆発により加熱されたプラズマと考えられている。このプラズマは非常に温度が高いため、銀河系円盤から銀河ハローへと流出し、我々の銀河系を取り囲んでいる。円盤領域にもコロナガスは存在するが、その分布や量はほとんどわかっていない。

　コロナガスの存在は、星間物理学の巨人ライマン・スピッツァー（L. Spitzer, Jr.）による1956年の理論的考察によって認識された。

2. 星間雲

　当時、銀河系の円盤面から少し離れた場所で中性水素雲が発見された。これらのガス雲が力学的に安定に存在するためには、圧力平衡で雲の構造を維持する必要がある。そのためには、中性水素雲の周辺に希薄で高温のコロナガスが存在することが要請される。コロナガスの数密度は10^{-4}個cm^{-3}程度と見積もられ、その後、直接的証拠となるX線放射が検出された。

　X線以外にも、コロナガスが存在するさまざまな観測的証拠がある。たとえば、5階電離酸素イオン、4階電離窒素イオン、そして、3階電離炭素イオンの吸収線の存在である。さらに、6階電離酸素イオンの輝線も検出されている。このような高階電離イオンを平均的な星間放射場の光電離で生成することはエネルギー的に困難であり、超高温プラズマ粒子の衝突電離が必要である。

　ところで、コロナガスは超低密度のため、加熱と冷却、電離と再結合は、平衡状態にたっしていない。このような非平衡状態のプラズマ物理にも関心が注がれている。

2-7　高速度雲

　銀河系のハロー中には、銀河系円盤の回転運動（約200km s^{-1}）に比べて、90km s^{-1}以上の速度差をもつ中性水素雲が存在している。これらは高速度雲（high velocity cloud; HVC）と呼ばれている。高速度雲にはまれに分子ガスや宇宙塵も見つかっている。金属元素量は少なく、太陽組成の約10分の1程度である。つまり、銀河系円盤中の星間雲に比べて金属汚染は進んでいない。このような高速度雲は、アンドロメダ銀河（M31）やM33、M83、NGC6946など、銀河系の近くの円盤銀河の周囲にも発見されており、ハロー中の高速度雲は円盤銀河に普遍的に存在することがわかってきた。

　高速度雲のサイズと質量にはかなりのばらつきがあるが、たとえば、直径が25pc程度の場合なら、質量は太陽の3000万倍程と見積もられている。銀河系ハロー中の高速度雲全体の総質量は、銀河系ハローの大きさの定義にもよるが、太陽質量の100億倍にもたっする可能性がある。したがって、高速度雲は珍しいものではなく、かなり重要な成分として認識されるべきだろう。

　高速度雲の起源はいまだよくわかっていない。1つの仮説とし

第13章　星間物質

て、銀河系形成期の残存ガスを見ている可能性がある。また最近では、銀河系の重力によりマゼラン雲から流出した星間物質（マゼラン雲流、第6章5節参照）のような、銀河系の近くの矮小銀河からはぎ取られた星間物質を見ているとする説もある。さらに、銀河系赤道面に近い比較的低速度のものは、銀河面から吹き上げられた星間物質が冷却しながら落下しているものかもしれない（図13-17）。実際には、これらすべての可能性があり、単一の起源ではないと考えられている。

3. 宇宙塵

宇宙塵（cosmic dust）とは、宇宙空間に存在する固体微粒子である。星間空間の塵は星間塵、惑星間空間（通常は太陽系内の意味）の塵は惑星間塵、銀河間空間の塵は銀河間塵のように、塵がある場所によって呼び分けられる。典型的な粒子サイズは、星間塵では0.1μm程度と推定されている（1μmは1000分の1mm）。地球大気上層部や南極で採取される惑星間塵は、10〜100μm程度の大きさをもつ。図13-6に惑星間塵の例を示す。

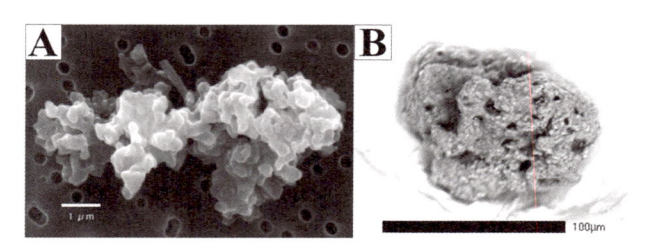

図13-6　A：高層大気（高度20km）、B：南極氷中でそれぞれ採取された惑星間塵。（九州大学総合研究博物館）

3-1　星間減光

銀河系内の星の見かけの色を比べたとき、遠くの星の方が近くの星より系統的に赤く観測される。1930年、ロバート・トランプラー（R. J. Trumpler）は、星間空間には可視光の波長より小さい固

3. 宇宙塵

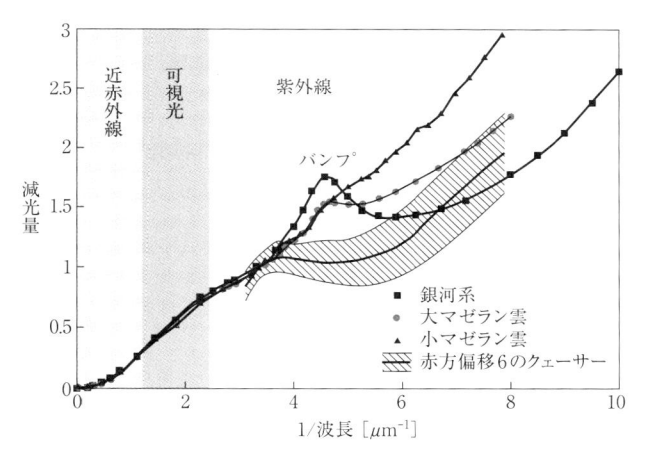

図13-7 さまざまな減光曲線。横軸はμm単位の波長の逆数。縦軸は波長0.3μmの減光量が1となるように調整されている。

体微粒子が分布しており、それが星からの光を吸収または散乱して、赤化を生み出していると指摘した。吸収と散乱を合わせて減光（extinction）という。このような減光を生み出す固体微粒子、宇宙塵は星間空間にあまねく存在する。

星間減光の量は観測する波長によって異なる。この減光量の波長依存性を減光曲線（extinction curve）と呼ぶ。図13-7に、銀河系と、大小マゼラン雲で測定された減光曲線を示す。減光曲線の横軸は、μm単位で測った電磁波の波長の逆数とするのが慣例である。したがって、横軸が大きいほど波長は短い。参考のため、図中に可視光（波長$0.4\sim0.8\mu$m）と、紫外線（波長$0.1\sim0.4\mu$m）、赤外線（波長0.8μm以上）の範囲を合わせて示す。図から、波長の短い電磁波ほど減光は大きいことがわかる。つまり、青い光ほど暗くなるので、赤化が生じる。朝夕の太陽が赤く見える現象に似ているが、星間減光の方が波長依存性は弱い。

銀河系の減光曲線は、波長0.22μm付近（図13-7の横軸4.5あたり）の減光が強い。これをバンプと呼ぶが、銀河系のさまざまな方

第13章　星間物質

向の減光曲線に普遍的に見られる特徴である。バンプは銀河系の星間塵の組成の重要なヒントであるが、炭素が主成分の極微粒子による吸収と考える説が有力であるものの、まだ確定はしてはいない。一方、小マゼラン雲の減光曲線にはバンプが見られず、銀河系とは星間塵の組成が異なると考えられている。大マゼラン雲の減光曲線には弱いバンプが見られ、銀河系と小マゼラン雲の中間的な減光曲線となっている。

また、図13-7には示されていないが、銀河系でも、大小マゼラン雲でも、波長10μm付近の減光が強い。これはケイ酸塩鉱物（シリケイト）に起因する吸収である。吸収の形から非晶質（アモルファス）のケイ酸塩鉱物であると思われる。

このように、減光曲線の特徴から星間塵の構成物質を推定することができる。銀河系には、炭素系（グラファイトなど）の星間塵とケイ酸塩鉱物の星間塵がだいたい半分ずつ存在し、大マゼラン雲は炭素系星間塵が少なく、小マゼラン雲はほとんどすべてケイ酸塩星間塵であると考えられている。このような違いは、星間空間で起こる星間塵の形成と破壊の連鎖の結果であり、銀河の進化を反映している。その意味で、さまざまな銀河の減光曲線を調べることは重要である。最近、赤方偏移6（ビッグバンから10億年後程度）の宇宙にある巨大ブラックホールを中心にもつ天体クェーサーの減光曲線が調べられ、それは銀河系や大小マゼラン雲のものとは全く違うことが明らかとなった（図13-7）。

このように、銀河の種族やその進化段階によって、減光曲線が異なることが確かめられつつある。問題はこの変化がどのような物理・化学的な過程で生じているかを突き止めることである。

3-2　星間偏光

光は、伝播方向に対して垂直に電磁場が振動する横波である。電磁場の振動方向は、光の伝播方向を中心軸とする360°のどの方向も可能である。ただし、電場と磁場は互いに垂直な横波として伝播する。電磁場の振動方向がある方向に偏っている状態を偏光（polarization）という。星から放射される光には偏光はないが、星間空間を伝播するうちに何らかの原因で偏光が生じる場合がある。

3. 宇宙塵

これを星間偏光（interstellar polarization）という。

　星間空間で偏光が生じる原因として、(1)光の散乱、(2)星間磁力線に沿って整列した非球対称星間塵による減光、および(3)放射がある。散乱による偏光は、反射星雲などで顕著である。減光による偏光は銀河系円盤全体にわたって広く観測されており、星間磁力線を調べることに役立っている。分子雲からは、磁力線に沿って整列した星間塵から放射される赤外線やサブミリ波の偏光が観測されている。

　減光や放射による星間偏光は、星間塵の形状が非球対称であることを意味する。たとえば、ラグビーボール状の星間塵に光が入射する場合、長軸に平行な電場をもつ光の方が長軸に垂直な電場をもつ光より強く減光される。これは、電場の振動方向の星間塵のサイズが減光量を決めているからである。もしこのような星間塵が整列している雲を光が通過すれば、星間塵の長軸に平行な電場をもつ光がより弱くなり、偏光が生ずる。観測されている星間偏光は数％程度であり、星間塵の一部が整列しているだけで十分である。

　しかし、星間塵の整列メカニズムには不明な点が多い。現在のところ、星間塵が回転し、その回転軸が星間磁力線に沿って整列するというアイディアが有力である。星間塵の回転は、星間ガス粒子の衝突や光の圧力などによるトルク（力のモーメント）に起因する。詳しい計算によると、三軸不等な星間塵が等方的なガスの衝突や光の圧力にさらされた場合、最短軸のまわりを回転する確率がもっとも高くなる。回転する星間塵が磁場の中にあると、回転軸は磁力線のまわりを回りながら（歳差運動、precession）、徐々に磁力線と平行になるように近づいていくと考えられている。

3-3 赤外線放射

　可視光より波長の長い、波長1μm程度から1000μm程度の光を赤外線という（波長が数百μm程度の光はサブミリ波と呼ばれる）。可視光は主に星からの光であるのに対し、赤外線は星間塵の出す光である。図13-8は、日本の赤外線天文衛星「あかり」（AKARI）によって撮影された波長9μmにおける天の川の姿である。図13-3に示した分子雲の分布とよく一致しており、分子雲に

第13章 星間物質

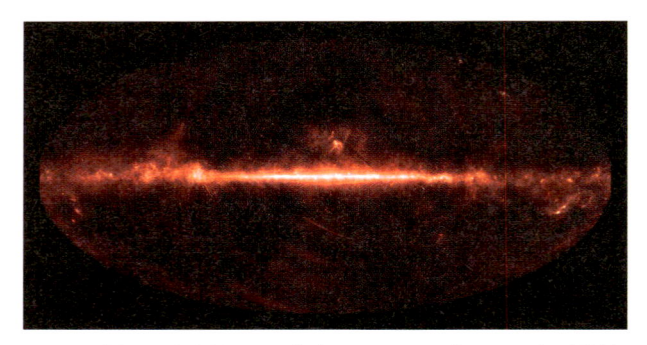

図13-8 「あかり」衛星による波長9μmにおける全天マップ。赤外線は星間塵が出す光であり、その分布を示している。図13-3の分子雲の分布と非常によく似ている。(JAXA)

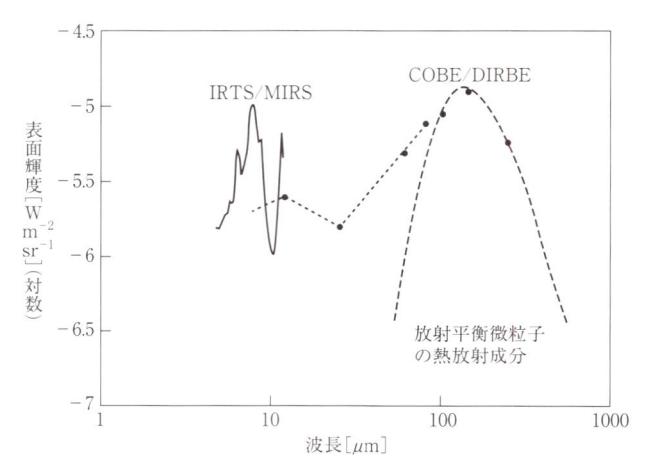

図13-9 銀河系の赤外線スペクトル。横軸は波長（μm）、縦軸は表面輝度（天球面積当たりの明るさ）の対数。COBE/DIRBE、IRTS/MIRSは観測装置の名前。(『シリーズ現代の天文学6 星間物質と星形成』図6.4より改変)

3. 宇宙塵

星間塵が含まれていることを示している。

　星間塵は、星からの可視光や紫外線を吸収して温まり、そのエネルギーを赤外線で再放射する。その温度は、吸収したエネルギーと再放射するエネルギーとのつりあいで決まる（放射平衡）。星間塵の温度（T）と赤外線放射のピーク波長（λ）との関係は、ウィーンの変位則（Wien's displacement law）として次式

$$T = 30\left(\frac{100}{\lambda}\right) \text{K} \tag{13-1}$$

であたえられる。図13-9に銀河系の赤外線スペクトルを示した。波長が100～200μmのあたりに放射のピークが見られる。ウィーンの変位則から、星間塵の温度が約20Kと評価される。この温度は、可視光から紫外線にかけての星間放射場の強度から放射平衡を仮定して計算した温度によく一致する。

　図13-9では、波長10μm前後にもいくつかの放射ピークが見られる。これは未同定赤外線バンド（unidentified infrared band、UIRバンド）と呼ばれている。このバンドは、ベンゼン環が多数つながった多環式芳香族炭化水素（Polycyclic Aromatic Hydrocarbon; PAH）という巨大分子が出す光のピークであるという説がある。また、PAHだけでなく、炭素が鎖状につながった脂肪族炭化水素（aliphatic hydrocarbon）も含んだ複合的な有機物の方がよいとする説もある。

　いずれにしても、炭素系の極微粒子が有力候補である点は、減光曲線に見られる波長0.22μmの吸収バンプと共通している。小マゼラン雲の減光曲線にはバンプが見られなかったが、未同定赤外線バンドは小マゼラン雲でも検出されている。しかし、銀河系に比べるとその強度は弱い。一般に、未同定赤外線バンドは低金属量環境では弱いという傾向が知られている。このことは未同定赤外線バンドや0.22μm吸収バンプの正体解明へのヒントとなるだろう。

3-4　元素組成とサイズ分布

　星間空間におけるさまざまな元素の存在量は、主に紫外線帯の星間吸収線の強度から測定されている。星間ガスの元素組成を太陽の元素組成と比べると、一部の元素は太陽組成と比べて著しく少な

第13章　星間物質

表13-4 星間減損から推定した銀河系星間塵の元素組成。

元素	質量割合（%）
酸素	50.4
炭素	19.2
鉄	12.7
ケイ素	7.0
マグネシウム	6.2
その他	4.5

い。これを星間減損（interstellar depletion）という。特に、その元素の単体の凝縮温度が高いほど減損度も高い。凝縮温度が高い元素は、固体になりやすい性質をもつ。そのような元素はガス相ではなく固体相、すなわち、星間塵として存在すると考えられる。星間減損のすべてを星間塵への凝縮と仮定すれば、星間塵の元素組成を推定できる（表13-4）。

このような元素組成を満足する構成物質には、かんらん石（$[Mg, Fe]_2SiO_4$）や輝石（$[Mg, Fe]SiO_3$）、酸化鉄（FeO, Fe_2O_3, Fe_3O_4）、グラファイト（C）などがある。特に、かんらん石や輝石などのケイ酸塩鉱物（シリケイト）は、減光曲線の$10\mu m$吸収などさまざまな証拠とよくあう。また、グラファイトなどの炭素系の物質も$0.22\mu m$吸収バンプや未同定赤外線バンドなどと一致する。

図13-7に示した減光曲線から星間塵のサイズ分布を推定することができる。一般に、微粒子のサイズ程度より短い波長の電磁波ではどの波長の電磁波も同じように減光され、波長依存性は生じない。一方、サイズ程度より長い波長の電磁波では減光に波長依存性が現れ、赤化が起こる。観測によると少なくとも波長$0.1\mu m$程度の紫外線まで赤化があるので、星間塵は主に$0.1\mu m$より小さいサイズをもつはずである。

ジョン・マティス（J. S. Mathis）らは、1977年に銀河系の減光曲線を再現するサイズ分布として、$0.005\sim 0.25\mu m$の範囲でベキ指数-3.5のベキ関数を提案した。このサイズ分布は、マティスらの1977年の論文の著者3名の頭文字からMRN分布と呼ばれ、星間塵のサイズ分布の標準モデルとなっている。

その後、大小マゼラン雲の減光曲線もMRN分布と同じベキ関数のサイズ分布で再現できることが示された（ただし、銀河系と大小

3. 宇宙塵

マゼラン雲では星間塵の構成物質が異なる）。ところで、星間空間でMRN分布が生じる理由は諸説あり、いまだ確定していない。さらに、銀河系や大小マゼラン雲以外の銀河、特に遠方銀河の星間塵のサイズ分布は現時点では不明である。

3-5 生成、進化、破壊

　宇宙塵は、金属元素と同様に、星の死とともに誕生する。星進化終末期の激しい星風や超新星爆発などで星間空間に放出されたガスが膨張により急冷し、ガス中に含まれる鉄やケイ素をはじめとする不揮発性元素が凝結して宇宙塵となる。液体と固体の違いはあるが、地球上で上昇気流に乗った水蒸気の塊から雲ができる過程とよく似ている。しかし、地球の雲では海塩などの微粒子を核としてその周りに液体の水が凝結するのに対し、宇宙塵の凝結では核の生成から始まる点が異なる。核の生成は謎が多く、宇宙塵に限らずさまざまな相転移現象における核生成が、物性物理学の最先端の研究対象になっている。

　銀河系における宇宙塵の生成には、中質量星の後期進化段階にあたる漸近巨星分枝星（Asymptotic Giant Branch star; AGB星）の寄与がもっとも大きい。AGB星は激しい質量放出現象を繰り返し起こし、その星風中で宇宙塵は凝結する。その証拠に、AGB星の周囲では生まれたての宇宙塵による可視光の減光や明るい赤外線放射が観測されている。

　超新星爆発での宇宙塵生成は、1970年代から理論的に予想されていたが、観測的証拠が乏しかった。最初の有力な証拠は、大マゼラン雲で1987年に発生した超新星SN 1987Aで得られた。SN 1987Aの爆発から約1年半後に、可視光の減光が発生したのである。最近、最新鋭の赤外線望遠鏡により、SN 1987Aやその他の超新星残骸で生まれたての宇宙塵が観測され、超新星爆発での宇宙塵生成はほぼ確立したといってよい。ところで、超新星爆発はその衝撃波で宇宙塵の破壊も引き起こすので、自らつくった宇宙塵を自ら破壊してしまうため、星間空間への供給量としては多くはないという指摘もある。

　星間空間に放出された宇宙塵は、そこでさまざまな過程を経験

第13章 星間物質

し、変成する。超新星爆発などで発生する星間衝撃波を受け、高温ガスにさらされると、宇宙塵粒子を構成する原子核がブツブツとはぎ取られるスパッタリング（sputtering）により破壊される。しかし、この破壊の効率はよくわかっていない。星間空間は超音速の乱流状態であるが、これに巻き込まれた宇宙塵は、粒子同士の衝突により破砕される。この破砕の結果、MRN分布のようなベキ関数のサイズ分布が生じるという説がある。

星間雲の中でも高密度の分子雲の中では、宇宙塵粒子同士が凝集合体して大きくなる。分子雲方向の減光曲線は、図13-7に示した一般の星間空間の減光曲線よりも波長依存性が弱い。これは凝集により粒子サイズが大きくなったことによる。また、星間雲の密度が高いほど大きな星間減損が観測されている。これは、分子雲などの中で、気体として残っていた不揮発性原子・分子が宇宙塵に吸着したためだろう。さらに、水やメタン、アンモニアなどの氷も宇宙塵の周りに付着する。これらの効果により、分子雲中では宇宙塵の質量は大きく増加する。

実際、銀河系の宇宙塵質量の90％以上は分子雲中での質量成長で生じており、超新星爆発やAGB星は宇宙塵のタネを供給するだけのようだ（前述のAGB星の寄与が最大というのはあくまでタネの供給についてである）。また、赤方偏移6（ビッグバンから約10億年後）のクェーサーで大量の宇宙塵が発見されており、これも分子雲中での大幅な質量増加がないと説明できない。どうやら星間空間での成長は宇宙塵の一生にとって欠かせないイベントとなっているようである。

さて、惑星系形成にとっても宇宙塵は重要な働きをすることがわかっている。惑星は、若い星の周囲にある原始惑星系円盤の中で宇宙塵が合体成長して誕生する。つまり、宇宙塵は惑星の材料物質である。原始惑星系円盤の中で宇宙塵はさまざまな物理的および化学的な影響を受ける。円盤内縁付近では誕生間もない星からの光により宇宙塵は加熱され、蒸発する。一方、円盤の外側では低温の環境が保たれ、宇宙塵は氷におおわれ、その質量やサイズが大きくなっている。その結果、惑星の形成が促進され、木星型や天王星型といった巨大な惑星が生まれやすくなる。

3. 宇宙塵

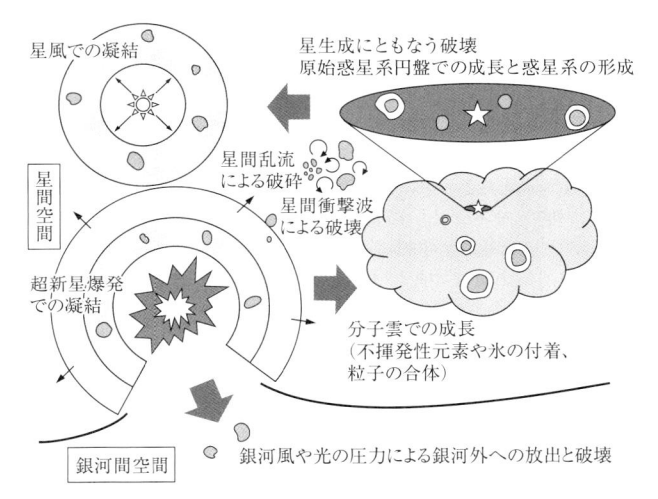

図13-10 宇宙塵の一生（星間における物質循環）。

　最後に、宇宙塵の一生を図13-10にまとめて示す。宇宙塵は星から生まれ、星間空間で成長し、破壊される。星生成にともなっても破壊される。また原始惑星系円盤内で成長し、惑星系の材料となる。星生成により、いったんは星の内部に取り込まれたとしても、星の死とともに再び星間空間に放出され、凝結し、宇宙塵となる。星間での気体成分と同様に、あるときは分子雲、あるときは惑星、あるときは星というように、宇宙塵も循環している。

　またときには、銀河の外まで放出される場合もある。たとえば、中心部での活発な星生成で有名なスターバースト銀河M 82では、激しいガスの放出現象（銀河風）にともなって銀河外へ放出される宇宙塵が、可視光の散乱や赤外線などで見つかっている。放出の途中で高温ガスにさらされる場合があり、スパッタリングを受けて破壊される。銀河間空間まで到達すれば、高温ガスもきわめて希薄となるため、宇宙塵はそのまま漂い続けることになる。

第13章　星間物質

4. 銀河宇宙線

　宇宙線とは、宇宙空間を飛び回る放射線のことだ。狭義には電子、陽子、さまざまな原子核、広義にはガンマ線やニュートリノ等も含む場合がある。本章では特に断らない限り、狭義の意味で宇宙線という言葉を用いる。検出される宇宙線の約89％が陽子、約10％がヘリウム、約1％がこれらより重い原子核であり、これらで検出事例の99％を占める。微量の反物質も検出されているが、残りのほとんどは単独の宇宙線電子である。

　20世紀初頭の気球観測により、高度とともに放射線量が増加することがわかった。つまり、地球外から放射線が飛来するのである。この放射線は宇宙線と名づけられた。図13-11に宇宙線のエネルギースペクトルを示す。横軸はエネルギーをギガ電子ボルト（1GeV = 10^9eV）の単位で示してある。ちなみに、2.6×10^{10}GeVが1calに相当する。

　約1GeV付近の低エネルギー側は主に太陽からの宇宙線で、それ以上の高エネルギー側は太陽系外からの宇宙線である。10^9GeVより高いエネルギーの宇宙線は銀河系外から来るが、10^{11}GeV以上の宇宙線はほとんど観測されない（提唱者名の頭文字を取ってGZK効果という）。このように、宇宙線の起源は単一ではない。本章では、星間物質の代表的な組成であり、また、銀河系内に起源をもつ、1〜10^9GeVの宇宙線について解説する。

　宇宙線がもつ大きなエネルギーの獲得のしくみ（宇宙線の加速）はまだ解明されていない。どんな天体でどのように宇宙線が生成されるのかは謎である。宇宙線加速のしくみを明らかにすることは、天体現象や関連する物理の素過程の理解につながる。しかし、宇宙線は荷電粒子であるため、星間磁場と反応し、軌道が曲げられてしまう。つまり、宇宙線の到来方向と起源となる天体の方向とが一致しない。そこで、宇宙線とともに生成され、そこから直進するガンマ線の観測に注目が集まっている。

　以下では、宇宙線の諸性質を概説する。地球上で単位時間当たり単位面積当たりに降り注ぐ宇宙線のエネルギー量に基づいて、太陽系での銀河宇宙線のエネルギー密度を評価すると1eV cm^{-3}程度となる。太陽系の位置が銀河系円盤の特別な場所ではないとすると、

4. 銀河宇宙線

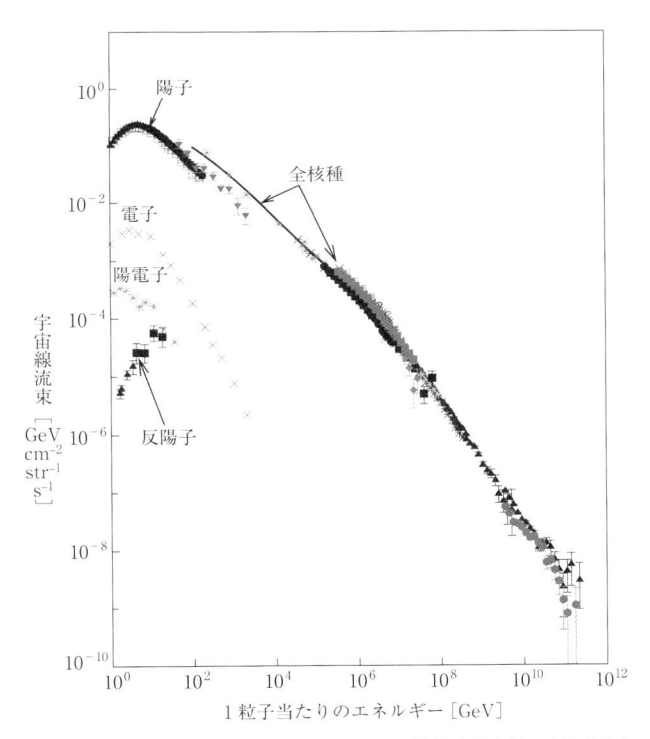

図13-11 宇宙線のエネルギースペクトル。横軸は宇宙線1粒子当たりのエネルギー（10^9eV = GeV 単位）、縦軸は宇宙線流束。(Gaisser, T. K. 2006 J. Phys.: Conf. Ser. 47 15 より改変)

第13章　星間物質

　このエネルギー密度が星間における宇宙線の典型的な値と考えられる。ちなみに、星間での熱エネルギー、乱流および磁場のエネルギー密度も同程度である。さらに、太陽系近傍の電磁波のエネルギー密度とも同じくらいである。つまり、宇宙線のエネルギー密度は星間空間の中で重要な割合を占めていることがわかる（表13–2）。

　宇宙線は荷電粒子なので、極端にエネルギーが大きくない限り、星間磁場の影響でその軌道は曲げられる。そのため、宇宙線は銀河系内に閉じ込められる。しかし、この閉じ込めは完全ではなく、宇宙線粒子は銀河系外へじわじわと染み出していく。このような過程を拡散という。宇宙線の拡散にかかる時間、つまり宇宙線粒子の星間での滞在時間は、約1000万年と推定されている。宇宙線の滞在時間は分子雲の寿命と同程度であることがわかる。

　銀河系の円盤領域の体積を考えると、星間での宇宙線の全エネルギーは$10^{47} \sim 10^{48}$J程度になる。宇宙線の閉じ込め時間を1000万年とすると、宇宙線エネルギーの銀河系外への染み出しは約10^{33}J s^{-1}となる。さて、銀河系の超新星爆発の発生頻度は30年に1度程度で、1つの超新星爆発のエネルギーは10^{44}Jであるから、エネルギー発生率は10^{35}J s^{-1}程度である。このうち10％が衝撃波を生むために使われ、さらにそのうち10％が宇宙線の加速のために利用できたとすると（超新星爆発エネルギーの正味1％）、10^{33}J s^{-1}となり、宇宙線の銀河系外への染み出しとちょうどつりあう。したがって、超新星爆発のエネルギーは宇宙線加速のエネルギー源として十分な量であることがわかる。

　宇宙線の加速機構として、エンリコ・フェルミ（E. Fermi）が提案したフェルミ加速（Fermi acceleration）というメカニズムがある。天文学的な議論では、荷電粒子が磁場により繰り返し反射されるタイプのフェルミ加速を考える場合が多い。これにより、一部の粒子は、そこでの熱エネルギーをはるかに超えたエネルギーを獲得することができる。これは衝撃波粒子加速（diffusive shock acceleration）機構とも呼ばれ、太陽フレアや超新星残骸で起きていると期待されている。磁場をもっている超新星残骸は、銀河宇宙線の加速現場の有力候補である。

　宇宙線の加速現場には、多数の高エネルギー電子や陽子が存在す

4. 銀河宇宙線

るはずである。10^{12}eV 程度まで加速された電子が磁場と反応すると、シンクロトロン放射によりX線が放射される。このようなX線放射は超新星残骸 SN 1006[1] で発見されている。また、高エネルギー電子が周囲の光子にエネルギーをあたえてガンマ線光子にする過程（逆コンプトン散乱）や、高エネルギー陽子が星間物質の陽子と衝突してパイ中間子を生成し、それがただちに崩壊してガンマ線光子に転換する過程もある。最近、超新星残骸からガンマ線放射が検出される例があり（図 13-18 参照）、いよいよ加速現場が直接見え始めたのではないかと期待されている。

ところで、宇宙線の加速には限界がある。荷電粒子は超新星残骸の磁場にとらえられ、磁力線の周囲をらせん運動する。このらせん運動の半径はジャイロ半径と呼ばれ、加速現場はこの半径より小さくなければならない。超新星残骸の大きさは 1pc 程度であり、このサイズのジャイロ半径の場合、標準的な加速理論によると、加速エネルギーは 10^{15}eV 以下となる。したがって、観測されている非常に大きなエネルギーをもつ宇宙線の起源を説明することができない。そのような宇宙線は、銀河中心付近で発生している別のもっと激しい現象で加速されているという説もあるが、現段階ではまだわかっていない。

宇宙線は、星間空間を飛び回る間に、星間物質のイオン化、宇宙線自身の制動放射、シンクロトロン放射や逆コンプトン散乱などで、そのエネルギーを失っていく。電子成分はこれらの効果を強く受け、すぐにエネルギーを失う。一方、大きなエネルギーをもつ宇宙線についてはエネルギー損失の効果はあまりない。このように、核種やエネルギーに応じて損失を受ける量が異なるので、宇宙線のエネルギースペクトルは変化する。したがって、加速源でのエネルギースペクトルは、地球で観測されるエネルギースペクトルからこれらの効果を逆算して推定しなければならない。

---

[1] 西暦 1006 年に地球で爆発が観測された超新星残骸。中国、エジプト、スイスなどで観測記録が残されている。日本でも安倍晴明の子、安倍吉昌によって記録されたようだ。藤原定家の『明月記』にも過去の客星の例としてあげられている。

第13章 星間物質

　星間物質への影響は、数の多い低エネルギー側の宇宙線が重要である。その典型的な効果は分子雲の加熱である。なぜなら、宇宙線は分子雲の寿命程度は銀河系内に十分に滞在でき、しかも星間雲のなかでも密度の高い分子雲を突き抜けることができるからである。突き抜ける際、宇宙線は自らのもつふんだんなエネルギーを、分子ガスに対してイオン化や電子の励起、あるいはクーロン相互作用で受け渡すことができる。また、宇宙線は分子雲内での化学反応にも影響する。分子雲内での構造進化を考える際には、宇宙線は決して無視できない成分である。

5. 星間での諸現象

5-1　星間磁場

　星間空間において磁場は普遍的な存在であり、さまざまな局面で多様な役割を果たしている。

　たとえば、(1)星間物質の全圧力への磁気圧の寄与は大きく、銀河系からの重力に応答して大域的構造を支える。(2)銀河系の渦状腕やハローで、荷電粒子の運動に影響をあたえる。(3)星生成の効率を調整し、重力崩壊期には角運動量を捨て去る役割を担う。(4)星間物質の乱流状態を生み出す一因となる。(5)磁力線のつなぎ変わり（磁気リコネクション）によるエネルギー解放で星間物質を加熱する。(6)宇宙線を銀河系内に閉じ込める。このように、星間現象を理解するためには、星間磁場の理解は必須となる。

　太陽近傍の平均的な星間磁場の強度は10分の数nT（テスラ）程度と測定されている。また、高密度の雲ほど磁場は強く、密度が1000個cm^{-3}ほどの分子雲では1nT程度である。ちなみに、地磁気の強さは約50μTであり、星間磁場は地磁気の10万分の1ほどしかない。

　星間磁場の観測手法はいくつかある。19世紀末にピーター・ゼーマン（P. Zeeman）が発見したゼーマン効果（Zeeman effect）を利用すれば星間磁場強度を直接測定できる。ゼーマン効果とは、磁場の影響で原子や分子のエネルギー準位が複数に分かれ、対応する輝線スペクトルも分かれる現象である。水素原子の21cm輝線やOH分子の輝線など、主に電波の輝線で測定がなされている。

　磁場を旋回する電子からの放射（シンクロトロン放射）の観測か

5. 星間での諸現象

らも磁場の情報を得ることができる。星間でのシンクロトロン放射は主に電波で観測されるが、電子が高エネルギーであるならば、赤外線や可視光、あるいはX線でも観測できる。そして、電子の密度やエネルギーを見積もることで、放射強度から磁場の強度が測定される。さらに、シンクロトロン放射の偏光は磁場に垂直なため、これを検出すれば磁場の方向を調べることができる。

可視光の偏光を検出することで星間磁場の方向分布を調べられる。特に太陽近傍の磁場の概観がこの手法により明らかにされてきた（図13-12）。星間磁場に沿った偏光は、非球対称の星間塵が回転し、その回転軸が星間磁場に沿って整列することで生じる。磁場に整列した星間塵から放射される赤外線やサブミリ波にも偏光が生じる。この赤外線・サブミリ波の偏光を用いれば、可視光では見通すことができない分子雲や、星生成の舞台となる分子雲コアの磁場の分布も観測できる。

スブラマニアン・チャンドラセカール（S. Chandrasekhar）とフェルミは、星間偏光の向きの乱れ、つまり、星間磁場の乱れから、

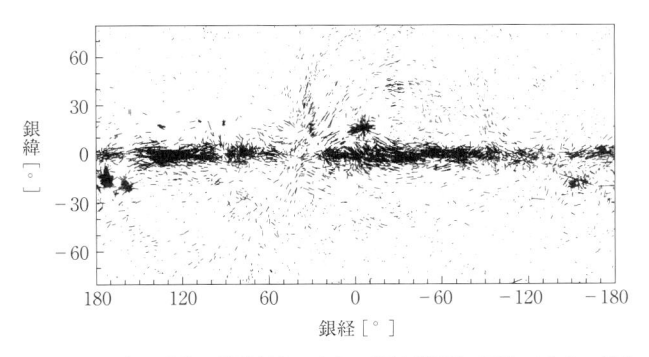

図13-12 太陽近傍の星間偏光の分布。銀河座標系で示してある。細かい直線はその場所での可視光の星間偏光の向きと強さを表している。星間磁場は星間偏光と平行であり、磁力線はこれらの直線をつなげたように分布している。("Dust in the Galactic Environment", 2nd Edition, D. C. B. Whittet 2003: Fig. 4.2より改変）

第13章　星間物質

磁場強度を評価する方法を提案した。星間磁場が強い場合、磁力線はあまり曲がらず直線的になるのに対し、磁場が弱い場合は、磁力線は曲がりやすく、星間物質の運動により乱される。したがって、磁場の乱れ具合からその強度を推定できる。また、磁場の乱れ具合と星間物質の乱流状態はお互いに関連しており、星間物質の磁気流体力学的乱流の性質や星間における磁場強度の増幅のしくみ（ダイナモ効果、dynamo effect）と関連している。

　磁場をもつ電離ガス中を電磁波が伝播すると偏光の向きが変化することが知られている。これはファラデー効果（Faraday effect）と呼ばれており、直線偏光した光線が磁場と平行に進むとき、直線偏光の向きが回転する現象である。偏光の回転方向を見ることで、磁場のN極とS極のどちらが観測者の方向を向いているかもわかる。ファラデー効果は波長ごとに効率が異なるが、波長数cm以上の電波で際立ってくる。ただし、ファラデー効果は、電磁波が伝播する電離ガスの密度にも依存するので、これを別の方法で求めておく必要がある。

　星間磁場は分子雲や高密度のコアでも観測されており、星生成へも影響をあたえる。ところで、中性の分子ガスが、なぜ磁場と結びつくのだろうか？　実際の分子雲は、電子やイオンといった荷電粒子の量がゼロではない弱電離気体である。荷電粒子は、磁場と反応し互いに強く結びつくと同時に、中性の分子ガスと頻繁に衝突し挙動をともにする。その結果、主成分の中性の分子ガスに磁場が結びついているように見える。しかし、荷電粒子と中性分子ガスの結びつきは完全ではなく、中性分子ガスの重力収縮にともない、荷電粒子は磁場をともなってじわじわと外側に抜けていく（両極性拡散、ambipolar diffusion、あるいは、プラズマドリフト、plasma drift）。重力収縮により密度がさらに高くなると、電気抵抗に起因する磁場の減衰（オーム散逸、Ohmic dissipation）も効果的となる。

　最後に、巨大分子雲形成などで重要な働きをする可能性がある磁気浮力不安定を紹介する。磁場には質量はないが圧力がある。磁力線をもつガスが、磁場のない周囲の媒質と圧力平衡にあるとき、ガスは磁気圧の分だけ圧力が弱くてよい。もしガスの温度が周囲の温

5. 星間での諸現象

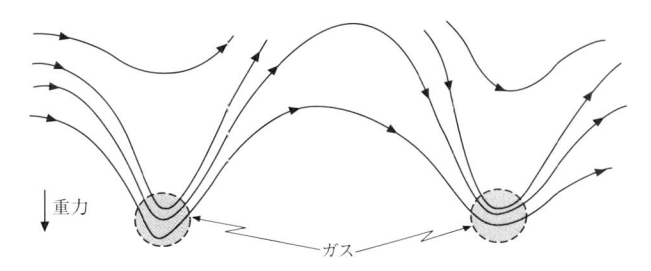

図 13-13 パーカー不安定の概念図。(Parker, E. N. 1966, ApJ, 145, 811 より改変)

度と等しければ、圧力が低い分、ガスの密度は周囲より低くなり浮力が働く。これを磁気浮力という。浮力を受けてガスとともに磁力線が浮上するにつれ、ますます浮力が強くなり、暴走的に磁力線が浮上を続ける場合を磁気浮力不安定という。

ユージン・パーカー（E. N. Parker）は、鉛直下向きの重力場中の水平磁場に乱れが生じると、磁力線のループ構造ができ、それが磁気浮力不安定により上昇することを示した。これをパーカー不安定という（Parker instability、図 13-13）。2つのループの間の谷にガスが集積し、巨大分子雲が形成されるのではないかと検討されている。

5-2　星間乱流

乱流とは激しく乱れた流れのことである。大気中や河川など、乱流は身近に観測できる現象である。星間乱流は、1000km〜100pc という10桁以上にわたる非常に広範囲の空間スケールで入り乱れた流れと考えられている。リチャード・ラーソン（R. B. Larson）は、さまざまな星間雲について、それらのサイズとガスの乱雑な運動速度（速度分散）との関係がベキ乗則にしたがっていることを示した。このベキ乗則の関係から、星間雲が乱流状態にあることが推察された。ところで、観測された星間雲の速度分散は超音速であるため、流体の密度変化が無視できない、いわゆる圧縮性乱流と考え

第13章　星間物質

られている。

　星間磁場が存在することから、星間乱流は磁気乱流である可能性が高い。近年の数値シミュレーションによると、超音速下の磁気流体力学的乱流は、比較的速やかに減衰することが示唆されている。しかし、乱流は星間空間のいたるところで見られる現象である。したがって、星間乱流を維持するためには、何らかの形で継続的にエネルギーをあたえ続けなければならない。

　星間乱流のエネルギー源としては、次のような可能性がある。星がエネルギー源となる例として、原始星の星風やジェット、HⅡ領域の膨張、大質量星の星風、超新星爆発がある。銀河の回転や、星間物質の自己重力もエネルギー源となりうる。その他、熱不安定や流体力学的不安定現象、銀河円盤面の重力ポテンシャル、他の銀河との相互作用などもある。しかし、どのエネルギー源が卓越しているのか、また、それらから得られる運動エネルギーがどのように乱流へと転化するのかは十分にわかっていない。

　星間乱流と星間での構造形成のかかわりを見ておこう。乱流は大きなスケールから小さなスケールへと分解していくが、その間に希薄な星間物質のフィラメント状構造や殻状構造の形成をうながすことになる。こういった構造の出現にともない、熱不安定や自己重力が働く結果、分子雲が形成される。そして、分子雲の内部構造も乱流的になる。

　分子雲を構成する水素分子が十分な量にたっすると、さまざまな冷却が起き、分子ガスの自己重力収縮により星が生まれる。誕生した星のうち質量が大きく短寿命なものが超新星爆発を起こし、周囲の分子ガスを吹き飛ばす。このとき、膨張する殻状構造が誕生し、この運動が新たに乱流を引き起こし、そして次世代の低温度星間雲の形成をうながす。もちろん、低温度星間雲内では分子雲が生まれ、輪廻が繰り返される。

5-3　星間衝撃波

　星間空間での構造形成を明らかにするためには、衝撃波の理解が欠かせない。なぜなら、星間衝撃波は星間物質の物理状態に影響をあたえるだけでなく、そこでの主たるエネルギー源となるからだ。

5. 星間での諸現象

　星間物質の構造の複雑さは、イオン化率、分子組成、星間塵の含有量、宇宙線、そして磁場などが絡み合って生じている。星間衝撃波も同様に、多様な構造形成と関連している。そのため、衝撃波だけでも非常に奥深い研究が行われている。

　まず、衝撃波の簡単な概念をまとめる。衝撃波は、主に媒質中を超音速で移動する物体の前方に発生する。これは、音速程度で応答できる媒質が超音速運動に応答しきれないためである。星間空間では、太陽風に代表される星風と星間物質の衝突、超新星爆発、HⅡ領域の膨張、銀河の渦状腕や棒状構造の重力による加速などで衝撃波が発生する。

　衝撃波の強さは、衝撃波伝播速度を衝撃波前方の音速で割ったマッハ数を用いて表すのが標準的である。衝撃波前方と後方の圧力・温度・密度・速度のそれぞれの比はマッハ数で特徴づけられる。特に、理想気体中の場合は19世紀の物理学者ウィリアム・ランキン（W. Rankine）とピエール＝アンリ・ユゴニオ（P. H. Hugoniot）により、衝撃波面の前後における物質の質量保存、運動量保存、エネルギー保存、および、磁束の保存から定式化されており、ランキン・ユゴニオの関係式と呼ばれている。この関係式によると、衝撃波は波面後方で圧力・温度・密度の上昇する圧縮波であることが読み取れる。

　星間衝撃波は大きく分けて2つのタイプがある。1つは不連続型（J-type）であり、衝撃波面で温度や密度の不連続な飛びが生じるタイプである。これは非放射型と放射型にさらに分けられる。非放射型はおおむね強い衝撃波の場合に見られ、放射冷却が効果的でなく、波面における温度上昇が大きい。この場合はランキン・ユゴニオの関係式を用いて衝撃波の構造を調べることができる。放射型は衝撃波が弱い場合に相当し、放射冷却が効果的となる。放射冷却によりさまざまな輝線が生じる。

　もう1つは連続型（C-type）である。ある臨界強度より強い磁場によって、衝撃波面での温度や密度の不連続な変化が抑えられる。その結果、気体の衝撃波加熱の領域が広くなるタイプの衝撃波である。臨界強度より弱い磁場の場合は不連続型となる。たとえば、典型的な分子雲の物理状態では、臨界磁場強度は0.1nTから

第 13 章　星間物質

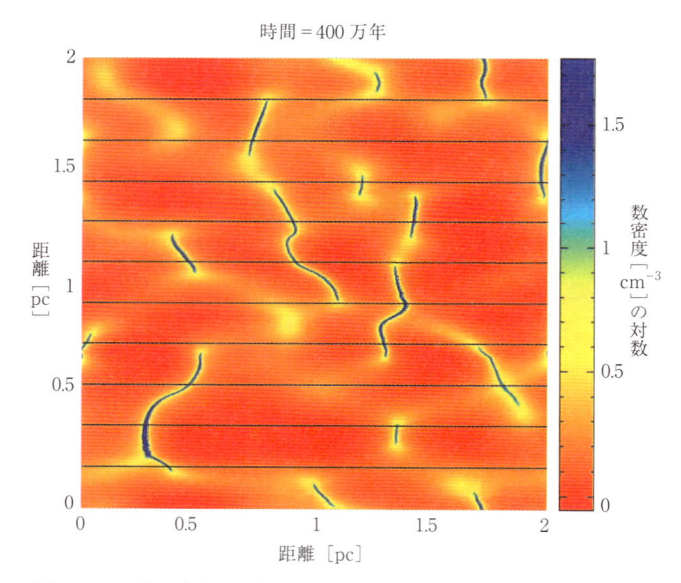

時間 = 400 万年

図 13-14　熱不安定の磁気流体力学的数値シミュレーションの例。濃淡で数密度［cm^{-3}］の対数を表している。図中の水平方向の直線は磁力線。高温相の中に細いフィラメント状の低温相が熱不安定によって生まれている。（Inoue, T., Yamazaki, R., Inutsuka, S. 2009, ApJ, 695, 825 より改変）

10nT 程度である。よって、分子雲内部では不連続型と連続型の両方の可能性がありうる。

ここで、衝撃波層等で発生する熱不安定について解説する。熱不安定（thermal instability）は、エネルギー収支バランスに関連する不安定現象である。分子雲の形成、星間物質のフィラメント状構造、そして星間物質の大域的構造にも影響し、星間物理学では非常に重要な素過程である。

まず、星間雲の加熱と冷却がつりあった熱平衡状態を仮定する。密度が少し大きくなった場合を考えてみよう。密度の上昇によって

気体粒子同士の衝突が起こりやすくなる。すると、衝突のエネルギーで原子や分子内の電子のエネルギー準位が上がる（励起）。電子は光を放射してエネルギー準位を下げる（脱励起）。そして、放射された光が星間雲の外へと脱出する（放射冷却）。つまり、星間雲内の乱雑運動のエネルギー（つまり熱エネルギーや乱流のエネルギー）が光エネルギーとして失われるのである。放射冷却の結果さらに密度は上昇し、ますます冷却が進む。こうして暴走的に冷却が進むことを熱不安定と呼ぶ。

星間空間ではさまざまな理由で衝撃波が生じる。この衝撃波による圧縮で、星間雲の密度が上昇し、熱不安定が起こる。熱不安定は、自己重力があまり効かない小さい領域で構造形成をうながす非常に興味深い星間物理過程である。最近、星間磁場の影響を考慮した熱不安定の数値シミュレーションが行なわれるなど、熱不安定による星間構造形成についての活発な研究が進められている（図13-14）。

5-4　星間放射場

星間空間を満たす電磁波である星間放射場（interstellar radiation field）の性質を知ることは、星間物質の物理的状態やそこでの構造形成を研究するには欠かせない。なぜなら、それは星間物質の主要な加熱源であり、原子の電離や星間分子の電離および解離も引き起こすからである。

星間放射場には星の光の重ね合わせ、星間塵からの赤外線放射、そして、宇宙マイクロ波背景放射という3つの放射ピークが存在する（図13-15）。また、超新星残骸やコロナガスを起源とするX線放射の寄与も星間物理の理解に重要である。電波でも長い波長になるとシンクロトロン放射の寄与がある。

6. 星間物質の大域的諸性質

6-1　多相モデル

星間物質はエネルギー収支に応じてさまざまな形態をとることができる（表13-1）。ジョージ・フィールド（G. B. Field）らは、約100 Kの低温中性雲（CNM）と約1万Kの高温雲（中性と電離；

第13章 星間物質

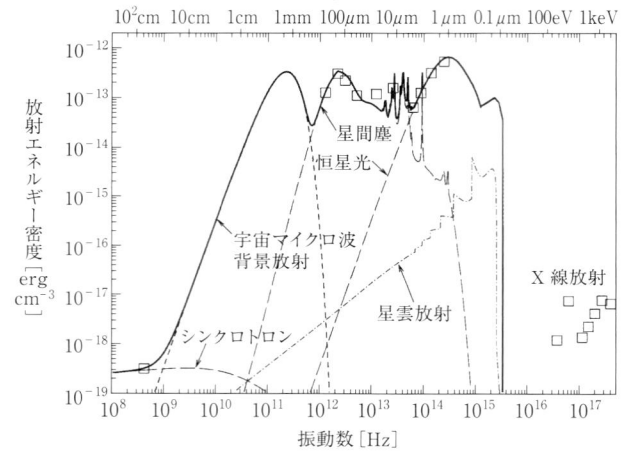

図 13-15 星間放射場のスペクトル。横軸は振動数（下）または波長（上）。縦軸は放射エネルギー密度。3つのピークは短波長側より、恒星光、星間塵の赤外線、そして宇宙マイクロ波背景放射である。("Physics of the Interstellar and Intergalactic Medium", B. T. Draine 2011 より改変)

WNM と WIM）から構成される星間物質の2相モデルを提案した。

　それぞれの相は、紫外線による光電離や光解離、あるいは宇宙線などで加熱され、多様な放射冷却により熱平衡状態を保つ。そして、圧力平衡を許すことで2相が混合して存在できる。ところが、衝撃波などが通過すると圧力が激変する。その場合は熱不安定が生じ、非平衡状態を経て、分子雲をはじめさまざまな構造形成がうながされる。また、星間磁場や乱流も正味の圧力に寄与するため、最終的な平衡状態の理解には重要である。

　2相モデルが提案されたあと、X線や5階電離酸素イオンの吸収線の観測により、銀河系には高温で希薄なコロナガス（HIM）が星間空間の広い範囲に存在することがわかった。その起源は超新星爆発による加熱と考えられた。この結果を受け、クリストファー・

6. 星間物質の大域的諸性質

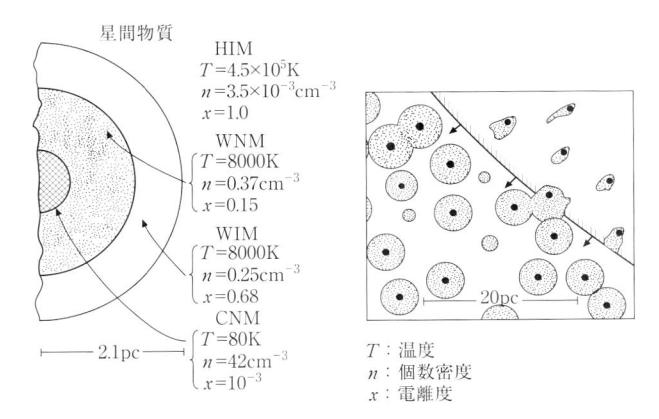

図 13-16 3相モデルの概念図。左：3相の構造。低温相（CNM）、高温相（WNMとWIM）、超高温相（HIM）。右：膨張する超新星残骸に飲み込まれる2相雲。(McKee, C. F. & Ostriker, J. P. 1977, ApJ, 218, 148 より改変)

マッキー（C. F. McKee）とジェレミー・オストライカー（J. P. Ostriker）は、2相に加えコロナガスを3相目とする、星間物質の3相モデルを提案した（図13-16左）。

このモデルによると、超新星爆発で放出された物質は膨張し、周囲の星間物質を掃き集め、大規模な球殻構造をもつ超新星残骸が生まれる。超新星残骸に飲み込まれるCNMやWNM/WIMは、加熱されHIMとなる（図13-16右）。超新星残骸は膨張によって冷却するのに加え、放射冷却も起こす。これにより、WNM/WIMやCNMが生まれる。

さて、マッキーとオストライカーの3相モデルでは、銀河系の重力や磁場の効果を考えていなかった。実際には銀河系の重力を無視することはできない。また、乱流や磁場、そして宇宙線も考慮する必要がある。今後、このような効果を取り入れたモデルの拡張が必要であろう。

第13章 星間物質

6-2 スーパーバブル

スーパーバブル（super-bubble）とはコロナガスで内部が満たされた直径が100pcにおよぶ星間空間の大規模な殻構造である。この大規模な構造の形成は、単発の超新星爆発だけでは足りず、多数の超新星爆発や大質量星の星風が必要であると考えられている。我々の太陽系は局所泡（Local Bubble）と呼ばれる古いスーパーバブル内部のほぼ中心に存在している。

ほとんどの大質量星は単独ではなく集団で形成される。この集団は大質量星のスペクトル型名を受けOB星集落（OB association）という。一般に、星団はそれを構成する星たちのランダムな運動により、いずれバラバラになってしまう。しかし、OB型星の寿命は短いため、OB星集落はバラバラになる前に、超新星爆発や、それと同程度のエネルギーを放出する激しい星風で大量のエネルギーを生み出す。その結果、スーパーバブルが形成される。大質量星が集団で生まれる限り、スーパーバブルは必然的に起こる。

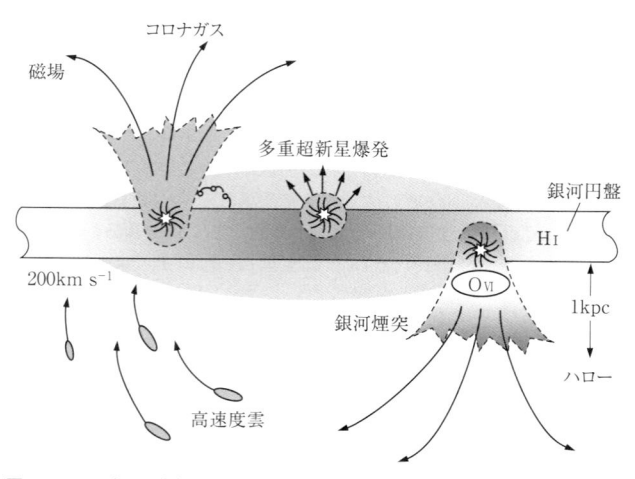

図13-17 銀河噴水の概念図。（Unknown Artist, FIMS, Space Science Lab, NASAより改変）

6. 星間物質の大域的諸性質

スーパーバブルのうち巨大なものは、銀河円盤を突き破って銀河ハローへコロナガスを流出させる。場合によっては銀河間空間にまでたっする。この様子は銀河噴水といわれている（図13-17）。スーパーバブル内のコロナガスが煙突状の構造（銀河煙突）を経て銀河ハローへ流出したあと、それが冷えて雲状になり、再び銀河面に落下してくる様子を噴水にたとえている。落下する雲は高速度雲の一部を担っている可能性もある。実際、局所泡内のコロナガスは銀河煙突から銀河系ハローに流出していることがわかってきている。このような銀河面鉛直方向の星間物質循環は普遍的な現象である。

6-3 銀河リッジX線放射

星間放射場の高エネルギー成分の起源は非常に興味深い。四半世紀以上前に銀河系円盤に沿うようなX線が検出され、銀河リッジX線放射（Galactic ridge X-ray emission）と呼ばれるようになった。この起源は希薄なコロナガスか、宇宙線と星間物質の相互作用の様子をとらえたものであると考えられた。しかし、予想される高温プラズマを銀河系円盤内に閉じ込めるには、円盤の重力が小さすぎた。超新星残骸も候補となりえるが数が足りない。そこで、可視光では見えない、暗く小さな天体のコロナガスからのX線の重ね合わせという説に注目が集まった。

2000年代に入り、高解像度をもつチャンドラX線望遠鏡による長時間観測を行うことで、この銀河リッジX線放射の理解が格段に進んだ。星間塵や星間気体による吸収が弱い領域を注意深く選んで観測した結果、わずかな面積の中に多数のX線天体を発見した。従来の観測では個別の天体に分解できなかった無数のX線天体をとらえることに成功したのである。この結果により、銀河リッジX線放射のほぼ80％を個別の天体に帰着することができた。

X線放射源となる天体は、白色矮星との連星、強磁場をもつ活動性の高い連星（太陽より大きなフレアが起きていると予想される）、激変星、コロナ活動の激しい星などである。今後、放射スペクトルの特徴をもとに、これらの天体が銀河リッジX線放射へどのくらい寄与するのか明確にする必要があるだろう。ところでこの結果は、以前には検出できなかったタイプの星を、X線観測で見つ

ける新たな手法を提示することになった。このような手法からも、星間における高エネルギー放射場の理解が一段と進むだろう。

6-4　星間雲とガンマ線

　およそ100keV以上のエネルギーをもつ光子をガンマ線という。星間空間でガンマ線が生み出されるしくみは、(1)シンクロトロン放射、(2)制動放射、(3)逆コンプトン散乱、および(4)パイ中間子の崩壊である。(1)から(3)は高いエネルギーをもつ電子がかかわる過程で、(4)は高エネルギーの陽子がかかわる過程である。また、ある決まったエネルギーのガンマ線だけが放射されるしくみとして、(5)電子－陽電子対消滅と(6)放射性元素のベータ崩壊がある。(5)と(6)で放射されるガンマ線は、ラインガンマ線ともいう。以上のように、ガンマ線は、高エネルギーの電子や陽子の存在、つまり、宇宙線の加速と関係している。また、素粒子物理学と天文学との接点としても、ガンマ線の観測は注目されている。

　ガンマ線天文学は1990年代になってようやく進歩してきた。1991年に打ち上げられたコンプトン衛星は、MeV（$= 10^6$eV）のガンマ線を全天にわたって観測し、多数のガンマ線天体を発見した。しかし、それらの多くは他の波長で対応する天体が見つからず、未同定ガンマ線天体としてカタログされた。そのような天体は銀河系円盤面に特に多かった。

　最近になって、GeVのガンマ線を観測するフェルミ衛星（2008年打ち上げ）の活躍で、全天のガンマ線天体のカタログが更新された。それによると、コンプトン衛星の未同定ガンマ線天体のうち、銀河系円盤面にあるものの多くは中性子星や超新星残骸、大質量星とブラックホールまたは中性子星との連星などであることがわかった。しかし、いまだ多数の未同定ガンマ線天体が残っており、今後の同定作業が待たれている。また、銀河系円盤面を離れた領域にも未同定ガンマ線天体があり、これらは銀河系外の天体（ブレーザーなどの活動銀河中心核、第12章3節参照）と考えられている。

　TeV（$= 10^{12}$eV）のガンマ線は、地上に設置された大気チェレンコフ望遠鏡により観測することができる。これは、TeVガンマ線が地球大気の原子核と反応し、高速で運動する粒子を多数生み出し

6. 星間物質の大域的諸性質

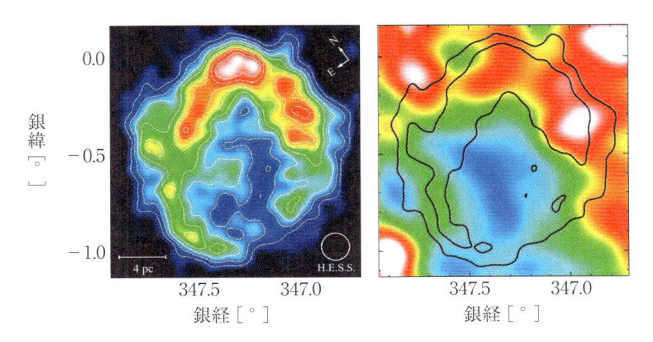

図13-18 超新星残骸RXJ1713.7-3946のTeVガンマ線と星間雲との相関。左：濃淡でガンマ線の強度を表している。右：濃淡は星間水素の分布、黒線はガンマ線の分布を表している。中央に空洞のある球殻状の水素の分布とガンマ線の放射場所が一致している。(Fukui, Y. et al. 2012, ApJ, 746, 82 より改変)

（空気シャワー）、光のフラッシュ（チェレンコフ放射）が発生する現象を利用したものである。

ナミビアに設置されたヘス（High Energy Stereoscopic System: H. E. S. S.）は大気チェレンコフ望遠鏡の1つである。図13-18は、ヘスで観測された超新星残骸の画像である。超新星爆発の衝撃波が周囲の分子雲や中性水素雲を掃き集めてつくった球殻からTeVガンマ線が検出された。衝撃波で加速された宇宙線陽子が、分子雲や中性水素雲の陽子と衝突し、パイ中間子の生成と崩壊を経て、ガンマ線が放射されていると考えられる。超新星残骸が宇宙線加速の現場であると強く示す結果である。

長寿命の放射性元素であるアルミニウム26（半減期約72万年）や鉄60（半減期約262万年）からのラインガンマ線が、銀河系円盤に広く分布して観測されている。このような金属元素は超新星爆発で星間空間にまき散らされたものであり、そのラインガンマ線の分布から、星間空間における金属元素の拡散の様子がわかると期待されている。

また、電子と陽電子の対消滅で発生する511keVのラインガンマ

第13章　星間物質

線が、銀河系中心方向に一定の広がりをもって検出されている。しかし、対消滅を起こす陽電子の起源がいまだ謎である。ある種のダークマターの崩壊または対消滅を起源とする仮説も提案されているが、今後の詳細な検討が必要である。

第14章
銀河間物質

第14章　銀河間物質

1. 概要

宇宙にはざっと1000億個もの銀河があると考えられている。1000億個という数字を聞くと、宇宙は銀河で埋め尽くされているように思われるが、銀河と銀河の平均距離は約5Mpcもあるので（銀河の平均的なサイズは10kpc程度）、じつは宇宙空間はスカスカの空っぽといってもよい。

では、どのぐらい空っぽなのだろうか？　まず、大気を考えてみよう。空気中には1cm³当たり分子が約10^{19}個存在する。大気圏を飛び出すともうそこは宇宙である。隣の星まで行くのに光の速さでも4年はかかる。もちろん星と星の間に何もないわけではなく、銀河系内の星間空間にも物質は存在し（第13章参照）、そのガス密度はおよそ1cm³当たり原子数個になる。銀河系円盤の外側まで行くと、そのガス密度はさらに100分の1になる。そして銀河系を飛び出すと、もはやそこでのガスの平均密度は10^{-6}個cm^{-3}しかない。空気と比べると、まさにそこは空っぽな空間といってよいだろう。

この果てしなく薄いガスの広がる銀河と銀河の間の空間のことを銀河間空間と呼び、そこに存在する物質を銀河間物質（intergalactic medium、IGM）と呼ぶ。一般に、銀河間物質からの光の放射はきわめて弱く、その検出は難しい。しかし、本章で述べるように、クェーサー吸収線と呼ばれる"影"を観測することによって、そこに確かに物質があることがわかる。

天文学は長い間、光り輝く星や色鮮やかな銀河を主な研究対象にし、銀河間空間についてはほとんど注目してこなかった。しかし最近になって、宇宙全体の進化を考える上でこの空間にある物質が、非常に重要な役割を果たしていたことが認識され始めてきた。

昔の宇宙、すなわち、まだ現在ほど銀河や星がなかった時代には、空っぽという言葉が似合わないほど、目に見える物質（バリオン）の大部分がこの銀河間空間を埋めつくしていた。無数の小さなガス雲は、細い糸状あるいは薄いシート状になって宇宙に広がり、巨大なネットワークを作り上げていた。銀河間物質は、銀河の重力に引き寄せられ、銀河内で星を作るための新鮮なガスを絶え間なく供給しているのではないかというシナリオも提起されている。逆に、銀河内からは、銀河風によって銀河間空間へ物質、特に重元素

2. クェーサー吸収線系

の放出があったことはほぼ間違いない。

　銀河は広大な宇宙空間の中で決して孤立した存在なのではなく、絶えず周囲の空間と物質の交換を行っているのかもしれない。こうした新しい宇宙の描像は、天文学者たちの関心を集めている。

　銀河間物質の中でも比較的大きなガス雲はまさに星が爆発的に誕生する前のガスの貯蔵庫ではないか、と考えられている。また、宇宙初期にはこの銀河間空間自体のイオン化状態が劇的に変化した時代があったと考えられている。これらの出来事は、銀河そのものの形成を考えるときに重要な鍵になってくる。今や、空っぽだと思われた銀河間空間に存在するわずかな物質こそが、宇宙の謎を解く鍵として注目を集めている。

2. クェーサー吸収線系

2-1 吸収線で影をとらえる

　クェーサー吸収線系とは、遠くにあるクェーサーからの光が観測者に届くあいだに、視線上にある物質によってクェーサーのスペクトル上に生じる一連の吸収線の総称である。これらは、図14-1に示すように、銀河間空間にあるガス雲が背後からやってきたクェー

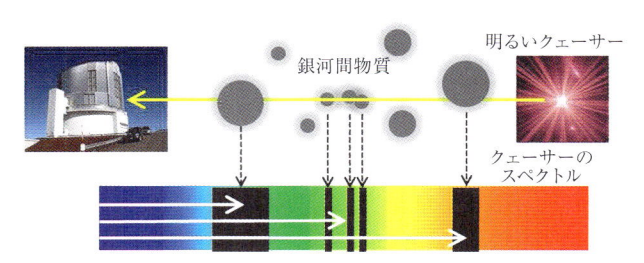

図14-1　クェーサーのスペクトル上に吸収線系が生じる概念図。遠くにあるクェーサーから放たれた光は、銀河間空間を通過する際に、途中にある物質によって一部が吸収される。クェーサーと我々を結ぶ視線上にあるガスの種類、量、距離に応じて、クェーサーのスペクトル上にさまざまな吸収線を作ることになる。この吸収線（＝影）を調べることで、光を放射しない銀河間物質の様子がわかる。

第14章　銀河間物質

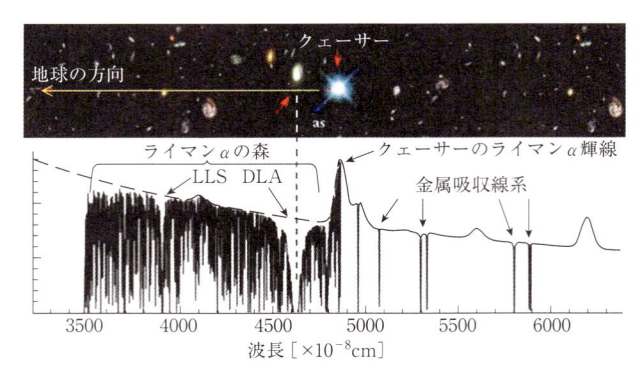

図14-2 クェーサー吸収線系の種類。クェーサーのスペクトル上に吸収線系がどのようにあらわれるかを示す。(http://astronomy.swin.edu.au/~mmurphy/res.html より改変)

サーの光を吸収することで生じる。吸収線の波長は、ガス雲を構成する原子の種類とその電離状態、およびガス雲の赤方偏移で決まり、吸収線の強さはガス雲がそこに大量に存在すれば大きくなる。

ガス雲の量は柱密度（column density）という観測量で測定される。柱密度とは、視線方向に積分して得られる密度のことである。たとえば、水素原子の柱密度 N_H は次式で定義される。

$$N_H = \int n_H \, d\ell \tag{14-1}$$

ここで n_H は水素原子の数密度（個 cm^{-3}）である。視線に関して積分すると単位面積当たりの水素原子の個数に等しくなるので、柱密度の単位は個 cm^{-2} になる。

クェーサー吸収線系の場合、クェーサーと我々を結ぶ視線上にあるガス雲中の原子の柱密度に応じてクェーサーのスペクトル上に吸収線を作ることになる（図14-1）。このように銀河間物質は多くの場合、"光"を放射していないので、その存在すら観測するのが難しいが、クェーサー吸収線を使えば"影"としてその存在を知ることができる。

クェーサー吸収線系は、中性水素による吸収線と金属による吸収

2. クェーサー吸収線系

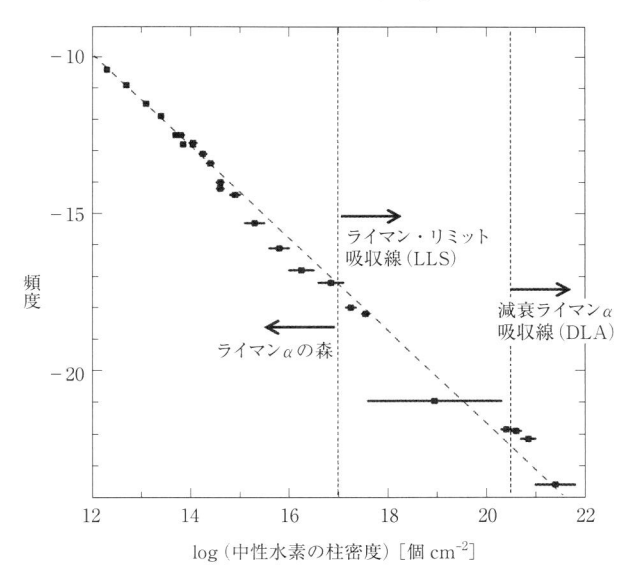

図14-3 クェーサー吸収線系の分布関数。横軸に吸収線の柱密度、縦軸にその頻度を示す。密度の低い（系の質量が軽い）ものほど存在比が大きいという傾向は銀河と同じだが、柱密度10^{12}〜10^{22}個cm^{-2}までの10桁にわたり、ほぼ1つの直線に乗っている。(Tytler, D. 1987, ApJ, 321, 49 より改変)

線に大別される。前者は、柱密度によって大きい方から順に、減衰ライマンα吸収線、ライマン・リミット吸収線、そしてライマンαの森に分類される（図14-2）。

宇宙にもっとも多く存在する元素は水素だが、イオン化（電離）していない基底状態にある水素原子のことを中性水素（対語は電離水素）と呼ぶ。この章では特に断らない限り"水素"は中性水素を指す。現在の銀河間空間にある水素のほとんどは電離しているが、ところどころに中性水素ガスの雲が浮かんでいる。中性水素によるクェーサー吸収線系の宇宙における存在比を調べてみると、図14-3に示したように柱密度で10桁にわたって1つの直線で表されるこ

第14章　銀河間物質

とがわかっている。

　これらの吸収線の密度、金属度、速度などの測定から、銀河間物質の物理・化学状態および進化、銀河外縁部ハローの状態および進化、クェーサーのごく近傍でのガスの物理状態、紫外線背景放射、大規模構造の進化などがわかる。

　クェーサー吸収線系の観測は、その背後にある天体からの光を用いて、自ら光り輝くことのない銀河間物質の様子を調べるというユニークな手法だが、銀河間物質だけでなく他の天体に応用される場合も多い。たとえば、クェーサー中心から放射圧によって吹き飛ばされたガス雲が幅の広い吸収線として観測されることがある。この観測からクェーサー自身の活動についての情報が得られる（第12章参照）。

　クェーサーは宇宙でもっとも明るい天体の1つであるために背景光源としての役割を果たし、はるか遠方（現在では赤方偏移7）までの宇宙空間の情報が得られる。近年では明るい背景光源という意味でクェーサーだけでなく、ガンマ線バースト（第7章参照）にもこの手法が応用され、その視線上にある銀河間物質についての観測が進められている。クェーサーやガンマ線バーストに比べて2桁ほど暗い銀河は、背景光源としては使えないが、将来的にもっと大きな望遠鏡ができれば応用できると期待されている。

2-2　減衰ライマンα吸収線系

　クェーサー吸収線系の中で$10^{20.3}$個cm^{-2}よりも大きな水素の柱密度をもつ天体を、減衰ライマンα吸収線系（damped Lyman α absorption system; 以下DLAと略する）と呼ぶ。吸収量が大きい水素のライマンα吸収線（電子の主量子数$n=2$から$n=1$に落ちる遷移を表し、水素の場合は波長121.6nmで紫外域にある）では、その減衰翼（吸収線の裾野に見られる輪郭）が卓越しているためにこの名前がついている。クェーサーのスペクトル上に大きな吸収線として現れるので、十分遠方にあってもその吸収線は識別しやすい。

　DLAは高い中性水素の柱密度をもつが、これは我々の銀河系、あるいは他の銀河とほぼ同程度である。このことからDLAは銀河

2. クェーサー吸収線系

と何か密接に関係があると考えられている。

　遠方宇宙におけるDLAを考えてみよう。星はガスから生まれる。密度の高いガスの塊があれば、いずれはそこから大量に星が生まれて銀河になる。そう考えると、遠方宇宙におけるDLAは、銀河になる前のガス雲である可能性がある。その場合、形成途上の銀河の性質を調べることができることになる。

　DLAは水素の吸収線として検出されるが、それに付随する金属吸収線も同時に検出される場合がある。このような場合には、そのガス雲の金属度やガスの運動についての情報も得られることになるので、そのガス雲の中で、どのような星生成活動が行われてきたかがわかる。DLAの金属量は、同時代の銀河に比べるとずっと低いが、ライマンαの森のそれよりも高く、また宇宙年齢とともにゆるやかに増大する傾向がみられる。この結果は、DLA内部での局所的な星生成が原因だと考えられている。

　DLAと銀河の関係を探るためには、DLAに対応する銀河を直接検出できればよいが、実際には非常に難しい。背後にあるクェーサーの光が著しく明るいため、そのごく近くにある暗い銀河を検出するのに困難を伴うためである。それでも、80億光年以内（$z<1$）にある数十個のDLAについては、対応する銀河が見つかってきている。

　中性水素原子の柱密度が銀河系とほぼ同程度であることから、DLAには円盤銀河が対応するのではないかと考えられていた。しかし、実際に直接検出された銀河は、楕円銀河、円盤銀河、不規則銀河と、その形態はばらばらである。100億光年以上の遠方においてもライマンブレーク銀河（第5章参照）などの遠方銀河との類似性や相違点などが探られ始めているが、いまだにその正体は謎のままである。

2-3　ライマン・リミット吸収線系

　水素の柱密度が10^{17}個cm^{-2}よりも大きく、$10^{20.3}$個cm^{-2}よりも小さな吸収線をライマン・リミット吸収線系（Lyman limit system; LLS）と呼んでいる。ライマン・リミット（ライマン端）とは、基底状態にある水素原子を電離させるのに要するエネルギーに相当

第14章　銀河間物質

し、波長では91.2 nmの紫外線に相当する。10^{17}個 cm^{-2}よりも柱密度が高いと、このエネルギーをもつ光はほぼ完全に通過できなくなる。
　ライマン・リミット吸収線系は、これよりも柱密度の高いDLAとどのような関係にあるのだろう？　現在のところ、次のようないくつかの説が提案されている。
(1)　DLAよりも質量の軽いガス雲
(2)　DLAがある程度星生成を起こしてガスが減少した状態
(3)　DLAの外縁部のガスのやや薄い部分
などがライマン・リミット吸収線系に相当する、というものである。しかしながら、今のところ結論は出ていない。

2-4　ライマンαの森

　水素の吸収線系の中でもっとも柱密度の低い（<10^{17}個 cm^{-2}）ものがライマンαの森（Lyman α forest）と呼ばれる吸収線群である。吸収線がスペクトル上で森のように密集（図14-4）していることからこの名前がついている。ライマンαの森の発見によって、銀河間空間では中性水素ガスが雲のような塊、すなわち銀河間雲として存在していることがわかった。ライマンαの森の吸収線の幅や深さを測ることにより、銀河間雲の質量は$10^7 \sim 10^8 M_\odot$であることや、吸収線の数を数えることにより、銀河間雲は銀河の数の1000倍程度存在していることがわかってきた。
　このような軽いガス雲の候補には、以下のようなものがある。
(1)　冷たいダークマター（第3章参照）にもとづく密度ゆらぎの成長を考える上で、もっとも低質量、かつもっともスケールの小さな密度ゆらぎをもったガス雲
(2)　冷たいダークマターの重力に支えられたガス雲
(3)　周囲の熱くて薄いガスの圧力によって支えられているガス雲
これらは、これから銀河に成長していくか、あるいは銀河になれなかったガス雲と考えられている。
　ライマンαの森の金属量はDLAよりも1桁小さい。また宇宙空間でほぼ一様に分布していることがわかっている。さらに、クェーサーの近傍（<数Mpc）では、局所的な紫外光が強いためガス雲内の中性水素はイオン化されるので、ライマンαの森の数が減る。こ

2. クェーサー吸収線系

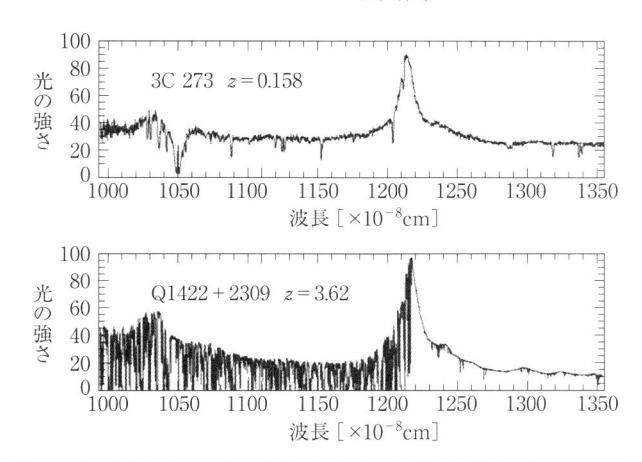

図14-4 近くのクェーサーのスペクトル（上図）と遠くのクェーサーのスペクトル（下図）。遠くのクェーサーのスペクトルの左側（波長が短い方）に数多く見える吸収線が、ライマンαの森。

の効果は近接効果（proximity effect）と呼ばれている。

2-5 金属吸収線系

　クェーサー吸収線系の中には水素以外の元素が吸収線を作る場合があり、これらをまとめて金属吸収線系と呼んでいる。それは銀河をとりまくハローに存在する金属を見ている、と考えられている。銀河の明るく輝く星成分を視線が貫く場合もあるが、薄いガスからなる銀河ハローはそれ以上に大きく広がっているので、確率的にこのハロー起源の金属線が多くなる。

　この系における重元素（水素とヘリウム以外の元素）の量は太陽組成の約10分の1である。星間ガスの中から生まれた星の中で重元素は作られ、再び星間ガスにばらまかれる。こうしたサイクルを繰り返すことで宇宙の化学進化が進んだと考えられているが、星生成のない銀河間空間にも重元素が見つかるのはなぜだろう。これには銀河風が大きく寄与したと考えられており、銀河の外縁部ハローに

見つかる金属線から、銀河風、宇宙の化学進化の研究が進められている。

これまでにもっとも詳しく調べられている金属吸収線は炭素とマグネシウムである。いずれもその振動子強度の大きさから検出が容易であり、また2重共鳴吸収線（ある励起エネルギー準位から、中間準位を経ることなく直接遷移して、放出および吸収の両方の形で現れるスペクトル線）であるため信頼度の高い同定が可能である。

銀河ハローのこれらのガス雲の構造は複雑で、炭素などによる吸収線とマグネシウムによる吸収線の起源を、同じガス密度・温度・電離状態・元素組成をもつガス雲で同時に説明するのは難しい。前者はハロー全体に広がる高温ガスに対応し、後者は銀河円盤あるいはハローに存在する局所的な星生成領域のようなものに対応していると考えられている。ただし実際には、このような静的なハローだけではなく、銀河風、銀河の衝突、あるいはそれらの効果で金属汚染された銀河間物質など、さまざまな場合が考えられている。

2-6 宇宙紫外線背景放射

銀河間雲は周囲から紫外線背景放射によって照らされ暖められる。この紫外線背景放射は、クェーサーや銀河から放射された紫外線放射の重ね合わせであり、巨視的には、宇宙空間にほぼ同じ強さで存在している。したがって、この放射強度は、放射源であるクェーサーや銀河の数の変化や個々の放射量の変化などによって変わってくる。特に観測されているクェーサーの数は赤方偏移2あたりで最大であり、この時代以前では銀河からの全放射量の方が卓越するという報告もある。またこれらの放射源であるクェーサーや銀河が宇宙の大規模構造の中にあることを考慮すれば、紫外線背景放射は局所的には、宇宙空間ごとに強さが異なると考えられている。

この宇宙紫外線背景放射の変化に伴い、銀河間雲の物理状態も変化する。放射が増えればガス雲の温度は上昇して膨張し始める。また、同時に水素のイオン化も進むため、中性水素の柱密度は減少する。この宇宙紫外線背景放射を測定することで銀河間物質の性質や進化がわかる。一方、銀河間物質を調べることにより、背景放射の放射源となっているクェーサーや銀河の進化の謎が解けることにも

3. 銀河間空間の金属汚染

これまで見てきたように、銀河間物質は、その現場に顕著な星生成活動が見られないにもかかわらず、わずかながらも重元素を含んでいる。銀河内で作られた重元素が、超新星爆発や銀河風によって銀河の遠く外側、銀河間空間まで運ばれた、とその起源を考えるのが一般的である。

銀河間空間における金属量密度の進化（化学進化）は金属吸収線系、特に遠方まで観測可能な炭素の吸収線をもとに調べられている。その結果は驚くべきことに赤方偏移6（127億年前）付近までほとんど変化していない。つまり、かなり昔に銀河間空間はすでに金属で十分に汚染されていたことがわかっている。

最近になって、赤方偏移6を超えるあたりで、その金属量密度の減少が見られるという報告もあり、宇宙初期に急激な金属汚染が進んだ兆候がある。

4. 銀河間空間と環境

これまでは一般的な銀河間空間における物質・ガス雲について述べてきたが、局所的な宇宙空間には特筆すべき銀河間物質が存在する。ここでは、銀河団ガスと銀河系近傍で見つかっている銀河間ガスについて述べる。これらはいずれも、銀河の形成や進化における環境、銀河同士の相互作用、あるいは銀河風といった銀河の活動性と密接に関係している。

4-1 銀河団ガス

銀河団中の銀河間空間には大量の銀河団ガスが存在することがわかっている。このガスは数億Kという非常に高温のガスであり、ほとんどの原子は高電離状態のプラズマとして存在している。そのため、熱制動放射による強いX線を放射している。このガスの質量は銀河団銀河の総質量の約5倍に相当し、銀河団中の目に見える物質（バリオン）の大半を占める。銀河団ガスは重力的な平衡状態（ビリアル平衡）に近いことが知られており、ダークマターによっ

第14章　銀河間物質

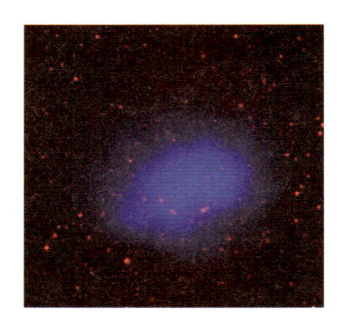

図14-5　エイベル2256銀河団のX線画像。雲のように淡く広がる成分が銀河団ガス、赤い点が銀河団銀河である。ここでは、大小2つの銀河団が、秒速約1500kmという高速で衝突している、と考えられている。(JAXA)

て重力的に束縛されているため、高温になっている。高温の銀河団ガスをもつ銀河団はそれだけ力学的質量が大きいということである（図14-5）。

　銀河団の外側から銀河団へと落ちてくるガスは衝撃波を形成し、重力エネルギーを熱エネルギーへと変換しガスが加熱される。衝突を起こしたと思われる銀河団では、平衡状態の温度よりも温度が高い領域が観測され複雑な温度構造を示すが、ほぼ平衡状態に達している銀河団ではガスの温度構造は比較的単純である。

　銀河団ガス中には、そこに含まれる重元素が観測されているが、代表的な元素は鉄である。銀河団ガスに含まれる鉄の質量と銀河内の星に含まれる鉄の質量はほぼ同程度であり、銀河における超新星爆発により放出された鉄の一部が銀河団空間に存在していることになる。仮に銀河内の超新星爆発によって星間空間に鉄が放出されたとしても、銀河の重力エネルギーによって銀河内にとどまるはずなのになぜ銀河間空間に鉄が存在するのだろう？　その理由として
(1)　活発な星生成銀河からの銀河風によって吹き飛ばされた
(2)　銀河が銀河団ガス中を運動する間にその圧力によってガスがはぎ取られた
などのメカニズムが考えられている。

　銀河団中心部は密度が高いため、多くのX線を放出しエネルギーを失う。この結果、銀河団中心部でガスは冷えて圧力が下がり、そのため周囲からの圧力を支えることができなくなり、ガスは中心

4. 銀河間空間と環境

部に向かって冷えながらどんどん流れ込むようになる。これを冷却流（クーリングフロー、cooling flow）と呼ぶ。しかし、こうして流れ込んだガスは星や分子ガスになっているはずなのに、実際の銀河団中心で観測される星生成率（第5章参照）や分子ガス量はずっと小さい。またX線衛星の観測からも、予想されるような冷えたガスの存在が否定されている。この問題を解決するためには銀河団中心に何らかの加熱源が必要だと考えられるが、まだ特定されていない。クーリングフロー問題は、銀河団研究において未解決の問題となっている。

銀河団ガス中の高温プラズマは宇宙マイクロ波背景放射に影響を与えることが知られている。宇宙マイクロ波背景放射の光子が銀河団を通過するとき、銀河団内の高エネルギー電子に散乱され、エネルギーをもらう。これは逆コンプトン散乱（inverse Compton scattering）と呼ばれる現象である。これにより宇宙マイクロ波背景放射のスペクトルはやや高エネルギー側にずれる。これはスニヤエフ・ゼルドビッチ効果（Sunyaev-Zel'dovich effect、SZ効果）と呼ばれるが、実際に銀河団の方向で観測されている。X線観測と合わせることにより、ガスの密度・温度・大きさ、さらには銀河団までの距離を評価することができるので、宇宙論パラメータの決定にも応用されている。

4-2 銀河系近傍の銀河間ガス

これまでの解説によって銀河と銀河の間には何もないわけではなく、光では検出できない主に水素からなるガス雲があることが理解できただろう。それらは宇宙初期から存在したものもあれば、銀河同士の相互作用、あるいは銀河から吹き飛ばされたものもある。では、我々の銀河系の周囲の空間ではどうだろう？　これほど近い宇宙空間ともなると、中性水素ガス雲からの電磁波（波長21cmに放射される超微細構造輝線）を直接検出することができる。第6章で見たように、銀河系の回転曲線や渦巻構造などもこの銀河内の中性水素ガスの放射する波長21cmの電波を用いて研究が行われている。

この電波観測によって、銀河系の外側には、明らかに銀河の回転

第14章　銀河間物質

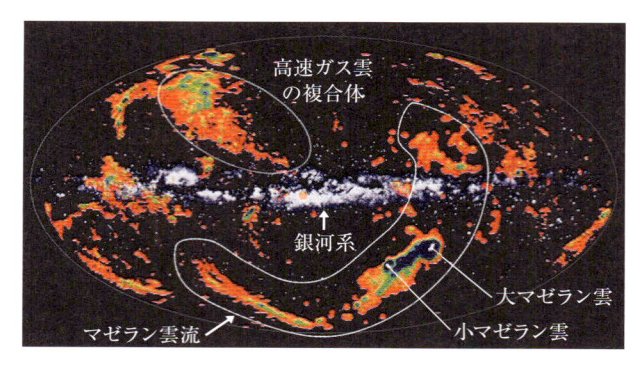

図14-6　電波観測で見た銀河系周辺の中性水素ガス雲の分布。図の中央が銀河中心、そこから左右に銀河円盤が広がっており、その上下にあるのが高速ガス雲である。

にはしたがわない、高速で運動する高速ガス雲（high velocity cloud、HVC）がいくつか見つかっている（図14-6）。その代表格は、大小マゼラン雲（第6章参照）をすっぽりとおおうほど長くて巨大な高速ガス雲であり、マゼラン雲流（Magellanic Stream）と呼ばれている。マゼラン雲流については銀河系と大小マゼラン雲の潮汐作用がその成因と考えられている。しかし、銀河系周辺に存在する高速ガス雲の起源は統一的に理解されているわけではない。

5. 初期宇宙における銀河間ガス

ビッグバン直後の初期宇宙では宇宙空間の物理状態が現在とは全く異なると考えられている。現在の宇宙空間において水素は完全に電離しているが、初期宇宙ではそうでなかった。宇宙初期のある時代に銀河間物質は中性状態から電離状態へ大きく変換したのである。この宇宙史の一大転換期とも呼ぶべき時代の銀河間物質とそれをとりまくトピックスについて以下にまとめる。

5. 初期宇宙における銀河間ガス

5-1 宇宙の暗黒時代

ビッグバン後、高温・高密度の宇宙では陽子と電子はばらばらで自由に飛び回っている電離状態だった。宇宙は膨張を続け、火の玉状態からどんどん冷えていく。宇宙年齢が38万年のころ、宇宙の温度は約3000Kになり、陽子と電子は再結合し、水素原子になる。このとき、宇宙は完全に中性化した。しかし、この段階では星はまだ1個もできていない。宇宙で最初の天体である初代星、種族III星（第7章参照）が誕生するのは、宇宙年齢が数億年のころである。したがって、宇宙の再結合期から初代星の誕生までの間は、天体が1つも存在しないので、宇宙は真っ暗闇になっている。そのため、この時期は宇宙の暗黒時代（dark age）と呼ばれている。天体が存在しないためこの時代を実際に観測するのはきわめて困難である。

5-2 宇宙再電離

宇宙で最初の天体、種族III星から放射されるエネルギーによってその天体の周囲にあった中性水素はどんどん電離されていく。この現象のことを宇宙の再電離（cosmic reionization）と呼んでいる。宇宙の大部分が中性水素に満ち溢れた時代に生まれたこうした天体の周囲には、その光のエネルギーに応じた大きさの電離された水素からなる空間がとりまく。こうした電離水素の光芒のことを"電離水素の泡"あるいは"宇宙論的HII領域"と呼んでいる。しかしまだまだ宇宙全体では中性水素の量が多く、初代天体の作り出すHII領域の割合は少ない。

1つ1つの天体の周りに形成されていた電離水素の泡は、やがてお互いに重なり合っていき、宇宙における電離水素の割合をどんどん増やしていく。特に天体が数多く密集しているような場所では、こうした重なりが効率的に行われると考えられる。やがてこうした光芒が宇宙を占拠するようになり（宇宙の再電離の完了）、現在の宇宙空間ではほぼすべての水素は電離されている（図14-7）。

宇宙再電離に貢献したのは、宇宙初期に誕生した初代星や初代銀河であったと考えられているが、いつの時代に、どの天体が、どの程度再電離を起こしたかについては観測的にわかっていない。強力な電磁波を放つ初代クェーサーもある程度貢献したと考えられる

第14章　銀河間物質

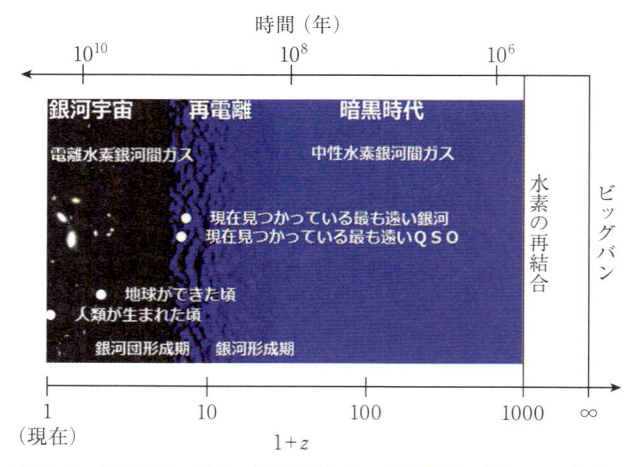

図14-7 初期宇宙の歴史。約130億年前には再電離の時代、それ以前には暗黒時代があった。再電離の時代には銀河間空間が中性状態から電離状態へと大きく変化を遂げた。

が、その個数密度は低く、寄与は少ないと考えられている。

5-3　ガン・ピーターソン効果

　宇宙再電離の時代には中性水素ガスが宇宙空間に薄く広がって存在していた。この様子を観測的に検出する方法はいくつか考えられているが、その中で代表的なものがガン・ピーターソン効果で、ジェームズ・E・ガン（J. E. Gunn）とブルース・ピーターソン（B. Peterson）によって1965年に予言されたものである。

　宇宙空間に断片的に存在する中性水素ガス雲によって、クェーサー吸収線系が断続的にクェーサーのスペクトル上に現れるのに対し、ほぼ一様に広がる再電離時期の中性水素ガスによってクェーサーのスペクトルはほぼ連続的に吸収される。この現象をガン・ピーターソン効果といい、連続的に吸収された波長帯のスペクトルをガン・ピーターソンの谷（Gunn-Peterson trough）と呼ぶ（図14-8）。

5. 初期宇宙における銀河間ガス

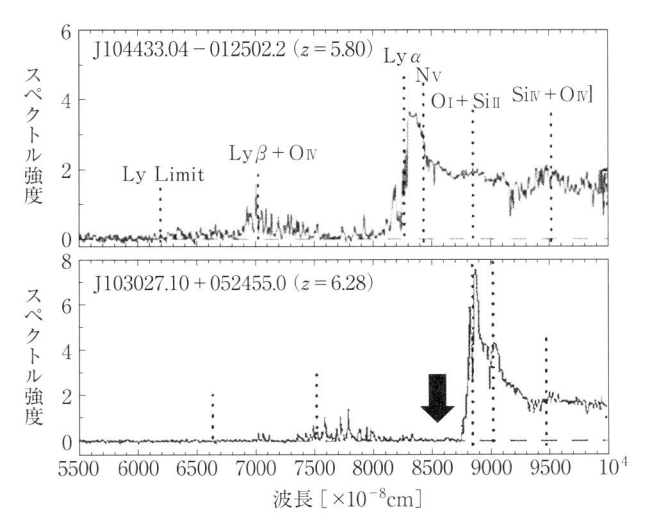

図 14-8 非常に遠方のクェーサーのスペクトル(下の図)と、もう少し近いクェーサーのスペクトル(上の図)との比較。不連続の位置(上の図でLyαの記号で示されている)のすぐ左側部分の強度が、下の図では光(矢印で示す箇所)が完全に吸収されているのがわかる。これがガン・ピーターソンの谷と呼ばれるものである。Ly Limit:ライマン・リミット、Lyβ + O$_{IV}$:ライマンβ + 5階電離酸素、Lyα:ライマンα、N$_V$:4階電離窒素、O$_I$ + Si$_{II}$:酸素 + 1階電離シリコン、Si$_{IV}$ + O$_{IV}$:3階電離シリコン + 3階電離酸素。(SDSS)

この特徴を示す遠方クェーサーは長らく見つかっていなかった。しかし、1998年に始まったスローン・ディジタル・スカイ・サーベイ(SDSS)によって、赤方偏移6付近のクェーサーが多数見つかるようになり、ガン・ピーターソン効果を示すと思われる連続的な吸収域が発見されるようになった。これらは再電離期のクェーサーではないかと考えられている。逆に、我々の近くの宇宙ではガン・ピーターソン効果が見られない。このことは現在の銀河間空間における水素原子はほぼすべて電離していることを示している。

第14章　銀河間物質

　これまでのガン・ピーターソン効果の観測によって以下のことが示唆されている。
(1)　赤方偏移6のあたりで宇宙空間における残存中性水素量は0.1％程度、すなわちほとんど電離している。
(2)　赤方偏移5.7に相当する126億年以前で急速に再電離が進んだ。
(3)　個々のクェーサーによってガン・ピーターソンの谷の量にばらつきがあることから、再電離の進行は空間的に非一様であった可能性がある。

　特に(3)は電離源、すなわち中性水素を電離させる強い光エネルギーを放射する天体が、当時非一様に分布していたことを示唆している。宇宙初期に大規模構造がどう形作られていったのか、という観点でも興味深い観測結果である。

　このようにクェーサー吸収線系の観測でも、現在観測されている遠方の銀河と同程度の宇宙論的距離まで見通して観測できる。したがって、宇宙全体におけるバリオン進化の系統的な研究において、銀河（光）と銀河間空間（影）はまさに両輪の役割を果たしているのである。

第15章
宇宙生物学

第15章　宇宙生物学

1. 概要

　宇宙生物学とはどういう学問分野であろうか？　宇宙生物学そのものは、生物学の一部として、宇宙における生物をあつかう学問分野である。また、地球の生命体が宇宙に進出した際の課題を解決する分野としても研究が進められてきている。しかし、地球以外に生命体が発見されていないことや、生物学者の多くが地球の生命は奇跡の存在であるので他の天体に生命体がいるはずがないと考えることもあり、我が国では主流にはなっていなかった。

　一方、宇宙生物学以前に、生物がどのように地球上に発生したのかという基本問題もある。生命の起原をあつかおうとすると、生物学のみならず、化学や地質学（地球物理学）との協力が必須である。また、天文学における太陽系外惑星の発見や太陽系天体探査機の登場と相まって、地球に限定せずに広く宇宙における生命体の起原や進化を論ずる必要性も高まってきた。さらには、極限環境の生命（高温、高酸化度、高アルカリ度、地下、岩石、高層大気など）について考察し、生物の存在意義や普遍的な仕組みを理解しなければならない。そのためには、地球外生命の探査も必要になるであろう。

　このように、宇宙生物学は文明や生命の未来などについても検討しようとする学際分野として、その概念が広がってきている。欧米では、宇宙生物学に相当する専門用語としてastrobiologyやexobiologyが用いられる場合が多い。両者とも概念としてはほぼ同じであるが、exobiology（圏外生物学）という言葉は1960年にジョシュア・レーダーバーグ（J. Lederberg）により提唱されていたのに対抗し、1997年にNASAが提唱した単語がastrobiologyである。天文学の立場から宇宙の生命にアプローチする場合はbioastronomy（生物天文学）を用いることが多い。実際、国際天文学連合には生物天文学をあつかう委員会も設置され、天文学の一分野としての地位が確立している。

　この研究分野は宇宙機関が主導するという背景があったため、欧米では宇宙生物学に関連する研究者が2000年ごろから急増した。NASAは1997年にはNASAアストロバイオロジー研究所を設立し、米国内の協力機関を公募する形で、トップダウン的研究を進

め、定期的に開催される学会活動も存在している。欧州では、欧州宇宙機関の支援を受けつつ、関連研究者の国内組織がボトムアップ的に連携する組織が立ち上がり（欧州アストロバイオロジーネットワーク連合：EANA）、毎年活発な研究集会を開催している。日本にも、各分野内で宇宙と生命について興味をもつ研究者は多く、生物分野に近い「日本宇宙生物科学学会」や化学分野に近い「生命の起原および進化学会」が活動していたものの、天文学や地球物理学をも包含する研究グループは存在していなかった。しかし、2009年に日本アストロバイオロジー・ネットワークが立ち上がり、既存の学会とも連携しながら、本章で紹介する諸活動を進めている。

2. 星間分子

　星間空間には希薄な星間ガスが存在する。その中でも濃い部分は星間分子雲と呼ばれ、その構成主体は分子となっている。星間ガス雲中にこのような濃い部分が存在することは1970年前後に電波天文観測により明らかになった。20世紀初頭から二原子分子が彗星に存在することは知られていたものの、当時の常識では、宇宙空間には星からの紫外線が満ちているために多原子分子は存在し得ないとされていた。

　ところが1963年に水酸基（OH）が発見されて以来、次々に星間ガス雲中に分子（星間分子、interstellar molecule）が発見され、その後も有機分子を含む多原子分子が発見されてきた。また、星間分子は、星間分子雲のみならず赤色巨星周囲のシェルや系外銀河でも多数検出されている。2012年現在、160種類の星間分子が検出されている（未確認のものも含んだ数字）。日本の国立天文台を中心とするグループも、国立天文台野辺山にある45m大型電波望遠鏡を用い、17種の星間分子を発見した。これらの星間分子を大別すると表15-1のように分類できる。

　星間分子としてもっとも多いのは、水素分子である。次に多いのが一酸化炭素（CO）と水蒸気（H_2O）であるが、水素分子に対して1万分の1程度の存在比でしかない。したがって、星間分子のうちのほとんどは水素分子であるといってよい。

　しかしながら、CO分子の放射する輝線はほとんどすべての星間

第15章　宇宙生物学

表 15-1　星間分子の分類例

単純な分子種	H_2、CO、H_2O、CO_2、NH_3　など
分子イオン	H_3^+、HCO^+、H_3O^+、HCO_2^+　など
ラジカル	C_nH、C_nO、C_nS(n=1、2、…)　など
環状分子種	c-C_3H_2、c-SiC_2、c-C_3H、c-C_2H_4O　など
安定分子種	H_2CO、HCOOH、CH_3OH、C_2H_5OH　など

分子雲で観測される。これはその存在量が水素分子に比べ少ないとはいえ、豊富なためである。実際、CO分子輝線の視線速度変化や速度幅（内部運動の指標）から星間分子雲、すなわち、星生成の現場の様子を知ることができる。

一方、星間ガスには、地上にはほとんど存在しない（反応性が高いので短時間のうちに他の化合物に変わる）物質が多数存在する。典型的なものが分子イオンとラジカルである。分子イオンの多くは、安定な分子種に陽子（水素の原子核）が結合したものである（例：HCO^+）。最近では、負イオン分子も多数見つかってきた。ラジカル（遊離基）とは、結合の手が余っているため、とても反応性の高い物質を指す。たとえば、日本のグループが発見したC_6Hは、炭素原子が直線上に6個並び、その端に水素原子が結合したものだが、分子全体としてはまだ結合できる手が1本残っている。反応しやすい分子イオンやラジカルが比較的長時間存在できるのは、星間ガスがきわめて希薄、かつ、温度が10Kからせいぜい数百Kと低温なために、反応もなかなか起きないためである。星間分子にも我々になじみが深い安定分子が含まれている。その多くは有機分子であり、本章5節で詳しく触れることにする。

星間分子は、主として電波望遠鏡や赤外線望遠鏡を用いて観測される。星間分子が放出する電磁波は、電波領域では回転状態の変化に、また、赤外領域では振動状態の変化に対応したものである。非常に冷たい星間分子雲では、回転遷移を生じさせるエネルギー源は水素分子の運動エネルギーと考えてよい。水素分子がある星間分子に衝突した時に運動エネルギーの一部をその星間分子に与えて高い

回転エネルギー状態に移り、やがて自発放射により電波を放出する。赤外領域での振動状態を変化させるものには水素分子との衝突以外に、星からの赤外線放射もある。

星間分子雲の物理状態によっては、メーザー（maser: microwave amplification by stimulated emission of radiationの略で、誘導放射によるマイクロ波増幅のことである）と呼ばれる現象が起きることがある。分子は衝突や赤外線による影響で、より高いエネルギー状態に移った場合、その状態にある分子が過剰になる場合が生じ得る。そのような状態にある分子に、エネルギーの低い準位に遷移するときに放射する周波数と同じ周波数の電磁波がやってくると、誘導されて一気に遷移が起こる。これがメーザーである。宇宙メーザーは、H_2O、SiO、OH、CH_3OHなどで実際に観測されている。

3. 気相反応

星間分子が存在する星間分子雲は、極低温の世界であり、その温度は絶対温度でおよそ10K（およそ−260℃）である。また、星の誕生した現場の周囲などの暖かいところでも数百K程度である。また、その密度もきわめて低く、薄いところでは1cm^{3}当たり水素分子が数十個程度、濃いところで10^5〜10^6個程度である。このような物理的条件下では、反応物がもっている運動エネルギーなどによって反応のエネルギー障壁を超えることができない。そのため、多種多様な星間分子の生成メカニズムは1970年代の大きな謎であった。

1973年、エリック・ハーブスト（E. Herbst）とウィリアム・クレンペラー（W. Klemperer）は、反応物の片方がイオンでもう1つが中性であるイオン−分子反応の場合、2つの反応物が接近した場合に中性側の物質に分極が生じ、クーロン引力の効果でエネルギー障壁がなくなるか、あっても低くなることに注目した。そして、およそ100種類程度の反応についてシミュレーションし、当時知られていた星間分子の存在量をうまく説明できることを示した。さらに彼らは、分子イオンであるHCO^+が存在することを予測した。その後、実際にHCO^+が星間分子雲中で確認されたことにより、星間分子雲中における主要な分子形成は、気相中のイオン−分子反応で

あることが明らかになった。

　イオン–分子反応では、まずイオンを必要とするが、イオンを生成する元は高エネルギー宇宙線であると考えられている。宇宙線は、水素に次いで宇宙に多いヘリウムを電離し（第1イオン化ポテンシャル＝約24.6eV）、そのヘリウムイオンが周囲の原子や分子をイオン化する。このようにしてイオン–分子反応が始まる。例として、気相における水の生成反応を示す。

$$
\begin{aligned}
He^+ + H_2 &\rightarrow He^* + H_2^+ + e^- \\
H_2^+ + H_2 &\rightarrow H_3^+ + H \\
H_3^+ + O &\rightarrow OH^+ + H_2 \\
OH^+ + H_2 &\rightarrow OH_2^+ + H \\
OH_2^+ + H_2 &\rightarrow OH_3^+ + H \\
OH_3^+ + e^- &\rightarrow H_2O + H
\end{aligned}
$$

　このように、イオン–分子反応説は星間分子の生成メカニズムとして成功をおさめた。しかしその後、予想もしなかった多種多様な星間分子が発見され、それらの生成機構が新たな問題としてもち上がった。この研究を通じて、イオン–分子反応だけではなく、中性–中性反応も重要な役割をはたす場合があることが明らかになった。たとえば、シアノアセチレン（HC_3N）やシアノジアセチレン（HC_5N）などの生成では、アセチレン（HC_2H）やジアセチレン（HC_4H）とシアン基（CN）との中性–中性反応がエネルギー障壁なしで進むことが知られている。

　赤色巨星の表面重力は小さいため、その表面からは星の重力を振り切って周囲の宇宙空間に物質が流れ出し、星の周囲にシェル状の領域を形成する。この領域における星間分子生成は、赤色巨星表面近傍では熱化学平衡反応、その外側では中性–中性反応、さらに外側ではイオン–分子反応、もっとも外側では星間紫外線の影響による光化学反応が主たる反応であることが知られている。

4. 星間塵表面反応

　多種多様な星間分子の多くは気相反応で形成される。しかし、反

4. 星間塵表面反応

応の一部が吸熱反応の場合や、反応により放出されるエネルギーを電磁波、もしくは、反応物や生成物以外の第3体の運動エネルギーなどとして放出できない場合は、生成物が十分にできない場合がある。そのような例として、大型有機分子やアンモニア（NH_3）などの飽和分子の生成が挙げられる。

星間分子雲中には大きさが$1\mu m$前後の固体粒子（星間塵）が存在するので、その表面における化学反応を考慮すると、上記の困難を解決できると考えられている。星間塵の表面には、水素原子が多数存在している。水素原子は20K以下の極低温でもトンネル効果により表面上を移動することができる。そこに、たとえば、ガス中の一酸化炭素が吸着したとしよう。すると、水素原子は塵の表面上を動き回ることができるので、徐々に一酸化炭素と反応し、ホルムアルデヒドを経由し、最終的にメチルアルコールになることが可能になる（図15-1）。

$$CO \rightarrow HCO \rightarrow H_2CO \rightarrow CH_3OH$$

飽和分子は、このように、極低温での水素付加反応により形成されると考えられている。

また、不飽和分子（二重結合などの多重結合を含む分子）の生成については次のようなメカニズムがある。星間塵は星からの紫外線などに暖められて40K程度まで温度が上昇する。すると、塵の表面に吸着している単純な分子がホッピングにより移動し、反応することができる。このようなメカニズムで、ジメチルエーテル（CH_3OCH_3）やギ酸メチル（$HCOOCH_3$）などの不飽和分子も形成されるようになる。

星間塵表面で生成した有機分子は、当初は塵の表面に留まっている。しかし、星間分子雲の中で星が生まれ、星からの紫外線が塵に当たって温度が上昇すると、表面から蒸発してガス中に出てくると考えられている。この考えは、星間有機分子の多くが生まれたばかりの星の周囲に残存しているガス中に検出されることから提唱されたものである。

第15章　宇宙生物学

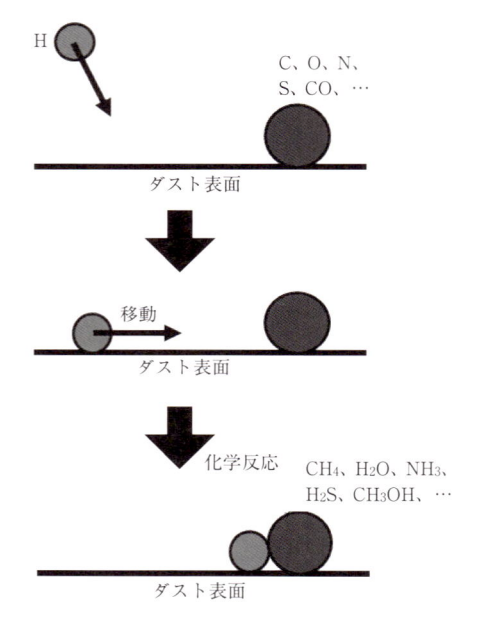

図 15-1　星間塵表面反応のモデル図。ダストに吸着した星間雲中の水素原子は、トンネル効果によりダスト表面上を移動してダスト表面に存在する炭素原子などと反応する。このようにしてダスト表面では大きな分子種が生成される。（提供：野村英子）

5. 宇宙有機物質

　有機物は炭素を含む化合物である。一方、歴史的には有機物とは生物がつくり出す化合物を指し、鉱物由来の無機物とはっきり分けていた時代があった。しかしながら無機物から有機物を化学合成できることがわかり、歴史的な有機物の定義から離れて、炭素化合物を一般的に有機物と呼ぶようになった。その一方で、炭素原子を含む化合物であっても、単純なもの（例：一酸化炭素、二酸化炭素、青酸など）は慣例として有機物とはみなされない。そこで、本節では、炭素を含んでいても単純なものはひとまず除外しておく。

5. 宇宙有機物質

宇宙の有機分子を分類してみると、アルデヒド、アルコール、エーテル、ケトン、アミドなどに分けられる。アルデヒドの中で最初に発見されたのがホルムアルデヒド（H_2CO）で、1969年のことであった。当時知られていた星間分子は、OH、NH_3、H_2Oのみであり、4原子分子が発見された驚きは相当のものであったという。しかし、ホルムアルデヒドの発見に触発され、1970年にはメチルアルコール（CH_3OH）、1971年にはギ酸（HCOOH）が、1973年にはチオホルムアルデヒド（H_2CS）、メチレンイミン（CH_2NH）、ホルムアミド（NH_2CHO）、アセトアルデヒド（CH_3CHO）が、1974年にはメチルアミン（CH_3NH_2）とジメチルエーテル（$(CH_3)_2O$）、そして1975年にはシアナミド（NH_2CN）とエチルアルコール（C_2H_5OH）が発見された。

このように、宇宙の主たる有機分子は1970年代には発見されていたのである。これらの有機分子は、オリオン大星雲の中心部や銀河系の中心近くにある巨大な分子雲として知られていた、いて座B2（Sgr B2）で発見された。天文学者が宇宙の分子を探査する際には、まずは、これらの2つの天体に電波望遠鏡を向けるのが通例であった。電波望遠鏡の感度向上に伴い、2004年にはもっとも簡単な糖であるグリコールアルデヒド（CH_2OHCHO）が発見された。また、2008年には、もっとも簡単なアミノ酸であるグリシン（NH_2CH_2COOH）の前駆体であるアミノアセトニトリル（NH_2CH_2CN）が、いずれも、いて座B2の中心部で発見された。しかし、アミノ酸や核酸（その前駆体を含む）については、2012年現在、発見にはいたっていない。

観測感度の向上に伴い、星間分子雲中の有機物質のみならず、彗星の有機物質の検出も可能となった。彗星は、星間分子雲が収縮してできた原始惑星系円盤の中で、中心星から遠いところで形成されたと考えられ、星間分子雲中で形成された物質をそのまま保持しているといわれている小天体である。地上からの観測により、一酸化炭素（CO）、メタノール（CH_3OH）、メタン（CH_4）、二酸化炭素（CO_2）などの炭素化合物やアンモニア（NH_3）やシアン化水素（HCN）といった窒素化合物の存在が知られていた。

その後、ハレー彗星を探査したジオット（Giotto）や、ヴィルト

第15章　宇宙生物学

第2（Wild 2）彗星を探査したNASAのスターダスト（Stardust）探査機により、彗星核には、多環式芳香族炭化水素（PAH）などの複雑な有機物が含まれていることが明らかになった。スターダスト探査機はヴィルト第2彗星に接近して、彗星から吹き出す物質をとらえ、地球に帰還した。2009年にスターダスト探査機研究グループが、彗星から持ち帰った物質を分析したところ、アミノ酸であるグリシンが含まれていたと報告した。彗星にグリシンがあるということは、星間分子雲中にもグリシンや他のアミノ酸なども存在する可能性を示唆している。

6.　生命の起原

　生命がどのようにして始まったのかという疑問は、宇宙がどのようにして生まれたのかという疑問と同じように、あらゆる時代において人類共通の知的好奇心の対象であった。この疑問に答えるため、古くは宗教の教典や伝説、神話などが生命の起原を説いていた。これらの答えは超自然的であったものの、当時の世界観や生命観を反映していた。

　よく知られている例をあげてみよう。キリスト教では神が万物を創造したとしており、人間を含むすべての生物はすべて神の創造物としている。これに対してエジプト文明やギリシャ哲学においては、アリストテレス（Aristoteles）によって体系づけられた自然発生説が説かれた。自然発生説は西洋世界においてはキリスト教と結びつく形で17世紀まで影響を与え続けた。実際、貝のなる木の話やガチョウのなる木の話がまことしやかに伝えられていた（図15-2）。しかし17世紀後半になると、実証を重んずる近代自然科学が成立し、汚れたシャツと小麦からネズミが発生するといった自然発生説は疑いがもたれるようになった。

　自然発生説をめぐる論争は19世紀に終止符を打たれることとなる。フランスの生化学者ルイ・パスツール（L. Pasteur）は、長いS字状になっている首をもったフラスコを用い、フラスコ内のスープを加熱殺菌し、さらに外界の空気と触れないようにしておくと、スープが腐敗したり微生物が発生したりすることがないことを示した。これは、実験的に自然発生説を明確に否定したものであった。

7. 化学進化とミラーの実験

図15-2 ガチョウのなる木の版画。欧州にかつて、ガチョウは木の実から生まれるという考えがあったことを記録しているもの。(『生命の起源』原田馨著、1977、東京大学出版会より転載)

自然に発生することがないのであれば、すべての生物には始まりがあることになる。つまり、生命の起原がなければならないことになったのである。

7. 化学進化とミラーの実験

自然発生説が否定された後、生命の起原としてスヴァンテ・アレニウス（S. A. Arrhenius）やケルビン卿［Kelvin、本名はウィリアム・トムソン（W. Thomson）］は、地球外から生命が飛来して地球上の生命が始まったというパンスペルミア仮説を唱えた。しかし、一般的には、自然環境下における物質の化学進化の結果、生命が発生したとする考えが受け入れられている。これはアレクサンドル・オパーリン（A. I. Oparin）とジョン・ホールデン（J. B. S. Haldane）が独立に提唱した説である。

オパーリン説では生命の発生メカニズムは次のようになる。まず、原始地球大気に存在していた無機物（メタン、アンモニア、

第15章　宇宙生物学

水、水素）が、太陽光や雷などのエネルギーにより簡単な有機物に変化（化学進化）して海に溶ける。海水中でより複雑に成長した有機物が次第に複雑な化学反応システムをつくり上げる。そして、その後、今日の生命の発生につながったとする。

　この化学進化説に実験的な支持を与えたのがスタンリー・ミラー（S. L. Miller）とその指導教官であったノーベル化学賞受賞者ハロルド・ユーレイ（H. C. Urey）であった。ユーレイは、原始地球を含む惑星大気の組成に興味をもち、原始地球大気の主成分はメタン、アンモニア、水蒸気、水素の混合ガスであろうと主張した。これらは、宇宙に豊富に存在する重元素である炭素、窒素、酸素が宇宙でもっとも多い元素である水素と反応して完全に還元された化合物である。

　ミラーに与えられた研究テーマは、この原始大気中でどのような化学反応を起こすかを調べることであった。彼は図15-3に示す装置を製作して反応を調べた。フラスコ内の水は原始海洋に対応し、この部分は暖められていて水蒸気が上のフラスコに導入される。上のフラスコにはメタン、アンモニア、水素が供給され、雷に対応する火花放電に晒される。放電エネルギーによりフラスコ内の化合物が反応し、反応生成物はフラスコの下部で冷却され、水滴すなわち雨となって下部フラスコの海に戻る。こうして反応生成物が徐々に海の中に溜まってくる。ミラーは約1週間放電を続けた後、下部フラスコに溜まった物質中に、グリシンやアラニンなどのアミノ酸を始めとする生体関連物質が存在することを見いだした。当時、有機物は生物によってのみ生成されると信じられていた。無機物から有機物が生成されるというミラーの実験結果は、当時の人々にとって非常に衝撃的であった。

　現在では、原始地球大気は、ユーレイやミラーが想定した還元的大気とは異なり、中性か酸性大気であると考えられている。また、そのような大気成分を用いてミラーの実験を行っても十分な有機物が生成されないことがわかっている。このため、地球外（星間分子雲や原始惑星系星雲）で生成された有機物が何らかの手段により原始地球に運搬され、それらをタネにして化学進化が進んだという考えも提唱されている。化学進化の結果として生命が発生したという

7. 化学進化とミラーの実験

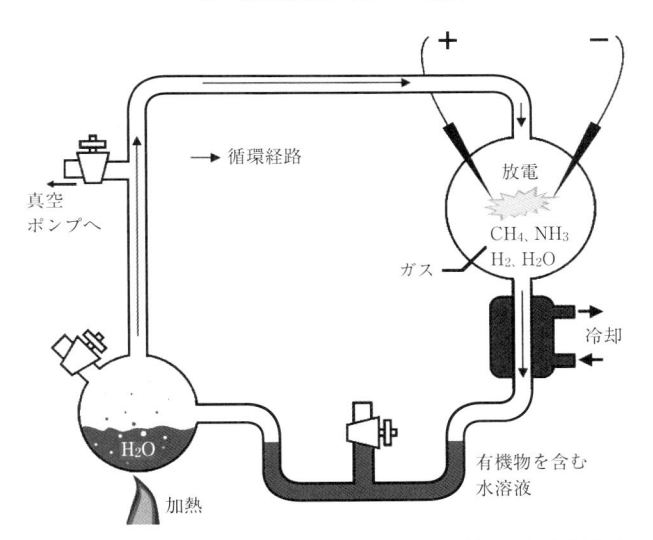

図15-3 ミラーの実験で使用された装置概念図。実験では、原始地球の海から蒸発した水蒸気や他の物質に雷が当たり、冷却後に雨となって海水に戻る様子を再現しようとしたもの。右側の丸いフラスコ内にメタン、アンモニア、水素、水蒸気を封入して放電し、反応物と生成物は冷却され、反応生成物は装置下部の水溶液に集められる。(http://ja.wikipedia.org/wiki/%E3%83%95%E3%82%A1%E3%82%A4%E3%83%AB:Miller-Urey_experiment_JP.pngより改変)

考え方は、現在の生命の起原に関する研究における基本的な考え方である。しかしながら、生命体がもっている代謝や遺伝機能などをどのようにして獲得したのかは依然として不明のままである。

一方、太陽系外に多くの惑星が発見され、地球上と同じような化学進化が系外惑星でも生じれば、それが地球外生命の発生につながるのではないかとの考えが急速に生まれてきた。地球外生命はいまだに発見されていないものの、このような研究は、宇宙における生命の普遍性——我々は宇宙で孤独なのかどうか——を議論することにつながるものである。

第15章　宇宙生物学

8. 地球外物質の地球への運搬

　生命の誕生には海（大量の液体の水）が必要であると考えられている。これは、水の層があると化学進化により形成された物質が太陽からの紫外線による解離・分解を防止・軽減できるからである。また、当然のことであるが、その後の生物進化の過程においても紫外線に対して無防備なままであると生命維持が困難になる。

　原始地球誕生時は非常に高温であったと考えられているため、地球形成時に存在していた水はすべて蒸発してしまったはずである。しかし、現在の地球をみると、表面の70％近くが海である。では、その海の形成に必要な大量の水はどこからやってきたのだろうか。

　海の起原については、大別すると2つの考え方が提唱されている。1つは、水を含む炭素質コンドライト隕石によりもたらされたという考えである。もう1つは、氷を多く含む彗星によってもたらされたという考えである。いずれも地球外からの物質運搬であり、原始地球ができあがった後に少量だけが表面に降ってくる様から、レイト・ベニア（late veneer）仮説と呼ばれている。現在の地球の海の質量は1.4×10^{21}kgもあるが、地球質量（6×10^{24}kg）と比べるとわずか0.023％である。したがって、水を含む天体が少量降れ

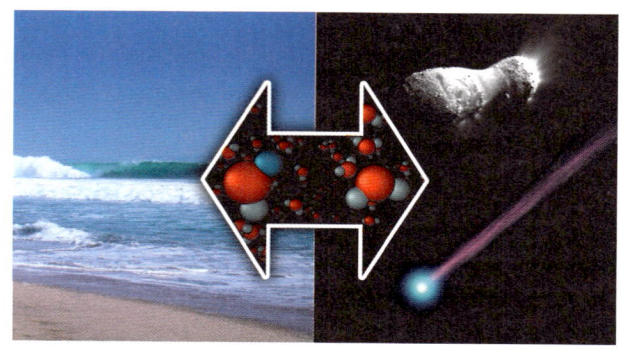

図15-4 探査機ディープ・インパクト（Deep Impact）が撮影したハートレー彗星の核と彗星全体の画像。（NASA）

8. 地球外物質の地球への運搬

ば、現在の海水量を説明できる。

地球の水が、どのような材料物質から供給されたのかを判断する材料の1つとして用いられるのが重水素（D）と水素の比率（D/H比）である。海水のD/H比はおよそ2×10^{-4}であり、炭素質コンドライトのD/H比はおよそ2×10^{-4}、彗星の場合はその2から3倍程度である（ただし、観測されたのは3彗星のみ）。そのため、水の供給源は炭素質コンドライトといわれていた。ところがこの場合、マントル中のOs（オスミウム）の同位体比を説明することができない。

一方、2011年10月、ハーシェル宇宙望遠鏡はハートレー彗星を観測し、同彗星でのD/H比が海水のものとほぼ同じ値であることを見いだした（図15-4）。この彗星は、太陽から遠方にあり太陽系始原物質を含むカイパーベルトに起原をもつと考えられている天体である。この観測結果は、彗星も地球への水の供給源になり得ることを示しており、今後の詳細な研究結果が待たれることとなった。

水のみならず、生命に関連が深い有機物質についても、地球表面で生成されたものなのか、あるいは、地球外から運搬されたものな

表15-2 原始地球内外での有機物生成に関する推定結果

地球起源	生成量（kg/年）
紫外線による光反応	3×10^8
雷などの放電	3×10^7
衝突による衝撃	4×10^2
熱水噴出口	1×10^8
地球外起源	
惑星間塵	2×10^8
彗星	1×10^{11}
合計	10^{11}

原始地球に降ってきた彗星重量の10％が有機物で、降ってきたもののうち10％が生き残ったと仮定した場合のもの。（Ehrenfreund, P. et al. 2002, Rep. Prog. Phys., 65, 1427 より改変）

のか、という議論が続いている。ミラーの実験では地球上で生成できるということであった。しかしその後の研究により原始地球大気成分は中性あるいは酸性大気ということがいわれ、そのような条件下では、地球上では十分な量の有機物質が生成できないことが分かってきたからである。

最近では、水と同様に有機物質のほとんどが彗星によりもたらされたという研究結果も発表されている（表15-2）。これは、生命に関連する有機物質の多くが地球外起原をもつ可能性を示している。実際、2009年には、スターダスト（Stardust）探査機によりヴィルト第2彗星からアミノ酸であるグリシンが検出されたとの報告がなされた。

9. パンスペルミア仮説

宇宙空間には有機物質が存在しているし、一例のみではあるものの、彗星からアミノ酸も発見された。我々生命体を構成している物質と比べれば単純な要素であるものの、これらが生命の発生に関連したかもしれないと考えることはきわめて自然なことであろう。

地球上における生命の起原が他の天体からなんらかの方法により地球に到達した生命にあるとする考えは18世紀後半からあった。これはパンスペルミア仮説（Panspermia hypothesis）と呼ばれる。ここでパン（pan）は汎、スペルミア（spermia）は種を意味するギリシャ語起源の言葉である。そのため、パンスペルミア仮説は汎種説などとも呼ばれる。パンスペルミアと名付けたのはノーベル化学賞受賞者であるアレニウスである。彼は生命の微小な胚種が宇宙空間に放出されれば、光の圧力によって宇宙空間を移動できることを理論的に示した。

20世紀後半には、膨張宇宙論に対抗して定常宇宙論を展開したことでも有名な物理学者であるフレッド・ホイル（F. Hoyle）が、地球生命は他天体からやってきたものだとの主張をした。その理由は星間物質の紫外スペクトルがバクテリアのスペクトルと酷似していることなどであった。

しかし、パンスペルミア仮説は、きわめて強い批判を受け続けている。その理由として、まず、本当の意味での生命の起原を説明し

ていないことである。つまり、地球にやってきたとする生命がどのように発生したかには言及せず、天下り的に地球生命の起原を説明しようとすることである。また、宇宙空間はきわめて低密度、極低温、かつ、強い放射線も存在するため、そのような環境下で生命が長時間生きているとは考えられないことも挙げられる。

　前者の批判は本質的である。一方、高度100km近い高層大気中から採取した空気中に紫外線や放射線に対してきわめて高い耐性を示す微生物が生息していることが発見されるなど、生物に関する我々の常識を覆す事実が次々に明らかになっている。そのため、宇宙空間の条件でも生き続けられる微生物がいるかもしれないと考える研究者もいる。パンスペルミア仮説は生命の起原研究の主流にはならないかもしれないが、我々の常識を見直すきっかけを与えるアンチテーゼとして、いつまでも存在し続けることだろう。

10. キラリティ（対掌性）

　右手と左手は手のひらを合わせた面に対して互いに鏡像となっているが、互いに重ね合わせることができない。このような性質をキラリティ（対掌性、chirality）といい、キラリティをもつことをキラルと称する。キラルな分子を鏡像異性体、あるいは光学異性体と呼ぶ。

　生体を構成する糖やアミノ酸も多くの場合キラルである。糖はD体（Dは、dextro（右））であり、アミノ酸はL体（Lは、levo（左））がほとんどである（図15-5）。当然であるが、キラル分子は分子量、結合エネルギー、さらにはほとんどの物理的性質（密度、融点、沸点、および屈折率など）は同じであり、化学合成ではD体とL体はほぼ等量生成される（ラセミ体）。

　一方、D体とL体では、分子のもつ電気双極子の構造も鏡像関係になり、電磁波の偏光に対する性質が逆となる。具体的には、対になるキラル分子は、偏光面を回転させる角度は同じであるが、その回転方向が、D体では右回りに、L体では左回りになる。

　先に述べたように、生体で用いられている糖はD体、アミノ酸はL体がほとんどである。なぜこのようなホモキラリティが生じたのだろうか？　また、生命進化のどの段階でホモキラリティが生じ

第15章　宇宙生物学

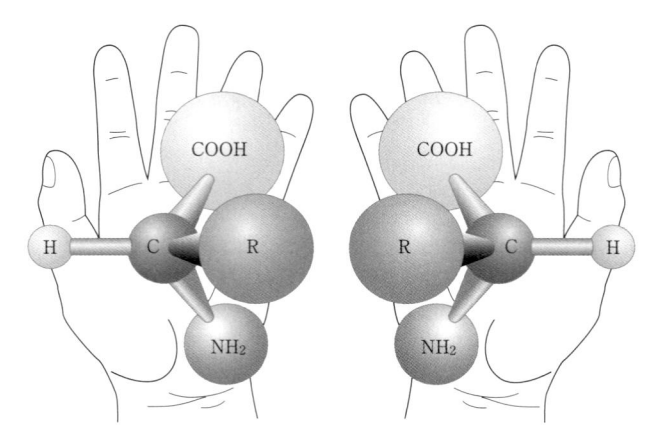

図 15-5 L体（左手型）アミノ酸とD体（右手型）アミノ酸。同じ組成式の物質だが、鏡像関係になっているために重ね合わせることができない。(http://chirbase.u-3mrs.fr/chirality/laboratory/en/pres.htm より転載)

たのだろうか？　これらの問題は、生命の起原研究における未解決問題となっている。

　ホモキラリティを生じる原因としてさまざまな説が唱えられている。宇宙空間でアミノ酸が生成され、そこにパルサーや星間塵によって生じた偏光が照射されることにより一方のキラリティをもつ割合が増えたことが原因だとする宇宙原因説、あるいは、素粒子レベルで働く力である弱い相互作用が非対称であることが原因となってL体のアミノ酸が増えたとするもの、などである。前者の場合、照射される偏光によってはD体のアミノ酸を主として利用する生命が宇宙のどこかにいる可能性を示唆するし、後者であれば、宇宙のどこで生命が発生・進化しても生命体はL体のアミノ酸を主として用いることを示唆する。

　いずれにしても、どちらかのキラリティをもつ分子が過剰になった後に他のキラリティのものを"駆逐"する増幅機構が必要となる。その1つの可能性としては、触媒の働きをする分子が反応分子

11. タンパク質

をその触媒分子に変えてしまう有機自己触媒反応が提唱されている。このため、アミノ酸や糖に有機自己触媒作用があるかどうかを調べることが課題となっている。

11. タンパク質

　生物を構成する有機化合物は、タンパク質、炭水化物、脂質、核酸の4種類に大別できる。細胞の質量の約70％は水であるが、残りの質量の半分以上を占めているのがタンパク質である。

　タンパク質は、アミノ酸がペプチド結合により鎖状につながった高分子化合物である。ペプチド結合とは、1つのアミノ酸のカルボキシル基（COOH）端と隣のアミノ酸のアミノ基（NH_2）から水分子（H_2O）が除かれてOC-NHという配列となる結合をいう。

　タンパク質は一般に数十から数千のアミノ酸からなるが、典型的なタンパク質はおよそ300のアミノ酸からできている。生物が使用するアミノ酸は170種類以上あって、DNA（デオキシリボ核酸）に含まれる遺伝情報に基づいて体内で合成されるタンパク質は、20種類のアミノ酸から成るもののみである（表15-3）。

　生物の体内でタンパク質は、多様な機能を分担しており、構造タンパク質、酵素、ホルモン、輸送タンパク質、防御タンパク質、収縮タンパク質、毒素等の機能によって分類される。天文学者が長い

表15-3　DNAによりコードされるアミノ酸

アラニン (Ala)	グルタミン酸 (Glu)	ロイシン (Leu)	セリン (Ser)
アルギニン (Arg)	グルタミン (Gln)	リシン (Lys)	トレオニン (Thr)
アスパラギン (Asn)	グリシン (Gly)	メチオニン (Met)	トリプトファン (Trp)
アスパラギン酸 (Asp)	ヒスチジン (His)	フェニルアラニン (Phe)	チロシン (Tyr)
システイン (Cys)	イソロイシン (Ile)	プロリン (Pro)	バリン (Val)

間宇宙のアミノ酸を探し求めてきた最大の理由は、アミノ酸から構成されるタンパク質が生体内で大きな重量割合をもつと共に、生体内において生命維持のための非常に重要な機能を担っているからである。

タンパク質はアミノ酸がペプチド結合により鎖状につながっているわけだが、この鎖状構造は、さらにらせん状に巻かれてαヘリックス構造や鎖が波板状に折りたたまれたβシート構造をとる。この構造は、さらにジスルフィド結合（$-S-S-$）を通じて折りたたまれてサブユニットを構成し、サブユニット数個が結合することによりタンパク質固有の立体構造をつくる。

たとえば、すべての生物の細胞内にあり、DNAの情報を転写したmRNA（メッセンジャー・リボ核酸）を読み取ってタンパク質を合成（翻訳）する機能をもつリボソーム（ribosome）は、大小2つのサブユニットからなり、その分子量は哺乳類の場合460万Daにもなる。

12. 核酸と遺伝

生命活動を定義する本質的な要素には次の4つがある。
(1) 境界をもつ（自己と外界を区別する膜をもつ）
(2) 代謝（外界から物質やエネルギーを細胞内に取り入れ化学反応を通じて必要な物質やエネルギーを生産し、不要なものを排出する）
(3) 自己複製をする（自分と同じ種の生物を生み出す）
(4) 変異・進化する（自己複製の際に完全に親と同じではない子孫を生み出し、環境変化の際に適合したものが生き延びる）

このうち、自己複製や変異・進化の際に重要な役割を果たすのが細胞核に存在するDNAにより実現されている遺伝である。ウィルスなど一部の生物ではRNA（リボ核酸）が遺伝の中心的役割を果たすことが知られている（ウィルスは結晶化するので生物ではないという意見があることに注意）。DNAもRNAも核酸であり、多数のヌクレオチドからできている。ヌクレオチドは、リン酸、糖、塩基の3つの構成要素から成る。

糖としては、RNAではD-リボース、DNAではデオキシ-D-リ

12. 核酸と遺伝

ボースが用いられている。RNAやDNAは、いずれも4種類の塩基のみをもち、RNAの場合はシトシン（C）、ウラシル（U）、アデニン（A）、グアニン（G）を、DNAではC、A、G、およびチミン（T）を用いる。これらのうちC、U、およびTはピリミジン塩基（環は1つ）、AとGはプリン塩基（2つの環をもつ）である。これらのヌクレオチドが連結して、DNAやRNAの鎖状分子を構成している。RNAが1本鎖であるのに対し、DNAは2本鎖がお互いに結合した二重らせん構造をもっている（図15-6）。このとき、AはTと、GはCとだけ結合する。細胞分裂の際、DNAの2本鎖はほどけ、鎖のそれぞれの塩基に新しい塩基が結合してゆく。容易に分かるように、新しい塩基が結合し終わった段階で完全に同じDNAが複製され、それぞれが新しい細胞核（子孫）へと伝達される。DNA上には遺伝情報が格納されており、ヒトの場合DNAに含まれる塩基数は30億9300万、遺伝子数は約2万3000、1細胞内のすべ

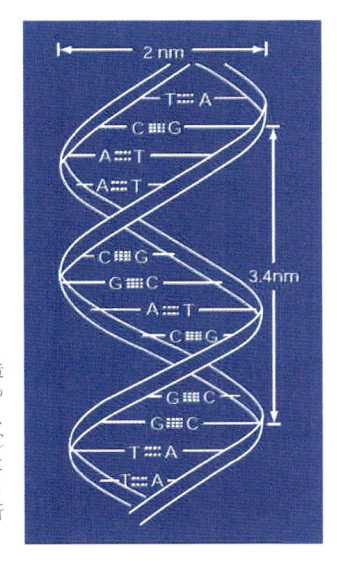

図15-6 DNAの二重らせん構造の模式図。糖の基盤につながった4つの塩基（A、T、C、G）が、A-T、C-G間で結合することにより二重らせん構造をとる。（かずさDNA研究所パンフレットより転載）

第15章　宇宙生物学

てのDNAをつなげた長さは2m程度である。このため、DNAは強くたたみ込まれて染色体を構成し、核に保存される。真核生物では染色体は対になる。ヒトの場合、22対の常染色体と男性ならばX染色体とY染色体、女性ならば2本のX染色体の、合計46本の染色体をもつ。

DNA上に書き込まれている生物の設計図を文字列で表現したものを遺伝コードという。遺伝コードはDNAからmRNAに転写され、リボソームで遺伝コードからタンパク質（アミノ酸配列）に翻

表15-4　mRNAの遺伝コード表。

1文字目		2文字目							3文字目
		U		C		A		G	
U	UUU	Phe	UCU	Ser	UAU	Tyr	UGU	Cys	U
	UUC		UCC		UAC		UGC		C
	UUA	Leu	UCA		UAA	Stop	UGA	Stop	A
	UUG		UCG		UAG	Stop	UGG	Trp	G
C	CUU	Leu	CCU	Pro	CAU	His	CGU	Arg	U
	CUC		CCC		CAC		CGC		C
	CUA		CCA		CAA	Gln	CGA		A
	CUG		CCG		CAG		CGG		G
A	AUU	Ile	ACU	Thr	AAU	Asn	AGU	Ser	U
	AUC		ACC		AAC		AGC		C
	AUA		ACA		AAA	Lys	AGA	Arg	A
	AUG	Met	ACG		AAG		AGG		G
G	GUU	Val	GCU	Ala	GAU	Asp	GGU	Gly	U
	GUC		GCC		GAC		GGC		C
	GUA		GCA		GAA	Glu	GGA		A
	GUG		GCG		GAG		GGG		G

アミノ酸の省略記号は表15-3を参照のこと。いちばん左の列にある1文字目、上に示す2文字目、そしていちばん右の列にある3文字目の組み合わせが、どのアミノ酸に対応するのかを示している。Stopは終止コドンを意味する。

訳される。mRNAに転写される遺伝コードはDNAのものとはわずかに異なるが、表15-4に示すようにいずれも3つの塩基が1つのアミノ酸に対応している（トリプレット・コード）。遺伝コードの組み合わせにより、20種類のアミノ酸が合成される。

遺伝コードの読み方は以下の通りとなる。最初の文字を左列（1文字目）から選び、2番目の文字を上列から選び、3番目の文字を右列から選ぶ。それぞれのトリプレットはコドンと呼ばれる。特殊なコドンとして、開始コドン（メチオニン、Met）、終止コドン（UAA、UAG、およびUGA）が存在する。開始コドンと終止コドンはタンパク質合成プロセスの始まりと終わりを指示するためのものとなっている。

13. 生物の進化

さまざまな生命体がもつDNA上のヌクレオチドの配列を解析・比較することで、生命体の分類を行うことができる。生物が子孫を残すときには、親のDNAを複写する。この複写に失敗したり、また、親のDNAが活性酸素や放射線の影響によって傷ついた際の修復が完全でなかったものを複写すると、元々の親のDNAとは異なるDNAが子孫に伝えられる。この変異の回数が最少になるという原則に基づいてDNA配列の近い順番に生物を並べると、進化上の関係が再現される。このようにして作成した樹状の図を系統樹と呼ぶ（図15-7）。

系統樹の線の長さは変異の数（時間の経過と読み替えてもよい）を表現しており、左側に最初の生命（コモノート）があり、共通部分から枝分かれした生物は共通祖先をもつことを表している。系統樹をよく見ると、大きく3つのグループに分類されることがわかる。このことからカール・ウーズ（C. R. Woese）は、生物界を、古細菌（アーキア）、真正細菌（バクテリア）、真核生物（ユーカリア）の3つの分枝（ドメイン）に分類した。菌類、植物、人間を含む動物など高等な生物は、すべて真核生物の分枝内で進化したということに気づくであろう。菌類は細菌に近いのではなく、むしろ、植物や動物に近いということは驚くべきことである。

真正細菌と古細菌を合わせて原核生物と呼ぶ。これらはすべて単

第15章　宇宙生物学

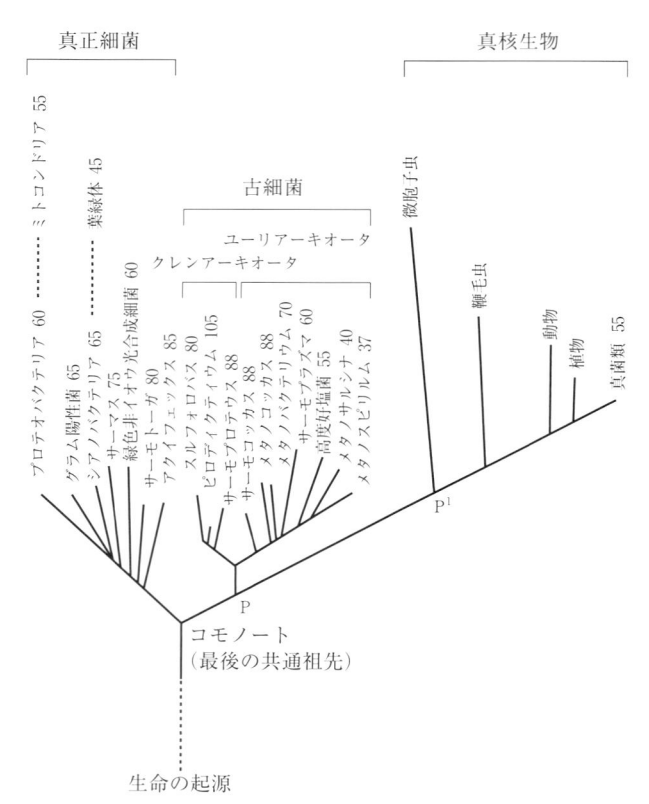

図15-7 DNA配列解析から得られる進化の系統樹の一例。2つの生物間でDNA配列の違いが小さいほどその生物同士は近縁にあるという仮定に基づいて、DNA配列の近い順番に生物を並べるとこのような系統樹が描ける。言い換えると、共通祖先からの線の長さがその生物が進化するのにかかった時間を表す。数字はそれぞれがもっともよく繁殖する温度（℃）を表す。（山岸明彦「地学雑誌」2003, 112(2), 197 より改変）

13. 生物の進化

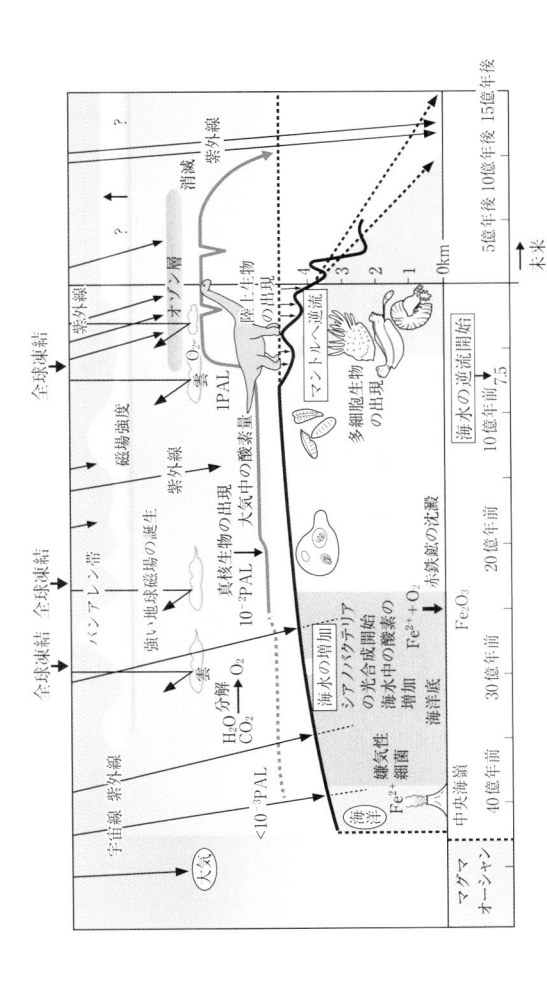

図15-8 地球の地質的進化と生物進化の関連図。横軸は現在を起点とした時間を表している。図中央の太線は大気中の酸素濃度を表しており、真核生物の出現後と多細胞生物の出現前後に大きく増加したこと、その時期が地球全体が凍結した全球凍結の時期に近いことがわかる。つまり、地球環境の大きな変化が生物進化に強い影響を与えた可能性が見て取れる。(Maruyama, S. et al. 2001,"History of the Earth and Life", Universal Academy Press, 285 より改変)

第15章　宇宙生物学

細胞生物であり、また、細胞のサイズも小さい（$0.1 \sim 10\mu m$）。それに対し、真核生物の細胞は $10 \sim 100\mu m$ と原核生物に比べて巨大化している。しかも、細胞内に複雑な構造をもつ。真核細胞内器官（例：ミトコンドリア）のいくつかは、原核生物が細胞内に共生したものと考えられている。動物や植物、そしてほとんどの菌類は多細胞生物である。

　地球の生命はいつ出現したのであろうか？　図15-8に沿って見ていこう。地球が誕生したのは約46億年前である。原始地球はマグマオーシャンで覆われ、生命に必須な液体の水は存在していなかった。マグマオーシャンが冷えて地球の表面に地殻と海洋ができ、その後生命が発生したものと考えられている。生命の痕跡を留めた岩石のうち最古のものは南西グリーンランドで採取された38億年前の変成岩で、岩石中の $^{13}C/^{12}C$ 比が異常な部分に光合成細菌の痕跡が認められている。最古の化石（微化石）がいくつか発見されており、そのうち最古のものは西オーストラリアで採取されたストロマトライトの化石であり、およそ35億年前のものと考えられている。

　当初の生物は有害な酸素を嫌い、酸素を用いないエネルギー生成機構（例：硫化水素を還元）を用いていたと考えられている。約30億年前にはシアノバクテリアによる光合成が始まり、酸素分圧も徐々に上がりだした。するとエネルギー生成効率の高い酸素を利用する生物が出現した（おそらく、エネルギー生産を行う細胞内器官であるミトコンドリアの祖先）。

　さらに、地球全体が凍結する全球凍結時の環境破壊後、生命の爆発的拡がりにつれて細胞も大型化して真核生物が出現し、やがて多細胞化に伴って高度な機能を獲得した。約7億年前の全球凍結後、酸素分圧が大幅に上昇して大気上層にオゾン層が形成され、太陽からの紫外線が地上に到達しなくなった。それまで海洋内で紫外線を避けていた生物は、陸上に上がることができ、現在にいたっている。

　容易に理解されるように、生物の進化とは、ランダムに起きえるDNAの変異の結果、環境変化に適応できたり、新たな機能を獲得することで生き延びることができた場合を意味する。変異の結果環

境に適応できなくなったり生存に必要な機能を失った場合は、当然、その生命体は消滅するのである。

14. ハビタブル惑星

　1995年以来、太陽系外に惑星が次々に発見されてきた（第10章参照）。当初発見された系外惑星は木星程度の質量をもつものが多かったが、検出装置や観測方法の改良によって地球サイズ程度のものも見つかるようになった。すると期待されるのが、地球外生命が存在する惑星の発見である。ところが我々は、宇宙における生命の一般的な存在形態を知らず、唯一知っているのが地球の生命体である。したがって、地球外惑星における生命についても、まず、地球の生命の存在形態から推定することになる。

　地球上の生命体を構成する元素のほとんどは、水素、炭素、酸素、および窒素であり、これらの元素は宇宙における存在量の多いものばかりである。したがって、地球外生命もこれらの元素が主成分であると推測される。太陽が放射する紫外線は化学結合を切断するなど地球の生命体に悪影響をおよぼす。このため、初期の地球の生命体は、紫外線を避けるために海洋（液体の水）の中に留まっていたと考えられている。

　生体中で活性をもつ有機化合物の多くは、水溶液中といった特定の温度領域や環境下でもっともよく機能する。系外惑星に液体の水が存在すれば、同様の有機化合物は同様の機能をもつはずである。系外惑星の表面温度は、近似的には、中心星が放射する輻射エネルギーと惑星との距離によって決まる。通常、惑星はほぼ球形をしており、赤道面と極では中心星から得るエネルギーが異なるため、惑星表面上に液体の水が存在できる中心星からの距離は、ある範囲内に収まる。この範囲をハビタブル・ゾーン（habitable zone、HZ）、または、生命居住可能領域といい、HZ内にある惑星をハビタブル惑星（habitable planet）という（図15-9）。また、その中でも特に地球と大きさが近いものをゴルディロックス惑星（Goldilocks planet）と呼ぶ。中心星の質量が小さいと輻射エネルギーも少なくなるのでHZは中心星に近くなるのに対し、中心星の質量が大きいと輻射エネルギーも大きくなり、HZは中心星から遠

第15章 宇宙生物学

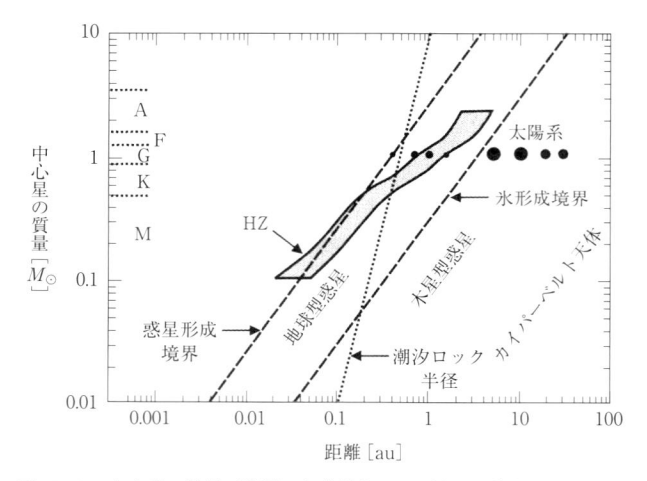

図15-9 中心星の種類（質量）と惑星までの距離の関数としてのハビタブル・ゾーン（HZ）。A、F、G、K、およびMは中心星のスペクトル型を表し、A型星の表面温度は約1万度、M型星で約3000度である。HZは中心星から惑星に届くエネルギーと出て行くエネルギーの兼ね合いで決まるため、中心星が明るい場合のHZは、中心星から遠くに存在することになる。（『宇宙生物学入門』ウルムシュナイダー著、2008、シュプリンガー・ジャパン、図5.4より改変）

方となる。

　似たような概念として、銀河系ハビタブル・ゾーン（galactic habitable zone、GHZ）がある。これは銀河系の中で生命体が存在しやすい領域のことである。まず、銀河系の中心からある程度近く、重元素（水素とヘリウム以外の重い元素）が地球型惑星を生成できるぐらい存在している場所はGHZになりうる。一方、銀河の中心から十分遠くにあり、生命活動に危険な現象（高い恒星密度によって引き起こされる彗星や小惑星の衝突、超新星爆発による放射線、あるいは銀河中心のブラックホールの影響など）が起こりにくい領域もGHZになる。

一方、惑星表面のアルベド（反射能）の効果や惑星大気中の温室効果を考慮すると話はだいぶ複雑になり、HZの範囲も変化する。二酸化炭素が温室効果をもつことはよく知られている。惑星に（水の）海があると大気中の二酸化炭素は海に溶けて炭酸（H_2CO_3）となり、炭酸はケイ酸塩岩石を風化させて炭酸カルシウム（$CaCO_3$）の沈殿を生成する。このように、生成される二酸化炭素と海に溶け込む二酸化炭素のバランスによって温室効果の強さが決まる。温室効果により中心星からの入射エネルギーの一部は大気中に保存され、表面温度は上昇、すなわち、HZは中心星から遠方に広がる可能性がある。

惑星が中心星の近くにあって、その表面温度が100℃を超える場合、水が液体として存在できなくなる。その結果、海洋への二酸化炭素の溶解がなくなり、惑星内部からの二酸化炭素放出により温室効果は暴走的に進行する。このようにして惑星大気内の気温はきわめて高い状態に達する（暴走温室効果）。金星にはかつては大量の水が存在していたと考えられているが、太陽光度の増加に伴って暴走温室効果が起き、現在のように表面温度が475℃に達したと考えられている。

逆に、何らかの理由で氷ができ表面のアルベドが高くなると、中心星からの入射エネルギーの大部分が反射され、表面温度がさらに低下してより多くの氷が生成される。この過程は、惑星表面がすべて凍結するまで続く（不可逆凍結）。このような大気の冷却不安定性は中心星の輻射フラックスの強さに依存し、HZの外側境界を決めることになる。

15. 地球外生命探査

我々地球の生物は、宇宙で孤独な存在なのだろうか？　あるいは、他の惑星にも生命体が存在するのだろうか？　この疑問は古くからもたれていたものではあったが、太陽系外に惑星が発見されて以来、より強く意識されている。しかし、太陽系外惑星における生命探査がすぐにできるとは考えられないので、太陽系内において生命探査を実施し、その結果に基づいて太陽系外惑星における生命探査を、長期的に考えることとなろう。

第15章　宇宙生物学

　太陽系内における生命探査は、過去、火星を中心に進められた。古くは1970年代にNASAが実施したバイキング計画において、2機の探査機が火星表面に着陸し、次のような生命探査実験を行った。
(1)　有機物検出実験：火星の土を加熱し気体となって出てきた物質を分析する
(2)　代謝活性実験：火星の土に栄養液をかけて発生した気体を分析する
(3)　光合成実験：火星の土に二酸化炭素と一酸化炭素を混ぜて光を照射し有機物の生成の有無を確認する
しかしながら、いずれの実験でも、生命存在の確定的な証拠は得られなかった。
　いったん下火になった火星生命への関心は、火星から飛来した隕石ALH84001に生物の化石らしきものを見つけたとの報告の後に再び高まり、米国は複数の火星探査機を送り込んだ。その結果、大洪水があったことを示唆する地形が発見されるなど、かつての火星には大量の水があり、生命の発生があったかもしれないとの期待を抱かせた。
　2003年6月に打ち上げられた欧州宇宙機関によるマーズエクスプレスは、火星大気中にメタンを発見した。地球においてもメタンを餌とするメタン菌が地中に棲息していることから、メタン菌の一種であるメタン酸化－鉄還元菌を、蛍光顕微鏡を用いて探査しようというJAXAのMELOS計画の検討が進められている。この計画が成功すれば、地球外生命の存在を確認する初めての例となる可能性がある。
　また、火星以外でも、生命存在の可能性が検討されている天体がいくつかある。その代表が、木星のガリレオ衛星の1つであるエウロパである。エウロパの表面に氷があることは探査機による写真撮影から知られているが、木星による潮汐力のために、エウロパには100kmほどの深さの内部海が存在すると考えられている（図15-10）。その海底では、地球の深海と同様な熱水噴出口が存在し、硫化水素などを還元することにより生存のためのエネルギーを得ている微生物（嫌気性バクテリア）が存在するかもしれない。他にも、

16. バイオマーカー

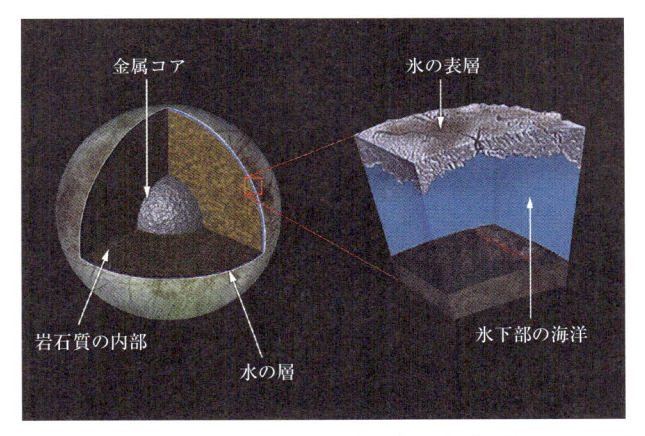

図15-10 木星の第Ⅱ衛星エウロパの内部構造（予想図）。エウロパは中心は金属コア、その周囲に岩石質があり、その上層に液体の水が、表面には氷が存在する。(http://photojournal.jpl.nasa.gov/catalog/PIA01669 より改変)

土星の衛星であるタイタン（大気をもつ衛星）やエンセラダス（エウロパと同様に内部海が存在すると考えられている）を対象とした生命探査の検討が行われている。

16. バイオマーカー

バイオマーカー（biomarker）は元来、薬学などにおいて、特定の病状や生命体の状態の指標を表す用語である。これが転じて、系外惑星（地球以外の惑星）において生命存在の間接的証拠となり得るものをバイオマーカーと呼ぶようになった。ハビタブル・ゾーンに惑星が存在することは、（地球と同様な）生命の存在にとって必要条件ではあっても十分条件ではないため、生命存在を示唆する他の指標を必要としているからである。

これまでに、さまざまなバイオマーカーが提案されている。その第1候補は、酸素分子（O_2）あるいはオゾン（O_3）の吸収線である。宇宙における酸素の存在量は他の重元素に比べると比較的多い

第 15 章　宇宙生物学

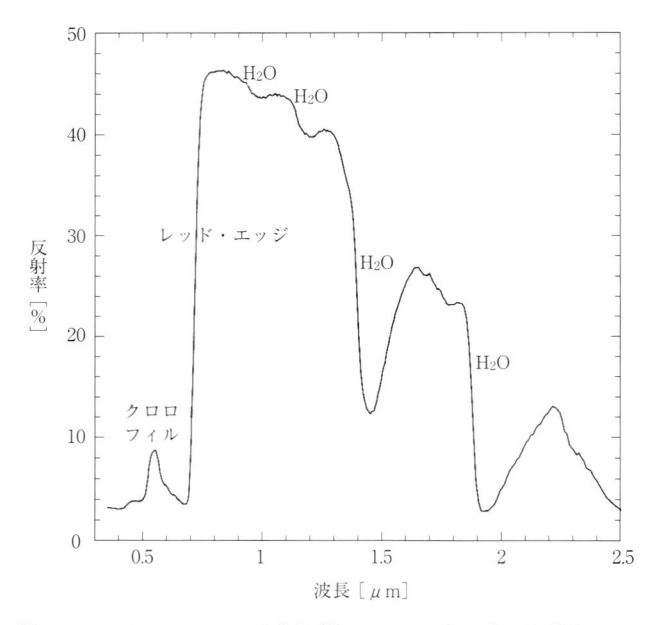

図 15-11　クロロフィル（葉緑素）のスペクトル中、波長約 0.7 μm（=700nm）近辺に見られるレッド・エッジ。(Seager, S. et al. 2005, "Vegetation's Red Edge: A Possible Spectroscopic Biosignature of Extraterrestrial Plants". Astrobiology 5(3), 372 より改変)

が、星間空間における酸素分子の存在量は非常に少ない。このため、仮に惑星方向に酸素分子の吸収線が見られた場合、その酸素分子は光合成によって生じたものである可能性がある。オゾンは酸素分子が光解離した後に生成されるため、オゾンの吸収スペクトルが見えれば、酸素分子が存在していることを示唆することになる。

　また、仮に地球と同様に高等な植物が存在するとすれば、光合成を行う葉緑素（クロロフィル）が豊富に存在し、クロロフィルの吸収スペクトルに特徴的なレッド・エッジ（植物の反射スペクトルに

おける 680nm から 750nm にかけての反射率の急激な変化）が見えるのではないかとの提案もある（図15-11）。他にも、近赤外から中間赤外域における水の吸収、7.7μm のメタンの吸収がバイオマーカー候補に挙げられている。研究者によっては、核爆発をバイオマーカーに挙げる人もいる。いずれにせよ、今後の観測技術の進展に伴い、たいへん興味深い結果が得られそうなトピックスである。

17. 地球外文明

　地球外に文明が存在するか否かについては何も分かっていない。しかし、その存在については古くから多くの人々の関心を引いていた。日本の昔話「かぐや姫（竹取物語）」も地球外文明に触れた話と解釈可能であるし、火星に（人工）運河があるという説も、今は誰も信じないとはいえ、地球外文明についての社会の関心があったからこそその説であったといえよう。

　このような社会の背景の下、科学の世界においても地球外文明に関する論議が交わされてきた。その中で1950年に発せられたのが、以下のエンリコ・フェルミ（E. Fermi）のパラドックスである：「この宇宙には地球のような文明がいくらも発生する可能性があり、彼らが宇宙に乗り出しているとすれば、なぜ彼らは地球にやってきていない（あるいは、その証拠がみつからない）のか？」

　フェルミは高名な物理学者であったため、彼の疑問は広く社会の関心を呼び、地球文明唯一論、恒星間飛行不可能論、地球への無関心説、あるいは宇宙動物園説まで生んだという。

　このため、いったいどの程度の地球外文明が存在するのかを推定しようという試みが出てきたのは自然なことであり、フランク・ドレーク（F. Drake）の方程式が提唱された。ドレークの方程式は、1961年に提唱された考え方であり、以下の式で表される。

$$N = R_* \cdot f_p \cdot n_e \cdot f_l \cdot f_i \cdot f_c \cdot L \tag{15-1}$$

　ここで、N は我々の銀河系に存在する通信可能な地球外文明の数、R_* は銀河系における年平均恒星形成数、f_p はその中で惑星をもつ恒星の割合、n_e は惑星をもつ恒星の各々において、生命を宿し得る惑星の平均数、f_l は生命を宿し得る惑星の各々が、実際に生命を

第15章　宇宙生物学

宿す割合、f_iは生命を宿した惑星の各々が、実際に知的生命を生み出す割合、f_cはそれら（知的生命）の文明が、宇宙においてその存在を検出可能な（通信）信号を放つ技術を獲得する確率、そしてLはそのような文明が宇宙に検出可能な信号を出し続ける時間、である。これらのパラメータのうち、R_*とf_pは天文観測によって決定、あるいは、よい精度で推定可能な量である。しかし、他のパラメータについては推定の域を出ないものである。表15-5に推定例を示す。

表15-5　ドレーク方程式による地球外文明数の推定例

	R_*	f_p	n_e	f_l	f_i	f_c	L	N
ドレーク（1961）	10	0.5	2	1	0.01	0.01	1万	10
海部ら（2012）(注)	0.75	0.5	0.5	1	0.1	1	1万	188

(注: 海部宣男らは、R_*を、ハビタブル・ゾーンにおける年平均恒星形成数（2.5）と恒星の中で生命を育むに足る年数が十分にある恒星の割合（0.3）の積に置き換えて推定した)

推定結果には大きな不確定要素を含むものの、銀河系内にはそれなりの数の地球外文明が存在する可能性を示している。天文学の将来計画の中には、これらの地球外文明の科学的探査もその目的に含めているもの（例：SKA、第16章3節参照）もあり、今後の結果が楽しみである。

第16章
観測技術

第 16 章　観測技術

1. 概要

　天文学の多くの分野では、対象となる天体現象を地上実験で再現することができない。したがって、天体からの信号を観測することがもっとも重要な研究手段となる。人類は、肉眼による天体観察から出発して、より遠く、より広く、より細かく、宇宙を探る手段を発達させてきた。

　現代の天文学では、電波からガンマ線にいたるほぼすべての電磁波長域で観測が行われている。このうち、地球大気による吸収を受けずに地上にまで届くのは可視光線、近赤外線、中間赤外線の一部、および電波である。天体からの遠赤外線、紫外線、X線、ガンマ線は地上から観測することはできず、気球や人工衛星を用いて観測する。ただし、超高エネルギーガンマ線の場合は透過力が強いため、地球大気を検出器として、ガンマ線と大気の反応による2次放射（チェレンコフ光）を地上で観測するという手法がとられている。この章では、そうした多彩な電磁波観測の概要を解説する。

2. 可視光―赤外線

2-1　光赤外線観測の歴史

　光赤外線とは、波長がおよそ0.4〜300μmまでの電磁波のことを指す。この波長域にある電磁波を、波長の短いものから可視光（0.4〜1μm）、近赤外線（1〜5μm）、中間赤外線（5〜30μm）、遠赤外線（30〜300μm）と呼ぶ。

　古代から人類は太陽や月、星空を見上げ、そこに神秘的なものを感じとってきた。天文学がいつごろ、どのような形で始まったのかについては諸説あり、よくわかってはいない。しかし、世界四大文明（エジプト、メソポタミア、インダス、および黄河）が発祥したといわれる紀元前2000〜3000年ごろには、それぞれの文明においてかなり進んだ天文学が形成されていたことが知られている。そのころの天文学は、主に農業に役立てるために天体の運行を観察し、体系づけて暦をつくることに主眼が置かれていた。観測手段は人間の目による可視光観測であった。

　検出器が肉眼であるという状況は近代の天体写真術の発明まで長く続くことになるが、天体位置の正確な測定のための装置は古代か

2. 可視光—赤外線

ら中世にいたるまで次々と開発された。経緯儀、アストロラーベ、四分儀、六分儀などがこれにあたる。16世紀に活躍したティコ・ブラーエ（T. Brahe）は、自ら開発した四分儀および六分儀を用いて天体位置を精密に測定した。ティコのデータを元に、ヨハネス・ケプラー（J. Kepler）は惑星運動の3法則を打ち立て、さらにそれがアイザック・ニュートン（I. Newton）による万有引力の発見につながっていく。

1608年にオランダで発明された望遠鏡（屈折望遠鏡）は、天文学に大きなインパクトを与えることとなった。1609年に望遠鏡を初めて天体観測に用いたガリレオ・ガリレイ（G. Galilei）は、木星の衛星、土星の環、太陽黒点などの発見を行い、さらには天の川が暗い星の集合であることまで明らかにして、人類の宇宙観を大きく前進させた。

19世紀に入り、太陽からの赤外線や紫外線が発見されて天体が可視光以外の放射も行っていることが明らかになった。また、ヨゼフ・フォン・フラウンホーファー（J. von Fraunhofer）は自ら製作

図 16-1 パロマー天文台の口径5mのヘール望遠鏡。ヘール望遠鏡建設に使用された技術はその後の天体望遠鏡製作の基礎となった。（パロマー天文台）

第16章 観測技術

した分光器によって太陽スペクトル中に多数の吸収線を発見し、天体物理学の世界を切り拓いた。同じころ実用化された天体写真術は、天体からの光を積分して測定するということを可能にし、観測限界を一気に向上させた。

ニュートンにより発明された反射望遠鏡は20世紀に入って大型化した。1948年に完成したパロマー天文台のヘール（Hale）望遠鏡（口径5m）は、その当時の技術の粋を結集して建設された（図16-1）。1993年にケック（Keck）望遠鏡（口径10m）が建設されるまで半世紀近くに渡って世界一の口径をもつ望遠鏡として、恒星物理学、銀河天文学、観測的宇宙論など広い天文学分野で重要な発見を数多く成し遂げた。

20世紀末には、反射鏡の形状を積極的に制御する、いわゆる能動光学が発達した。これにより、分割鏡や薄型鏡を用いた大型主鏡が実現するようになり、日本のすばる望遠鏡をはじめとする口径8〜10m望遠鏡の時代に入った。1980年代からは半導体検出器が可視赤外線検出器として、天文学に用いられるようになった。特にCCDの登場は可視光天文学の世界を一変させ、登場から10年足らずの間に写真乾板は事実上姿を消した。

図16-2 ハワイ・マウナケア山頂に建設予定の口径30m望遠鏡TMT（Thirty Meter Telescope）の完成予想図。直径30mの主鏡は分割鏡であり、492枚の反射鏡の合成である。（TMT）

2. 可視光—赤外線

　光赤外線天文学の本格的な宇宙への進出は、1983年のIRASに始まったといってよい。IRASは遠赤外線でこれまで知られていなかった宇宙の姿を明らかにした。1990年にはハッブル宇宙望遠鏡（HST）が打ち上げられた。HSTは、地球軌道上で紫外線から近赤外線までの波長で観測できる初めての宇宙望遠鏡であり、スペースシャトルによる補修により打ち上げから20年以上も稼働し続けている。

　21世紀に入ると、紫外線から遠赤外線にいたるまでさまざまな特徴ある天文観測衛星が打ち上げられる一方、地上では8〜10m望遠鏡が次々に建設された。こうした流れを受けて、HSTに代わる大型赤外線宇宙望遠鏡、超広視野掃天望遠鏡、30mクラスの超大型地上望遠鏡などの計画が推進されている（図16-2）。

2-2　光学系

　望遠鏡や観測装置は、レンズや反射鏡などを用い、それら光学素子による光の屈折、反射を利用して集光をしている。光の屈折の法則として、以下のスネルの法則がよく知られている。

スネルの法則：2つの異なる屈折率をもつ媒質が接していて、そこに光が入射するとき、入射光側の媒質の屈折率をn_i、屈折光側の媒質の屈折率をn_rとする。このとき、屈折面の法線と入射光のなす角i、屈折光のなす角rの関係は次のように表される（図16-3）。

図16-3　スネルの法則。屈折率n_iをもつ媒質から屈折率n_rをもつ媒質に光が入射するとき、入射角iと屈折角rの間には $n_i \sin i = n_r \sin r$ の関係が成り立つ。

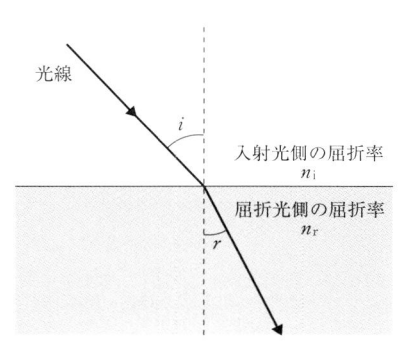

第16章　観測技術

$$n_1 \sin i = n_2 \sin r \tag{16-1}$$

一方、反射の法則は次のようにあらわされる。

反射の法則：反射面の法線と入射光のなす角（入射角）、反射光のなす角（反射角）は絶対値が等しく逆符号である。

これら2つの法則を用いて、光学素子の各面での光線の進路を追跡していけば、幾何光学的に光学系の性質を把握することができる。これを光線追跡と呼ぶ。光学系の光軸付近では屈折角・反射角が小さいとして、$\sin x = x$、$\cos x = 1$と近似したものをガウス光学と呼ぶ。光学系の主たる特徴（焦点距離、拡大率など）はガウス光

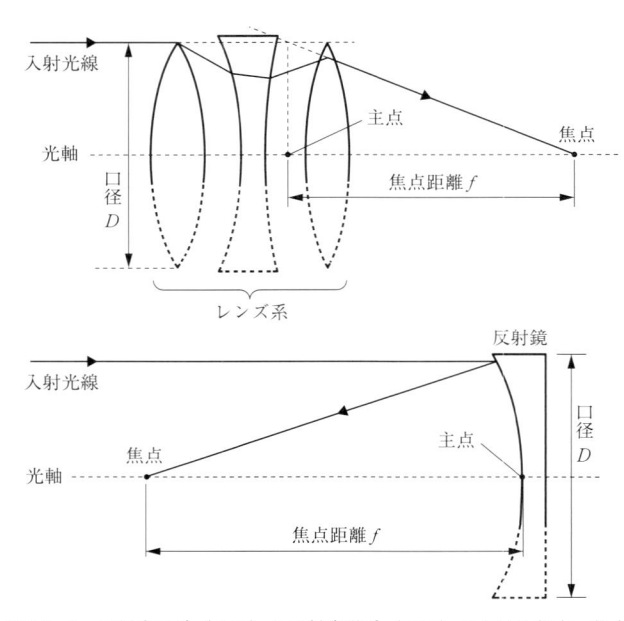

図16-4　屈折光学系（上図）と反射光学系（下図）における焦点、焦点距離f、口径Dの関係。屈折光学系ではレンズを用いて集光するのに対し、反射光学系では反射鏡を用いて集光する。

2. 可視光—赤外線

学を用いて調べることができる。

　光赤外観測に用いられる望遠鏡、観測装置は一般に焦点をもつ（図16-4）。無限遠から到達する光線が一点に交わるところが焦点であり、光学系の主点から焦点までの距離を焦点距離 f という。焦点を通り光軸に垂直な面を焦点面という。光学系は焦点面で像を結ぶ。焦点距離と光学系入射口径 D との比 $\frac{f}{D}$ を口径比もしくは F 値という。F 値が小さい光学系は"明るい"もしくは"速い"光学系であるといい、逆の場合は"暗い"もしくは"遅い"光学系であるという。

　実際の光学系では、焦点面で無限遠からの入射光線を一点に交わらせることは難しく、必ず像にボケが生じる。これを収差という。収差には入射光の波長の違いによって生じる色収差と、単色光でも生じる単色収差がある。一般にはこの2つの収差は混在している。

　単色収差には、球面収差、コマ収差、非点収差、像面湾曲、および歪曲収差の5つの代表的な収差があり、これらをザイデル収差と呼ぶ。望遠鏡・観測装置の光学系においては、光学素子の曲率、非球面率、屈折率などを調整して、これらの収差をできるだけ小さくすることが課題となる。

2-3 望遠鏡

(1) 屈折望遠鏡

　屈折望遠鏡とは、主たる光学系としてレンズを用いた望遠鏡である。観察対象に向けた対物レンズとして凸レンズを用い、レンズによって入射光を屈折させて焦点を結ぶ。肉眼で天体観測をする場合には、眼を置く位置に合わせて望遠鏡の瞳像（望遠鏡開口の像）をつくらなければならない。このために置く接眼レンズのタイプによって、屈折望遠鏡は2種類に分けられる。

　接眼レンズとして凹レンズを用い、対物レンズの焦点より前に置くタイプをガリレイ式と呼ぶ（図16-5上）。人類が最初に製作した望遠鏡はこのタイプである。一方、接眼レンズに凸レンズを用いて対物レンズの焦点後に置くものをケプラー式と呼ぶ（図16-5下）。ガリレイ式は光学系が簡素にできる反面、視野が狭く、倍率を上げると急速に視野が狭くなっていくという欠点をもつ。ケプラー式は

第16章　観測技術

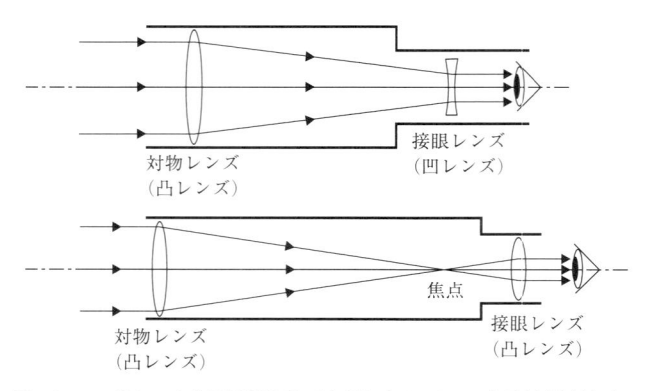

図 16-5　ガリレイ式屈折望遠鏡（上図）とケプラー式屈折望遠鏡（下図）。

視野が広く、大きな倍率が実現できる。このため、現在使用されている天体屈折望遠鏡はすべてケプラー式を採用している。

　屈折望遠鏡には、レンズによる色収差が発生するという大きな問題点がある。レンズのような透過材料は一般に入射光の波長（色）によってその屈折率が変わるため、波長ごとに屈折の仕方が異なり、焦点位置がずれてしまう。この色収差は、光学系が大きくなるにつれて大きくなる。色収差を抑えようとすれば、屈折率や曲率の異なる何枚ものレンズを組み合わせたり、焦点距離を非常に長くしたりする必要がある。また、大型のレンズは製作が非常に難しく、その支持方法にも困難が伴う。レンズは一様で高い透過率をもつことが要求され、かつ、レンズ周囲で支えなければならず自重変形を抑えることが難しいからである。したがって、口径1mを超える屈折望遠鏡は、アメリカのヤーキス天文台の1.02m望遠鏡のみであり、これを超える大口径屈折望遠鏡はこれまでに実用となっていない。しかし、取り扱いが簡便であることから、アマチュア用の望遠鏡としては広く普及している。

2. 可視光—赤外線

(2) 反射望遠鏡

 反射望遠鏡は、反射鏡を用いて集光する光学系をもつ望遠鏡である。光の反射角は波長によらないので、反射鏡で構成された光学系には色収差がない。また、反射面の裏側から支えることができるため、安定した支持ができ、自重変形にも強い。このため、大型化に適しており、口径1mを超える望遠鏡はほとんどすべて反射望遠鏡である。

 広く用いられている反射望遠鏡は、2面複合系と呼ばれるもので、主鏡と副鏡からなる。代表的な2面複合系には、カセグレン系とグレゴリー系がある（図16-6）。カセグレン系は、凹面鏡である主鏡でできた星像を、凸面形状をもつ副鏡で拡大して主鏡の背後に投影している。古典的カセグレン系では主鏡は放物面、副鏡は双曲面である。古典的カセグレン系にはコマ収差がある。すばる望遠鏡（図16-7）で採用されているリッチー・クレチアン系は主鏡も副鏡も双曲面であり、球面収差とコマ収差を同時に補正している。グレゴリー系は副鏡にも凹面鏡を用い、主鏡でできた星像の背後に副鏡を置く。副鏡の形状は凹の楕円面である。

 球面主鏡の曲率中心に補正板と呼ばれる透過光学素子を置いて、広視野で収差のない光学系を実現しているのがシュミットカメラ（シュミット望遠鏡）である。シュミットカメラは明るく広視野な光学系であるという特徴を生かして、掃天観測などに用いられている。また、分光器カメラとしても応用されている。

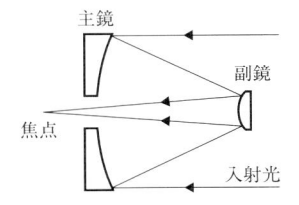

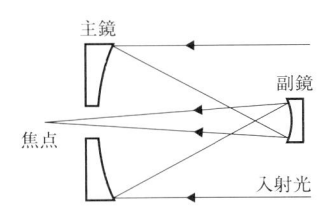

図16-6 カセグレン系（左図）とグレゴリー系（右図）の配置図。カセグレン系では副鏡に凸面鏡を用い、グレゴリー系では凹面鏡を用いる。

第16章　観測技術

図16-7　口径8.2mのすばる望遠鏡とそのドーム。円筒型をしたドームの中に望遠鏡が見える。すばる望遠鏡の光学系はリッチー・クレチアン系である。(国立天文台)

(3) 反射望遠鏡の焦点

　反射望遠鏡は、主鏡とその他の鏡（副鏡、第三鏡など）の組み合わせにより、さまざまな焦点をもつことができる。反射望遠鏡のもつ焦点の特長について、表16-1にまとめる。それぞれの焦点の模式図は図16-8に示した。

(4) 架台と鏡筒

　望遠鏡の光学系を支え、その配置を一定に保つ構造を鏡筒という。天球の広い範囲を観測するために、地上望遠鏡では鏡筒を支えてそれを任意の角度に向けられる構造が必要となる。これを架台（望遠鏡架台）と呼ぶ。

　一般に架台は、直交する2つの回転自由度をもつ。その回転軸の設定の仕方によって、赤道儀と経緯台の2つに大きく分けられる（図16-9）。赤道儀は回転軸の1つを地球の自転軸に平行に設定（この軸を極軸という）した架台形式である。極軸の周りに鏡筒を

2. 可視光—赤外線

表16-1 反射望遠鏡焦点の特長

焦点の名前	典型的F値	概要	特長
主焦点 （直焦点）	1〜3	主鏡の焦点そのもの	広視野、高効率 焦点スケール小 大型装置に適さない
ニュートン焦点	3〜5	平面斜鏡によって主焦点を鏡筒外に導いたもの	広視野、焦点スケール小 大型の装置に適さない F値が小さい主鏡では実現困難
カセグレン焦点	8〜15	主鏡、副鏡を用いて主鏡の背後に結ばせた焦点	主鏡・副鏡で収差補正できる 偏光観測に適している 焦点へのアクセスが容易 中規模の装置に適している
クーデ焦点	25〜50	主鏡、副鏡の後に2〜4枚の平面鏡を置き、極軸もしくは方位軸上に導いた焦点	狭視野、焦点スケール大 低効率 安定した環境で精密測定のための大型装置に適している
ナスミス焦点	10〜15	経緯台のカセグレン焦点を第三鏡によって高度軸方向に曲げたもの	主な特質はカセグレン焦点と同じ 安定した環境で大型装置に適している

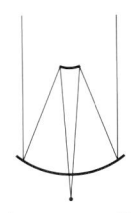

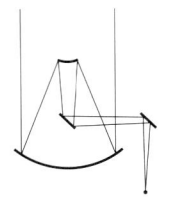

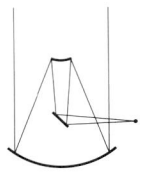

(a) 主焦点　(b) カセグレン焦点　(c) クーデ焦点　(d) ナスミス焦点

図16-8 反射望遠鏡焦点の模式図。（『シリーズ現代の天文学15　宇宙の観測Ⅰ——光・赤外天文学』第5章　家正則、岩室史英、舞原俊憲、水本好彦、吉田道利編、2007、日本評論社より転載）

第16章　観測技術

図 16-9 赤道儀式（フォーク式）架台をもつ木曽観測所シュミット望遠鏡と、経緯台式架台のすばる望遠鏡。（左図：東京大学木曽観測所、右図：国立天文台）

一定速度で回転させることにより、地球自転による天体の日周運動をキャンセルして天体追尾することができる。

　赤道儀には鏡筒と極軸のレイアウトにさまざまな種類がある。鏡筒を極軸から外した方式にイギリス式およびドイツ式と呼ばれるタイプがある。鏡筒を極軸上に設定する方式にはフォーク式、ヨーク式、ホースシュー式などがある。赤道儀は天体追尾を簡便にする架台方式であるが、一般に極軸は傾斜しており、望遠鏡駆動時には鏡筒もさまざまな角度に傾く。したがって、機械的には不安定な要素をもっている。

　経緯台は、鉛直方向の軸（方位軸）をもった方位台の上に、水平方向の軸（高度軸）を設置して鏡筒を支える。経緯台は地球の自転とは無関係に軸が設定されているため、天体追尾においては方位軸と高度軸を不等速に制御しなければならない。しかしながら、機械的には非常に安定であり、大きな鏡筒を支えるのに適している。天体追尾の問題は、コンピュータの発達により現在では大きな障害とはなっていない。機械的安定性と堅牢性を重視して、近年の大型望遠鏡はすべて経緯台を採用している。

(5)　宇宙望遠鏡

　宇宙空間は、地球大気による星像の悪化や吸収の影響を受けないため、天体観測においては理想的な環境である。特に、天体からの

2. 可視光—赤外線

図16-10 左：日本の赤外線天文衛星「あかり」(2006〜2011年)。口径68.5cmで近赤外線から遠赤外線で全天を観測した。右：次世代の赤外線天文衛星「SPICA」の完成予想図。口径3.2mの主鏡を積み、中間赤外線から遠赤外線の観測を行う。(JAXA)

紫外線や遠赤外線は大気吸収によって地表に届かないため、大気圏外に出て観測することが必須となる（図16-10）。

光赤外宇宙望遠鏡の構造は、基本的には地上の反射望遠鏡と同じであり、カセグレン系が用いられることが多い。ロケットの打上げ能力により、宇宙望遠鏡の重量と大きさには厳しい制限がついている。そのため、主鏡やその支持機構など地上望遠鏡では大きな重量を占める要素の徹底した軽量化が行われている。また、限られたスペースと重量の中に多彩な観測装置を積み込むことが要求されるため、通常、その焦点面は複数の観測装置によって分割されている。

宇宙からの観測が必須となる遠赤外線領域では、望遠鏡や観測装置からの熱放射が重要となってくる。たとえば、波長$100\mu m$では、望遠鏡と装置を絶対温度で数Kにまで冷やす必要がある。このため、赤外線宇宙望遠鏡では液体ヘリウムを用いた冷却システムが採用されている。しかし、液体ヘリウムは徐々に蒸発し、いずれはなくなってしまう。このため、赤外線宇宙望遠鏡の観測寿命は1年程度である。観測寿命を延ばすために、液体ヘリウムに頼らず、高性能の機械式冷凍機で望遠鏡を冷やすための技術開発も進められている。紫外線から可視光領域にかけては、望遠鏡の冷却を行う必要はないが、観測波長が短いため、宇宙望遠鏡としての性能を発揮するために高精度の反射鏡が必要とされる。

第16章　観測技術

2-4　光赤外線検出器

(1) 半導体検出器

現代の光赤外線天体観測で用いられる光検出器は、ほとんどが半導体検出器である。

半導体とは、電気を流せる導体（金属など）と電気を流せない絶縁体の中間の性質をもつ固体のことである。固体中で電気が流れるのは、電子がその中を移動するためである。固体中の電子のもつエネルギー状態は、量子力学的効果により、いくつかの限られたエネルギーの範囲内（エネルギーバンド）に限られる。規則正しく原子が並んだ結晶体では、エネルギーバンドの間にエネルギーのギャップ（バンドギャップ）が存在する。

固体内を電気が流れるためには、バンド内に空きがある必要がある。固体中の電子のエネルギー状態は、低い方から順に埋まっている。電子があるエネルギーバンドの取りうるエネルギー状態を完全に埋めてしまうと、バンドに空きがなくなり、電子は移動できなくなってしまう。このようになってしまったバンドを価電子帯と呼ぶ。一方、エネルギー状態に空きがあるバンドを伝導帯と呼ぶ。

絶縁体は電子がすべて価電子帯にあるような固体である。絶対零度でない場合、熱エネルギーによって電子は励起される。しかし、

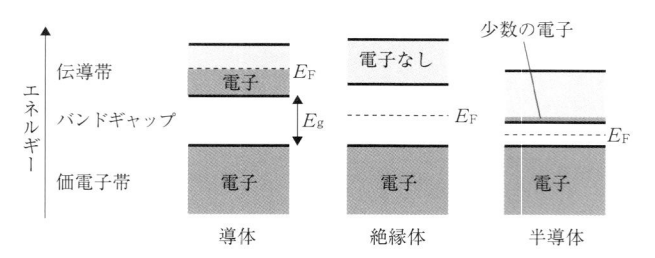

図16-11　導体、絶縁体、半導体の電子のエネルギー分布の概念図。E_Fはフェルミエネルギーとよび、絶対零度で電子の取りうる最大エネルギー。絶縁体はE_Fがバンドギャップ内にあるため、伝導帯エネルギーをもつ電子が存在しない。半導体もE_Fがバンドギャップ内にあるが、ギャップ幅E_gが小さいので、熱で励起された電子がわずかに伝導帯エネルギーをもっている。

2. 可視光—赤外線

価電子帯と伝導帯の間のバンドギャップが大きく、電子は熱励起でギャップを飛び越えることができない。このため、電子はまったく動けず、電気が流れない（図16-11）。

一方、導体は、伝導帯に多数の電子があり、電子は運動エネルギーを得て移動することができる。半導体は、ほとんどの電子が価電子帯にあるが、バンドギャップが狭く、熱エネルギーによって励起された少数の電子が伝導帯に存在するような固体である。こうして小さいながらも電気伝導度をもっている。

半導体光検出器は、半導体中の価電子帯と伝導帯のわずかなバンドギャップを利用した素子である。照射された光子のエネルギーがバンドギャップ幅よりも大きいとき、価電子帯の電子がそのエネルギーを得ると、バンドギャップを飛び越えて伝導帯に励起され、自由に移動することができるようになる。このとき、価電子帯では電子の空席ができる。これは正の電荷をもった粒子のようにふるまう。これをホール（正孔）という。半導体光検出器では、光照射によって生じた伝導帯電子とホールを計測して、光検出を行っているのである（図16-12）。

フォトコンダクターは、半導体への光照射によって生成された電

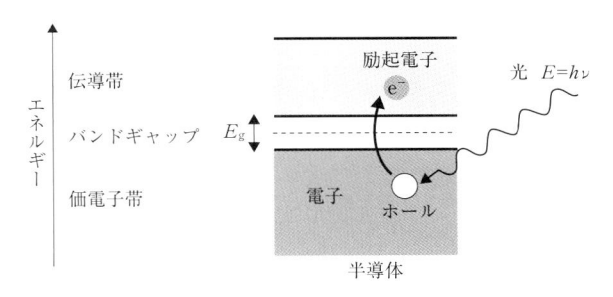

図16-12 半導体光検出器の原理。半導体に光が照射されたとき、光子のもつエネルギー（$E = h\nu$、hはプランク定数、νは光の振動数）がバンドギャップE_gよりも大きいときに、価電子帯の電子が伝導帯にまで励起される。このとき価電子帯にはホールができる。励起電子とホールは半導体内を動くことができる。

第16章 観測技術

子とホールによる電気伝導度の増加を計測して光検出を行う検出器である。

フォトダイオードは、p型半導体とn型半導体を接合したpn接合ダイオードによって光検出を行う。p型半導体とn型半導体は、シリコンのような真性半導体にわずかな不純物を混ぜ、不純物エネルギー準位を生じさせているものである。この2種類の半導体を接合すると、n型半導体の電子がp型半導体のホールと結合するので、接合面で電荷がなくなる空乏層が形成される。空乏層で光が吸収されて電子・ホール対が生じると、電子、ホールはそれぞれn型、p型のほうに移動するので、接合を越えて電流が流れることになる。この電流を測定するのが、フォトダイオードの光検出の原理である。

(2) CCD（電荷結合素子）

CCDはシリコンをベースとしたフォトダイオードを感光素子として用いた可視光用の光検出器である（図16-13）。現在、天体観測用の可視光検出器としてもっとも広く用いられている。CCDの

図16-13 可視観測用CCDの例。4096 × 2048画素、画素サイズ15μmの完全空乏型CCDが2枚並んでいる。（提供：広島大学宇宙科学センター）

2. 可視光—赤外線

感度は、波長の長い側はシリコンのバンドギャップの大きさ（約1.1eV）で決まっており、$1.1\mu m$より長い波長の光には感度がない。また、800nmより長い波長の光は空乏層を通り抜けやすくなり、感度が低下する。一方、400nmより波長の短い光は空乏層に到達する前にポリシリコンの電極膜か、シリコン基板で吸収される。

薄型裏面照射型CCDは、ポリシリコンの電極のない側、すなわちむき出しのシリコン基板に光を照射させ、さらにそのシリコン基

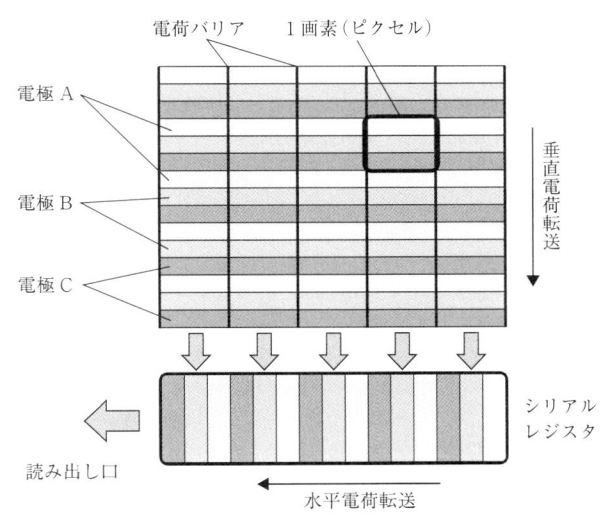

図16-14 CCD（3層読み出しCCD）の読み出しシステムの概念図。CCDの表面には3種類の電極が図のように配置されており、これらに順次電圧を印加して、CCDのシリコン基板に蓄積された電荷を転送する。まず垂直転送を行ってCCDの1行分の電荷をシリアルレジスタに格納し、次にシリアルレジスタ内で電荷転送（水平転送）を行って、最終的に読み出し口から1画素分ずつ電荷を読み出す。シリアルレジスタに電荷がなくなったら、次の1行を垂直転送する。これを繰り返して全電荷を読む。

第16章 観測技術

板を空乏層ぎりぎりまで薄くして、主に青側の感度特性を向上させている。近年、実用化された完全空乏型CCDは、シリコン基板を完全に空乏層化してあり、従来のCCDより数倍から10倍程度の厚みの空乏層をもつ。このため長波長の光に対する感度が格段に向上している。

CCDという名前は、フォトダイオードで生成された光電子の転送の仕方から来ている。光電子は、CCD上に正方に配置され正電圧をかけた電極で集められる。それぞれの電極が画素（ピクセル）にあたる。光が照射されている間は、電極に電荷が集積し続けることになる。各画素に蓄積された電荷を読み出す際に、電極に与える電圧をコントロールすることで、隣り合う電極に電荷をバケツリレーのように受け渡していくのがCCDの特徴である。バケツリレーで転送された電荷は最終的に1つあるいは複数の読み出し口から読み出される（図16-14）。可視光観測で用いられるCCDとX線観測用のCCDは基本的な構造は同じである。X線CCDについては本章4-3節を参照。

(3) 赤外線検出器

近赤外線でもフォトダイオードを用いた検出器が用いられる。近赤外線は可視光よりも波長が長く光子のエネルギーが小さいため、バンドギャップ幅の小さい半導体が必要となる。InSb（インジウム・アンチモンの二元化合物）、HgCdTe（水銀・カドミウム・テルルの三元化合物）などが感光素子として用いられる。バンドギャップはおよそ0.2eV程度であり、波長1〜10μm程度まで感度をもつ。

中間赤外線や遠赤外線では、よりバンドギャップの小さな素子が必要となる。こうした素子を用いてpn接合によるフォトダイオードをつくることは困難なため、フォトコンダクターが用いられる。

2-5 光学素子

光赤外望遠鏡および観測装置には、反射鏡、レンズ、フィルター、プリズム、回折格子、偏光素子などのさまざまな光学素子が組み込まれている。望遠鏡主鏡に用いる反射鏡の素材は、超低膨張ガ

2. 可視光—赤外線

ラス（ULE）、ゼロデュワといった低膨張ガラスが主体である。宇宙望遠鏡においては、高い剛性をもち軽量化するのに適したシリコンカーバイド（SiC）などが用いられる。反射鏡素材は表面を研磨し、その上にアルミニウム、銀、金などの金属膜を蒸着する。フィルターは、特定の波長域の光を透過させるために用いられる。狭い波長帯域のみの光を透過させるためのフィルター（狭帯域フィルター）は、ガラス材の表面に多層膜をコーティングして製作する。

プリズムや回折格子はともに分光素子として用いられる。プリズムはガラスの屈折率の波長依存性を利用して光を分散させる素子である。プリズム表面の全反射を利用して、光路変更や像の反転のために用いられることもある。回折格子は基板上に刻線した多数の平行溝による光の回折と干渉の原理を利用して光を波長ごとに分散させる素子である。プリズム上に回折格子線を刻線した素子をグリズムと呼ぶ。通常の回折格子は反射型であるが、グリズムは透過型である。

光赤外領域での偏光観測には、$\frac{1}{2}$波長板、$\frac{1}{4}$波長板といった波長板と、偏光プリズム、ワイヤーグリッド偏光子などを組み合わせて用いられる。$\frac{1}{2}$波長板は直線偏光の向きを変え、$\frac{1}{4}$波長板は直線偏光を円偏光に変える働きがある。偏光プリズムとしてはウォラストンプリズムやロションプリズムが用いられる。これらのプリズムに光を透過させることによって、互いに直交する直線偏光した光が得られる。ワイヤーグリッド偏光子はガラスなどの基板表面に金属細線を蒸着したもので、蒸着線に垂直方向に直線偏光した光を得ることができる。

2-6 光赤外観測装置

光赤外観測装置の概念図を図16-15に示す。可視光観測装置も赤外線観測装置も基本的には、望遠鏡で集光された光を一度コリメータで平行光線にして、それを再結像させるという光学系を採用していることが多い。コリメータは、装置内に望遠鏡の主鏡あるいは副鏡の像（望遠鏡瞳）を結像させる。フィルターや回折格子などの光学素子は、望遠鏡瞳位置付近に配置される。光路中にさまざまな光学素子を出し入れすることで、撮像から分光、偏光など多彩な観

第16章　観測技術

(a) 可視光観測装置

(b) 赤外線観測装置

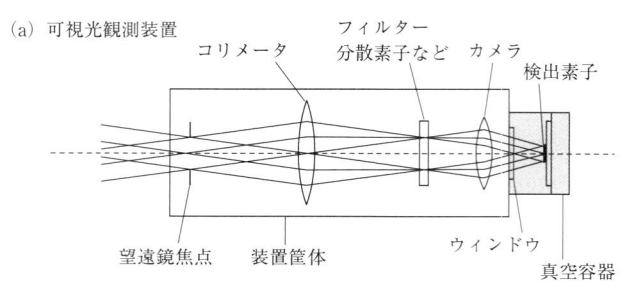

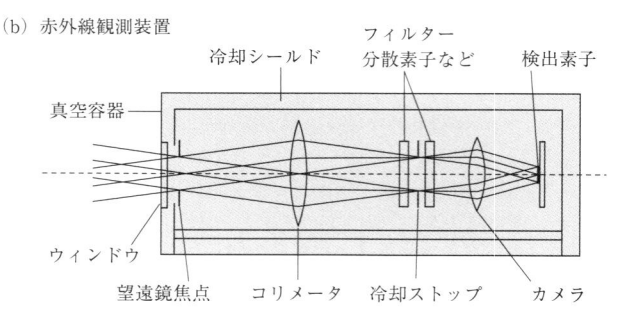

図16-15 光赤外観測装置の概念図。(『シリーズ現代の天文学15　宇宙の観測 I ——光・赤外天文学』第7章　家正則、岩室史英、舞原俊憲、水本好彦、吉田道利編、2007、日本評論社より転載)

測を行うことができる。

　可視光の撮像専用装置では、複雑な光学系を省略して、望遠鏡の焦点面に直接検出器を置くこともある。すばる望遠鏡の主焦点カメラなどがその例である。赤外線においては望遠鏡や観測装置からの熱放射が問題となってくるため、図16-15の下図のように装置全体を真空容器に入れて冷却し、さらに望遠鏡瞳位置に冷却ストップ（絞り）を置いて望遠鏡視野外からの熱放射を遮断する。このため、撮像専用装置であっても赤外線の検出器を直に望遠鏡焦点に置

2. 可視光—赤外線

く例は少ない。

　高分散分光器は、安定化のためにクーデ焦点やナスミス焦点（図16-8参照）などF値の大きな望遠鏡焦点に置かれることが多いのに加えて、高い波長分散を得るために大きな平行光ビームをつくる必要があり、一般に巨大な装置となる。精密測定のためにできるだけ光学素子は動かさない仕組みとなっており、分光専用に用いられる。

　近年では、望遠鏡焦点面に光ファイバーやイメージスライサなどを用いた特殊な集光装置を設置し、多天体の同時分光や、広がった天体の分光を行える装置も開発されている。

2-7　補償光学

　地上で観測する場合、地球大気による星像の乱れは観測効率や精度に大きく影響する。大気による星像のボケをシーイングと呼ぶ。望遠鏡の空間分解能は観測波長λと望遠鏡口径Dの比で決まり、その限界は$\frac{1.22\lambda}{D}$である。これを回折限界という。シーイングは大気の屈折率ゆらぎによって生じ、可視光の場合、世界最高のシーイング条件といわれるハワイ・マウナケア山頂でも0.5秒角程度である。すばる望遠鏡の回折限界は約0.02秒角であり、シーイングがいかに観測に影響を与えるかがわかる。

　大気の屈折率ゆらぎをリアルタイムで補正してシーイングの大幅な改善を目指すのが補償光学（adaptive optics）である。補償光学の概念を図16-16に示した。参照となる星（ガイド星）の像のゆらぎから大気のゆらぎを推定し、高速で駆動する可変形鏡を用いてそれを補正する。

　近年、地上からレーザー光を照射して人工的なガイド星（レーザーガイド星）をつくる技術が開発され、適当なガイド星がない天域でも補償光学が使えるようになった。超大型望遠鏡の時代に向けて、多層共役補償光学、多天体補償光学、超多素子補償光学など次世代の補償光学システムの開発が進められている。

第16章　観測技術

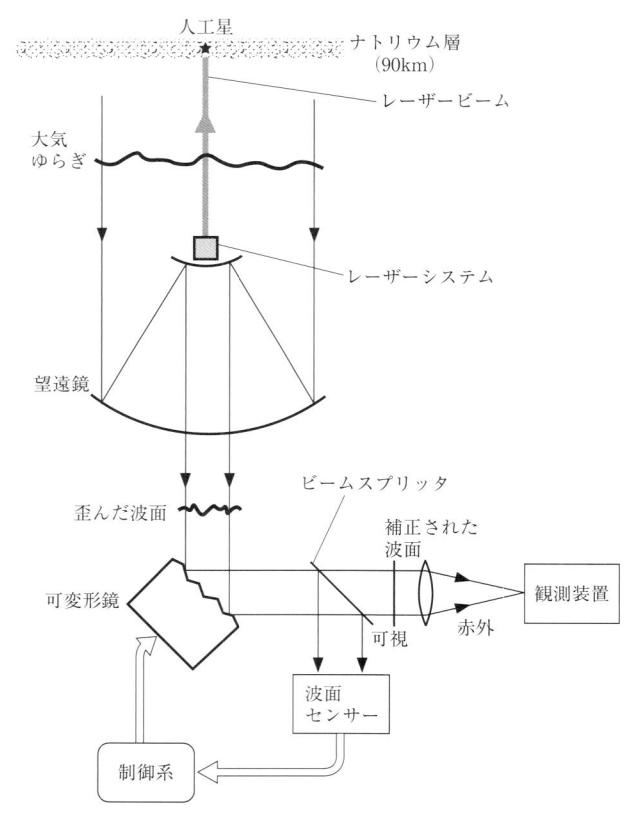

図16-16 補償光学の概念図。ガイド星の像ゆらぎを波面センサーで検知し、可変形鏡が高速に変形することで大気ゆらぎによる歪んだ波面を補正する。（国立天文台）

3. 電波

3. 電波
3-1 電波望遠鏡の歴史

　宇宙からの電波が地球に届いていることが発見されてからまだ80年くらいしか経っていない。1931年、米国ベル電話研究所のカール・ジャンスキー（K. Jansky）が、無線通信の障害となる雑音電波の研究から、地球外からの電波を偶然に発見した（図16-17）。その電波の到来方向を詳しく調べた結果、その発生源が銀河系の中心であることが判明した。当時の天文学者はこの大発見に大きな関心を示さなかった。ところが、1937年に、米国のアマチュア天文家であるグロート・リーバー（G. Reber）が、自宅の庭に木造の口径10mのパラボラ・アンテナを建設し、銀河系の電波地図を作成することに成功した。このアンテナは宇宙からの電波を受信する目的でつくられた初めての電波望遠鏡である。

　その後、電波望遠鏡は大きな進化をとげ、感度で7桁、解像力（角度分解能）は9桁も向上した。表16-2は世界の主な地上電波望

図16-17　宇宙電波を発見した波長15mのアンテナと発見者のカール・ジャンスキー。（米国国立電波天文台）

第16章　観測技術

表16-2　世界の主な地上電波望遠鏡。(『理科年表』)

	単一アンテナ電波望遠鏡	電波干渉計	VLBI
メートル波・センチ波	Arecibo 球面鏡 (305m) Effelsberg (100m) GBT (100m)	VLA (25m×27) (最大基線36km) GMRT (45m×30) (最大基線25km)	VLBA (25m×10) (最大基線8000km) VERA (20m×4) (最大基線2300km)
ミリ波・サブミリ波	LMT (50m) 野辺山 (45m) IRAM (30m) JCMT (15m)	ALMA (12m×54+7m×12) (最大基線18.5km) SMA (6m×8) (最大基線508m)	既存の電波望遠鏡をリンクした観測を行うことがあるが、専用装置はない。

遠鏡の一覧である。電波望遠鏡は、単一アンテナ電波望遠鏡と複数のアンテナ・受信機を結合する電波干渉計に分けられる。単一アンテナ電波望遠鏡の中で、固定アンテナのArecibo305m球面鏡、駆動可能なドイツEffelsberg100m鏡と米国GBT（グリーンバンク・テレスコープ）100m鏡（図16-18）、またミリ波帯では野辺山45m鏡が、それぞれ世界最大級のものである。

電波干渉計では、これまで米国ニューメキシコ州のVLA（Very Large Array）が最大規模であったが、それを大幅に上回る規模の巨大電波干渉計ALMA（アタカマ大型ミリ波サブミリ波干渉計の略でアルマと呼ぶ）が現在チリ・アタカマ高地で建設中である。ALMAは、口径12mアンテナ54台、口径7mアンテナ12台の、合計66台を組み合わせた巨大な干渉計であり、最大18.5km相当の電波望遠鏡に匹敵する解像力を実現する（本章3-4節参照）。ミリ波〜サブミリ波の波長帯をカバーし、ハッブル宇宙望遠鏡より1桁高い解像力を活かし、銀河や星の形成と進化、惑星系や生命の誕生など天文学の重要課題に挑戦する。2011年から、完成した一部を使って既に試験的な共同利用が開始されており、2013年にはシステム全体が完成し、本格的な運用が開始される。

VLBI（超長基線電波干渉計、very long baseline interferometer）

3. 電波

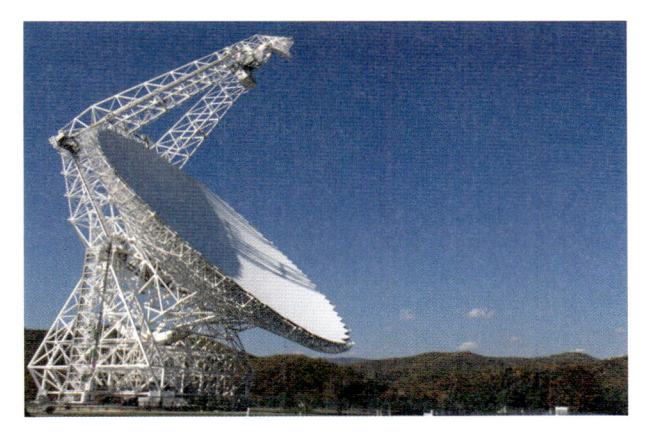

図16-18 世界最大規模の単一アンテナ電波望遠鏡GBT（グリーンバンク・テレスコープ）。（米国国立電波天文台）

では、大陸間など極端に離れた電波望遠鏡を結合し、ミリ秒角以下の角度分解能を実現する。この種の電波望遠鏡では、米国のVLBAが最大規模であり、その基線長（アンテナ間の距離）は8000kmにもおよぶ。さらに基線長を延ばすための技術として、宇宙に打ち上げられたアンテナを利用するスペースVLBIがある。1997年と2011年に、それぞれ日本とロシアから打ち上げられたスペースVLBI衛星では、地上の電波望遠鏡との間で最大基線長3万〜35万kmでのVLBIが実現した。

ALMAに続く将来の巨大電波望遠鏡として、3000kmの範囲に3000台以上のアンテナを展開し、全体で1km^{2}の実効開口面積を実現するSKA（Square Kilometer Array）計画が、イギリス、オランダ、オーストラリアなど8ヵ国の国際協力で進められている。ALMAとは逆にセンチメートル波からメートル波の長波長帯を狙ったもので、宇宙初期の暗黒時代に最初のブラックホールや最初の星がどのようにして誕生したかなどの謎を解くことが期待されている。

第16章　観測技術

3-2　電波天文観測

　電波は可視光線やX線と同じ電磁波の仲間であるが、波長が遠赤外線より長いものをいう。数十mより長い波長の電波は地球の電離層を通過するときに吸収されるため、地上の電波望遠鏡で観測できる波長は主にメートル波からサブミリ波にかけての波長域に限られる。

　天体からの電波は主に、高温の電離ガスからの熱的電波、高エネルギー電子が磁場中でらせん運動することで発生する非熱的電波（シンクロトロン放射ともいう）、星間ガス中の原子、分子が発する線スペクトル電波の3種類に分けられる。電波天文観測では、これら天体から発生する電波をアンテナで受信し、低雑音受信機で検出やスペクトル分析（光学望遠鏡での分光に相当）を行う。

　電波天文観測のもっとも基本となるのは、天体の電波強度分布（マップ）を得ることである。単一アンテナ電波望遠鏡では、アンテナを2次元走査することにより、また電波干渉計では、複数のアンテナからの信号を相関させ、開口合成をすることにより、電波強度分布を得る。マップから、天体の構造（温度分布や密度分布）が求められるが、そこに線スペクトルの情報が加わると、ガス中の原子・分子の種類が分かり、さらにドップラー効果を利用すると、ガスの運動についての情報が得られる。また、偏波（光の偏光と同じ）の観測ができる場合は、磁力線の構造（方向と強さ）についての情報を得ることができる。

3-3　単一アンテナ電波望遠鏡

　単一アンテナ電波望遠鏡は、電波望遠鏡の中でもっとも基本となるものである。図16-19はこのタイプの電波望遠鏡の基本構成である。光学望遠鏡の反射鏡に相当するアンテナで受信した宇宙からのきわめて微弱な電波信号は、受信機システムで検出およびスペクトル分析などの信号処理が行われる。アンテナや受信機などの制御および最終的なデータ処理にはコンピュータが重要な役割を果たす。

　一般に、望遠鏡の性能を表す指標は、解像力と集光力である。望遠鏡の解像力は（波長／口径）で、また、集光力（アンテナ利得）は（口径／波長）^{2}で決まる。したがって、解像力および集光力のど

3. 電波

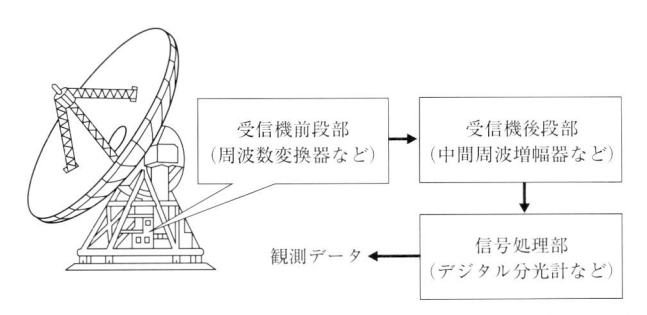

図16-19 単一アンテナ電波望遠鏡の基本構成。アンテナは光学望遠鏡の反射鏡に相当し、宇宙からの微弱な電波を集める。アンテナ焦点に設置される受信機前段部、その後の受信機後段部を経て、信号処理部で信号の検出や分光（スペクトル分析）が行われる。（アンテナの図の提供：野辺山宇宙電波観測所）

ちらも、口径が大きいほど、また波長が短いほど高くなる。

(1) アンテナ

解像力および集光力は、実際には、アンテナの鏡面精度と指向精度によってその性能が制限される。大型アンテナになるほど、自重による構造変形や風・日照による姿勢変化のため、口径に見合った性能を達成することが困難となる。重力や風の影響を受ける地上の望遠鏡では100m程度の口径（例：図16-18のGBT）が限界である。

メートル波のような長波長では、八木アンテナやその集合体などの形式もあるが、ほとんどの電波望遠鏡で採用されているアンテナはパラボラ・アンテナである。鏡面精度と指向精度はそれぞれ、観測する最短波長でのアンテナビーム半値幅の$\frac{1}{10} \sim \frac{1}{20}$が要求される。

長波長帯では、金網の反射面でも十分反射鏡として機能する一方、きわめて高い精度が要求されるミリ波・サブミリ波観測用のアンテナでは、鏡面精度で$10\mu m$、指向精度で1秒角程度が要求される。このため、CFRP（炭素繊維強化プラスチック）などの温度変化に強い材料を使用したり、風や日射の影響を避けるため、光学望

第16章 観測技術

遠鏡と同様なドームや電波が透過する膜で作られたレドーム内に設置されることがある。

(2) 受信機システム

　検出感度を大きく左右する受信機前段部（フロントエンドとも呼ぶ）はアンテナの焦点面に設置され、そこから出た信号を最終的には受信機後段部（バックエンドとも呼ぶ）を経由して、最後にデジタル分光計などの信号処理部で分光（スペクトル分析）処理などの高度な信号処理を行う。ここで重要なことは、宇宙から到来する電波は雑音性のものであり、地球大気など周囲の環境や観測装置そのものから発生する雑音と区別がつかないことである。このため、アンテナを天体方向と背景の空に交互に向けてその差分をとるスイッチング観測や、スペクトルの観測から天体からの信号と不要な雑音を区別したりする。

　フロントエンドとしては、過去にはメーザー増幅器やパラメトリック増幅器などが使用されたこともあったが、その後はよりコンパクトで格段に性能が高い方式が開発された。主にセンチ波帯までは冷却した半導体増幅器が使われているが、ミリ波からサブミリ波にかけては、絶対温度4K以下に冷却したSIS（Superconductor-Insulator-Superconductor）ミキサー（超伝導ミキサー）と呼ばれる周波数変換器を使用し、周波数をいったん低い周波数に変換してから増幅を行う。バックエンドとしては、過去には、フィルターバンクや音響光学型分光計が使用されたが、現在はデジタル型の分光計がほとんどで、10GHzを超える帯域の実時間での信号処理が可能となっている。

　これまでの多くのフロントエンドでは、空の一方向しか見られない1画素のCCDカメラ相当であったが、最近では焦点面に複数画素のアレイカメラを搭載できるようになり、数百画素のイメージが同時に得られ、観測効率を大幅に向上させることができるようになった。アレイカメラ搭載の電波望遠鏡が将来の主流となることは間違いない。

3. 電波

3-4 電波干渉計

　歴史的には、電波望遠鏡の解像力は光学望遠鏡に比べて格段に低く、観測上の大きな制限となっていた。1940年代後半に、複数のアンテナを結合する電波干渉計のアイディアが生まれ、最近では光学望遠鏡の解像力を大幅に上回ることができるようになった。1946年ごろから、イギリスとオーストラリアで干渉計の開発競争が行われ、その後イギリスのマーティン・ライル（M. Ryle）らのグループが干渉計技術を大きく発展させた開口合成法を編み出し、現在の世界の干渉計の礎を築き上げた。

(1) 干渉計の基本原理とシステム

　電波干渉計の基本は、図16-20に示すようなアンテナ2素子の干渉計である。干渉計の測定量は、各アンテナで受信した信号間の相関関数（複素）の振幅と位相である。アンテナ間隔を離すと、天体

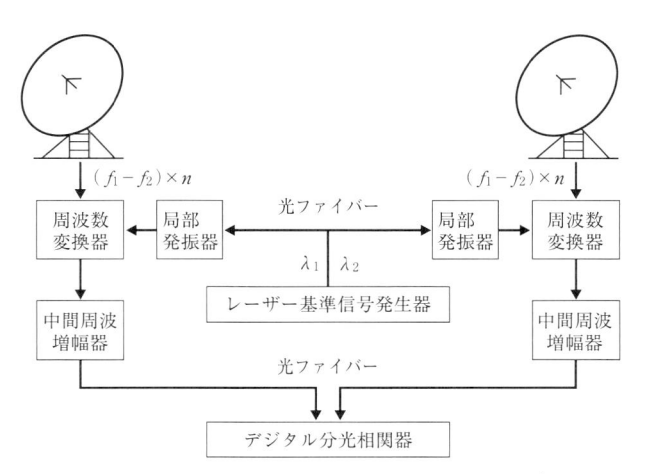

図16-20　電波干渉計の基本となる2素子干渉計の構成例。各アンテナで受信した信号を長距離離れた相関器まで伝送できるよう、低い周波数に変換する。電波の振幅と位相の情報を忠実に維持・伝送することが干渉計の性能を決定する。

第16章　観測技術

のわずかな方向の変化でも位相変化として現れ、素子アンテナの指向性では区別できないような天体の細かな構造（たとえば原始惑星系円盤や原始星からの双極流ジェットなど）に関する情報が得られる。干渉計の角度分解能は（波長／基線長）で決まるので、長基線、短波長ほど、角度分解能が高くなる。

図16-20のシステムは、ALMAの例である。周波数がきわめて高く、信号を直接長距離伝送することが不可能なため、各アンテナの周波数変換器（現在は7つの周波数帯をカバーするSISミキサー群）で低い周波数に変換し、中間周波増幅器で増幅後、デジタル信号に変換して光ファイバーで長距離伝送する。特に位相情報が重要であり、干渉計システムの性能は、各アンテナで受信した信号の振幅と位相の情報をいかに忠実に維持・伝送できるかにかかっている。

このため、図16-20の例では、中央から光ファイバーで2波長のレーザー信号を送り、各アンテナのLO（局部発振器）でそのビート信号から周波数変換用の基準信号をつくり出す。光ファイバーの伸び縮みで位相が狂わないように、ファイバー長を常時ミクロン精度で計測し補正している。デジタル分光相関器は、専用の超高速デジタル信号処理装置であり、アンテナ間の信号遅延を補正した後、数千チャンネルのスペクトル成分に分解し、各周波数成分ごとの相関値を求める処理が実時間で行われる。

図16-21　標高5000mに居並ぶALMAのアンテナ群。口径12mアンテナ54台、口径7mアンテナ12台、合計66台の高精度アンテナを組み合わせ、最大口径18.5kmのパラボラアンテナに相当する解像力を実現する。［ALMA（ESO/NAOJ/NRAO）］

3. 電波

ALMAでは口径12mアンテナ54台、口径7mアンテナ12台の、合計66台を組み合わせた巨大な電波干渉計（図16-21）であるが、基本的には、多くの2素子干渉計に分解して考えることができる。一般に、N台アンテナがあると、$\frac{N(N-1)}{2}$だけの2素子干渉計の組み合わせがあり得るので、ALMAには2145組の2素子干渉計が存在する。

(2) 開口合成法

ある基線長の2素子干渉計は、天体の輝度分布の中の特定のフーリエ成分（空間周波数成分）に感ずる共振器のような働きをする。図16-22に示すように、アンテナ間隔（基線長）を長くしていくと、より高いフーリエ成分を観測することになる。ここで点状の電

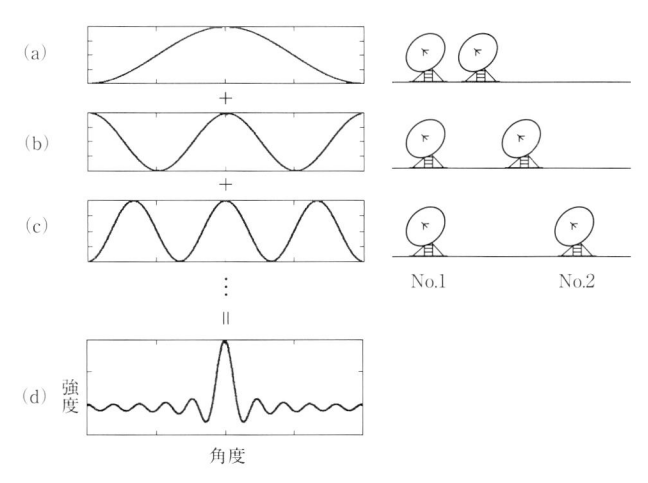

図16-22 1次元の場合の開口合成の原理。短い基線長（No.1とNo.2のアンテナ間隔）の観測ほど、天体の広がった成分に感度があり、基線長を長くするほど細かな構造に感度がある。たった2台のアンテナでも、基線長を変えて観測を繰り返し、そのデータを最後に合成するとシャープな画像が得られる（最下段、点源の場合のシミュレーション）。

第16章　観測技術

波源を観測する場合を想定する。1つの基線長で観測すると、ある正弦波状のレスポンス（干渉縞と呼ぶ）となるが、天体がどの山の方向にあるか不定となる。そこで、いくつかの基線長で観測した結果をコンピュータの中で足し算すると図16-22の最下部にあるように、真の方向に鋭いレスポンスが得られ、この方向に天体があることがわかる。たった2台のアンテナでも、アンテナ間隔を変えながら観測することにより、原理的にいくらでも高い解像力を得ることが可能となる。これが、1次元での開口合成の原理である。このとき、全体の観測時間内では、天体の輝度分布が変化しないという条件が必要であるが、激しく変化する太陽のような天体を除けば、ほとんどの天体に適用可能である。

　2次元の天体の輝度分布は、2次元的に基線長を変化させることによって得られるが、大変手間がかかることになる。そこでライルらのグループは、地球の自転を利用すると、アンテナ移動の手間を大幅に減らすことができることを発見し、地球の自転を利用した開口合成法を編み出した。観測対象の天体から地球を見ると、図16-23のように、自転にともなって基線の方向と長さが時々刻々変化する。この時観測されるフーリエ成分をコンピュータの中に蓄え、観測後フーリエ変換という処理を施すと、天体の2次元画像が得られる。一般には、観測効率を上げるために、なるべく多くのアンテ

図16-23
天体から見た干渉計基線の変化。観測する天体から見ると、No.1とNo.2の2台のアンテナを結ぶ干渉計基線の方向と間隔が、地球の回転にともなって、時々刻々変化する。この原理により、アンテナ移動の手間を大幅に改善したのが、地球の自転を利用した開口合成法である。No.2のアンテナを移動させ（基線長 D を変え）て観測を繰り返すことにより、原理的にはいくらでも大きな開口を合成できる。

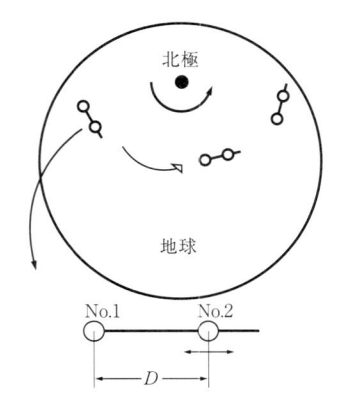

ナを基線の重複を最小とする配列に並べて観測が行われる。

3-5 VLBI

　アンテナ間隔を数百から数千kmにまで拡張して、天体の超微細の構造を描き出す手法がVLBI（Very Long Baseline Interferometry）である。場合によっては、大陸間の電波望遠鏡を組み合わせて干渉観測が行われる。

　VLBIでは、通常の干渉計とは異なり、各アンテナからの信号をケーブル等で伝送することが不可能となる。そこで、各アンテナで受信した信号を高密度のテープレコーダなどに記録し、それを1ヵ所に運び、相関処理を行う。このとき、信号の記録と同時にきわめて精確な原子時計の信号を同時に記録し、干渉計として重要な位相の情報を失わないようにする。

　既存の電波望遠鏡を組み合わせたVLBI観測も行われるが、VLBI専用の望遠鏡も建設されており、口径25mアンテナ10台を最大8000kmに展開する米国のVLBAが世界最大である。日本でも、口径20mアンテナ4台を日本列島に沿って設置し、2300kmの最大基線長を有するVERA（VLBI Exploration of Radio Astrometry）がある。

　地球上のアンテナを組み合わせたVLBIの最長基線長が地球の直径で制限されていたが、1997年に日本で世界初のスペースVLBI衛星「はるか」が打ち上げられ、軌道上の口径8mアンテナと地上VLBIネットワークを結合する最大基線長3万kmの干渉計が実現した。また、2011年には、ロシアの口径10mスペースVLBI衛星RadioAstronが打ち上げられ、最大基線長35万kmでのVLBI観測が可能となった。

　VLBI技術は電波天文学特有のものであるが、今後もさまざまな工夫がされて、電波領域における超高解像イメージングに挑んでいくことが期待される。

4. X線

　X線は1895年にヴィルヘルム・レントゲン（W. Röntgen）によって発見された、波長がおよそ0.01〜10nmの電磁波である。X線

第16章　観測技術

は高い透過力をもっていることで知られている。しかし、天体から放射されるX線を観測するのは難しい。地球には厚い大気があり、宇宙からのX線（以下、宇宙X線）はこれに吸収されてしまうためである。このため、宇宙X線を観測するには、気球やロケット等を用いて地球大気圏の外に出る必要があり、観測装置を大気圏外まで運べるロケット技術の進歩が必要であった。

ひとたび、宇宙からやってくるX線の観測が始まると、人類の宇宙観は大きく変えられることになった。高エネルギー現象が絡む天体（星やブラックホールから銀河団まで）から、多様なX線放射が検出されたからである。これらの情報は人類の宇宙の理解に大きな貢献をしてきた。本節では、X線検出の物理過程とX線の観測技術について概観する。

4-1　宇宙X線観測

最初に、太陽以外からの宇宙X線をとらえたのは、リカルド・ジャッコーニ（R. Giacconi）らのグループであり、ジャッコーニは

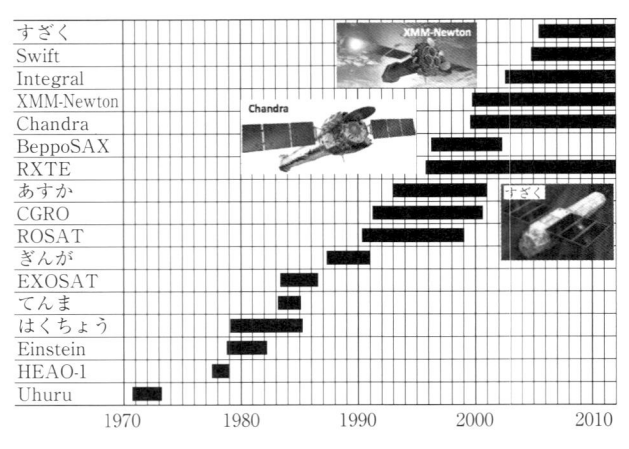

図16-24　主なX線、ガンマ線観測衛星。横棒は衛星が稼働していた期間を示す。（NASA、JAXA）

4. X線

X線天文学の開拓の功績により、2002年ノーベル物理学賞を受賞している。彼らは、1962年に3台のX線検出器を搭載したロケットを打ち上げ、さそり座の方向から強いX線放射を検出した。このX線放射源が全天でもっとも明るいX線天体の1つさそり座X-1であった。1970年には比例計数管を2台搭載した「ウフル」衛星（Uhuru Satellite：uhuruはスワヒリ語で自由という意味）が打ち上げられ、人工衛星による観測が始まった。日本でも、1979年に「はくちょう」衛星が打ち上げられ、X線バーストの観測などで大きな成果をあげた。その後、NASA、ESA、JAXAなどを中心に、多くのX線天文衛星が打ち上げられ、高エネルギー天文学の発展に大きく貢献してきた（図16-24）。

4-2 X線検出の原理

X線領域では、入射してきた光を光子として1個ずつ検出する。このように検出し数えることを光子計数と呼ぶ。ここでは、X線検出にかかわる3つの素過程について説明する。なお、以下では、エネルギーの単位として電子ボルト（記号eV）を用いる。波長1nmのX線のエネルギーは1.24keVになる。

(1) 光電吸収

原子は、原子核とそれを取り巻く電子から構成されている。電子

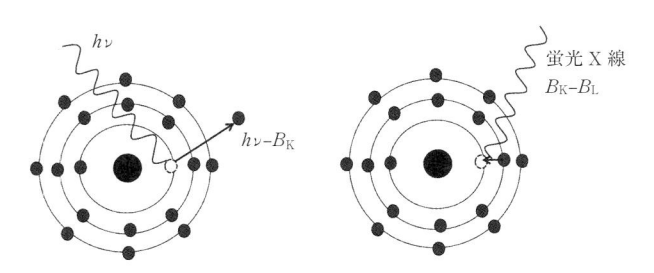

図16-25 左：光電吸収の概念図。K殻の電子が光子を吸収し、光電子として飛び出す。その後、外殻の電子がK殻に遷移する。このとき、蛍光X線または電子を原子から放出する。右：蛍光X線を放出する場合。

第16章 観測技術

は固有のエネルギーで原子核と結合しており、電子殻と呼ばれる殻上に位置している。この殻を内側から順にK殻、L殻、M殻、……と呼ぶ。また、それぞれのエネルギーをK吸収端、L吸収端、M吸収端、……と呼び、ここではB_j（j：K、L、M、……）と表す。

この原子にエネルギー$h\nu$の光子が入射したとき、この光子が$B_j \leq h\nu$を満たすj殻の電子に全エネルギーが吸収されてしまうことがある（図16-25）。この現象を光電吸収（photoelectric absorption）と呼ぶ。エネルギー$h\nu$を吸収した電子は、結合エネルギーB_jとの差$h\nu - B_j$のエネルギーをもち原子から飛び出す（光電子、photo electron）。仮に、内殻の電子が飛び出した場合、内殻に空きができるため原子は不安定になり、空いた内殻に外殻の電子が遷移し安定になろうとする。この時、外殻と内殻との結合エネルギーの差が、光子の放出（蛍光X線）あるいは、原子内電子の放出（オージェ電子、Auger electron）に使われる。蛍光X線（X-ray fluorescence）を出す確率を蛍光収量と呼び、蛍光収量は原子番号が大きくなるにつれて増加する。

(2) コンプトン散乱

1923年、アーサー・コンプトン（A. Compton）により、物質によって散乱されたX線の中に入射したX線よりも長い波長のX線が存在することが発見された。これがコンプトン散乱（Compton scattering）であり、光を粒子と考えると自然に説明できる。

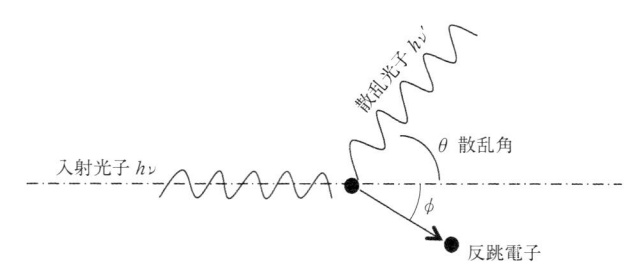

図16-26 コンプトン散乱の概念図。

4. X線

今、入射X線が図16-26のように静止していた電子に衝突し、散乱角θで散乱される場合を考えると、相対性理論を考慮に入れたエネルギー保存則と運動量保存則はそれぞれ次のように表される。

$$h\nu + mc^2 = h\nu' + \frac{mc^2}{\sqrt{1-\frac{v^2}{c^2}}} \tag{16-2}$$

$$\frac{h\nu}{c} = \frac{h\nu'}{c}\cos\theta + \frac{mv}{\sqrt{1-\frac{v^2}{c^2}}}\cos\phi \tag{16-3}$$

$$\frac{h\nu'}{c}\sin\theta = \frac{mv}{\sqrt{1-\frac{v^2}{c^2}}}\sin\phi \tag{16-4}$$

ここで、mは電子の静止質量、νとν'はそれぞれ入射光子と散乱光子の振動数、vは散乱後の電子の速度、ϕは電子が出て行く方向を表す。これらの式から、次のνとν'の関係式を得る。

$$h\nu' = \frac{h\nu}{1+\frac{h\nu}{mc^2}(1-\cos\theta)} \tag{16-5}$$

たとえば、100keVのX線が電子に衝突し、入射方向と反対方向（$\theta = 180°$）にはじき飛ばされた場合、散乱されたX線のエネルギーは71.9keVとなる。このX線のエネルギーの減少分が電子に移ることになる。

(3) 電子対生成

入射してきた光子のエネルギーが電子の静止質量の2倍（約1.02MeV）を超えると、電子と陽電子（positron）を生成する対生成（pair creation）が可能となる。この反応は何もないところでは、エネルギー保存則と運動量保存則の両方を満たすことができず発生しないが、原子核の近傍では、電子や陽電子が原子核と運動量を受け渡しすることができるので、2つの保存則を満たすことが可能となる。発生する確率は、入射光子のエネルギーが数MeV程度までは低く、エネルギーが高くなるにしたがって大きくなる。

発生した電子－陽電子対に分配される全エネルギーは、光子がも

第16章　観測技術

っていたエネルギーのうち電子の静止質量の2倍を超えた分となる。

(4) 減衰係数、質量減衰係数、および断面積

図16-27のようにX線の線源と検出器との間にさまざまな厚みの物質をおく。この時、厚みtと検出器が検出する光子数Iとの間には次の関係がある。

$$I(t) = I_0 e^{-at} \tag{16-6}$$

I_0は物質が入っていない時に検出器が検出した光子数である。αのことを減衰係数という。この減衰係数は、光子が単位長さ進む時に失われる確率を表している。$\frac{I(t)}{I_0}$は吸収されずに検出器に到達した光子数の割合であり、$1-\frac{I(t)}{I_0}$は物質に吸収された割合となる。

αのかわりにαを質量密度ρで割った質量減衰係数（$\mu = \frac{\alpha}{\rho}$）もよく用いられる。また、着目している減衰係数$\alpha$はその過程を起こす粒子の数密度$n$(個m^{-3})と断面積$\sigma$(m^2)の積である$n\sigma$で記述できる。

光電吸収など上述の3つの過程を考えた場合、光電吸収、コンプトン散乱、および電子対生成の減衰係数を比較することで、どの素過程が優勢か判断可能である。

図16-28はヨウ化ナトリウムの質量減衰係数である。数百keV以下の低エネルギー側では光電吸収が優勢であり、電子の静止エネ

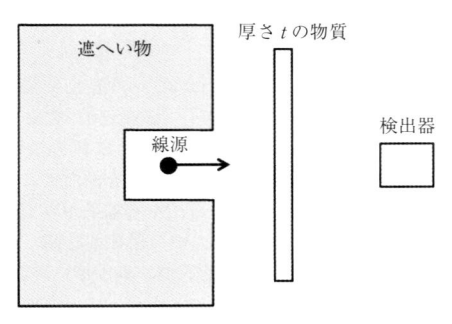

図16-27　厚さtの物質を使った透過実験の概念図。

4. X線

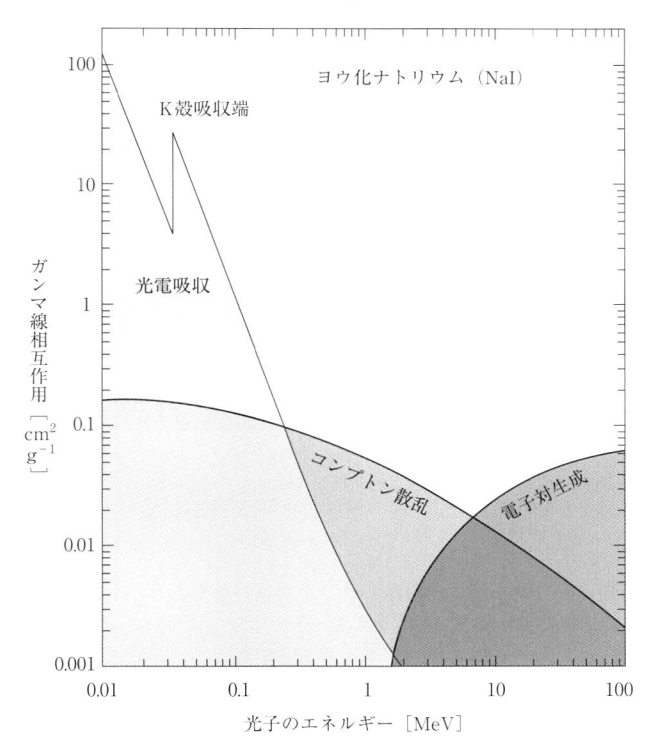

図16-28 ヨウ化ナトリウムの質量減衰係数。(『放射線計測ハンドブック』グレン・F・ノル著　木村逸郎、阪井英次訳、2001、日刊工業新聞社より改変)

ルギーを超えたあたりから、コンプトン散乱が優勢になる。さらに、数MeVを超えると電子対生成が優勢となる。

4-3　X線検出器

(1)　比例計数管

比例計数管は、X線計数で用いる標準的な検出器である。図16-

第16章　観測技術

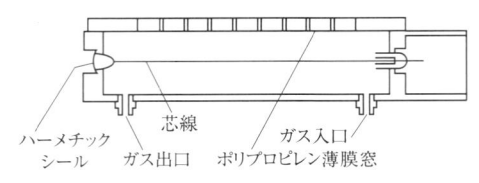

図 16-29　ガスフロー型比例計数管概念図（上）と「ぎんが」衛星に搭載された大面積比例計数管外観図（下）。（上図は『X線結像光学』波岡武、山下広順編、1999、培風館、下図はJAXAより転載）

29にその一例を示す。両端を封じた金属容器があり、その両端には絶縁体でできたハーメチックシールがとりつけられ、その間に芯線（直径20〜100μmの金属線）が張られている。この芯線と金属容器の間に高電圧をかける。X線が入射する窓は開けておき、X線が吸収されにくい物質、たとえばポリプロピレンなどの薄いプラスチックフィルムを貼っておく。検出器の中には、アルゴン90％、メタン10％の混合ガスを充填するが、この他にもアルゴンの代わりにクリプトンやキセノン等を充填することもある。以下、信号として検出されるまでの過程を説明する。

(A)　光電吸収と一次電子

検出器内ガスにエネルギー$h\nu$をもった光子が光電吸収されると、$h\nu-B_i$のエネルギーをもった光電子が放出され、引き続き蛍光X線またはオージェ電子が放出される。蛍光X線が放射された場合、蛍光X線が検出器内ガスに再び吸収されれば、そこで光電子

4. X線

をつくるが、光電吸収されず検出器外に出ると、検出器は蛍光X線のエネルギー分、入射X線のエネルギーを低く測定することになる。

光電子とオージェ電子は周辺のガス原子と衝突すると、その原子を電離または励起させ、その分エネルギーを失う。そして、電子のエネルギーが原子の電離に必要な最小電離エネルギー（I_0）以下になるまで周辺ガスを電離する。電離により飛び出した電子でも同様である。その結果、多数の電子がつくられ、これらを一次電子と呼ぶ。

一次電子の個数は、入射X線のエネルギー$h\nu$と平均電離エネルギー（W）を使い$\frac{h\nu}{W}$と見積もられる。ここでI_0ではなく、Wを使う理由は、電子が原子と衝突した際、電離だけでなく励起する場合もあり、このため1個の原子を電離するために、I_0以上のエネルギーを使うことになる。このエネルギーの平均を平均電離エネルギーと呼ぶ。比例計数管でよく用いられるガスのI_0とWは電子ボルトを単位として、アルゴンで15.7、26、キセノンで12.1、22である。

(B) ガス増幅——電子なだれ

検出器の芯線には、通常およそ2000Vの高電圧が印加されており、芯線の近傍には強い電場が生じている。発生した一次電子は検出器内電場に導かれて、陽極（芯線）に移動する。移動する際に中性ガスと何度も衝突するが、電場が小さい時はガスを電離することはない。やがて、芯線近傍に達し、強い電場で加速され、電子は最小電離エネルギー以上のエネルギーをもち、電離可能となる。

電離によって飛び出した電子も、強電場によって加速され、電離可能なエネルギーをもつ。その結果、次々と電離が生じる。これを電子なだれと呼び、この過程で生成された電子を二次電子と呼ぶ。比例計数管では、電子の増幅率は1000～1万倍の範囲にあり、二次電子の個数は一次電子の個数と比例している。これ以上増幅すると発生する電子の個数が一次電子の個数と比例しなくなる。

(C) エネルギー測定とエネルギー分解能

比例計数管では、電子数が入射X線のエネルギーに比例するの

第16章　観測技術

で、電子数に比例した電気信号をつくり、その大きさ（波高）を測定することで入射X線のエネルギーを測定することができる。ただし、電子が原子に衝突しても、必ず電離が生じるとは限らないため、つくられる電子数にはゆらぎが生じる。このため、単一のエネルギーのX線を入射させた場合でも、出力波高値はある幅をもった分布をつくる。この幅が検出器のエネルギー分解能になる。

電離によって生じる電子数のゆらぎは、ポアッソン統計にしたがうゆらぎに補正をかけた形で表す。一次電子の場合、電子数のゆらぎ$\sigma_1 = \sigma_1^2 = F\sigma_p^2$と表される。ここで、$\sigma_p$はポアッソン統計によるゆらぎであり、一次電子数が$N$の場合、$\sqrt{N}$となる。$F$は補正因子（ファノ因子）であり、アルゴンガスの場合、0.17である。さらに、二次電子生成にともなう電子数のゆらぎも考慮にいれると、電子数のゆらぎσと一次電子数Nとの比は

$$\frac{\sigma}{N} = \left(\frac{F+b}{N}\right)^{\frac{1}{2}} = \left[\frac{W(F+b)}{E}\right]^{\frac{1}{2}} \tag{16-7}$$

となる。E、Wはそれぞれ入射X線のエネルギーと平均電離エネルギーである。bは二次電子のゆらぎに起因した補正因子であり、0.4〜0.7の値をとる。アルゴン90％、メタン10％の混合ガスを使用した比例計数管では、5.9keVにおけるエネルギー分解能（$\frac{\Delta E}{E}$）は12.8％（半値幅）である。エネルギー分解能を決める他の要因として電気雑音などもある。

(D)　検出効率

検出器でX線を検出する効率は、検出器窓に吸収されずに、検出器内で吸収される確率で表される。すなわち、ガスと検出器窓の減衰係数をα、α_w、容器と検出器窓の厚さをtとt_wとおくと、$e^{-\alpha_w t_w}(1-e^{-\alpha t})$となる。$e^{-\alpha_w t_w}$は検出器窓で吸収されずに検出器内にX線が入射する確率を表し、次の項は検出器ガスに吸収される確率を表す。減衰係数は原子番号の3.5乗に比例するため、窓には原子番号の小さな材質、検出器には原子番号の大きな材質が用いられる。

「ぎんが」衛星に搭載された大面積比例計数管（LAC）の検出効率を図16-30に示す。LACでは検出器窓にベリリウム、検出器ガ

4. X線

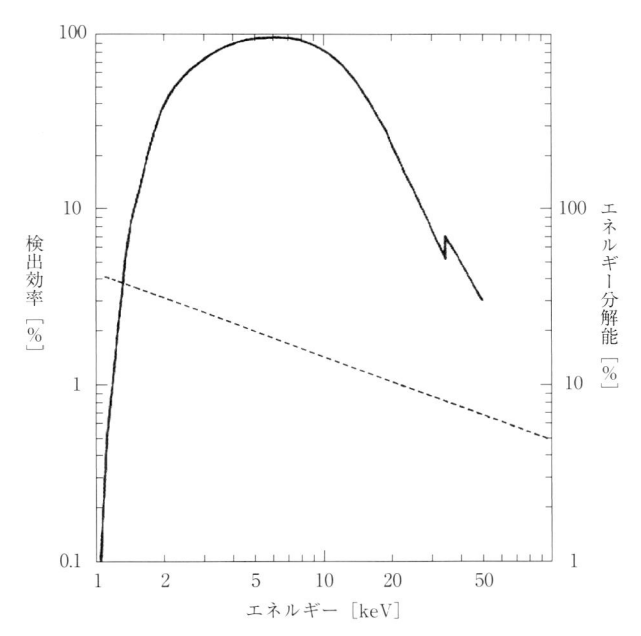

図 16-30 「ぎんが」衛星に搭載された大面積比例計数管の検出効率とエネルギー分解能。(Turner, M. J. L. et al. 1989, PASJ, 41, 345 より改変)

スにアルゴンの他、キセノンが20％用いられた。これにより、2～37keVという広帯域観測が可能となった。また、図中の破線はエネルギー分解能を示しており、6keVでおよそ18％弱である。エネルギー分解能は $(\frac{1}{E})^{\frac{1}{2}}$ に比例して減少している。

(2) ガス蛍光比例計数管

ガス蛍光比例計数管は、ガス中で生じた一次電子を適当な電場で加速することで、励起発光を起こさせ、この励起光を光電子増倍管で電気信号として取り出すものである。「てんま」衛星にX線天文

第16章　観測技術

衛星としては世界で初めて搭載され、その撮像型が「あすか」衛星に搭載された。

この検出器の特徴は、エネルギー分解能が比例計数管のおよそ2倍（5.9keVのエネルギー）よいことにある。これは、ガス蛍光比例計数管では、励起発光でつくられた光子数のゆらぎが比例計数管の二次電子の電子数のゆらぎよりも小さいためである。

平行メッシュ型ガス蛍光比例計数管の概念図を図16-31に示す。検出器ガスとしてはキセノンが使用されている。検出器内には二層のメッシュがあり、第1メッシュより上をドリフト領域、第1と第2メッシュの間を発光領域と呼ぶ。ドリフト領域では、入射X線を吸収し発生した一次電子群を下の発光領域に導く。発光領域にはドリフト領域よりも強い電場がかけられており、この領域に入った電子は、励起発光が有効に行われる程度に加速される。キセノンの場合、励起発光に要するエネルギーは約9eVである。

1個の電子が発光する光子数は通常数百であり、励起発光でつくられた光子数は一次電子の数に比例する。このため励起発光の明るさを測定することで、入射X線のエネルギーを知ることができる。励起光の波長は140〜200nmであるため、これを検出器内面に蒸着してある波長変換剤を用いて、光電子増倍管でとらえやすい可視光に変換してから測定する。

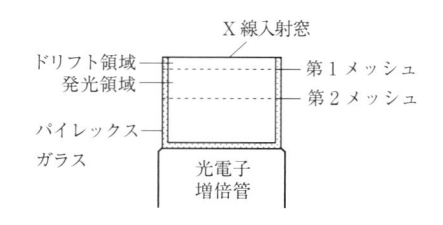

図16-31　左：ガス蛍光比例計数管の概念図、右：「てんま」衛星に搭載されたガス蛍光比例計数管。（東京大学宇宙航空研究所報告第14巻第4号井上一他、JAXAより転載）

4. X線

(3) X線CCDカメラ

CCDは微小な半導体検出器（たとえば、MOSダイオード）を2次元に配置した構造をもち、各検出器でつくられた電荷をバケツリレー方式で読み出し口まで転送し、そこで電気信号として読み出す検出器である。「あすか」衛星ではじめて宇宙X線観測用に使用され、以後、「チャンドラ」(Chandra)、「XMM-Newton」、「すざく」衛星に搭載され、現在、標準的な検出器となっている。

(A) 検出と電荷転送

図16-32はMOS型CCDの断面の模式図である。電極には逆バイアス電圧が印加されており、空乏層が形成されている。この領域でX線が吸収されると一次電子群が形成され、電子は電位の高い電極へ移動する。電極に移動した電荷は電極の電位を順次変えることで隣の電極へと転送され、最終的には読み出し口から読み出される（図16-14）。

図16-33はX線CCD素子である。上部の撮像領域で天体からのX線を取得し、一定時間露光した後、撮像領域の電荷を蓄積領域に一気に転送する。撮像領域では新たな露光がはじまる。蓄積領域に転送された電荷は下の読み出し口から順次すべて読み出され、一定時間経過すると、再び撮像領域の電荷が蓄積領域へと転送される。この動作を繰り返して撮像を行う。このような読み出し法をフレーム転送方式と呼ぶ。

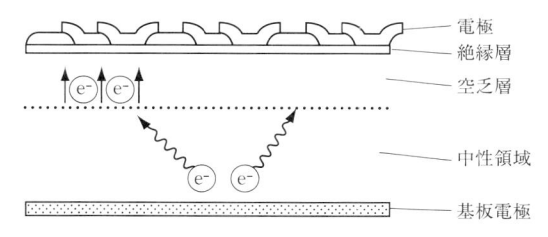

図16-32 MOS型CCDの断面図。（『X線結像光学』波岡武、山下広順編、1999、培風館より転載）

第16章　観測技術

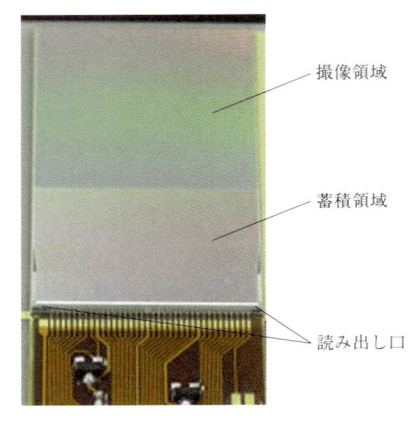

図16-33　現在開発中のX線CCD素子。
（提供：常深博）

(B) エネルギー分解能

　半導体検出器の場合、一次電子の数は正孔と電子対をつくる平均エネルギーwで決まる。シリコンのwは3.65eVであり、5.9keVのX線が入射した場合、約1600個の一次電子ができる。シリコンのファノ因子は約0.12なので、エネルギー分解能ΔEは120eV（半値幅）となる。電子増幅をしないこと、ならびに、wが比例計数管で用いられるガスの平均電離エネルギーよりも小さいことから、CCDは比例計数管より約10倍高い分解能をもつ。

　実際のエネルギー分解能は電気信号の読み出しの際に付加される読み出し雑音やX線が入射していないにもかかわらず電荷がつくられる暗電流などが加わったものになる。この他にも電荷転送に起因してエネルギー分解能が劣化する。電荷転送では、電極に集まったすべての電荷を隣の電極に転送するが、まれに、一部の電荷をとりこぼすことがある。このとりこぼした電荷の割合を電荷転送非効率（CTI）と呼び、通常10^{-5}程度かそれ以下である。この値が大き

4. X線

いと電荷量は本来の値よりも小さく測定されることになる。

なお、空乏層の下には電場がほとんどない中性領域があり、ここでX線が吸収されると、一次電子群が拡散してしまい、入射X線のエネルギーを測定することが困難になる。

(C) 検出効率

X線CCDの検出効率は、電極を透過してきたX線が空乏層で吸収される確率で表すことができる。通常、電極側からX線を入射させるが、低エネルギー側の検出効率をあげるために、中性領域がないCCDをつくり裏面からX線を照射する方法もある。「チャンドラ」や「すざく」衛星に搭載されている。

(D) 放射線損傷

半導体検出器の場合、衛星軌道上の放射線帯に捕捉されている高エネルギー陽子等が検出器に衝突し、格子欠陥等のダメージを与えることがある。これを放射線損傷という。CCDの場合、CTIの劣化や暗電流の増加などが生じ、エネルギー分解能が劣化する。また、ホットピクセルと呼ばれる電荷を生み出すピクセルも発生する。

(4) X線カロリメータ

これまで紹介した検出器では入射X線を電子に変えて、入射X線のエネルギーを測定した。しかし、X線カロリメータでは入射X線が検出器素子に吸収されたことで発生する熱を温度計で精度よく測定することでエネルギーを測定する。図16-34はその模式図である。

温度上昇ΔTは入射X線のエネルギーEに比例し、X線吸収体の熱容量をCとすると$\frac{E}{C}$で表される。吸収体は熱浴と熱伝導度Gでつながっているため、時定数$\frac{C}{G}$で平衡温度に戻る。

エネルギー分解能ΔEは素子内のフォノン数のゆらぎ等によって決まり、$2.35\xi\sqrt{k_B T^2 C}$となる。ここでk_Bはボルツマン定数、Tは素子の温度である。ξは動作温度やセンサの感度で決まる値で、2程度である。マイクロカロリメータの場合、$T < 100\mathrm{mK}$で使用する

第16章　観測技術

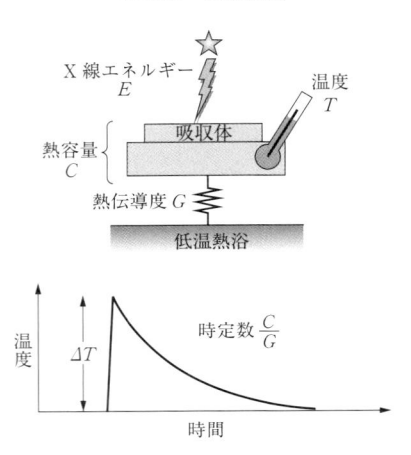

図16-34 X線カロリメータ模式図。エネルギーを温度に変換して測定する。(http://astro-h.isas.jaxa.jp/challenge/sxs.html より転載)

ことで、理想的にはΔEが1eV程度になる。次期X線国際天文衛星ASTRO-Hに搭載される予定である。

(5) 硬X線、ガンマ線検出器
(A) コンプトンカメラ

コンプトンカメラは、検出器内で生じたコンプトン散乱を検出し、散乱されたX線と電子を測定することで、飛来してきた硬X線のエネルギーと方向を測定するものである。コンプトンカメラの簡単な模式図を図16-35に示す。

コンプトンカメラは散乱体と吸収体で構成されており、入射した硬X線は散乱体でコンプトン散乱を起こす。散乱X線の方向は、散乱X線が吸収された位置Bと反跳電子が吸収された位置Aから推定でき、散乱角θは散乱X線のエネルギーと反跳電子のエネルギーを測定することで推定可能となる。散乱角は入射X線と散乱X線とのなす角であるので、入射X線は散乱角θの円錐上のいずれかから飛来したことになる。この円錐のことをコンプトンコーンと呼

4. X線

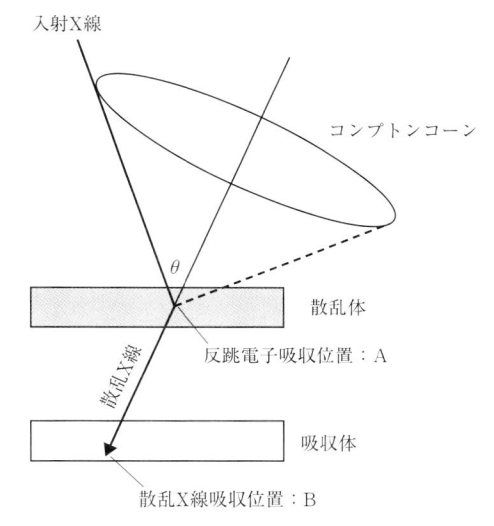

図16-35 コンプトンカメラの模式図。

ぶ。飛来方向は1個のX線で決めることはできないが、ある天体から複数の光子が飛来すると、各光子でコンプトンコーンを描くことができ、コーンの交点が飛来方向となる。

入射光子の飛来方向は散乱光子、電子のエネルギーと関係があるため、高エネルギー分解能の検出器を用いることで飛来方向を精度よく測定することができる。

(B) 電子対生成を利用した検出器

検出器内に入射したガンマ線は重元素でできた金属箔と電子対生成を起こし、電子-陽電子ペアをつくる。そのペアの飛跡を何層にも重ねた位置検出型検出器で測定し、後段のカロリメータでエネルギーを測定する。これにより、ガンマ線の到来方向とエネルギーを知る（図16-36）。

Fermiガンマ線天文衛星のLAT検出器で使用されており、およそ

第16章　観測技術

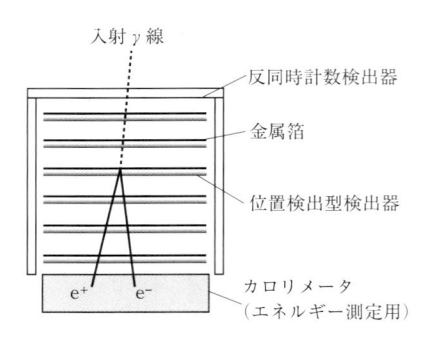

図16-36 LAT検出器概念図。(http://www-glast.stanford.edu/instrument.html より改変)

0.1GeVから100GeVのガンマ線に感度をもつ。到来方向は0.1GeVで3°、100GeVで0.04°の精度で決めることができる。

4-4　X線望遠鏡
(1)　X線光学の基礎
(A)　X線反射

媒質中の屈折率nは、電磁波の波長によって異なっており、X線領域では1よりもわずかに小さい。真空中の屈折率は1なので、X線が物質（$n<1$）に大きな角度で入射すると物質表面で全反射が起こる（図16-37(a)）。全反射を起こす時の臨界角をi_cとすると、スネルの法則から

$$n = \sin i_c \tag{16-8}$$

となる。ここで$\theta_c = \frac{\pi}{2} - i_c$、また$n = 1-\delta$とおくと、

$$\theta_c = \sqrt{2\delta} \tag{16-9}$$

となる。

X線反射面として金がよく使われるが、数keVのX線に対する金

610

4. X線

のδは約10^{-4}であり、θ_cは$0.8°(=\sqrt{2}\times 10^{-2}\mathrm{rad})$となる。$\theta$が$\theta_c$を超えると急激に反射率が低下することから（図16-37(b)）、X線が$\theta<\theta_c$の斜入射でのみ反射することがわかる。

(B) 表面粗さ

X線は波長が短いため表面の凹凸により散乱が生じやすい。今、表面の凹凸の高さhの分布が標準偏差σのガウス分布で表される場合を考える。ここではこの凹凸の周期性を考えない。

$$P(h) = \frac{1}{\sqrt{2\pi}\sigma}e^{-\frac{h^2}{2\sigma^2}} \tag{16-10}$$

反射面に波長λの電磁波が斜入射角θで入射した場合、高さhで反射した電磁波と高さ零で反射した電磁波との光路差は$2h\sin\theta$となり、2つの電磁波で干渉が起こる（図16-38）。

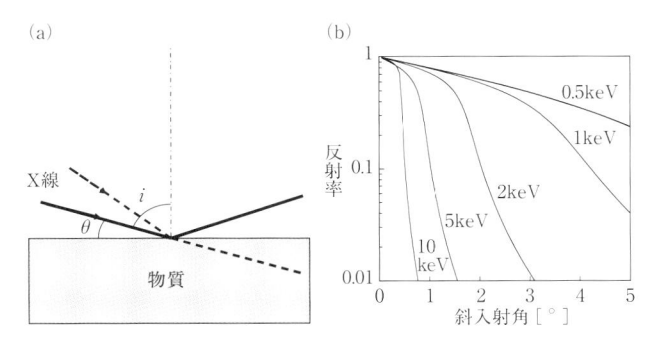

図16-37 斜入射X線と全反射(a)とX線反射率の角度依存性(b)。

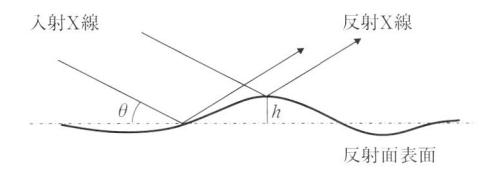

図16-38 散乱モデル。

第16章　観測技術

h がガウス分布にしたがうことを考慮して計算すると、反射率 R は表面粗さが零のときの反射率 R_0 に比べ、

$$\frac{R}{R_0} = \exp\left\{-\left(\frac{4\pi\sigma\sin\theta}{\lambda}\right)^2\right\} \tag{16-11}$$

となる。右辺がデバイーウォラー（Debye-Waller）因子である。斜入射角 $0.5°$ で 10keV の X 線が入射した場合、σ が 1nm で反射率が約半分になる。表面粗さによる反射率低下を抑えるために反射面表面は滑らかである必要がある。

(C) ブラッグ反射

臨界角よりも大きな角度で X 線が入射すると、X 線は物質内部に侵入する。物質内部に図 16-39 のような周期的な層構造が存在すると、光路差が X 線の波長の整数倍で反射率が高くなる。これをブラッグ反射と呼ぶ。その反射の条件は、

$$n\lambda = 2d\sin\theta \tag{16-12}$$

で表される。ここで、λ は入射 X 線の波長、d は層の間隔、θ は斜入射角である。n は次数と呼ばれ、1 以上の整数である。

このブラッグ反射を利用して、希望するエネルギーの X 線を取り出すことができる。たとえば、Si 結晶の場合、Si（111）面では d が 0.314nm である。X 線の斜入射角が $5°$ の場合、λ が 0.055nm（E = 22.7keV）の X 線が一次光として反射する。このことを利用した

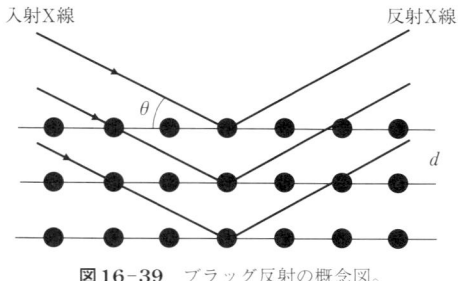

図 16-39　ブラッグ反射の概念図。

4. X線

のが結晶分光器である。

(2) X線光学系

X線は斜入射で全反射を起こすことから、これを利用した斜入射光学系がX線光学系として用いられる。斜入射光学系として代表的なものが回転2次曲面を2つ組み合わせた構造をもつウォルター光学系である。

ウォルター光学系は2種類の曲面の組み合わせ方で、3種類に分類される。このうち、焦点距離を短くできることと大面積化が可能であるなどの理由から、I型が宇宙X線観測用としてよく用いられる（図16-40）。

(3) X線望遠鏡

(A) 構造

斜入射光学系では、X線の入射方向から見た反射面の面積が、反射面の実面積の$\sin\theta$倍になり非常に小さくなる。このため同じ焦

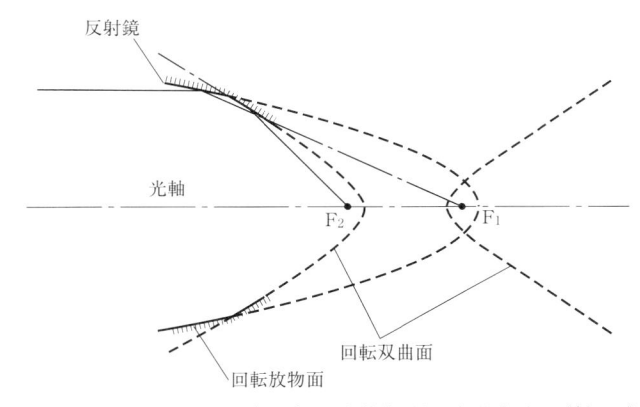

図16-40 ウォルターI型光学系。回転放物面と回転双曲面の2種類の曲面で構成されている。F_1が放物面の焦点であり、F_1, F_2が双曲面の焦点である。2回反射した像はF_2に焦点を結ぶ。

第16章　観測技術

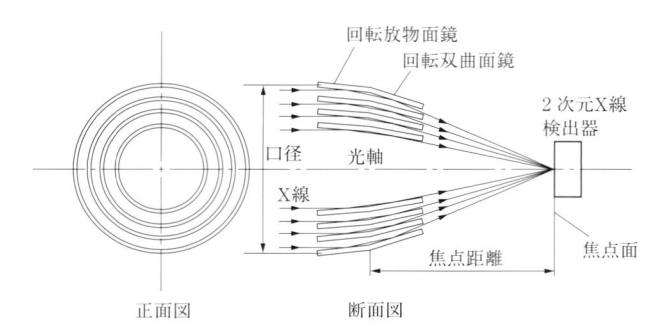

図16-41 X線望遠鏡の概念図。左から入射してきたX線は、回転放物面と回転双曲面で反射し、焦点面で結像する。(『X線結像光学』波岡武、山下広順編、1999、培風館より転載)

点距離をもつ、径の異なる反射鏡を多数枚層状に配置し、口径内の反射鏡面積を増やす。図16-41はウォルターI型反射鏡を多数枚層状に配置したものである。多層構造では、内側の層の反射鏡では入射角が小さく、外側にいくにしたがい大きくなる。最外層の反射鏡での入射角が臨界角程度になるように焦点距離、口径等をデザインすることが多い。

X線反射鏡としては、通常、アルミニウムやガラスなどの反射鏡基板の上にX線反射率の高い金またはプラチナなどを薄く成膜したものが使われている。

(B) 有効面積

望遠鏡の集光力を表す量として、X線を集める面積（有効面積）を使う。たとえば、ある遠方の天体（点源）から、1cm^{2}当たり毎秒1個の光子が望遠鏡に来ている場合、望遠鏡を使うことで焦点面に毎秒100個の光子を集めると望遠鏡の有効面積は100cm^{2}となる。

望遠鏡の有効面積は、図16-42で見られるように入射X線のエネルギーに対して大きく変化する。これは、反射鏡の反射率が入射X線のエネルギーに対して変化することが主な要因である。

4. X線

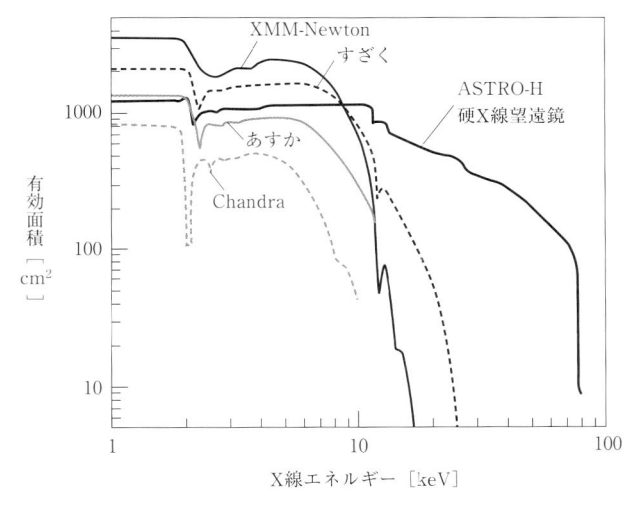

図16-42 X線望遠鏡の有効面積。(『X線結像光学』波岡武、山下広順編、1999、培風館より転載)

(C) 空間分解能

反射鏡が完全にウォルターI型光学系の形状をもつ場合、望遠鏡の光軸に平行に入射したX線は焦点面で1点に集光する。しかし、実際は反射鏡形状のゆがみ、反射鏡の表面粗さなど、さまざまな要因で像は1点に集光せずに広がりをもつ。この広がりが空間分解能である。空間分解能を表す指標として半値幅が使われるが、X線望遠鏡の場合、焦点像が像の中心で非常に鋭くなるため、空間分解能をHPD (half power diameter) を使って表すことが多い。HPDとは、焦点面での広がった像に対して、全反射強度の50%が含まれる円の直径である。

(D) 科学衛星に搭載されたX線望遠鏡

科学衛星に搭載する場合、衛星の規模によって望遠鏡の重量、口径、焦点距離などに制限が与えられる。この制限のもと、大きな集

表16-3 これまでの衛星に搭載されたX線望遠鏡

衛星名	国名	打上年月	口径 [cm]	長さ [cm]	焦点距離 [m]	鏡の層数	角分解能 [秒角]	エネルギー領域 [keV]	タイプ
Einstein	アメリカ	1978.11	60	56	3.4	4	4	0.2〜4	研磨
ROSAT	ヨーロッパ	1990.6	83	50	2.4	4	3.3	0.1〜2	研磨
あすか	日本	1993.2	35	10	3.5	120	180	0.4〜10	薄板
BeppoSAX	イタリア	1996.4	15	30	1.85	30	60	0.1〜10	薄板
Chandra	アメリカ	1999.7	120	83.3	10	4	0.5	0.1〜10	研磨
XMM-Newton	ヨーロッパ	1999.12	70	30	7.5	58	15	0.1〜10	非球面薄板
すざく	日本	2005.7	40	10	4.75	175	120	0.1〜10	薄板
ASTRO-H HXT[1]	日本	2014	45	20	12	213	<100	0.1〜80	薄板

[1] HXT：硬X線望遠鏡

(『X線結像光学』波岡武、山下広順編、1999、培風館より転載)

4. X線

光力と高い結像性能をもった望遠鏡を設計することになる。これまでのX線望遠鏡は、集光力、結像性能のいずれかを重視して設計したもの、両方の特徴のバランスをとって設計したものがあり、その型は以下の3つに大別される（表16-3）。

研磨型（結像性能重視型）：ウォルターI型光学系に合うように、15〜25mm厚の鏡面基板を直接研磨したものである。角分解能1秒角以下という優れた結像性能をもつことが可能である。しかし、基板が厚いため、大きな集光力を得ることは難しい。また、集光効率の面から入射角度を小さくできず、観測できるX線エネルギー帯域が低エネルギー側に制限されることが多い。この型の望遠鏡はX線天文衛星「Einstein」、「ROSAT」、および「チャンドラ」に搭載された。「チャンドラ」衛星に搭載された望遠鏡は結像性能0.5秒角と卓越している。

多重薄板型（集光力重視型）：基板厚み約0.1〜0.2mmの反射鏡を使い、ウォルター光学系を構成したものである。通常、放物面、双曲面を円錐形状で近似する。反射鏡が薄いため、多数枚層状に重ねることができ、軽量で集光力を高くすることができる。入射角を小さくすることもでき、その結果10keVまでの高エネルギー域での集光も比較的容易である。ただし、基板が薄いために、ウォルター型光学系を精度よく再現することが難しく、角分解能が1〜2分角となる。「あすか」や「すざく」に搭載され、次期X線国際天文衛星ASTRO-Hでもこのタイプの望遠鏡が搭載される予定である。

非球面多重薄板型（バランス型）：ウォルター光学系に研磨成形された雄型の母型からレプリカ鏡をとる方法である。レプリカをとることで母型形状を写し取ることができる。また、研磨型に比べて薄い基板も製作可能であり、研磨型と多重薄板型の両方の性質をもった反射鏡である。この型の望遠鏡は「XMM-Newton」衛星に搭載された。この衛星では電鋳法で母型形状を写し取った厚み約0.4〜1mmニッケル基板を製作した。結像性能は約15秒角である。

(E) 硬X線望遠鏡

「チャンドラ」、「XMM-Newton」、「すざく」などでは、反射鏡基板の上に、金またはプラチナの単層膜を成膜していた。その結果、

第16章　観測技術

成膜した元素のL吸収端（約12keV）以上で反射率が急激に低下する欠点があった。そこで、硬X線帯域で大きい有効面積を得るために開発されたのが、ブラッグ反射を利用したスーパーミラー（別名、depth-graded多層膜）である。

　ブラッグ反射を起こすために、プラチナと炭素のように原子番号の大きく異なる2種類の元素を交互に蒸着し、人工的に層構造を創成した。この層構造を多層膜と呼ぶ。通常の多層膜では、層の間隔

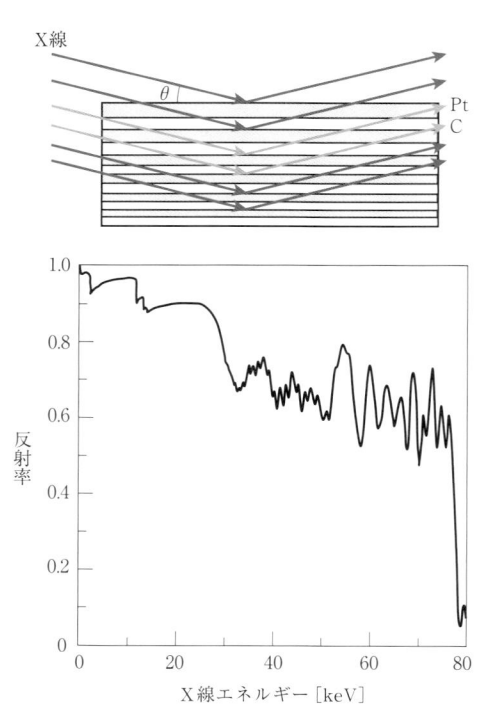

図16-43　スーパーミラー多層膜反射の概念図（上）とASTRO-H搭載用硬X線望遠鏡に採用されたスーパーミラー多層膜基板の反射率例（下）。（提供：古澤彰浩）

4. X線

(d) が表面からの深さによらず一定になっているが、スーパーミラーでは表面からの深さによって層の間隔を変えている。図16-43（上）は、その例であり、表面近くでは積層する層の間隔は広く、表面から奥にいくにしたがい、層の間隔が狭くなる。表面付近の間隔の広い層で低エネルギーX線を反射させ、透過力の高い高エネルギーX線を表面から深い狭い層で反射させる。これにより広いエネルギー帯で反射率を得ることができる。図16-43（下）はASTRO-H 硬X線望遠鏡用の多層膜基板の反射率の一例である。

　以上見てきたように、X線の検出技術や望遠鏡は他の波長帯とはかなり異なっていることが理解されたであろう。全波長天文学を展開するためには、さまざまな物理学の知識とともに光学技術を開発していく必要がある。

第17章
飛翔体による宇宙探査と宇宙開発

第17章　飛翔体による宇宙探査と宇宙開発

1. 概要

宇宙は人類の活動におけるフロンティアの1つである。また、天文学・地球惑星科学においては研究対象であるとともに、観測・実験のプラットフォームでもある。

地上から宇宙を見上げていた人類は、気球や航空機、そしてロケットを手にすることで上空に観測装置を送ることができるようになった。これにより、超高層大気や地球周辺領域、さらには太陽系内天体の"その場"観測が可能になった。地上から宇宙を観測すると、地球大気の影響で宇宙から届く情報は質・量ともに劣化される。人類は、大気圏外に出ることによって、赤外線や紫外線・X線・ガンマ線など、新たな波長域での宇宙の観測が可能になったのである。宇宙での観測や実験は、天文学・地球惑星科学のみならず、自然科学の広い分野に新たな展開をもたらそうとしている。

2. 宇宙開発史
2-1　宇宙開発の黎明期

中国では古くから火薬を用いた火箭(かせん)が用いられていたが、これがロケットによる宇宙開発につながるのは"宇宙開発の父"と呼ばれる帝政ロシアのコンスタンチン・ツィオルコフスキー（K. Tsiolkovsky）によるところが大きい（図17-1）。彼は1897年に最初のロケット理論を構築しただけでなく、多段式ロケットや人工衛星、そして軌道エレベーターなどの基本的概念を提案した。一方、アメリカでは1926年3月16日にロバート・ゴダード（R. Goddard）が世界初の液体ロケットを打ち上げることに成功した（図17-2）。彼はそのほかにも多くの業績を残したが、彼の存命中にそれが評価されることはほとんどなかった。

図17-1　ツィオルコフスキー。

2. 宇宙開発史

図17-2 ゴダードと世界初の液体ロケット。

2-2 冷戦下の人工衛星打ち上げと有人宇宙活動

　その後ドイツでは、ウェルナー・フォン・ブラウン（W. von Braun）らが中心となってロケット兵器の開発に成功し（図17-3左）、実際に世界初のミサイルであるV-2は第二次世界大戦中に実戦でも使用された（図17-4）。ドイツの敗色が濃厚になると、V-2の開発に携わったドイツの技術者が技術資料とともにアメリカに亡命し、近代的なロケット技術の礎を築いた。一方、旧ソ連側においてはセルゲイ・コロリョフ（S. Korolev）がロケット開発を主導した（図17-3右）。戦後進められた初期の宇宙開発は、東西冷戦の環境下、軍事面での優位性を誇示するために、豊富な資金と人的体制のもとで進められた。

　1957年10月4日には旧ソ連が世界初の人工衛星スプートニク（Sputnik）1号の打ち上げに成功した。同年11月3日には宇宙犬ライカを搭載したスプートニク2号の地球周回軌道投入にも成功した。1960年8月にはスプートニク5号にイヌやウサギやマウス、ラ

第17章　飛翔体による宇宙探査と宇宙開発

図17-3　フォン・ブラウン（左）とコロリョフ（右）。同時代、東西に分かれて生きた2人の天才は直接出会うことはなかった。

図17-4　世界初のミサイルであるV-2ロケット。

2. 宇宙開発史

ットなどを載せ、地球を周回させて生きたまま回収することにも成功した。

一方のアメリカが人工衛星エクスプローラー（Explorer）1号の打ち上げに成功したのは1958年1月31日のことである。科学観測機器を搭載していたことにより、地球磁場にとらえられた荷電粒子が集中する地球周辺のバン・アレン帯の発見につながったものの、旧ソ連に宇宙分野で先行されたという事実は西側諸国ではスプートニク・ショックと呼ばれ、重大な危機として受け止められた。特にアメリカでは陸・海・空軍で個別に行っていた宇宙開発の限界が認識され、1958年10月にNASAを設立するにいたった。これにより非軍事の宇宙開発が統合的に推進されることになった。

有人宇宙飛行の分野でも旧ソ連のリードはしばらく続いた。1961年4月12日、旧ソ連はユーリ・ガガーリン（Y. Gagarin）宇宙飛行士を乗せたボストーク（Vostok）1号をボストーク-Kロケットで打ち上げて世界初の有人地球周回飛行に成功。アメリカがマーキュリー（Mercury）6号によりジョン・グレン（J. Glenn, Jr.）宇宙飛行士を地球周回させたのが1962年2月20日のことだから、この時点で10ヵ月程度の差があった。1963年6月にはワレンチナ・テレシコワ（V. Tereshkova）宇宙飛行士が地球周回した世界初の女性となった。

旧ソ連は1964年10月、3人の宇宙飛行士を乗せたボスホート（Voskhod）1号をボスホートロケットで打ち上げ、複数の宇宙飛行士の同時打ち上げにも先鞭をつけた。船外宇宙活動でも旧ソ連がわずかに先行し、1965年3月にはアレクセイ・レオノフ（A. Leonov）宇宙飛行士が世界初の船外活動に成功した。

2-3 月・惑星探査競争

月・惑星探査も米ソがそれぞれの国力を誇示するための方法として始まった。

先行する旧ソ連は無人月探査であるルナ（Luna）計画を推進し、1959年から1976年までの間に、ルナ1号から24号までを月に送った。打ち上げに失敗した19機も含めると、ゾンド（Zond）計画を除いてこの間に合計43機の月探査機を打ち上げたことにな

625

第17章　飛翔体による宇宙探査と宇宙開発

る。1959年1月に打ち上げた探査機は月へ向かう軌道に投入され、ルナ1号と名づけられた。ルナ1号は月から6000kmを通過し、月への衝突という本来の目的は達成できなかったものの、地球の重力圏から離れ、世界初の人工惑星となった。

1回の失敗をはさんで1959年9月に打ち上げたルナ2号では、世界で初めて月面に到達した人工物となった。同年10月にはルナ3号が打ち上げられ、世界で初めて月の裏側の撮影に成功した。また、ルナ9号は1966年2月に"嵐の大洋"に到達、これが世界初の月面軟着陸となった。さらに同年4月には、ルナ10号が世界で初めて月の周回軌道に投入された。その間ライバルのアメリカはパイオニア（Pioneer）計画を推進したが、結局1959年3月に打ち上げたパイオニア4号が月から6万kmを通過するにとどまった。

旧ソ連に人工衛星打ち上げや有人宇宙飛行、そして月探査でも先を越されたアメリカでは、ケネディー大統領が1961年5月に議会で「1960年代のうちに人間を月に着陸させ、安全に地球に帰還させる」と演説し、これによりアポロ（Apollo）計画が本格的に始動することとなる。計画の途中、1967年1月の発火事故で3人の宇宙飛行士を失うという事故が発生したが、これを乗り越えて全長111m、総重量2700tもあるサターン（Saturn）V型ロケットなど主要な開発を終え、1968年12月にはアポロ8号が世界初の有人月周回飛行に成功した。そして翌1969年7月16日、ニール・アームストロング（N. Armstrong）、エドウィン・オルドリン（E. Aldrin, Jr.）、そしてマイケル・コリンズ（M. Collins）の3名の宇宙飛行士を乗せたアポロ11号が月に向かい、アームストロングとオルドリンを乗せた月着陸船が7月20日に月の表側の"静かの海"に着陸、7月24日に北太平洋上に帰還し回収された。アポロ計画はその後アポロ13号のトラブルがあったものの1972年12月のアポロ17号まで継続され、合計12名の宇宙飛行士が月面で活動し、合計382kgの月表面物質をもち帰った。

一方のルナ計画の方は、1970年9月に打ち上げられたルナ16号が"豊かの海"に軟着陸後に地球に帰還して、世界初の無人月試料回収に成功した。同年11月に打ち上げられたルナ17号には世界初の太陽系探査ローバーであるルノホート（Lunokhod）1号が搭載

2. 宇宙開発史

され、表面の探査を行った。1972年のルナ20号は2度目の無人試料回収に成功し、30gの表面試料をもち帰った。1973年のルナ21号にはルノホート2号が搭載され、約5ヵ月間の探査を行った。ルナ24号では1976年8月に"危機の海"に着陸し、170gの試料を地球にもち帰り、これをもってルナ計画は終了となった。

2-4 宇宙ステーションの建設

有人の宇宙環境利用実験としては、1971年に旧ソ連が世界初の宇宙ステーションであるサリュート（Salyut）1号を打ち上げ、その後1985年の7号まで運用したのが最初である。アメリカ側ではアポロ計画に用いられたサターンV型ロケットを転用する形で1973年5月14日に無人のスカイラブ（SkyLab）1号を打ち上げた。乗員は別途スカイラブ2号（同年5月25日打ち上げ）から4号の打ち上げによって、軌道上で宇宙ステーションとドッキングして乗り込んだ。スカイラブは1974年2月に最後の乗員が地球帰還するまで運用された。

1986年2月には世界初の長期的有人宇宙ステーション、ミール（Mir）のコアモジュールが旧ソ連により打ち上げられ、1996年までにさらに5つの大型モジュールとドッキングモジュールを追加することで規模を拡大した。1990年12月には当時TBSにいた秋山豊寛が日本人初の宇宙飛行を経験し、宇宙特派員としてミールからの中継を行った。しかし、施設の老朽化や国際宇宙ステーションへのロシアの参加が決まったことなどの理由から、2001年3月に大気圏再突入による廃棄処分がなされた。

東西冷戦の終結により宇宙開発は米ソの激しい国家間競争から国際協調の段階へと推移した。これを象徴するのが国際宇宙ステーション計画であり、激しい宇宙開発競争を繰り広げたアメリカとロシアに加え、日本やカナダ、ヨーロッパ諸国が開発・運用に加わっている。

2-5 日本の宇宙開発の歴史

一方、日本国内に目を移すと、1945年の第二次世界大戦の終結に伴いポツダム宣言を受諾したため、軍事転用の恐れのある航空関

第17章　飛翔体による宇宙探査と宇宙開発

図17-5　ペンシルロケットをもつ糸川英夫。(JAXA)

係の研究開発が禁止された。戦時中多かれ少なかれ航空機の設計・製作に携わってきた航空工学の専門家たちは、研究の対象を失って途方に暮れ、やがて、より基礎的な分野やそれぞれの専門に近い学問領域へと散っていった。

その後日本が着実に平和国家への歩みを進めるとともに、サンフランシスコ講和条約により主権が認められ、平和目的での宇宙航空技術の研究開発が認められるにいたった。軍事との関係を絶って進められる世界でもまれな日本の宇宙研究開発は、ここに起因している。

宇宙航空技術の研究開発の解禁を受けて、糸川英夫教授を中心とするグループが、全長わずか23cmのペンシルロケットを用いたロケット実験を再開した（図17-5）。これが日本の宇宙科学研究[1]の始まりである。ロケットの飛翔特性を測定するには加速度計などを搭載するのが常識とされていたが、糸川は一定間隔に並べたターゲットに紙とリード線を張り、それを断線センサーとすることで到達時刻の計測や高速度カメラの駆動を行い、小さなロケットで基礎的な飛翔特性を把握することに成功した（図17-6）。

折しも日本は第二次世界大戦後初めての国際地球観測年（IGY）への参加を計画しているところであり、ロケット旅客機構想をもっ

---

[1] 宇宙科学というと宇宙について研究する科学すなわち天文学や宇宙論を思い起こしがちだが、実際は大気圏外に出て行う科学と大気圏外に出るための科学を指す。宇宙というフロンティアを舞台に進められる広範な理工学研究の総称が宇宙科学であることに注意が必要である。

2. 宇宙開発史

図17-6 1955年4月12日から23日にかけて国分寺で行われたペンシルロケットの水平発射実験。写真は4月23日に行われた飛翔番号28の実験の高速度カメラ画像。(JAXA)

ていた糸川らのグループに白羽の矢が立った。

 1955年8月には、秋田県由利郡岩城町（現在の由利本荘市）に秋田ロケット実験場を開設し、ペンシルロケットやベビーロケットの打ち上げを行った。その後、日本は1957年から58年にかけてのIGYに参加し、新規に開発した2段式のK-6型ロケットが高度60kmに到達し、上層大気の風や気温の観測を行った。観測ロケットの性能向上に伴って日本海の狭さが制約となってきたため、より大型のロケットの打ち上げのために太平洋側の候補地が調査され、1962年2月には鹿児島県肝属郡内之浦町（現在の肝付町）に鹿児島宇宙空間観測所が建設された。

 一方で同年5月にはK-8型ロケット10号機が爆発事故を起こし、これをもって秋田ロケット実験場は打ち上げ総数88機をもって閉鎖することとなった。

 1964年には東京大学に宇宙航空研究所が設立され、観測ロケットの打ち上げや、人工衛星の自力打ち上げに向けた取り組みが本格化した。幾多の試行錯誤の末、1970年2月11日にL-4S型ロケット5号機によって日本初の人工衛星「おおすみ」の打ち上げに成功（図17-7）。これにより日本は旧ソ連、アメリカ、フランスに次ぐ世界4番目の人工衛星自力打ち上げ国となった。人工衛星の打ち上げ能力をもったことにより、地球周回軌道上からの各種の宇宙科学研究

第17章　飛翔体による宇宙探査と宇宙開発

図17-7 日本初の人工衛星「おおすみ」のロケット搭載作業。"おおすみ"の名称は、打ち上げが行われた鹿児島宇宙空間観測所（現在の内之浦宇宙空間観測所）のある大隅半島にちなんで名づけられた。（JAXA）

が可能になり、科学衛星「しんせい」（MS-F2）、電波観測衛星「でんぱ」（REXS）、超高層大気観測衛星「たいよう」（SRATS）、オーロラ観測衛星「きょっこう」（EXOS-A）、磁気圏観測衛星「じきけん」（EXOS-B）と、間に試験衛星をはさみつつ、年に1機程度のペースで地球周辺観測衛星を打ち上げた。さらに、1979年2月にX線天文衛星「はくちょう」（CORSA-b）を、そしてさらに太陽観測衛星「ひのとり」（ASTRO-A）、X線天文衛星「てんま」（ASTRO-B）、中層大気観測衛星「おおぞら」（EXOS-C）を相次いで打ち上げ、日本の磁気圏プラズマ物理学とX線天文学は世界の舞台へと躍り出ることになった。

　1985年にはハレー彗星の回帰に合わせて行われたハレー彗星の国際共同観測に参加し、冷戦下にもかかわらず日米ソ欧による6機のハレー艦隊を編成し、日本も強力なM-3SⅡ型ロケットの開発や東洋一の64mアンテナを擁する臼田宇宙空間観測所の建設を急ピ

630

2. 宇宙開発史

ッチで進め、「さきがけ」と「すいせい」という2機の探査機をハレー彗星に送り込むことに成功し、大きな成果を挙げた。このときに開発されたM-3SⅡ型ロケットを用いて多くの科学衛星が軌道投入され、日本の宇宙科学研究は世界の一線に躍り出ることになる。

1997年にはさらに性能を高めた大型の固体ロケットM-Vの開発に成功。2006年に引退するまで、電波天文衛星「はるか」(MUSES-B)、火星探査機「のぞみ」(PLANET-B)、小惑星探査機「はやぶさ」(MUSES-C)、X線天文衛星「すざく」(ASTRO-EⅡ)、赤外線天文衛星「あかり」(ASTRO-F)、太陽観測衛星「ひので」(SOLAR-B)を打ち上げた。

一方、もう1つの柱である宇宙の開発利用に関しては、実用衛星の打ち上げを目指して科学技術庁のもとに宇宙開発事業団が組織された。これが1969年のことである。実用衛星の多くは大型で重量が重く、静止軌道への投入が要求されるケースもあることから、打ち上げには大型の液体ロケットが必要となる。しかし液体ロケットエンジンの開発には大きな予算と長い開発期間が必要となるため、まずはアメリカからの技術導入という道が採られた。

打ち上げには成功したものの、キーとなる技術を他国に依存している状況では自在かつ経済的な宇宙開発を行うことができないため、独自技術の開発を急ぐこととなった。

H-Ⅱロケットではついに主要な技術の国産化に成功し、1994年2月に初号機の打ち上げに成功、ここに完全国産の液体ロケットが誕生した（図17-8）。

その後、H-Ⅱロケットの国際競争力を高めるために、設計の簡素化や製造作業・打ち上げ作業の効率化により打

図17-8 H-Ⅱロケットの構造。(JAXA)

第17章　飛翔体による宇宙探査と宇宙開発

ち上げコストを軽減するとともに、H-Ⅱロケット5号機と8号機の打ち上げ失敗に学ぶことで、改良型のH-ⅡAロケットが日本の基幹ロケットとして完成した。2001年夏の試験機1号機の打ち上げ成功以来、20回中19回の打ち上げに成功（6号機のみ失敗）している。より大きな打ち上げ能力をもつことで打ち上げ単価を軽減することを目指して、H-ⅡAロケットのLE-7Aエンジンを2基搭載するなどして増強されたH-ⅡBロケットも、主として国際宇宙ステーションへの物資補給用に利用されている。

2-6　新興国と民間事業者の台頭

　世界で3番目に人工衛星を自力で打ち上げたのはフランス（1965年11月）であり、フランス国立宇宙研究センター（CNES）という国内機関をもつが、6番目のイギリス（1971年10月）をはじめとするヨーロッパ諸国とともにヨーロッパ宇宙機関（ESA）に加盟し、宇宙の開発研究における重要な一翼を担っている。ESAの設立参加国はイギリス、ベルギー、ドイツ、スペイン、デンマーク、イタリア、スイス、スウェーデン、フランス、オランダの10ヵ国で、その後、アイルランド、ノルウェー、オーストリア、フィンランド、ポルトガル、ギリシャ、ルクセンブルク、チェコが正式加盟国として加わり、カナダが特別協力国として参加している。この他にも、ハンガリー、ルーマニア、ポーランド、エストニア、スロベニアが協力国として参加しており、トルコ、ウクライナ、ラトビア、キプロス、スロバキアが協力協定に調印している。赤道直下にあるフランス領ギアナのギアナ宇宙センターから打ち上げられるアリアンロケットは高い国際競争力をもち、商業衛星打ち上げ市場の半分程度を獲得している。

　その他の勢力としては、日本に遅れること2ヵ月で1970年4月に世界で5番目に人工衛星の自力打ち上げに成功した中国が、独自路線による宇宙開発を進めており、中国国家航天局を中心に、豊富な資金を投じて人工衛星の打ち上げだけでなく有人宇宙飛行や宇宙ステーションの建設、月探査などを進めている。有人宇宙活動では旧ソ連、アメリカに次いで3番目の勢力となった。

　さらに、インドも1980年に自力での人工衛星打ち上げに成功

3. 人工衛星

し、最近ではインド宇宙研究機関が中心となって商業打ち上げにも積極的に参入し、月探査などの学術研究も行っている。これに加えてイスラエル（1988年）とイラン（2009年）が現在自力での人工衛星の打ち上げ能力をもっている。

ブラジルは1997年、1999年、2003年に独自に開発したロケットで衛星打ち上げを試みたが、いずれも失敗に終わっている。韓国はロシアからの技術導入で人工衛星の打ち上げを急いでいるが、2回の打ち上げはいずれも失敗に終わっている。北朝鮮でも打ち上げの試みが行われた。

最近では民間による宇宙開発も活発化している。すでにスペースX（SpaceX）などの民間事業者による衛星打ち上げサービスが始まっており、2012年5月にはスペースXのファルコン（Falcon）9ロケットにより打ち上げられたドラゴン（Dragon）宇宙船が国際宇宙ステーションにドッキングした。また、サブオービタル宇宙機を用いた弾道飛行による宇宙旅行も始まろうとしている。

3. 人工衛星

3-1 人工衛星のしくみ

地球から発射され弾道飛行する物体は、ある速度になるまでは放物線を描いて地表に落下する。ところがある速度（第一宇宙速度）を超えると、空気抵抗などの影響を受けない限り、その物体はそれ以上の加速を行わなくても落下することなく地球を周回する。これが人工衛星である。また、それよりも大きなある速度（第二宇宙速度）を超えると、物体は地球重力圏にとどまることができずに太陽を周回する軌道へと入る。これが人工惑星（太陽系探査機）である。地球の重力が支配的であると考えられる範囲内では、このときの運動は、摂動などを無視すれば、(1)軌道は地球の中心を1つの焦点とする円錐曲線（楕円、放物線、あるいは双曲線）となる、(2)物体の面積速度は一定である、(3)楕円運動の周期は軌道長半径の$\frac{3}{2}$乗に比例する、というケプラーの法則で記述される。

地球を周回する物体について考える。空気の抵抗を無視し、円運動を仮定すれば、物体に働く遠心力と重力がつりあうとして、物体の質量をm、地球の半径と質量をそれぞれR、Mとすると、

第17章　飛翔体による宇宙探査と宇宙開発

$$\frac{mv_1^2}{R} = G\frac{Mm}{R^2} = mg \quad \therefore \quad v_1 = \sqrt{\frac{GM}{R}} \approx 7.9 \text{ km s}^{-1} \quad (17-1)$$

となる。これを第一宇宙速度という。より高高度で周回させるためにはさらに多くの運動エネルギーを投入する必要がある。現実の打ち上げを考えると、地球の自転速度は赤道上で464m s^{-1}と最大となるため、ここでロケットを東向きに打ち上げれば地球の自転の効果を最大限利用することができる。また、赤道から打ち上げれば任意の軌道傾斜角をもつ軌道に投入することができ、赤道上空の静止軌道に投入する際に軌道面修正が不要になる。このため多くの人工衛星打ち上げ用ロケットの射点は低緯度地域に建設されている。

次に、地球重力圏を脱出することを考える。運動する物体の速さをv、地球の中心からの距離をrとする。運動エネルギーとポテンシャルエネルギーの和は一定だから、地表（$r=R$）で初速（$v=v_2$）が与えられた状態をとれば、

$$\frac{mv^2}{2} - G\frac{Mm}{r} = \frac{mv_2^2}{2} - G\frac{Mm}{R} \quad (17-2)$$

の関係が成り立ち、$r \to \infty$のときに速度vが有限となるためには

$$\frac{mv_2^2}{2} - G\frac{Mm}{R} > 0 \quad (17-3)$$

すなわち

$$v_2 > \sqrt{\frac{2GM}{R}} = \sqrt{2}v_1 = 11.2 \text{ km s}^{-1} \quad (17-4)$$

となる。この速度を第二宇宙速度という。

太陽系から脱出する場合にはさらに大きな速度が必要となる。今度は太陽と地球の距離をR_e、太陽の質量をM_sとして、

$$v_3 = \sqrt{\frac{2GM_s}{R_e}} = 42.1 \text{ km s}^{-1} \quad (17-5)$$

となる。この速度を第三宇宙速度という。現実の打ち上げを考えると、地球の公転運動（地球は太陽の周りを29.8km s^{-1}で公転している）を適切に利用することで、その分の速度を減らすことができる。また、小惑星探査機「はやぶさ」でも使われたスイングバイを行うことで惑星の運動エネルギーを利用した加速を行えば、より小さな打ち上げ速度でも太陽系外に脱出することができる。

3. 人工衛星

3-2 人工衛星の構成

　人工衛星は、その目的を遂行するために必要となるミッション機器と、それを支えるバス機器に分かれる。ミッション機器は衛星ごとに異なるが、天文観測衛星の場合、各種の望遠鏡や検出器・分光器などがこれに相当し、太陽系探査機では各種のカメラや距離計、探査ローバーなどが該当する。

　バス機器には、電源系、通信系、データ処理系、推進系、航法誘導制御系、タイマー点火系、電気計装系、構造系、熱制御系などがある。それぞれが以下に示すように、異なる機能を担っている。

電源系：衛星に安定的に電力を供給するためのもので、太陽電池パドルや電池、電力制御ユニットなどからなる。
通信系：地上系と衛星の通信のためのもので、大容量通信のための高利得アンテナ、衛星の姿勢によらずコマンドやテレメトリーの送受信の道を開くための低利得アンテナ、中間的な位置づけの中利得アンテナなどからなる。高利得アンテナにはパラボラが用いられてきたが、最近では軽量化や熱の対策のために平面アンテナが用いられることが増えてきた。多くの場合S帯（2～4GHz）やX帯（8～12GHz）の電波を利用してテレメトリーやコマンドの送受信や測距の運用を行う。高周波化した方が多くの情報量を通信できるが、使用できる地上局の数が減るとともに、大気中の水蒸気などによる減衰も問題となってくる。
データ処理系：テレメトリーやコマンドなどの処理を行うもので、データハンドリングユニットや搭載機器とのインターフェース、データ記録装置などからなる。
推進系：化学推進などを用いて軌道速度や姿勢を制御するためのもので、タンク、配管、スラスターなどからなる。
航法誘導制御系：姿勢を検知して制御するためのもので、姿勢検知のための太陽センサーや地球センサーやスタートラッカーと、姿勢制御のためのリアクションホイールなどからなる。
タイマー点火系：打ち上げ後の太陽電池パドル展開などを自動で行うためのものである。
電気計装系：上記のものを結合させるケーブル類やコネクターであ

第17章 飛翔体による宇宙探査と宇宙開発

る。軽量化のためにコネクターを極力排するような工夫がなされる。

構造系：機器類を保持するためのもので、打ち上げ時には折りたたまれ、宇宙空間で展開されるものもある。打ち上げ・分離時の振動や衝撃、音響などの機械環境に耐える必要があるだけでなく、熱による変形も極力抑える必要がある。軽量化のため衛星構体にはアルミ合金のハニカムサンドイッチパネルなどが採用されることが多い。

熱制御系：衛星の運用時の過酷な熱環境において、機器等の温度を所定の範囲に収めるためのものである。多層断熱材（MLI）やヒートシンク、ラジエーター、サーマルダブラーなどによる受動型熱制御方式と、ヒーターやサーマルルーバー、可変コンダクタンス型ヒートパイプなどを用いた能動型熱制御方式が用いられる。材料の温度に応じて放射率が自動的に変わる放射率可変素子なども用いられる。人工衛星を覆っている金色のフィルムが多層断熱材で、ポリイミドなどの有機材料のフィルムにアルミを蒸着したものが間に断熱用のメッシュをはさんで10層程度積層されており、真空環境に置かれることで一種の魔法瓶状態になり、内部の温度は安定に保たれる。

ところで従来の衛星では上記のような基幹的な機能をつかさどるバス部分を含めてその都度最適設計が行われ、性能は高いものの開発期間や費用などがかかるものであった。これに代わる新しいコンセプトとして採用されたのが、セミオーダーメイド方式の衛星バスである。これはちょうどコンピュータのモニターサイズやバッテリー容量、ハードディスクの容量などを用途や予算に応じて選択するのに似ており、最適設計に比べると若干の無駄はあるものの、開発期間や信頼性の面など総合的に判断すると費用対効果の高いバスを実現することができる。

地上系：大きく地上局設備と運用管制設備に分けられる。地上局設備は、衛星と無線信号を用いて交信するための設備であり、科学衛星の運用のためには内之浦宇宙空間観測所や臼田宇宙空間観測所などの地上局設備が用いられる。深宇宙探査などではNASA/JPLのディープスペースネットワークに支援を仰ぐこともある。運用管制設備は、衛星に送るコマンドを作成したり、衛星から送られてきた

3. 人工衛星

テレメトリーを表示・処理するための設備である。

3-3 地球周回軌道

　人工衛星は地球の引力に引かれて周回しており、その軌道は地球の中心を1つの焦点とする楕円軌道となる。航空機の航路のように自由自在な軌道を通ることができないのが人工衛星の軌道の大きな特徴である。

　人工衛星の軌道は、近地点高度、遠地点高度、軌道傾斜角、周期などの軌道要素で表現される（図17-9）。人工衛星が地表にもっとも近づく地点の高度を近地点高度、もっとも遠ざかる地点の高度を遠地点高度という。遠地点高度と近地点高度が等しいものが円軌道で、その比が大きいほど扁平な楕円軌道になる。軌道傾斜角は軌道面と地球の赤道面の角度のことで、軌道傾斜角が0°の場合、常に赤道上空を周回する。角度が大きいほど、地球を南北方向に周回することになり、軌道傾斜角が90°の場合、北極と南極の上空を通過する極軌道となる。人工衛星は、その目的にもっとも適した軌道を選んで打ち上げられる。

　地球周回軌道には高度や軌道傾斜角などの点でいくつかの種類に区分される。まず高度に着目すると、高度1000km程度以下の低軌道と、それ以上の中軌道、そして高度3万6000kmの静止軌道が使われることが多い。低軌道は打ち上げに要するエネルギーが比較的少なくて済み、地球に比較的近いので地球の詳細観測に向いてい

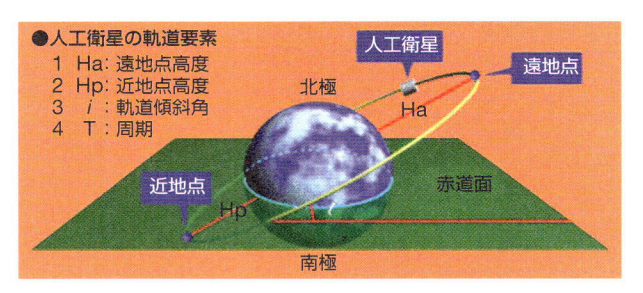

図17-9　人工衛星の軌道要素。（JAXA）

第17章　飛翔体による宇宙探査と宇宙開発

る。低軌道衛星の代表例としては国際宇宙ステーションや各種の天文観測衛星、地球観測衛星などがある。中軌道は地球から離れるので地球の観測にはやや不利だが、低軌道に比べて少ない衛星数で地球全体をカバーすることができるため、GPSなどの測位衛星などに用いられる。

　静止軌道は、軌道傾斜角が0°で、赤道上空の高度が約3万6000kmの円軌道である（図17-10）。衛星の周期は、地球の自転周期と同じ23時間56分となる。地上から見るといつも静止しているように見えることからこれを静止軌道と呼ぶが、静止しているわけではなく地球を周回している。気象衛星や通信・放送衛星などに適している。

　特に静止軌道の場合、取りうる軌道要素は限られ、1つの衛星が一定の範囲を占有することになるため、地球の経度のほぼ同じ範囲をカバーしようとすると国や企業など事業者間での競合が起きる。さらに、衛星との通信に使われる電波周波数の競合も起きる。このため、衛星の運用にあたっては、軌道や周波数を資源ととらえ、それをどのように配分するかについて、国際電気通信連合（ITU）による国際的な管理と調整がなされている。

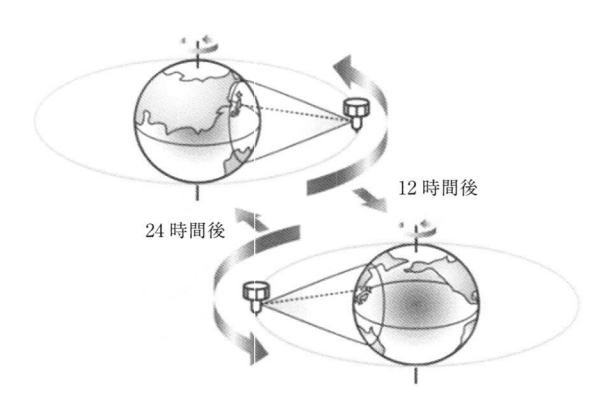

図17-10　静止軌道。（JAXA）

3. 人工衛星

静止衛星は赤道上にあるため、高緯度帯から見るとやや低い高度に見える。また、円軌道の同期軌道では、逆半球にいる時間帯が多くなる。ところが軌道傾斜角と軌道離心率を大きめにとり、目的の場所で遠地点となるように軌道を選ぶと、中緯度帯の特定の場所で長時間にわたって高い高度で観測することができる。これを準天頂衛星と呼ぶ。GPSを補完するための準天頂衛星初号機「みちびき」などはこのような軌道をとっている。

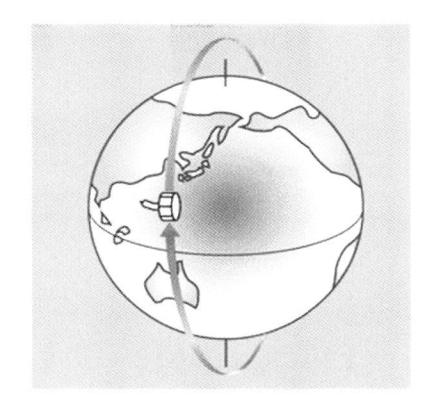

図17-11 極軌道。(JAXA)

軌道傾斜角の面では、静止軌道など軌道傾斜角0°のもの、軌道傾斜角が90°またはそれに近い極軌道（図17-11）、地球観測衛星に用いられる太陽同期準回帰軌道、太陽観測衛星や赤外線天文衛星に用いられる太陽同期極軌道などがある。

極軌道では衛星が軌道を周回している間に地球が自転するため、数日後には、地球のすべての場所の上空を通過する。北極や南極を含めた地球全体を数日周期で繰り返し観測できるため、地球観測に適している。

同期軌道は、ちょうど1日で地球を1周回り、同じ地点の上空に戻ってくる軌道のことである（図17-12）。衛星の周期と地球の自転周期が同じであり、静止軌道も同期軌道の一種といえる。高緯度地方の観測や通信に適している。

回帰軌道は、1日に地球を何周か回り、その日のうちに同じ地点の上空に戻ってくる軌道のことである（図17-13）。衛星の公転周期が、地球の自転周期の整数分の1となる。高緯度地方の観測や通

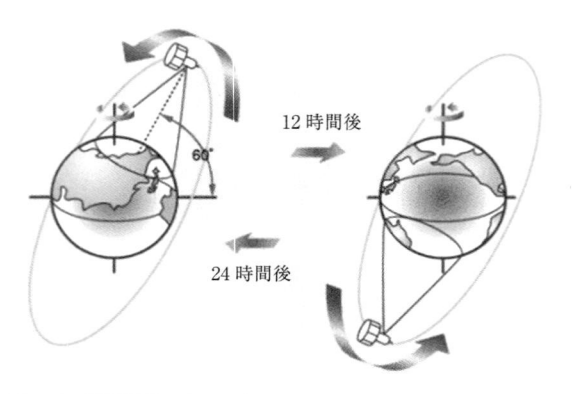

第17章　飛翔体による宇宙探査と宇宙開発

図17-12　同期軌道。(JAXA)

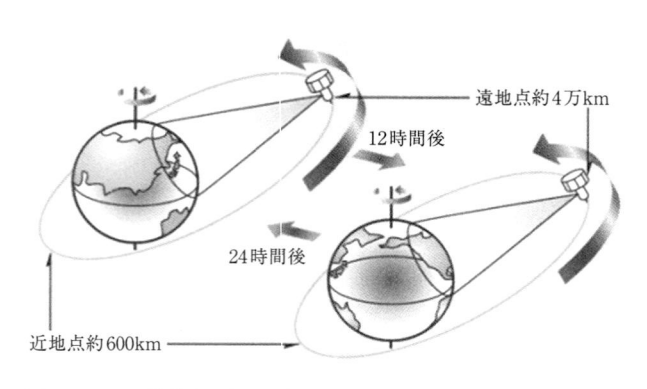

図17-13　回帰軌道。(JAXA)

3. 人工衛星

信に適している。

　準回帰軌道は、1日に地球を何周も回り、数日後に定期的に同じ地点の上空に戻ってくる軌道のことである（図17-14）。長期間、定期的に地球を観測するのに適している。約100分で地球を1周し、46日後に同じ地点の上空に戻ってくる軌道の場合、この準回帰軌道の回帰日数は46日となる。

　太陽同期軌道とは、衛星の軌道面の回転方向と周期が、地球の公転方向と公転周期に等しい軌道のことである（図17-15）。地球を周回する衛星の軌道面全体が1年に1回転し、衛星の軌道面と太陽方向がなす角度が常に一定になる。この軌道を周回する衛星から地球を見ると、地表に当たる太陽光線の角度が、同一時間帯では常に一定であるため、同一条件下での地球観測に適している。また、太陽観測衛星「ひので」や赤外線天文衛星「あかり」のように、昼夜境界線の上を通る太陽同期極軌道に投入すると、日陰を避けることができるため太陽を24時間365日観測できるほか、温度の制御なども比較的楽になる。

　一方、太陽同期準回帰軌道は、太陽同期軌道と準回帰軌道を組み合わせた軌道である。この軌道に投入された衛星は、何日かごとに、同じ地点の上空を、同一時間帯に通過する。地表に当たる太陽光線の角度が常に一定になるため、地球の広範囲を定期的に同一条件で観測することができる。多くの地球観測衛星が、太陽同期準回帰軌道に投入されている。

　さらに、特殊な軌道として、力学的に準安定な太陽-地球系の5つのラグランジュ点（図17-16のL1～L5）のうちの地球から約150万km離れたところにある、L1点やL2点が用いられることがある。これらのラグランジュ点そのものではなく、ハロー軌道というラグランジュ点を周回する軌道が用いられる。

　L1点は太陽と地球を結ぶ線の間にあり、太陽が地球や月により隠されることがなく、また太陽からの高エネルギー粒子などが地球に到達する前に検出することができるため、太陽観測にとって理想的な軌道の1つである。太陽観測衛星SOHO（Solar and Heliospheric Observatory）などがここに位置している。

　また、太陽-地球系のL2点は地球から太陽と反対方向にあり、

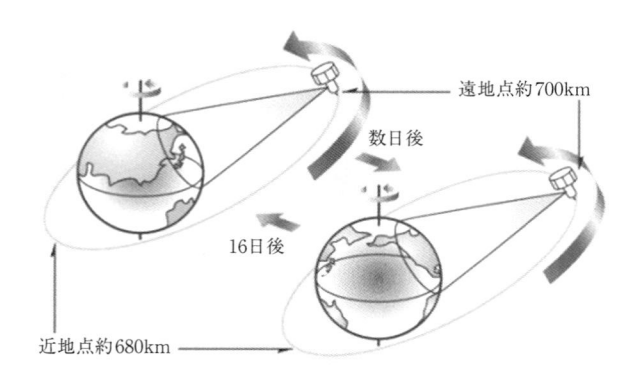

第17章　飛翔体による宇宙探査と宇宙開発

図17-14　準回帰軌道。(JAXA)

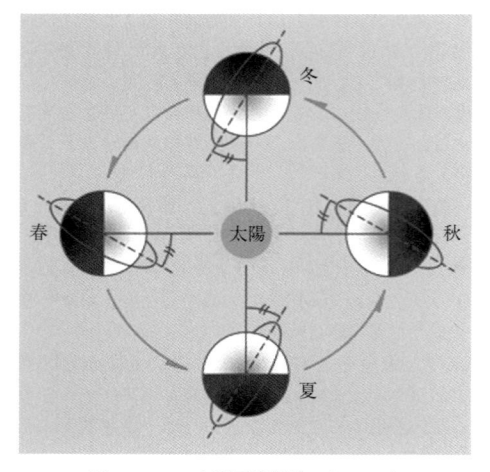

図17-15　太陽同期軌道。(JAXA)

3. 人工衛星

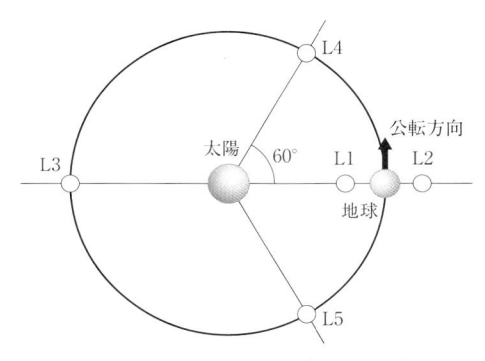

図17-16 ラグランジュ点。(JAXA)

太陽と地球がほぼ同じ方向にあるため深宇宙の観測に適している。宇宙マイクロ波異方性探査衛星WMAP（Wilkinson Microwave Anisotropy Probe）や宇宙背景放射観測衛星プランク（Planck）、赤外線天文衛星ハーシェル（Herschel）がここから観測を行っているのをはじめ、中国の月探査機「嫦娥2号」も月周回後にここに滞在している。今後は赤外線宇宙望遠鏡のJWST（James Webb Space Telescope）やSPICAがここに置かれる予定となっている。また、日本が構想中の赤外線位置天文観測衛星JASMINEもここを候補としている。

特殊な軌道をとるものとしては、ほぼ地球周回軌道上にありながら地球に先行・後続することで太陽や周辺の立体視観測を行うステレオ（STEREO)-A・ステレオ-B、太陽周回軌道から赤外線観測を行うスピッツァー（Spitzer）宇宙望遠鏡、太陽を中心として地球の後を追いかける軌道にある系外惑星探査衛星ケプラー（Kepler）などがある。

3-4 天文観測衛星

天文観測衛星は、宇宙空間から天文観測を行うための衛星のことである。大気圏外から天文観測を行うことの利点はいくつかある。

その1つは大気による吸収や放射、散乱、ゆらぎ（かげろうやシ

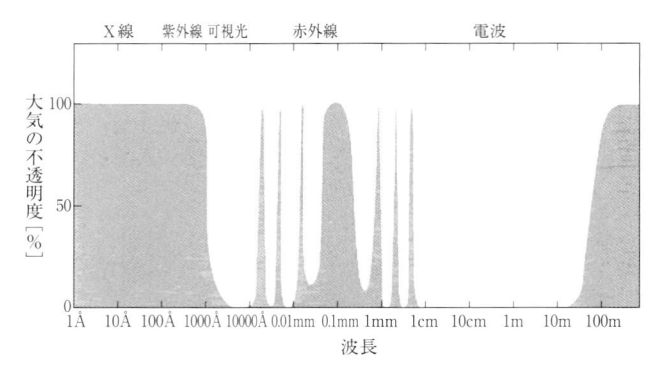

第17章　飛翔体による宇宙探査と宇宙開発

図17-17　大気の不透明度の波長依存性。(Weather Edge Inc.より改変)

ンチレーション）を避けることができることである。図17-17に示すように、大気の窓を透過することのできる可視光や紫外線・赤外線の一部、電波の一部以外は、大気による吸収のために地上での観測は不可能である。そこで、X線天文衛星「すざく」や赤外線天文衛星「あかり」が対象としている観測波長は大気を透過しないため、宇宙での観測が必要となる。

　また、ハッブル宇宙望遠鏡（Hubble Space Telescope、HST）や日本の太陽観測衛星「ひので」などは、大気ゆらぎの影響を受けないことを利用して、望遠鏡の理論的な限界性能に匹敵する解像度を実現している。

　大気による太陽光の散乱がないために可視光でも昼夜を問わず観測することもでき、軌道をうまく選べば地球による陰を避けて目的天体を24時間365日観測し続けることもできる。

　宇宙空間では放射冷却により望遠鏡を極低温に冷却することもできるため、望遠鏡の熱放射が問題となる赤外線観測では高い感度を得ることができる。

　特殊なケースとしては、地球のサイズを上回る望遠鏡を作るために地球を離れることもある。スペースVLBIのための電波天文衛星「はるか」などがこれに相当する。

3. 人工衛星

表17−1 日本の主な天文観測衛星

衛星名(開発コード名)	打ち上げ日	運用期間・状況
電波天文 「はるか」(MUSES-B)	1997年2月12日	〜2005年11月30日
赤外線天文 「あかり」(ASTRO-F)	2006年2月22日	〜2011年11月24日
X線天文 「はくちょう」(CORSA-b) 「てんま」(ASTRO-B) 「ぎんが」(ASTRO-C) 「あすか」(ASTRO-D) 「すざく」(ASTRO-EⅡ) (ASTRO-H)	1979年2月21日 1983年2月20日 1987年2月5日 1993年2月20日 2005年7月10日	〜1985年4月15日 〜1988年12月17日 〜1991年11月1日 〜2001年3月2日 運用中 開発中
太陽観測 「ひのとり」(ASTRO-A) 「ようこう」(SOLAR-A) 「ひので」(SOLAR-B)	1981年2月21日 1991年8月30日 2006年9月23日	〜1991年7月11日 〜2004年4月23日 運用中
惑星観測 (SPRINT-A)		開発中
地球周辺観測 「しんせい」(MS-F2) 「でんぱ」(REXS) 「たいよう」(SRATS) 「うめ」(ISS) 「きょっこう」(EXOS-A) 「うめ2号」(ISS-b) 「じきけん」(EXOS-B) 「おおぞら」(EXOS-C) 「あけぼの」(EXOS-D) GEOTAIL ERG	1971年9月28日 1972年8月19日 1975年2月24日 1976年2月29日 1978年2月4日 1978年2月16日 1978年9月16日 1984年2月14日 1989年2月22日 1992年7月24日	〜1973年6月 〜1972年8月22日 〜1980年6月29日 〜1976年4月 〜1992年8月2日 〜1983年2月23日 〜1985年 〜1988年12月26日 運用中 運用中 開発中
宇宙実験 SFU 「きぼう」(JEM)	1995年3月18日 2008年3月11日, 2008年6月1日, 2009年7月15日	〜1996年1月20日* 運用中

*:回収日

第17章　飛翔体による宇宙探査と宇宙開発

　日本が打ち上げた、あるいは近日中に打ち上げ予定の主な天文観測衛星を表17-1にまとめた。

　天文観測衛星と一口にいっても、主として観測波長に特化した望遠鏡と、主として観測目的・対象に特化した望遠鏡に分けられる。波長に関しては、電波、赤外線、可視光、紫外線、X線、ガンマ線のそれぞれについて、異なるメリットがある。観測目的・対象の観点では、位置天文学、系外惑星の検出、変動天体の監視、高精度観測による宇宙論パラメータの導出などがある。

(1)　電波天文衛星

　電波は可視光に比べて波長が1000倍程度以上長いため、可視光と同じ解像度を得ようとすると望遠鏡の直径を1000倍程度以上大きくする必要がある。低周波の電波ではさらに大型のものを作る必要があり、単一のアンテナでこれを実現することはできない。これを解決するために発明されたのが干渉計という技術であり（図17-18)、発明者のマーティン・ライル（M. Ryle）は1974年にノーベル物理学賞を受賞している。

　電波干渉計では、複数の電波望遠鏡で受信した信号を相関処理することによって、それらの複数の電波望遠鏡の間隔（基線長）と同じ直径をもつ電波望遠鏡と同程度の解像度を得ることができる（第16章3節参照）。離れて置かれた各電波望遠鏡からの信号を光ファイバーなどで結合することで集中処理するのが結合素子型干渉計である。距離が離れると直接の結合が難しくなり、それぞれに時刻標準をもって記録した信号を後日相関処理するような方法がとられる。これが超長基線干渉計（VLBI）である。しかしながら、電波望遠鏡をすべて地上に設置している限り、そのサイズには地球の直径という明確な上限が存在する。これを解決しようとするのがスペースVLBIである。軌道上の電波望遠鏡と地上の電波望遠鏡を同期させ、同時刻に同じ天体を観測し、あとで相関処理を行うことによって、地球より巨大な望遠鏡で観測したのと同じ成果を得ることができる。

　スペースVLBI観測の実験は、1986年7月にNASAの通信中継衛星であるTDRSS（Tracking and Data Relay Satellite System）を

3. 人工衛星

利用して日本・オーストラリアの地上電波望遠鏡との間で初めて行われた。この成功を受けて日本が1997年に工学実証衛星として打ち上げたのが、世界初のスペースVLBI用電波天文衛星の「はるか」(MUSES-B) である。国際協力により世界各地の地上電波望遠鏡と結合させてスペースVLBIを実現するVSOP（VLBI Space Observatory Programme）計画の中心として運用され、活動銀河核のジェットなど巨大ブラックホール周辺の詳細観測を行い、磁場の様子の解明やプラズマの円盤の発見などの成果を残した。「はる

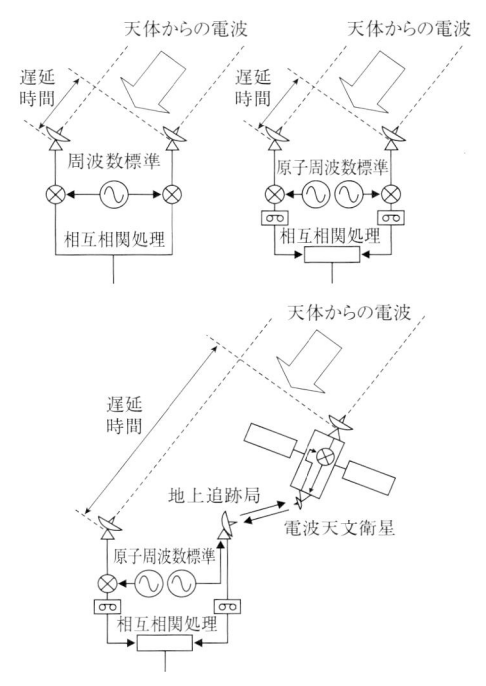

図17-18 通常の結合素子型干渉計（左上）とVLBI（右上）、スペースVLBI（下）の違い。

第17章　飛翔体による宇宙探査と宇宙開発

か」は2005年11月に運用を終了したが、その後は2011年7月にロシアが打ち上げたラジオアストロン（RadioAstron）がスペースVLBI天文衛星として運用されている。

　大気による吸収が厳しいミリ波・サブミリ波帯においても、宇宙空間からの観測には大きなメリットがある。特に、宇宙マイクロ波背景放射の精密な測定を行ったCOBE（Cosmic Background Explorer）やWMAP、プランクなどは、ミリ波・サブミリ波帯での全天サーベイにおいても大きな成果を挙げている。後述する赤外線天文衛星の一部はこれらの波長域をもカバーしている。

　特殊な例としては、日本の月周回衛星「かぐや」（SELENE）に搭載された月レーダサウンダ（LRS）の自然電波観測モードを用いた惑星電波の観測などがある。

(2)　赤外線天文衛星

　赤外線は波長がおおむね1～300μmの電磁波であり、波長が短い方から近赤外線、中間赤外線、遠赤外線と呼ばれる。近赤外線ならば波長帯を選べば地上からの観測も可能だが、大気中の水蒸気による吸収と大気の熱放射の影響を強く受ける中間赤外線では地上観測はきわめて困難で、遠赤外線ともなると不可能である。

　赤外線でみた宇宙の全体像を初めて描き出したのは、1983年に打ち上げられた赤外線天文衛星IRAS（Infrared Astronomical Satellite）である。アメリカ、オランダ、イギリスが共同で開発したもので、地上からの観測が難しい中間赤外線から遠赤外線（12、25、60、および100μm）での全天観測を行い、これをもとに赤外線天体のカタログや空間分布図が作られた。これに続いたのが日本初の赤外線天文衛星「あかり」（ASTRO-F）である。2006年2月に打ち上げられた「あかり」は、宇宙実験・観測フリーフライヤ（Space Flyer Unit、SFU）の実験モジュールの1つとして搭載されたIRTSの成果をもとに、IRAS以来行われていなかった赤外線による全天サーベイをはじめ、2011年11月の運用終了まで個別天体の観測も行い、IRASに比べて10倍高い解像度、10倍暗い天体までを検出し、より広い範囲の赤外線（9、18、65、90、140、および160μm）での全天観測を行い、約130万天体からなる新しい赤外線

3. 人工衛星

天体カタログを作成した。さらに、アメリカは2009年、WISE（Wide-field Infrared Survey Explorer）を打ち上げ、観測波長こそ3〜25μmと狭いものの、5億6000万天体からなるカタログを作成した。

一方、個別の天体を高解像度観測することを目的とした天文台タイプの赤外線天文衛星も活躍している。代表的なものとして、1995年にESAが打ち上げたISO（Infrared Space Observatory）、2003年にアメリカが打ち上げたスピッツァー、ESAが2009年に打ち上げたハーシェルなどがある。アメリカ、ESA、カナダは、2018年ごろに口径6.5mのジェームズ・ウェッブ宇宙望遠鏡（James Webb Space Telescope, JWST）を太陽−地球系のラグランジュL2点に向けて打ち上げることを予定している。また、日本ではESAと共同でJWSTより長波長側をカバーする次世代赤外線天文衛星SPICAを構想中で、同じく太陽−地球系のラグランジュL2点に向けて2022年に打ち上げることを目指して検討を進めている。

(3) 光学天文衛星

光学望遠鏡を用いた天文観測の歴史は古く、1609年にイタリアの天文学者ガリレオ・ガリレイ（G. Galilei）による口径4cmの望遠鏡を使った観測にさかのぼる。その後、光学望遠鏡や検出器は高性能化を遂げたが、望遠鏡が地上にある限り、天候や大気のゆらぎ

図17−19 軌道上のハッブル宇宙望遠鏡。（NASA/ESA/STScI）

第17章　飛翔体による宇宙探査と宇宙開発

の影響を受けるため、観測効率や解像度、測光精度などの面で課題が残る。

これを大きく転換することになるのが1990年にアメリカがスペースシャトルで打ち上げたハッブル宇宙望遠鏡（HST）である（図17-19）。打ち上げ直後に判明した光学系の不具合は研究者を失望させたが、補正用のソフトウェアの開発と、軌道上での改修により、本来の性能を取り戻した。5回のサービスミッション（軌道上での改修・保守）により、不具合箇所の修理や観測装置の交換などを行い、優れた性能を維持し続けている。地上の口径8m級の巨大望遠鏡に比べるとハッブル宇宙望遠鏡の口径は2.4mと小さいものの、空気のない理想的な環境でとらえられた鮮明な天体画像は研究者のみならず世界中の人類に衝撃を与えた。

後継機となる大型光学天文衛星については紆余曲折があり、現在、口径8〜16.8mの宇宙望遠鏡であるATLAST（Advanced Technology Large-Aperture Space Telescope）の研究開発が進められており、2030年ごろの打ち上げを目指している。

(4)　紫外線天文衛星

可視光より少し波長が短い紫外線は、大質量星などの観測に適した波長域であるものの、大気中のオゾンなどのためにほとんど吸収されてしまい、地上からの観測は困難である。1920年代から気球観測が始まったが、本格的な成果は人工衛星による宇宙からの観測を待たなければならなかった。

1972年に打ち上げられたESAの紫外線観測衛星TD-1は、全天サーベイを行い約3万個の紫外線天体を検出した。また、1978年アメリカとESAとイギリスが打ち上げたIUE（International Ultraviolet Explorer）は、太陽からクェーサーまで幅広く観測を行い、銀河系と大マゼラン銀河が高温ガスのハローに包まれていることや太陽が直径300光年以上ある高温・低密度のガスの泡であるローカルバブルの中に位置していることを発見した。さらに、1992年にはアメリカがEUVE（Extreme Ultraviolet Explorer）を、1999年にはアメリカ、フランス、カナダが共同でFUSE（Far Ultraviolet Spectroscopic Explorer）を打ち上げた。FUSEはそれまで観測不可能だった遠紫

3. 人工衛星

外線で太陽付近の星間物質や銀河星雲などの観測を行った。2003年に打ち上げられたアメリカのGALEX（Galaxy Evolution Explorer）はたくさんの銀河を撮影し、宇宙の歴史の中で星がどのように形成されてきたかを探った。2013年にはインドが紫外線・X線天文衛星のASTROSATを打ち上げる予定である。また、日本は、太陽系内の惑星（水星、金星、火星、木星、土星）の大気や磁気圏を紫外線で継続的に観測する惑星分光観測衛星を2013年度に打ち上げる予定である。

(5) X線天文衛星

X線は可視光に比べて数千倍もエネルギーの大きい（波長の短い）電磁波で、数千万Kもの非現実的な温度にならない限り放出されることはないと考えられていた。ところが1962年に行われた観測ロケット実験によって、X線天体が検出された。これが宇宙X線の発見であり、リカルド・ジャッコーニ（R. Giacconi）はこの功績によって2002年のノーベル物理学賞を受賞している。

初期のX線観測で大きな成果を挙げたのは1970年にアメリカが打ち上げた衛星ウフル（Uhuru）であり、ブラックホール候補であるはくちょう座X-1などを発見している。以来、アメリカ・イギリス共同開発のコペルニクス（Copernicus）、アメリカのアインシュタイン（Einstein）やESAのEXOSAT（European X-ray Observatory Satellite）とROSAT（Roentgen Satellite）、旧ソ連のGranat、イタリアとオランダのベッポサックス（BeppoSAX）など数多くの衛星が打ち上げられた。

各国がしのぎを削る中、日本のX線天文学は世界において高い位置づけにある（第16章4節参照）。小田稔の発明したすだれコリメーターは、干渉縞を用いることでX線源の位置を正確に特定するための装置で、この装置を搭載した「はくちょう」、「てんま」、「ぎんが」は大きな成果を挙げ、アメリカと協力して打ち上げた「あすか」は「はくちょう」に比べ5000倍の感度をもつにいたった。それらの後継機として打ち上げられたASTRO-Eは、打ち上げ失敗のため軌道上で運用されることはなかったが、ASTRO-Eが目指す科学的成果は広く認められ、ほぼ同一仕様のASTRO-EⅡが

第17章　飛翔体による宇宙探査と宇宙開発

2005年に打ち上げられ、"すざく"と命名された。

現在はこの「すざく」をはじめ、アメリカが1999年に打ち上げたチャンドラ（Chandra）、1999年にESAが打ち上げたXMM-ニュートン（Newton）が稼働している。「すざく」はこれまでになく広いエネルギー範囲のX線を高い感度でとらえることができ、分光能力に優れている。高解像度を誇るチャンドラや、大集光力を誇るXMM-ニュートンとともに、それぞれの特長を発揮してさまざまな高エネルギー天体に迫っている。また、アメリカは従来のX線望遠鏡の100倍の感度をもち、高い解像度をもつ新たなX線天文衛星NuSTARを2012年6月に打ち上げた。

ロシアとESAはX線・ガンマ線観測衛星Spektr-RGの打ち上げを2013年に、また日本もX線天文衛星ASTRO-Hの打ち上げを2015年度に計画している。

(6) ガンマ線天文衛星

ガンマ線は電磁波の中でもっともエネルギーが高い（もっとも波長の短い）電磁波であり、可視光を発する現象に比べると1万倍以上エネルギーレベルが高く、超高温で、激しい現象によって発せられている。天体がガンマ線を出していることは1950年ごろに予言されていたが、ガンマ線は大気によって吸収され地表まで届かないため、ガンマ線観測が始まったのは、高高度気球や人工衛星による観測が可能になってからのことである。

最初のガンマ線天文衛星は1961年に打ち上げられ、その後はアメリカのSAS（Small Astronomy Satellite)-2やHEAO（High Energy Astronomy Observatory)-3、ESAのCos（Cosmic Ray Satellite)-Bなどが活躍した。ガンマ線での天文観測が大きく発展するのは1991年にアメリカが打ち上げたコンプトン・ガンマ線観測衛星（Compton Gamma Ray Observatory、CGRO）によるものである。CGROはガンマ線バーストが銀河系外の天体であることをとらえ、数多くのガンマ線天体を発見した。その後、2000年打ち上げのHETE（High Energy Transient Explorer)-2、2002年打ち上げのINTEGRAL（International Gamma-Ray Astrophysics Laboratory）、2004年打ち上げのSwift、2007年打ち上げのイタリアのAGILE（Astro-

652

3. 人工衛星

rivelatore Gamma a Immagini Leggero）が活躍中である。また、2008年6月に打ち上げられたフェルミ（Fermi）はアメリカ、フランス、ドイツ、イタリア、日本、スウェーデンが共同運用する衛星で、CGROの50倍の感度と従来のガンマ線天文衛星の30倍の観測精度をもち、全天サーベイを継続している。ちなみに主検出器であるLATは広島大学を中心とする日本の研究チームにより開発されたものである。

(7) 太陽観測衛星

太陽観測衛星は、太陽表面で起きるさまざまな活動現象を解明するために宇宙空間から太陽を観測する専用望遠鏡である（第8章参照）。大気吸収や電離層による反射のために地上から観測できないX線などの波長帯で観測したり、長期間安定して鮮明な太陽画像を得たり、場所の違う複数の衛星を用いて太陽および周辺部の立体構造を測定したり、太陽から噴き出す粒子等を直接その場で観測したりと、手法は多岐にわたる。

世界初の太陽観測衛星はアメリカのパイオニア5号で、1960年に打ち上げられた。地球と金星の間の軌道を回る人工惑星となって太陽活動および太陽から噴き出す荷電粒子の流れである太陽風を観測した。続くパイオニア6〜9号も地球から遠く離れたところから太陽風、太陽磁場を観測し、30年以上にわたって太陽のデータを送ってきた。1981年には日本初の太陽観測衛星「ひのとり」が打ち上げられ、太陽からのX線を観測し成果をあげた。また、1990年にスペースシャトルから放出された、アメリカとESAが共同開発したユリシーズ（Ulysses）探査機は初めて太陽の極領域を観測し、2009年までデータを送ってきた。アメリカが1980年に打ち上げた太陽活動極大期観測衛星SMM（Solar Maximum Mission）は初めて宇宙空間からコロナの微細構造をとらえ、太陽に異常接近する彗星や衝突する彗星をいくつも観測した。

1991年、日本が打ち上げた「ようこう」は、ほぼ太陽の活動周期1周期にわたって太陽のX線画像を撮影し続け、大きく変化するコロナの姿をとらえた。

1995年アメリカとESAが打ち上げたSOHOは、太陽コロナや彩

第17章　飛翔体による宇宙探査と宇宙開発

層、太陽風の観測を常時行っている。SOHOは太陽‐地球系のラグランジュL1点に位置するため、地球に到達する前の太陽風を検出し、磁気嵐や通信障害などを予測する宇宙天気予報にも役立てられている。アメリカは1998年にTRACE（Transition Region and Coronal Explorer）、2002年にRHESSI（Reuven Ramaty High Energy Solar Spectroscopic Imager）、2006年にステレオを、また同年に日本も「ひので」を打ち上げ、さらに2010年2月にもアメリカがSDOを、また6月にはフランスがピカール（Picard）を打ち上げ、太陽の監視が行われていたが、2010年6月にTRACEは運用を終了した。

「ひので」による観測では、太陽黒点や太陽での爆発現象である白色光フレアのメカニズムが解明されたのに加えて、2011年、太陽磁場がこれまで観測されたことのない状態にあることが発見され、太陽に異変が起きている兆候がとらえられた。太陽が今後どのように推移するのか、「ひので」の観測成果に大きな期待が寄せられている。

　また、2015～2016年にはインドのアディタヤ（Aditya)-1、2017年には水星軌道の内側を周回する人工惑星となって太陽観測を行うESAのソーラー・オービター（Solar Orbiter）が打ち上げられる予定で、2018年にアメリカが打ち上げを計画しているソーラー・プローブ・プラス（Solar Probe Plus）は、太陽の周囲を24周し、太陽にもっとも接近したときには太陽コロナの中を通過し、直接コロナを観測する予定となっている。

(8)　突発天体監視衛星

　突発天体は多くの場合、大気圏では観測できない高エネルギー領域でその姿を現すため、宇宙望遠鏡の利用が重要である。低軌道では頻繁に観測可能範囲が切り替わるため、突発天体の監視にも有利である。このためガンマ線バーストなどの突発現象の監視が人工衛星を用いて行われている（第7章8節参照）。

　ガンマ線バーストが発見されたのは全くの偶然で、冷戦中の1967年にアメリカの核実験監視衛星ベラによって検出された信号がのちに宇宙由来と判明し、1973年になってようやく公表されたもので

3. 人工衛星

ある。その後、ガンマ線バーストの監視のためにコンプトンガンマ線観測衛星（CGRO）をはじめ、ベッポサックス、HETE-2、Swiftなどのガンマ線バースト観測衛星が打ち上げられるにいたった。

国際宇宙ステーションの日本実験棟「きぼう」に搭載されている全天X線監視装置MAXIは、今までの全天監視型の観測装置と比べて10倍高い感度でX線を検出できるため、多くのブラックホール候補天体を発見している。

(9) 系外惑星探査衛星

大気のない宇宙空間では高精度の測光を行うことができるため、星の増光や系外惑星の通過による減光などを高精度で測定することができる。これを用いてトランジット法による系外惑星の探査を行うのが系外惑星探査衛星である。

ESAが2006年12月に打ち上げたCOROT（Convection, Rotation and planetary Transits）は初の系外惑星探査衛星で、口径27cmの望遠鏡を用いて星の増減光現象の観測を行っている。NASAのケプラーは2009年3月に打ち上げられ、地球の後を追うような特殊な太陽周回軌道で運用されており、口径95cmの広視野望遠鏡で銀河系のある一角を常時観測することにより14万5000個の主系列型星の増減光現象を計測し、これを通じて地球型の系外惑星の検出を目指している。初期成果としてきわめて多くの系外惑星候補天体が発見され、短周期のものから確認がなされており、長期間の観測結果を合わせることでより長周期の惑星も確認されるものと期待されている。これらの成功を受けて、NASAでは2016年の打ち上げを目指してTESS（Transiting Exoplanet Survey Satellite）が、またESAでは2018年ごろの打ち上げを目指してPLATO（PLAnetary Transits and Oscillations of stars）が、それぞれ構想されている。

(10) 位置天文衛星

位置天文衛星は、星の位置や運動を正確に測定することを目的とした天文衛星である。1989年に打ち上げられたESAのヒッパルコス（Hipparcos）は、4年間の運用期間中に可視光で観測し、太陽から約3000光年以内にある約12万個の恒星の位置と距離を高精度

で測定し、それより少し低い精度で11等級以上の明るさの星約250万個の位置や明るさを測定した。これをもとに100年ぶりに星のカタログが作られた。

また、日本は2013年に赤外線位置天文観測衛星ナノ・ジャスミン（Nano-JASMINE）の打ち上げを予定しており、赤外線でヒッパルコスと同じような観測を実施する。ESAも2013年にGaiaの打ち上げを予定している。Gaiaは20等級までの明るさの星約10億個の位置、距離、固有運動、温度、明るさを測定する予定で、その過程で系外惑星の発見も期待されている。

(11) 宇宙背景放射観測衛星

マイクロ波帯での宇宙背景放射の精密な測定も進められている。1989年にアメリカが打ち上げたCOBEは、宇宙背景放射に微小な（10万分の3K程度の）温度ムラがあることを発見し、ビッグバン宇宙論の正しさを裏付けた。これによりジョン・マザー（J. C. Mather）とジョージ・スムート（G. F. Smoot）は2006年のノーベル物理学賞を受賞した。アメリカが2001年に打ち上げたウィルキンソン（Wilkinson）マイクロ波異方性探査機（WMAP）はCOBEの35倍の精度でこの温度ムラを観測し、宇宙の構成要素の比率などを詳細に求め、宇宙の年齢を137±2億年と導いた。ESAが2009年に打ち上げたプランクは、さらに高い精度で宇宙背景放射の観測を行っている。

3-5 地球観測衛星

地球を離れることで地球全域を見渡すことができるのが宇宙からの地球観測の特徴である。広義の地球観測衛星は、静止軌道上からの常時観測によってある特定のエリアの気象状況を把握することを目的とした気象衛星と、より低軌道から地球の広域を詳細に観測することを目的とした狭義の地球観測衛星に大別される。

(1) 気象衛星

気象衛星は日常生活にもっとも密着している人工衛星の1つであり、気象予報の確度を高めるために、可視光や赤外線のカメラや放

3. 人工衛星

射計を用いて雲や水蒸気量の分布やその時間変化の観測を行っている。

世界初の気象衛星はアメリカのタイロス（Television Infrared Observation Satellite、TIROS）-1で、1960年4月に打ち上げられた。その後、アメリカの静止気象衛星ゴーズ（Geostationary Operational Environmental Satellite、GOES）や米国海洋大気庁の極軌道気象衛星ノア（NOAA）、日本の静止気象衛星「ひまわり」をはじめ、多くの気象衛星が打ち上げられ、世代交替しながら観測を続けている。現在、日本では2006年2月に打ち上げられた「ひまわり7号」が本格運用されており、2005年2月に打ち上げられた「ひまわり6号」はトラブルに備えて軌道上でスタンバイ状態にある。なお、「ひまわり6号」からは単機能の気象衛星としてではなく運輸多目的衛星として位置付けられており、気象観測だけでなく航空管制の機能も担っている。

(2) 大気観測衛星

気象衛星が気象現象を観測するのに対して、地球大気全体を観測するのが大気観測衛星である。最近では地球の南北の両極地方で広がりつつあるオゾンホールの監視も重要な観測目的の1つとなっている。

アメリカは2004年に大気観測のみを目的としたオーラ（Aura）を打ち上げているが、1975年から運用されてきたアメリカの静止気象衛星ゴーズはオゾン層、太陽風、磁気圏の観測までも行い、大気観測衛星、磁気圏・超高層大気観測衛星の役割も果たしている。

また、地球温暖化についての状況把握のために、温室効果ガス観測を目的とした「いぶき」（GOSAT）が2009年1月に打ち上げられ、運用されている。これにより、従来先進国の一部のみで別々の計測器で測定されていた二酸化炭素濃度などを、搭載計測器で途上国や森林や海洋を含む広い領域をカバーし、その季節変化をも解析することができるようになった。さらに日本はESAと共同で、大気中の微粒子の分布をさぐるアースケア（EarthCARE）の開発を2015年の打ち上げを目指して進めている。

第17章　飛翔体による宇宙探査と宇宙開発

(3)　陸域観測衛星

　陸域観測衛星は、高分解能のカメラや赤外線検出器、レーダーなどを用いて地上を探ることにより、地球表面・表層の状態の把握や資源の探査、地震・洪水・火山の噴火・山火事などの被害の把握、長期間にわたる環境の変化の測定などを行う。

　アメリカのイコノス（IKONOS）、ジオアイ（GeoEye)-1、ランドサット（Landsat）、テラ（Terra）、日本の地球資源衛星「ふよう1号」（JERS-1）、地球観測プラットフォーム技術衛星「みどり」（ADEOS）、「みどりⅡ」（ADEOS-Ⅱ）、陸域観測技術衛星「だいち」（ALOS）などが代表的な陸域観測衛星である。「だいち」は「ふよう」と「みどり」の開発・運用で蓄積された技術をさらに高性能化したもので、地図作成、地域観測、災害状況把握、資源調査などへの貢献を目的として打ち上げられた。観測機器としては、標高など地表の地形データを読みとるパンクロマチック立体視センサー（PRISM）と土地の表面の状態や利用状況を知るための高性能可視近赤外放射計2型（AVNIR-2）、昼夜・天候によらず陸地の観測が可能なフェーズドアレイ方式Lバンド合成開口レーダ（PALSAR）の3つの地球観測センサーを搭載し、詳しく陸地の状態を観測した。特に東日本大震災では発生直後から被災地の様子を宇宙空間から調べ、撮影された画像は被災した地方自治体や政府に提供され、その後の災害対策・復興支援に活用された。「だいち」は2011年5月に運用を停止したため、2013年度の打ち上げを目指して後継機のALOS-2の開発が進められている。

(4)　海洋観測衛星

　海洋観測衛星は地球表面の7割を占める広大な海を観測し、その環境、魚など海洋生物の移動、海流などを調査する。特に近年、海面温度が異常に高くなるエルニーニョ現象によって世界的な異常気象が起きていることから、海水温の監視が重要な目的の1つとなっている。

　最初の海洋観測衛星はアメリカが1978年に打ち上げたシーサット（SEASAT）で、その後、アメリカとフランスのTOPEX/ポセイドン（Poseidon）、日本の「もも1号」（MOS-1）などが成果を挙

3. 人工衛星

げてきた。

　日米で開発された熱帯降雨観測衛星トリム（Tropical Rainfall Measuring Mission、TRMM）は1997年11月に打ち上げられ、気候変動の要因となる熱帯地域の降雨を観測している。

　また、2002年に日本、アメリカ、ブラジルが打ち上げたアクア（Aqua）は、海洋ばかりでなく大気や土壌の水分量なども観測し、地球の水の循環の解明に寄与した。

　日本は、地球の環境変動を長期間にわたって全球的に観測することを目的としたGCOM衛星シリーズを2012年から順次打ち上げている。初号機は「しずく」（GCOM-W1）で、水循環変動観測衛星（GCOM-W）と気候変動観測衛星（GCOM-C）の2つのシリーズを5年おきに3回ずつ計6機打ち上げる計画となっている。また、日本、アメリカを中心とした数ヵ国が開発を進めているGPMは地球全体の降水を観測する衛星で、2014年の打ち上げを目指している。

(5) 地球周辺観測衛星

　地球周辺観測衛星は、大気観測衛星よりも上空の超高層大気、磁気圏、オーロラやバン・アレン帯などの観測を目的とした衛星である。バン・アレン帯の発見は、アメリカ初の人工衛星であるエクスプローラー1号に搭載されたガイガーカウンターでの計測によるものだった。

　1971年に打ち上げられた日本初の科学衛星「しんせい」（MS-F2）は電離層や宇宙線の観測を目的としており、その後、電波観測衛星「でんぱ」（REXS）、超高層大気観測衛星「たいよう」（SRATS）、オーロラ観測衛星「きょっこう」（EXOS-A）、磁気圏観測衛星「じきけん」（EXOS-B）などが相次いで打ち上げられた。1984年に打ち上げられた「おおぞら」（EXOS-C）は、中層大気の構造を調べるとともに、磁気圏やオーロラの観測も行った。また、国際宇宙ステーションの日本実験棟「きぼう」の船外実験プラットフォームに取り付けられた超伝導サブミリ波リム放射サウンダ（SMILES）は、オゾンやそれを破壊する塩素・臭素化合物などの大気の微量成分の観測を行った。

　現在も1989年打ち上げの磁気圏観測衛星「あけぼの」（EXOS-D）

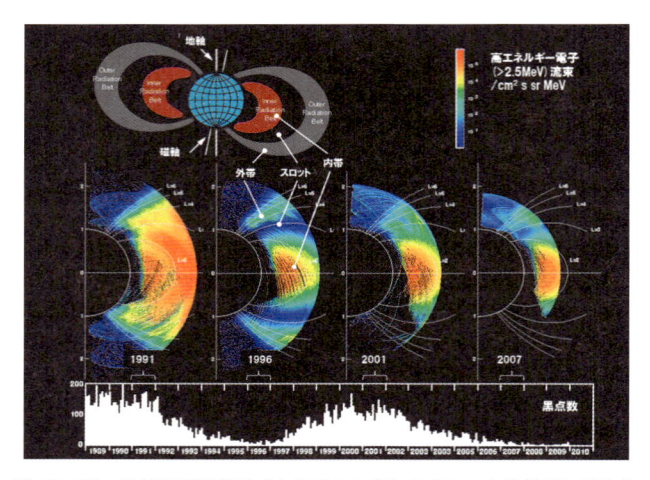

第17章　飛翔体による宇宙探査と宇宙開発

図17-20　磁気圏観測衛星「あけぼの」がとらえた、太陽活動に伴う地球磁気圏の消長。(JAXA)

と、1992年打ち上げの日米共同開発の磁気圏尾部観測衛星ジオテイル（GEOTAIL）が活躍している。「あけぼの」は世界で初めて紫外線で地球のオーロラを観測したほか、オーロラの原因となる粒子の加速メカニズムや、磁気圏の激しい変動であるサブストームの解明に大きく貢献した。これらの衛星は11年の活動周期（極性の反転を含めると22年周期）をもつ太陽活動をフルにカバーしており（図17-20）、国際的にも高い評価を得ている。また、若手研究者がインハウスで開発して2005年8月にドニエプル（Dnepr）ロケットでピギーバックとして打ち上げた小型高機能科学衛星「れいめい」（INDEX）は、重量わずか60kgという小型軽量の機体ながら、各種の工学実証に加えてオーロラの3色撮像を行っている。

(6)　測地衛星

地球上の2点から衛星に向けてレーザー光を照射し、その往復にかかる時間を測ることで、離れた2点間の距離を正確に測定した

660

3. 人工衛星

り、地球の自転を高精度で測定し、潮汐力による地球の変化やプレートの移動、地震に伴うさまざまな影響などを観測したりするのが測地衛星である。世界初の測地専用衛星はアメリカが打ち上げた Anna-1B で、日本の「あじさい」、アメリカの LAGEOS (Laser Geodynamics Satellite)-1、アメリカとイタリアが共同で開発した LAGEOS-2 が運用されている。2012 年にイタリアが打ち上げた LARES (Laser Relativity Satellite) は、物体が回転するとまわりの時空がそれに引きずられてゆがむというレンス (Lense) ーティリング (Thirring) 効果を検証しようとするもので、測地目的にも用いられている。

3-6 通信・放送衛星

通信衛星は主として電波を用いた無線通信を目的とした人工衛星である。使用目的が衛星からの直接放送であるものを特に放送衛星という。

1960 年 8 月 12 日に打ち上げられたアメリカのエコー (Echo)-1 は受動型通信衛星であり、電波を反射する電離層の代わりに軌道上のこの衛星を信号の反射板として用いて通信を行った。形状もいわゆる人工衛星とは異なり、金属コーティングされた巨大な薄膜気球であり、折りたたまれた状態で打ち上げられ、軌道上で展開された。性質としては測地衛星に似ているが、測地衛星が再帰性の反射を目指すのに対し、受動型通信衛星はむしろ鏡面反射を目指すものであった。後続のエコー 2 号は測地衛星としても用いられた。受動型は電波の周波数帯域によらず利用でき、故障もしないという長所があるが、地上からの電波の送信に大電力を要するという大きな欠点がある。このため受動型が広く用いられることはなかった。

受動型の欠点を補うために、地上から受信した電波信号を衛星側で増幅し、搭載された高利得アンテナで地上の特定の領域に向けて送信するタイプの能動型衛星が開発された。1962 年に打ち上げられたテルスター (Telstar) は初めての能動型通信衛星である。

通信衛星や放送衛星は民間事業として定着しており、静止通信衛星の代表例としてはインテルサット (Intelsat) やインマルサット (Inmarsat)、低軌道通信衛星としてはイリジウム (Iridium) など

第17章　飛翔体による宇宙探査と宇宙開発

がある。

　日本では現在、民間の商用衛星のほか、2006年12月18日打ち上げの技術試験衛星Ⅷ型「きく8号」（ETS-Ⅷ）と、2008年2月23日打ち上げの超高速インターネット衛星「きずな」（WINDS）が運用されている。

3-7　測位衛星

　測位衛星は、いわゆる広義のGPS（グローバル・ポジショニング・システム）で用いられる衛星群のことである。狭義のGPSはアメリカ空軍が運用している。基本的な衛星配置は高度2万200km、軌道傾斜角55°、周期12時間の準同期軌道で、昇交点の経度が60°ずつずれた6種類の軌道面に4機ずつ配置され、合計24機で地球全体をカバーする。これに加えて予備の衛星を別に配置することで、衛星の故障や障害物などがあっても一定の精度が得られるようになっている。初号機であるナブスター（Navstar）1は1978年2月に打ち上げられた。

　アメリカのGPSに対抗する意味で旧ソ連も同様のシステムであるグロナス（Global Navigation Satellite System、GLONASS）を配備した。これは高度1万9100km、軌道傾斜角65°、周期11時間15分で、昇交点の経度が120°ずつずれた3種類の軌道面に8機ずつ配置され、合計24機で地球全体をカバーするものである。初号機は1982年10月に打ち上げられ、ソ連崩壊後の1996年にはロシアが衛星の開発・運用を引き継ぎ、24機すべてが運用を開始した。その後の保守が不十分であったためにシステムの機能が次第に失われたものの、2000年代後半には再び機能を取り戻した。こちらもGPS同様に位置情報機能付き携帯電話など民生目的でも利用されている。

　中国も衛星測位におけるGPS依存という弱点をなくすために独自の測位衛星システムである「北斗」の構築に着手し、2020年ごろの35機体制での最終運用を前に測位衛星14機での試験運用が始まっている。

　GPSもグロナスも「北斗」も、主に軍事目的で配備されたものであるため、有事の際にはこれが利用できなくなる可能性もある。一

3. 人工衛星

方で、民生分野での利用が進み、現在はカーナビや位置情報機能付き携帯電話などに広く利用され、現代の便利な生活に欠かせないものとなりつつある。そこで、軍事とは別に民間で測位衛星システムを整備しようという動きもある。ヨーロッパではガリレオ（Galileo）計画が高度約2万4000kmの軌道上に30機を配備することを予定しており、打ち上げが順次進められている。

測位精度を高めるような取り組みも進められている。一般に、測位衛星により位置を特定するためには最低4機からの信号を受信する必要があり、比較的高緯度に位置し都市部や山間部で視界が限られる日本国内では、高い建物や山などが障害となって4機の人工衛星からの測位信号が届かないことがあり、測位結果に大きな誤差を伴うことがあった。これを補うために日本が配備を進めているのが準天頂衛星（QZSS）システムである。これは準天頂軌道という日本のほぼ真上を通る軌道をもつ人工衛星を複数機組み合わせた衛星システムで、現在運用中のGPS信号やアメリカが開発を進めている新型GPSの信号とほぼ同一の測位信号を送信することで、日本国内の山間部や都心部の高層ビル街などでも、測位できる場所や時間を広げることができる。さらに準天頂衛星システムは、補強信号の送信等により、従来のGPSのもつ数十m程度の誤差を1m弱へと改善することを目指している。準天頂衛星が日本の天頂付近に常に1機以上あるためには最低3機の衛星が必要となるため、準天頂衛星初号機「みちびき」により準天頂衛星システムの第1段階として技術実証・利用実証を行い、その結果を評価した上で3機の準天頂衛星によるシステム実証を実施する第2段階へ進むことになっている。

GPSの測位誤差原因の1つとして大気中の水蒸気量があるが、気象分野ではこれを利用して水蒸気量を推定することも行われており、これをGPS気象学と呼んでいる。

3-8 情報収集衛星

情報収集衛星は、安全保障や大規模災害への対応など、国家の重要政策に関する画像情報収集を行うために運用される人工衛星である。

第17章　飛翔体による宇宙探査と宇宙開発

　日本の情報収集衛星は、搭載された光学センサーを用いて日中の晴天時に高解像度画像を撮影する光学衛星と、合成開口レーダーを用いて常時画像を取得するレーダ衛星の2機を1組とした2組4機の体制で運用される。2003年3月にH-ⅡAロケット5号機により光学1号機とレーダ1号機が打ち上げられて以来、日本で打ち上げられる大型衛星の半数弱が情報収集衛星となっているが、情報収集衛星が撮像した画像は「情報収集衛星の性能及び運用状況が明らかとなり、今後の情報収集活動に支障を及ぼすおそれがある」とされ、一切公開されていない。

3-9　超小型衛星

　人工衛星の大きさに対する定義は明確ではないが、超小型衛星とはサイズが10cm角から数十cm角程度で人間が簡単にもち運べる程度のものを指すことが多い。サイズや重量の制約が多いため、大型の衛星に比肩する成果を得るのは容易ではないが、低コストであることや開発から打ち上げ・運用までの期間が短い特長を活かして、最新鋭の民生部品の宇宙耐性の試験や、超低軌道での運用、複数の小型衛星を用いたコンステレーション運用などで優位性をもつ。次世代の研究者・技術者の教育にも有効と考えられており、多くの大学や研究機関、企業等が超小型衛星の開発に取り組んでいる。

　近年のこのような超小型衛星の需要拡大を受け、JAXAでは小型副衛星の打ち上げ機会を公募している。これは、大学等が開発する小型衛星を容易かつ迅速に打ち上げ・運用する機会を提供するしくみを作ることで日本の宇宙開発利用の裾野を広げるとともに小型副衛星を利用した人材育成への貢献を目指しており、将来的には産業界の衛星利用の拡大やロケット打ち上げ機会増加への寄与を期待している。2009年1月の「いぶき」では6機、2010年5月の「あかつき」では4機、2012年5月の「しずく」では1機を打ち上げ、2012年10月の「きぼう」からの小型衛星放出技術実証ミッションでも3機を放出した。また、2014年度打ち上げ予定のGPMにも相乗り小型副衛星7機を搭載する予定である。

4. 太陽系探査

4-1 太陽系探査の手法

望遠鏡による太陽系研究が地上や地球周回軌道上に置かれた装置による遠隔観測であるのに対し、太陽系探査では探査機を用いて観測対象との距離を飛躍的に縮め、詳細な観測や電磁場などの"その場"観測、物質の採取や回収などを行う。

太陽系探査には表17-2に示すように技術面でも主たる探査内容の面でも性質の異なるいくつかの手法がある。

遭遇探査（フライバイ）は、目的天体と大きく異なる速度で探査機を接近させ、すれ違いざまの短い期間に接近観測を行うものである。技術的に比較的容易なため、初期の観測はほとんどがこの手法によっている。別の天体に向かう際にスイングバイするときに観測を行うのも一種のフライバイといえる。

周回探査（オービター）は、目的天体の周囲を周回しながら観測するもので、全体的な表面地形や地質、重力場、磁場、大気の流れなどを観測するのに適している。

表17-2 太陽系探査の手法

観測法	内容	国内の例	海外の例
フライバイ	表面地形の概要	「さきがけ」「すいせい」	マリナー（Mariner）パイオニア（Pioneer）
オービター	表面地形・地質重力場・磁場大気	「かぐや」「のぞみ」「あかつき」	LRO MRO ビーナス・エクスプレス（Venus Express）
インパクター	表面組成	（「はやぶさ2」）※計画段階	ディープインパクト（Deep Impact）
ペネトレーター	内部構造熱流量	（LUNAR-A）※計画中止	
ランダーローバー	局所地形・地質	（SELENE-2）※構想段階	ベネラ（Venera）MER
サンプルリターン	組成	「はやぶさ」	アポロ（有人）ルナ

第17章　飛翔体による宇宙探査と宇宙開発

　破壊探査（インパクター）は天体表面に人工物を衝突させ、破砕物や衝突痕の観測を別途行う。

　陥入探査（ペネトレーター）は、天体の表層に機器を打ち込んで設置することにより天体の表層や内部に関する情報を得ようとするものである。

　着陸探査（ランダー）は、目標天体に着陸して探査するもので、多くの場合、探査車（ローバー）と組み合わせることによって表面探査を行う。火星や金星のように大気をもつ天体の場合には、航空機や気球を用いて大気中を移動することも検討されている。

　試料回収（サンプルリターン）は技術的にもっとも難しいものの1つで、弾道飛行で彗星のちりをもち帰ったアメリカのスターダスト（Stardust）探査機のような特殊なケース以外は、着陸と離陸、地球大気圏への再突入といった複合的な技術が必要となる。

4-2　太陽系探査ロボット

　宇宙は地球と異なり、温度や圧力や重力が極端に低かったり高かったり、大気の組成が地球と異なったり、宇宙放射線にさらされたり、隕石や宇宙ゴミの衝突のリスクがあったり、遠かったりと、過酷な環境である。宇宙に出ていく際にはロケットを利用することになるが、ここでも大きな加速度や振動や音響を経験することになる。ここで人が作業するということは、生命維持装置や水や食事などが必要であることを意味し、作業内容も危険で過酷なものとなる。さらに、有人活動の場合、作業終了後には従事者を地上に安全に帰還させる必要が発生する。このことは、有人活動に大きな制約が加わることを意味している。裏を返せば宇宙はロボットにとっての活躍の場である。

　宇宙ロボットとしては、軌道上ロボット、有人宇宙活動支援ロボット、自律作業ロボット、太陽系探査ロボットがあるが、ここでは太陽系探査ロボットに絞って解説する。

　太陽系探査ロボットは、小型かつ軽量ながら高い信頼性をもつ必要がある。さらに真空と、それに付随する高温・低温環境、放射線環境、微細なレゴリス（砂塵）の侵入などに耐えるため、機構や電子回路は高い耐環境性を備えなければならない。太陽系探査では情

4. 太陽系探査

報の伝送遅れや通信機会・通信帯域の制約などのため、高度な遠隔制御や自律制御の機能も必要とされる。自律機能を得るためにはロボット自体が知覚認識の能力をもつ必要がある。宇宙における知覚認識に関しては、GPSを利用した自己位置決定が不可能であることや、宇宙の照明環境は太陽光の照射条件などで大きく変化することなどのために、障害物の回避や対象設定が技術的に大変困難である。また、作業のためにはマニピュレーターのような機構が、また、移動のための機構も必要となる。そして太陽系探査の場合にはさらに困難なことに、知覚認識・移動・作業・通信・温度制御などを、太陽電池などで得られる数十W程度の電力でまかなう必要がある。月探査では2週間におよぶ夜をどう乗り切るかという課題もある。

移動方法に関しては、対象天体の環境に応じてさまざまな方法がとられる。標準的に用いられるのは車輪やクローラーを用いたもので、接地圧を低めるために柔軟な金属を用いるのが一般的である。昆虫のように脚をもつものは不整地で高い踏破能力を発揮するが、消費電力が高く、転倒の恐れもある。転倒に対する備えのために全体を脚で覆ったウニ型のものも試作されている。砂地では車輪などが埋まると移動できなくなる恐れがあるが、スクリュー型の移動方式は強みを発揮する。

特殊なものとしては、重力の小さな天体の表面を跳躍して移動するホッパー型、地中を蠕動運動で移動するミミズ型、大気中を浮遊する気球型、大気中を飛行する飛行機型などがある。小惑星探査機「はやぶさ」に搭載されたミネルバ（MINERVA）がホッパー型だが（図17-21）、投下に失敗したため小惑星表面の探査を行うことはできなかった。

このような困難のため、これまでにさまざまな太陽系探査ロボットが送られたが、十分に機能したのはわずか5機に過ぎない。

旧ソ連が1970年にルナ計画で月に送り込んだのがルノホート1号で、重量は756kgある（図17-22）。10ヵ月半ほど動作し、10.5kmを移動探査した。1973年に打ち上げられたルノホート2号も月の表面で4ヵ月半動作した。

初の火星探査ロボットは1996年にアメリカがマーズ・パスファ

第17章　飛翔体による宇宙探査と宇宙開発

図17-21　小惑星表面探査ローバーのミネルバ。(JAXA)

図17-22　世界初の探査ローバーである旧ソ連のルノホート1号。(NASA)

4. 太陽系探査

図17-23 世界初の火星探査ローバーのソジャーナー。(NASA)

図17-24 マーズ・エクスプロレーション・ローバー。(NASA)

第17章　飛翔体による宇宙探査と宇宙開発

インダー（Mars Pathfinder）計画に用いた重量わずか10.5kgのソジャーナー（Sojourner）である（図17-23）。1997年の7月から着陸場所周辺を数十mにわたって移動探査し岩石の分析などを行った。同じくアメリカのマーズ・エクスプロレーション・ローバー（Mars Exploration Rover）は同型2機によるもので、2003年の6月と7月に相次いで打ち上げられ、ともに2004年1月に火星に到着した（図17-24）。スピリット（Spirit）とオポチュニティー（Opportunity）と名付けられた2機の探査車は広範囲の表面物質を探査し、過去の火星に水があった証拠を調査している。また、アメリカはマーズ・サイエンス・ラボラトリー（Mars Science Laboratory）計画において2011年11月に長さ3m、総重量は900kgある巨大な探査ローバーであるキュリオシティー（Curiosity）を打ち上げ、2012年8月に着陸させた。

5. ロケットと高高度気球

空気の希薄な宇宙空間に到達し観測を行う方法は表17-3に示すようにいくつかある。その1つは空気のない環境でも使用することのできるロケットを用いること。また、厳密には宇宙空間とはいえないが、大きな気球を用いてヘリウムの浮力により航空機高度を上回る高度まで到達することである。

表17-3　各種の飛翔体の比較

	国際宇宙ステーション	人工衛星・太陽系探査機	観測ロケット	高高度気球
到達高度	400km		350km	40km
実験時間	数ヵ月	数年	数分	数時間
機器重量	数t	数t	150kg	数t
開発期間	長期	約5年	約2年	約2年
特徴	大規模	大規模	高度50〜300kmで測定できるほぼ唯一の手段	簡便、回収可能

5. ロケットと高高度気球

5-1 衛星打ち上げ用ロケット

　ロケットとは搭載された物質（推薬）を噴射することで得られる反動を利用した推進装置のうち、外部から酸素（酸化剤）を取り込まなくてもよいもののことを指す。プロペラなどを使うことのできない宇宙空間で加速するために有効な方法である。内部の空気圧で水を噴射してその反動で飛翔するPETボトルロケットもロケットの一種である。

　一般に人工衛星を打ち上げるという表現が使われ、ロケットは上に向かって飛翔するが、ロケットはどこまでも上に向かうわけではない。必要な高度に到達したのち、ロケットは姿勢を大きく変化させ、地球を周回する方向へと加速する。地球の引力とつりあうだけの遠心力を生むことが重要である。

　人工衛星を打ち上げるためには第一宇宙速度（秒速約8km）、太陽系探査機を打ち上げるためには第二宇宙速度（秒速11.2km）に到達する必要があり、そこまで加速するのが衛星打ち上げ用ロケットの役割である。

　このような速度が必要な理由について考える。ロケットの初期の質量をm_0とし、推進剤を速度Vで噴射することでロケットの質量が時間t経過後にm_tに減少したとすると、その時点でロケットが得る速度増加ΔVは以下の式で与えられる（ツィオルコフスキーの公式）。

$$\Delta V = V \ln \frac{m_0}{m_t} \tag{17-6}$$

　このことから、最終的に得られる速度増加を大きくするためには、推進剤の噴射速度Vか質量比$\left(\frac{m_0}{m_t}\right)$を上げなければならないことが分かる。このため、ロケットは図17-25に示すように全備重量の90％程度が推進剤であり、積荷である人工衛星の重量は1％のオーダーである。また、機体を順次軽くするために、燃焼後の機体を切り離す多段式（ブースターを含む）のものが用いられる。

　宇宙空間で利用されるロケットは、物質を燃焼させることによって生じる高圧の燃焼ガスをノズルから噴出することで推進する化学推進と、電気を使ってイオンなどを加速する電気推進に大別される。化学推進では推進剤（燃料と酸化剤）の状態により、固体ロケ

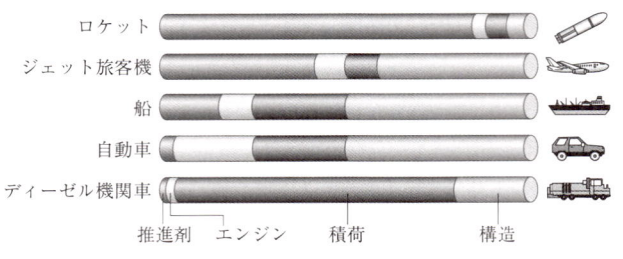

第17章　飛翔体による宇宙探査と宇宙開発

　　　　　推進剤　エンジン　　積荷　　　　　構造

図17-25　さまざまな輸送手段における重量比の違い。（JAXA）

ット、液体ロケット、ハイブリッドロケットなどに区分される。図17-26に示すように、固体ロケットと液体ロケットでは構造も大きく異なる。一方の電気推進は、イオンエンジンに代表される静電加速型、電気による加熱で高速ガスを作る電熱加速型、MPDアークジェットに代表される電磁加速型などに区分される。電気推進では多くの場合、噴射速度を速めることができるために比推力（燃費）の面では有利となるが、短時間に大きな推力を生むことができないためロケットの打ち上げには向かず、軌道制御などに用いられる。

　固体ロケットは、燃料としてポリブタジエン系の合成ゴムなど、

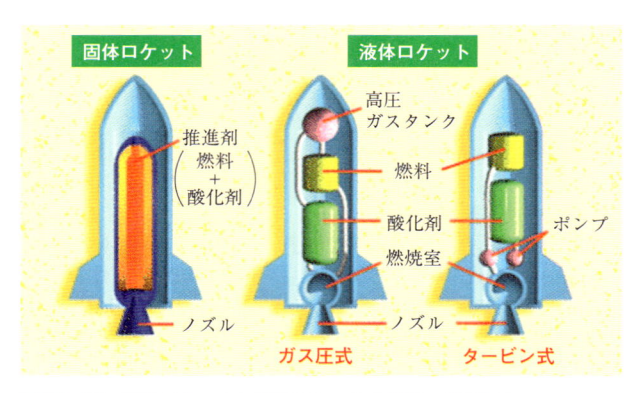

図17-26　固体ロケットと液体ロケットの構造。（JAXA）

5. ロケットと高高度気球

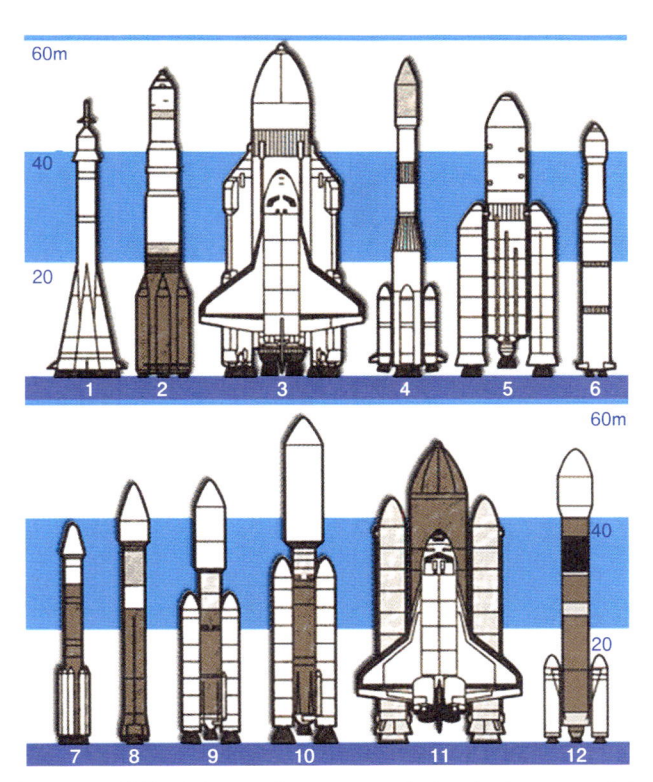

図 17-27 世界の主なロケット。1：ソユーズ、2：プロトン、3：エネルギア、4：アリアン4、5：アリアン5、6：長征3号（CZ-3A）、7：デルタⅡ、8：アトラスⅡ、9：タイタンⅢ、10：タイタンⅣ、11：スペースシャトル、12：H-ⅡA。(JAXA)

第17章　飛翔体による宇宙探査と宇宙開発

ロケット名の見方

H-ⅡAabcd

- コアロケットの段数（1段式＝1、2段式＝2）
- 液体ロケットブースターの数
- 固体補助ロケットの数（装着しない場合は省略）
- 固体ロケットブースターの数

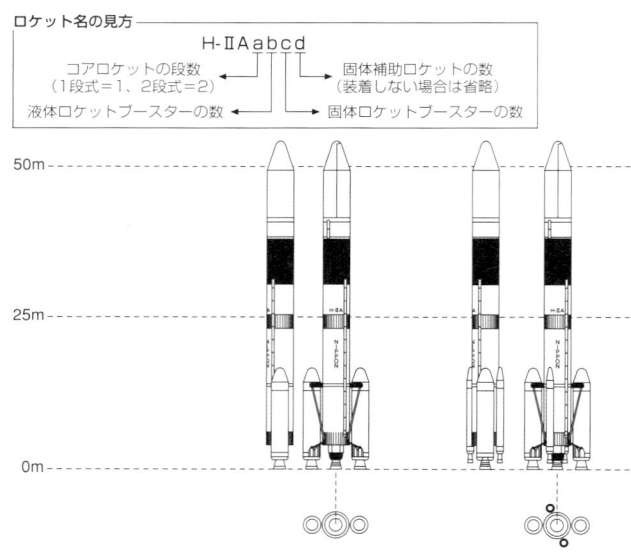

ロケット名	H-ⅡA202(標準型)	H-ⅡA2022(標準型)
段数	2	2
全長(m)	53	53
直径(m)	4	4
全備質量(t)	289	321
低軌道打ち上げ能力(t)[*1]	10	―
静止トランスファー軌道打ち上げ能力(t)	3.7	4.2
推進剤　固体ロケットブースター	ポリブタジエン系固体推進剤	ポリブタジエン系固体推進剤
固体補助ロケット	―	ポリブタジエン系固体推進剤
液体ロケットブースター	―	―
第　1　段	液体酸素/液体水素	液体酸素/液体水素
第　2　段	液体酸素/液体水素	液体酸素/液体水素
主な打ち上げ衛星	みどりⅡ（SELENE）	ひまわり6号 だいち
運用開始年	2001	2006

RJ-1：石油系燃料，A-50：エアロジン50　　＊1 高度300km，円軌道，傾斜角30°の場合

図 17-28　H-ⅡAロケットのラインナップ。（JAXA）

5. ロケットと高高度気球

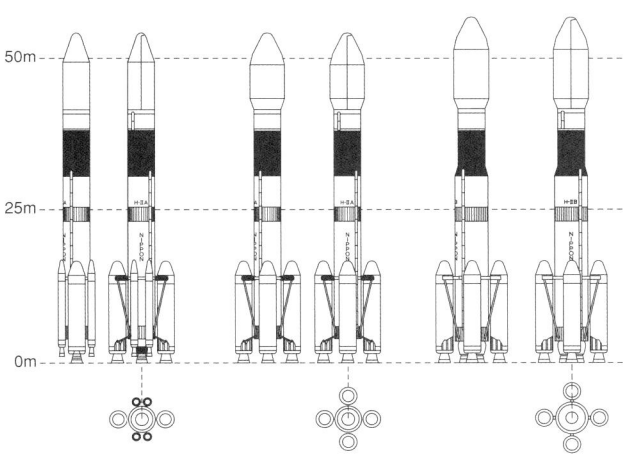

H-ⅡA2024(標準型)	H-ⅡA204(標準型)	H-ⅡB
2	2	2
53	53	56
4	4	5
351	445	551
—	—	—
4.6	5.7	約8
ポリブタジエン系固体推進剤	ポリブタジエン系固体推進剤	ポリブタジエン系固体推進剤
ポリブタジエン系固体推進剤	—	—
液体酸素／液体水素	液体酸素／液体水素	液体酸素／液体水素
液体酸素／液体水素	液体酸素／液体水素	液体酸素／液体水素
こだま つばさ ひまわり7号	(ETS-Ⅷ)	こうのとり(HTV)
2002	2007	2009

第17章　飛翔体による宇宙探査と宇宙開発

酸化剤として過塩素酸アンモニウム（NH_4ClO_4）など、そして助燃材としてアルミニウムなどを用いる、固体の推進剤を用いて推進するロケットのことである。一度点火すると出力調整ができないという欠点はあるものの、取り扱いが簡単で、ロケットの構造も単純で、ハイパワーを得やすいため、比較的小型のロケットや補助ブースターとして用いられる。ロケットの内部で推薬が燃焼し高圧ガスとしてノズルから噴射されるために、ロケット本体を高圧に耐える構造にしなければならない。

日本では科学衛星の打ち上げには日本初の人工衛星「おおすみ」を打ち上げたL-4Sをはじめ、ハレー彗星探査機の打ち上げなどに用いられたM-3SⅡ、世界最高性能と評されるM-Vなど、優れた固体ロケットが開発され利用されてきた。現在は後継機のイプシロンロケットの開発が2013年度の初号機打ち上げに向けて進められている。

一方の液体ロケットは、燃料に液体水素やケロシンなど、酸化剤に液体酸素などを用いるロケットのことである。バルブで燃料と酸化剤の配合比や流量を調整することもでき、精度よい軌道投入が可能である。構造が複雑なため、大型の衛星を静止軌道に投入するなどの目的で打ち上げられる大型のロケットで用いられる。

図17-27に人工衛星打ち上げに用いられる世界の主なロケットを示す。日本の基幹ロケットであるH-ⅡAや、1段目用エンジンを2基搭載することにより打ち上げ能力を増強したH-ⅡBは、液体ロケットに固体のブースターを組み合わせたもので、ブースターの組み合わせを変更することで能力を変更することができる（図17-28）。

ヒドラジン（N_2H_4）など自然発火性のある推薬を用いたロケットは、衛星の軌道制御や姿勢制御のために用いられる。そして、軌道投入のためのロケット最終段や衛星の軌道制御や姿勢制御用スラスターのために、毒性をもつヒドラジンや極低温の液体酸素・液体水素に代わり、最近では燃料にメタノール（CH_3OH）、酸化剤に一酸化二窒素（N_2O）を用いた無毒かつ常温で液体の推進系の開発も進められている。

ハイブリッドロケットは、燃料にポリエチレンなどの有機高分子材料、酸化剤に液体酸素を用いるなど、一方を固体、一方を液体と

することで、単純な構造ながら出力調整できるようにしたものである。安全性が高いため、民間のサブオービタル宇宙機などにも用いられている。

5-2 観測ロケット

　観測ロケットは衛星打ち上げロケットと異なり弾道飛行して落下するまでの数分間に各種の実験を行う（図17-29）。大気球が到達可能な高度は約50kmまでで、多くの人工衛星が地球を周回する高度は300km以上のため、観測ロケットは高度50〜300kmの空間を直接観測することのできるほぼ唯一の手段となっている。この空間は地球の中間圏・熱圏（電離圏）と呼ばれている領域で、観測ロケットはこの空間に特異な現象を"その場"観測するのによく利用されている。実際、成層圏オゾンや高層大気の風・温度のモニタリングを目的とした到達高度60km程度までの観測が、主としてMT-135ロケットにより1964年から2001年まで頻繁に行われていた。MT-135PやMT-160を加えると、通算の打ち上げは80機にもおよぶ。また、最近打ち上げられているS-310（通算41機）やS-520ロケット（通算26機）も、その実験目的の多くが超高層大気の観測である。

　また、観測ロケット実験では、計画の立案から短期間で成果を得ることができるため、人工衛星や太陽系探査機などに搭載される予定の観測装置や要素技術の実証や、微小重力実験などにも利用されている。

　観測機器はロケットの上段の頭胴部と呼ばれる場所に取り付けられ、飛翔中の空力加熱から保護するためにノーズコーンをかぶせて打ち上げられる。打ち上げ後、あらかじめ設定された時間が経過したところでタイマーが動作してノーズコーンを開頭し、さまざまな実験を行った後、落下する。飛翔時に得られたデータは電波を用いて地上局に送信され、研究に供される。

　2012年11月現在、宇宙航空研究開発機構（JAXA）が運用している観測ロケットはS-310、S-520、SS-520の3機種あり、毎年1〜2機程度の頻度で鹿児島県肝属郡肝付町の内之浦宇宙空間観測所から打ち上げられている。また、国立極地研究所の南極での観測にS-310が、また、ノルウェーのアンドーヤ・ロケット基地からオー

第17章　飛翔体による宇宙探査と宇宙開発

	現在活躍中のロケット		
	S-310	S-520	SS-520
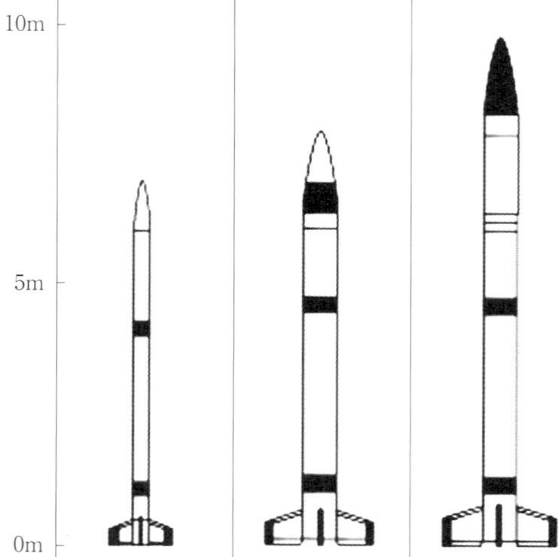 全長	7.1m	8.0m	9.65m
直径	0.31m	0.52m	0.52m
全備重量	0.7t	2.1t	2.6t
到達高度	150km	300km	800km
ペイロード	50kg	95/150kg	140kg

図 17-29　日本の主な観測ロケット。（JAXA）

5. ロケットと高高度気球

過去の主な観測ロケット			
MT-135	S-210	K-9M	K-10
3.3m	5.2m	11.1m	9.8m
0.135m	0.21m	0.42m	0.42m
0.07t	0.26t	1.5t	1.78t
60km	110km	330km	240km
2kg	20kg	55kg	132kg

第17章　飛翔体による宇宙探査と宇宙開発

ロラの直接観測のためにS-310とS-520が、それぞれ打ち上げられた。SS-520はノルウェーのスピッツベルゲン島から地球磁気圏の観測のためにも打ち上げられた。観測のテーマは全国の大学や研究機関に所属する研究者から提案されたものを評価・選定することで決定される。

5-3　民間サブオービタル宇宙機

　観測ロケットを用いた超高層大気物理学や天体物理学の分野に新たな観測手法を提供しうるのが、民間資本により実現が間近になっている商業的サブオービタル宇宙機である。これはもともと宇宙旅行のしきいを下げるものとして期待されているが、これまで観測ロケットなどを通じて実施されてきた各種の実験にも新たな展開をもたらす可能性がある。

　商業的サブオービタル宇宙機を位置づけるには、従来科学者が利用してきた観測ロケットや大気球、あるいは比較的最近利用が始まった超小型衛星などの既存の他の手段と比較するのが分かりやすい。サブオービタル宇宙機の特長はいくつもあるが、そのうちの最大のものは、現状の観測ロケットや超小型衛星と違い、機器の回収と繰り返し飛行ができることだろう。これにより、研究の提案者側で用意する機器の開発・製作・調達にかかる経費や労力が軽減される。加速度や振動といった飛翔時の機械環境や、サイズや重量に関する制約も、大気球ほどにはならないまでも観測ロケットに比べれば大幅に緩和されるだろう。これにより、通常ならば実験室で恒久的に使用することが前提となるような高価で精密でやや大型な機器をも、一時的に、あるいは複数回の利用を前提として、上空での観測用に使用できる可能性が出てくる。超高層大気物理・天体物理の分野で期待されるのは、高分散分光を可能にするフーリエ分光器などである。経済的で組み合わせも容易なサブオービタル宇宙機の科学利用は、年数回程度に限られていた実験機会の大幅な増加をも意味する。さらに、小型の機器を常時搭載し、絶えず測定を行うことで、予想外の現象が発見されるかもしれない。同一機器を繰り返し使用できれば、較正も容易になり、高い精度の測定を行うことができる。長期間・高頻度の観測を繰り返す大気のモニタリングなどで

5. ロケットと高高度気球

は大きなメリットとなる。

また、取得データをテレメーターで送信する必要がなく、記録媒体に収めて回収すればよいため、データ量が飛躍的に増大する。これは、特に画像データを高画質・高時間分解能で記録する場合などに効果を発揮する。超高層大気における発光現象などをとらえる場合に効果的だろう。

必要に応じて有人での運用が可能だということも、国際宇宙ステーション以外の方法にはない特長の1つである。特に、宇宙飛行士ではなくその分野の専門家が直接実験に従事できる点はユニークである。また、実験直前まで機器にアクセスできることは、極低温冷媒などを使用する機器の運用にとっては大変なメリットとなる。

将来的にはサブオービタル宇宙飛行の拠点が世界各地に広がる可能性があることにも注目したい。これにより、これまで以上に地球上の(特に磁気緯度の面などにおいて)多様な位置での測定を行うことができるようになる可能性もある。

このように、商業的なサブオービタル宇宙機は、再使用型ロケットにいたる過渡的な段階において活用の価値があり、コスト次第では大気球実験の一部をも代替することができると考えられる。実際、すでにNASAでは民間サブオービタル宇宙機の飛翔機会を購入し、科学観測や教育に充てることとしている。

5-4 再使用型観測ロケット

JAXAでは次世代の小型飛翔体の実現を目指して推力や姿勢を柔軟に制御することのできる再使用型観測ロケットの開発を進めている。このプロジェクトでは、単に機体を再使用したり、搭載機器を回収するだけでなく、大気球では到達できない高高度にロケットを飛翔させ、これまでの観測ロケットでは実現できなかった亜音速飛行や準静止状態を実現することを目指している。これにより、超高層大気で発生している大気現象の時間的・空間的変化の分離や、大気微量成分・流星塵等のサンプリング、衝撃波の影響を受けずに電離圏D領域での負イオンやクラスターイオンを観測することなど、これまで不可能だった実験を実施することができることになると期待されている。

第17章　飛翔体による宇宙探査と宇宙開発

5-5　高高度気球

　高高度気球は、飛行機より高く人工衛星より低い高度20〜50km程度の成層圏に長時間滞在することのできる唯一の方法である。気球実験の特色として、(1)数時間から数日程度実験を継続することができること、(2)積荷の最大重量は約2tまででサイズには明確な上限がないこと、(3)ほぼ100％回収可能で、実験装置が再利用可能であること、(4)経費がロケット実験などに比べて桁違いに安いため飛翔機会を増やせること、(5)比較的短期間に準備が可能なこと、(6)衝撃・振動・放射線環境が良好なこと、などの利点があるため、萌芽的な実験や、若手研究者の養成などに利用されている。

　高高度気球は天文観測にも利用され、地上からの観測の難しい赤外線やサブミリ波、あるいは紫外線、X線、ガンマ線などの観測に用いられている。また、温室効果ガスのクライオサンプリングなどの課題も多数採択されてきた。

　高高度気球の標準的な構成は図17-30に示されるようなもので、主にポリエチレンフィルム（膜厚2.8〜20μm）を膜材として、大きなものでは満膨張時に直径が100mほどにもなる巨大な気球を作り、主にヘリウムを浮材として浮遊する。気球の頭部にはヘリウムガスを逃がす排気弁が、またゴンドラの中にはバラスト投下装置があり、この2つで気球の高度を制御する。気球の下部には排気口

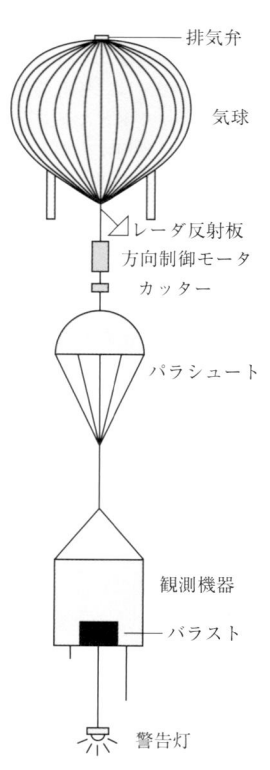

図17-30　高高度気球の構成。（JAXA）

5. ロケットと高高度気球

があり、高度が上がって満膨張になると、余分なガスはここからあふれだし、以後、一定高度を飛翔する。実験終了時には地上からの指令電波でカッターを作動させ、パラシュートにより観測器を緩降下させるとともに、気球本体も破壊する。

1950年ごろから軽量な気球が開発され、気象観測だけでないさまざまな学術研究のために高高度で実験を行うことができるようになってきた。日本国内における高高度気球実験は1954年に行われた宇宙線観測実験であり、当時の搭載機器重量は11kgであった。1966年には茨城県鹿島郡大洋村(現在の鉾田市)で本格的な実験が始まり、以来、大洋村で46機、福島県原町市(現在の南相馬市)で57機、和歌山県の潮岬で3機の実験を経て、1971年以降は岩手県気仙郡三陸町(現在の大船渡市)に三陸大気球観測所(2007年に閉所)を恒久基地として構え、ここから通算413機の実験を行い、2008年からは拠点を北海道広尾郡大樹町にある大樹航空宇宙実験場に移して実験を行っている。最近は毎年約10機が放球されている。ブラジルやインド、南極などでも国際共同実験を実施している。

1974年から1978年に行われた気球実験では、X線天体であるかに星雲の硬X線像が世界で初めて精密に測定され、その後のX線天文学の発展につながった。

5-6 航空機搭載望遠鏡

観測目的によっては高高度気球でなく航空機で到達できる十数kmの高度で十分なものがある。カイパー空中天文台(Kuiper Airborne Observatory: KAO)やソフィア(SOFIA)は、航空機の機体を天体観測のために改造した航空機搭載望遠鏡であり、高頻度な観測を行える点に特徴がある。

カイパーはNASAが1974年から1995年まで運用していたもので、アメリカ空軍のC-141輸送機の民間向けデモ機を改造して口径91.5cmの赤外線望遠鏡を搭載していた。後継機にあたるソフィアはB747-SPの機体を改造して口径2.5mの赤外線望遠鏡を搭載したもので、2010年5月に初観測が行われた。

第17章　飛翔体による宇宙探査と宇宙開発

6. 有人による宇宙探査と宇宙開発
6-1　有人宇宙飛行
　ロボット技術が進んだ現在においても、複雑な作業に加え、トラブルの未然の検知やトラブル発生時の臨機応変な対応など、現時点では有人の方が優れている部分がいくつかある。実際、宇宙望遠鏡の分野でもハッブル宇宙望遠鏡は、国際宇宙ステーションからはるか離れ地球帰還の代替手段のない環境ながら、船外活動を伴う5回のスペースシャトルのサービスミッションを受け、高い性能を取り戻した。

　有人での宇宙飛行には通常の宇宙開発に比べてもさらに高い安全性と信頼性が求められるほか、重量の大きな宇宙船の再突入や、宇宙空間における生命維持など、きわめて高度な技術が要求される。旧ソ連（ロシア）とアメリカ、そして中国が、有人での宇宙飛行技術を保有する。

　旧ソ連は1961年4月に世界初の宇宙飛行士を地球周回軌道に送り出し、月探査ではアメリカの後塵を拝し無人探査に切り替えたものの、1971年4月には世界初の宇宙ステーションであるサリュート1号を打ち上げ、その一部は軍用宇宙ステーションのアルマース（Almaz）として運用された。後継機である宇宙ステーションミールは1986年2月に打ち上げられ、2001年3月まで運用された。

　アメリカはマーキュリー計画を通じて1961年5月に有人飛行に成功、さらにはジェミニ（Gemini）計画を経て、1969年7月にはアポロ11号で有人月探査に成功した。また、1981年4月にはスペースシャトルコロンビア（Columbia）の初飛行に成功し、各種の宇宙実験を実施した。スペースシャトルはコロンビア、チャレンジャー（Challenger）、ディスカバリー（Discovery）、アトランティス（Atlantis）、およびエンデバー（Endeavour）（初飛行順）の5機体制で運用され、途中1986年にはチャレンジャーの爆発事故で7名の宇宙飛行士が死亡、2003年にもコロンビアが帰還時に空中分解して7名の宇宙飛行士が死亡するという重大事故が発生したが、2011年7月のアトランティスの最終飛行にいたるまで135回の宇宙飛行を行った。大きな荷室をもつため、国際宇宙ステーションの組み立てを始め、ハッブル宇宙望遠鏡のような天文衛星やマゼラン

6. 有人による宇宙探査と宇宙開発

(Magellan) のような太陽系探査機の放出にも使われた。

米ロ両国を中心として建設が進められた国際宇宙ステーション（後述）は、日本、カナダ、ヨーロッパを含めた人類史上最大の国際プロジェクトとして2011年に完成した。スペースシャトル退役後、アメリカは民間に有人宇宙輸送を委ね、NASAはより遠くの宇宙を目指すこととしている。

中国も2003年10月に神舟5号で自力での有人宇宙飛行に成功しており、2008年9月には神舟7号で宇宙遊泳にも成功した。独自の宇宙ステーションの開発を進めつつある。

将来的な構想として、月面基地の建設、小惑星の有人探査、火星基地の建設などが検討されている。

6-2 宇宙飛行士

先に述べたように人類初の地球周回飛行をなしとげたのは旧ソ連のガガーリンであり、1961年4月12日のことである。以来、これまでに500人を超える宇宙飛行士が誕生している。

日本人として初めて宇宙に飛び立ったのは当時TBS社員であった秋山豊寛で、補欠であった同僚の菊地涼子とともに旧ソ連宇宙飛行士資格を取得している。秋山は1990年12月2日に打ち上げられたソユーズ（Soyuz）TM-11に搭乗して旧ソ連の宇宙ステーションミールに向かい、12月10日に地球に帰還した。世界で初めて商業的な枠組みで宇宙に行った人物であり、世界初の宇宙に行ったジャーナリスト（宇宙特派員）である。

その後、1992年9月12日に毛利衛宇宙飛行士が日本人として初めてスペースシャトルで宇宙に飛び立った。その後、向井千秋、若田光一、土井隆雄、野口聡一、星出彰彦、山崎直子、古川聡といった日本人宇宙飛行士がスペースシャトルや国際宇宙ステーションでの宇宙実験に参加している。2011年7月には大西卓哉、金井宣茂、油井亀美也の3名が新たに国際宇宙ステーション搭乗宇宙飛行士として認定された。

これまでJAXAの宇宙飛行士は、国際宇宙ステーションや日本実験棟「きぼう」の組み立てを通して国際宇宙ステーション計画に貢献し、日本の有人宇宙飛行の技術、経験、知識を蓄積してきた。

第17章　飛翔体による宇宙探査と宇宙開発

これらの経験を活かして現在では宇宙滞在中に、実験・研究、国際宇宙ステーションの操作・保全、ロボットアーム操作、船外活動などを行っている。

宇宙飛行士に求められる素養は時代や任務によって変化するが、国際宇宙ステーション搭乗宇宙飛行士には、科学・技術面での専門知識を備えているだけでなく、各国の宇宙飛行士とチームを組んで共同生活や共同作業を行うため、コミュニケーション手段としての英語力を身につけていて、心身ともに健康であることが条件となる。これまでの宇宙飛行士の選抜においては、書類審査、英語試験、一般教養、自然科学等の筆記試験、面接試験、精神・心理学的な検査等を行い、総合的な評価によって宇宙飛行士候補者が選ばれる。

選ばれた宇宙飛行士候補者は、宇宙飛行士として必要な基本的知識修得をはじめとして、宇宙科学や宇宙医学の講義、宇宙機システムに関する講義と基本操作訓練、英語やロシア語の語学訓練、飛行機操縦訓練、体力訓練などの基礎訓練を受け、それを修了してはじめて宇宙飛行士として認定される。ミッションが決まると、打ち上げ・軌道上滞在・帰還時に行う作業の訓練や、一緒のチームとなる宇宙飛行士や地上管制要員との共同シミュレーション訓練を行い、打ち上げに備えることになる。

6-3　国際宇宙ステーション

国際宇宙ステーション（ISS）は地球を周回する巨大な実験室である。サッカー場ほどの大きさをもち、重量は420t、与圧されている部分はジャンボジェット機の1.5倍の容積がある。秒速約8kmの速さで高度約400kmの地球の周回軌道を飛行し、約90分で地球を1周している。6人のISSクルーが滞在し、長期間にわたり宇宙という特殊な環境を利用した実験や、地球や天体の観測などを行っている。

国際宇宙ステーションには、アメリカ、カナダ、ロシア、日本、および欧州宇宙機関（ESA）の中から11ヵ国（イギリス、フランス、ドイツ、イタリア、スイス、スペイン、オランダ、ベルギー、デンマーク、ノルウェー、スウェーデン）の、合計15ヵ国が参加

6. 有人による宇宙探査と宇宙開発

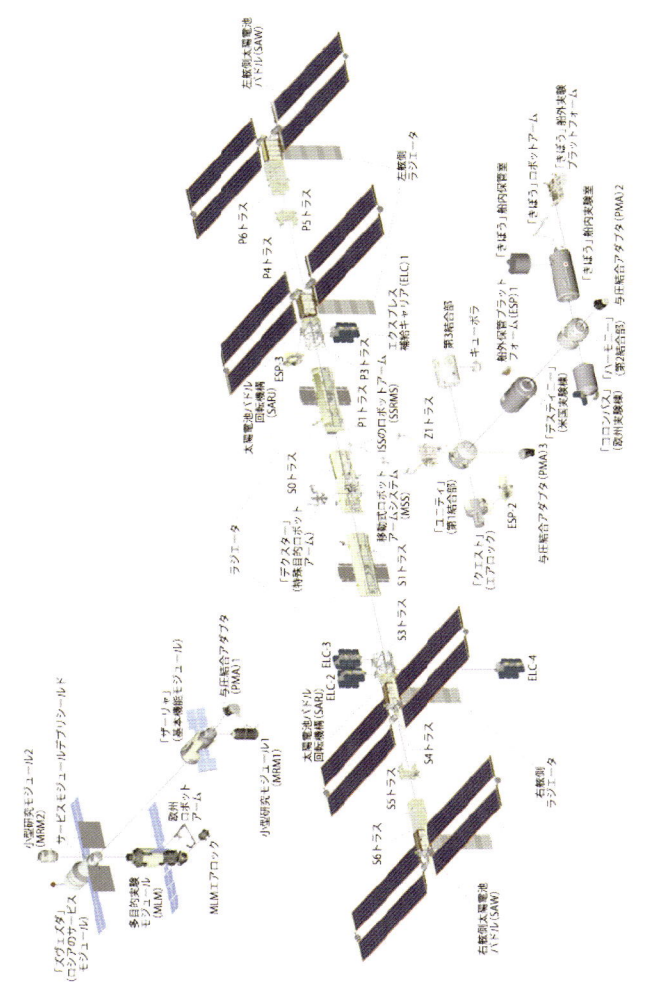

図17-31 国際宇宙ステーションの構成。(JAXA)

第17章　飛翔体による宇宙探査と宇宙開発

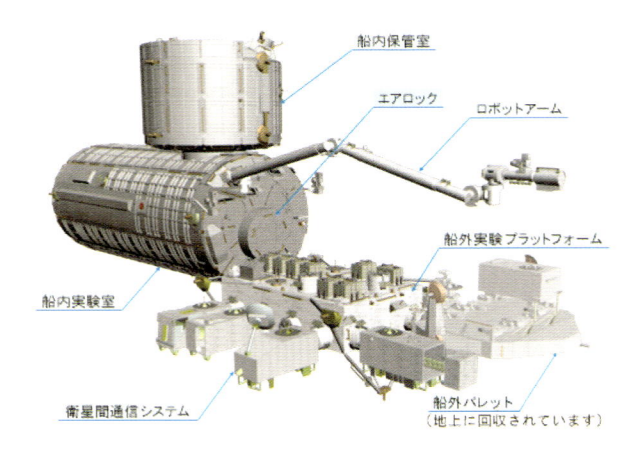

図17-32　日本実験棟「きぼう」の構成。(JAXA)

している。

　1984年にアメリカの呼びかけで検討が始まった国際宇宙ステーションは、最初の構成要素であるロシアのザーリャ（Zarya）という基本機能モジュールが1998年11月に打ち上げられて以来、途中2003年のスペースシャトルコロンビアの事故によって一時中断があったものの、各国が開発した構成要素が四十数回に分けて打ち上げられ、ロボットアームの操作や宇宙飛行士の船外活動によって組み立てられた。全体構成は図17-31に示すように複雑なものである。2009年にはISSクルーが6人体制となり、日本が担当する日本実験棟「きぼう」が完成した。2011年7月に完成を迎え、10年以上使用される予定である。

　日本実験棟「きぼう」は船内実験室と船内保管室、船外実験プラットフォーム、ロボットアームという4つの構成要素からなる（図17-32）。2008年から3回に分けてスペースシャトルによって国際宇宙ステーションへと運ばれ、2009年7月に完成した。国際宇宙ステーション内の最大の実験施設で、微小重力や真空などの宇宙環境

6. 有人による宇宙探査と宇宙開発

を利用した最先端の研究を行っている。

船内実験室では宇宙飛行士が普段着で実験に従事でき、主として微小重量環境を利用した基礎物理学、燃焼科学、材料科学、生物学、医学などの分野での実験が進められているほか、教育や芸術などの分野での利用や有償での商用利用も進められている。

一方、船外実験プラットフォームは宇宙空間に直接さらされているのが特徴で、全天X線監視装置（MAXI）や宇宙環境計測ミッション装置（SEDA-AP）が運用を続けているほか、超伝導サブミリ波リム放射サウンダ（SMILES）はオゾンやそれを破壊する塩素・臭素化合物などの大気の微量成分の観測を行った。

6-4 宇宙基地

国際宇宙ステーションの次に人類が構築する宇宙活動拠点としては、月面基地、火星基地、スペースコロニーなどが考えられている。地球周回軌道を離れて月や火星や小惑星などに向かうには、現在の国際宇宙ステーションとの往復に比べてはるかに大きなコストと時間が必要で、必然的に宇宙滞在期間は長期となる。この際に問題となるのが、真空や閉鎖環境、微小重力など、地球とは異なる環境に人類がどこまで耐えることができるかということと、ライフラインの確保である。

月面基地は国際宇宙ステーションの次の段階としてはもっとも現実的なものであるが、真空環境ゆえ、単に呼吸の問題だけでなく、激しい温度差や微小隕石の衝突や厳しい放射線環境への対応をはじめ、エネルギーや水・食料などのライフラインについても深刻な問題となる。たとえばエネルギーに関しては、揮発性物質に乏しい月ではいわゆる化石燃料は調達できないため、太陽光発電などに頼らざるを得ない。しかしながら、月は2週間続く昼の後には、夜が2週間続く。このきわめて寒冷な環境でどのようにして越夜するかは大きな問題となる。水については国際宇宙ステーションですでにある程度の回収・再利用がなされているが、これをさらに効率化する必要がある。食料については国際宇宙ステーション同様に、当面は滞在人員を想定される滞在期間だけ維持できるだけの量を地球から搬入する必要がある。

第17章　飛翔体による宇宙探査と宇宙開発

　月面基地の構成としては、モジュール的なものを組み合わせることによって拡張することのできるものなどが構想されている。また、日本の月周回衛星「かぐや」により発見された月の縦穴は溶岩チューブの開口部だと考えられており、大規模な月面基地の候補地の1つとして考えられている。アメリカは2000年代には一時2020年までに月面基地の建設を開始するという構想をもっていたが、白紙撤回された。各国とも構想はあるものの具体的な話にはなかなかならないのが現状である。

　月面基地がこのような状況なので火星基地に関してはさらにその先となると考えられるが、火星に行くには往復に4年ほどかかり、適切なタイミングでないと地球帰還できなくなることを考えると、より持続的なシステムの構築が必要となる。幸い火星には薄い二酸化炭素の大気や若干の水があるため、ここで一種の農業を行うことで排泄物などから食料の再生産を行うことも考えられる。このための基礎研究を宇宙農業といい、アジアやアフリカなどのコメ、イモ、昆虫などを中心とした食材や食生活を参考にして有志による研究が進められている。火星の有人探査の主目的は生命探査と考えられ、火星の環境を保持するためには人類の滞在環境を外界と完全に隔離することも重要である。このため、バイオマスの減量化と堆肥化のための超好熱細菌の研究なども進められている。これらの活動は極限的な貧栄養環境で可食作物の収率を極限にまで高めるための研究としても位置づけられ、地球の食料問題を解決する手がかりを与えるとも期待される。

　宇宙移民やテラ・フォーミングという言葉があり、遠い将来、人類が地球以外の場所で世代交代をすることも空想されている。しかし、それが地球環境の破壊等の人為的問題で滅びる運命にある人類が一部を延命のために託したり、あるいは増加する人口の一部を移住させたりするという消極的な意味で提案されているとしたら、それは単なる現実逃避に過ぎない。現在の国際宇宙ステーションは、あくまで宇宙実験のための実験室であり、宇宙飛行士は地球に住み、業務のために短期間宇宙に滞在しているに過ぎない。わずか上空数百kmの地球周回低軌道とはいえ、人類は宇宙への移住を経験したことがなく、その道筋もついていない。有人宇宙活動を現実に

7. 宇宙ゴミ

行うことによって、宇宙環境が人類をはじめ地球上の生命に対してきわめて過酷であり、快適な生活を実現することが困難であることがますますはっきりした。そのような厳しい環境を生命活動にふさわしい環境に作り変える力があるとしたら、地球環境を保持する方がよほどたやすい。また、逆に生まれ育った地球すら守れないのであれば、宇宙に進出しても汚れた星を増やすだけである。

7. 宇宙ゴミ

現在運用中の衛星だけでなく、運用を停止した衛星や使用済みのロケット、それらの破片などが地球の周りを回っている。地球の周りにある、機能を失っている人工物を宇宙ゴミ（スペースデブリ）と呼ぶ。宇宙ゴミは高速で飛んでいるため、小さな破片であっても衛星に衝突すると、表面に穴を開けるなど大きな被害をもたらす。

10cm以上の宇宙ゴミは1万5000個以上あり、アメリカの宇宙監視ネットワークなどがカタログ化して監視している。1〜10cmの宇宙ゴミは10万個、1cm以下のものは数百万個あるといわれているが、あまりにも小さいため監視することができていない。図17-33に示すように、宇宙ゴミの多くは低軌道に分布しており、静止軌道周辺にも分布している。

地球を周回している宇宙ゴミはしだいに高度を下げていき、大気圏に突入して燃え尽きる。太陽の活動性が高まると地球の大気層が膨張するため宇宙ゴミの数は減る。しかし、宇宙ゴミは自然消滅で

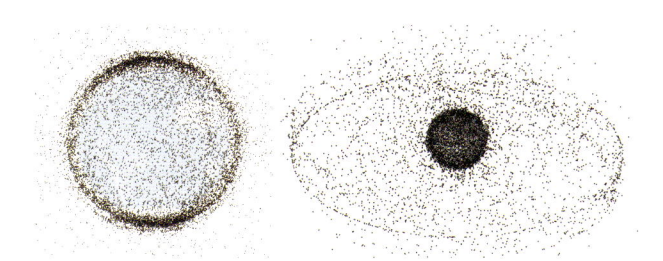

図17-33 宇宙ゴミの分布。左は低軌道上、右は静止軌道を含む。（NASA）

第17章　飛翔体による宇宙探査と宇宙開発

は追いつかないほど、増加の一途をたどっている（図17-34）。とくに2007年1月に行われた中国の衛星破壊実験、2009年2月に起きた運用中の衛星と運用を停止していた衛星の衝突による増加が目立つ。

宇宙ゴミが増えるとケスラーシンドローム（ゴミ相互の衝突によりゴミの数が自然増加する現象）が発生して軌道資源が枯渇する恐れがあるが、今のところはまだそのような状態にはいたっていないと思われる。

宇宙ゴミの低減に向けた取り組みの主なものとして、スペースデブリ低減ガイドライン（2007年国連）、IADCスペースデブリ低減ガイドライン、ITU勧告、ISO技術標準などがあるが、どれも法的拘束力がなく、各国の国内法に依存しているのが実態である。今後の宇宙開発にとって、1つの重要課題であることは間違いないであろう。

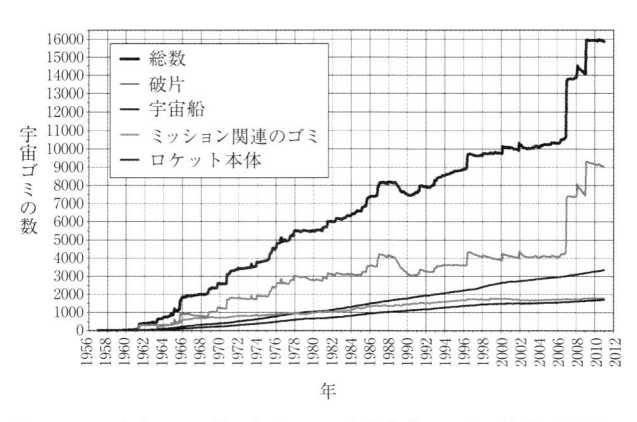

図17-34　宇宙ゴミの数の変遷。1980年代後半には太陽活動の活発化による減少、1996年にはフランスの衛星とロケットの破片の衝突事故による増加、2007年1月には中国の衛星破壊実験による飛躍的増加、2009年には米ロの衛星衝突事故による増加が見られる。（NASA）

第18章
天文学の教育と普及

第18章　天文学の教育と普及

1. 概要

　天文学の教育と普及は、通常の天文学の研究とは、やや異なった特徴をもつ。天文学の研究では、未知の天体や現象を発見し解明していくが、教育と普及では既知のことを多くの人々に理解してもらうことが目的になるからである。このためには天文学の内容のみならず、一般の人にいかにその内容を理解してもらえるかという教育的配慮が常に必要になる。

　組織だった天文学の教育は、他の学問と同じように学校で行われ、小学校から高等学校までの学習内容は、基本的には学習指導要領にしたがう。また、天文学に関する課外活動もある。

　大学や大学院では、主に理学部や理学研究科において天文学の教育と研究が行われている。さらに、小中高の理科教員の養成を目的として、教育学部等でも天文の教育研究活動がある。

　学校外での教育活動は、社会教育（または生涯学習）と呼ばれる。博物館は社会教育に関わる施設の1つであり、自然科学の教育に特化した博物館は科学館と呼ばれる。これらの施設ではプラネタリウムが設置されていることが多く、天文学の教育や普及に貢献している。さらに、日本では、天文学の教育と普及を主目的とした公開天文台（公共天文台）が多く設置されており、日本の天文学関連の社会教育を特徴づけている。

　本書では詳しく取り上げないが、他にも天文学の教育と普及は、さまざまな形で行われており、次のようなものがある。

　アマチュア天文家による観望会等：公的な組織等には属さないアマチュア天文家が日本には多く存在し、多数の天文同好会が組織されている。アマチュア天文家やその組織による天体観望会等の活動も活発に行われており、天文学の普及に対する貢献は大きい。

　アウトリーチ活動：大きな研究施設（たとえば国立天文台や宇宙航空研究開発機構など）で、研究成果を社会に還元する教育普及の活動をいう。各大学のオープンキャンパスもアウトリーチ活動の一種といえよう。

　学会や研究会等の活動：主に研究者から構成される日本天文学会も、会の目的を"天文学の進歩及び普及"としており、1908年の創立のころから普及活動を行ってきた。特に同会が編集している星

2. 学校教育

座早見盤はロングセラーであり、学校等で使われてきている。"天文教育の振興および天文普及活動の推進"を目的とした天文教育普及研究会は1989年に発足し、活発な活動を続けている。また、日本プラネタリウム協議会と日本公開天文台協会もそれぞれ活動している。2009年の世界天文年では、天文の教育普及に関する各団体が活躍した。この成果をさらに発展させるために、2010年に日本天文協議会が発足した。国際的には、国際天文学連合（IAU）の第46委員会「天文学教育と開発」が活動している。

天文学の教育と普及の研究：教育と普及をより効率的に行う手法の開発や実践方法は研究の対象となる。これまで述べてきた各会はその情報交換の場にもなっている。国外では関連する研究成果は査読付きの学術誌であるAstronomy Education Reviewに掲載されている（2001年からインターネット上で刊行）。

2. 学校教育

現在、小学校・中学校・高等学校等の各教科の内容は、文部科学省が定める学習指導要領に準拠して行われている。学習指導要領は1947年に最初に作られ、約10年に1度、大きな改訂が実施されてきた。学習指導要領については批判も多いが、日本の学校教育での学習内容を保障していることも事実である。学校で使用される教科書も、学習指導要領に準拠して作られている。そこで以下では、小学校・中学校・高等学校の天文教育の内容について、学習指導要領を中心に見ていく。

一方、大学と大学院での教育については、学習指導要領に相当するものはなく、よりバラエティに富んでいる。このため、まとめるのは難しいが、最近は、各大学・大学院の内容はホームページ等で公開されているので、これらを参考にしてまとめる。

2-1 小学校での天文教育

小学校の子どもたちに、天文について、どのような内容が教えられているのだろうか。表18-1は、1958年から今までに公表された『小学校学習指導要領』の理科の節から、天文に関連する項目を抜き出したものである。ただし、表現は必ずしも原文そのままではな

第18章　天文学の教育と普及

表 18-1　小学校での天文学習内容（学習指導要領より）

年度	内容
1958 (S33)	日なたと日陰 (1)、太陽の観察 (2)、月の観察 (3)、星と星座 (4)、地球の自転と昼夜 (5)、太陽の見かけの運行／季節 (6)
1968 (S43)	日なたと日陰 (1)、太陽の通り道 (2)、月の形や動き (3)、星の並び、動き、明るさや色 (4)、星の動き (5)、地球の形や動き／自転 (6)
1977 (S52)	日なたと日陰 (3)、太陽と月の見え方／位置 (4)、星の明るさ／動き (5)
1989 (H元)	日なたと日陰 (3)、太陽と月 (5)、星の明るさ／色／位置 (6)
1998 (H10)	日なたと日陰 (3)、月や星 (4)
2008 (H20)	日なたと日陰 (3)、月と星 (4)、月と太陽 (6)

年数は発表年度であり、実施はその数年後である。カッコ内の数字は、学習する学年を示す。

い。

　時代によって、取りあつかわれる内容や学習時期は少しずつ異なるが、低学年では、"日なたと日陰"の項目で、太陽の放射や、物の影が時間とともに移動することを学ぶ。学年が上がると、太陽、月、星の様子やその見かけの動きなどの観察が行われることになる。1977年、1989年、1998年に公表された学習指導要領は、いわゆる"ゆとり教育"の時期のものである。特に1998年の内容が少ないことがわかる。

　小学生の宇宙の認識についての最近の話題を紹介しよう。2004年の縣秀彦たちによる小学生へのアンケート調査（天文月報2004年12月号、p.726）によると、小学生の4割が、「太陽が地球の周りを回っている」と答えた。つまり、多くの小学生が現在の宇宙観（ここでは地動説）を知らないのである。このことの背景には、まずゆとり教育による学習時間の減少もあるが、学習にも関連する。まず、子どもたちの空間概念の発達に配慮し、地球の外側から見る

2. 学校教育

という視点に触れられていないことがある。

　また、小学校では慣性の法則を学習しない。そのため、地球の自転や公転運動をなぜ自分たちが感じないのか、論理的に理解させることができない。そのような事情もあって、地動説の説明がされていない。このため、上述のアンケート結果になるのは当然ともいえる。しかし、この問題は、小学校の理科では何を教えるべきかという本質的な問題と関連しているので、報道でも大きく取り上げられた。小学校での理科教育のあり方に一石を投じた出来事であった。

　天文に関連する内容が社会などの理科以外の教科であつかわれる場合もある。太陽の天球上の動きを表すために、東西南北の4方位が出てくるが、これが最初に定義されるのは社会科での地図の学習においてである。そこでは方位は、方位磁針で定義されている。また国語の教材として、天文や宇宙について書かれた文章が取り上げられる場合もある。このような複数の教科に散在している内容をうまく用いることができれば、より効果的な授業ができるだろうと想像される。しかし、それぞれの教科にはそれぞれの目的があり、複数科目にまたがるような授業展開は容易ではない。

2-2　中学校での天文教育

　中学校での天文教育の内容を学習指導要領から抜粋して表18-2にまとめた。いつの時代にも、中学校では、地球の自転と公転や、太陽系の惑星について、空間的な認識も含めて学習している。こういった学習は、地球をはじめ太陽系の諸天体の運動を理解するにも重要であるが、個々の生徒の理解に差が出やすいところでもある。したがって、教育方法には工夫が必要である。

　時代によって学習する内容が異なる部分もあり、特に、銀河系についての取りあつかいの違いは大きい。1958年から1977年の学習指導要領では、銀河系という用語が出てくるが、ゆとり教育の時代の1989年と1998年の版では出てこない。しかし、ゆとり教育から脱却した2008年版では、銀河系が復活している。

　一方、銀河という用語は1958年以降、現在にいたるまで中学校の学習指導要領では出てこない。20世紀の中ごろは、まだ銀河の重要性は、研究者の中でも今日ほどは認識されていなかったためで

第18章　天文学の教育と普及

表18-2　中学校での天文学習内容（学習指導要領より）

1958（S33）	3年で学習 地球：地球の運動 月：月とその運動（月面の様子／満ち欠け／潮汐）、日月食 太陽と太陽系：太陽（表面の様子）、太陽系（構造、惑星の見かけの運動、流星） 恒星：恒星の色／光度／距離、季節の星座、銀河系と宇宙
1969（S44）	1年で学習 地球・月および太陽の形状と距離、太陽と地球の運動、太陽系と太陽系以外の宇宙（恒星、惑星、銀河系） 太陽放射と地球
1977（S52）	1年で学習 地球の運動：日周運動、四季の星座、地球の公転 太陽系の構成：地球・月・太陽の表面の特徴 恒星と宇宙：恒星の明るさ・色、銀河系
1989（H元）	1年で学習 身近な天体：月、太陽の観察、天体の日周運動と自転、四季の星座と地球の公転 惑星と太陽系：惑星と恒星の違い、惑星の動き
1998（H10）	3年で学習 天体の動きと地球の自転・公転：日周運動と自転、年周運動と公転 太陽系と恒星：太陽の様子、惑星と恒星の特徴
2008（H20）	3年で学習 天体の動きと地球の自転・公転：日周運動と自転、年周運動と公転 太陽系と恒星：太陽の様子、月の運動と見え方（日食、月食を含む）、恒星と惑星の特徴（銀河系の存在を含む）

年数は発表年度であり、実施はその数年後である。

2. 学校教育

あろう。しかし、今では、新聞やテレビなどの最新の研究成果の報道で、銀河という用語が頻繁に聞かれるようになった。また、宇宙全体を考える際には、銀河の概念は重要である。高等学校の地学で、銀河はあつかわれるが、次で見るように、地学の履修者が少ない。そこで、義務教育で銀河に関する基本的な知識を教えることは非常に重要だと考えられる。

2-3 高等学校での天文教育

　高等学校の理科（主に地学）での天文教育の内容を表18-3に示す。ここでは、歴史的変遷を見るために1956年、1998年、および2008年の学習指導要領の記述のみを示している。この表を見ると、時代による学習事項の差が歴然と見てとれる。たとえば1956年版では、天球が1つの項目として取り上げられており、位置天文学に関連する内容の取りあつかいが、後と比べると大きいことがわかる。1960年の学習指導要領では、地学は2単位しかなく（物理・化学・生物は、3ないし5単位）、恒星や銀河系などはあつかわれていない。また1998年の地学Ⅱにおいては、天体の観測の項目がある。これは、さまざまな観測手段が使われるようになり、天文学が大きく進展してきたことが反映されているのであろう。

　このように歴史的変遷はあるが、最近では、惑星／太陽系、太陽、恒星、銀河系、銀河、宇宙というように、対象ごとにまとめて学習できるようになっている。そのため、現代の天文学によって解明された宇宙像を知ることができるようになっている。

　高校では科目の選択が可能である。そのため、小学校と中学校では全員が同じ内容を学習するが、高等学校ではそうではない。このことは、天文教育においては、天文が含まれる地学の開講や履修者の数が大変少ないという大きな問題に直結している。2006年の教科書の需要数から推定される地学Ⅰの履修率（高等学校在学者に対する割合）は、わずか3％であり[1]、従来よりも減少している。高校での科目選択のさらなる多様化や、授業時間の減少、大学受験などが関連していると考えられるが、天文教育の観点からはきわめて

---

[1] 田村糸子「地質学雑誌」2008, 114巻, 157

第18章 天文学の教育と普及

表 18-3 高等学校での天文学習内容（学習指導要領より）

1956（S31）	（地学5単位の内容。3単位の地学もあった） 太陽系：太陽・惑星・月の概観、惑星・月などの運動、太陽系の天体の距離と質量の求め方、日食と月食 天球：天球と日周運動、天体と見かけの運動、天体の座標と星座、恒星時と太陽時、時と暦 恒星：恒星の等級・距離・絶対等級・スペクトル型、巨星と矮星、連星と変光星 宇宙：恒星の数・分布・運動、星団と星雲、銀河系、宇宙観の変遷
1999（H11）	理科基礎　天動説と地動説 地学Ⅰ　太陽の形状と活動、恒星の性質と進化、銀河系と宇宙 地学Ⅱ　天体の観測：天体の放射、天体の様々な観測 宇宙の広がり：天体の距離と質量、宇宙の構造
2009（H21）	地学基礎　宇宙のすがた（宇宙の誕生、銀河の分布）太陽の表面の現象、太陽のエネルギー源、恒星としての太陽の進化 地学　地球の自転と公転、太陽系天体とその運動、太陽の活動と内部構造、恒星の性質と進化、銀河系の構造、様々な銀河、膨張する宇宙

年数は発表年度であり、実施はその数年後である。ここでは、1960年、1970年、1978年、1989年の学習指導要領版は省略した。

残念なことである。

　授業以外に、天文に関する課外活動は活発に行われている。全国的には高校生天体観測ネットワークが組織され、共同の天体観測会などが行われている。

2-4　大学・大学院での天文教育

　大学の1年または2年次に行われる教養教育（または共通教育）で、天文学の講義が開講されている場合がある。学生は所属学部を問わず、教養としての天文学が学べるはずだが、すべての大学で常

に開講されているわけではない。

　大学・大学院における天文学の専門教育（主に2年または3年次以上）では、物理学的な観測や理論を使う場合が多い。そのため、理学部・理学研究科での天文領域は、天文学や宇宙物理学などの名称を用いつつ物理系の学科の1つとして設置されるか、物理（系）学科内に設置される場合も多い。科目も、基礎的な物理学（力学、電磁気学、量子力学、統計力学、物理数学など）を学習し、その上で天文学独特の科目（たとえば、恒星天文学、星間物理学、銀河（系）物理学、宇宙論、これらを総合した天体物理学など）を学ぶ場合が多い。

　一方、教育学部・教育学研究科では、高校等の学校教育の関連から、天文学は理科教育の地学の一分野として位置づけられている。科目名も、地学や地学実験といった名称になっている。教職科目の一部では、小学校から高校までの学習内容を意識した天文学の内容が学習されている。一方、教科専門科目においては、理学系の専門的な天文学・天体物理学が学べる場合もある。

　大学・大学院での天文学の教育および研究については、各大学のホームページのほか、「宇宙を学べる大学」ホームページ（愛知教育大学の澤武文による）にまとめてある。表18-4は、「宇宙を学べる大学」ホームページを参考にして、学部の下の階層（学科名や系など）の名称をもとに、(1)学科等の名称に天文や宇宙がつく大学、(2)物理学科等で天文が学べる大学、(3)教育系で天文が学べる大学、(4)地学・地球物理・教養（学部）、工学系等で天文が学べる大学で分類したものである。規模・名称等、バラエティに富んでいることがわかる。

3. 科学館とプラネタリウム

　この節では社会教育の中で天文学があつかわれている典型例として科学館とプラネタリウムを取り上げ、その活動を紹介する。

3-1　科学館における天文学の普及
(1)　科学博物館と科学館

　博物館や科学館は歴史的あるいは文化的に貴重な資料を豊富に所

第18章　天文学の教育と普及

表18-4　宇宙を学べる大学：学科等の名称別一覧

〈学科等の名称に天文や宇宙がつく大学〉
【国立】東北・理・宇宙地球物理(天文)(14)、東京・理・天文(21)、総合研究大学院*・天文科学(58)、京都・理・宇宙物理(16)

〈物理学科等で天文が学べる大学〉
【国立】北海道・理・物理(4)、弘前・理工・物理(2)、山形・理・物理(6)、筑波・理工・物理(7)、茨城・理・物理／地球環境／学際理学(7)、埼玉・理・物理(4)、千葉・理・物理(6)、東京・理・物理(6)、総合研究大学院*・素粒子原子核(5)、東京工業・理・物理(4)、新潟・理・物理(3)、金沢・理工・数物(3)、信州・理・物理(3)、名古屋・理・物理(10)、京都・理・物理第二(13)、大阪・理・物理(11)、奈良女子・理・物理(1)、広島・理・物理(11)、山口・理・物理(2)、愛媛・理・物理(7)、九州・理・物理(2)、佐賀・理工・物理(2)、熊本・理・物理(2)、鹿児島・理・物理(9)
【公立】首都大学東京・都市教養・物理(5)、大阪市立・数物(4)、大阪府立・理・物理(2)
【私立】青山学院・理工・物理(6)、学習院・理・物理(1)、中央・理工・物理(2)、東海・理・物理(5)、東京理科・理・第一部物理／第二部物理(2)、東京理科・理工・物理(1)、東邦・理・物理／生命圏環境科学(4)、日本・文理・物理(1)、日本女子・理・数物(1)、明星・理工・物理(3)、立教・理・物理(10)、早稲田・先進理工・物理(2)、京都産業・理・物理(5)、立命館・理工・物理(1)、関西学院・理工・理(6)、近畿・理工・理(6)、甲南・理工・物理(7)

〈教育系で天文が学べる大学〉
【国立】北海道教育・旭川校(1)、山形・地域教育文化・地域教育／生活総合(1)、埼玉・教育(1)、東京学芸・初等・理科／中等・理科／環境教育(2)、上越教育・学校教育(1)、愛知教育・現代学芸(2)、三重・教育(1)、滋賀・教育・教員養成(1)、滋賀・教育・情報教育(1)、大阪教育・教員養成／教養学科(3)、和歌山・教育(1)、香川・教育(1)、福岡教育・初等／中等／環境情報(1)、長崎・教育(1)、大分・教育福祉(1)
【私立】文教・教育(1)

702

3. 科学館とプラネタリウム

〈地学・地球物理・教養（学部）、工学系等で天文が学べる大学〉
【国立】弘前・理工・地球環境（4）、東北・理・宇宙地球物理（地球物理）(11)、東京・理・地球惑星物理（22）、東京・教養・広域科学（2）、東京工業・理・地球惑星（3）、横浜国立・工・知能物理（3）、岐阜・工・数理デザイン（2）、神戸・理・地球惑星（5）、広島・理・地球惑星システム（2）、徳島・総合科学・総合理数（1）、宮崎・工・材料物理（2）
【公立】会津・コンピュータ理工（7）、名古屋市立（1）、高知工科・システム工学（1）
【私立】桜美林・リベラルアーツ（1）、工学院・工・応用化学／機械工学（1）、国際基督教・教養（1）、芝浦工業・システム理工・電子情報システム（2）、獨協・国際教養・言語文化（1）、神奈川・理・情報科学／総合理学（3）、日本福祉・健康科学・福祉工学（1）、大阪工業・情報科学・情報システム（1）、大阪産業・教養（1）、奈良産業・情報（1）、岡山理科・生物地球・生物地球（3）、東海・産業工学・環境保全（1）
【放送大学】放送・教養・自然と環境（1）

学部の次の階層にくる名前で分類した。カッコ内の数字は、専任教員の数である。基本的に、「宇宙を学べる大学（2009年版）」をもとにしたが、若干の修正も加えた。
＊総合研究大学院大学は、学部をもたず、大学院のみの組織である。

蔵し、それを展示して市民の観覧に供することにより、広く教育に貢献しようとしている施設である。博物館は資料の収集・保管を重視し、科学館は科学・技術の普及・教育を重視しているという違いがあるため両者を区別しているが、その境界は必ずしも明瞭ではない。英語圏でも同様で、科学博物館をscience museum、科学館をscience centerと表記している。

科学博物館で天文学をあつかう場合、隕石などの天体そのものや観測装置、古文献、天文学者の研究資料などの希少な実物資料（一次資料という）を収集・保管し、それを展示するといった手法をとる。わが国では東京の国立科学博物館が典型例で、ここにはわが国

第18章　天文学の教育と普及

に落下した隕石の多くが収集・展示されているほか、江戸期から現代にいたる天文学史資料が展示されていて、日本の天文学研究史を概観できるよう配慮されている。資料の多くが希少なものだけに他の博物館では真似のできない構成となっている。ただ、このように一次資料への依存度が高い場合、実物を展示できない分野は欠落してしまう。科学博物館が天文学史に偏る傾向が見られるのはこのためと考えられる。

　一方、科学館は模型や解説図版、実験装置などの二次資料を駆使して天体そのものや原理・法則などを解説しようと努めている。最近は体験的に把握できるよう配慮されていて、実際に覗いたり、触れたり、操作したりすることによって教育効果が高められるような努力がなされている。たとえば、ガリレオの望遠鏡のレプリカや、星空を室内に再現するプラネタリウムなどは典型的な二次資料であり、科学館ならではの教育手段である。天体のほとんどは実物を展示できないから、この分野では科学館的手法が有利である。また、科学館は普及・教育を強く意識しており、天体観望会や教室活動、科学イベントなどの普及活動にも力を入れている。

(2)　科学博物館での展示例

　世界の博物館の代表として、イギリスの大英博物館やフランスのルーブル博物館、ドイツ博物館、アメリカ合衆国のスミソニアン博物館群などがある。こうした大規模な博物館には天文学史資料も収蔵されている。

　たとえば、イギリス・ロンドンの国立科学博物館にはロス卿の1.8 m望遠鏡の主鏡やニュートンが製作した反射望遠鏡、19世紀のヴィクトリア朝時代に盛んに製作された観測機器やオーラリー（太陽系の機械的モデル）などが保存・展示されているし、ルーブル博物館にはルネサンス期以前にイスラム圏で書かれたアラビア語の古文献、アストロラーベなどの観測装置等が豊富に収蔵されている。

　ドイツ・ミュンヘンのドイツ博物館にはヨゼフ・フォン・フラウンホーファー（J. von Fraunhofer）が製作し、1846年の海王星発見に使われたベルリン天文台の24cm屈折望遠鏡がある。また、ワシントンのスミソニアン航空宇宙博物館にはアメリカの宇宙開発の

3. 科学館とプラネタリウム

歴史が見てとれる宇宙船等の実物資料等が収集・展示されている。

わが国でも国立科学博物館のほか、小規模ではあるが歴史的資料を保存・展示している例がある。仙台市天文台は仙台藩で使われていた渾天儀や象限儀などの観測機器を、千葉市立郷土博物館では13～19世紀の中国・ヨーロッパの星図等の古文献を、大阪市立科学館では江戸期の大坂での天文学研究史料や中国・ヨーロッパの古文献を収集・保存し、展示している。しかし、地域伝来の天文学史資料については歴史系の施設や地域の図書館などが収蔵している場合が多いようである。

歴史の長い天文台では博物館となっていたり、歴史的資料を展示していることもある。現在、イギリスのグリニッジ天文台一帯は博物館となり、本初子午線の決定に使用された子午環をはじめ、ウィリアム・ハーシェル（W. Herschel）の1.2m望遠鏡の鏡筒やジェームズ・ブラッドリー（J. Bradley）が光行差を発見した望遠鏡（レプリカ）、ジョン・ハリソン（J. Harrison）が1735年から1760年にかけて製作した精密時計クロノメータなどが修復・保存・展示されている。また、初代台長ジョン・フラムスチード（J. Flamsteed）の観測室や居室等が再現され、当時の観測状況を偲ぶこともできる（図18-1）。

グリニッジ天文台と同時代に設立されたパリ天文台（現在でも研究活動が活発に行われている）にはかつての観測機器や文献などがよく保存されていて、時折、テーマを決めた展示会が開催されている。わが国の国立天文台（東京都三鷹市）でも江戸幕府の天文方関連の文献や、かつて

図18-1 博物館となったグリニッジ天文台の子午環室と本初子午線標示。

第18章　天文学の教育と普及

使用されていた観測機器や建物を保存・展示している。

また、ここ数十年の間に、大学に博物館を併設する動きが活発化し、東京大学、京都大学、東北大学、大阪大学等に整備されるようになり、天文学関連資料も収められている。

(3)　科学館の誕生とその特徴

科学館の原型はドイツ・ミュンヘンのドイツ博物館である。これは1903年にオスカー・フォン・ミラー（O. von Miller）が構想し、1925年に一般公開されたもので、資源、鉱山をはじめとする技術的成果物とその原理を実際に操作したりすることで体験的に把握できるよう工夫されていた。実物資料の理解を助けるために操作性が取り入れられたが、その後、この手法を大幅に採用して科学館が生まれた。なお、現代的なプラネタリウムはこのドイツ博物館で構想されたもので、1923年に第1号機が設置され、大きな反響を呼んだ。

同様の動きがわが国でも芽生えていたことは特筆に値する。1906年、湯島の聖堂内にあった高等師範学校附属・東京教育博物館の主事となった棚橋源太郎（1869-1961）は科学実験機器を実際に操作できるように陳列し、今日の科学館的スタイルを採用した。しかし、この試みは短期間で消えてしまった。

世界的に見ると、子ども博物館が与えた影響も見逃せない。第二次大戦後、幼児に基本的な生活体験をさせる教育施設として子ども博物館が作られた。そこでの手法は体験的展示であり、科学に関するものも少なくなかった。1969年に開館したアメリカ合衆国のエクスプロラトリアム（サンフランシスコ）が与えた影響も大きかった。

この科学館は主に物理現象とその原理を体験的に把握させることに徹底的にこだわり、独自性溢れる展示品を数々製作した。かつての倉庫を展示場とし、展示品にも飾り気一つなかったが、原理をむき出しで見せるというその斬新なアイディアに多くの見学者が魅了された。科学教育が盛んになった1960年代に、こうしたいくつかの流れが合流し、現在見られるような科学館のスタイルが定着した。

3. 科学館とプラネタリウム

　その他に有力な科学館としては、オンタリオ・サイエンスセンター、シカゴの科学産業博物館、フランスのラビレット（科学産業都市）、上海科学技術館などをあげることができる。わが国にはこれらに匹敵するような規模の科学館はまだ作られていない。

(4) わが国の科学館と活動例

　わが国には自然史系（動植物園、水族館含む）の博物館が350館ほど、理工系の博物館が約70館、科学館あるいは科学センター等を名乗っている施設が約100館ある（2010年度の統計）。プラネタリウムは250施設ほどあり、理工系博物館・科学館の約半数にプラネタリウムが設置されていて、何らかの天文学の普及活動が行われていると期待される。これはアメリカ合衆国と肩を並べるほどの数字で、公開天文台が多いこととあわせて、わが国の特徴となっている（表18-5）。

　博物館・科学館の教育活動の一例として大阪市立科学館のプログラムを見ると、約3000m^2の展示場のうち500m^2程度が天文関係で、太陽系の縮小モデル、太陽、隕石と宇宙の化学組成、星の距離、日本の代表的天文台、江戸期の大坂での天文学研究史などがあつかわれている。時折、特定のテーマに関する特別陳列も行うが、基本は常設展示である。その他、プラネタリウムや天体観望会、講演会をはじめとする各種科学イベントがある。

　また、友の会（会員数約1000名）や小学生の科学クラブ（会員数150名）が組織され、展示解説や天体観望会、実験ショーでは市民ボランティアが計80名ほど活動している。機関誌やホームページでも情報提供を行いながら、出張プラネタリウムや出前授業などのアウトリーチ活動にも力を入れている。2011年度の利用者は展示場が約39万人、プラネタリウムが約36万人ほどである。

　以上は一例であるが、程度の差はあれ、国内のどの科学館でも似たようなプログラムが展開されていると見てさしつかえない。

第18章　天文学の教育と普及

表18-5　わが国の特徴ある科学館・プラネタリウム館

館　名	設立年	ドーム径
国立科学博物館	1877	—
仙台市天文台	1955	25.0
明石市立天文科学館	1960	20.0
名古屋市科学館	1962	35.0
科学技術館	1964	—
京都市青少年科学センター	1969	16.0
北九州市立児童文化科学館	1970	20.0
川崎市青少年科学館（かわさき宙と緑の科学館）	1971	18.0
富山市科学博物館	1979	18.0
広島市こども文化科学館	1980	20.0
新潟県立自然科学館	1981	18.0
札幌市青少年科学館	1981	18.0
神戸市立青少年科学館	1984	20.0
高崎市少年科学館	1984	21.0
横浜こども科学館（はまぎんこども宇宙科学館）	1984	23.0
つくばエキスポセンター	1985	25.6
浜松科学館	1986	20.0
黒部市吉田科学館	1986	20.0
さいたま市宇宙劇場	1987	23.0
府中市郷土の森博物館	1987	23.0
松山市総合コミュニティセンター	1987	23.0
宮崎科学技術館	1987	27.0
わくわくグランディ科学ランド	1988	20.0
岐阜市科学館	1988	20.0
八王子市こども科学館（サイエンスドーム八王子）	1988	21.0
さいたま市青少年宇宙科学館	1988	23.0
藤沢市湘南台文化センターこども館	1989	20.0
MAPみえこどもの城	1989	22.0
大阪市立科学館	1989	26.5

3. 科学館とプラネタリウム

館　名	設立年	ドーム径
東大阪市立児童文化スポーツセンター（ドリーム21）	1990	20.0
日立シビックセンター科学館	1990	22.0
福岡県青少年科学館	1990	23.0
鹿児島市立科学館	1990	23.0
すばるホール	1991	20.0
島根県立三瓶自然館サヒメル	1991	20.0
向井千秋記念子ども科学館	1991	23.0
倉敷科学センター	1992	21.0
姫路科学館	1993	27.0
多摩六都科学館	1994	27.5
秋田ふるさと村　星空探険館スペーシア	1994	23.0
愛媛県総合科学博物館	1994	30.0
さぬきこどもの国	1995	20.0
相模原市立博物館	1995	23.0
文化パルク城陽	1995	23.0
長崎市科学館	1997	23.0
山梨県立科学館	1998	20.0
福井県児童科学館（エンゼルランドふくい）	1999	23.0
日本科学未来館	2001	15.2
あすたむらんど徳島	2001	20.0
郡山市ふれあい科学館	2001	23.0
川口市立科学館	2003	20.0
コニカミノルタプラネタリウム"満天"	2004	17.0
旭川市科学館サイパル	2005	18.0
千葉市科学館	2007	23.0

第18章　天文学の教育と普及

3-2　プラネタリウムにおける天文学の普及

わが国では約250のプラネタリウム館が一般市民向けに公開されている（日本プラネタリウム協議会によれば、2012年3月時点で学校等の非公開施設が約100館あり、合計362館）。総観覧者数は年間約700万人と、一分野の文化施設としては決して少ない数字ではない。アメリカ合衆国はもっとも多くのプラネタリウム館を有しているが（約1200館）、概して小規模で、中・大型館はわが国に集中している。

(1) 星空観察の擬似体験

プラネタリウムの最大の特徴は星空観察を擬似体験できることで、感覚的に天体現象をとらえることができる。天体の日周運動、年周運動の再現はプラネタリウムがもっとも得意としており、それはちょうど小中学校の天体学習の教材に重なっている。夜間観察が難しいことが天体の学習を困難にさせている原因の1つと指摘されているが、プラネタリウムを用いれば昼間に大勢の児童・生徒への授業ができる。このメリットは大きい。また、社会教育の面ではプラネタリウムのもつ娯楽性が大いに発揮されていて、天体・宇宙を楽しみながら学ぶことができる。これが多くの鑑賞者を引きつける要因となっていると考えられる。

(2) 学習投影と一般投影

以上述べたような特徴から、投影用プログラムは学習用と一般用に大別される。一般投影は対象者を限定しない社会教育用プログラムである。

学習投影には幼児向け、小学生向け、中学生向けなどがあり、学年別に細分しているところもある。学校教育を意識した教材が選ばれていて、小学生向けでは星座観察、日周運動、月の動き、四季の変化などが主たる教材である。中学生向けでは視点は地球を離れ、太陽系の惑星運動などがあつかわれる。いずれも擬似観察から特徴を帰納していくというアプローチ法がとられている。このような指導は教師が直接語りかけて行うスタイルが適しているため、多くの場合、いわゆる生解説（解説者が機器の操作をしながら肉声で行う

3. 科学館とプラネタリウム

解説のこと）によって行われている。幼児向けは情操教育を重視している点で他の学習プログラムとやや性格が異なる。

大阪市立科学館の例を見ると、1時間ごとに1日に7～9回の投影が行われている。午前中1～2回が学習用や幼児向けで、残りが一般投影用である。一般投影では、通常、前半にその日の星空とその時々のトピックス的な話題が紹介される。後半の話題は2種類用意されていて、3ヵ月ごとに更新される。学芸員が見学者と対話しながら、全天周映像装置によるダイナミックな映像を交えて解説するので親しみやすい。

その他、年に5～6回は音楽やトークなどを織り込んだ夜間特別プログラムを企画するなど、多彩なプログラムが提供されている。これらは柔軟に内容を企画できるので、変化に乏しい常設展示を補うものとなっている。

ほとんどのプラネタリウム館では投影活動のほか、天体観望会や講演会などの普及行事も行うなど、多方面からの宇宙紹介に努めている。

(3) 星空再現装置としてのプラネタリウム

半球型ドームの内壁をスクリーンとし、ここに光学的に太陽、月、惑星、恒星、その他を投影して夜空を再現し、見学者はドーム内に入ってそれを見るという現代的なプラネタリウムのスタイルが誕生したのは1923年で、前述のようにドイツ博物館で構想され、確立した。昭和12年（1937年）、わが国に最初のプラネタリウムが登場し（大阪市立電気科学館）、翌年、東京にも設置された（東日天文館）。

プラネタリウムの語源がプラネット（惑星）にあることから推察されるように、プラネタリウムは太陽系天体の運行を機械的に再現したオーラリーをもとにしたもので、恒星は付加的な機能に過ぎなかった。そこで、日月惑星の運行機構をもたない単なる星空投影機はステラリウムと呼ばれるようになったが、一般的な用法ではないようである。簡易プラネタリウムはステラリウムであり、惑星の逆行のような視運動を再現することはできない。

以上述べてきたプラネタリウムでは運行機構は機械的で、モータ

第18章　天文学の教育と普及

ーと歯車で構成されている。これらは地球の自転周期、各惑星の公転周期、歳差運動の周期などいくつかの運動モードで動き、それらが連動して実際見られるような昼夜の変化、恒星の日周・年周運動、惑星の順行・逆行等の動き、歳差運動による春分点の移動などを再現することができる、相当複雑な構造である。これと比較すると星空の再現（ステラリウム）は容易で、星空を32程度に分割し、スライド映写機の原理で、原版に開けた小孔により星空を投影する。このような従来型のプラネタリウムを光学式プラネタリウムあるいは機械式プラネタリウムと呼んでいる。

なお、プラネタリウムという用語は星空再現装置にも、その施設にも用いられているので注意が必要である。

(4) デジタル式プラネタリウム（全天周映像装置）

2000年ごろに新たにデジタル式プラネタリウムが登場し、現在、光学式プラネタリウムと混在している。デジタル式プラネタリウムはコンピュータで描かれた画面をビデオ投影装置によって拡大

図18-2　デジタル式プラネタリウムが全天に描き出した星座絵。これまでの補助投影機群では難しかった表現が容易にできるようになった。下部中央にプラネタリウムの恒星投影部が見える。

投影する全天周映像装置で、ドーム内壁面を1〜6画面に分割投影し、全体で1画面を構成する。

デジタル式プラネタリウムでは地上から見た星空はもちろん、視点を自由に移動させて太陽系の各天体や宇宙空間のあらゆる場所から見た様子を投影できる。X線天体や赤外線天体のカタログ等も搭載されているため、天空にそうした天体を重ねて投影できるほか、解説映像や通常の映像も同時に映し出すことができる。ただ、恒星をそれらしく表現するにはまだ解像力と光量が不足しているため、従来の光学式と組み合わせることが多い。

デジタル式プラネタリウム（全天周映像装置）の登場によりプラネタリウムの表現力が飛躍的に高まり、投影に幅が出てきた。全天周映像装置として単体でも使用できるため、プラネタリウムホールをビデオ劇場として使用するケースも出てきており、早晩、プラネタリウム館のイメージも変わってくるのではないかと思われる。（図18-2）

4. 公開天文台

公開天文台は、「天体観測設備を持ち、天体観望会など公開業務を行っている施設」（公開天文台白書編集委員会編『公開天文台白書2006』p.11による）と定義されている。つまり、専門家ではない一般の方々が天体の観望を楽しむことができる施設のことをいう。

公開天文台の天体観測装置は、据付型の光学望遠鏡に特徴づけることができる。現代天文学の観測方法は、可視光のみならず色々な波長の電磁波によって行われる。しかし、人間が感知できる電磁波は可視光のみであるため、天体の観望はもっぱら光学望遠鏡が使われている。

日本の公開天文台の数は多く、約400施設におよぶ。このように多くの公開天文台がある国は日本だけである。その意味で、公開天文台が天文学の教育と普及にはたしている貢献度は、他の国々と比較すると圧倒的に高い。しかし、多くの施設では、職員数が必ずしも充分ではない等、運営面での問題が見られる。

最近では、研究活動ができる装置を備え、活発に研究活動がなされている公開天文台も現れてきた。一方、主に研究活動を行ってき

第18章　天文学の教育と普及

た大学や研究所の天文台でも、アウトリーチ活動の一環として天体観望会などを行う場合が増えている。つまり、大学や研究所等の研究を主体とする天文台と、公開天文台との本質的な違いが、必ずしも明確ではない場合も多くなってきている。

4-1　公開天文台の歴史

まず公開天文台の歴史を見てみよう。主な公開天文台の望遠鏡と、その設置年を表18-6にまとめた。この表は、公開天文台をすべて網羅したものではなく、代表的なものに限られている。しかし、この表からも、かなりの数の公開天文台が存在することがわかるであろう。

(1)　20世紀の初め：1920～40年代

最初の公開天文台は、1926年に創設された倉敷天文台である。京都帝国大学の山本一清（1889-1959）の働きかけが、倉敷紡績の原澄治を動かし、寄付により32cm反射望遠鏡（図18-3）をもつ天

図 18-3　倉敷天文台の32cm反射望遠鏡。（撮影：松村雅文）

4. 公開天文台

文台が作られた。本田実（1913-1990）は、1941年に同天文台の職員となり（後に台長）、多数の彗星を発見したことで知られている。

20世紀の前半は、倉敷天文台の他にも、民間からの寄付によって作られた公開天文台が目を引く。生駒山天文博物館の60cm反射望遠鏡は、大阪電気軌道（現・近畿日本鉄道）が1936年に輸入したものであった。日本で最初のプラネタリウム設置で知られている大阪市立電気科学館（1937年開設）は、大阪市電気局（現・関西電力）によるものであり、望遠鏡の導入も早かった（1940年）。このように、公開天文台が20世紀の前半に作られ始めた背景の1つとして、当時の経済的な発展が大きかったといえる。

民間からの大きな寄付の例はアメリカ合衆国に見ることができる。20世紀の前半、カーネギー財団の寄付によって建設されたウィルソン山天文台がその例である。天文学と社会との関わりの一側面を見ることができて興味深い。

国立や公立の施設での望遠鏡の設置は、国立科学博物館（1931年）や山口県立教育博物館（1941年）において行われ、それぞれ天体観望会に供せられた。このころにおいても天体観望会は盛況であり、一般の人々の天体についての興味関心が高かったことがわかる。

(2) 1950年代に創設された公開天文台

第二次世界大戦後の1950年代、公開天文台は少しずつその数を増やしていった。旭川、札幌、富山などでは、博覧会において望遠鏡が公開され、それが後に公立の公開天文台になっている。19世紀のヨーロッパなどでは、万国博覧会がきっかけとなり、後に常設の科学技術史の博物館が設置された例があり、同じような現象であるといえよう。

仙台市天文台では、アマチュアによる働きかけが大きく、市民による寄付もあって、1955年に41cm反射望遠鏡が設置された。仙台市天文台の設立には、東北大学理学部教授の加藤愛雄（地球電磁気学）による熱心な働きかけも大きかったという（仙台市天文台のホームページによる）。仙台市天文台の設立に直接大きな働きをしたのが天文学者ではなく、地球物理学者の加藤であったことからも、

第18章　天文学の教育と普及

表 18-6 主な公開天文台の望遠鏡と設置年

年代	
1920〜40年代	倉敷天文台(32cm反、1926)、国立科学博物館(20cm屈、1931) 生駒山天文博物館(60cm反、1936) 大阪市立電気科学館(25cm反、1940) 山口県立教育博物館(現・山口県立山口博物館)(10cm屈、1941)
1950年代	旭川市天文台(15cm屈、1950) 東山天文台(現・名古屋市科学館)(15cm屈、1951) 富山市天文台(40cm反、1954)1954年当時は、富山産業大博覧会 仙台市天文台(41cm反、1955) 豊橋向山天文台(30cm反、1955)現:スターフォレスト御園 雪印乳業(現・札幌市天文台)(20cm屈、1958)
1960〜70年代	明石市立天文科学館(15cm屈、1960) 日本平天文台(20cm屈、1962) 神奈川県立青少年センター(20cm屈、1962) 釧路市青少年科学館(20cm屈、1963) 静岡市立児童会館(20cm屈、1965)、駿台学園(20cm屈、1965) 山口県立山口博物館(20cm屈、1967) 宇部市勤労青少年会館(20cm屈、1967) 京都市青少年科学センター(25cm屈、1969) 香川県立五色台少年自然の家(25cm屈、1971)現:五色台少年自然センター 福岡市立少年科学文化会館(20cm屈、1971) 岐阜天文台(25cm屈、1971) 川崎市青少年科学館(50cm反、1971) 斐太彦天文処(20cm屈、1972)現:飛騨プラネタリウム 国立科学博物館(60cm反、1973) 稚内市青少年科学館(20cm屈、1974)
1980年代	札幌市青少年科学館(60cm反、1981) 新潟県立自然科学館(60cm反、1981) 芸西天文学習館(60cm反、1981) 熊本県民天文台(41cm反、1982) 北九州市立児童文化科学館(20cm屈、1983)

4. 公開天文台

1980年代	駿台学園北軽井沢一心荘（75cm反、1984） 島根県日原天文台（75cm反、1985） 名古屋市科学館（65cm反、1986） ダイニックアストロパーク天究館（60cm反、1987） 栃木県立子ども総合科学館（75cm反、1988） 宮崎県中小屋天文台（60cm反、1988） 北海道しょさんべつ天文台（65cm反、1989）
1990年代	尾鷲市立天文科学館（81cm反、1990） 兵庫県立西はりま天文台公園（60cm反、1990） 広島県宇根山天文台（60cm反、1990） 岐阜県西美濃天文台（60cm反、1990） 福井県自然保護センター（80cm反、1990） 姫路市星の子館（90cm反、1991） 鹿児島県出水市青年の家（50cm反、1991） にしわき経緯度地球科学館（81cm反、1993） 美星天文台（101cm反、1993） 鳥取市さじアストロパーク（103cm反、1994） みさと天文台（105cm反、1995） 綾部市天文館パオ（95cm反、1995） 南阿蘇ルナ天文台（82cm反、1996） かわべ天文公園（100cm反、1996） ディスカバリーパーク焼津（80cm反、1997） 富山市天文台（100cm反、1997） 香川県立五色台少年自然の家（62cm反、1998）現：五色台少年自然センター りくべつ宇宙地球科学館（115cm反、1998） 阿南市科学センター天文館（113cm反、1999） 県立ぐんま天文台（150cm反、1999）
2000年代以降	ときがわ町星と緑の創造センター（91cm反＊、2002） 西はりま天文台（200cm反、2004） 石垣島天文台（105cm反、2006）、仙台市天文台（130cm反、2008）

＊旧・堂平観測所
反：反射望遠鏡、屈：屈折望遠鏡。『公開天文台白書 2006』等による。

第18章　天文学の教育と普及

天文台設立への支援の広がりが見えて興味深い。このようにアマチュアによる支援など、公開天文台の設立には、多くの人々の支援が欠かせなかった例は多い。なお、仙台市天文台は2008年に口径1.3mの反射望遠鏡やプラネタリウムを有する施設として移転し、リニューアルオープンした。

(3)　屈折望遠鏡の時代：1960～70年代

1960～70年代に開設された公開天文台は、口径が15～20cmの屈折望遠鏡に特徴づけることができる（図18-4）。この時代、各地に科学館や教育センターや青少年活動施設が作られ、その付属施設として天文台が設置された（表18-6）。また設置主体のほとんどが地方自治体（市町村）であった。

屈折望遠鏡は、天体からの光を集めるのに、レンズ（対物レンズ）を用いるのに対し、反射望遠鏡は対物鏡と呼ばれる鏡で光を集める（第16章2-3節参照）。大型のレンズを作るためには、良質で大型のガラス材を作る必要があり、大型の対物鏡を作るよりも難しい。しかし、維持管理の面では、屈折望遠鏡は手がかからずあつか

図18-4　札幌市天文台の20cm屈折望遠鏡。
http://www.welcome.city.sapporo.jp/feature/star.html（ようこそさっぽろHPより転載）

4. 公開天文台

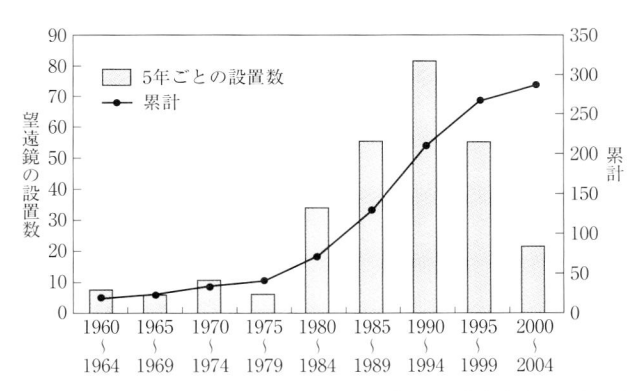

図18-5 公開天文台の5年ごとの設置数(『公開天文台白書2006』より転載)

いやすい。実際の観測でも、屈折望遠鏡は、太陽や月、惑星の観測で良像が得られやすいという利点がある。そこで、これらの天体の観望を主な目的として屈折望遠鏡が多く設置された。

(4) 急増の時代：1980年代

1980年代、公開天文台の数は急増し、1980年代の10年間だけで100近い施設が開設された(表18-6および図18-5)。これ以前の望遠鏡は、20〜40cmの口径の望遠鏡が多かった。しかし、このころはより大型の望遠鏡が作られるようになり、60cm程度の反射望遠鏡が多くなった。

急増した理由は2つあげられる。まず、経済の高度成長期であり地方の財政が豊かであったことである。次に、1988年から設定された政府の"ふるさと創生事業"があったことも大きい。また、1986年に周期が76年のハレー彗星の回帰があったことも大きな要因になっていた。

(5) 大型化の時代：1990年代以降

1990年代になると、公開天文台として設置される望遠鏡はさら

第18章　天文学の教育と普及

に大型化し、口径1m程度のものが珍しくなくなってきた（表18-6）。この理由の1つには、設置を行う地方自治体のこの時代の財政に余裕があったことがある。別の理由としては、望遠鏡のメーカーの技術が進み、大型の望遠鏡の製作能力を有するメーカーの数が増えてきたこともあげられよう。

　ここで、望遠鏡の機能と大型化することのメリットを考えてみよう。望遠鏡の機能の1つは、高い倍率を用いて、遠くの物（天体）を大きく拡大して見ることである。望遠鏡が大きいほど、高倍率を用いることが可能になるが、実際の天体の観望では、大気のゆらぎのため、高倍率で天体像がはっきりと見えるとは限らない。逆に、口径が大きいほうが、大気のゆらぎを受けやすい場合もあり、望遠鏡の大型化は天体像を拡大することにおいて必ずしもメリットがあるわけではない。

　望遠鏡の別の機能は、より光を集めて暗いものを明るくして見ることである。望遠鏡の口径が大きくなると、対物鏡（または対物レ

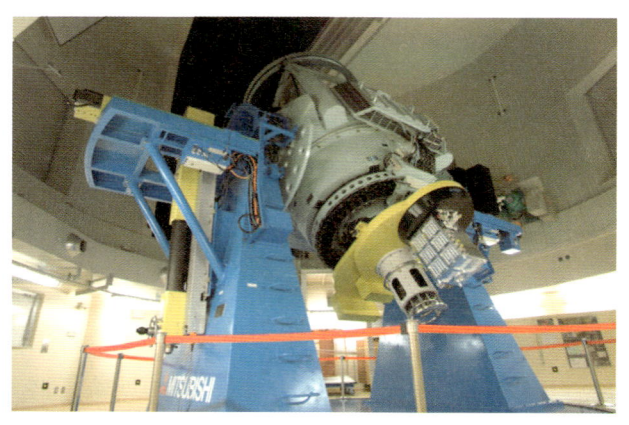

図18-6　口径2mのなゆた望遠鏡。公開天文台の望遠鏡は、基本的には光学望遠鏡であるが、近赤外線の観測もできる。そのため、この望遠鏡には近赤外線の観測装置も装着されている。（兵庫県立西はりま天文台）

4. 公開天文台

ンズ)の面積に比例して集まる光量は増える。そのため、暗い天体はより明るく見えることになる。つまり、望遠鏡の大型化には、光を集めることにおいて直接のメリットがある。遠くの天体はその距離に応じて暗くなっていくので、より大型の望遠鏡を用いれば、より遠くの天体を見ることができる。

他にも望遠鏡の大型化のメリットがある。それは、高度な観測装置の取り付けが可能になることである。口径50cm以下の小型の望遠鏡は架台も小さく、分光器などの重い観測装置を装着することは難しい。ところが、1mくらいの望遠鏡になると、必然的に架台は強固になり、比較的重い観測装置を取り付けることができるようになる。西はりま天文台の口径2mの「なゆた望遠鏡」のカセグレン焦点には、分光器やCCDカメラなどのいくつかの観測装置がついている(図18-6)。このような装置を用いることで、天体の物理的な研究観測を行うことが可能になってくる。つまり、1mクラス以上の望遠鏡は、天体物理学的な研究を推進できる能力を秘めているのである。

4-2 公開天文台の現状と役割・未来像

今まで見てきたように、研究が可能な施設も設置されてきた公開天文台であるが、21世紀になり、国や地方財政が大きく悪化し、公開天文台の状況も変わってきた。このため、公開天文台やその職員の全国的な組織が作られることになり、2005年7月、日本公開天文台協会(Japan Public Observatory Society、JAPOS)が発足した。日本公開天文台協会では、全国の約400の公開天文台について の調査を行い、その結果は『公開天文台白書2006』として報告された。

この『公開天文台白書2006』において、公開天文台の設置主体の90%が国または地方自治体であるが、正規職員が1名以下の施設が60%近いこと、運営費も年額200万円以下の施設が80%になることが示された。つまり、設置された公開天文台の数は多いが、その中身はかなり脆弱な場合が多いことがわかってきた。職員の業務には、必然的に夜が多くなる天体観望が含まれることを考えると、公開天文台の職員の労働環境は、必ずしもよいとはいえない。魅力

第18章 天文学の教育と普及

ある施設を作るには、その労働環境をカバーするために、必要な職員数を確保することがどうしても必要である。

今後、公開天文台は、どのような役割を担っていくのであろうか。最新の天文学には、一般の人たちが直感的に理解することが難しい部分も増えてきている。一方、学校教育でも天文学は教えられているが、必ずしも充分とはいい切れない。しかしながら、公開天文台を利用すれば、望遠鏡を用いることによって、一般の人々は性能の良い望遠鏡で直接天体を眺めるという貴重な体験ができる。さらに、その同じ望遠鏡は、天体や宇宙の研究にも使われていることも知ってもらえるだろう。このことまで理解してもらえると、天体観望の体験は、最先端の天文学の理解にもつながっていくのではないだろうか。

このためには一般の方々への適切な解説が不可欠であり、今日の天文学の複雑さを考えると、近隣の大学や研究所等も含め、公開天文台内外の協力が必要である。つまり、公開天文台とその望遠鏡は、"現代天文学"を広く一般の人々に、直感的に理解してもらうためのキーステーションになりうるのである。

付録

付録

1. 物理定数

1-1 普遍定数

真空中の光速度 $c = 2.9979 \times 10^8 \, \text{m s}^{-1}$

電磁波の伝播速度はマクスウェル方程式から

$c = (\varepsilon_0 \mu_0)^{-\frac{1}{2}}$

で与えられる。ここで、ε_0 と μ_0 はそれぞれ真空中の誘電率と透磁率である。

プランク定数 $h = 6.6261 \times 10^{-34} \, \text{m}^2 \, \text{kg s}^{-1}$ （あるいはJ s）

量子の物理量の単位となる。プランク定数を 2π で割った値はディラック定数、あるいは換算プランク定数と呼ばれる。

1-2 相互作用定数

万有引力定数 $G = 6.6743 \times 10^{-11} \, \text{m}^3 \, \text{kg}^{-1} \, \text{s}^{-2}$
電気素量 $e = 1.6022 \times 10^{-19} \, \text{C}$

1-3 その他の重要な定数

ボルツマン定数 $k_B = 1.3807 \times 10^{-23} \, \text{J K}^{-1}$

温度とエネルギーを関係付ける定数

ステファン–ボルツマン定数 $\sigma_{SB} = 6.6704 \times 10^{-8} \, \text{W m}^{-2} \, \text{K}^{-4}$

熱放射を特徴づける定数

1-4 質量

陽子質量 $m_p = 1.6726 \times 10^{-27} \, \text{kg} = 938.27 \text{MeV}$
中性子質量 $m_n = 1.6749 \times 10^{-27} \, \text{kg} = 939.57 \text{MeV}$
電子質量 $m_e = 9.1094 \times 10^{-31} \, \text{kg} = 511.00 \text{keV}$

電子ボルト（electron volt）

1ボルトの電位差で1個の電子を加速したときに得ることができるエネルギー

1eV $= 1.6022 \times 10^{-19}$ J
1keV $= 10^3$ eV
1MeV $= 10^6$ eV
1GeV $= 10^9$ eV

1-5 CGS単位系とSI単位系との関係

力　　$1\,\mathrm{dyn}$（ダイン）$= 10^{-5}\,\mathrm{N}$（ニュートン）

エネルギー　　$1\,\mathrm{erg}$（エルグ）$= 10^{-7}\,\mathrm{J}$（ジュール）

仕事率　　$1\,\mathrm{erg\,s^{-1}} = 10^{-7}\,\mathrm{W}$（ワット）

電荷　　$1\,\mathrm{esu} = 3.3356 \times 10^{-10}\,\mathrm{C}$

　　　　esu = electrostatic unit
　　　　（静電単位，あるいはスタットクーロンと呼ばれる）

磁束密度　　$1\,\mathrm{G}$（ガウス）$= 10^{-4}\,\mathrm{T}$（テスラ）

磁束　　$1\,\mathrm{G\,cm^2} = 10^{-8}\,\mathrm{Wb}$（ウェーバー）

2. 天文学的な定数

2-1　太陽と地球

太陽光度　　$L_\odot = 3.8427 \times 10^{26}\,\mathrm{W}$
太陽質量　　$M_\odot = 1.9884 \times 10^{30}\,\mathrm{kg}$
太陽赤道半径　　$R_\odot = 6.9551 \times 10^{8}\,\mathrm{m}$
地球質量　　$M_\oplus = 5.9722 \times 10^{24}\,\mathrm{kg}$
地球赤道半径　　$R_\oplus = 6.3781 \times 10^{6}\,\mathrm{m}$

［太陽系内のその他の惑星については第9章（表9-1）参照］

太陽と地球の平均距離

　天文単位（au = astronomical unit）　　$1\,\mathrm{au} = 1.4960 \times 10^{11}\,\mathrm{m}$

　（2012年の国際天文学連合の総会で149,597,870,700 mであることが厳密に定義された）

2-2　時間の単位

　1年 $= 1\,\mathrm{yr} = 3.1558 \times 10^{7}\,\mathrm{s}$
　100万年 $= 1\,\mathrm{Myr}$（$1\mathrm{M} = 10^{6}$）
　10億年 $= 1\,\mathrm{Gyr}$（$1\mathrm{G} = 10^{9}$）

2-3　距離の単位

　光年（light year）　　$1\,\mathrm{ly} = 0.946 \times 10^{16}\,\mathrm{m}$
　パーセク（pc = parsec）　　$1\,\mathrm{pc} = 3.262\,\mathrm{ly} = 3.086 \times 10^{16}\,\mathrm{m}$

付録

2-4　年周視差の観測原理とパーセクの定義

　地球は太陽の周りを公転運動しているので、比較的近くにある星のみかけの方向は変化する。この性質を利用して、星の距離を決めることができる（三角測量の原理）。

　年周視差pは図A-1で定義され、次の関係がある。

$$\tan p = \frac{d}{D} \tag{A-1}$$

$\quad d = 1\mathrm{au}$（1天文単位）

$\quad\quad = 1億5000万\mathrm{km}$

　したがって、年周視差pを観測すると星までの距離Dは

$$D = \frac{d}{\tan p} \tag{A-2}$$

で測定できる。

　年周視差$p=1$秒角のときの星の距離を1pcとする。式（A-2）に$p=1$秒角を代入すると

$\quad 1\mathrm{pc} = 3.262光年$

を得る。

註：1秒角(")$= \frac{1}{60}$分角(')$= \frac{1}{3600}$°。

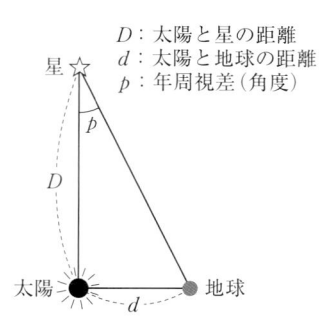

D：太陽と星の距離
d：太陽と地球の距離
p：年周視差（角度）

図A-1

3. 宇宙論的な定数とパラメータ

宇宙年齢 $t_0 = 13.74 \pm 0.11 \mathrm{Gyr}$

ハッブル定数 $H_0 = 70.0 \pm 2.2 \mathrm{km\ s^{-1}\ Mpc^{-1}}$

臨界密度 $\rho_0 = 3H_0^2/8\pi G$
$= 1.8784 \times 10^{-26}\ h^2\ \mathrm{kg\ m^{-3}}$
$= 1.8784 \times 10^{-29}\ h^2\ \mathrm{g\ cm^{-3}}$
$= 2.7754 \times 10^{11}\ h^2\ M_\odot \mathrm{Mpc^{-3}}$

バリオン密度パラメータ $\Omega_{\mathrm{b}0} = 0.0463 \pm 0.0024$
ダークマター密度パラメータ $\Omega_{\mathrm{DM}0} = 0.233 \pm 0.023$
宇宙定数密度パラメータ $\Omega_{\Lambda 0} = 0.721 \pm 0.025$

（9-year WMAPの結果：Hinshaw, G. et al. 2012, arXiv：1212.5226v2）

付録

4. 天体からの電磁波

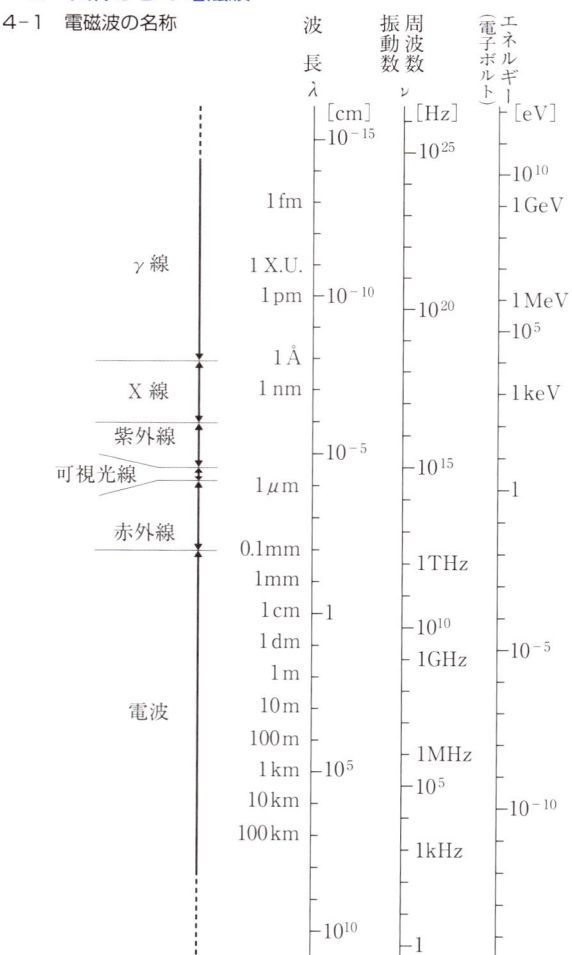

4-1 電磁波の名称

領域	波長 λ [cm]	振動数 ν [Hz]	エネルギー(電子ボルト) [eV]
		10^{25}	10^{10}
	10^{-15}		$1\,\mathrm{GeV}$
γ線	$1\,\mathrm{fm}$		
	$1\,\mathrm{X.U.}$		
	$1\,\mathrm{pm}$ — 10^{-10}	10^{20}	$1\,\mathrm{MeV}$
			10^5
X線	$1\,\mathrm{Å}$		
	$1\,\mathrm{nm}$		$1\,\mathrm{keV}$
紫外線			
	10^{-5}	10^{15}	
可視光線	$1\,\mu\mathrm{m}$		1
赤外線			
	$0.1\,\mathrm{mm}$		
	$1\,\mathrm{mm}$	$1\,\mathrm{THz}$	
	$1\,\mathrm{cm}$ — 1	10^{10}	
	$1\,\mathrm{dm}$	$1\,\mathrm{GHz}$	10^{-5}
	$1\,\mathrm{m}$		
電波	$10\,\mathrm{m}$		
	$100\,\mathrm{m}$	$1\,\mathrm{MHz}$	
	$1\,\mathrm{km}$ — 10^5	10^5	10^{-10}
	$10\,\mathrm{km}$		
	$100\,\mathrm{km}$	$1\,\mathrm{kHz}$	
	10^{10}	1	

図A-2 電磁波の名称と波長、振動数、およびエネルギーの関係

4. 天体からの電磁波

4-2 天体からの電磁波の放射強度

放射(輻射)強度の測定には以下の単位が用いられる。

光度(luminosity)L：W($=$ J s^{-1})
輻射流速(flux)F：W m^{-2}
輻射強度(intensity)I：W m^{-2} sr^{-1}
輻射流速密度(flux density)F：
$\quad F_\lambda =$ W m^{-2} μm^{-1}
$\quad F_\nu =$ W m^{-2} Hz^{-1}($=$ Jy)
表面輝度(surface brightness)
$\quad I_\lambda =$ W m^{-2} μm^{-1} sr^{-1}
$\quad I_\nu =$ W m^{-2} Hz^{-1} sr^{-1}
等級の場合はmag arcsec^{-2}
ジャンスキー(Jansky)：Jy
単位振動数当たりの流速密度
$\quad$ 1Jy $= 10^{-26}$ W m^{-2} Hz^{-1}(SI単位系)
$\quad\quad = 10^{-26}(10^7$ erg s$^{-1})(100$cm$)^{-2}$ Hz^{-1}
$\quad\quad = 10^{-23}$ erg s^{-1} cm^{-2} Hz^{-1}(CGS単位系)

註：カール・ジャンスキー(K. Jansky)は1931年に宇宙電波をはじめて観測した人である(第16章3節)。

4-3 等級

(1)等級の概念

ギリシャ時代のヒッパルコス(Hipparchos、紀元前190年ごろ～紀元前120年ごろ)によって提案された。その後、ノーマン・ポグソン(N. Pogson:1829-1891)によって、定量的に定義された。等級は定義上、数字が小さい方が明るいので、注意が必要である。

明るさが1等級暗くなると明るさは$\frac{1}{2.5}$になる(精確には$\frac{1}{2.512}$)。したがって、5等級の差は光度の100倍の差に相当する。

星AとBからの輻射流速をそれぞれF_AとF_Bとすると、星のみかけの等級m_Aとm_Bの差は以下のようになる。

$$m_A - m_B = -2.5\log\left(\frac{F_A}{F_B}\right) \quad\quad (\text{A-3})$$

表A-1 可視光帯から近赤外帯のバンドにおける AB 等級

バンド	中心波長 (μm)	バンド幅 (μm)	$F_{0\lambda}$ (W m^{-2} μm^{-1})	$F_{0\nu}$ (Jy)	AB 等級 (mag)
U	0.3652	0.0526	4.32×10^{-8}	1923	0.690
B	0.4448	0.1008	6.26×10^{-8}	4130	-0.140
V	0.5505	0.0827	3.66×10^{-8}	3695	-0.019
Rc	0.6588	0.1568	2.15×10^{-8}	3107	0.169
Ic	0.8060	0.1542	1.13×10^{-8}	2439	0.432
u'	0.3585	0.0566	3.67×10^{-8}	1573	0.908
g'	0.4858	0.1297	5.14×10^{-8}	4044	-0.117
r'	0.6290	0.1358	2.43×10^{-8}	3212	0.133
i'	0.7706	0.1547	1.30×10^{-8}	2566	0.377
z'	0.9222	0.1530	7.72×10^{-9}	2190	0.549
J	1.215	0.26	3.31×10^{-9}	1630	0.870
H	1.654	0.29	1.15×10^{-9}	1050	1.348
Ks	2.157	0.32	4.30×10^{-10}	667	1.839
K	2.179	0.41	4.14×10^{-9}	655	1.857

(Oke, J. B. & Gunn, J. E. 1983, ApJ, 266, 713 より転載)

(2) みかけの等級 (m)

こと座のα星(ヴェガ、織姫星、αLyr[アルファライラと発音]:A0型の主系列星)のみかけの等級を各バンドで0等級とするシステムが歴史的に用いられていた。ヴェガの明るさを基準とするみかけの等級はヴェガ等級(Vega magnitude)と呼ばれる。

たとえば、Vバンドでの明るさが20等級の場合は$m_V = 20$、あるいは$V = 20$と表す。

ちなみに、550nm(表A-1参照)での輻射流速密度は

$$F_\lambda = 3.66 \times 10^{-11} \text{ W m}^{-2} \text{ nm}^{-1}$$
$$F_\nu = 3.69 \times 10^{-23} \text{ W m}^{-2} \text{ Hz}^{-1} = 3.69 \times 10^3 \text{ Jy}$$

である。ここで、1nm $= 10^{-9}$ m である。

(3) みかけの等級における AB 等級システム

ヴェガ等級はヴェガの放射するスペクトルエネルギー分布を反映

4. 天体からの電磁波

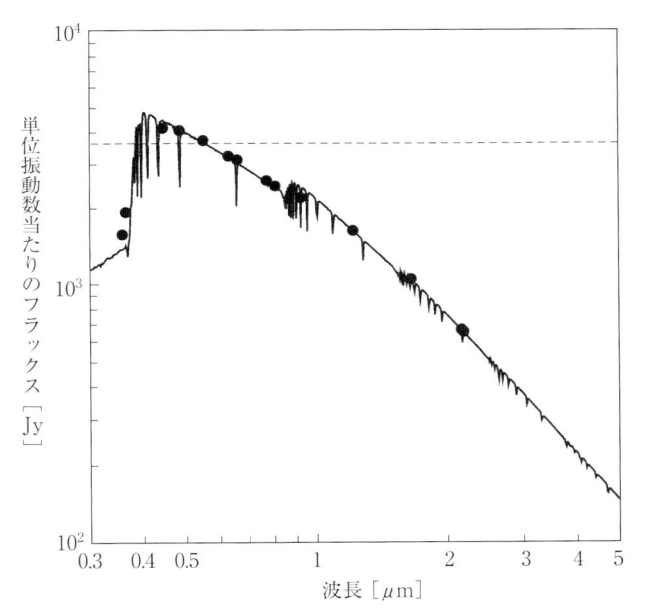

図A-3 AB等級とヴェガ等級の比較。破線はAB等級の輻射流速密度で3630Jyの一定値を取る。●はヴェガ等級で0等級に相当する輻射流速密度である。(提供：塩谷泰広)

するので、異なる波長帯での光度の比較には不便である。そこで、各波長帯で輻射流速密度を同じにするAB等級システムが最近では使用されるようになった。実際には、各波長帯での0等級に相当する輻射流速密度を

$$3630 \mathrm{Jy}(正式には10^{3.56}\mathrm{Jy})$$

とする。これにより、どの周波数帯でも以下の式で等級を評価することができる。

$$m_{\mathrm{AB}} = -2.5\log F_\nu - 48.60 \tag{A-4}$$

この等級の英語名はmonochromatic magnitudeなので、直訳すると単色等級であるが、実際にはAB等級と呼ばれている。なお式（A-4）の定数はVegaの5840Åにおける絶対的なフラックスとVega magnitude $V = 0.03$ から決められた値である。

(4)絶対等級 （M）

天体を10pcの距離においたときの明るさを絶対等級Mと定義する。みかけの等級mとは次式の関係がある。

$$M = m - 5\log\left(\frac{d}{10}\right) \tag{A-5}$$

ここで、dはpc単位で測った天体までの距離である。式（A-5）を

$$m - M = 5\log\left(\frac{d}{10}\right) \tag{A-6}$$

と変形すると、みかけの等級と絶対等級の差が天体までの距離に一意的に対応する。そのため$m - M$は距離指数（distance modulus）とも呼ばれる。

(5)等級と光度の関係

みかけの等級は測定された輻射流速密度Fと

$$m = -2.5\log F + 定数 \tag{A-7}$$

という関係で結び付けられる。ここで、定数はどのような等級基準をとるかで決まる。

同様に絶対等級は天体の光度Lと

$$M = -2.5\log L + 定数 \tag{A-8}$$

という関係にある。また、太陽についても

$$M_\odot = -2.5\log L_\odot + 定数 \tag{A-9}$$

という関係がある。$M_\odot$はここでは太陽の絶対等級である。太陽質量と同じ記号なので注意されたい。

これら2式を差し引くと

4. 天体からの電磁波

$$M - M_\odot = -2.5 \log\left(\frac{L}{L_\odot}\right) \tag{A-10}$$

となり、光度について求めると

$$\frac{L}{L_\odot} = 10^{-(M-M_\odot)/2.5} \tag{A-11}$$

を得る。

現在では、可視光帯でも多くの測光バンドがある。可視光の撮像観測でよく使われるジョンソン・システム（ジョンソン-カズン・システム）とスローン・ディジタル・スカイ・サーベイ（SDSS）で使用されたシステムのフィルターの透過曲線を図A-4に示す。さらに、興味のある人は次の論文（Fukugita, M. et al. 2005, PASP, 107, 945）を参照されたい。

表A-2 可視光から赤外線帯の測光波長帯。ここでの測光システムはジョンソンのシステムを採用している。

波長帯（バンド）	波長帯の意味	重心波長（μm）
U (Ultraviolet)	可視光／近紫外	0.36
B (Blue)	可視光／青	0.44
V (Visual)	可視光／可視	0.55
R (Red)	可視光／赤	0.70
I (Infrared)	可視光／赤外	0.90
J	近赤外	1.25
H	近赤外	1.60
K	近赤外	2.20
L	近赤外	3.40
M	中間赤外	5.00
N	中間赤外	10.2
Q	中間赤外	22

(Johnson, H. L. 1965, ApJ, 141, 923 より転載)

付録

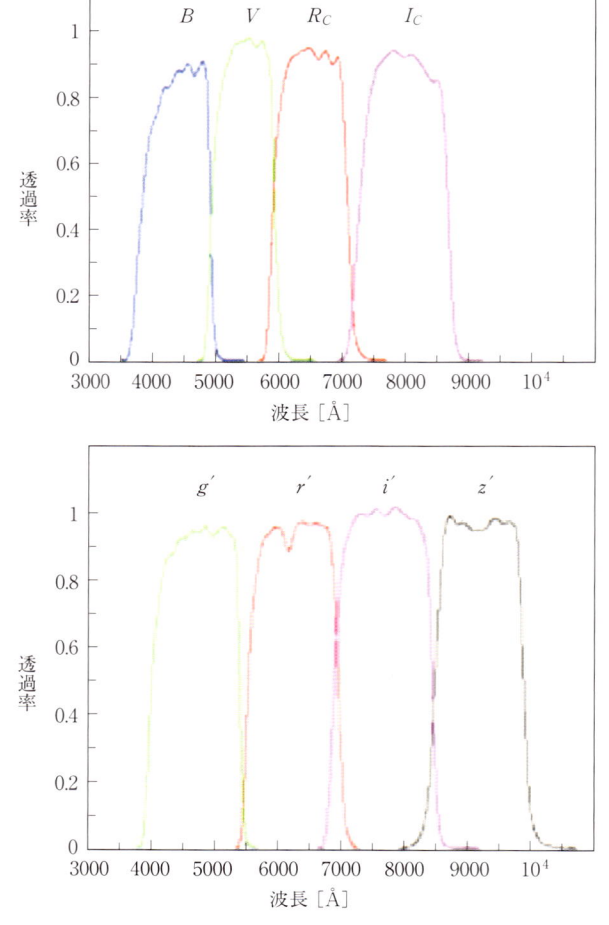

図 A-4 （上図）可視光帯のジョンソン・システム（ジョンソン-カズン・システム）と（下図）SDSSで使用されたシステムのフィルターの透過曲線

5. 天体の位置（座標系）

5-1 赤道座標 (equatorial coordinate system) ──
赤経 (right ascension; RA) と赤緯 (declination; DEC)

　星や銀河などの天体の性質を調べるためには天体の位置を知る必要がある。天体を眺めるときは天体の方角（方位）と高度がわかればよい。これは地平座標と呼ばれる。

　ところが地球が自転しているため、星々の位置はどんどん変化していくので、地球の自転の影響を受けずに天体の絶対的な位置を示す座標系が必要になる。

　もっとも一般的な座標系は赤道座標系と呼ばれるものである。地球の自転軸を利用して、天の北極（赤緯 = +90°）と天の南極（赤緯 = -90°）を決め、天の赤道を赤緯 = 0°とする。そして、地球の自転に伴う方向に経度をとり、春分点を0時として、東周りに1周

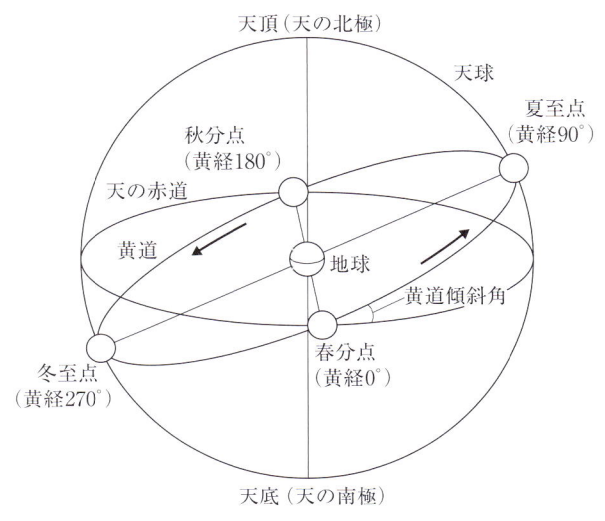

図A-5　赤道座標系。黄道は太陽が通過するみかけの大円である。

付録

を24時に分ける（図A-5）。

赤経の時分秒と角度の関係
赤経は360°を24時間で表すので、
  1時間 = 15°
に相当する。
  1時間 = 60分 = 15° = 15 × 60分角（′）
の関係があるので
  1分 = 15分角（′）
となる。同様に、
  1分 = 60秒 = 15分角（′）= 15 × 60秒角（″）
なので
  1秒 = 15秒角（″）
の関係がある。

分点
 地球の歳差運動や章動により、春分点と天の赤道面の関係は変化する。そのため、赤道座標を使用するときには、どのエポックのときのものを採用するか決める必要がある。しばらく、1950年分点（B1950）が用いられてきたが、現在では2000年分点（J2000）が採用されている。

5-2　銀河座標（galactic coordinate system）——
   銀経（galactic longitude; ℓ）と銀緯（galactic latitude; b）

 我々の銀河系は円盤銀河であり、太陽系は円盤部の端の方に位置しているので、銀河系を眺めると図A-6のように見える。
 銀河系内の天体の位置を表す際には、銀河面を緯度＝0°（銀緯＝0°）とし、銀河面から離れる方向に銀緯を設定する。また銀河中心を経度＝0°（銀経＝0°）として、銀河面に東向きに経度（銀経）を取っていく。このような座標系を銀河座標と呼び、主として銀河系内の天体の研究に用いられる。銀河座標と赤道座標の関係は第6章（図6-2）を参照されたい。なお、両座標系の変換ツールは

736

5. 天体の位置（座標系）

図A-6 銀河系を赤外線で見た様子（2MASS）

NASA/IPAC Extragalactic Database（NED）で提供されている（http://ned.ipac.caltech.edu/forms/calculator.html）。

5-3 超銀河座標系（supergalactic coordinate system）——超銀河経度（SGL）と超銀河緯度（SGB）

局所超銀河団（local supercluster）の作る超銀河平面を基準面に採用した座標系のことで、中心と北極方向は以下のように定義されている（図A-7参照）。

$(SGL = 0°, SGB = 0°) = (\ell = 137.37°, b = 0°)$

超銀河北極（SGB = 90°）は $(\ell = 47.37°, b = +6.32°)$

なお、局所超銀河団の存在は銀河のシャプレイ–エイムズ・カタログ（Shapley-Ames catalogue）に基づいた解析により、ジェラール・ド・ヴォークルール（G. de Vaucouleurs）によって1953年に発見された（de Vaucouleurs, G. 1953, AJ, 58, 30）。

局所超銀河団やそれに関連する議論をするときに使われるが、銀河一般の議論をするときに使うことはない。

付録

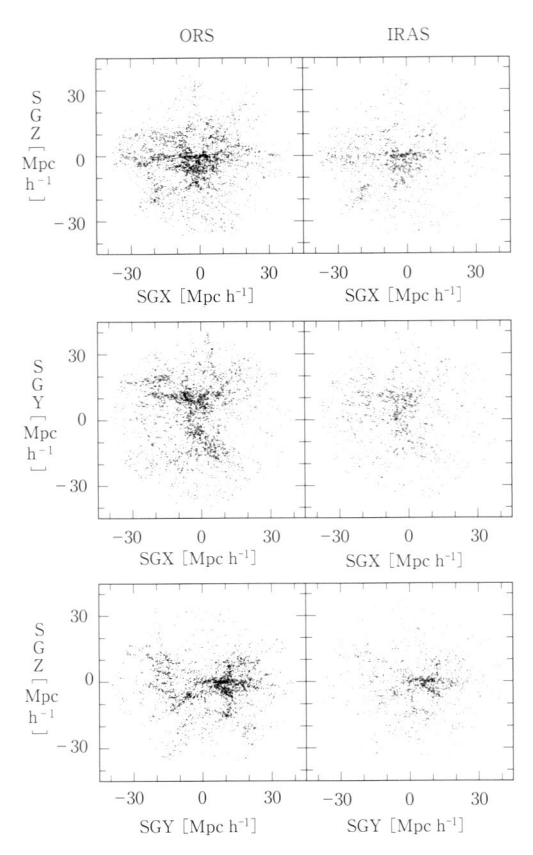

図A-7 可視光赤方偏移サーベイ（ORS = optical redshift survey）と赤外線天文衛星IRAS（Infrared Astronomical Satellite）で得られた銀河の分布に基づく局所超銀河団と超銀河座標との関係。1つの点は1つの銀河を表している。縦軸と横軸にあるSGはsupergalactic coordinateの略でSGX、SGY、およびSGZは超銀河座標のx、y、およびz座標を表す。(Lahav, O. et al. 2000, MNRAS, 312, 166 より転載)

あとがき

『新・天文学事典』は1983年刊行の『現代天文学小事典』と同様、700頁を超える大部になりました。本書は『現代天文学小事典』の改訂版という位置づけですが、実際には全章新たに書き下ろしたものです。物理学の基礎原理は変わらないものの、30年の間に紡がれた新しい観測や理論は宇宙の描像を大きく塗り替えたといっても過言ではないぐらいです。

本書では天文学に関する事柄を宇宙論から天文教育までを含む18の分野に分け、26名の専門家に1章当たり30頁から40頁を目安に執筆して頂きました。章によって、多少の長短はありますが、重要な項目はもらさず解説して頂きました。そのため、全体を通読すれば、現代天文学を網羅的に理解することができるようになっています。もちろん、気になる部分だけ拾い読みすれば、手軽な事典として使うことができます。また、宇宙に関するニュースが新聞やテレビで報じられたとき、それに関する章を読めばニュースの理解を深めるのに役立つはずです。このように、自由なスタイルで本書を楽しんで頂ければ嬉しく思います。

天文学はこの先、どこに向かって進んでいくのでしょうか？ 読者の方々とご一緒に、行く末を楽しみにしたいと思います。

最後になりますが、短期間で素晴らしい解説をお書き頂いた著者の方々に深く感謝致します。また、貴重な画像や図を提供して下さった研究機関や個人の方々に深く感謝致します。おかげさまで、ブルーバックス50周年記念事業の一環として刊行することができました。また、編集の小澤久さんには最初から最後まで大変お世話になりました。小澤さんのご尽力なくして、本書は完成しませんでした。深くお礼申し上げます。ブルーバックスのますますのご発展を祈念して、筆を置かせて頂きます。

谷口義明

さくいん

〈数字〉

$\frac{1}{4}$乗則	171
10 C	453
1型セイファート銀河	436
21cm線	52
2dF銀河赤方偏移サーベイ	146
2型クェーサー	452
2型セイファート銀河	436
2相モデル	502
2点相関関数	92, 148
30 Dor	237
3C	453
3相モデル	503
4000 Åブレーク	200
5分振動	281
6dF銀河サーベイ	146

〈A・a〉

AB等級	730
AGB星	249
AGILE	652
AGN	431
AGNの統一モデル	447, 450
AGNフィードバック	463
ALMA	584
Arecibo305m球面鏡	584
ASTE	236
ASTRO-H	619, 652
ASTROSAT	651
ATLAS	126
ATLAST	650

〈B・b〉

BAL	448
BALクェーサー	448
BATSE検出器	267
BeppoSAX	268
BL Lacertae	443
BL Lac天体	442
BLR	436
BLRG	442
BPT図	438
BzK銀河	201
BzK法	201

〈C・c〉

CCD	147, 576
CDMS	125
CDMS II	125
cD銀河	173
CERN	126
CFHT	192, 455
CFHTLS	455
CGRO	652
CIR	306
CME	298
CMS	126
CNM	471
CNOサイクル	245
COBE	70, 218, 648, 656
COROT	655
Cos-B	652
COSMOS（宇宙進化サーベイ）プロジェクト	193

さくいん

CP対称性	123
CP不変性	56
C-type	499

⟨D・d⟩

DAMA	125, 126
DEEP2	193
DGPモデル	99
DLA	514
DNA	545
Dst指数	306

⟨E・e⟩

Effelsberg100m鏡	584
ELSシナリオ	239
EUVE	650
EXOSAT	651

⟨F・f⟩

Fermi	609, 653
FUSE	650

⟨G・g⟩

Gaia	656
GALEX	651
GBT	584
GLE	304
GOES	657
GOSAT	657
GPM	664
GPS	638, 662
Granat	651
GZK効果	490

⟨H・h⟩

H-ⅡAロケット	674
HⅡ領域	198, 473
H-Ⅱロケット	631
HEAO-3	652
HETE-2	652, 655
High-z Supernova Search Team	87
HIM	478
HPD	615
HR図	242
HVC	479, 522
Hα輝線	474

⟨I・i⟩

IAU	695
Ia型超新星	90, 249, 262
ICME	304
IMF	254
INTEGRAL	652
IRAS	648
ISO	649
IUE	650

⟨J・j⟩

J15アドラステア	344
J16メティス	344
JASMINE	643
JAXA	677
J-type	499
JWST	643, 649

⟨K・k⟩

kエッセンス	97

さくいん

〈L・l〉

LAGEOS-1	661
LAGEOS-2	661
LARES	661
LBQS	454
LHC	409, 427
LINER	438
LLS	515
LMC	235

〈M・m〉

M31	479
M33	479
M82	489
M83	479
MACHO	121
MAXI	655, 689
MOA	382
MRN分布	486

〈N・n〉

NANTEN	236
NANTEN2	236
NASAアストロバイオロジー研究所	528
NGC1068	451
NGC4258	434
NGC4889	435
NGC6946	479
NLR	435
NLRG	442
NLS1	438

〈O・o〉

OB星集落	504
OVV	442
OVVクェーサー	443

〈P・p〉

PAH	462, 485
PLATO	655
p-pチェイン反応	245

〈Q・q〉

QSO	440

〈R・r〉

RadioAstron	593
RHESSI	654
RNA	546
ROSAT	651
RS CVn型変光星	316
r過程	266
R-パリティ	123

〈S・s〉

S/N	176
S0銀河	139, 159, 179
SAS-2	652
SDSS	146, 239, 525
SED	196
SEDA-AP	689
SISミキサー	588
SKA	560, 585
SMBH	430
SMC	235
SMILES	689

さくいん

SMM	653
SN 1006	493
SN 1987A	487
SOHO（衛星）	283, 641, 653
SPICA	573, 643, 649
SSC	448
Supernova Cosmology Project	87
Swift	655
s過程	266

〈T・t〉

TESS	655
TIROS-1	657
TMT	564
TN J0924-2201	442
TOPEX/ポセイドン	658
TRACE	654
T Tauri型星	314

〈U・u〉

UKIDSS	209, 455
UKIRT	455
UKST	454
ULAS J112001.48 + 064124.3	455

〈V・v〉

VERA	593
VLA	584
VLBI	234, 424, 584, 593
VLT	193, 422
VO図	438
VSOP計画	647
VVDS	193

〈W・w〉

Wilson-Bappu効果	313
WIM	474
WIMP	56, 122
WISE	649
WMAP	71, 104, 643, 648, 656
WNM	472
W粒子	47

〈X・x〉

XENON100	125
XMM-Newton	605, 652
X線残光	268
X線天文衛星	651
X線ハロー	112
X線望遠鏡	613

〈Z・z〉

zCOSMOS	193
ZEPLIN II	125
Z粒子	47

〈Symbols〉

II型超新星	258, 410, 477
α効果	302
β崩壊	266
ω効果	302

〈あ〉

アインシュタイン	651
アインシュタイン,A.	26, 76, 114, 402
アインシュタイン・ドジッター宇宙モデル	38, 87

さくいん

アインシュタインの静止宇宙モデル 26, 80
アインシュタイン方程式 26, 78, 403
アウター腕 229
アウトフロー 448
あかつき 664
あかり 455, 483, 573, 631, 641, 644, 648
秋山豊寛 685
アクア 659
アクシオン 56, 122, 123, 127
あけぼの 659
あじさい 661
アース 400
あすか 605
アースケア 657
アストロバイオロジー 344
アストロメトリ法 374, 377
アストロラーベ 563, 704
温かい吸収体 449
温かいダークマター 121
アダムズ,J.C. 351
厚い円盤 222
熱いダークマター 121
圧縮性乱流 497
アップクォーク 47
圧力平衡 467
圧力モード 282
アディタヤ-1 654
アブラモウィッツ,M. 415
アポロ11号 626
アポロ計画 626
天の川銀河 156, 215
アミノ酸 535, 538, 542

アームストロング,N. 626
アリスタルコス 24
アリストテレス 536
アルテミス峡谷 332
アルベド 555
アルマ 584
アレニウス,S.A. 537, 542
粟木久光 452
暗黒エネルギー 76
暗黒物質 47, 104
アンテナ 587
アントヌッチ,R.R.J 451
アンドロメダ銀河 108, 134, 191, 479
暗部 292

〈い〉

イー,J. 415
イオ 343, 344
イオンエンジン 672
イオンの尾 360
生駒山天文博物館 715
位置天文衛星 655
一般相対性理論 26, 117, 402
いて座A 234
いて座A* 234, 422, 424
いて座A西 234
いて座-りゅうこつ座腕 227
イトカワ 365
糸川英夫 628
井上允 424
いぶき 657, 664
イリジウム 661
色収差 567
色-等級関係 180, 186

さくいん

隕石	369
インテルサット	661
インパクター	666
インフレーション	58
インフレーションモデル	148, 152
インフレーション理論	58
インマルサット	661

〈う〉

ウィードマン,D.W.	437
ウィルキンソンマイクロ波異方性探査機	656
ウィルソン,R.W.	69
ヴィルト第2彗星	535, 542
ウィーンの変位則	485
ヴェガ等級	730
ヴェスタ	355
ヴォルコフ,G.M.	250, 411
ウォルター光学系	613
ウォルフ黒点数	299
ウーズ,C.R.	549
薄い円盤	222
渦巻腕	227
渦巻銀河	158, 183
宇宙移民	690
宇宙環境計測ミッション装置	689
宇宙基地	689
宇宙原理	29, 78, 142
宇宙項	26, 76
宇宙航空研究開発機構	677
宇宙項問題	76
宇宙ゴミ	691
宇宙再電離	476, 523
宇宙紫外線背景放射	518
宇宙塵	156, 166, 370, 466, 480
宇宙進化サーベイ	119
宇宙ステーション	627
宇宙生物学	311
宇宙線	262, 467, 478, 490
宇宙線加速	478
宇宙定数	37, 59, 79, 84
宇宙定数パラメータ	38
宇宙定数問題	84
宇宙天気	302
宇宙天気予報	654
宇宙年齢	727
宇宙の暗黒時代	52, 523
宇宙のエネルギー密度	37
宇宙の階層構造	130
宇宙の加速膨張	54
宇宙の再イオン化	53
宇宙の大規模構造	40, 87
宇宙の晴れ上がり	52, 476
宇宙の星生成史	205
宇宙のホライズン	42
宇宙背景重力波	61
宇宙背景ニュートリノ	49
宇宙背景放射観測衛星	656
宇宙飛行士	685
宇宙マイクロ波背景放射	40, 45, 52, 69, 427, 475, 501, 521
宇宙論的HⅡ領域	523
宇宙論的赤方偏移	36
宇宙論パラメータ	38
宇宙を学べる大学	701
ウフル	651
うるう年	334
うるう秒	333

さくいん

〈え〉

英国シュミット望遠鏡	454
英国赤外線望遠鏡	455
衛星	327
永続痕	370
エイベル 2256	520
エウロパ	344, 556
エオス族	365
エカント	24
エキセントリック・ジュピター	376, 398
液体ロケット	672
エクスプローラー	625
エクスプロラトリアム	706
エクピロティック宇宙論	64
エゲン,O.	239
エコー	661
エッジワース・カイパーベルト	366
エッジワース・カイパーベルト天体	326
エディントン,A.S.	26
エディントン限界	457
エディントン光度	418, 432
エミッション・メジャー	316
エリス	325, 354
エンケの空隙	346
エンセラダス	557
遠地点高度	637
円盤	219
円盤型楕円銀河	180
円盤銀河	107, 158
円盤不安定モデル	395
円盤風	416
遠方赤色銀河	200

〈お〉

欧州アストロバイオロジーネットワーク連合	529
欧州宇宙機関	686
黄道十二宮	342
黄道面	323
大阪市立電気科学館	715
おおすみ	676
おおぞら	630, 659
オージェ電子	596
オストライカー,J.P.	110, 503
オストライカー・ピーブルスの判定条件	111
オーストラリアコンパクト電波干渉計	235
オゾン層	336
オゾンホール	657
小田稔	651
オッペンハイマー,J.R.	250, 411
おとめ座銀河団	137
オパーリン,A.I.	537
オパーリン説	537
オービター	665
オフェーリア	351
オポチュニティー	670
オーム散逸	496
オーラ	657
オリオン星雲	474
オールト,J.H.	106, 223
オールトの雲	326, 362
オルドリン,E.	626
オルバース,H.W.M.	355
オルバースのパラドックス	26
オーロラ	336, 343

さくいん

温度非等方性パワースペクトル 72	カー時空 405
	可視光激変クェーサー 442
〈か〉	渦状腕 158, 222
カー, R.P. 405	カスプ構造 296
海王星 322, 351	火星 322, 338
海王星以遠天体 326	火星基地 690
海王星型惑星 375	カセグレン系 569
皆既日食 278, 338	カセグレン焦点 571
開口合成法 591	学校教育 695
階層的クラスタリング・シナリオ 190	カッシーニ探査機 348
	カッシーニの空隙 346
階層的構造形成 240	褐色矮星 120, 243
解像力 583, 586	合体銀河 187
回転曲線 107, 228, 232	活動銀河核 67
カイパー空中天文台 683	活動銀河中心核 167, 187, 234, 270, 431
カイパーベルト 366, 541	
カイパーベルト天体 326	加藤愛雄 715
海部宣男 560	カナダ・フランス赤方偏移サーベイ 192
海洋観測衛星 658	
改良版ハッブル系列 181	カナダ・フランス・ハワイ望遠鏡 455
外惑星 328, 339	
ガウス光学 566	ガニメデ 344, 345
科学館 701	カプタイン, J.C. 214
化学進化説	カー・ブラックホール 406, 413, 460
生命の── 538	
化学進化モデル 238	カミオカンデ 260
化学推進 671	かみのけ座銀河団 144, 435
科学博物館 703	ガモフ, G. 45
ガガーリン, Y. 625	カリスト 344, 345
火球 369	ガリレイ, G. 25, 214, 344, 563, 649
カークウッド・ギャップ 363	ガリレイ式 567
角度分解能 583	ガリレオ衛星 344, 556
かぐや 372, 648	ガリレオ計画 663
核融合反応 244, 280	カリン族 365
かじき座30番星 237	カルツァ・クライン粒子 56, 122

さくいん

ガレ,J.G.	351
華麗なる退場の問題	61
カロリス盆地	329
カロリメータ	607
カロン	358
ガン,J.E.	524
干渉計	589, 646
観測ロケット	677
環電流	307
陥入探査	666
ガン・ピーターソン効果	524
ガン・ピーターソンの谷	524
ガンマ線天文衛星	652
ガンマ線バースト	96, 210, 266, 514, 654
かんらん石	486

〈き〉

危機の海	627
輝巨星	243
きく	662
菊地涼子	685
気候変動観測衛星	659
気象衛星	638, 656
偽真空状態	60
きずな	662
輝石	486
輝線銀河	198
輝線天体	198
規則衛星	344
軌道傾斜角	637
軌道長半径	379, 384
軌道面傾斜角	388
軌道離心率	384, 387, 398
きぼう	655, 659, 685, 688
基本平面	184
逆コンプトン散乱	446, 493, 506, 521
キャチキアン,E.Y.	437
キャメロン,A.G.W.	375
キャメロン・モデル	375
吸収帯	217
球状星団	214, 218, 224
球面収差	567
キュリオシティー	670
共回転衝撃波	306
共回転相互作用領域	306
狭輝線	435
狭輝線セイファート1型銀河	438
狭輝線電波銀河	442
狭輝線領域	435
共進化	
銀河と巨大ブラックホールの――	449, 460
鏡像異性体	543
狭帯域フィルター	579
京都モデル	393
共鳴状態	357
極冠	340
極軌道	639
極軸	570
局所泡	504
局所銀河群	134
局所静止基準	225
局所超銀河団	140
局所腕	227
曲率	29
曲率パラメータ	38
巨星	243
巨大ガス惑星	322, 341, 375, 394

748

さくいん

巨大銀河	164
巨大衝突説	338
巨大氷惑星	322
巨大ブラックホール	234, 408, 430, 482
巨大ブラックホールと銀河の共進化問題	412
巨大分子雲	470
きょっこう	630, 659
許容線	435, 446
距離指数	732
キラリティ	543
キラル分子	543
銀緯	736
ぎんが	452, 602
銀河	697
銀河煙突	505
銀河間空間	432, 475
銀河間塵	480
銀河間物質	510
銀河群	53, 113, 130, 132
銀河系	156, 215, 697
銀河系ハビタブル・ゾーン	554
銀河考古学	238
銀河座標	215, 736
銀河団	53, 113, 130, 136, 464
銀河団MS0735.6 + 7421	463
銀河団ガス	519
銀河の基本平面	180
銀河の形態分類	158
銀河の光度関数	164
銀河の特異運動	142
銀河の星質量	169
銀河の星質量関数	205
銀河風	187, 489, 517
銀河面	215
銀河リッジX線放射	505
金環日食	278, 338
銀経	736
金星	322, 330
禁制線	435, 446
近接効果	517
近接連星系	316
金属吸収線系	517
金属欠乏星	238, 252
金属量	174, 176, 183, 206, 410
近地点高度	637
近点距離	387

〈く〉

クインテッセンス	97
空間分解能	615
空気シャワー	507
偶然一致性の問題	97
クェーサー	67, 190, 408, 419, 431, 440, 482, 488, 511, 514
電波の強い――	442
電波の弱い――	442
クェーサー吸収線系	511
クォーク・ハドロン転移	48
グース,A.	60
屈折望遠鏡	567, 718
クーデ焦点	571
倉敷天文台	715
グラビティーノ	122
グラビトン	64
グラファイト	486
グリニッジ天文台	705
グリーン,R.	454

749

さくいん

クーリングフロー	521
グルーオン	47
グレゴリー,S.A.	144
グレゴリー系	569
クレーター	329, 336
クレーター列	346
グレー部	292
グレン,J.	625
クレンペラー,W.	531
グロナス	662
クロン半径	174
群流星	370

〈け〉

経緯儀	563
経緯台	570
系外惑星	374
系外惑星探査衛星	643, 655
軽元素合成	50
蛍光X線	446, 596
蛍光収率	446
蛍光収量	596
ケイ酸塩鉱物	486
ケイ素燃焼	247
形態分類	158
形態−密度関係	177
ゲーツ,A.M.	422
ケック望遠鏡	193, 268, 564
月食	338
月面基地	689
ケニカット−シュミット則	256
ケニカット則	256
ケプラー	643, 655
ケプラー,J.	25, 563
ケプラー宇宙望遠鏡	377
ケプラー式	567
ケプラー速度	380
ケプラーの（3）法則	25, 633
ケプラーの第3法則	422
ケルビン卿	537
ケレス	325, 354
圏外生物学	528
減光	481
減光曲線	481
原始星	254, 269, 314
原始地球大気	538
原初原子	28
原始惑星系円盤	391, 393, 398, 535
減衰係数	598
減衰ライマンα吸収線	513
減衰ライマンα吸収線系	514
減速膨張	39
ケンタウルス族	362
ゲンツェル,R.	422
研磨型	617

〈こ〉

コア	
ジェットの——	279, 334, 342, 441
コア集積モデル	375, 389, 393, 398
コア・フィッティング法	112
高エネルギー粒子	262
高温中性雲	472
高温電離雲	474
公開天文台	713, 714
光学異性体	543
光学式プラネタリウム	712
光学天文衛星	649
広輝線	435
広輝線電波銀河	442

さくいん

広輝線領域	435
光球	280, 282, 284
光行差	705
高高度気球	682
光子	47
光子の脱結合	52
光子捕獲	415
光条	336
高性能可視近赤外放射計2型	658
恒星風	314
高速ガス雲	522
光速度	724
高速度雲	479
降着円盤	271, 407, 408, 412
光電吸収	596
光電離	449
光度	163, 729
黄道光	368
光度階級	243
光度関数	457
光度進化	457
光度に依存する密度進化	458
光年	725
高密度天体	410
小型岩石惑星	375, 391, 394
国際宇宙ステーション	685, 686
国際宇宙ステーション計画	627
国際電気通信連合	638
国際天文学連合	322, 371, 528, 695
極初期宇宙	54
黒体放射	52, 426
極超コンパクトHⅡ領域	474
黒点	291, 312
黒点相対数	299
国立科学博物館	703
国立天文台	705
国立天文台野辺山	529
小柴昌俊	262
ゴーズ	657
コズミック・ヴァリアンス	191
固体微粒子	466
固体ロケット	671
ゴダード,R.	622
コーデリア	351
古典的天体	366
小林誠	124
コペルニクス	651
コペルニクス,N.	25
コマ	359
コマ収差	567
コラブサーモデル	271
コリオリ力	302
孤立銀河	134
コリメータ	579
コリンズ,M.	626
ゴルディロックス惑星	553
ゴールド,T.	45
ゴールドライヒ,P.	397
コルメンディ関係	180
コロナ	
降着円盤——	446
太陽の——	278, 280, 282, 284, 288, 313, 332, 416
コロナガス	478
コロナ加熱問題	289
コロナグラフ	288, 383
コロナ質量放出	298
コロナホール	289
コロニス族	365
コロリョフ,S.	623

751

さくいん

コーン	332
コンパクト銀河群	134
コンパクト天体	120
コンプトン,A.	596
コンプトン衛星	506
コンプトンカメラ	608
コンプトンガンマ線観測衛星	267, 652, 655
コンプトン散乱	446, 596

〈さ〉

再結合	51
再結合線	446
歳差運動	334, 483
再使用型観測ロケット	681
彩層	280, 282, 286, 312
最大光輝	331
最大光度	331
最大離角	328
ザイデル収差	567
細胞状構造	285
さきがけ	631
朔望月	336
砂塵	666
差動回転	224, 282, 412
佐藤勝彦	60
サブオービタル宇宙機	677, 680
サブストラクチャー	240
サブミリ波銀河	201
サフロノフ,V.S.	375
サフロノフ・モデル	393
サリュート	627
サルピーター,E.E.	255
サロス周期	278
澤武文	701

酸化鉄	486
散在流星	370
残存粒子問題	58
サンデイジ,A.	239
サンプルリターン	666
散乱円盤天体	366
三陸大気球観測所	683

〈し〉

シーイング	581
ジェット	270, 416, 441, 447
シェヒター関数	164
ジェミニ計画	684
ジェームズ・ウェッブ宇宙望遠鏡	649
シエラ・ネバダ天文台	358
シェン,Y.	454
沈志強	424
ジオット	535
ジオテイル	660
紫外線天文衛星	650
紫外線背景放射	514
磁気圧駆動型ジェット	417
磁気嵐	306
シキヴィー,P.	127
じきけん	630, 659
磁気圏	334
磁気圏サブストーム	310
磁気浮力	497
磁気リコネクション	296, 316, 494
時空	402
始原ガス	251
子午環	705
自己重力	375, 411, 501
自己重力系	131

さくいん

子午面還流	282
シーサット	658
しし座流星群	371
事象の地平面	405
事象(の)ホライズン	42, 405
指数関数則	171, 186
静かの海	626
しずく	659, 664
視線速度法	378
自然発生説	536
磁束	725
磁束密度	725
質量欠損	280
質量降着率	415
質量-光度比	106, 169
質量損失率	314
ジーノ	122
渋川春海	278
四分儀	563
しぶんぎ座流星群	371
脂肪族炭化水素	485
ジャイアント・インパクト説	338
ジャイロ半径	493
シャクラ,N.I.	414
ジャッコーニ,R.	594, 651
シャプレイ,H.	214
シャルボノー,D.	382
ジャンスキー	729
ジャンスキー,K.	408, 583, 729
従円	24
周縁減光	284
周回探査	665
周期	637
重元素	176, 517
集光力	586
重水素	65
修正重力理論	98
修正ニュートン力学	124
周中心円盤	234
周転円	24
自由電子	49, 420, 451, 473
重力散乱	397, 400
重力収縮	252
重力赤方偏移	404
重力波	23, 263, 272, 412, 425
重力不安定性	51
重力崩壊	247, 259, 406, 409
重力崩壊型超新星	259, 268
重力マイクロレンズ法	382
重力レンズ効果	95, 113, 137
縮退圧	
中性子の――	411
電子の――	248, 410
主系列	242
主系列星	243
種族Ⅰ	223, 251
種族Ⅱ	223, 251
種族Ⅲ	251
種族Ⅲ(の)星	53, 251, 456, 523
ジュノー	355
シュバルツシルト,K.	403
シュバルツシルト解	403
シュバルツシルト時空	403
シュバルツシルト半径	404
シュバルツシルト・ブラックホール	405, 413
シュミット,M.	408
シュミットカメラ	569
シュミット則	256
シュミット望遠鏡	454, 569

さくいん

シュレーディンガー方程式	63
準解析的モデル	154
準巨星	243
準恒星状天体	440
準恒星状電波源	440
準天頂衛星	663
準矮星	243
準惑星	322, 354
昇華温度	446
じょうぎ座腕	227
貞享暦	278
衝撃波	177, 255, 440, 520
衝撃波粒子加速	492
状態方程式パラメータ	89
衝突逆励起	447
小氷期	310
情報収集衛星	663
小マゼラン雲	235, 482
小惑星	326, 363
小惑星帯	326, 363
初期質量関数	238
初代星	523
ジョンソン-カズン・システム	733
試料回収	666
真空エネルギー	41, 59, 82
シンクロトロン自己コンプトン	448
シンクロトロン放射	217, 415, 447, 478, 493, 494, 506
人工衛星	635
人工惑星	633
神舟	685
ジーンズ質量	253
ジーンズ不安定（性）	253, 256
しんせい	630, 659
新星	257
死んだクェーサー問題	460
シンチレーション観測法	125
振動モード	282

〈す〉

推進剤	671
すいせい	631
水星	322, 327
彗星	326, 359
彗星核	359
水素燃焼	243
水素燃焼反応	244
水平分枝	246
スイングバイ	634, 665
数値相対論	406
スカイラブ	627
スカラー場	59
スクーター	352
スケーリング平面	185
スケール因子	31
スケール長	171
すざく	605, 631, 644
スターダスト探査機	536, 542, 666
スターバースト	462
スターバースト-AGN関係	462
スターバースト銀河	187, 489
すだれコリメーター	651
ステファン-ボルツマン定数	724
ステラリウム	711
ステレオ-A・ステレオ-B	643
ストリング理論	64
ストレムグレン,B.	473
ストレムグレン球	473
ストレンジクォーク	47

さくいん

砂嵐	341
スナイダー,H.	411
スニヤエフ,R.A.	414
スニヤエフ・ゼルドビッチ効果	521
スネルの法則	565, 610
スーパーアース	377, 385, 400
スーパーアースの"その場形成"	386
スーパーウインド	187
スーパーカミオカンデ	262
スパッタリング	488
スーパーバブル	187, 504
スーパーフレア	317
スーパーミラー	618
すばる望遠鏡	114, 210, 476, 570
スーパーローテーション	331
スピキュール	287
スピッツァー,L.	478
スピッツァー宇宙望遠鏡	455, 643
スピリット	670
スファレロン過程	57
スフェロイド	430
スプートニク	623
スペクトル・エネルギー分布	164
スペースコロニー	689
スペースシャトル	684
スペースデブリ	691
スミソニアン航空宇宙博物館	704
スムート,G.F.	656
スライファー,V.M.	27
スリム円盤モデル	415
スローロール・インフレーション	60
スローン・ディジタル・スカイ・サーベイ	92, 140, 454, 525

〈せ〉

星間ガス	156, 176, 223
星間気体	466
星間減光	175, 481
星間減損	486
星間磁場	494
星間衝撃波	498
星間塵	533
星間物質	466
星間分子	529
星間偏光	483
星間放射場	501
星間乱流	497
静止宇宙モデル	78
静止衛星	639
静止気象衛星	657
静止軌道	638
静止波長	176
青色コンパクト矮小銀河	163
静水圧平衡	137
成層圏	336
静電加速型	672
制動放射	189, 475, 493, 506
セイファート,C.K.	431
セイファート銀河	431
星風	176
生物天文学	528
生命居住可能領域	553
赤緯	215, 735
赤外線天文衛星	648
赤経	215, 735
赤色巨星	245, 532
赤道儀	570

755

さくいん

赤道座標	215, 735
赤方偏移	33, 34, 457
赤方偏移サーベイ	146, 179, 192
絶対等級	243, 732
セファイド型変光星	264
ゼーマン,P.	494
ゼーマン効果	494
遷移層	280, 282
漸近巨星分枝星	249, 487
全天X線監視装置	689

〈そ〉

早期型渦巻銀河	162
早期型銀河	161
早期型矮小銀河	162
遭遇探査	665
相互作用銀河	187
相対論的ビーミング	443
相転位	60
像面湾曲	567
族	364
測位衛星	638, 662
測地衛星	660
速度勾配層	282
速度分散	497
ソジャーナー	669, 670
測光赤方偏移	202
ソフィア	683
ソーラー・オービター	654
ソーラー・プローブ・プラス	654
素粒子	47
素粒子標準模型	54
ゾンド計画	625

〈た〉

第3ケンブリッジカタログ	453
第一宇宙速度	633, 634, 671
第一世代星	456
大気チェレンコフ望遠鏡	507
大規模構造	130, 140
大黒斑	352
第三宇宙速度	634
大質量星	247, 251, 470, 473
対掌性	543
大小マゼラン雲	219, 481, 486, 522
大赤斑	
タイタン	348, 557
大統一理論	58
ダイナモ機構	282
ダイナモ効果	496
第二宇宙速度	633, 634, 671
対日照	369
タイプ1移動	397
タイプ2移動	397
対物プリズム	454
大マゼラン雲	235, 260, 482
ダイモス	341
たいよう	630, 659
太陽	278
太陽活動周期	291
太陽観測衛星	641, 653
太陽系	322, 374
太陽系外縁天体	324, 366
太陽系外惑星	374
太陽系最小質量モデル	393
太陽系小天体	322, 366
太陽系探査	665
太陽系探査ロボット	666

さくいん

太陽圏	290, 327
太陽高エネルギー粒子	302
太陽黒点	282
太陽周期	300
太陽震動	280
太陽大気	284
太陽同期極軌道	639
太陽同期準回帰軌道	639
太陽風	280, 289, 327
高速――	291, 305
低速――	291
太陽フレア	279, 492
太陽プロトン現象	302
太陽面爆発	295
対流圏	336
対流層	280, 282
タイロス-1	657
タウニュートリノ	47, 122
タウ粒子	47, 121
ダウンクォーク	47
ダウンサイジング	
AGNの――	460
銀河の――	193
楕円銀河	112, 139, 158, 179
多温度黒体放射	414
多環式芳香族炭化水素	
	462, 485, 536
ダークエネルギー	76, 152
ダーク・フィラメント	287, 294
ダークマター	
	47, 104, 136, 152, 157, 218, 233, 508
ダークマター・ハロー	
	53, 119, 157, 188, 220, 255
タコクライン	282

多重環クレーター	345
多重薄板型	617
ダスト	166, 217
ダスト散乱	451
ダスト昇華半径	452
ダスト・トレイル	370
ダストの尾	360
ダストレーン	183
脱結合	48
たて座-南十字座腕	227
多天体分光器	147
ターナー,M.S.	77
棚橋源太郎	706
種ブラックホール	456
タリー-フィッシャー関係	184
弾丸銀河団	118, 142
探査機ホイヘンス	348
探査車	666
短周期彗星	326, 361
単縮退シナリオ	263
単色収差	567
炭素燃焼	247

〈ち〉

チェレンコフ光	562
チェレンコフ放射	507
地殻	334
地球	322, 333
地球外生命探査	555
地球外文明	559
地球型惑星	322, 375
地球観測衛星	656
地球周回軌道	637
地球周辺観測衛星	659
地磁気変動	306

さくいん

地動説	24, 696	超重力理論	64
着陸探査	666	超新星	90, 257
チャームクォーク	47	超新星残骸	234, 262, 477, 492
チャンドラ	605, 652	超新星爆発	
チャンドラX線望遠鏡	505		176, 190, 236, 410, 470, 487
チャンドラセカール,S.		潮汐	338
	249, 410, 495	潮汐力	186, 399
チャンドラセカール質量		超相対論的なスピード	269
	249, 263, 411	超大質量ブラックホール	408, 430
中型氷惑星	375, 394	超対称性粒子	55, 122
昼間群	371	超対称性理論	55
中間圏	336	超長基線電波干渉計	234, 424, 433
中間質量ブラックホール	224, 248	超伝導サブミリ波リム放射サウンダ	
昼間流星群	371		689
中質量ブラックホール	409	超伝導ミキサー	588
中性子	48	超微細構造	52
中性子星	250, 410	超微細構造輝線	521
中性水素雲	471	超粒状斑	282, 286
柱密度	512	調和モデル	88
チューコルスキー,S.A.	406		
チューコルスキー方程式	406	〈つ〉	
チューリッヒ分類	292		
超音速	497	ツィオルコフスキー,K.	622
超巨星	243	ツィオルコフスキーの公式	671
超銀河緯度	737	対消滅	49, 507
超銀河経度	737	対生成	247, 597
超銀河座標系	139, 737	対生成型超新星	248
超銀河団	53, 130	対生成不安定	248
蝶形図	300	通信・放送衛星	638, 661
超高温電離雲	478	月	336
超高光度赤外線銀河	187	ツビッキー,F.	114, 251
超光速運動	269	冷たいダークマター	
超高速噴出流	449		119, 121, 152, 516
超小型衛星	664	強い重力レンズ	115
長周期彗星	326, 361	強い力	46, 124
		ツーリボン・フレア	295

さくいん

〈て〉

低エネルギー有効理論	98
低温中性雲	471
低温度星	316
定常宇宙論	45, 542
ディスノミア	358
ディープ・インパクト	540
ディラック定数	724
デオキシリボ核酸	545
デジタル式プラネタリウム	712
鉄Kα蛍光輝線	446
鉄の光分解	248
テミス族	365
テラ・フォーミング	341, 690
テルスター	661
テレシコワ,V.	625
電荷結合素子	147, 576
電気双極子	543
電気双極子放射	447
電気素量	724
天球	24
電子	47
電磁加速型	672
電子なだれ	601
電子ニュートリノ	47, 122
電子ボルト	595, 724
電弱対称性の破れ	46
電弱力	46
電子・陽電子の対消滅	49
天動説	24
電熱加速型	672
天王星	322, 349
天王星型	488
でんぱ	630, 659
電波銀河	441
電波天文衛星	646
電波望遠鏡	583
てんま	603, 630
天文観測衛星	643
天文教育	697
天文単位	234, 725
電離吸収体	449
電離光子	473, 475
電離層	336
電離平衡	473

〈と〉

土井隆雄	685
動圧	177
ド・ヴォークルール則	171
等温球	112
等輝度線	179
等級	729
動径速度	421
等密度時	44
とかげ座BL	443
特殊相対性理論	403
閉じた宇宙	31
ド・ジッター,W.	27
ドジッター宇宙	86
ドジッター宇宙モデル	27
土星	322, 346
突発天体監視衛星	654
トップクォーク	47
ドップラーシフト法	374, 378
ドーム	332
トーラス	446, 450
トランジット法	380, 655
トランス・ネプチュニアン・オブジ

さくいん

ェクト	366
トランプラー,R.J.	480
トリトン	353
トリプル・アルファ反応	246
トリム	659
トリメイン,S.	397
ドールマン,S.S.	425
ドレーク,F.	559
ドレークの方程式	559
トロイダル磁場	302
トロヤ群	364
ドーン探査機	357
トンネル効果	64
トンプソン,L.A.	144
トンボー,C.W.	357

〈な〉

内部オールトの雲	372
内部重力波	282
内惑星	328, 339
長い（ガンマ線）バースト	266, 270
中井直正	424
中澤清	375
長沢真樹子	400
ナスミス焦点	571
ナノ・ジャスミン	656
ナブスター	662
なゆた望遠鏡	721
ナラヤン,R.	415
成田憲保	400

〈に〉

二重縮退シナリオ	263
二重らせん構造	547
日食	338

日震学	281
日本アストロバイオロジー・ネットワーク	529
日本天文学会	694
日本プラネタリウム協議会	710
ニュートラリーノ	55, 122, 125
ニュートリノ	23, 48, 121, 245
ニュートリノ脱結合	48
ニュートリノ天文学	262
ニュートリノ放射	260
ニュートン,I.	25, 563
ニュートン焦点	571
ニュートンの静止宇宙モデル	26, 78
ニュー・ホライゾンズ	358
人間原理	101

〈ね〉

熱制動放射	519
熱的死	428
熱不安定	500
ネプチューン	385
ネレイド	353
年周視差	726
燃費	672

〈の〉

ノア	657
野口聡一	685
のぞみ	631

〈は〉

場	59
バー	159, 220
パイオニア	626, 653

さくいん

パイオニア計画	626
パイオニア・ビーナス探査機	333
バイオマーカー	557
パイオン	48
バイキング計画	556
ハイブリッドロケット	672
パイメソン	48
ハウメア	325, 354
破壊探査	666
パーカー,E.N.	290, 497
パーカー不安定	497
白色矮星	248, 262, 410, 477
パークス天文台	453
はくちょう	630
はくちょう座X-1	403, 407, 651
爆発的酸素燃焼	249
白斑	285, 292
箱型楕円銀河	180
箱型バルジ	220
ハーシェル	643
ハーシェル,W.	214, 349, 705
ハーシェル宇宙望遠鏡	541
パスツール,L.	536
パーセク	725
バタフライ・ダイアグラム	300
パチンスキ,B.	382
バックエンド	588
パッシェン系列	473
ハッブル,E.P.	27, 156, 215
ハッブル宇宙望遠鏡	114, 192, 351, 476, 565, 644, 650
ハッブル・ウルトラ・ディープ・フィールド	194
ハッブル系列	160
ハッブル図	32
ハッブル定数	27, 265, 727
ハッブル・ディープ・フィールド	194
ハッブルの音叉図	160
ハッブルの法則	27, 140, 143
ハッブル半径	43
ハートル,J.B.	63
ハートレー彗星	540, 541
ハドロン	48, 105
場の量子論	76
ハーバード-スミソニアン天体物理学センターサーベイ	146
ハーバード分類	242
幅の広い吸収線	448
パパロイゾウ,J.C.B.	397
ハビタブル・ゾーン	377, 553
バー不安定性	222
ハーブスト,E.	531
林忠四郎	375, 393
林フェーズ	318
はやぶさ	372, 631, 667
原澄治	714
バリオン	48, 56, 104, 136, 157, 510, 519
バリオン音響振動	72, 92, 150
バリオン数	57
バリオンの密度パラメータ	105
バリオン非対称性	50
ハリソン,J.	705
パリ天文台	705
はるか	631, 644, 647
バルク	99
パルサー	250
バルジ	171, 183, 218, 219, 430
バルマー系列	473

さくいん

バルマーブレーク	200
バルマーブレーク法	200
ハレー彗星	361, 535, 630
ハロー	110, 219, 478
パロマー・グリーンクェーサー	454
パロマー天文台	435, 454, 563
パワースペクトル	147
半暗部	292
晩期型渦巻銀河	162
晩期型銀河	161
晩期型矮小銀河	162
パンクロマチック立体視センサー	658
半減期	50
半光度半径	173
反射望遠鏡	569, 718
汎種説	542
パンスペルミア仮説	537, 542
反電子ニュートリノ	67
パンドラ	351
万有引力定数	724
反陽子	50
反粒子	49, 124

〈ひ〉

ピアッツィ,G.	355, 363
非ガウス性	61
光反響マッピング	433
光分解反応	247
ピカール	654
非球面多重薄板型	617
比推力	672
ピーターソン,B.	524
ビッグクランチ	85
ヒッグシーノ	122
ヒッグス機構	47
ヒッグス粒子	47, 123
ビッグバン宇宙論	120
ビッグバン元素合成	65, 176
ビッグバン理論	45
ビッグ・ブルー・バンプ	444
ビッグリップ	89
羊飼い衛星	344
ヒッパルコス	24, 729
ヒッパルコス（衛星）	655
非点収差	567
非熱的	167
ひので	631, 641, 644, 654
ひのとり	630, 653
ピーブルス,P.J.E.	110
ひまわり	657
ヒューイッシュ,A.	250
ヒューメイソン,M.L.	27
標準円盤モデル	414
標準光源	90
標準降着円盤	444
標準定規	92
標準ビッグバン宇宙論	22
秤動	337
表面温度	242, 243
表面輝度	170, 729
表面輝度が低い銀河	163
表面輝度プロファイル	170
開いた宇宙	31
開いたモデル	87
平山清次	364
平山族	365
ビリアル定理	169, 180
ビリアル半径	169
ビリアル平衡	113, 519

さくいん

ビレンキン,A.	63
微惑星	375
微惑星仮説	375, 393

〈ふ〉

ファイナルパーセク問題	457
ファーストスター	251
ファラデー効果	496
ファントム・モデル	98
フィーディング	462
フィードバック	
AGN――	190, 256, 462
フィラメント	130
フィルター	579
フィールド	177
フィールド,G.B.	501
フェイバー-ジャクソン関係	180
フェーズドアレイ方式Lバンド合成開口レーダ	658
フェーベ	347
フェルミ,E.	492, 559
フェルミ（衛星）	506, 653
フェルミ加速	492
フェルミ粒子	55
フォティーノ	122
フォトコンダクター	578
フォトダイオード	576
フォボス	341
不確定性原理	62
不規則衛星	344
不規則銀河	160, 185
輻射強度	729
輻射流速	729
輻射流速密度	729
ブースター	671
ふたご座流星群	371
物質密度パラメータ	38
物質優勢期	44
プトレマイオス	24
部分日食	278
ブラウン,W.	623
フラウンホーファー,J.	563, 704
ブラーエ,T.	25, 563
プラージュ	287
プラズマ	167, 292, 327, 414, 519
プラズマドリフト	496
プラズマの尾	360
ブラッグ反射	612
ブラックホール	247, 248, 402, 554
ブラックホール・シャドウ	425
ブラックホール・シルエット	425
ブラックホール連星	269, 408, 421
ブラッドリー,J.	705
プラトン	24
プラネタリウム	701, 707, 711
フラムスチード,J.	705
プランク	648
プランク時間	63
プランク長	83
プランク定数	724
ブランドフォード・ナエック機構	419
フーリエ分光器	680
フーリエ変換	150
フリードマン,A.	27
フリードマン宇宙モデル	27
フリードマン方程式	36, 62
『プリンキピア』	25
古川聡	685
フレア	287, 295, 316

763

フレアリボン	295
ブレーザー	442
プレス,W.H.	406
プレート	334
プレート運動	334
不連続型	499
プロミネンス	292
プロメテウス	351
フロントエンド	588
分子雲	236, 469
分子雲コア	375, 470
噴出流	448
分点	736

〈へ〉

ペアプラズマ	418
平坦性問題	58
平坦な回転曲線	107
平坦モデル	87
ペガスス座51番星	375, 397
ヘス	507
ベータ崩壊	67
ヘックマン,T.M.	438
ベッポサックス	651, 655
ペトロシアン半径	174
ペネトレーター	666
ベピ・コロンボ	330
ベビーロケット	629
ベラ	654
ヘリウム燃焼	247
ヘリウム・フラッシュ	249
ヘリオスフェア	327
ヘリオポーズ	327
ペルセウス座腕	227
ペルセウス座流星群	371
ヘルツシュプルング–ラッセル図	242
ベル電話研究所	583
ヘールの法則	301
ベル–バーネル,S.J.	250
ヘール望遠鏡	435, 563
ベルリン天文台	351
偏光	451
ペンジアス,A.A.	69
ペンシルロケット	628
扁平率	161

〈ほ〉

ホー,L.	435
ポアッソン統計	602
ボイジャー2号	349
ホイッティング,B.F.	406
ボイド	100, 140
ボイドモデル	100
ホイーラー・ドウィット方程式	63
ホイル,F.	45, 542
棒渦巻銀河	159
棒渦巻構造	110
放射圧	327
放射圧駆動型ジェット	418
放射層	280
放射点	371
放射非効率降着流	415
放射平衡	485
放射優勢期	44
放射冷却	189, 254
棒状構造	159, 220
ホーキング,S.W.	63, 426
ホーキング放射	409, 426
ポグソン,N.	729

さくいん

北斗	662
ボゴリューボフ変換	426
星質量ブラックホール	121, 406, 409
星生成史	174
星生成率	165, 238, 475, 521
星生成率密度	202, 462
星出彰彦	685
星の初期質量関数	254
星のストリーム	240
補償光学	194, 383, 581
ボストーク	625
ボスホート	625
ボース粒子	55
ホット・ジュピター	375, 396
ボトムクォーク	47
ホモキラリティ	543
ホライズン問題	58
ボルツマン定数	724
ホールデン,J.B.S.	537
ポロイダル磁場	302
本田実	715
ボンディ,H.	45

〈ま〉

マイクロレンズ	382
マイナー・マージャー	188
マイヨール,M.	375
マウンダー極小期	313
マウント・ウィルソン分類	292
マーキュリー	625
マーキュリー計画	684
膜	64, 99
膜宇宙論	64, 99
マクスウェル方程式	724
マケマケ	325, 354
マゴリアン,J.	461
マゴリアン関係	224, 461
マザー,J.C.	656
マーシー,G.	377
マーズエクスプレス	556
マーズ・エクスプロレーション・ローバー	669
益川敏英	124
マーズ・サイエンス・ラボラトリー	670
マーズ・パスファインダー	667
マゼラン	684
マゼラン雲流	237, 480, 522
マゼラン探査機	332
マダウ・プロット	204
マッキー,C.F.	502
マッキントッシュ,P.S.	292
マッハ数	499
マティス,J.S.	486
マリナー10号	329
マルチバース	102
マントル	334

〈み〉

みかけの等級	730
短い（ガンマ線）バースト	266, 271
水循環変動観測衛星	659
水メーザー	424, 433
みちびき	639, 663
密度進化	457
密度パラメータ	105
未同定赤外線バンド	485
ミニスパイラル	234
ミニ氷河期	310

さくいん

ミニブラックホール	409, 427
ミネルバ	667, 668
ミューニュートリノ	47, 122
ミュー粒子	47, 121
三好真	424
ミラー ,O.	706
ミラー ,S.L.	538
ミール	627
ミルグロム ,M.	124

〈む〉

無	63
向井千秋	685
無機物	537

〈め〉

冥王星	357
冥王星型天体	326, 355
メインベルト	363
メインベルトコメット	363
メーザー	531
メジャー・マージャー	188
メソン	48, 105

〈も〉

毛利衛	685
木星	322, 341, 556
木星型	488
木星型惑星	322, 341, 375
もっとも軽い粒子	122
モノポール	58
モノポール問題	58
もも	658
モルトロック ,D.	441

〈や〉

八木アンテナ	587
ヤーキス天文台	568
山崎直子	685
山本一清	714

〈ゆ〉

有機物	534
有効半径	170
有効面積	614
ユゴニオ ,P.H.	499
ユリシーズ	290, 653
ユーレイ ,H.C.	538

〈よ〉

ようこう	653
ヨウ素ガスセル法	374
横向き銀河	220
余剰次元理論	56
弱い重力レンズ	115
弱い重力レンズ効果	95
弱い力	46

〈ら〉

ライアフ	415
ライマン α 輝線	199, 472, 475
ライマン α 輝線銀河	196, 198
ライマン α フォレスト（ライマン α の森）	121, 513, 516
ライマン系列	473
ライマン端	196
ライマンブレーク	196, 454
ライマンブレーク銀河	196, 515
ライマンブレーク法	196

さくいん

ライマン・リミット吸収線	513
ライマン・リミット吸収線系	515
ライル,M.	589, 646
ラインガンマ線	506
ライン吸収	420
ラインフォース駆動型円盤風	420
ラグランジュ点	364, 641
ラジオアストロン	648
ラージ・ブライト・クェーサー探査	454
ラスカンパナス赤方偏移サーベイ	146
ラスカンパナス天文台	236
ラセミ体	543
ラム圧	177
ラムダ項	79
ラムダ粒子	48
ランキン,W.	499
ランキン・ユゴニオの関係式	499
ランダー	666
ランダウ,L.D.	250

〈り〉

力学的質量	169
力学的単体分割	64
力学的摩擦	237
陸域観測衛星	658
離心円	24
リッチー・クレチアン系	569
リーバー,G.	583
リボ核酸	546
リーマン幾何学	29
りゅう座流星群	371
粒子ホライズン	42
粒状斑	285
流星	369
流星群	370
流星痕	370
流星体	369
両極性拡散	496
量子色力学	56
量子宇宙論	63
量子重力理論	62
量子ゆらぎ	61
リン,D.N.C.	397
臨界密度	38, 727
リンクル・リッジ	329
リンデン-ベル,D.	239

〈る〉

ルナ	625
ルナ計画	625, 667
ルノホート	626, 668
ルービン,V.C.	107
ループ量子重力理論	64
ルベリエ,U.J.J.	351
ルメートル,G.	27, 76
ルメートル宇宙モデル	28

〈れ〉

励起診断図	438
冷却流	521
レイト・ベニア仮説	540
レイトン,R.B.	281
れいめい	660
レオノフ,A.	625
レゴリス	666
レーダーバーグ,J.	528
レーバー,G.	408
レプトン	105, 121

さくいん

レプトン数	57	矮小銀河	162, 186, 218
連銀河	113, 132	矮小楕円銀河	162, 186
レンズ-ティリング効果	661	矮小楕円体銀河	162, 186
連星中性子星	412	矮小不規則銀河	162, 186
連星ブラックホール	408	ワイズ衛星	455
連続型	499	矮星	243
レントゲン,W.	593	若田光一	685

〈ろ〉

ローエル天文台	357	惑星	322
六分儀	563	惑星間CME	304
ロケット	671	惑星間空間塵	368
ロシター・マクローリン効果	381	惑星間塵	327, 368, 480
ローバー	666	惑星系	374
ローブ	441	惑星状星雲	249, 440, 476
		ワード,W.R.	397
		湾曲構造	228

〈わ〉

歪曲収差	567

N.D.C.440　　768p　　18cm

ブルーバックス　B-1806

新・天文学事典
しん　てんもんがく じ てん

2013年 3 月20日　　第 1 刷発行
2022年 7 月12日　　第 3 刷発行

監修	谷口義明 たにぐちよしあき
発行者	鈴木章一
発行所	株式会社講談社
	〒112-8001 東京都文京区音羽2-12-21
電話	出版　03-5395-3524
	販売　03-5395-4415
	業務　03-5395-3615
印刷所	(本文印刷) 株式会社KPSプロダクツ
	(カバー表紙印刷) 信毎書籍印刷株式会社
本文データ制作	講談社デジタル製作
製本所	株式会社国宝社

定価はカバーに表示してあります。
©谷口義明ほか　2013, Printed in Japan
落丁本・乱丁本は購入書店名を明記のうえ、小社業務宛にお送りください。送料小社負担にてお取替えします。なお、この本についてのお問い合わせは、ブルーバックス宛にお願いいたします。
本書のコピー、スキャン、デジタル化等の無断複製は著作権法上での例外を除き禁じられています。本書を代行業者等の第三者に依頼してスキャンやデジタル化することはたとえ個人や家庭内の利用でも著作権法違反です。
R〈日本複製権センター委託出版物〉複写を希望される場合は、日本複製権センター（電話03-6809-1281）にご連絡ください。

ISBN978-4-06-257806-6

発刊のことば

科学をあなたのポケットに

　二十世紀最大の特色は、それが科学時代であるということです。科学は日に日に進歩を続け、止まるところを知りません。ひと昔前の夢物語もどんどん現実化しており、今やわれわれの生活のすべてが、科学によってゆり動かされているといっても過言ではないでしょう。
　そのような背景を考えれば、学者や学生はもちろん、産業人も、セールスマンも、ジャーナリストも、家庭の主婦も、みんなが科学を知らなければ、時代の流れに逆らうことになるでしょう。
　ブルーバックス発刊の意義と必然性はそこにあります。このシリーズは、読む人に科学的に物を考える習慣と、科学的に物を見る目を養っていただくことを最大の目標にしています。そのためには、単に原理や法則の解説に終始するのではなくて、政治や経済など、社会科学や人文科学にも関連させて、広い視野から問題を追究していきます。科学はむずかしいという先入観を改める表現と構成、それも類書にないブルーバックスの特色であると信じます。

一九六三年九月

野間省一

ブルーバックス　宇宙・天文関係書

1394	ニュートリノ天体物理学入門	小柴昌俊
1487	ホーキング 虚時間の宇宙	竹内薫
1592	発展コラム式 中学理科の教科書 第2分野（生物・地球・宇宙）	石渡正志=編
1697	インフレーション宇宙論	佐藤勝彦
1728	ゼロからわかるブラックホール	大須賀健
1731	宇宙は本当にひとつなのか	村山斉
1762	完全図解 宇宙手帳（宇宙航空研究開発機構＝協力）	渡辺勝巳／JAXA
1799	宇宙になぜ我々が存在するのか	村山斉
1806	新・天文学事典	谷口義明=監修
1861	発展コラム式 中学理科の教科書 改訂版 生物・地球・宇宙編	滝川洋二=編
1887	小惑星探査機「はやぶさ2」の大挑戦	山根一眞
1905	あっと驚く科学の数字　数から科学を読む研究会	松下泰雄
1937	輪廻する宇宙	横山順一
1961	曲線の秘密	松下泰雄
1971	へんな星たち	鳴沢真也
1981	宇宙は「もつれ」でできている（ルイーザ・ギルダー／山田克哉=監訳／窪田恭子=訳）	
2006	宇宙に「終わり」はあるのか	吉田伸夫
2011	巨大ブラックホールの謎	本間希樹
2027	重力波で見える宇宙のはじまり（ピエール・ビネトリュイ／安東正樹=監訳／岡田好恵=訳）	
2066	宇宙の「果て」になにがあるのか	戸谷友則
2084	不自然な宇宙	須藤靖
2124	時間はどこから来て、なぜ流れるのか？	吉田伸夫
2128	宇宙の始まりに何が起きたのか	成田憲保
2140	地球は特別な惑星か？	杉山直
2150	連星からみた宇宙	鳴沢真也
2155	見えない宇宙の正体	鈴木洋一郎
2167	三体問題	浅田秀樹
2175	爆発する宇宙	戸谷友則
2176	宇宙人と出会う前に読む本	高水裕一
2187	新しいマルチメッセンジャー天文学が捉えた宇宙の姿	田中雅臣

ブルーバックス　地球科学関係書（Ⅰ）

- 1414 謎解き・海洋と大気の物理　保坂直紀
- 1510 新しい高校地学の教科書　杵島正洋／松本直記／左巻健男=編著
- 1592 発展コラム式 中学理科の教科書 第2分野（生物・地球・宇宙）　石渡正志編
- 1639 森が消えれば海も死ぬ　松永勝彦
- 1670 見えない巨大水脈 地下水の科学　日本地下水学会／井田徹治
- 1721 図解 気象学入門　古川武彦／大木勇人
- 1756 海はどうしてできたのか　藤岡換太郎
- 1804 山はどうしてできるのか　藤岡換太郎
- 1824 図解 プレートテクトニクス入門　木村 学／大木勇人
- 1834 日本の深海　瀧澤美奈子
- 1844 死なないやつら　長沼 毅
- 1865 発展コラム式 中学理科の教科書 改訂版 生物・地球・宇宙編　石渡正志／滝川洋二編
- 1883 地球進化 46億年の物語　ロバート・ヘイゼン／円城寺守 監訳／渡会圭子訳
- 1885 地球はどうしてできたのか　吉田晶樹
- 1905 川はどうしてできるのか　藤岡換太郎
- 1924 あっと驚く科学の数字 数から科学を読む研究会
- 謎解き・津波と波浪の物理　保坂直紀

- 1925 地球を突き動かす超巨大火山　佐野貴司
- 1936 Q&A火山噴火127の疑問　日本火山学会=編
- 1957 海の教科書 その深層で起こっていること　蒲生俊敬
- 1974 日本海 その深層で起こっていること　蒲生俊敬
- 1995 活断層地震はどこまで予測できるか　遠田晋次
- 2000 日本列島100万年史　山崎晴雄／久保純子
- 2002 地学ノススメ　鎌田浩毅
- 2004 人類と気候の10万年史　中川 毅
- 2008 地球はなぜ「水の惑星」なのか　唐戸俊一郎
- 2015 三つの石で地球がわかる　藤岡換太郎
- 2021 海に沈んだ大陸の謎　佐野貴司
- 2067 フォッサマグナ　藤岡換太郎
- 2068 太平洋 その深層で起こっていること　蒲生俊敬
- 2074 地球46億年 気候大変動　横山祐典
- 2075 日本列島の下では何が起きているのか　中島淳一
- 2094 富士山噴火と南海トラフ　鎌田浩毅
- 2095 深海――極限の世界　藤倉克則・木村純一編著／海洋研究開発機構 協力
- 2097 地球をめぐる不都合な物質　日本環境学会=編
- 2116 見えない絶景 深海底巨大地形　藤岡換太郎
- 2128 地球は特別な惑星か？　成田憲保
- 2132 地磁気逆転と「チバニアン」　菅沼悠介

ブルーバックス　物理学関係書(I)

79	相対性理論の世界	J・A・コールマン／中村誠太郎訳
563	電磁波とはなにか	後藤尚久
584	10歳からの相対性理論	都筑卓司
733	紙ヒコーキで知る相対性理論の原理	小林昭夫
911	電気とはなにか	室岡義広
1012	量子力学が語る世界像	和田純夫
1084	図解 わかる電子回路	髙橋尚志
1128	原子爆弾	山田克哉
1150	音のなんでも小事典	日本音響学会編
1174	消えた反物質	小林誠
1205	クォーク 第2版	南部陽一郎
1251	心は量子で語れるか	ロジャー・ペンローズ／A・シモニー／N・カートライト／S・ホーキング／中村和幸訳
1259	光と電気のからくり	山田克哉
1310	「場」とはなんだろう	竹内薫
1380	四次元の世界(新装版)	都筑卓司
1383	高校数学でわかるマクスウェル方程式	竹内淳
1384	マクスウェルの悪魔(新装版)	都筑卓司
1385	不確定性原理(新装版)	都筑卓司
1390	熱とはなんだろう	竹内薫
1391	ミトコンドリア・ミステリー	林純一

1394	ニュートリノ天体物理学入門	小柴昌俊
1415	量子力学のからくり	山田克哉
1444	超ひも理論とはなにか	竹内薫
1452	流れのふしぎ	石綿良三／根本光正著／日本機械学会編
1469	量子コンピュータ	竹内繁樹
1470	高校数学でわかるシュレディンガー方程式	竹内淳
1483	ホーキング 虚時間の宇宙	竹内薫
1487	新しい高校物理の教科書	山本明利／左巻健男編著
1509	電磁気学のABC(新装版)	福島肇
1569	新しい物性物理	伊達宗行
1583	熱力学で理解する化学反応のしくみ	平山令明
1591	発展コラム式 中学理科の教科書 第1分野(物理・化学)	滝川洋二編
1605	マンガ 物理に強くなる	関口知彦原作／鈴木みそ漫画
1620	プリンキピアを読む	和田純夫
1638	高校数学でわかるボルツマンの原理	竹内淳
1642	新・物理学事典	大槻義彦／大場一郎編
1648	量子テレポーテーション	古澤明
1657	高校数学でわかるフーリエ変換	竹内淳
1675	量子重力理論とはなにか	竹内薫
1697	インフレーション宇宙論	佐藤勝彦

ブルーバックス　物理学関係書(II)

1701	光と色彩の科学	齋藤勝裕
1715	量子もつれとは何か	古澤明
1716	「余剰次元」と逆二乗則の破れ	村田次郎
1720	傑作！物理パズル50　ポール・G・ヒューイット	松森靖夫 編訳
1728	ゼロからわかるブラックホール	大須賀健
1731	宇宙は本当にひとつなのか	村山斉
1738	物理数学の直観的方法（普及版）	長沼伸一郎
1776	現代素粒子物語 （高エネルギー加速器研究機構(KEK)協力）	中嶋彰／KEK
1780	オリンピックに勝つ物理学	望月修
1799	宇宙になぜ我々が存在するのか	村山斉
1803	高校数学でわかる相対性理論	竹内淳
1815	大人のための高校物理復習帳	桑子研
1827	大栗先生の超弦理論入門	大栗博司
1836	真空のからくり	山田克哉
1860	発展コラム式　中学理科の教科書　改訂版　物理・化学編	滝川洋二 編
1867	高校数学でわかる流体力学	竹内淳
1871	アンテナの仕組み	小暮裕明／小暮芳江
1894	エントロピーをめぐる冒険	鈴木炎
1905	あっと驚く科学の数字　数から科学を読む研究会	小山慶太
1912	マンガ　おはなし物理学史	佐々木ケン 漫画／小山慶太 原作
1924	謎解き・津波と波浪の物理	保坂直紀
1930	光と重力　ニュートンとアインシュタインが考えたこと	小山慶太
1932	天野先生の「青色LEDの世界」	天野浩／福田大展
1937	輪廻する宇宙	横山順一
1940	すごいぞ！身のまわりの表面科学	日本表面科学会
1960	曲線の秘密	小林昭雄
1961	超対称性理論とは何か	松下泰雄
1970	高校数学でわかる光とレンズ	竹内淳
1981	宇宙は「もつれ」でできている	ルイーザ・ギルダー／山田克哉 監訳／窪田恭子 訳
1982	光と電磁気　ファラデーとマクスウェルが考えたこと	小山慶太
1983	重力波とはなにか	安東正樹
1986	ひとりで学べる電磁気学	中山正敏
2019	時空のからくり	山田克哉
2027	重力波で見える宇宙のはじまり	ピエール・ビネトリュイ／安東正樹 監訳／岡田好惠 訳
2031	時間とはなんだろう	松浦壮
2032	佐藤文隆先生の量子論	佐藤文隆
2040	ペンローズのねじれた四次元　増補新版	竹内薫
2048	$E=mc^2$のからくり	山田克哉
2056	新しい1キログラムの測り方	臼田孝

ブルーバックス　物理学関係書（Ⅲ）

2061　科学者はなぜ神を信じるのか　三田一郎
2078　独楽の科学　山崎詩郎
2087　「超」入門　相対性理論　福江純
2090　はじめての量子化学　平山令明
2091　いやでも物理が面白くなる　新版　志村史夫
2096　2つの粒子で世界がわかる　森弘之
2100　プリンシピア　自然哲学の数学的原理　第Ⅰ編　物体の運動　アイザック・ニュートン／中野猿人=訳・注
2101　プリンシピア　自然哲学の数学的原理　第Ⅱ編　抵抗を及ぼす媒質内での物体の運動　アイザック・ニュートン／中野猿人=訳・注
2102　プリンシピア　自然哲学の数学的原理　第Ⅲ編　世界体系　アイザック・ニュートン／中野猿人=訳・注
2115　「ファインマン物理学」を読む　普及版　量子力学と相対性理論を中心として　竹内薫
2124　時間はどこから来て、なぜ流れるのか？　吉田伸夫
2129　「ファインマン物理学」を読む　普及版　電磁気学を中心として　竹内薫
2130　「ファインマン物理学」を読む　普及版　力学と熱力学を中心として　竹内薫
2139　量子とはなんだろう　松浦壮
2143　時間は逆戻りするのか　高水裕一

2162　トポロジカル物質とは何か　長谷川修司
2169　アインシュタイン方程式を読んだら　深川峻太郎
2183　「宇宙」が見えた　中嶋彰
2193　早すぎた男　南部陽一郎物語　榛葉豊
2194　思考実験　科学が生まれるとき　臼田孝
2196　宇宙を支配する「定数」　臼田孝
ゼロから学ぶ量子力学　竹内薫